U0212852

"十二五"国家重点图书出版规划项目

中国工程院重大咨询项目
淮河流域环境与发展问题研究

淮河流域自然环境及人为影响

主　编　刘嘉麒

副主编　袁　亮　秦小光

中国水利水电出版社
www.waterpub.com.cn
·北京·

内 容 提 要

如何处理好经济发展与环境保护的关系是生态文明建设的核心问题之一。地处我国腹地的淮河流域作为中华文明核心区，虽物产丰富却灾害频繁，如何统筹、平衡这里的生态环境保护和经济发展需要我们对流域的自然环境背景和历史上人类活动的影响进行深入的了解。本书针对该问题，对淮河流域从盆地形成、水系变迁、全新世气候变化、采煤塌陷的环境影响、水循环过程等几个方面进行了较全面的分析和介绍，读者能够从中了解淮河流域为什么容易形成洪涝灾害、采煤塌陷的环境效应等重要问题的自然环境背景。可为致力于生态环境保护和生态文明建设的科研工作者提供有用的基础背景信息。

本书可供相关部委、流域管理机构参考，也可供科研人员和高等院校相关专业师生参考使用。

图书在版编目（C I P）数据

淮河流域自然环境及人为影响 / 刘嘉麒主编. -- 北京 : 中国水利水电出版社，2023.5
中国工程院重大咨询项目 淮河流域环境与发展问题研究
ISBN 978-7-5226-1225-6

Ⅰ．①淮… Ⅱ．①刘… Ⅲ．①淮河流域－自然环境－人为因素－研究 Ⅳ．①TV882.8

中国国家版本馆CIP数据核字(2023)第080214号

审图号：GS（2023）114 号

书 名	中国工程院重大咨询项目 淮河流域环境与发展问题研究
	淮河流域自然环境及人为影响
	HUAI HE LIUYU ZIRAN HUANJING JI RENWEI YINGXIANG
作 者	主 编 刘嘉麒
	副主编 袁 亮 秦小光
出 版 发 行	中国水利水电出版社
	（北京市海淀区玉渊潭南路 1 号 D 座 100038）
	网址：www.waterpub.com.cn
	E - mail：sales@mwr.gov.cn
	电话：（010）68545888（营销中心）
经 售	北京科水图书销售有限公司
	电话：（010）68545874、63202643
	全国各地新华书店和相关出版物销售网点
排 版	中国水利水电出版社微机排版中心
印 刷	北京印匠彩色印刷有限公司
规 格	184mm×260mm 16 开本 34.25 印张 615 千字
版 次	2023 年 5 月第 1 版 2023 年 5 月第 1 次印刷
定 价	**238.00 元**

凡购买我社图书，如有缺页、倒页、脱页的，本社营销中心负责调换

版权所有·侵权必究

本书编写人员名单

主　　编：刘嘉麒

副主编：袁　亮　　秦小光

编写人员：秦小光　　张　磊　　穆　燕　　吴　梅

程功林　　李守勤　　徐　翀　　陈永春

琚旭光　　吴　侃　　束一鸣　　刘　锦

周大伟　　陆春辉　　许光泉　　李　翠

范廷玉　　陆垂裕　　葛沐锋　　安士凯

李　亮　　柳炳俊

"淮河流域环境与发展问题研究"第一课题
"淮河流域自然环境及人为影响"地质专题

负责人：刘嘉麒

专题组成员名单

组长：刘嘉麒（中国科学院地质与地球物理研究所，中国科学院
　　　院士）

顾问：程功林（淮南矿业（集团）有限责任公司）

　　　袁　亮（淮南矿业（集团）有限责任公司，中国工程院院士）

课题工作组组长：秦小光（中国科学院地质与地球物理研究所）

专题组成员

中国科学院地质与地球物理研究所：

秦小光　张　磊　刘嘉丽　穆　燕　许　兵　姜文英　袁宝印

吴乃琴　伍　婧　殷志强

河南省国土资源厅：吴　梅

淮南矿业（集团）有限责任公司：

程功林　李守勤　徐　翀　陈永春　琚旭光

前言

QIANYAN

淮河流域介于黄河和长江两大流域之间。地形总体上西高东低，西部、西南及东北部为山地、丘陵，其余为平原，平原面积约占2/3。淮河流域跨湖北、河南、安徽、江苏和山东5省40个（地）市181个县（市），面积27万km²，人口1.72亿人，耕地1272万hm²。流域矿产资源丰富，农业生产条件较好，但是工业发展还相对落后，加之人口分布密集，尚属经济相对滞后地区。近年来，随着资源的高强度开发利用，淮河流域生态系统承受了巨大的压力，水环境污染，水旱灾害，矿区塌陷，耕地质量退化、沙化、盐渍化等生态环境问题日益严重，生态系统越来越敏感，脆弱生态区面积逐渐扩大，存在着水土流失生态环境脆弱区、盐渍化生态环境脆弱区、沙漠化生态环境脆弱区和酸雨生态环境脆弱区几种环境类型，可分为苏东沿海盐渍化脆弱区、沂蒙山区水土流失脆弱区、淮北平原水环境污染脆弱区和桐柏山-大别山水土流失酸雨脆弱区，脆弱生态区是在自然和人为干扰下形成的，敏感性强、稳定性差是其显著特点。

淮河流域区跨越中朝断块和昆祁秦断褶系两大构造单元，新生代以来，西、南部的秦岭大别山断褶上升接受侵蚀剥蚀，东部的豫皖断块和冀鲁断块下降接受沉积，形成了山地、岗地、平原三大地貌形态类型。山地分别由嵩箕山、伏牛山、桐柏山和大别山组成，高程为200～2000m，多属中、低山和丘陵地貌。岗地分布于山前，高程为50～150m，地形坡度为1‰～8‰。平原分布于东、北部广大地区，占全区总面积的 60% 以上，地势低平，高程仅 32～70m，地形平缓，坡度为 0.1‰～1.0‰。浅部地层在山区以基岩为主，岗区以风积物黄土为主，少量坡洪积物和洪冲积物，黄土粒度由北向南变细，北部为亚砂土，南部为亚黏土、黏土。平原区主要有 3 种沉积物类型：黄泛冲积物分布于北部黄河-沙颍河之间的广大地区，具有堆积快、层次多、变化大的特点，主要为粉砂、黏土；淮河水系冲积物分布于河流两侧，物源区以黄土为主，岩性较单一；风化残积物（即风化壳）分布于低平洼地，经过淋滤淀积作用，形成了耕性不良的砂礓黑土。地下水的分布在山区，基岩裂隙水分布不均；岗区大部分地区无良好含水层，地下水贫乏，岗间谷地地下水富集；平原区地下水丰富，浅层地下水位埋深 2～4m，补给条件好，开采方便，是农业灌溉用水的主要来源。

淮河流域位于东亚季风区，气候属暖温带向亚热带过渡类型，淮河以北属暖温带半湿润气候，以南为北亚热带湿润气候。年平均气温为 11～16℃，日照为 2000～2650h，降水量为 888mm，无霜期为 200～240d。从水汽来源来看，淮河流域对流层低层有 3 股水汽输送带，第 1 股气流为越赤道气流，水汽的输送作用最强；第 2 股气流来自南海地区，水汽的输送作用最弱；第 3 股气流来自菲律宾以东的热带太平洋地区。

古代淮河水系大体上包括独流入海的淮河干流以及干流南北的许多支流。淮北支流主要是洪汝河、颍河、涡河、汴泗河和沂沭河等，其中支流水系变化最大的是泗水水系。古泗水源出沂蒙山，经曲阜、兖州、沛县至徐州东北角会汴水，又在邳县的下邳会沂水、沭水，在宿迁以南会滩水，至今淮阴与淮河汇流。古泗水的上游部分与现在的泗河相似，下游部分由于黄河夺淮，已被南四湖和中运河所代替。古泗水流域面积比现今骆马湖以上沂沭泗水系面积要大，当时是淮河最大的支流。根据史料记载，黄河曾有数次侵夺淮河流域，但为时较短，对淮河流域改变不大。唯自 1194 年第四次大改道起，淮河流域的豫东、皖北、苏北和鲁西南地区成了黄河洪水经常泛滥的地区。黄河长达 661 年的侵淮，使得淮河流域的水系发生了重大变化。

淮河水系水质变化主要受控于人类活动的变化，近年来，水质改善不明显的根本原因是污染物排放总量未得到有效控制。研究显示，近年来淮河水系的生态环境具有以下特点：①颖河中下游地区与沭河中下游地区水生态系统脆弱，河流多处于病态。②涡河付桥闸、东孙营闸到蒙城闸段水生态系统不稳定，河流不健康。③洪汝河河流多处于亚健康状态，水生态环境自修复能力较强。④淮河水生态环境质量的突变点在临淮岗，上游生态环境质量较好。⑤西部、南部山区水库水生态环境质量相对最好。⑥整个流域水生态质量西高东低，南高北低；优劣顺序为西部和南部山区＞洪汝河水系＞涡河中下游地区＞颖河和沭河中下游地区。

总结以上情况，淮河流域的环境多种灾害并存，尤以洪涝、盐渍化、人为污染最为严重，河流、湖泊都经历了自然、人为的双重影响和改造，因此生态问题突出、区域环境承载力过载，急需探讨一条可行的可持续发展道路。而实现可持续发展的重要基础就是摸清流域自然环境的背景和控制因素，以顺应自然环境的发展方向，实现人与自然的和谐共处。自然环境的背景之一就是山区、岗地与平原、河流水系与湖泊的地质环境背景，包括构造格局及其演化过程、山区侵蚀与平原区堆积的历史与规律、河流演变历史及其构造、气候背景、湖泊演化历史及其成因等。

2011 年 8 月，中国工程院与清华大学合作成立中国工程科技发展战略研究院，首批正式启动的项目之一就是由沈国舫院士牵头的"淮河流域环境与发展问题研究"。其迫切性在于：①淮河流域是我国众多江河流域中的一个中等流域，规模巨大，相当于两个省。②淮河流域地势西高中凹东平，水易下不易泄。因此该区物产丰富，同时又灾害频繁。③淮河流域人口庞大，有广阔的生存空间，但又是经济发展的洼地，工业化和城市化发展程度较周边地区相对较低。作为我国主要的产粮区，又存在人均收入较低，人口外出务工比例大的特点。④淮河流域环境容量有限，环境问题尤其是水资源问题比较突出。⑤淮河流域除部分沿海地区（连云港市和盐城市）外，整体属于典型中部地区，中部崛起离不开淮河流域发展问题。

本书是该项目第一课题"淮河流域自然环境及人为影响"的研究成果。主要关注查明淮河流域的地质环境背景和主要地质灾害的特征与分布；淮河流域主要自然环境单元的演化变迁及其人为影响等两方面的环境背景问题。在淮南矿业（集团）有限责任公司的大力支持下，该成果完成于2012年，专著成稿于2013年。专著是在刘嘉麒院士和袁亮院士统筹领导下，由工作组组长秦小光、淮南矿业（集团）有限责任公司程功林同志和各专题专家一起筹划完成的，张磊、穆燕和陈永春做了大量文案工作。本书由综合报告和专题报告两部分组成，其中综合报告由秦小光执笔，各专题报告由各专题团队专家执笔完成，还参考了大量文献资料。书中可能有些资料、观点和结论已不贴合现在实际情况，但代表了当时学者们的研究水平和学术观点。不妥之处敬请指正。

作者

2022 年 1 月

目录

MULU

前言

综合报告

专 题 报 告

综合报告

ZONGHEBAOGAO

淮河流域地处我国东部南北典型气候过渡带，属亚热带与暖温带过渡的湿润-半湿润气候，降水量由南向北逐渐递减，多年平均年降水量为600～700mm，其中夏秋季节降水量约占年降水量的60%。受到低纬和中高纬等天气系统的共同影响，天气气候复杂多变，形成"无降水旱，有降水涝，强降水洪"的典型区域旱涝特征。进入21世纪以来淮河流域极端天气气候事件发生规律更为复杂。本课题旨在分析淮河流域近50年来（1961—2010年）的气候变化事实，近10多年来（2001—2011年）的气象灾害特征以及未来气候变化情景（2011—2020年，2010—2050年）的基础上，提出增强淮河流域气象和地质防灾减灾体系建设的对策建议。

从过去50年淮河流域的气候变化来看，年平均气温为14.5℃，呈明显增高的趋势，增温速率约为0.23℃/10a；从空间分布来看，东部沿海流域年平均气温升高趋势大于西部山区。其中年平均最低温增温趋势明显，增温速率为0.33℃/10a，而年平均最高气温增温幅度为0.13℃/10a，趋势不明显。流域地处中纬度副热带典型季风气候区，降水较为丰沛，但降水量年际变率较大且季节性变化显著。淮河流域年平均降水量为873mm，降水年内分配不均，年际变化较大，但并无明显的变化趋势。进入21世纪后，季风雨带常在淮河流域停滞，淮河流域洪水灾害呈现不断加剧的趋势。淮河流域年降水日数平均为123d，近50年波动中下降趋势显著，气候倾向率为−5.0d/10a。20世纪90年代以来，年降水日数减少更为明显。基于全球模式以及区域模式对未来气候变化预估，未来淮河流域气候变暖趋势将可能持续，夏季热浪天气更多而冬季极端低温呈减少趋势；流域降水量呈较为一致的增加，但增加幅度不大。

气候变暖改善了淮河流域农业生产的热量条件，作物生育期缩短，复种指数提高，作物冻害概率减少；但气候变暖导致春季霜冻危害和作物病虫害加剧，农业生态环境恶化。旱涝灾害频次增多，造成农业产量波动加大，农业生产的气候不稳定性增加。气候变化对农业的影响总体上是弊大于利。气候变化改变了淮河流域水资源状况，近50年淮河干流径流量有下降趋势，同时出现极端流量的频率有所增加。气候变暖及"南涝北旱"的降水分布格局，导致淮河水资源系统更加脆弱。气候变化影响淮河流域的森林生态系统结构和物种组成；春季物候提前，绿叶期延长。湿地生态脆弱性方面，湖泊水域面积减少，湿地萎缩；破坏湿地生物多样性。

淮河流域是我国旱涝灾害最为频繁的区域之一，旱涝灾害的特征表现为时空分布不均，且组合复杂，常常是年内交替出现，流域面上共存，进入21

世纪以来旱涝灾害趋于频繁，特别是 2003 年和 2007 年发生的全流域大洪水造成严重灾害；从旱涝格局来看，北旱南涝更加突出。此外，近 10 年来淮河流域春霜冻害有所增加；高温热害发生频繁；连阴雨危害南增北减；干热风危害总体减轻；日照时数在不断减少，尤其是夏季减少幅度最大。

一、淮河流域的地质环境背景

淮河干流发源于桐柏山脉大复山，东流至淮滨入安徽省境，经淮南、蚌埠，入洪泽湖。淮河南侧支流源近河短，坡陡流急，水网密度高。北侧支流源远河长，坡平流缓。平原区河道纵比降 0.1‰～1.0‰，水网密度低。多年平均河川径流深在南部为 300～600mm，北部小于 100mm；河川径流系数南部 0.4～0.5，北部 0.1～0.2。年内径流集中在汛期（6—9 月），汛期径流量占年径流总量的 60%～70%。7—8 月洪水机遇最高，1—2 月径流量最小。

（一）淮河流域的地貌特征及其地质背景

1. 淮河流域跨越华北板块、扬子板块和秦岭-大别断褶带等大地构造单元

淮河流域南北跨越华北板块和秦岭-大别断褶带两大构造单元（图 1），主体在华北板块内，主要基底构造线为东西走向，辅以北东向或北北东向次级断裂。东部的北东东向郯庐深大断裂则又将淮河流域以五河—合肥一线为界分成东西两部分，断裂东西两侧有不同地壳结构性质，西侧地壳是华北板块，东侧则具有独特的地壳性质，其上地壳属扬子板块，下地壳却具有华北地壳性质。这是郯庐断裂中生代大规模左行剪切活动时，断裂东侧扬子板块东部上下地壳拆离，上地壳逆冲覆盖到华北板块之上，形成了东侧特有的双层地壳结构。因此郯庐断裂东西两侧这种不同地壳结构性质导致了断裂两侧发育不同的地层沉积类型，西侧为华北板块沉积区类型，东侧则为扬子板块沉积区类型（马杏垣 等，1989）。

淮河流域中生代至新生代早期强烈的断裂活动将这一地域切割成一系列规模不等、起始时期各异的断陷盆地，形成厚达千米的内陆河湖相沉积，其特点是西部厚、东部薄，北部厚、南部薄。晚第四纪以来沉积范围逐渐缩小，湖盆消失，形成了现代淮河。

2. 淮河是流域盆地内一条重要的地貌分区界限

新生代以来，西部、南部的秦岭-大别断褶带上升接受侵蚀剥蚀，东部的豫皖断块和冀鲁断块下降接受沉积，形成了山地、岗地、平原三大地貌形态

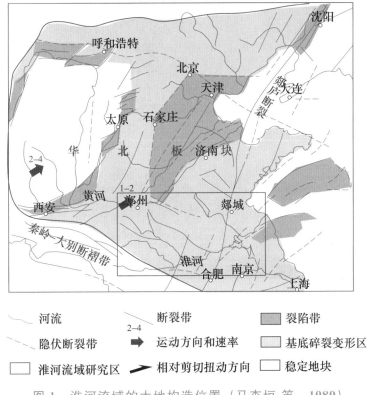

图 1　淮河流域的大地构造位置（马杏垣 等，1989）

类型。山地有西部的伏牛山和桐柏山、南部的大别山和东北部的沂蒙山，高程 200.00～2000.00m，多属中、低山和丘陵地貌。岗地分布于山前，高程 50.00～150.00m，地形坡度 1‰～8‰。平原分布于淮河两岸的广大地区，地势低平，高程 32.00～70.00m，地形坡度 0.1‰～1.0‰（图 2）。

　　以淮河为界，整个流域可分为淮北平原与江淮丘陵。淮北平原主要由淮河和黄河冲积物组成，地形西高东低（图 2），水系呈平行排列，6 条北西-南东向天然河流自西北向东南先后汇入淮河，主要有泉河、颍河、西淝河、涡河、浍河和沱河等（图 3），这些河流的特点是流程长、坡降小、大多缺少有效山地汇水区，南北向剖面上地形波状起伏、黄河故道由于黄泛沉积成为平原上的相对高点。淮河以南的江淮丘陵，地形相对升高，岗地圆缓，波状起伏，残丘零星分布，南西-北东向河流发源于南部或西部山区，自西南流向东北注入淮河（图 2），具有流程短、坡降大的特点，东西向地形剖面（图 2）显示出这些河流河谷具有明显东陡西缓的不对称特点，形成淮河南北两岸完全不同的河流发育模式。

　　淮河中游河段主体位于华北板块南缘，在安徽省五河县穿过郯庐断裂带

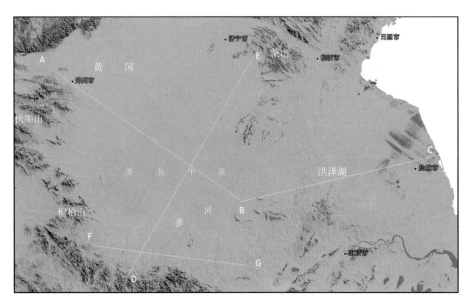

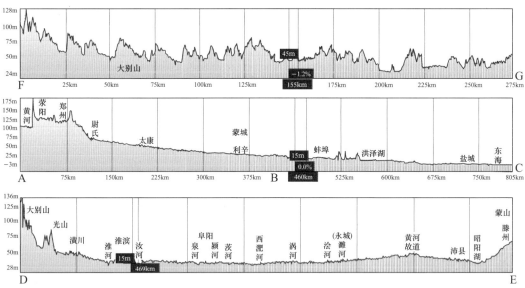

图 2　淮河流域地貌地势图及高程剖面

进入下扬子准地台。淮河中游河谷地貌可分两段，上段自王家坝至颍河口，河谷宽约 8～10km，河谷两侧分别为淮北平原和江淮平原构成的二级阶地，常呈南北对峙的岗地，与一级阶地之间有 5～8m 高的明显陡坎；一级阶地不对称地分布于淮河现代河床两侧，河谷宽缓开阔。下段自颍河口至洪泽湖口，河谷宽阔，达十几千米，河床局部低于海平面，北岸二级阶地和一级阶地连成一体，无明显界限，显示具有持续断陷下降特点，南岸局部残存二级阶地（曹厚增 等，2004；翟洪涛 等，2002）。

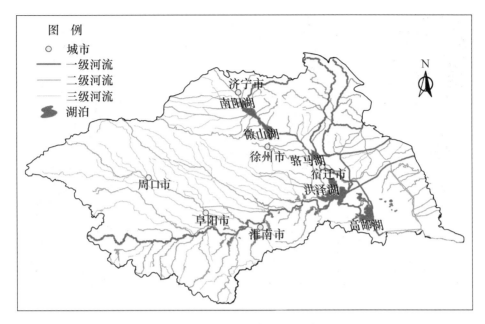

图 3　淮河中上游水系分布图

3. 地质构造控制了流域内的地形地貌和水系格局

流域内的活动断裂构造控制了大多数河流的空间展布。淮河南北两侧的河流受不同走向的断裂所控制，北侧的沱河、浍河、北淝河、涡河、茨河、西淝河、颍河、洪河等河流均呈北西-南东向展布，明显受北西向的新生代压剪性断裂所控制，而淮河以南发源自大别山的河流则大多为南西-北东流向，表现出受北北东-北东向张剪切断裂控制特点，如潢河、汲河、灌河、潢河等河流，史河在固始县由北西向突然转折成北北东向的直线河段也显示了典型的北东东向新华夏系活动构造的控制特点。

构造活动控制了流域内河流大规模决口改道的时间、方向和地点。穿越黄河的深、大断裂新生代以来一直处于活动状态，并且持续活动至今。研究表明，黄河的 7 次大改道中的 4 次自然改道处，均位于活动大断裂与派生断裂的交汇带上（图 4），显示活动断裂对下游河道堤防破坏性极大（郭新华 等，1992）。

黄河花园口附近发育的主要断裂有北东、北北东向的岩石圈型断裂（图 4），包括汤（阴）西、汤（阴）东、长垣、黄河及聊兰断裂，北西西向地壳型断裂，如新乡-商丘断裂，盖层型断裂，如郑汴断裂。根据其规模、运动速率、活动历史及控发地震等情况分析，强烈活动型的断裂有汤西、汤东、长垣、黄河及聊兰断裂，其次是新乡-商丘断裂（张连胜 等，2001）。

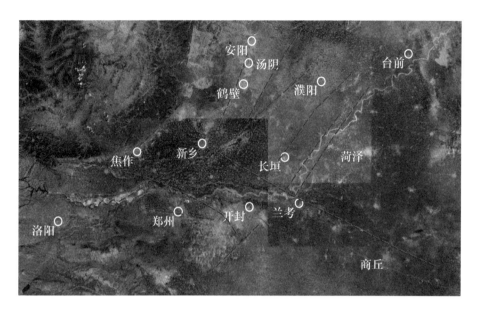

图 4　黄河兰考段区域深断裂展布解译图（图像来源：Google Earth）

对黄河、淮河、沙颍河等主要河流的变迁研究证明，构造活动相对活跃期是地质作用较强、地貌变化较快、地震和地裂缝等破坏性灾害相对集中发生的时期，这时的河流水系决口改道频繁，河流决口改道地点多分布在靠近大型活动性断裂带的下降盘一侧附近，这里也是地裂缝多发区，地形变幅度较大，堆积速度快，是河道防护的重点区段。河流决口改道的方向也多沿着沉降速度大的地区滚动，这里地势低洼，有利于水的汇集。因此从宏观上看，流域构造格局是淮河干支流排水不畅的主要原因（郭新华 等，1992）。

4. 淮河流域的第四纪构造活动形成了两个隆起带与两个沉降带

淮河流域第四纪以来的构造活动大致沿河流走向形成了两个隆起带与两个沉降带。由西向东分别是：伏牛山－大别山隆起带、淮北沉降带、徐州－蚌埠隆起带、苏北滨海平原沉降带（图5）（郭新华 等，1992）。

伏牛山－大别山隆起带位于流域西、南部，地形坡度较大，水土流失严重，缺乏第四系含水层，是主要易旱区和洪水发源地。隆起带北部即为江淮丘陵的北西部，淮河支流少且短，属于相对抬升区，地势向北微倾，在很大范围内地面高程约 27.00～40.00m。丘陵区出露前震旦纪的变质岩、混合岩和混合花岗岩。

淮北沉降带的中心是淮北平原，又称黄淮平原。整体为岗坳相间的舒缓波状平原，总体地势向南东微倾，在很大范围内地面高程维持在 25.00～30.00m 之间。沉积了较厚的第四纪地层，为典型堆积地貌景观，早、中更新统地层（Q₁₋₂）多被晚更新世（Q₃）河流相沉积物和全新世次生黄土所掩埋，全新世（Q₄）冲积层沿河流展布，地面高程多约 22.00m。第四系沉积物自东向西厚度增加。

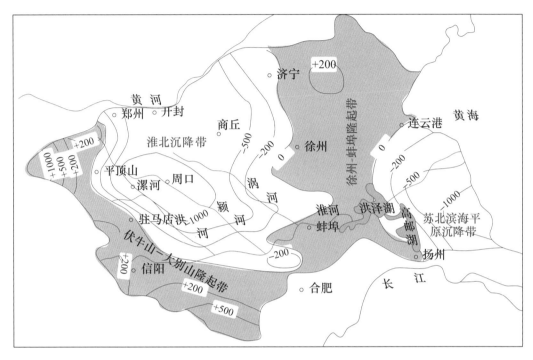

图 5 淮河流域新构造运动图（等值线数字为新构造运动幅度，负值为下降幅度，正值为上升幅度；灰色区为上升区，白色区为下降区）（郭新华 等，1992）

淮河中游河段地形低洼，河曲发育，排水不畅，河道变化频繁。西受隆起山岗区来水压力，东受徐州-蚌埠隆起带对排水的阻滞，容易发生洪涝和内涝灾害。从地质上看，断裂活动和地壳变形都对河流水系的变化有重大影响。

（二）淮河流域地质构造特征与活动方式

1. 郯庐断裂是流域内地质地貌的重要控制构造

（1）郯庐断裂是中国东部的一条主干深大断裂。

淮河流域内最显著、最重要的构造形迹就是郯庐断裂（图 6）。郯庐断裂带是东亚大陆上的一系列北东向巨型断裂系中的一条主干断裂带，在我国境内延伸 2400km，切穿中国东部不同大地构造单元，规模宏伟，结构复杂，是地壳断块差异运动的接合带，也是地球物理场异常带和深源岩浆活动带。

郯庐断裂带北段包括在黑龙江省和吉林省境内的依兰-伊通深断裂、辽宁

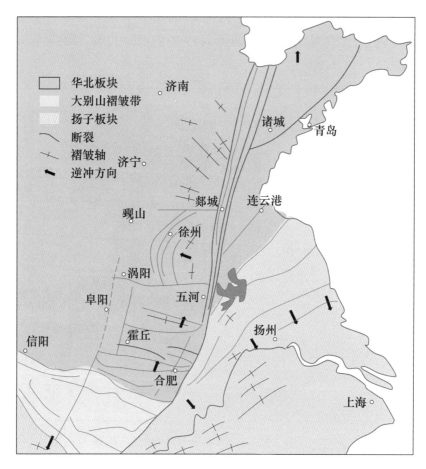

图6　郯庐断裂郯城-合肥段构造格架图

省的开源-营口-潍坊深断裂（又称辽东滨海断裂）、苏皖境内的安江山断裂（或称皖苏鲁断裂），以及1959年命名的郯城-庐江深断裂（狭义）等。

　　郯庐断裂带中段由一束平直的走滑断裂组成（图6），断面向东陡倾，其两侧变形特点有明显不同。东盘以长距离牵引拖曳为主，断续出露的青白口纪张八岭群、震旦系及古生代地层，在庐江和张八岭一带呈北北东走向，向北逐渐向东偏转，至苏北宿迁-泗洪、响水-淮阴一带转为北东、北北东向。总体呈北东-北北东向大型弧形构造，其间可能有一些规模较小的拉断现象，显示牵引变形特点。郯庐断裂带的西盘构造带与构造线主要为北西西-东西向，与走滑断裂带直交，不具拖曳特点，出现巨大断距。

　　郯庐断裂带南端达长江北岸，与扬子陆块北缘逆冲断裂带以及大别推覆体前缘断裂带同时终止广济附近，即它们具有共同终点，因此郯庐断裂带西侧的深层俯冲和大推覆与郯庐断裂带的大平移有密切的成生联系。平移作用导致和加强了西侧华北陆块的深层俯冲和大别块体向南挤出与推覆效应。而推覆与俯冲是以郯庐断裂带为边界条件，并使走滑断裂带随推覆同步发展延伸（宋明水 等，2002；陆镜元 等，1992）。

（2）郯庐断裂带是一条形成古老、多期活动的深大断裂。

郯庐断裂带形成于中元古代，经历了多期构造运动，不仅是一条"长寿"的以剪切运动为主的深断裂带，而且是一条近期以右旋逆推为主的活断裂带，同时也是一条具有明显分段、活动程度不等的地震活动带。

根据地质依据和大量定年数据，郯庐断裂带启动于三叠纪末（2088—245Ma），是当时扬子板块与华北板块之间的秦岭-大别碰撞带以东的一条走滑断层。断裂带西侧大约也在印支期发生了华北陆块向南俯冲，处于中下地壳的大别山"山根"受到挤压深层发生超高压变质，开始挤出，在中部层次形成低温高压蓝片岩带，于侏罗纪时大别岩块大规模向南逆冲推覆。中生代燕山期，因太平洋板块向西俯冲到欧亚板块（广义）之下，而使郯庐断层带向北大幅度延伸，强烈左行走滑始于侏罗纪-早白垩世（100—208Ma），并转化为逆冲断层。早白垩世末期，由于郯庐断裂的左行平移，郯庐断裂西侧的华北陆块基底向南俯冲到扬子陆块基底之下，磨子潭-晓天断裂南侧的北大别杂岩逆冲到晓天盆地黑石渡组之上，并导致合肥盆地萎缩，大别山进一步抬升。晚白垩世至古近世为伸展期，中国东部总体受伸展构造所控制，以发育盆岭体系为特征，大别山因重力均衡作用而进一步抬升，四周断陷。

新近纪由于西太平洋弧后扩张和印度板块向北碰撞在华北形成北东-北东东向挤压，断裂带在新生代挤压活动中切入上地幔，出现了地幔剪切、地幔交代、部分熔融等深部过程，最终形成了挤压背景下的陆内断裂带大规模的玄武岩喷发，如女山和嘉山的第四纪火山、盱眙的玄武岩熔岩台地等。断裂带转化为以右行挤压为主的活动性质，并由此造成了淮河流域现今北东东至近东西向挤压应力场作用下特殊的北东东向拉张断陷、北西向挤压的构造环境，并由此控制了流域内河流地貌的形成发育。

（3）郯庐断裂带是一条现今仍在剧烈活动的岩石圈断裂。

历史记载表明，郯庐断裂带是一条处于活动状态的地震活动带，断裂带及其附近两侧，大大小小的地震活动从未间断过。公元前70年6月1日山东诸城一带的7.3级地震。1668年7月28日山东郯城8.5级大地震，波及大半个中国，是我国东部千年罕遇的一次特大地震事件。1957年10月6日渤海中部发生7.5级地震。1969年7月15日渤海中部再次发生7.4级地震。1975年

2 月 24 日辽宁海城发生 7.3 级地震。这些地震的震中都在郯庐断裂带或其附近，是断裂带间歇性活动所引发。

（4）郯庐断裂东西两侧淮河流域有不同地壳结构性质。

在淮河流域内的是郯庐断裂南段的宿迁-合肥段，它发育在扬子断块与华北淮阳断褶的交界处，其介质相对较软，结构比较简单，构造应力量级不高，地震活动强度也不大，其地震活动水平较北段（肇兴-沈阳）略高一些，低于中段（沈阳-宿迁）。以五河-合肥一线为界，断裂两侧属于不同的板块单元，西侧地壳是华北板块，东侧则具有极为独特的地壳性质，其上地壳属扬子板块，下地壳却具有华北地壳性质，是由于郯庐断裂中生代大规模左行剪切活动时，扬子板块东部上下地壳拆离，上地壳逆冲覆盖到了华北板块之上（图7）。因此淮河大致以郯庐断裂为界，东西两侧的流域区具有完全不同的地壳结构特征，这种不同地壳结构性质导致了断裂两侧地壳第四纪以来具有不同的地质形变特征，洪泽湖以东地区具有整体同步升降的特点，而以西地区则以断陷与隆起为特征，沿淮河中游形成了北东东向展布的断陷沉降槽，断陷

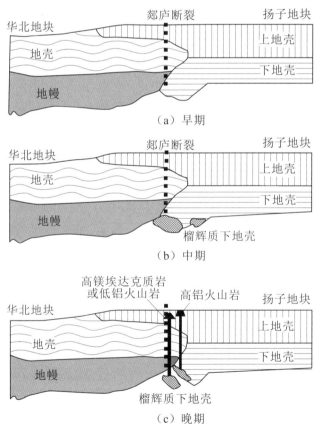

图 7　郯庐断裂东侧扬子板块地壳拆离及下地壳拆沉示意图（资锋 等，2008）

槽北侧则形成了以北西向压剪性断裂为特征的相对隆起区。

（5）郯庐断裂控制形成了徐州-蚌埠隆起带。

由于郯庐断裂长期的挤压剪切活动，尤其是新生代以来的北东东向挤压应力作用，沿郯庐断裂带不仅出现了大规模的新生代（甚至第四纪）火山活动，发育了明光的女山、嘉山等第四纪火山口，以及盱眙的第四纪玄武岩台地（图8），而且在徐州-蚌埠一带形成了南北向展布的众多基岩低山，该隆起带上第四系沉积物厚度小，构成了东西两侧凹陷盆地的中间隆起分隔带（图5）。正是徐州-蚌埠隆起带的阻挡，使淮河上游洪水被阻挡在中游一带，造成洪泽湖以西洪水的顶托滞留。

（a）女山火山口（山后水域是洪泽湖）

（b）盱眙玄武岩熔岩台地及其古海蚀崖地貌

图8　郯庐断裂带上的第四纪火山岩（图像来源：Google Earth）

2. 淮河构造变形带是郯庐断裂带西侧的构造沉降带

淮河流域主要位于华北板块南部，地处华北、扬子板块和秦岭-大别褶断带3个大地构造单元的接壤地带。淮河构造变形带是指华北板块南缘的淮河中游区，也是淮河中游断裂沉降带，又称淮河中游断陷，位于郯庐断裂带西侧，其东端终止于郯庐断裂带，变形带的南北两侧为华北板块南缘次一级的皖中块体和淮北块体，两块体内也分别发育有多条断层，历史上记录到5次中强震。

（1）淮河构造变形带是新构造运动时期由不同走向断裂构成的断裂沉降带。

中国东部北东向、北西向、北北东向和近东西向4组活动断层控制着地貌和沉积物的发育，并且普遍以北北东向和北东向活动断裂和断陷盆地为主，在此背景上再反映出北西和近东西断裂活动的特征（陆镜元 等，1992）。

淮河构造变形带断裂构造比较发育，主要为近东西向和北北东向两组断裂，以及北东和北西向断裂。从断裂截切地貌的情况分析，有的断裂具有控制淮河河道流向的作用。变形带内近东西向断裂具压剪特征，而北北东向则具张剪性质（图9）（翟洪涛 等，2002）。

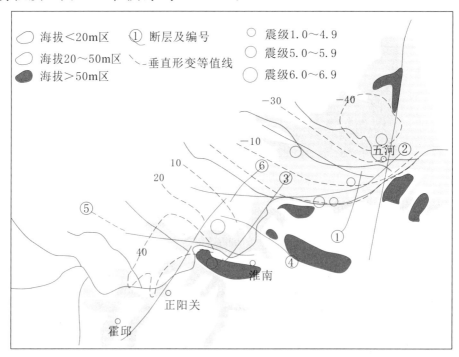

图 9　淮河构造变形带主要断裂分布及 $M \geqslant 4$ 地震震中分布图
（翟洪涛 等，2002；刘东旺 等，2004）
①—临淮关-亮岗北北东向断裂；②—怀远-黄家湾东西向断裂；③—固镇-怀远北北东向断裂；
④—明龙山-上窑北西向断裂；⑤—阜阳-风台东西向断裂；⑥—明龙山-正阳关北北东向断裂

　　阜阳-凤台东西向断裂（图9中编号⑤）：该断裂自西向东经阜阳口孜集、颍上谢桥、凤台至淮南二道河，总体走向近东西，为印支-燕山期强烈活动的逆冲断裂，新生代以左旋平移为主，全新世以来仍具明显活动性。凤台东侧钻孔揭示为一铲形断裂，断面南倾，上陡下缓。浅层地震揭露该断裂走向为北西，倾向南西，倾角约70°，断裂断在中更新统底界，埋深80～90m，垂向断距5～10m。重力异常和磁异常平面图上均具明显梯度带。全新统沉积层被扰动变形说明现在仍在活动，是新生代以来一直活动的继承性活动断裂，但因其断面为铲形，所以深度上延伸不大，底部为近水平滑动面，滑动面为软弱层，能量不易大量积累。此外第四系沉积物中的揉皱变形及河流的S形扭曲均说明该断裂是一条以蠕滑为主的活动断裂。

　　怀远-黄家湾东西向断裂（图9中②）：位于怀远-黄家湾一线，大致沿蚌埠复背斜核部展布，走向近东西，北倾，断面陡立，显示逆冲性质，是一条隐伏断裂，重力和航磁异常图上均有显示。钻孔揭示该断裂发生在早元古代变质岩中，且被北北东向断裂切割成数段。该断裂平行于淮河河道展布，是控制淮河河道的一条断裂，近代有微弱活动。

　　临淮关-亮岗北北东向断裂（图9中①）：展布于临淮关-东刘家湾-江山-亮岗一带，走向上呈波状弯曲，总体走向20°。临淮关、东刘家湾一带的挤压构造带宽0.5～2km，挤压面理发育，硅化及碳酸盐化明显。查潘村-亮岗一带，发育宽达3km的构造角砾岩带，为长期活动的构造带。

　　固镇-怀远北北东向断裂（图9中③）：该断裂为北北东向展布隐伏断裂，卫片上线性影像清晰，经电测深、钻探证实存在。重力异常图上是重力异常的交变衔接部位。钻探揭示，尹集、怀远一带，前震旦系、震旦系、侏罗系、白垩系地层走向不连续，前震旦系地层西延受到控制，为蚌埠块隆的西界断裂，控制新第三系和第四系的沉积。该断裂东侧，1979年3月2日在固镇东南发生5.0级地震。

　　明龙山-正阳关北北东向断裂（图9中⑥）：该断裂总体走向北北东。地形变资料表明断裂西南段的西侧处于下沉状态而断裂东南侧则不断上升，下沉幅度最大的部位位于凤台西南的沫河口，这也是皖北地区下沉幅值最大的地区。1831年怀远明龙山6.0级地震发生在该断裂附近。

　　北北东向断裂张剪性质为主，多切割近东西向断裂，属新生代活动断裂，往往与近东西向断裂一起构成淮河流域中的发震构造。这些断裂构成了淮河构造变形带的基本格架。

（2）淮河断裂沉降带是地裂缝集中的活动构造变形带。

该带历史上的 5 次中强震记录、地质岩芯钻孔及形变资料都显示这些断层仍具活动性（陆镜元 等，1992）（图9）。其中北东向断层与近东西向断层的交汇部位发生了 1831 年凤台东北（32.8°N、116.8°E）6.0 级地震，震中烈度达Ⅷ度。

该变形带也是一条地裂缝密集带（图10）。自 20 世纪 60 年代以来，河南省淮河流域规模最大的地裂缝带就是 1974 年以来发生的潢川-固始-颍上-寿县地裂缝带。该地裂缝带横穿河南省息县、潢川、光山、商城、固始、淮滨及安徽省阜南、颍上、金寨、霍邱、六安、寿县等 12 个县（市），南北宽 70km，东西长 200km，面积 1.4 万 km²，引起 7000 余间房屋（河南省内 2000 余间）开裂，大量耕地被破坏（黄光寿 等，2002）。地裂缝的展布特征指示了淮河构造变形带具有强烈的拉张断陷性质。

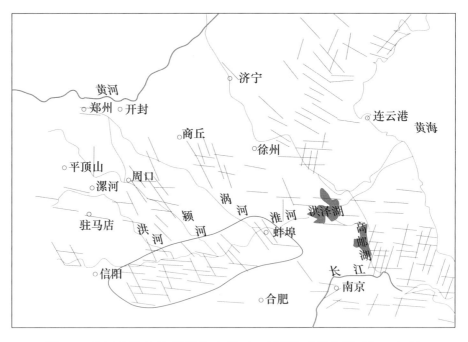

图 10　淮河中游的地裂缝集中带（红线区）（马杏垣 等，1989）

（3）淮河断陷南缘断裂是具有断面北倾、铲状正断特点的主干断裂。

淮河构造变形带与其他断陷盆地不同，具有特殊性，总体呈现为北东东走向的拉张断陷带，活动断裂以新生的北西向、北北东向和近东西向为主，还有北东向断裂的继承性活动，表现为追踪老断裂而形成锯齿状断陷边界（图11）。

淮河河道明显的南迁特点和北侧河流的北西向展布特征显示淮北平原具有西北高东南低的掀斜特点，并且主干控制断裂是淮河断陷的南缘断裂，该断裂追踪早期的东西向和北东向断裂而形成，具有向北倾斜的铲状特征（如图 11 的剖面显示），而北盘的次级第四纪断层具有反向正断的特点（图 12）。淮河断陷剖面的掀斜性质造成了北侧地形缓倾河道长、南侧陡倾河道短，北西向断裂压扭，东西、北东东向断裂张裂以及淮河河道明显南移的特点（图 13）。

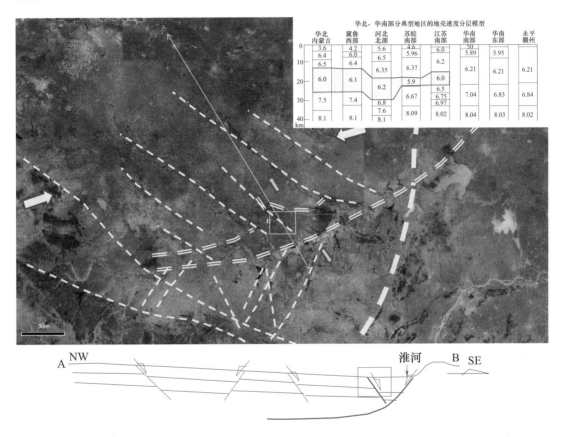

| | 华北、华南部分典型地区的地壳速度分层模型 | | | | | | | |
华北内蒙古	冀鲁西部	河北北部	苏皖南部	江苏南部	华南南部	华南东部	永平赣州
3.6	4.2	5.6	5.96	6.0	50 5.89	5.95	
6.4	6.0	6.5		6.2			6.21
6.5	6.4	6.35	6.37		6.21	6.21	
6.0	6.1	6.2	5.9	6.0			
			6.67	6.5			
7.5	7.4	6.8		6.75	7.04	6.83	6.84
				6.97			
		7.6					
8.1	8.1	8.1	8.09	8.02	8.04	8.03	8.02

图 11　淮河断裂沉降带及淮北平原构造格架、南北向剖面

〔黄线为隐伏断裂，红色箭头指示挤压应力方向，蓝色箭头指示拉张应力方向，
图中方框是图 12 地震剖面位置；地壳速度分层模型（陆镜元 等，1992）〕
（图像来源：Google Earth）

根据周国藩等（1989）对华北典型地震测深资料的分析，华北地区的地壳主要呈 3 层结构，即从几千米到十几千米厚度的上地壳，十多千米厚的中地壳和约十千米厚的下地壳。各地的中地壳多有较厚的低速层存在，是主要的蕴震层，也是表层控盆铲状断裂主要的深部滑脱面。因此淮河中游断裂沉降带主干控制断裂很可能也以此深度为深部滑脱面（图 11）。

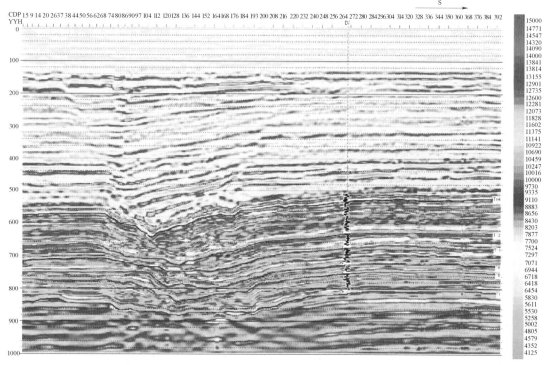

图 12　淮河断陷内铲状断层地震剖面（Strata 波阻抗反演剖面）（庞忠和，2009）

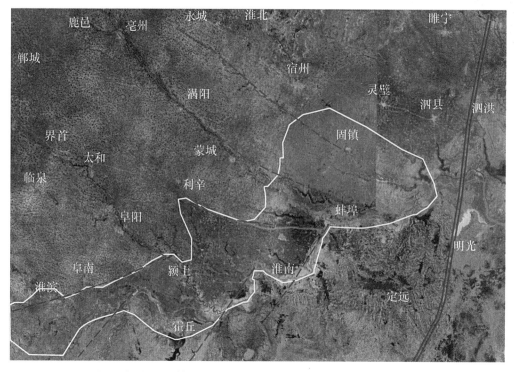

图 13　淮河中游断陷槽内河道南移和追踪早期断裂形成的不规则边界
（红线为断裂，黄线为断陷槽范围）（图像来源：Google Earth）

淮河流域的北西向断裂平行分布，在北东东-东西向挤压应力作用下，具有挤压性质（图11），规模很大的构造地貌，如苏北海岸线，近1000km的徽山湖-太湖湖泊带，嘉山-江宁新生代玄武岩（含有超铁镁包体）喷发带，淮北一系列平行河流，以及与湖泊带、玄武岩带相伴分布的涡阳-溧阳北西向地震活动条带等。北西向断裂还切错、改造郯庐断裂南段使之呈弧形弯曲，说明该区北西向断裂活动比北北东向断裂活动更新更强烈。

近东西向断裂不但反映在淮河等河道上，更形成了大别山-黄山中山区、江淮-苏南丘陵区和淮北-苏北平原区3个台阶状二级构造地貌单元间的分区界线。沿分界线地震活动相对频繁，而且在大别山-黄山北麓还分布有早第三纪中性喷发岩。

从上述情况可以看出，新构造运动时期（即喜山期）淮河构造变形带以伸展作用为主，北西向、近东西向断裂活动具有重要影响，主要特点如下。

1）淮河断陷带限于北东东走向的槽带范围内。

2）淮南矿区基本都在淮河断陷带范围内。

3）郯庐断裂两侧具有不同的沉降特点。

4）淮河断裂沉降带具有左行拉张断陷特点。

淮河中游区处于华北应力场和华南应力场的共同作用下，其地震活动可能主要受控于华北应力场，根据中国东部近期地震资料，该区处于近东西向应力场作用下。

对1974年以来中小地震震源机制解的参数聚类分析表明（图14和图15），各块（带）平均主压应力轴和主张应力轴的倾角多数接近水平，最大为29°，最小为6°，平均小于15°；B轴较为陡立，其倾角最大为81°，最小为55°，平均大于70°。表明淮河中游区构造应力以水平作用为主（刘东旺 等，2004）。

主压应力轴方位在71°～87°之间分布，平均为81°，与该区20世纪70年代的平均结果（NE78°）基本一致，说明该地区近30年来平均构造应力场状态整体上没有大的改变。主张应力轴方位分布范围为152°～178°。淮北块体P轴优势方位为85°，其压应力作用方向为南西西向，皖中块体P轴优势方位为267°，其压应力作用方向为北东东向，因此在两块体分界的淮河构造变形带上可能存在一定左旋剪切作用，造成这一地带历史上中强震相对多发。

区内震源断层的滑动方式，即以近走滑型或斜滑型为主，而部分区域倾滑型比例也较大。由震源机制解中B轴倾角α的频数统计分布可知：淮河构

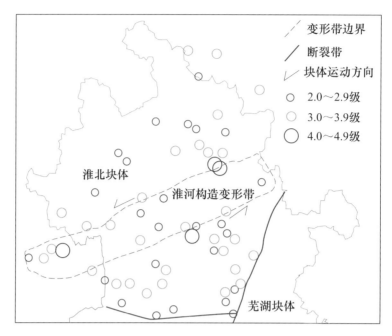

图 14 淮河流域及邻区现代中小地震震中分布（刘东旺 等，2004）

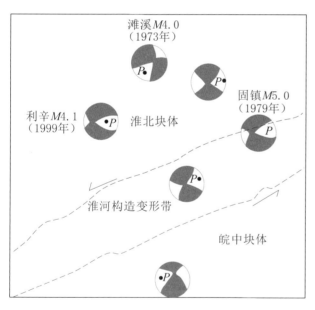

图 15 淮河构造变形带及其南北侧区块
应力场和相对运动方向（刘东旺 等，2004）

造变形带及其两侧块体上震源断层破裂类型均以斜滑型（$31° \leqslant \alpha < 60°$）为主，即走向滑动中兼有倾滑成分，同时一些倾滑破裂（$\alpha \leqslant 30°$）地震，完全走滑型或近走滑型破裂（$61° \leqslant \alpha < 90°$）地震相对较少。说明淮河构造变形带以张裂断陷为主要特点，略具一定走滑性质。

（4）淮河流域地震震级小、频数少，但烈度大。

淮河流域地区虽然地震震级偏小、频度偏低，但由于人口稠密、城镇密集、经济发达，一次中强地震对社会的冲击比一次强震对中国西部的危害还大，因而对该区地震活动性特征进行分析应引起各界关注（陆镜元 等，1992）。

淮河流域及南黄海地震区地震活动的相对平静和显著活跃期可以划分如

下：①第一平静期（ —1450 年），第一活跃期（1451—1679 年）；②第二平静期（1680—1811 年），第二活跃期（1812— ）。

1900 年以来中强震的震级 M 随时间 t 的变化见图 16，可见目前应该进入了相对平静的时期。

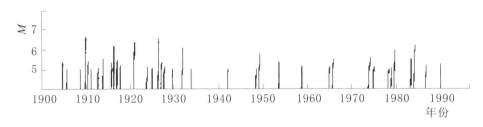

图 16　淮河流域及南黄海地区 $M \geqslant 5$ 中强震 $M - t$ 图

3. 淮河上游地区也在 NE - NEE 向挤压应力作用

淮河上游主要位于河南省境内。受早更新世晚期以来桐柏山、大别山隆起的影响，桐柏山-大别山以南的掀斜地貌区不断发生自北向南的掀斜隆升；信阳以北的堆积平原区在晚更新世以来表现为区域间歇性隆起，改变了平原区的沉积环境，早、中更新世时期发育的浅湖消失，形成淮河，构成完整的淮河水系（李玉信 等，1987），其后发育了二级河流阶地，但隆升幅度较小。

武汉-信阳及其邻接区 1972—2001 年 50 个 $M_s \geqslant 2.8$ 级地震震源机制解结果显示，信阳地区的主压应力轴优选方位以北东向（NE33°）为主，北西向（NW297°）为辅，反映该区地震主要由剪应力引起断层走滑错动而产生（李细光 等，2003），这与淮河中游构造变形带的断陷为主特点有所不同。

该区自公元元年至今共记载 $M_s > 4.7$ 级地震 41 次，无 7 级以上地震，这些地震带状集中于东南部和西北部，明显受断裂构造控制，中、强地震均发生于北西向和北东向断裂交汇处。地震震源深度多集中于地壳 10～15km 深度范围内，反映中地壳低速层是主要蕴震层，也是表层断裂主要的深部滑脱面（图 17 和图 18）。

4. 淮河流域地质环境的主要认识

1）淮河中游的淮滨至泗县段受控于北东东向断裂，处于拉张环境，具持续断陷特征，因此该河段的低洼滞水性质不可能改变。

2）淮滨至泗县段北东东向北倾正断层具有掀斜性质，造成北侧上盘地面向东南缓倾，因此淮河北侧支流流程长、南侧支流流程短。

3）淮河北侧支流汇水区面积大、汇水慢，易内涝、补充地下水，后果是

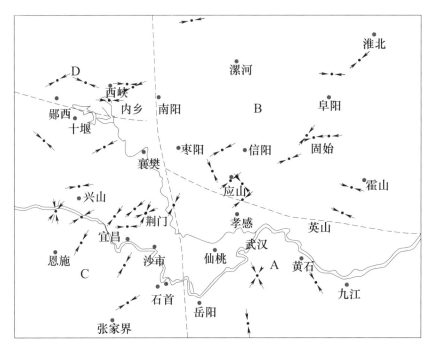

图 17　武汉–信阳及其邻区主压应力 P 轴空间分布图（李细光 等，2003）

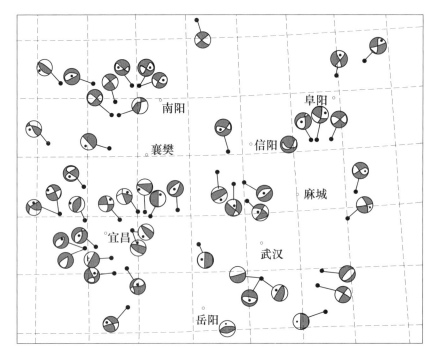

图 18　武汉–信阳及其邻区震源机制解（李细光 等，2003）

面源污染强，且易进入地下水。

4）淮河南侧支流坡降大岗地多、地下水位深。

（三）淮河流域环境的地质背景

1. 地表沉积物类型决定了耕地质量水平

淮河流域地表绝大部分为第四系所覆盖，主要为全新统和上更新统，整个流域的地表物质类型有以下特点：山区地表以基岩为主，山前岗地以风成黄土为主，平原区以次生黄土、冲洪积物为主（郭新华 等，1992）。

伏牛山-大别山山前岗区以第四纪风成黄土为主，少量坡洪积物和洪冲积物。黄土厚 20～60m，粒度由北向南变细。黄土分布面积广，披覆在不同地形之上，夹多层古土壤。该区黄土有别于西北黄土的特点是粒度偏细、碳酸盐淋滤、淀积作用较强，是黄棕壤及砂礓黑土的主要成壤母质之一。由于缺乏含水层，抗旱条件差。

这些岗区根据地貌成因、时代及形态分为西部 Q_2～Q_3 风积岗地（前者为主，后者为次）、北部 Q_2～Q_3 风积岗地、Q_3～Q_4 风积冲积岗地和岗间谷地几种类型。平顶山以南的山前地带为 Q_2～Q_3 风积岗地，岗地形态较平缓，地表黄土岩性为黏土和亚黏土，易旱易渍。以北的 Q_3～Q_2 风积岗地，地形起伏较大，排水条件好，蓄水条件差，是主要易旱区；Q_3～Q_4 风积冲积岗地分布于郑州-新郑一带，为零星残岗，地表岩性以粉砂、轻亚砂土为主，风沙为害，耐旱条件差；岗间谷地为冲积平地地形，浅层地下水丰富，是农业高产区，沿河道两侧时有洪涝威胁。

平原区可分为 3 种堆积物类型：Q_4 晚期黄河泛滥冲积平原；Q_4 中晚期洪河、汝河、颍河冲积平原以及 Q_3～Q_4 沼泽平原 3 种类型。黄泛冲积物分布于北部黄河、沙颍河之间的广大地区，特点是堆积时间短、层次多、变化大，从粉砂到黏土均有分布。

水系冲积物分布于河流两侧，物源区以黄土为主，岩性较单一，形成的古河道高地、决口扇和泛流堆积微高地，一般是农业高产区，具有一定的耐旱耐涝条件。河间洼地和古沼泽平原，由于地形低洼，土质黏重，是旱涝灾害多发区，形成耕性不良的砂礓黑土。

2. 地质地貌条件直接影响农业经济发展

（1）地形坡度与涝灾频率成反比。

在天然条件下，下垫面水分的分布与地形坡度有很大关系，据 1949—1978 年涝灾资料统计，地形坡度小于 0.5‰的地区，受涝频率大于 35％，地形坡度大于 5‰ 的地区，涝灾频率一般小于 20%。

（2）流域水网密度与当地暴雨量成正比。

水网密度是流域蓄水排水能力的指标之一，在自然状态下，流域暴雨和降雨量越大，其水网密度也越大。但由于人类活动和地质环境的关系，平原土地的开发与河道整治，湖泊萎缩消失，改变了自然水面率，水网的调蓄和排水能力也相应降低。局部地区出于除涝需要又人为增大了水网密度。前者导致蓄排能力不足，洪涝灾害加重；后者造成水资源流失人力物力浪费和灾区转移。小洪河、汾泉河两流域水网密度偏低，说明流域水网密度与降雨特征不适应。其原因在于人口密度过大，湖泊干枯萎缩，水面率变小。

（3）河流交汇角与地势比成正比。

河流交汇角指两条河流交汇的夹角或支流汇入干流的夹角。在平原地区，地形越平缓，河流交汇角越小。据此可分析河流的排水条件。河流交汇角小于 25° 的平原地区，河道排水不畅，洪水倒灌顶托，内涝危害严重。区内沙河与颍河、小洪河与南汝河交汇角小于 20°，表明周口、班台两地段的防洪除涝任务繁重。

（4）包气带土的水分物理性质与旱涝灾害的关系。

近代河流冲积亚砂土，水分调节能力强，渗透性中等，毛管性能好，遇旱可得到毛管水补给，遇涝有一定的自身消化能力，是该区相对耐旱耐涝的高产农田。

亚黏土渗透系数小，自身排水条件差，有效水分含量低，湿时黏重，干后易裂，易旱易涝，渍害严重。

粉沙渗透性强，保水性差，正常含水量低，遇风起砂，不利农作物生长，容易发生干旱，在地下水位高的低洼地，则由于毛管作用强烈，水分蒸发量大，容易发生盐碱化。

（5）水文地质条件与旱涝灾害的关系。

在土地大量开发利用之后，地下水库是平原区消化当地产水的主要蓄水体之一。地下水位过高，平原区截蓄雨涝产水的能力相应减少，增大地表径流和河道行洪负担。在同样气象和地貌条件下，地下水位埋深小的地区易涝易渍，灾情加重。地下水位过高的地区往往又是地下水开发程度低的地区，由于缺少灌溉设施，抗旱条件差，加重了旱灾损失，如区内的洪汝河平原，浅层地下水较丰富、易开采，一些地段地下水位埋深小于 2m，内涝和渍害严重，遇旱又无能为力。

（6）地质条件与旱涝灾害的关系。

不利水利工程稳定的岩土有两类：一类是淮北平原广泛分布的亚黏土，该类土黏性较强，有一定胀缩性，冻胀后易碎裂，造成沟渠边坡垮塌，底部淤堵，影响灌溉除涝效益；另一类是北部地区分布的粉砂类，该类土结构松散，黏结力差，易风蚀和水蚀，坡岸稳定性差，常因边坡砂土流动淤堵沟、河、渠等水道，因其渗透性强，漏水严重，是影响水利工程效益和寿命的不利因素。

（7）地下水的分布。

山区基岩裂隙水分布不均；岗区大部分地区无良好含水层，地下水贫乏，岗间谷地地下水富集；平原区地下水丰富，补给条件好，开采方便，是农业灌溉用水的主要来源（郭新华 等，1992）。

3. 旱涝灾害分布的地质模式

在气象条件确定的情况下，根据形成旱、涝灾的主导因素、涝灾类型和危害情况把全区归纳为以下模式。

（1）涝灾分布的地质模式。

1）砂礓黑土渍涝、内涝、洪涝交互发生区：分布在河间洼地、沿河洼地及地下水位较高的砂礓黑土分布区。

2）泛滥平原洪涝、内涝多发区：分布在岗区与平原交叉部位和山区河流的河道两侧，主要受河道山区洪水决口泛滥的威胁。

3）黄河冲积平原扇间、河间洼地内涝洪涝区：分布在黄河冲积扇扇间洼地、扇前洼地和现代沿河洼地，地形低平，排水条件差，受黄河洪水泛滥威胁。

4）平缓岗地土壤排水不良渍涝多发区：分布在淮南、正阳、驻马店、舞阳等平缓岗地，土壤质地黏重，自身排水不良，阴雨天气较多。

5）岗间谷地山区洪水威胁区：分布在山前河谷沿岸，主要受山区洪水威胁。

6）起伏岗地不易受涝区：分布在北部岗区，地面排水条件好，不易受涝。

7）山区局部洪涝危害区：分布在山间盆地和山区河谷两侧的滩地。

（2）旱灾分布的地质模式。

平原和岗区先按易旱程度分为三大类：易旱区、较易旱区和相对耐旱区。然后再根据形成旱灾的地理、地貌、土壤、气象，作物及农业期望值等主导因素进一步分区，共有如下几种分布模式。

1) 砂礓黑土易旱区：分布在淮北平原和黄河冲积扇扇前洼地的砂礓黑土出露区。

2) 沙丘沙地易旱区：分布在黄河冲积扇顶部和新郑附近的风积冲积岗地。

3) 黄土岗地雨量偏少易旱区：如嵩箕山东、南侧黄土岗地。

4) 伏牛山-桐柏山山前黄土岗地雨量不均易旱区：分布在舞阳、驻马店、正阳等山前岗地。

5) 大别山前黄土岗地水稻易旱区：分布在淮南岗地。

以下几种易旱区仅占较少比例。

6) 黄河冲积平原包气带多层结构较易旱区：分布在黄河冲积平原的局部地区，包气带多层结构，毛管水受阻，有效水含量低。

7) 河谷冲积平原高产作物较易旱区：分布在颍河、沙汝河、洪汝河及淮河河谷冲洪积平原（岗间谷地）。

8) 双洎河、颍河冲积扇高产作物较易旱区：分布在双洎河、颍河古河道高地上。

9) 现代河流冲积平原亚砂土相对耐旱区：分布在全新世河流冲积平原和古河道微高地。

4. 淮河流域地质环境分区

根据以上分析，淮河流域的地质环境可以划分成以下几个区（图19）：

1) 淮河上游-山前区：主要在平顶山-驻马店一带；资源型城市多，地理位置偏西，山区地质灾害多。

2) 淮河北侧缓倾平原区：主要是阜阳-周口-商丘一带。地形平缓、无汇水山区、排水不畅，污染治理难度大；地下水利用度高，存在水资源瓶颈；宜农和农产品加工，不宜高污染化工。

3) 淮河断陷区：主要是从淮滨到淮南、蚌埠一线。有粮有煤；地势低洼，易洪涝；有大面积采煤塌陷区。

4) 淮北-徐州低山区：有煤、制造业发达，无大江大湖。

5) 淮安滨海平原区：滨海，有港口、运河，地势平坦、水流慢，位置偏东。

6) 洪泽-高邮低洼平原区：地势低洼、易涝，位置偏东南。

7) 大别山前-淮河南侧丘陵区：地形落差大、暴雨洪水多，缺乏代表性特色产业。

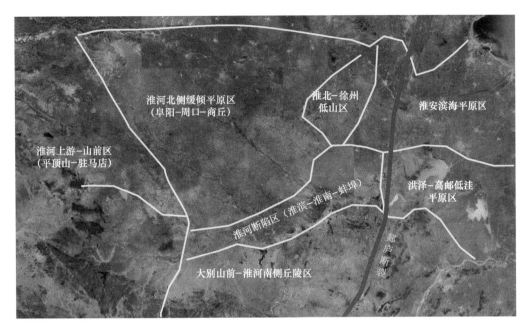

图 19　淮河流域地质环境分区（图像来源：Google Earth）

注：红线为郯庐断裂。

二、淮河流域主要自然环境单元的演化变迁及其人为影响

（一）淮河流域河流水系的演化变迁与人为影响

淮河流域第三纪以来一直以阜阳-太和-界首为中心的内陆湖盆（图20），徐州-蚌埠一带是其东侧的隆起山地，淮南-蚌埠-徐州一带的古水流是自东向西进入湖盆中心，东流入海的淮河还没有出现。进入第四纪后，继承了第三纪的古地貌格局。

1. 第四纪时期淮河流域的环境演化

（1）早更新统（Q_p^1）时期淮北平原是以太和为湖心的内陆盆地。

早更新世时期（距今 260 万～78 万年），淮北地区仍以太和-界首为湖心的内陆盆地，河南西部和南部为山区，东部的五河、灵璧、泗县等地区长期隆起，构成了徐州-蚌埠隆起带，分隔开了其东西两侧的淮北盆地和高邮盆地（图21）（金权，1990；左正金 等，2006）。这个时期淮北盆地的陆源物质供给方向来自西部伏牛山地、南部桐柏-大别山地和东部徐-蚌山地，外流入海的淮河这时尚未形成，只有从东向西经五河、固镇、阜阳流入太和湖盆的内流河流。

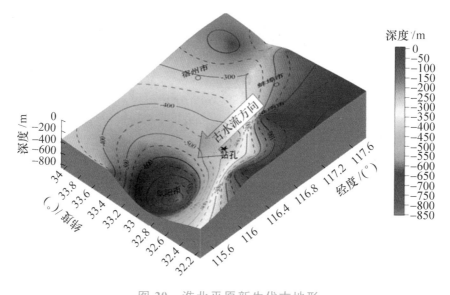

图20　淮北平原新生代古地形

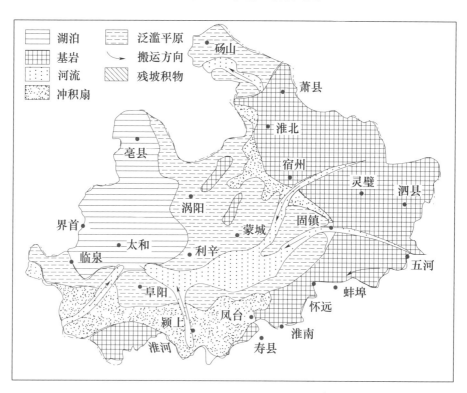

图21　安徽淮北平原早更新统 Q_p^1 地层沉积及岩相分区（金权，1990）

（2）中更新统（Q_p^2）时期外流入海的淮河仍未形成。

中更新世时期（距今78万～12万年），山区仍处于上升趋势，平原区仍下降接受沉积，早期的湖盆大大扩张，东达固镇，南至三塔、阜阳、江口、怀远，北近商丘、西到漯河，仍是内陆盆地，盆地中心仍在太和；沿淮地区，南部冲积扇向东扩展到怀远，向北到了阜阳，五河、灵璧、泗县开始接受沉积，徐州–蚌埠隆起带高程降低、范围缩小（图22）。

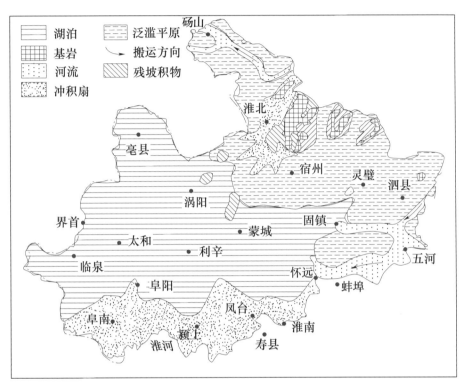

图 22　安徽淮北平原中更新统 Q_p^2 地层沉积及岩相分区（金权，1990）

该时期发生了多次冰期间冰期气候波动，间冰期时期气候湿热，淮北盆地发育湖泊，而冰期时期，气候偏干冷，但仍比西北黄土高原地区暖湿，因此整个地区堆积风成黄土，并发育古土壤，形成了多层淋滤淀积的钙结核姜石层。湖盆的陆源物质来自南部山区、东部丘陵和西部山地。这时黄河尚未贯通三门峡，黄河物质主要来自洛河，外流入海的淮河仍未形成。

（3）晚更新统（Q_p^3）时期东流入海的淮河初步成形。

晚更新世时期（距今 12 万～1.1 万年），这时黄河的三门峡段得到贯通，黄河正式形成，并挟带大量泥沙进入淮北盆地，使原来太和–界首一带的湖盆中心被淤塞填满，不复为淮北低地，而变成高度大于东部徐埠的缓倾平原，结束了中更新世以来以湖相沉积为主的环境，初步形成西北高、东南低的地貌格局，区内广泛发育了网状河道，水系从西北流向东南，河道向南迁移并开始外流入海，淮河开始形成（图23）。因此淮河是在淮北湖盆被泥沙填平后，才开始从西向东越过徐蚌隆起，流入东海的，而且淮河中游断陷的存在也造成淮河中游地段的沉降，这种形成历史和构造背景决定了淮河是泛滥堆积平原上的一条河流，不可能发生强烈下蚀、形成深切河谷，而只能是一条河道曲折、宽缓、泥沙易于堆积的河流。

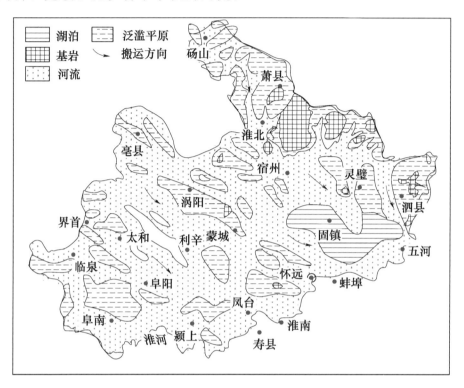

图 23　安徽淮北平原晚更新统 Q_p^3 地层沉积及岩相分区（金权，1990）

距今 13 万～7 万年的末次间冰期期间，海平面上升淹没了蚌埠以东地区，在盱眙南部的玄武岩台地形成了海蚀崖地貌。而距今 7 万～1.1 万年的末次冰期时期，气候干冷，海平面大幅下降，淮北平原大湖消失，成为森林陆地，尤其是末次盛冰期时期台湾海峡消失，东海陆架露出海平面，但淮河沿线的低洼地带，仍有湖泊分布，如淮南的顾桥地区在盛冰期的大多数时期为河流相沉积，但在相对暖湿阶段发育湖相沉积（图 24），而在最干冷阶段则发育典型风成黄土。

（4）全新统（Q_h）是黄河入淮的重要时期。

全新世早期，西部、南部继续抬升且晚更新世地层抬起遭受剥蚀，中、北部继续下沉接受沉积。在末次冰期结束进入全新世后，淮北平原出现了大量的次生黄土（图 24），可以注意到该剖面 2m 以内的测年数据出现了倒转，比 2m 以下的还老，这表明由于全新世时期降雨增加，黄河挟带大量来自黄土

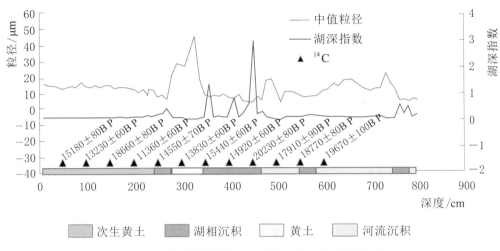

图 24　淮南顾桥距今 2 万年以来的环境变化

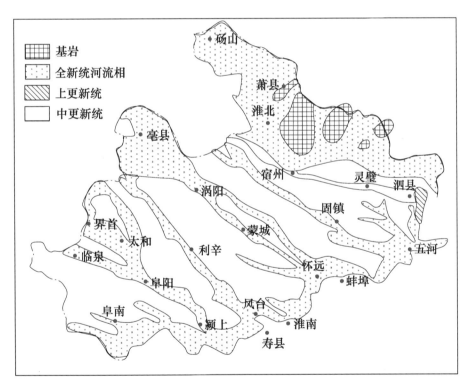

图 25　安徽淮北平原全新统 Q_h 地层沉积及岩相分区（金权，1990）

高原的泥沙进入了淮北平原，形成了数米厚的次生黄土沉积，即使在远离近代黄河河道的淮南顾桥也发育了 2m 的次生黄土，正是由于顶部 2m 的次生黄土是河流带来，包含了上游地区的老碳成分，因此造成了测年数据的倒转。因此黄河入淮自全新世一开始就已经发生，其影响地区包括开封、徐州、周口、西华、新蔡、阜阳、固镇等广大淮北平原地区。历史时期的黄河改道只是黄河改道的晚期人类记录，图 2 的南北向剖面清楚显示在黄河故道位置由于泥沙堆积形成了高于周边的地上河形态，表明黄河的泥沙堆积对淮北平原地貌再造具有重要意义。

事实上，现代的淮河北侧支流大多发源于淮北平原区，汇水面积小，几乎没有多少物质来源，显然是不可能形成淮北平原巨厚的第四系沉积的，因此淮北平原的晚更新世和全新世时期的沉积物实际上来自古黄河，现代的河流格局是黄河改道入渤后残留的河道。

2. 历史时期的淮河变迁

（1）历史记载黄河夺淮以前的淮河独立入海。

古代淮河水系，大体上是独流入海的淮河干流以及干流南北的许多支流。淮北支流主要是洪汝河、颍河、涡河和汴泗河、沂沭河等。其中支流水系变化最大的是泗水水系。古泗水源出蒙山，经曲阜、兖州、沛县至徐州东北角会汴水；又在邳县的下邳会沂水、沭水，在宿迁以南会濉水。至今淮阴与淮河会流。古泗水的上游部分与现在的泗河相似，下游部分由于黄河夺淮，已被南四湖和中运河所代替。古泗水流域面积比现今骆马湖以上沂沭泗河水系面积要大，当时是淮河最大的支流（图 26）（水利部淮河水利委员会《淮河志》编辑委员会，2005）。

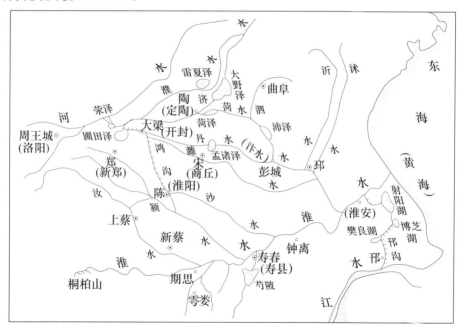

图 26　春秋战国时期淮河水系示意图

北魏郦道元的《水经注》记载,黄河"北过武德县东""水又东右径滑台城北""又东北过黎阳县南"。滑台城即现滑县,古黎阳津就在滑县北侧 6km 处,可见汉、魏时期的黄河是经新乡、滑县、德州一线进入渤海的,尚未夺淮入海。

《尚书·禹贡》记载"导淮至桐柏,东汇于泗、沂,东入于海",《汉书·地理志》记载:"《禹贡》桐柏大复山在东南,淮水所出,东南至淮浦入海",桐柏即今桐柏山,淮浦故址在今涟水县。这两条史料,概括地描述了先秦西汉时期,淮河干流的基本流路及其入海口的位置。这时的盐城、滨海都还是浅海区,尚未成陆,洪泽湖也不存在(图 27)。

图 27 黄河夺淮以前的淮河水系

根据史料记载,黄河曾有数次侵夺淮河流域,但为时较短,对淮河流域改变不大。唯自 1194 年第四次大改道起,淮河流域的豫东、皖北、苏北和鲁西南地区成了黄河洪水经常泛滥的地区。黄河长达 726 年的侵淮,使得淮河流域的水系,发生了重大变化。

(2)1128—1855 年黄河夺淮入海。

1128—1855 年,黄河长期夺淮达 728 年,这一时期,在中国的近代史上经历了宋、元、明、清 4 个朝代。据《淮系年表》及其他有关史料记载,在 4 个朝代期间,淮河水系经历以下变化(图 28)。

1)宋朝时期。据《宋史·高宗纪》记载,南宋建炎二年(1128 年),宋为了阻止金兵南下，人为决河，使黄河"由泗入淮"。从此至清咸丰四年（1854 年），黄河不再东北流注渤海，而改流东南夺淮入海。在这 726 年中，淮河水系遭受严重破坏，独流入海的淮河干流变成黄河下游的入汇支流，甚至于最后被迫改道入长江。

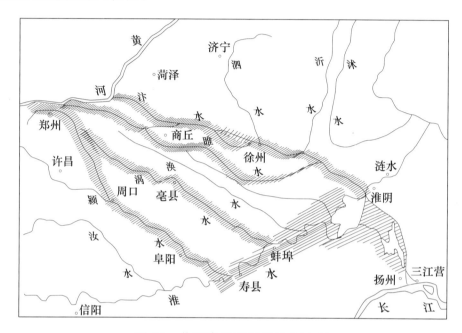

图 28　黄河夺淮时期的淮河水系

2）元朝时期。在元朝统治的 89 年期间（1279—1367 年），黄河向南决口次数增多，淮河水系受到扰乱，水灾日益频繁。其中至元二十五年（1288 年），黄河决堤 22 处，主流向南泛滥，由涡河入淮。后经元明两代的治理，直至 1644 年，黄河才复向东出徐州入泗河，结束了黄河由涡、颍入淮的局面。元、明两代均建都北京，为了维护大运河南粮北运的任务（即漕运），在治河策略上，都是尽力防止黄河向北决口，以免危及运河。元至正四年（1344 年），黄河在白茅口（今山东曹县境内）决口，严重威胁漕运。朝廷派贾鲁治理黄河，贾鲁主张"疏塞并举"，疏是疏浚原汴河，导水东行；塞是修筑北堤，堵塞决口。1351 年贾鲁大举治河，堵决口，修北堤，一年工毕，河复故道。共浚深河道 80 余里，堵决口 20 余里，修各种堤坝 36 里。使黄河自黄陵岗以东河道改在徐州会入泗水，当时称为贾鲁河。以后，由于年久失修，黄河又出现了以南流入涡、颍为主，以东流入泗为次的南、东分流局面。当时南流的称大黄河，东流的称小黄河。

淮河流域支流在元朝期间，也有很大变化。1335—1337 年，河南汝水泛滥，有司自舞阳断其流，引汝河水东流，改道入颍河，从此汝河有南北之分，舞阳以北为北汝河，舞阳以南为南汝河，这就是现在漯河以西的北汝河、沙河、澧河三水系改流入颍河的经过。又在元至正十六年（1356年），贾鲁自郑州引索水、双桥等水经朱仙镇入颍河，以通颍、蔡、许、汝等地的漕运，当时又把此河称为贾鲁河，即现在沙颍河上游的贾鲁河。

3）明朝时期。在明朝统治的277年间（1368—1644年），治黄策略仍与元朝相似。为了维持大运河的漕运，尽力避免黄河向北溃决。明弘治六至八年（1493—1495年），刘大夏治理黄河，采取遏制北流、分流入淮的策略，于黄河北岸筑太行堤，自河南胙城至徐州长一千余里，阻黄河北决，迫使南行。在黄陵岗以下，疏浚贾鲁旧河，分泄部分黄水出徐州会泗河，使得黄河主流继续由涡河和颍河入淮。直到明正德三年（1508年）黄河北徙三百里，主流由徐州入泗，黄河向南经涡河、颍河入淮河的水量才日益减少。明万历六至十七年（1578—1589年），潘季驯治黄河。潘季驯采取"蓄清、刷黄、济运"的治河方针，大筑黄河两岸堤防，堵塞决口，束水攻沙，同时修筑高家堰（即洪泽湖大堤），迫淮水入黄河攻沙。他大修黄河北岸的太行堤，又修筑黄河南岸堤防，把黄河两岸堤防向下延伸到淮阴。经过这次大规模治理，黄河一时趋于稳定。但以后由于河床不断淤高，黄河两岸决口增多。在明万历统治时期的23年（1596—1619年）中，黄河决口18次，几乎年年决口。在明朝统治期间，淮河流域的变化，除黄河主流由向南转而向东，经徐州夺泗夺淮，灾区下移到江苏和山东以外，还修建了洪泽湖大堤，并在大堤上修建了泄水闸坝以分淮入海入江。明万历三十二年（1604年），还开辟了微山湖以下至骆马湖之间的运河，以避免黄河航运的危险，这就是现在的韩庄运河的一部分（张锦家，2011）。

4）清朝时期。黄河夺淮在清朝统治期间共计212年（1644—1855年），黄河已不再向涡河、颍河分流，而是全部经徐州南下夺泗夺淮，灾区转至徐州以下直至海口，江苏省受灾最重，其次为皖北与山东。清朝在康熙、乾隆、嘉庆3代（1662—1820年）期间，朝廷曾竭尽全力治理黄、淮、运河，康熙和乾隆都曾多次到徐州、淮阴和洪泽湖大堤等地亲自巡视、指示。当时的治理黄、淮、运策略，以靳辅为代表人物，靳辅的治理策略是"疏以浚淤，筑堤塞决，以水治水，籍清敌黄"，也就是所谓"蓄清刷黄"。靳辅治河23年（1670—1692年），结果是黄河河床不断淤高，黄河、淮河、运河的水位日益抬高，洪泽湖大堤不断延长、加高、加固，还花了很多人力、物力，修建了洪泽湖大堤的石工，增建了归海闸、归江坝，使淮水不断分流入江入海。到清道光、咸丰统治期间（1821—1855 年），黄河、淮河、运河已经千疮百孔，难以救治。当时的治河总督，差不多年年更换，以惩处治河不力。清咸丰元年（1851 年），黄淮同时发生大水，洪泽湖南端蒋坝附近大堤决口，洪水经三河流经高宝洼地、芒稻河，在三江营入江，形成了入江水道的雏形。

（3）黄河夺淮结束后淮河再度独立入海。

清咸丰五年（1855 年）黄河在河南兰阳（今兰考）铜瓦厢决口北徙，终于结束了黄河夺淮的局面（图 29）。

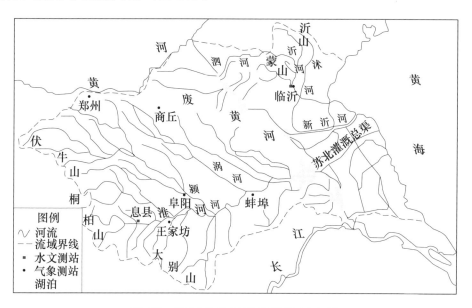

图 29　黄河北徙以后现代淮河水系

3. 黄河夺淮使淮河流域产生重大变化

黄河夺淮对淮河流域环境产生了重大影响，表现在以下几个方面。

1）淮河入海故道被黄河淤废。从此淮河不能直接入海，被迫从洪泽湖以下的三河改流入江。

2）黄河夺淮促成了半人工湖泊洪泽湖的形成和扩大。由于人们为了防范洪水侵扰，不断延长、加高、加固洪泽湖大堤，使原来很小的湖泊变成了现在浩瀚的洪泽湖。

3）黄河夺泗夺淮促成了南四湖等湖泊的形成。由于黄河夺泗夺淮，使泗河、沂河、沭河洪水无出路，并在泗河、运河、沂河的中下游形成南四湖和骆马湖。

4）黄河入淮改变了原来的河流格局。豫东、皖北和鲁西南等平原地区的大小河流，都遭到黄河洪水的袭扰和破坏，黄河泥沙的堆积造成排水不畅，水无出路。其中以濉河变化最大。濉河原是发源豫东，中经皖北，至江苏宿迁小河口汇入泗河的一条大支流。经黄河多年的决口和分洪，终被淤废，下游不得不改入洪泽湖。而鲁西的原属济水水系被淤塞，后经治理现统属南四湖水系。

5）洪泽湖以下的入江水道逐步形成。高宝湖因此水位抬高，面积扩大，在自然水力冲刷和人工疏导之下，入江水道的泄水能力不断扩大，而淮河下游运西、运东地区的水灾也日益加重。

6）黄河故道变成现代分水岭。黄河留下从兰考，经徐州、淮阴到云梯关入海口的一条高出地面十数米的黄河故道，将原本统一的淮河水系划为淮河水系和沂沭泗河水系。

7）由于抬高洪泽湖水位和抬高干流中游河床，使原来畅流入淮的支流，形成背河洼地，新产生出如城西湖、城东湖、瓦埠湖等湖泊。

4. 历史时期黄河夺淮的原因

人为影响是黄河夺淮最重要的触发因素。历史上的多次黄河夺淮都是人为决堤的结果，而历史上各种堤坝、运渠的修筑更是对河道的直接干预。

气候因素引发的黄河洪水泛滥是黄河夺淮的必要条件。

黄河河水的高含沙量则是造成河水泛滥的重要原因。高含沙量的黄河在淮河下游的决徙和淤积改变了该地区的地形，进而改变了地表径流条件和原始水系分布。

历史时期的黄河入淮是地质时期黄河入淮的继续。古代淮河水系的自然分布形态主要受地质构造的控制，现今的淮河水系宏观上仍然主要受控于地质构造的控制，黄河入淮并非始于人类历史时期，早在全新世开始就出现了黄河入淮，这种北流入渤海、东流进东海的交替过程持续到人类历史时期。实际上淮北平原的形成也是黄河挟带泥沙的功劳，因此历史时期的黄河入淮是地质时期黄河入淮的继续。

现代的淮河水系形态表观上更多地受人工水利建设的影响。不仅河道多被裁弯取直、边坡固化、河水被限制在狭小河床内，河滨湿地也被排水疏干、改造成良田耕地，也新形成了十分局限的洪泽湖，还新修了很多人工运渠水网，如为了便于漕运，减小黄河对运河的侵害，"蓄清刷黄"和"引清济运"，对淮河下游水系进行了大规模的改造，还有中华人民共和国成立后永辛河、济河等众多排涝河道的开凿，都加剧了淮河下游的水系变迁，很大程度上改变了流域内的水文沟通方式。

（二）淮河流域湖泊演化及其人为影响

1. 淮河流域中游湿地

淮河流域水系复杂，湖泊众多，现有湿地面积330.2万hm²，湿地类型主要包括天然湿地河流、湖泊、滩地、沼泽地和人工湿地水库坑塘、水田。中华人民共和国成立以后，淮河流域人口增长迅速，粮食需求大量增加，对土地的依赖性增强，为了解决吃饭问题，增加了大量的耕地，水热条件好的地区还开垦了大量的水田。围湖造田，占用河滩地使湿地面积减少。同时随着人口的迅速增长，人类活动对河流的干预强烈。这些人类干预行为可以统称为河流调控，包括防洪措施、修建水库、大坝、为航运目的而实施的河道标准化、裁弯取直，以及为工业、农业和生活用水而修建的水利设施等。淮河流域中游是水旱灾害的集中区，人类的干预活动尤为强烈。淮河自河源至洪河口为上游段，洪河口至洪泽湖为中游段，洪泽湖以下为下游段。

（1）中华人民共和国成立以来淮河流域的天然湿地大量减少（表1）。

表1 淮河流域各个时期各湿地景观面积

时　间	湿地类型	湖泊	河流	水库坑塘	滩地	沼泽地	水田
20世纪50年代	面积/km²	1000.06	524.17	124.52	217.28	9.14	1799
	百分比/%	27.22	14.27	3.39	5.91	0.25	48.96
1980年	面积/km²	828.83	313.99	481.55	213.30	0	7766.69
	百分比/%	8.63	3.27	5.01	2.22	0	80.87
2000年	面积/km²	828.79	315.85	483.46	213.46	0	7750.4
	百分比/%	8.64	3.29	5.04	2.23	0	80.8

中华人民共和国成立后50年里，淮河中游湿地景观格局演变结果见图30，从20世纪50年代到1980年，淮河中游土地覆被变化明显，但从1980年到2000年期间，土地利用格局变化很小。

从20世纪50年代到1980年期间，湖泊面积由1000.06km²缩减到828.83km²，河流面积由524.17km²缩减到313.99km²，减少幅度很大。滩地也由217.28km²减少到213.30km²。原来的9.14km²的天然沼泽地到1980年完全消失，只有人工的水库坑塘面积由124.52km²增长到481.55km²。

近年来由于区内各地大规模开采煤炭资源，在淮南、淮北、徐州、藤县等地形成了大量的采煤塌陷，塌陷区积水后形成大面积的人工湿地，在一定程度上弥补了天然湿地的损失。

（2）人类活动是造成淮河流域天然湿地减少的主要因素。

影响天然湿地的因素有自然和人类活动两种。自然因素包括气候变化和自然演替，气候变化主要涉及降水量的变化，其次是蒸发量。研究 20 世纪 50 年代以来降水量总体是虽有波动但没有减

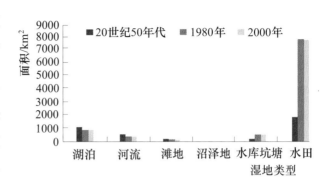

图 30　淮河流域 3 个时期各湿地景观面积变化图

少的趋势，蒸发量还略有下降，因此此因素不会导致湿地的萎缩。自然演替是指南于气候变迁、洪水、沉积淤塞、湖泊演替、动物活动和植物繁殖体的迁移散布，以及因群落本身的活动改变了内部环境等自然原因，使湿地发生根本性质变化的现象，在一定地段上一种植被被另一种植被所替代的过程也是自然演替。自然演替一般进展比较缓慢，但人类活动使演替进程大大加快。

在淮河流域，人类活动因素主要包括河流调控措施和土地利用。

河流调控措施是指人类对河流采取的各种干预活动，包括：防洪措施，修建水库、大坝，为航运目的而实施的河道标准化、裁弯取直，以及为工业、农业和生活用水而修建的水利设施等。淮河流域人口稠密，历史悠久，人类活动对自然的改造强烈。淮河流域的治水活动始于 4000 多年以前，数千年里人类在淮河流域先后兴建了大量的水利工程，中华人民共和国成立后，在淮河流域山丘区建设水库、拦蓄洪水，至 1990 年兴建并保存有大中小型水库 5378 座。全流域现有堤防约 5 万 km，主要堤防长 1.1 万 km。

河道裁弯取直，人工新河、引水渠的建设自古就有，一直到现代都未曾停止过。特别是河道的裁弯取直，自古到今在淮河流域干支流上进行过无数次。但大规模、高强度的人类干预主要始于 20 世纪 50 年代，现在整个流域已完全人工化，河流失去了自然性。大量的水闸和水库大坝破坏了河流的纵向连续性，河道被分割为若干非连续的阶梯水库，闸坝以下河段流量大大减少。补给两岸湿地的水量也大大减少，导致湿地加速萎缩。另外，通过水闸人工调节，使流量均一化，改变了原来脉冲式的自然水文周期变化，下游出现大洪水、超高洪峰的概率大大降低，洪水向下游两岸湿地的供水也大幅减少，导致湿地干枯萎缩。堤防硬化建设还阻碍了河水的侧向连通性，把水流完全限定在河槽以内，不仅滩区来水概率大大降低，而且堤防还切断了河流与洪

泛区的侧向水流连通性，隔断了干流与河汊、滩区和死水潭的联系，再加上对河道的裁弯取直，河槽过流能力大大增强，减少了行洪时间，也使得河流与洪泛区湿地之间的水力联系减弱。堤防和河道的裁弯取直建设还阻碍了垂向的水文连通性，减少河流对地下水的补给，两侧洪泛区地下水位下降，也会导致洪泛区湿地变干。

另外一个人为因素是土地利用变化。

20 世纪 50 年代到 1980 年期间，淮河中游共有 54.1km² 的河道、湖面转变成了旱地、人居地和林地。随着人口的快速增长，人水争地的矛盾突出，居民用地、建设用地、道路用地侵占湿地水面，同时对粮食需求压力的增大，也导致大量的河湖湿地被围垦成了水田、旱地，总面积达 117.93km²。河流湖泊向旱地、人居地、林地、水田、草地的转变都是在水利工程导致河湖湿地萎缩变干的基础上实现的。

滩地共向水田、水库坑塘和非湿地转化的面积达 34.45km²，同时有 30.35km² 的河流湖泊转变成了滩地。滩地的净损失面积虽然只有 4.15km²，但研究区的滩地格局发生了变化，而且也揭示了湿地由河流湖泊-滩地-非湿地由湿到干的演变过程。在这个快速演变过程中，起主要作用的还是水利工程。

沼泽地由湿到干也与河流调控直接有关，沼泽地-旱地、沼泽地-人居地的转变是沼泽变干后加上土地利用改变的结果。沼泽地变为草地有自然演替的过程，但河流调控使沼泽地变干的速度大大加快。还有部分沼泽地被直接改造成了水田和水库坑塘。到 1980 年，淮河中游原有 9.12km² 的沼泽地全部消失，主要转变成了非湿地。作为天然湿地的沼泽地，对维持淮河流域中游湿地系统生态平衡，发挥湿地生态服务功能有着不可替代的作用。沼泽地的消失从某种程度上反映着淮河中游生态环境质量的下降。

由上可见，在中华人民共和国成立后 50 年里，影响其湿地景观格局演变的主要因素是土地利用和河流调控两大因素。土地利用是最直接的因素。中华人民共和国成立后由于淮河流域人口增长迅速，为了解决吃饭问题，大量增加耕地，围湖造田，占用河滩地使湿地面积减少。另一重要因素就是各种河流调控措施会影响河流与流域中各种天然湿地之间、河流与地下水之间的水文连通性，河流调控措施还会影响天然湿地的水文过程，从而对湿地景观格局产生影响。

2. 洪泽湖的历史变迁

洪泽湖面积 1597km²，容积 30.4 亿 m³，是淮河流域最大的湖泊型水库，也是中国五大淡水湖之一。它地处苏北平原中部西侧，位于苏北平原中部偏西，是淮河中下游结合部的一座湖泊型特大水库，注入洪泽湖的主要河流有淮河、人工开挖的分淮水道、怀洪新河，以及经过多次改造的淮河支流汴河、濉河和安河等。淮河为最大入湖河流，是洪泽湖水量的主要补充水源。洪泽湖的排水河道皆分布于湖的东部，主要有淮河入江水道、苏北灌溉总渠、淮沭新河、废黄河等。湖区北西南三面为天然湖岸，东部为洪泽湖大堤。洪泽湖的形成与黄河夺淮密不可分。洪泽湖作为著名的"悬湖"，又是特大的湖泊型水库，它的存在，完全依赖于湖东侧的洪泽湖大堤。

（1）洪泽湖大堤的形成。

洪泽湖大堤南起盱眙县原马庄乡张大庄，北经高良涧至淮阴县码头镇张福河船闸，全长67.25km，旧名高家堰。洪泽湖大堤作为人工修筑的堤防，有着悠久的历史和漫长的形成过程。东汉建安五年（200年），广陵太守陈登筑高家堰三十里，以束淮水，亦称捍淮堰，即今洪泽湖大堤北段，此为洪泽湖大堤修筑开始。后曹魏邓艾修门水塘，唐武则天证圣元年（695年），在白水塘北开置羡塘，其堤坝大致都在今洪泽湖大堤堤身的南段和中段。元代筑塘屯垦规模扩大，洪泽湖垦区总面积达23.53万hm²。洪泽湖大堤的大规模修筑、加固是在明、清两朝和中华人民共和国成立以后。

（2）洪泽湖大堤的修筑、加固。

1）明代。洪泽湖大堤，在明万历以前，虽也有修筑，但工程规模都比较小。从明朝万历六年（1578年）开始，明朝委派潘季驯治河，总理河槽。他亲赴海口勘察，又至黄、淮、运河各地调查，并总结前人治河经验，明确提出"蓄清刷黄"的主张，把修筑高家堰作为治理黄、淮河首务，组织了两次对高家堰的修筑工程，成立了专门的堤防管理机构。

A. 明万历六至七年（1578—1579年），高家堰土堤全面进行加高加厚，地洼水多处做笆工，笆工也叫板工，是当时河工上普遍的排桩防浪工程，其结构是"密布栅桩，中实板片"。这次工程北起武家墩，南至越城，总长10878丈，180丈为一里，共60.4里，按一丈合3.2m计算，为34.81km。另外，堤段都栽了柳树。

B. 明万历八至十一年（1580—1583年），创筑高家堰石工堤，以增强湖堤抗御风浪的能力，延长其有效使用期。这次丁砌石工程起点北起武家墩南1013丈（3241.6m）处，南至高良涧北3842丈（12294.4m），总长3000丈（9.6km）。此后，石工堤又陆续展筑至5800丈。

C. 成立了专门的堤防管理机构，称为"管堤大使厅"，每三里设铺一座，每铺设夫三十名。清代设厅、汛管护机制，堤工北段称为"高堰厅"，下设高堰汛及高涧半汛；堤工南段称为"山盱厅"，下设高涧半汛和徐坝汛；"汛"下设河营，管护洪泽湖大堤。

2) 清代和民国年间。明清之际，由于战乱，社会不稳定，水利失修，黄、淮下游河道淤积严重，高家堰石工堤被淤没 3 尺，洪泽湖底渐成平陆。期间，自清顺治元年（1644 年）至清康熙十六年（1677 年）的 34 年间，下游群众开始自发修筑洪泽湖大堤决口，但多是些小修小补工程。从清康熙十六年（1677 年）开始，靳辅被任命为河道总督，他继承并发展了潘季驯"蓄清刷黄"的治理方略，进一步明确洪泽湖对淮河径流的调节作用，采取先通下游故道以导河归海，又挑清口引河，使淮能会黄，并对高家堰进行全面培修，加高加厚。

清雍正七年至乾隆十六年（1729—1751 年），周桥以南、滚水坝南北及蒋坝以北，全用石基墙砖加修。洪泽湖大堤全线石墙修建完固，北起码头镇石工头，南至蒋坝镇，堤顶真高 17m，全长 120 里，堤工共长 16000 余丈。

通过清代的整治，洪泽湖大堤的拦蓄能力进一步增强，水位提高，水面也进一步扩大，蓄水面积甚至超过今洪泽湖的蓄水面积。至此，洪泽湖作为淮河下游的特大型湖泊水库正式形成。清咸丰元年（1851 年）淮河大水决开洪泽湖南端的三河口，夺路入江，时隔 4 年，黄河北徙，从此入江水道成为主要泄洪通道。

民国期间战争频繁，洪泽湖大堤屡遭破坏。

3) 中华人民共和国成立后。中华人民共和国成立后，随着中央人民政府《关于治理淮河的决定》有计划有步骤地付诸实施，地方政府开展了大规模的治淮事业，把洪泽湖列入调蓄淮河洪水的重点工程进行治理，近 60 年来分别在 1950—1955 年、1965—1969 年、1976—1978 年、1992 年、1997 年对洪泽湖大堤进行 4 次加固整治，使防洪、抗震作用大大提高。经过加固洪泽湖大堤，修建三河闸、高良涧进水闸及船闸、二河闸等；开挖淮河入江水道、苏北灌溉总渠、淮沭新河、淮河入海水道等分淮水道等工程，从而使洪泽湖大堤和上述泄洪建筑物组成的洪泽湖洪水控制体系，成为苏北 3000 万亩耕地和 2000 万人口的防洪屏障，为调蓄洪水、保障人民生命财产安全、发展工农业生产发挥了巨大作用。

（3）大运河对淮河水系环境的影响。

淮河入海水道（以下简称"入海道"）总长 163.5km，傍苏北灌溉总渠（以下简称"总渠"）东入黄海，是洪泽湖下游增加泄洪能力、提高洪泽湖及其下游地区防洪标准的骨干工程，对改善总渠渠北地区排涝条件和水环境起着重要作用。

入海道位于淮河下游苏北平原，地势平坦，自西北向东南渐渐降低，区内第四系覆盖厚数十米至近百米，最厚达 300m、下伏基岩经多次构造运动，断裂多且互相切割，错综复杂。该区地处亚热带与温暖带过渡区，雨量充沛，多年平均降水 968mm，降水与径流年内分配不均，上中游洪水来量较大，下游排泄不通畅。入海道沿线附近河道由于比降小，输入输出泥沙含量均较小，沿海排水渠六垛北闸及总渠六垛南闸闸下河段泥沙来自海域，两闸闸下有淤积。

可能发生的地质灾害主要有以下几种。

1）地震。入海道二河枢纽距郯庐深大断裂带约 65km，考查入海道南北各 100km，两端点外 50km 范围内，在 1971 年 10 月至 1976 年 9 月间发生有感地震 30 余次，震级皆小于 4.0 级（最大 3.6 级）。根据国家地震局南京地震大队分析，洪泽湖区未来百年内有发生 5.5～5.7 级地震的可能，地震基本烈度为 7.0 度。

2）滑坡及堤顶裂缝。软淤土天然含水率高（大于液限），孔隙比大，抗剪强度低，灵敏度高，压缩性也高，在较大荷重作用（如堆堤较高）下，会产生较大的沉降变形，甚至产生不均匀沉降，典型特点是堤顶出现纵向裂缝，若堆堤速率过快，会形成滑坡。软淤土上荷载增加后，短时期内其强度会减少 20％左右，甚至呈烂淤状态，这也是造成滑坡的另外一个因素。

3）水土流失及河道青坎塌滑。受黄泛冲积的影响，入海道沿线表层多处沉积了沙土，河道开挖后沙土层暴露，水流的侧蚀冲刷掏刷河床或岸坡，易形成河道青坎塌滑等地质灾害；雨水等水流的冲刷又容易形成"雨淋沟"，造成水土流失。根据入海道南侧总渠实测资料，经多年行洪，总渠河床底部及青坎冲刷较为严重。

4）海平面上升。据有关国际会议资料，海平面上升的最可能值为 0.6～1.8m，到那时，海滩及盐田大多将被海水侵吞，海水的入侵及倒灌将会引起地下水和地表水含盐度增加，农田盐渍化随着海平面的不断上升，泥沙淤积也会形成对工程的危害。

5）人为地质灾害。淮阴市、淮安淮城镇和滨海东坎镇的城镇排污是影响入海道沿线水质的主要污染源。废物、污泥、污水、施肥、灌溉会对土壤、环境水等造成污染，频繁的人类活动，将会导致生态环境的恶化。

3. 淮河流域洪涝灾害的原因分析

（1）降雨集中是淮河易发洪涝灾害的气象原因。

淮河是我国南北之间的自然地理界线，淮河以南属北亚热带，以北属暖温带，南北冷暖气团经常在淮河流域交汇、相持，夏半年极易形成暴雨。淮河流域暴雨区移动方向大致由西而东，非常接近淮河干流中游段，很容易造成下游河水排泄不畅，形成洪涝灾害。

然而这不是引起淮河流域洪涝灾害的根本原因，因为洪水排泄能力是发生洪涝灾害的重要原因。

（2）郯庐断裂导致的徐蚌隆起是阻碍洪水排泄的地貌原因。

由于郯庐断裂的影响，两侧地壳存在完全不同的地壳结构，长期的挤压作用沿断裂带形成了南北向徐蚌隆起，隆起带第三纪以来一直是东西两侧盆地的分隔山地，直至现在，该隆起仍然阻碍着淮河洪水的下泄。

（3）淮河中游北东东向沉降带的持续断陷是造成排水不畅的地质背景。

由于 NEE 向挤压应力影响，在郯庐断裂西侧，作为郯庐断裂的伴生构造，淮河中游的淮滨-泗县段形成了 NEE 向断裂沉降槽，处于拉张环境，具持续断陷特征，它与徐蚌隆起相伴而生，一起影响着淮河洪水的排泄。因此该河段的低洼滞水性质不可能改变。

（4）历史上黄河夺淮带来的泥沙是造成淮河河道坡降小、排水不畅的沉积学原因。

现代淮河流域灾害的根本原因是淮河先入湖、再入江的畸形水系，而这种水系的形成又是近千年来中下游水系变迁的结果。在 12 世纪黄河开始南泛夺淮入黄海前，淮河是一条含沙量较低、畅流注入黄海的河流。当时淮河中下游河漕两岸天然堤非常发育，隋唐时代的邗沟和通济渠两条南北向运河就是由淮河河口段沟通的。从 1128 年起，首先是黄河南泛夺淮入南黄海达 700 余年（1128—1855 年），使淮河河性发生了重大改变，大量的泥沙淤积，使众多河流被迫改道。

（5）人为扩大形成的洪泽湖是造成淮河洪水顶托、排水不畅的人为原因。

洪泽湖主要在明清两代扩张形成，湖面构成淮河中游的地方性侵蚀基准面，这种基准面的抬升造成淮河中游洪水被顶托，难以顺利排泄。而 1851 年淮河入江水道形成，使淮河实际上成为长江支流，形成先入湖、再入江的水系，形成了畸形的河床纵剖面，尤其是洪泽湖以上、浮山以下河床倒比降和洪泽湖以下入江水道的河床低比降，使淮河中下游河流排泄能力大为减少，这是酿成淮河中下游洪涝灾害的直接原因。入江水道原为里运河大堤以西的低洼地带，河床纵比降仅为十万分之四，每遇洪水下泄的高邮湖、邵伯湖、白马湖连成一片，河湖不分；若遇江淮并涨，更易滞水成灾。

（6）农田对天然行洪区的挤占是造成淮河易发洪涝的另一人为因素。

淮河中游干流沿岸相当部分农田靠近或本身就是行洪、蓄洪区，由于生活水平很低，这些地区群众在非汛期便盲目围垦、养殖，使行洪、蓄洪能力减少，汛期时又不得不放弃农田等生产、生活资料进行转移。1991年，遭遇15～20年一遇洪水，安徽省有100万群众撤退、转移，留下重大的社会隐患。

（7）水系混乱是淮河洪水难以排泄的水文因素。

淮河中下游由于地形高差小，长期以来天然河道极易改道，而运行上千年的大运河和中华人民共和国成立后大力治淮修建的众多的人工渠道，改变了中下游各地的坡降、侵蚀基准面和河道的连通方式，造成洪水难以形成有效高程梯度顺利排泄。

又如沂、沭、泗三河发源于鲁中山地，其中泗河原本是淮河下游最大支流，而沂、沭河又分别是泗河的支流。从12世纪初黄河夺淮河下游入黄海，特别是从15世纪末黄河固定地夺泗入淮起，泗河水系发生了巨大变迁。原本统一的泗河水系变成3条基本上各不相干的河流，也不再与淮河干流相通。水系如此混乱，使沂、沭河下游泄洪能力严重不足，再加泗河上游洪水最终也排入沂、沭河道，洪水极易泛滥，沂、沭、泗河流域成为有名的多灾地区。

4. 自然环境、人类活动与旱涝灾害的关系

（1）地质构造奠定了淮河流域基本的旱涝灾害分布格局。

流水地质作用的侵蚀作用强度决定了旱涝灾害的类型和危害程度。山岗区是洪水主要发源地，流水地质作用以向下侵蚀为主，水土流失严重，是缺水干旱区。其中侵蚀作用越强的地区，缺水越严重，其洪水对下游各平原的威胁也越大。平原低洼地区以堆积作用为主，这里又是汇水中心，由于泥沙堆积，河道淤塞，河床抬高，排水受阻，河水常泛滥成灾。且堆积速度越快，洪涝危害越大。北部平原全新世黄泛堆积物正是黄河洪涝灾害在这一地区肆虐所留下。

（2）人类活动是近代改造下垫面的主要外营力之一。

人类发展史是一部与旱涝灾害斗争的历史。据该区考古成果分析，在旧石器时代，人类活动零星分布在靠近河流的山岗洞穴附近，其居住位置既便于取水又利于御洪，因以狩猎为生，其生存对降水量分布没有直接依赖关系，

河流洪水是主要威胁。新石器时代以后，人类活动范围逐渐向东部平原延伸，随着种植业的兴起，人类生存对降水量的分布有直接依赖关系，旱涝现象成为人类生产生活中的主要灾害。但由于当时的抗灾能力和生产水平有限，人类居住和开发的地区也多为平原区相对凸起的高地，如永城、淮阳、上蔡、新蔡等古城遗址，人类活动对自然环境的影响不十分明显。

宋朝以后，黄河南徙，豫东地区自然河道受到破坏，洪灾频繁，黄河洪水多次在豫东平原造成毁灭性灾害。到清朝后，随着人口的迅速增加，土地大量开垦，自然河流水系受到人为约束，河槽相对固定，湖泊萎缩消失，水量分配由湖洼调蓄变为河道调蓄，外排水量增加，内涝、渍害、洪涝和干旱问题日益突出。

中华人民共和国成立后，20 世纪 50 年代以来，城镇建设与工农业生产的发展、大规模水利工程和道路的兴建，流域不透水面积增大到 10％以上，山区蓄洪截流能力和平原河道排水能力都有了很大提高，洪水汇流滞时缩短，枯季径流减少，下垫面发生了重大变化。同时流域需水、用水量迅速增加，污水排放量增大，旱涝和环境问题又以新的形式危害人类社会。

（3）人类活动改变了下垫面水分的分布。

改变流域产水汇水条件是人类治理旱涝灾害的主要技术途径，各种水利措施几乎都是围绕这一目标，但改变产汇流条件意味着对下垫面的改造，使地质环境发生变化。由于受地质环境研究程度限制，对客观规律的认识受到局限，治理中往往难以掌握治理标准的适度性，使下垫面水分的分布走向另一个极端。

此外，人类其他社会经济活动也无意中在改变下垫面水分的分布。该区颍河支流汾泉河为一平原河流，20 世纪 50 年代以来先后开展了沟河疏浚开挖、河道建闸、田间打井等水利工程，降雨径流模型对各种工程治理前后水文效应的对比结论是：沟渠开挖与河道疏浚后，流域内沟、河排水的临界深度增大，也就是流域水网排水基面下降，因而引起区域地下水位下降、包气带厚度增大、流域蓄水容量增加，同时河道汇流时间缩短，洪水过程线变"瘦"、变"陡"。

闸坝工程在汛期全开的情况下对洪水过程无明显影响，而对河道正常流量具有显著控制作用。浅层地下水开发后地下水位下降，对年径流总量、洪峰流量和最大 3 日洪水总量均有不同程度的削减，显示了良好的抗旱除涝效果，但地下库容的调蓄作用还受降雨强度和库容量的限制。

人类活动无意中造成流域产汇流条件改变的情况也很多，农田的深翻改土、植被条件的变化都会改变产流条件，村镇、城市、道路、厂矿等建筑物的发展，不透水地面扩大，流域下渗面积减少，尤其是城市的发展，都市洪水产流快，危害大，由此引起的城市环境问题和旱涝灾害日益突出。

三、淮河流域采煤塌陷的问题与对策建议

（一）采煤塌陷问题的由来

1. 煤炭是我国最重要的能源，淮河流域是东部最重要的煤炭生产基地

淮河流域是东部最重要的煤炭生产基地，淮河流域的煤炭资源主要分布在淮南、淮北、豫东、豫西、鲁南、徐州等矿区，探明储量达 700 多亿 t，其中淮南地区可开采储量就达 300 亿 t，是我国东南部地区资源条件最好、资源量最大、最具开发潜力的一块整装煤田。淮河流域已形成了我国黄河以南地区最大的火电能源基地，华东地区主要的煤电供应基地（表 2 和表 3）。

表 2　　　　　　　　　　两淮矿区可采储量与生产规划情况表

序号	煤矿名称	矿井座数/座	资源储量/亿 t	可采储量/亿 t	2007 年产量/万 t	规划年产量/万 t		
						2010 年	2015 年	2025 年
1	淮南矿业（集团）有限责任公司	14	285	126.1	4240	7000	8300	9300
2	国投新集能源股份有限公司	11	101.6	28.45	1055	1855	3245	4360
3	淮北矿业集团	29	99.4	31.4	2455	3535	3200	3530
4	皖北矿业集团	14		14.9	1260	1450	1790	1790
	总计	68	486	200.9	9010	13840	16535	18980

表 3　　　　　　　　藤县煤田、济宁煤田和兖州煤田的煤炭储量

项　　目	藤县煤田	济宁煤田	兖州煤田
沉陷面积/km²	255.3	77	284.6
煤炭储量/亿 t	48	32	38
对应主要矿业集团	枣庄矿业集团	济宁矿业集团	兖州矿业集团

尤其是淮南煤矿位于皖北的淮河中游，涉地面积达 3000km²，覆盖了淮河平原的大片土地和南北大通道的枢纽地带，地理位置非常重要；该矿已有 100 多年的开采史，按照现在的 285 亿 t 资源量，至少还可以开采几百年，是

国家 14 个亿吨级煤炭基地和 6 个煤电基地之一。

矿区紧靠经济发达而能源资源贫乏的长江三角洲地区，区位优势明显。国家"十一五"能源规划中明确了建设"皖电东送"工程，依托两淮煤炭基地，建设大型高效环保型的坑口电站群，将电能安全稳定地输送到长三角地区。国家批准的皖电东送 720 万 kW 装机规模现已建成投产。

2. 煤炭井工开采必然引发地面塌陷，目前的采煤技术还无法解决采煤塌陷问题

在煤炭的开采过程中，井工开采一般采用全部冒落法，必然导致地表变形沉陷，形成一个比采空区面积大的近似椭圆形的下沉盆地，并随着开采的不断持续，沉陷面积及沉陷深度不断增大。而当前采煤技术的发展还无法在近期内解决采煤塌陷问题。

随着采矿区的不断扩大，沉陷区也将不断扩大，从而对淮河水系和水利工程设施、沉陷区的土地、交通乃至人们的生存环境和安全造成很大的影响，也严重影响该地区的可持续发展。面对这种情况，各地矿业集团采取了许多补救措施，弥补当地百姓因矿区塌陷而造成的损失。但这种哪块塌陷补救哪块的办法毕竟不是长远之计，同时又给企业带来沉重的负担，拖累企业的发展。

（二）采煤塌陷的影响

1. 采煤塌陷区面积巨大

根据 2009 年《安徽省两淮地区采煤沉陷区综合治理总体规划》（安徽省发展和改革委员会和中国国际工程咨询公司，2009）报告，安徽省沿淮和皖北地区受淮南、淮北、皖北、新集四大矿业集团 2008—2025 年采煤沉陷影响的区域，涉及淮北、亳州、宿州、蚌埠、阜阳、淮南、六安等 7 个市的部分地区。四大矿区预计 2025 年采煤沉陷总面积 1085km²。

其中淮北矿区（淮北矿业和皖北煤电）预测到 2025 年累计采煤沉陷面积 646km²，其中积水面积 283.1km²，受采煤沉陷影响的水系包括浍河、沱河、濉河、北淝河上段、涡河、龙岱河、闸河、濉河、王引河等。

淮南矿区（淮南矿业和国投新集）预测到 2025 年累计采煤沉陷面积 439km²，积水区域面积约 252.97km²，积水区域最大积水深度 16m，平均积水深度可达 8m。受采煤影响的水系包括淮南城市防洪堤黑李段、老应段、耿石段，下六方堤行洪区，西淝河下段，西淝河左堤，永幸河，架河，泥河等。

江苏徐州和山东济宁也有相当面积的采煤塌陷区。

据不完全估计，2050 年以后，淮南地区采煤塌陷区面积将超过 1000km²，且塌陷区深度大、积水多。而淮北和济宁地区塌陷区总面积将超过 2000km²，相当部分塌陷区位于南四湖湖区。

2. 采煤规划区是国家和所在省重要的矿粮复合主产区，采煤与产粮必然存在争地矛盾

安徽省沿淮及皖北地区包括淮北、亳州、宿州、蚌埠、阜阳、淮南和六安等 7 个市，土地面积占安徽省的 41%，2007 年末总人口约为安徽省的 55%。

淮北平原是黄淮海平原的一部分，高程 10.00～40.00m，开阔平坦，地面由西北向东南略有倾斜。沿淮及皖北地区气候温和，水土资源条件好。村庄密集，人口众多，河湖密布，是高潜水地区，煤炭资源丰富，是我国重要的粮食主产区和能源基地，同时承担着粮食和煤炭生产与输出的重要功能。

沿淮及皖北地区是安徽全省粮食主产区。沿淮及皖北地区"十五"期间油料平均年产量 122 万 t，棉花 21 万 t，分别占安徽省的 44% 和 60.9%；年均粮食产量 1550 万 t，占安徽省粮食总产量的六成以上，其中小麦、玉米产量占全省的九成以上。2007 年沿淮及皖北地区粮食总产 1960 万 t，占安徽省粮食总产量的 68%，为国家粮食安全作出了积极贡献。

沿淮及皖北地区 2007 年农村人口比重为 86%，高于安徽全省和全国平均水平。农村居民家庭人均纯收入 3556 元，比全国平均水平 4140 元少 584 元，低 14.1%；城乡居民人均收入差距为 222.66%。

煤电产业是当地工业支柱产业。两淮矿区所在的沿淮及皖北地区是安徽全省煤炭主产区。据安徽省统计年鉴，2007 年沿淮及皖北地区原煤产量 10054.7 万 t，洗煤产量 1002.2 万 t，分别为全省的 99.1% 和 100%；发电量 524.4 亿 kW·h，为全省燃煤发电量的 62%。山东济宁同样也是粮食小麦和煤炭生产基地。

由此采煤塌陷与粮食生产在这些地区是一对矛盾问题。

3. 大面积沉陷会改变水系格局，直接影响相关地区的泄洪排涝

如在淮南采煤区，淮南矿区的采煤沉陷区主要位于西淝河下段流域范围内，未来 20 年，西淝河及其支流港河、济河以及泥河、架河等河流由于采煤影响，淮南矿区的采煤沉陷区将形成较大范围的沉陷区和积水区，沉陷积水区域与主要水系相连，将形成大范围的湖泊群，从而改变淮河北侧的支流水系格局，直接影响北侧地区的泄洪排涝。

颍上-凤台一带的沉陷区涉及淮河中游北侧支流水系的西淝河、架河、永幸河和泥河（图31），其特点如下。

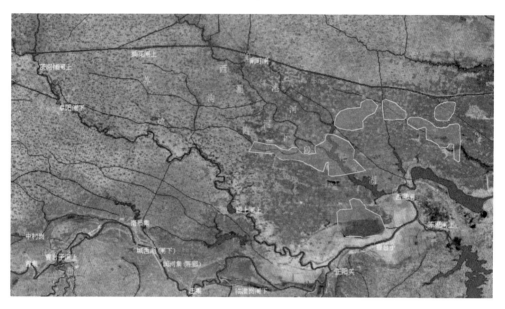

图31　淮南采煤塌陷区对水系的影响

（1）几条河流除西淝河外，大多都是中华人民共和国成立后为解决淮河北侧地区排涝、灌溉而修建的人工河流。

（2）沉陷区多位于这几条河流下游，与淮河相邻，因此沉陷区积水水位直接影响淮河洪水泄洪和北侧地区内涝排水。根据淮河水利委员会（以下简称"淮委"）2011年的工作，沉陷区纳洪能力有限，只能在淮河洪峰过境的很短一段时间内可以向沉陷区泄洪。

（3）由于沉陷区内有地下水形成的积水，修建沉陷区围堤，可能会造就一个新的地上湖，增加内涝排洪的难度。

从济河、永幸河水位低于附近沉陷区积水水位看，如果沉陷区完全与各支流连通，一旦北部地区发生洪涝需要通过这几条河流排洪时，很可能会发生积水顶托洪水，致使内涝加剧的情况。因此淮河水系规划治理必须考虑凤台-颍上地区支流水系的规划再造。

而在淮北地区，淮北矿区采煤沉陷区比较分散，未来20年间，将在岱河、龙河两岸及濉河、闸河附近形成一片比较集中的沉陷区，总沉陷面积133.6km²，但沉陷量大于1.5m的面积仅28.8km²；另外，在浍河也会形成几片较集中的沉陷区，总沉陷面积267.1km²，其中沉陷量大于1.5m的面积为137.1km²。

针对南四湖湖区采煤可能引发的问题应注意的是：①由于煤层上覆顶板

较薄、湖区湖水多，必须重视防范透水事故的发生；②采煤必须避开南洋、微山岛等湖区居民集聚区，这里有厚重的文化积淀，应该加以保护。相比淮南地区，这里"用土地换煤炭"的程度要弱一些。

4. 淮南煤矿采煤沉陷影响人口多，严重制约当地非煤经济的发展

四个煤炭企业对 2010 年、2015 年、2025 年的新增损失耕地、搬迁人口情况进行了预测（表 4）。

表 4 　　　　　两淮矿区沉陷影响耕地、搬迁人口情况汇总表

时　间	项　目	淮南	新集	淮北	皖北	合计
2008—2010 年	损失耕地/亩	99434	8301	31760	31442	170937
	搬迁人口/人	66949	6999	61756	41267	176971
2011—2015 年	损失耕地/亩	66372	17590	86485	42978	213425
	搬迁人口/人	44655	14444	71337	28075	158511
2016—2025 年	损失耕地/亩	89700	34532	145311	53345	322888
	搬迁人口/人	59812	29772	114852	25687	230123
规划期合计	损失耕地/亩	255506	60423	263556	127765	707250
	搬迁人口/人	171416	51215	247945	95029	565605

注　1. 表中数据为各煤炭企业调查提供。
　　2. 皖北公司未提出预测的影响耕地数量，按照其预测的沉陷面积乘以系数 0.8 计算影响耕地
　　　数量。

2025 年预测规划期内因采煤沉陷需要搬迁人口约 56.56 万人。其中 2008—2010 年需搬迁村庄 266 个，涉及 4.6 万户约 17.7 万人；2011—2015 年需搬迁村庄 308 个，涉及 4.1 万户约 15.85 万人；2016—2025 年需搬迁村庄 477 个，涉及 5.8 万户约 23.01 万人。

2025 年预测规划期内因采煤沉陷损失耕地约 70.72 万亩。其中 2008—2010 年损失耕地约 17.09 万亩；2011—2015 年损失耕地约 21.34 万亩；2016—2025 年损失耕地约 32.29 万亩。

根据沿淮及皖北地区土地资源条件测算，沉陷面积 1106km²，耕地率按 80% 左右测算，则损失耕地面积将超过 100 万亩，动迁人口近百万人。

其中淮南采煤塌陷区主要分布在凤台、颍上两县，需要搬迁和安置涉及人口近 20 万人。沉陷区人民不仅住房受沉陷威胁，不得不搬离家园，而且因沉陷区积水，失去了基本的生产资料。

沿淮及皖北地区工业化和城市化水平偏低。除淮北、淮南、蚌埠市的主

要指标高于安徽全省平均水平外，其他各市的主要指标则低于全省平均水平。而为了减少不必要的损失，安徽省已明确要求严禁在煤炭开采区开展大规模的经济建设，这造成在这些地区煤矿矿区以外农村极度发展落后的现状。

5. 采煤塌陷产生的张裂隙可能沟通地下水和地表水的联系，改变塌陷区的水文模式

沉陷区蓄水稳定，积水主要来自降雨，可能存在深部水源。观测发现沉陷区水位常常高于河道水位，说明其水源不是河道来水。淮南矿区位于淮河中游的北北东向沉降带内，地势低于南北两侧，是南侧岗地和大别山区、北侧淮北平原的汇水区，因此地下水位高。地面沉陷后，浅层地下水容易出露而积水。

观察显示，淮河流域大旱年份时，洪泽湖水位下降近于干涸，但淮南沉陷区内积水未见减少，因此沉陷区积水可能存在其他来源。

采煤区经常可见发育大量的张裂隙，塌陷沿这些裂隙发生，这是由于开采煤层大多在新生代沉积之下，深500m以上，部分200多米，因此沉陷地层大多厚达数百米以上，沉陷时形成大量的纵向裂隙自下而上贯通整个垮塌地层，造成数百米新生代地层内不同深度的含水层相互连通，并直达地表，这些塌陷裂隙很可能沟通地表水和地下承压水之间的联系，而成为沉陷区的深部地下水水源。

这种水源优点是：①水量稳定。因淮河流域降雨量较大，地下水的补给充分，因此不受短期干旱气候的影响。②水质稳定。但缺点是：①深层地下水水质会影响塌陷区积水水质。②塌陷区所处地势低洼，会促使地下水不断上涌，一直到积水水位与周边地面持平，这就占用了塌陷区库容，留给"平原水库"的纳洪库容所剩无几，这意味着塌陷区可能没有多少蓄洪防涝能力。

为了验证是否已发生大规模地下水对塌陷区积水的补给，分别在2012年雨季（4月）和旱季（12月）采取了淮南顾桥、谢桥、张集等地雨水、塌陷区积水、港河附近天然湿地、浅层地下水、河水（包括西淝河、济河、港河、永幸河）样品，测量了它们的氢

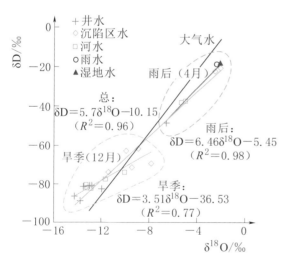

图32　淮南采煤区旱雨季雨水、河水、塌陷区积水、浅层地下水氢氧同位素关系图

氧稳定同位素（图32），结果如下。

1）雨季的塌陷区积水同位素组成与湿地相同，与地下水相差很大，而河水性质介于地表水（塌陷区积水和湿地水）和浅层地下水之间。这是合理的，因为一些地方抽用地下水后又将水排入河道，因此河水实际就是地下水和地表水的混合，而地表水则直接来自降雨。

2）旱季的塌陷区积水同位素组成与雨季相似，仍与地下水相差很大，而河水性质也仍介于塌陷区积水和地下水之间。

3）比较氢氧同位素之间线性方程和大气降雨线的关系，可以注意到淮南地区的水存在强烈的蒸发作用。因此积水区水资源的蒸发损失可能是显著的。

以上特征表明塌陷区积水与浅成地下水存在较大差异，可能地下水对塌陷区积水的贡献还不大，不是积水的主要补给来源，主要补给来源还是降雨。因此目前的煤炭开采水平可能还没有造成地下水的大规模突出流失。

（三）采煤塌陷问题的性质与定位

1. 淮南采煤沉陷是作为东部能源主要基地的必然代价

采煤塌陷及其引发的塌陷积水是不可避免的，只要国家需要这里提供能源，就必然会出现采煤塌陷问题。"用土地换煤炭"是国家能源需求下不得已的被动选择，因此不能混淆"采煤塌陷""土地损失"和"国家能源需求"三者之间的逻辑关系。

2. 采煤沉陷区面积巨大，淮南塌陷区面积集中，而淮北塌陷区相对分散

淮南塌陷区位于淮河中游断裂沉降带内，将长期存在。这里过去本身就是淮河中游湿地的分布区，中华人民共和国成立后治淮工程使该区成为良田，但低洼的地势决定了其极易发生洪涝灾害。塌陷后，人口迁出有助于减少洪涝的直接经济损失。

3. 采煤沉陷直接影响并改变河流水系格局

如在淮南改变了淮河北侧支流的水系格局。因此淮河北侧地区防洪体系必须重新考虑塌陷带来的影响，在设计中提前规划，减少不必要的损失。

采煤塌陷沟通了盆地深部第四系承压水，在淮河北侧形成面积巨大的湖泊湿地，并具有水量水质稳定的深部水源。

4. 采煤沉陷限制了区内经济建设的发展

采煤沉陷区耕地损毁和农村移民总量将超过三峡工程。随着经济和社会的发展，村庄搬迁的难度将越来越大，解决失地农民生产生活出路，妥善安

置失地农民，事关社会稳定的大局。塌陷区人民为了国家的能源需要，付出了土地、家园的代价，国家应该为塌陷区人民作出补偿。

塌陷区人民也享有发展经济的权利和享受经济发展成果的权利，因此不能限制塌陷区人民发展经济，尤其是非煤经济，更不能等到塌陷以后再去补偿。忽视塌陷区的治理就是对塌陷区人民的不负责任、对国家的不负责任。

国家应该提前规划，利用沉陷过程的长期持续性有序地将沉陷区人口向规划的小城镇产业园区集中。

5. 应尽早开展采煤塌陷区治理的规划设计，争取早日实施

塌陷积水区是作为蓄滞洪区、淮北水源区、还是湿地生态区，目前存在不同看法，需要进一步研究，但必须由国家、地方和企业统筹考虑、规划。调查显示，目前塌陷区居民愿意在合理补偿条件下搬迁，因此越早制定沉陷区治理规划，国家、企业、个人的损失越小，对地方经济的发展越有利。

（四）问题的应对

1. 煤炭基地与粮食基地的矛盾问题

淮河流域在国家粮食安全体系中具有举足轻重的地位和作用，定位为我国粮食基地。而淮河流域尤其是淮南，是国家规划的重要的能源战略基地，采煤必然引发沉陷、造成土地流失，影响粮食生产。因此采煤与粮食生产是一对矛盾，二者只能择其一。

国家是向淮南要煤、电，还是粮食，是淮南在国家层面的定位问题，需要中央根据淮南煤炭和粮食对国家的贡献大小来判断。目前的数据看，可能煤炭对国家更重要。而如果国家要求地方提供煤炭，就应该由国家向提供煤炭的地区和因采煤而失地的农民提供政策倾斜，帮助他们解决问题。

2. 沉陷区湖泊定位问题

淮南塌陷区面积相对集中，因此矿业集团最早提出建设沉陷区平原水库的思想，设想可以发挥防洪、除涝、为工农业生产和居民生活供水以及改善生态环境等方面的功能。

（1）从上面的分析看，防洪、排涝、泄洪的有一定能力，实际能力需要重新评价。

（2）而从沉陷区水位稳定的特点看，作为皖北农业水源地是具有潜力的。但是需要对各沉陷区的积水开展全面深入的调查，摸清不同沉陷区：①地下水来源，即哪些新生代含水层是其深部补给水源？补给量多少？②地下水水

质如何？现有的河流水质评价体系是不适于评价地下水水质的，还需要对各种矿物成分和其他有害离子成分全面评价。③沉陷区现代构造应力场控制下的构造裂隙发育特征和规律是什么？这是因为采空沉陷还受新生代活动构造的控制和影响。

（3）沉陷区湖泊将形成面积浩大的湿地，可以增加水生生物物种，为鸟禽提供栖息场所。必须保证水质不被污染，才有可能改善生态环境，作为城镇饮用水源地。

（4）是否能作为"江水北调"的中间蓄水水库？首先从上面分析看，如果沉陷积水区地下水补给量足够干旱年份徽北农业用水，就不需要再调长江水。其次，沉陷区库容有限，最多只能作为江水过境水道。

3. 沉陷区湖泊与水系再造问题

淮北矿区中位于淮北市区附近呈带状分布有多个大小不等的沉陷区，将其中沉陷深度大的通过一定的工程措施和治理技术，与附近河流串为一体，可作为地表供水水源。

淮南矿区中位于西淝河下游的沉陷区，沉陷面积集中、连片，沉陷容积大，与现有河流有较好的沟通条件，可研究利用其沉陷容积蓄积洪涝水，洪水过后缓慢释放，进行水资源综合利用。

淮南采煤沉陷区形成的湖泊已部分并将严重影响淮河北侧支流西淝河、架河、永幸河和泥河的位置、走向和水位变化，因此应根据沉陷区具体情况考虑对这几条河流的水系再造问题，可能有不同方案，例如：

（1）河流改道，利用河流将沉陷区连接起来，使沉陷区成为河流沿线的串珠状湖盆。

（2）沉陷区自成体系，与河道间以涵闸相连，以调节水位。

（3）全区分成不同区块，根据具体情况，决定各沉陷区的用途和规划方案。

4. 湖泊水面的再利用问题

沉陷区土地变成水面造成农民失去土地生产资料，如果能够解决好水面的再利用问题，就可能很大程度上解决农民的失地问题。目前看沉陷区湖泊的再利用可能有以下途径。

（1）渔业和水产养殖：可根据不同水深、区块，进行不同类型的渔业养殖，目前在一些局部区段已经有人开展渔业养殖；一些浅水区还可以种植一些水生食用或实用植物。但是不宜在作为水源地的区段养殖，以免造成水体污染和富营养化。

（2）生态湿地：一些远离城镇的区段可以作为生态湿地，供鸟禽栖息。

（3）治污湿地：在集中居住地附近，可以选择合适的区段建设湿地污水处理厂，利用湿地功能净化居民生活污水。

（4）水源地：一些水质优良的沉陷区区段，可以作为水源保护地，向皖北农田或集中居住城镇供水。

（5）旅游：一些有特殊旅游资源的区段，可结合水面开发成合适的旅游项目，如迪沟安置区的大型寺庙。一些有悠久历史的采煤矿井适当保护维修后，也完全可以作为将来的旅游参观项目。一些水上娱乐项目也可以在合适地段设置，这需要在沉陷稳定区进行开发。

5. 采煤沉陷的逐渐发展问题

由于淮南煤炭资源还开采百年，因此采煤沉陷将是一个逐渐发展过程，也会持续百年历史。这一方面为我们留出了治理时间，提前规划可以避免将来更大的成本投入、更大的民生影响，可根据煤炭开采情况，安排不同时期的治理目标。另一方面这种规划可能会因将来理念的变化、技术的进步而发生变化，因此可能规划本身也是一个不断完善的过程。

6. 沉陷区移民安置和再就业问题

针对沉陷区搬迁问题地方政府和淮南矿业集团有限责任公司（以下简称"淮南矿业集团"）做了大量工作，开展一系列有益的尝试，建设了迪沟和凤凰城两个集中安置区，取得了很好的社会效益。

但是如果不能解决这些人口的生产资料问题，必然会形成社会不稳定因素。现在虽然通过煤矿服务和运输社会化、居民商业化、劳动力外出务工解决了一部分劳动力的出路问题，但都属于附属于采煤的第三产业，如果不能形成新的第一、第二产业和独立的第三产业，就很难可持续发展，并将成为一个极大的社会隐患。

7. 移民安置与新农村建设、城镇化建设的关系问题

移民生活安置和再就业问题，应该放到新农村建设和城镇化建设的高度上来抓，首先集中居住地应符合新农村建设和城镇化建设要求，布局要合理、附属设施要完备、再就业有机会、发展工业、服务业有空间。对于失地移民不能仅仅满足于提供住房和土地补偿款，还应提供生产资料，使其能有谋生渠道和致富途径，有幸福感，才能构造一个和谐社会。

8. 沉陷区治理中央与地方政府、企业和失地农民间的关系问题

淮南沉陷区治理由于其牵涉面广、影响大，已不仅仅是企业的问题，也不仅仅是地方政府能够协调的问题，应该国家给政策，地方政府来协调，联合企业和淮委以及失地农民，才能共同解决采煤沉陷引发的问题。

9. 淮南煤矿沉陷区生态环境治理的示范性问题

在淮河流域众多煤矿的采煤沉陷区中，淮南沉陷区面积大、类型复杂、影响严重，特别具有代表性和典型性，其成功治理将为流域内沉陷区治理树立起可以借鉴的样板模式。

（五）对策与建议

1. 对采煤沉陷区的整治必须给予高度重视

煤矿沉陷区的存在与扩展，不仅制约煤矿本身的发展，对当地的农业、工业、水力、交通及整个民生也有广泛的影响，如不及时妥善治理，不仅会拖当地经济发展的后腿，还会使本来就多灾多难的淮河流域增添新的灾难，因此，整治沉陷区势在必行，不管采取什么方式，都必须给予高度重视。

2. 不能孤立地看待沉陷区的治理

淮南矿业集团既是一个历史悠久的老企业，也是一个具有先进管理、先进文化的现代化企业，不到现场很难想象，历来被认为污染严重的煤矿和电厂竟能给人"一尘不染的感觉"；他们提出建平原水库，治理沉陷区的设想，是一个企业对国家、对民众负责任的体现。如能建成这个平原水库，积蓄大量水资源，对于整治沉陷区，改善皖北缺水的生态环境……无疑都是有益的。但建平原水库是否就是最佳方案，尚需进一步调查研究，充分论证。

无论采取什么样方式整治沉陷区，都不应把责任和任务全压在企业身上，也不能孤立地看待沉陷区的整治，应该把整治沉陷区放在淮河流域和区域发展这样一个大环境中去考虑，处理好沉陷区与非沉陷区的关系，地上与地下的关系，淮河支流与干流及流域的关系，防灾与发展的关系，矿业与农业及其他产业的关系，企业与社会（地方政府与老百姓）的关系。这样一个复杂工程，不在国家层面上进行顶层设计、统一领导，是难以协调好各方面关系的。

3. 实行国家、地方、企业和百姓相结合，共同解决沉陷区问题

拟在淮南矿区修建的大型水源工程，将涉及约 349 个自然村 7.47 万户 20 多万人口的搬迁和再就业问题，是一项复杂而艰巨的任务。因此，必须把治理沉陷区的工程作为一项系统工程，上升到国家层面，纳入淮河治理与区域重点水利工程建设的整体规划，由国家指导，地方政府牵头，淮委配合，企业协助，百姓参与，组成一个强有力的班子，实行统一领导，统筹安排，协同工作，先确立好方案，再按轻重缓急分步实施，使整治沉陷区的过程成为改变农村落后面貌、建设新农村、推进城镇化、发展地方经济、减轻自然灾害、实现长治久安的进程，使经过整治的淮南沉陷区成为新的经济增长点和焕然一新的和谐社会。

四、淮河流域近 50 年气候特征及气候变化影响分析

（一）近 50 年淮河流域气候特征

1. 年平均气温

近 50 年（1961—2010 年）淮河流域的多年平均气温为 14.5℃（图 33）。年平均气温呈明显升高的趋势，增长速率约为 0.23℃/10a，20 世纪 90 年代中期以来，淮河流域处于偏暖时期。从空间分布看，淮河流域的年平均气温为 12～16℃，呈现南高北低准纬向的分布特征 ［图 34（a）］。流域内各站点的年平均气温呈现一致的显著升高趋势，但存在一定的地区差异，总体来说，流域年平均气温升高趋势东部沿海大于西部山区 ［图 34（b）］。

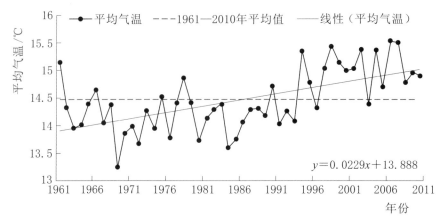

图 33　1961—2010 年淮河流域年平均气温历年变化

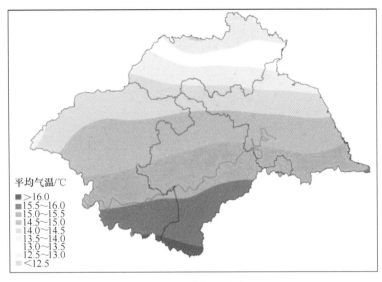

(a) 年平均气温分布

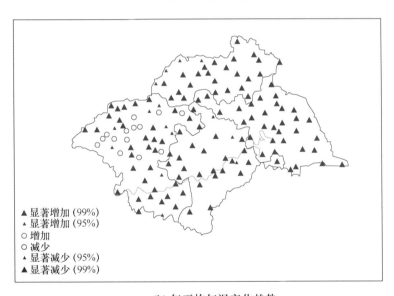

(b) 年平均气温变化趋势

图 34 淮河流域年平均气温分布及年平均气温变化趋势（1961—2010 年）

2. 年平均最低气温

1961—2010 年，淮河流域年平均最低气温多年平均值为 10.1℃。最近 50 年，呈显著上升趋势，增温幅度为 0.33℃/10a。1994 年以来，连续 17 年年平均最低气温较多年气候均值偏高（图 35）。

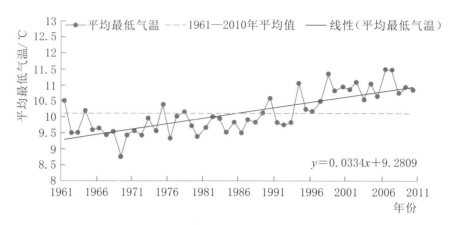

图 35　1961—2010 年淮河流域年平均最低气温历年变化

3. 年平均最高气温

1961—2010 年，淮河流域年平均最高气温多年平均值为 19.7℃。最近 50 年，与年平均最低气温的变化趋势不同，增温幅度为 0.13℃/10a，趋势不明显（图 36）。

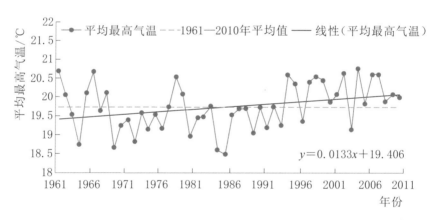

图 36　1961—2010 年淮河流域年平均最高气温历年变化

4. 降水特征

淮河流域地处中纬度副热带典型季风气候区，降水较为丰沛，但降水量年际变率较大且季节性变化显著。流域内降水的年内分配不均，降水主要发生在夏季，夏季降水占全年总降水的一半以上，春、秋两季降水量相当，冬季降水量最少。所以，淮河流域的旱涝异常主要由夏季降水决定。淮河流域降水的年内变化有明显的季风降水雨带"北推南撤"的特征，在 1—4 月降水的增幅不甚明显，4—5 月，随着东亚夏季风的爆发，季风雨带的不断北抬，淮河流域降水逐渐增多。一般地，自 6 月下旬始，季风雨带移至江淮地区，出现梅雨天气，雨带在江淮流域停滞后，会使得淮河流域降水在 7 月达到高值。8 月，季风雨带逐渐北移至华北地区，此时淮河流域降水逐渐减少。在 9—12 月，随着雨带的快速南撤，淮河流域内的降水迅速减少。淮河流域的降水主要集中在主汛期，主汛期降水呈南部多于北部、山区多于平原、近海多于内陆的特点。由于历史上黄河长期夺淮使得淮河入海无路、入江不畅，特殊的下垫面加之受到低纬和中高纬各种天气系统的共同影响，气候条件复杂多变，淮河流域易涝易旱，常常洪涝并存，被人们总结为"大雨大灾、小雨小灾、无雨旱灾"的特点。

5. 年降水量

从流域平均的年降水量年际变化看（图 37），1961—2010 年淮河流域年平均降水量为 873mm，年际变化较大，但并无明显的变化趋势。但进入 21 世纪后，季风雨带常在淮河流域停滞，淮河流域洪水灾害呈现不断加剧的趋势，2003—2008 年的 6 年中出现了 5 次范围较大的洪水。从空间分布看［图 38 (a)］，淮河流域的年平均降水分布呈现南部多于北部，山区多于平原的特点，流域内各站点的年降水量趋势存在一定的地区差异，除流域东北部以降水量减少为主外，其他区域均以降水量增加为主［图 38 (b)］。

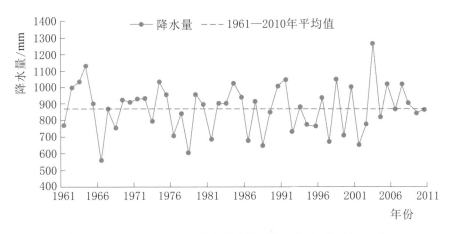

图 37　1961—2010 年淮河流域平均年降水量历年变化

6. 年降水日数

从流域平均的年降水日数年际变化看（图 39），1961—2010 年淮河流域年降水日数平均为 123d，近 50 年波动中下降趋势显著，气候倾向率为 −5.0d/10a。20 世纪 90 年代以来，年降水日数减少更为明显。除流域东部局部外，流域多数区域年降水日数减少趋势较为显著（图 40）。

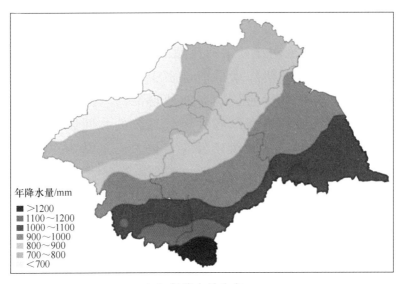

（a）年降水量分布

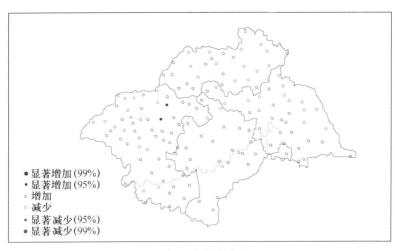

（b）年降水量变化趋势

图38　1961—2010年淮河流域年降水量分布及年降水量变化趋势

（二）已观测到的气候变化对淮河流域的影响

1. 气候变化对农业的影响

已观测到的农业气候资源变化有：热量资源显著增加，尤其是冬温增加显著，各界限温度和无霜期总体呈增加趋势（图41）；水分资源变化存在地区差异，降水量、土壤湿度变化均呈北减南增趋势，最大可能蒸散微弱减少，农作物生长发育存在全生育期或季节性水分亏缺，水分资源变化趋势导致北

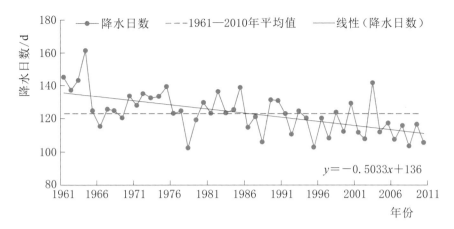

图 39　1961—2010 年淮河流域平均年降水日数历年变化

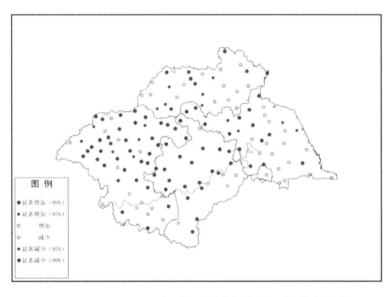

图 40　1961—2010 年淮河流域年降水日数变化趋势

旱南涝更加突出；光照资源减少显著。

已观测到的气候变化对农业的影响有：冬季冻害减轻，农作物生长季延长，复种指数提高，水稻、玉米中晚熟品种面积增加，有利于提高作物产量，设施农业和经济果蔬发展；但是气象灾害和病虫害趋重发生，作物发育期缩短，粮食产量和气候生产潜力年际变异率大，稳产性降低，作物品质受影响较大。

2. 气候变化对水资源的影响

1950—2007 年，淮河干流蚌埠站径流量有下降趋势（图 42）；同时出现

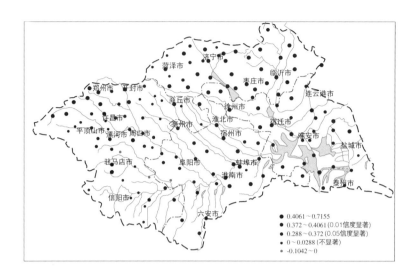

图 41　淮河流域稳定通过 10℃积温趋势系数分布图（1961—2007 年）

极端流量的频率有所增加，汛期发生洪涝以及枯水期发生干旱的频率可能加大，极端水文事件发生的频次和强度增加，如 2003 年淮河大水等情况。

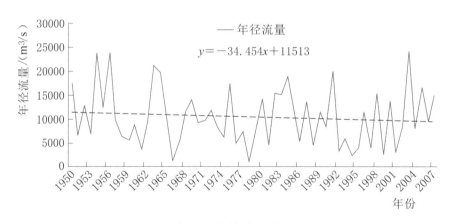

图 42　淮河干流蚌埠站年径流量

　　气候变暖背景下，引起水资源在时空上重新分配和水资源总量的改变。淮河流域中西部地区及部分东部地区为洪水灾害危险性等级高值区，干旱和洪涝引发水资源安全问题。自 1980 年以来，淮河干流及涡河、沙颍河、洪汝河等主要支流，沂沭河等骨干河道均出现多次断流，洪泽湖和南四湖经常运行在死水位以下，并且由于水污染十分严重，流域生态危机越来越突出。气候变暖及"南涝北旱"的降水分布格局，导致淮河流域成为我国水资源系统最脆弱的地区之一。

3. 气候变化对自然生态系统的影响

气候变化影响淮河流域的森林生态系统结构和物种组成；热带雨林将可能侵入到目前的亚热带或温带地区，温带森林面积将减少；森林生产力增加；春季物候提前，果实期提前，落叶期推迟，绿叶期延长。淮河流域湿地生态脆弱性表现在：自然灾害频发的干扰性脆弱、湿地水资源紧缺的压力性脆弱、河道断流、湖泊干涸的灾变性脆弱，湿地水体污染严重的胁迫性脆弱、湿地生态系统面临退化威胁的衰退性脆弱。气候变化影响淮河流域湿地水文情势，湖泊水域面积减少，湿地萎缩；破坏湿地生物多样性；使湿地由 CO_2 的"汇"变成"源"。

4. 气候变化对其他领域的影响

气候变化对淮河流域的能源、人体健康、旅游业和淮河防洪与排涝管理项目等均产生了一定程度的影响：气候变暖导致冬季采暖能耗下降，但夏季制冷能耗增加程度更大，因此综合来看，气候变化加剧了能源需求的紧张局面（图 43）。

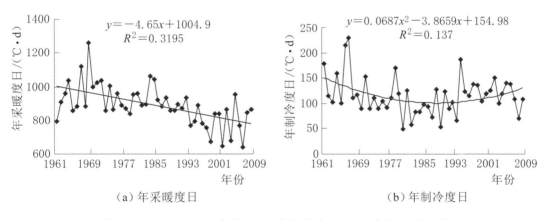

图 43　1961—2009 年淮河流域采暖度日和制冷度日的变化

（三）淮河流域未来气候变化的可能趋势

1. 基于全球模式和 SRES 排放情景的气候预估

利用多个全球气候系统模式的模拟结果，在不同排放情景下，2001—2050 年淮河流域年平均气温都将不同程度上升，其中在 SRES - A1B 排放情景下年平均气温气候倾向率达到 0.38℃/10a（图 44），夏季将可能出现更多的热浪天气，而极端气候冷害事件呈减少趋势。

2001—2050 年，全流域降水均呈显著增加趋势，气候倾向率达到 10mm/

10a（图 45），其中春季和夏季降水增加显著。未来极端强降水事件整体呈减少和减缓的趋势，尤其流域的西部和东部，但中部地区稍有增加。

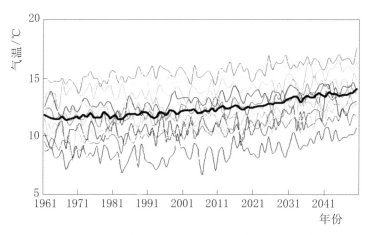

图 44 1961—2050 年淮河流域多模式模拟年平均气温变化
（黑色粗线条为多模式均值）

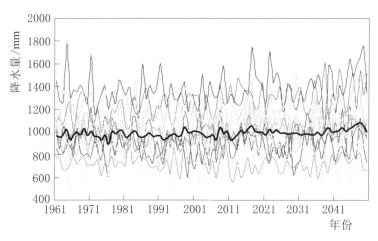

图 45 1961—2050 年淮河流域多模式模拟年降水量变化
（黑色粗线条为多模式均值）

2. 基于区域气候模式和 RCPs 排放情景的气候预估

利用区域气候模式 RegCM4.0 对 RCP4.5 和 RCP8.5 新排放情景下 21 世纪初期（2010—2020 年）、中期（2010—2050 年）淮河流域的变化进行了预估。

在 RCP4.5 情景下，2010—2020 年流域年平均气温增加，升温值在流域西南部较高，为 0.2℃ 以上，流域中部升温值相对较低，数值为 0～0.1℃，其他大部分地区升温值为 0.1～0.2℃。在 RCP8.5 情景下，流域也呈现出增温的趋势，且增幅幅度较 RCP4.5 情景下明显增大（图 46）。2010—2050 年，

流域表现为较为一致性的增温，在 RCP4.5 情景下，流域增温幅度在 0.8～
1.0℃；而在 RCP8.5 情景下，增温幅度更高，大部分地区升温值在 1℃ 以上
（图 47）。

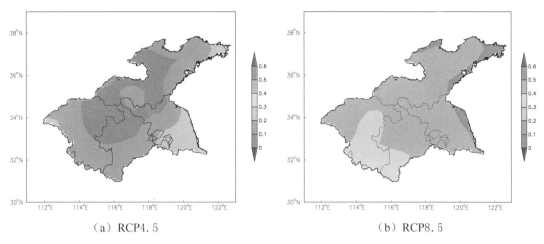

（a）RCP4.5　　　　　　　　　　（b）RCP8.5

图 46　淮河流域 2010—2020 年平均气温变化（单位：℃）

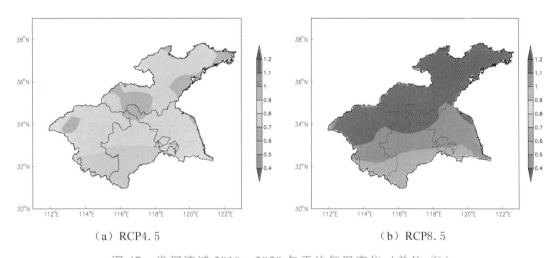

（a）RCP4.5　　　　　　　　　　（b）RCP8.5

图 47　淮河流域 2010—2050 年平均气温变化（单位：℃）

从 2010—2020 年期间的降水预估来看，在 RCP4.5 情景下，2010—2020
年年平均降水的变化在整个流域上大都是增加的，增加幅度基本为 10％～
25％；而在 RCP8.5 情景下，年平均降水在整个流域上以增加或变化不大为
主，其中增加值为 5％～25％（图 48）。2010—2050 年期间，在 RCP4.5 情景
下，年平均降水的变化在整个流域上表现为增加或变化不大，在 RCP8.5 情景
下，年平均降水在整个流域上则以变化不大为主，数值大都为 ±5％（图 49）。

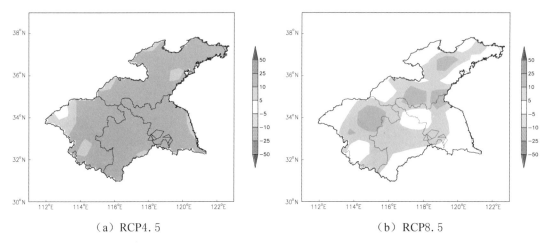

（a）RCP4.5　　　　　　　　　　　（b）RCP8.5

图 48　淮河流域 2010—2020 年年平均降水变化（％）

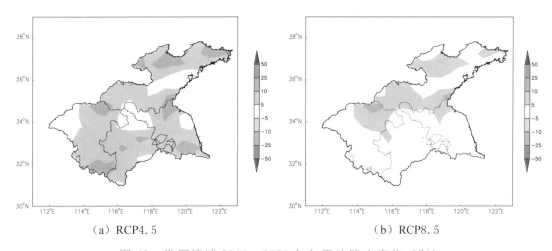

（a）RCP4.5　　　　　　　　　　　（b）RCP8.5

图 49　淮河流域 2010—2050 年年平均降水变化（％）

五、淮河流域近 10 年气象灾害特征

（一）淮河流域旱涝变化特征

1. 与长江流域、黄河流域降水的比较

淮河流域地处我国南北气候过渡带，与长江流域、黄河流域相比，淮河流域降水变率最大（表 5），表明过渡带气候的不稳定性，容易出现旱涝。旱年差不多为 2.5 年一遇，涝年则将近 3 年一遇。进入 21 世纪以来，淮河流域夏季频繁出现洪涝，成为越来越严重的气候脆弱区。

表5   淮河、长江、黄河流域降水量及变率比较

项 目	淮河流域		长江流域		黄河流域	
	全年	汛期	全年	汛期	全年	汛期
平均降水量/mm	905	492	1355	511	441	257
降水相对变率/%	16	22	11	20	13	17

2. 历史旱涝灾害

淮河流域旱涝灾害时空分布不均，且组合复杂，常常是年内交替出现，流域面上共存。在2000多年的历史里，共发生流域性的水旱灾害336次，平均6.7年一次，水灾平均每10年一次。1194年黄河南决夺淮后，水灾更加频繁。16—19世纪是淮河流域旱涝灾害最为频繁的时期（图50）。

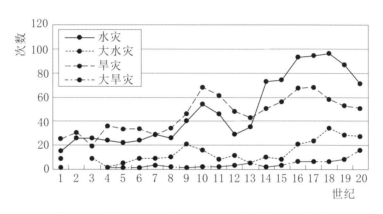

图50   公元1—19世纪淮河流域旱涝次数变化

3. 现代旱涝灾害特征及典型事件

淮河流域旱涝灾害时空分布不均，且组合复杂，常常是年内交替出现，流域面上共存，夏涝秋旱和流域东北部旱、西南部洪涝为最常见的组合形式。淮河流域旱涝灾害的另一个特点是春末夏初易出现旱涝急转。特别是进入21世纪以来旱涝灾害趋于频繁。2003年、2005年、2007年淮河流域先后发生大洪水，2001年、2004年、2008—2009年、2010—2011年发生秋、冬、春三季连旱。从旱涝发生频率来看，流域干旱年发生频率高于湿润年发生频率，中等旱年发生频率最高；从旱涝格局来看，北旱南涝更加突出。

（1）2003年流域性洪涝灾害分析。

2003年夏季，我国主要多雨区位于黄河与长江之间。6月下旬至7月中旬，雨带在淮河流域徘徊，降水过程频繁。由于雨区和降雨过程集中、雨量大，导致淮河干、支流水位一度全面上涨，超过警戒水位，发生了流域性特

大洪水。淮河流域主汛期为 6 月 21 日至 7 月 22 日，期间共出现了 6 次集中降雨过程，过程总降水量达 400～600mm，安徽霍山、宿县及江苏高邮、河南固始等地超过 600mm；与常年同期相比普遍偏多 1～2 倍。6 月 21 日至 7 月 22 日淮河流域平均降雨量与历年同期相比为近 50 多年来的第二位，仅次于 1954 年，淮河上游及沿淮淮北地区降雨量接近或超过了 1991 年，除伏牛山区和淮北各支流上游外，淮河水系 30d 降雨量都超过 400mm，暴雨中心安徽金寨前畈（饭）站降雨量达 946mm。受强降雨影响，淮河流域出现 3 次洪水，为中华人民共和国成立以来仅次于 1954 年和 2007 年的第三位流域性大洪水。

主汛期间以 6 月 30 日至 7 月 7 日及 7 月 9—14 日两次降水过程持续时间较长，雨量较大。6 月 30 日至 7 月 7 日，淮河流域出现了主汛期最强的一次降水过程，河南东部、安徽中部和北部、江苏大部出现大范围的持续性暴雨和大暴雨，8d 总降雨量沿淮地区一般有 150～300mm，部分地区超过了 300mm。7 月 9—14 日，淮河流域再次普降大到暴雨，局地出现大暴雨，淮河北部地区过程降水量有 100～150mm，以南地区有 100～200mm。为缓解洪水紧张局势，王家坝分别于 7 月 3 日和 11 日两次开闸泄洪，这是 1991 年淮河大水以后，淮河流域地区首次开闸泄洪。

据安徽、江苏、河南 3 省不完全统计，受灾人口达 5800 多万人，紧急转移 200 多万人；受灾农作物面积 520 多万 hm^2，成灾 340 万 hm^2，绝收 120 万 hm^2；倒塌房屋 39 万间；直接经济损失 350 多亿元。

（2）2007 年流域性洪涝灾害分析。

2007 年汛期，淮河流域出现仅次于 1954 年的特大暴雨洪涝灾害。6 月 29 日至 7 月 26 日，淮河流域出现持续性强降水天气，总降水量一般有 200～400mm，其中河南南部、安徽中北部、江苏中西部有 400～600mm；降水量普遍比常年同期偏多 5 成至 2 倍，河南信阳偏多达 3 倍。淮河流域平均降水量 465.6mm，超过 2003 年和 1991 年同期，仅少于 1954 年，为历史同期第二多。由于降水强度大，持续时间长，淮河发生了自中华人民共和国成立后仅次于 1954 年的全流域性大洪水，先后启用王家坝等 10 个行蓄（滞）洪区分洪。受暴雨洪水影响，安徽、江苏、河南等省共有 2600 多万人受灾，死亡 30 多人，紧急转移安置 110 多万人；农作物受灾面积 200 多万 hm^2，其中绝收面积 60 多万 hm^2；因灾直接经济损失 170 多亿元。

（3）干旱事件。

2000 年 2—5 月，淮河流域大部地区降雨量仅有 50～100mm，比常年同期偏少 3 成以上，其中河南、山东大部、安徽合肥以北地区、苏北西部、湖北西北部等地偏少5~8成。此次春夏旱持续时间长、受旱面积大，对农业生产的危害严重。河南省出现了中华人民共和国成立以来罕见的严重春旱，5月上旬，全省受旱农田面积达357.1万hm²，严重受旱面积186.3万hm²，干枯死亡15.7万hm²，重旱区主要分布在豫北、豫西和豫中。湖北省内鄂北地区旱情最重，夏收作物大幅减产，春耕春播严重受阻，截至5月24日，全省农作物受旱面积达278.7万hm²，成灾151.9万hm²，各类农业经济损失达66亿多元。由于春季旱情严重，淮河水位降至50年来同期最低点，蚌埠闸等区域先后出现船只严重阻塞的情况。

（4）旱涝急转。

旱涝急转是指某一个地区或者某一个流域发生较长时间干旱时，突然遭遇集中地强降水，引起河水陡涨的现象。淮河流域由于地处气候带的过渡区域，季风偏弱时雨带就会长久的滞留在南方从而造成严重洪涝，而季风偏强雨带又会很快地移过淮河流域造成干旱。由于每年夏季风强弱和雨带从南向北推进的速度不一致，在淮河流域就会常常反映出"旱涝急转"特征。

1961—2007年，淮河流域共有13年出现了"旱涝急转"事件，分别是1962年、1965年、1968年、1972年、1975年、1979年、1981年、1989年、1996年、2000年、2005年、2006年、2007年。从长期来看，2000年以来频次明显增多。在"旱涝急转"发生年，干旱以全流域发生为主，而洪涝有南部型和全流域型两种。"旱涝急转"主要出现在6月中下旬（1989年、1996年和2000年的6月上旬除外），与江淮入梅时间基本同时或略偏晚。春夏之交是淮河流域小麦、油菜生长的关键期，若降水偏少、土壤缺墒，引发籽粒退化，会导致严重减产。此外，干旱还会影响秋收农作物的适时播种和出苗。夏季，春播旱作物处于旺盛生长期，夏涝易引起作物叶片发黄、根部腐烂、苗情差，同时涝渍也导致棉花蕾铃脱落，影响产量。涝灾严重时可能会造成农作物的绝收。因此，易对农业生产造成极为严重的不利影响。

（二）其他气象灾害特征

1. 台风灾害影响频繁

（1）影响淮河流域的台风。

影响淮河流域的台风主要有登陆型和沿海转向型两种。登陆型台风在广东、福建、浙江沿海等地登陆，并逐渐减弱消亡。这类台风对淮河流域的影响最大，如0509号台风"麦莎"。沿海转向型台风先向西北方向移动，当接近中国东部沿海地区时，不登陆而转向东北，这类台风的外围有时可以影响淮河流域东部地区，如 2002 年第 5 号热带风暴"威马逊"。2001—2012 年的 12 年间，除 2001 年、2003 年和 2010 年之外，淮河流域都遭受了台风灾害，具体情况见表 6。

表 6　　　　　　　　　　2001—2012 年间影响淮河流域的台风

年份	台风编号	影响淮河流域的台风名称	年份	台风编号	影响淮河流域的台风名称
2001	—	—	2006	0605	台风"格美"
2002	0205	热带风暴"威马逊"	2007	0713	台风"韦帕"
2003	—	—		0716	台风"罗莎"
2004	0407	台风"蒲公英"	2008	0808	台风"凤凰"
	0414	台风"云娜"	2009	0908	台风"莫拉克"
2005	0505	台风"海棠"	2010	—	—
	0509	台风"麦莎"	2011	1109	台风"梅花"
	0513	台风"泰利"	2012	1210	台风"达维"
	0515	台风"卡努"		1211	台风"海葵"

注　"—"表示无台风。

（2）典型案例及其影响。

1）0509 号台风"麦莎"。2005 年 7 月 30 日，0509 号台风"麦莎"于西北太平洋洋面上生成。8 月 6 日凌晨 3 时 40 分，台风在浙江省玉环县登陆，登陆时中心风力达 12 级，最大风速达 45m/s，中心最低气压仅 950hPa。台风登陆后穿越浙江省，8 月 7 日 15 时经安徽东南部进入江苏省南京市江浦区，穿越江苏省，于 8 日 7 时经连云港、赣榆移向山东。受其影响，淮北地区过程雨量有 16.4～110.4mm。自 8 月 5 日 5 时至 9 日 5 时，江苏省 55 个市（县）降水量超过 50mm，其中有 27 个市（县）超过 100mm，最大的在太仓为 193.8mm。另据加密自动站监测，这 4d 累计雨量最大的常熟支塘镇为 218.4mm。同时，江苏省各地出现了大范围的强风天气，4d 内先后有 55 个市（县）出现了 7 级以上大风，部分地区达到 11 级。根据加密自动站观测，最大风速出现在启东圆陀角，达 34m/s（12 级），这是启东受热带气旋影响产生的极端极大风速。台风"麦莎"给江苏省带来了严重影响，全省受灾人口 795.56 万人，死亡 8 人，受伤 202 人。倒断树木、电杆 641324 棵（根）。农作物受灾面积 478030hm²，成灾面积 215108hm²，绝收面积 12101hm²。损坏房屋 26476 间，倒塌房屋 10698 间。农业经济损失近 9.97 亿元，直接经济损失近 17.99 亿元。

2）0515 号台风"卡努"。2005 年 9 月 5 日，0515 号台风"卡努"于西北太平洋洋面生成。9 月 11 日 14 时 50 分，"卡努"登陆浙江台州，登陆时中心最大风力达 12 级，最大风速达 50m/s，中心最低气压仅 945hPa。台风登陆后穿过浙江北部，12 日 4 时 30 分经太湖以西进入江苏省，12 日 22 时 30 分从江苏省连云港市的燕尾港入海，在江苏境内历时 18h。受其影响，11 日夜里至 13 日江苏省大部分地区出现降水和大风天气。除 11 日 5 时至 12 日 5 时，江苏省东南部地区有 15 个市（县）出现了暴雨—大暴雨外，12 日 5 时至 13 日 5 时，苏北地区又有 19 个市（县）出现了暴雨—大暴雨，其中射阳达 112.7mm。大风主要出现在 12 日，江苏省大部地区出现了 8～11 级大风，其中西连岛极大风速达 31.3m/s（11 级）。江苏省此次因台风"卡努"灾害死亡 3 人，受伤 16 人；受灾人口 417.2 万人；农作物受灾 48.6 万 hm²，成灾面积 11.5 万 hm²，绝收 223hm²；倒塌房屋 2816 间，损坏房屋 6906 间。直接经济损失约 15 亿元，农业经济损失 6.8 亿元。另外，该台风还造成部分市县供电线路短路，不少树木被刮倒，或树枝被刮断，以及鱼塘漫溢、桥涵闸泵站毁损，还对水陆交通造成了一定的影响，数万人被转移。

3）0605 号台风"格美"。2006 年，淮河流域受 0605 号台风"格美"影响。台风"格美"于 7 月 24 日 23 时 45 分在台湾省台东县沿海登陆，25 日 15 时 50 分在福建省晋江沿海再次登陆，26 日早晨在该省减弱为热带低气压，27 日下午在江西境内减弱消失。7 月 25 日 8 时至 28 日 14 时安徽省大部地区出现降水，其中淮北中部、大别山区累计降雨量 50～260mm，26 日大别山区有 5 个乡镇降雨量超过 200mm，最大霍山县太阳镇为 242mm。由于佛子岭、磨子潭、龙河口水库库区降特大暴雨，造成水库水位明显上涨，7 月 26 日 8 时至 27 日 1 时，佛子岭水库最高水位达 121.81m，磨子潭水库水位达 181.59m。"格美"引发的强降雨造成大别山等局部地区发生严重山洪及泥石流灾害，水利基础设施损毁严重。安徽省受灾人口 56.5 万人，转移安置 4.2 万人，死亡 8 人，倒塌房屋 6000 间，损坏房屋 9000 间，农作物受灾 3.82 万 hm²、绝收 0.17 万 hm²，直接经济损失 5.0 亿元。

2. 春季低温冻害有所增加

低温冻害是影响农作物生长发育的主要气象灾害之一，随着气候变暖，淮河流域低温冻害有所减少，2001—2011 年淮河流域平均霜冻日数 61.6d，较常年偏少约 6.9d（图 51）。由于气候变暖，农作物发育加快，拔节期提前，但早春冷空气活动仍很频繁，霜冻害发生仍较频繁，特别是近 10 年，春季霜冻日数呈增加趋势（图 52）。

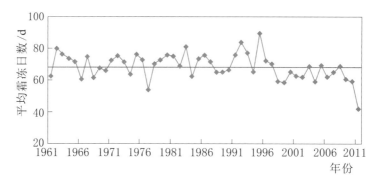

图51　1961—2011年淮河流域平均霜冻日数历年变化

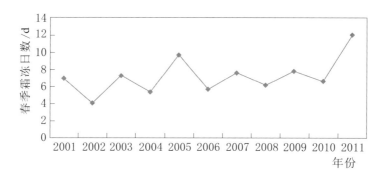

图52　2001—2011年春季霜冻日数历年变化

3. 高温热害发生频繁

最近50年，淮河流域高温日数（日最高气温不低于35.0℃的天数）具有明显的年代际变化特征（图53），20世纪60—70年代为高温日数偏多时期，20世纪80—90年代为高温日数偏少时期，但进入21世纪以来，高温日数有回升趋势，2001—2011年淮河流域平均高温日数为9.3d，较常年偏多约1.4d。

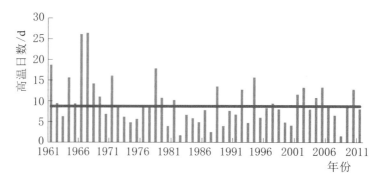

图53　1961—2011年淮河流域高温日数历年变化

4. 雾日减少，霾激增，雾霾天气增加

淮河流域平均年雾日数总体呈减少趋势，并伴有明显的年代际波动：20世纪60年代，年雾日数较常年值略偏少；70—80年代，年雾日数偏多；90年代之后，年雾日数明显偏少并呈现显著减少趋势（图54）。2001—2011年淮河流域平均雾日数为24.4d，比常年偏少3.7d。1961—2011年，淮河流域平均年霾日数呈增加趋势，特别是21世纪以来，霾日数增加十分显著，2001—2011年年平均霾日数为24.1d，比常年偏多11.2d（图55）。

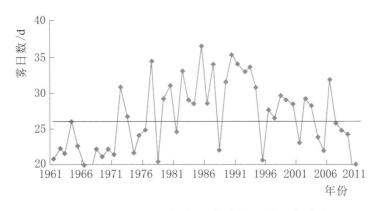

图54 1961—2011 年淮河流域雾日数历年变化

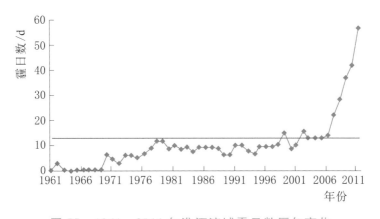

图55 1961—2011 年淮河流域霾日数历年变化

总体来说，淮河流域雾霾天气呈增加趋势，其中2001—2011年雾霾日数为46.1d，较常年同期偏多6.7d，特别是2006年雾霾日数以来持续增长（图56）。

淮河流域冬、春、秋三季是雾霾天气高发季节，雾霾天气常引起城市空气质量下降，造成公路航运受阻，并引发多起交通事故。以安徽为例，最近

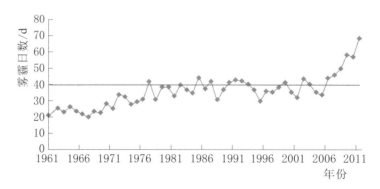

图 56　1961—2011 年淮河流域雾霾日数历年变化

几年安徽省每年因雾霾天气诱发的交通事故都超过了 100 起，占不利天气条件事故总数的 10%～15%。

2008 年 1 月 8 日江北大部出现大雾，部分高速路段能见度不足 10m；9 日扩展到沿江地区，大部地区最低能见度不足 50m；10 日江淮之间部分地区大雾持续。1 月 8 日，合徐高速因大雾先后发生 36 起事故，有 82 辆车追尾发生碰撞，共造成 7 人死亡，12 人受伤；1 月 9 日 0 时起，芜湖境内四大交通枢纽相继封闭，有近 4000 辆车被滞留，400 余艘各类船舶一度因雾停航。

2009 年 1 月 21—22 日，沿淮和江淮部分地区出现大雾，寿县和蚌埠最低能见度不足 50m。受大雾影响，21 日 8 时左右，京台高速合徐南段 103km 处发生连环追尾事故，造成 9 人死亡、30 余人受伤；同日，在相邻的蚌埠禹会服务区地段也发生一起交通事故，造成 1 人死亡。

2010 年 1 月 18 日早晨，沿淮及淮河以南大部出现大雾，其中沿江西部能见度不足 100m。受浓雾影响，京台高速公路下行线安庆至合肥段多处地点发生连环相撞事故，先后造成 6 人死亡、13 人受伤。

2011 年 1 月 21—24 日早晨，安徽省北部连续出现雾霾天气，其中 22 日早晨有 32 个市（县）出现大雾，有 7 个市（县）最低能见度不足 100m，怀远仅 20m。雾霾诱发南洛高速怀远境内车辆连环追尾，造成 3 死 24 伤。

2011 年 11 月 28 日沿淮至沿江地区 33 个市（县）出现雾霾；29 日淮河以南有 31 个市（县）出现雾霾。28 日雾霾天气诱发多起交通事故，数人伤亡，其中合宁高速 2 死 8 伤，合六叶段高速 1 死 5 伤，宁洛高速 2 死 5 伤。此外淮河蚌埠段因雾停航。

2012 年 1 月 9—10 日，安徽省北部出现雾霾天气，9 日早晨沿淮淮北及江南东部 24 个市（县）出现大雾。9 日 11 时南洛高速界首段大雾诱发 6 车连环追尾事故，造成 2 死 20 伤。

2012 年 11 月 24 日沿淮西部以及 26—27 日安徽省大部再次出现雾霾天气。24 日，沪陕高速新桥服务区段浓雾引发 21 车连环相撞事故，造成 1 死 3 伤；26—27 日，安徽省境内多条高速因大雾临时封闭，合肥机场部分航班延误。

参 考 文 献

安徽省发展和改革委员会和中国国际工程咨询公司，2009. 安徽省两淮地区采煤沉陷区综合治理总体规划 [R].

曹厚增，王浩，徐田春，等，2004. 淮河中游晚第四纪沉积工程地质特性研究 [J]. 淮河，(4)：10 - 12.

郭新华，温彦，张克伟，等，1992. 河南省淮河流域旱涝灾害分布的地质模式 [J]. 河南地质，10 (3)：228 - 236.

黄光寿，陈光宇，程生平，等，2002. 淮河流域主要地质灾害浅析 [J]. 河南地质情报，(2)：20 - 22.

金权，1990. 安徽淮北平原第四系 [M]. 北京：地质出版社.

李细光，曾佐勋，彭晓文，等，2003. 北淮阳及其邻接区地壳稳定性研究 [J]. 大地构造与成矿学，27 (3)：287 - 294.

李玉信，李广坤，刘书丹，等，1987. 河南省平原区第四纪岩相一古地理分析 [J]. 河南地质，5 (4)：29 - 31.

刘东旺，刘泽民，沈小七，等，2004. 安徽淮河构造变形带及邻近块体现代构造应力场特征 [J]. 中国地震，20 (4)：364 - 371.

陆镜元，高玉峰，1992. 淮河流域及南黄海中强地震区特征分析 [J]. 中国地震，8 (4)：25 - 33.

马杏垣，等，1989. 中国岩石圈动力学地图集 [M]. 北京：中国地图出版社.

庞忠和，2009. 淮南顾桥矿区新构造及其精细结构探查研究综合研究成果报告（内部资料）[Z].

水利部淮河水利委员会《淮河志》编辑委员会，2005. 淮河志 [M]. 北京：科学出版社.

宋明水，江来利，李学田，等，2002. 大别山造山带对合肥盆地的构造控制 [J]. 石油实验地质，24 (3)：209 - 215.

翟洪涛，刘欣，李杰，2002. 淮河流域中强震活动区的地震构造背景 [J]. 地震学刊，22 (3)：36 - 48.

张锦家，2011. 略谈洪泽湖堤防的形成与修筑史 [J]. 江苏水利，(4)：47 - 48.

张连胜，李莲花，龚晓洁，2001. 河南省黄河下游重大生态环境地质问题及对策研究 [J]. 河南地质，19 (1)：71 - 78.

周国藩，吴蓉元，1989. 利用重力资料研究我国东部地区地壳深部构造和地壳结构特征
[J]. 地球科学（中国地质大学学报）14（3）：326.

资锋，王强，唐功建，等，2008. 皖中管店岩体的 SHRIMP 锆石 U-Pb 年代学与地球化
学：岩石成因和动力学意义 [J]. 地球化学，37（5）：462-480.

左正金，王献坤，程生平，等，2006. 淮河流域（河南段）第四纪地层沉积规律 [J]. 地
下水，28（4）：34-36.

专题报告

ZHUANTIBAOGAO

淮河水系的形成与演变

　　水是自然界及人类生活和生产中不可或缺的要素，地球上的生命从孕育的第一天起，就与水休戚相关。生命的任何现象都与水紧密联系，生命演化的任何一个步骤都离不开水，没有水就没有生命现象。水不仅是生命的组成部分，也是生命的生存空间，是人类文明赖以生存和发展的基础，是社会经济可持续发展的核心要素。河流是水的载体，最初人类先民们为了用水，只能傍河而居，游牧民族总是择水草而居。人类从游牧阶段走向定居从事农业生产继而创造农耕文化，也完全依赖于河流。世界四大文明古国——古埃及、古巴比伦、古印度和中国，最初都是以利用河流为基础而发展起来的。如果说水孕育了生命，那么完全可以说河流孕育了人类文明。河流不仅是人类文明的起源地，而且仍在支撑着人类文明的不断发展。

　　人类发展的历史进程表明，流域与人类的生存、发展密切相关。流域不仅孕育了古代文明，也衍生了现代文明，是今天人口、经济与城市集中分布的区域。但是，由于人类长期在流域的生产和开发，流域生态系统已经发生了巨大的变化，水资源短缺，污染加剧，生态功能降低，系统稳定性日趋脆弱，流域灾害剧增。流域上、中、下游之间，不同行政单元和部门之间的利益冲突日益尖锐，流域已成为区域人地关系最为复杂的地理单元。以行政区域作为研究单元，人为割裂了流域各区段之间的自然联系，已经越来越不适应现代地学研究所提倡的自然与人文融合，定量与定性相结合的学科发展趋向，无法适应现实水资源管理的需求。

　　流域是指被地表水或地下水分水线所包围的范围，即河流湖泊等水系的集水区域，是地球表层相对独立的自然综合体，以水为纽带，将上、中、下游，左右两岸连接成为一个不可分割的整体。流域是由水、土、气、生等自然要素和人口、社会、经济等人文要素相互关联、相互作用而构成的自然-社会-经济复合系统，其核心是水。流域中物质和能量的迁移，降水、径流、泥沙的搬运都以水为媒介，与水循环过程密切相关。流域系统本身是一个完整的系统，但是长期以来，流域管理中存在地区和部门分割，人为割裂了流域系统的整体性，割断了流域物质输移以及由此产生的其他环境问题的空间关系，使我们治理环境问题时，"头痛医头，脚痛医脚"，顾此失彼，加剧了流域资源退化和生态环境恶化。以流域为单元，研究流域中人与自然的关系，创新性地完善流域综合管理的理论和方法，指导流域综合管理实践，是实现资源、环境、经济协调发展的最佳途径，这一观点已成为各国政府和科学界的共识。以不同尺度的流域为研究对象，对于认识流域变迁的客观规律，从微观尺度上，能够揭示出水陆界面过程和物质输移规律；从中观尺度上，能够把握水陆生态系统的结构与功能演变过程及相互作用的机制；从宏观尺度上，可以定量区分全球变化和人类活动等对流域系统的影响。进而对流域内的土地利用进行合理的规划，制定合理的生态补偿制度，规范人类活动的方式，恢复流域内河流、湖泊的健康生境，实现流域的可持续发展。同时能够提高流域管理的效能，以最小的人力与物力投入，谋求公共福利的最大化，避免上、中、下游不同区段之间，不同行政单元和部门之间的利益冲突，保证流域资源可持续利用和生态系统的良性运行。

为了研究淮河流域水系的变迁，根据史书记载和前人已有成果〔郦道元（北魏），1996；白振平，1994；岑仲勉，1957；曾昭璇 等，1985；陈桥驿，1953，2000；陈远生 等，1995；傅先兰，1996；郭新华 等，1992；韩昭庆，1999，2010；侯仁之，1979；胡焕庸，1986；鲁峰，2000；宁远 等，2003；任雪梅 等，2006；邵时雄 等，1989；申屠善，1992；沈玉昌 等，1985；史念海，1989；水利部淮河水利委员会，1990，1999，2000，2006；苏嘉，2011；孙仲明，1983，1984；谭其骧，1982，1993；王均，1990；王育民，1985；王祖烈，1987；吴海涛，2005；吴忱，2001；吴传钧，1996；徐近之，1952；张修桂，2006；张义丰，1993，1996；邹逸麟，1997，2007；Willams，1984；Willams et al.，1997〕，我们首先梳理了淮河流域的自然环境背景，然后分析河流水系变迁原因，最后总结水系演变的环境响应。

一、淮河流域概况

我国河流水系分为 11 个水系和 3 个内流区。淮河流域是 11 个水系之一，地处我国东部，介于长江和黄河两流域之间，西起桐柏山、伏牛山，东临黄海，南以大别山、江淮丘陵、通扬运河及如泰运河南堤与长江分界，北以黄河南堤和沂蒙山与黄河流域毗邻，流域面积 27 万 km²。地理坐标为东经 112°～121°，北纬 31°～36°。流域西部、南部和东北部为山丘区，面积约占总流域面积的 1/3，其余为平原（含湖泊和洼地），是黄淮海平原的重要组成部分（见图 1）。

淮河发源于河南桐柏山区，自西向东流经河南、湖北、安徽、江苏 4 省，干流在江苏扬州三江营入长江。淮河全长约 1000km，总落差 200m，洪河口以上为上游，长 360km，落差 178km；洪河口以下至洪泽湖出口中渡为中游，长 490km，落差 16m；中渡以下至三江营为下游，长 150km，落差 6m。淮河支流众多，干流两侧多为湖泊和洼地，整个水系呈扇形羽状不对称分布（见图 2）。

淮河流域地处我国南北气候过渡带，北部属于暖温带半湿润季风气候区，南部属于亚热带湿润季风气候区。流域内天气系统复杂多变，降水量年际变化大，年内时空分布极不均匀。流域多年平均年降水量为 875mm，北部沿黄地区为 600～700mm，南部山区可达 1400～1600mm，汛期（6—9 月）降水量约占年降水量的 70%，且常以暴雨形式短期集中下降。

淮河原是一条尾闾通畅、独立入海的河流，自然灾害较少。自 12 世纪黄河夺淮，打乱了淮河水系，淮河上游河道比降大，洪水汇流迅速，中下游河道受黄河入侵的影响，河道淤塞严重，比降较小，于是洪水到中下游宣泄不畅，易形成洪涝灾害。中华人民共和国成立以来，1950 年、1954 年、1957 年、1975 年、1991 年、2003 年、2007 年等年份发生了较大的洪涝灾害，1966 年、1978 年、1988 年、1994 年、2000 年、2009 年等年份发生了较大的旱灾，均为 10 年左右发生一次。

淮河流域是我国重要的粮食生产基地、能源矿产基地和制造业基地。流域包括湖北、河南、安徽、山东、江苏 5 省 40 个地（市），160 个县（市），人口约为 1.78 亿人，平均人口密度为 659 人/km²。流域内农业生产条件较好，耕地面积约为 1.9 亿亩，粮食产量占全国总产量的 1/6，提供的商品粮约占全国的 1/4，在国家粮食安全体系中占据着重要地位。流域内矿产资源丰富，是华东地区主要的煤电供应基地。但是工业发展还相对落后，加之人口分布密集，尚属经济欠发达地区。流域内公路、铁路、高速、航空等一应俱全、四通八达。

淮河流域是中华文明的发祥地之一，曾孕育了光辉灿烂的古代文化，诞生了老子、孔子、墨子、孟子、庄子等众多思想家。流域内有许多著名的古代水利工程，如京杭大运河、洪泽湖大堤等，在我国水利史上具有十分重要的地位。淮河流域历史文化底蕴深厚，风景名胜和历史名城众多。

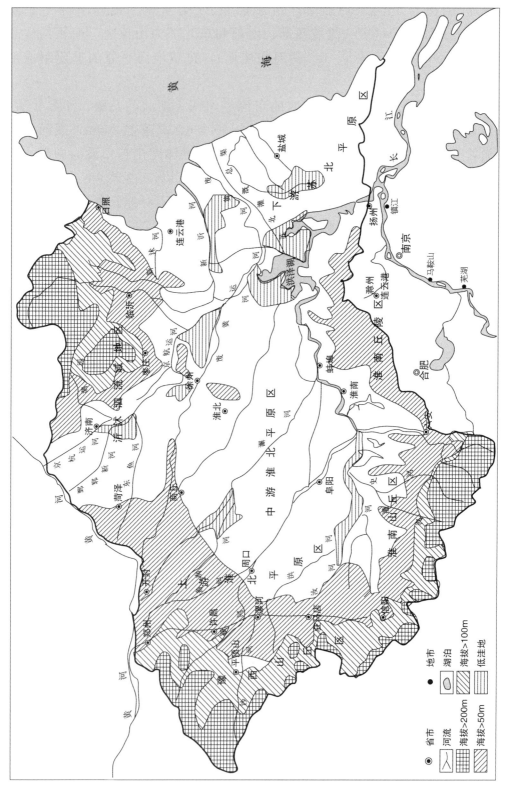

图 1　淮河流域地形地貌分区示意图（水利部淮河水利委员会，2000）

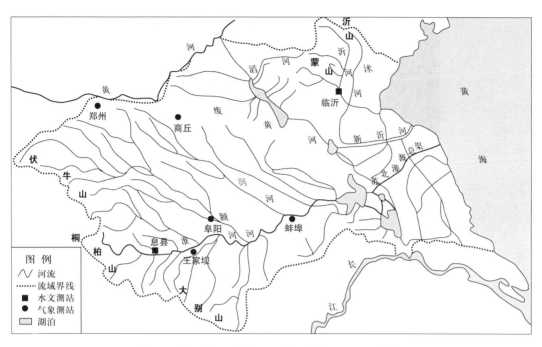

图 2　淮河水系分布图（徐丰 等，2004 改绘）

二、淮河流域的区域地质背景与淮河的形成

（一）淮河流域的区域地质背景

1. 淮河流域地质构造背景

地质时期，淮河流域经历了多次构造运动，形成了复杂的地质构造格局。依据历史分析方法，侧重于沉积建造、岩浆活动及构造旋回诸多特征，可将淮河流域划分为中朝准地台（即华北准地台）、秦岭褶皱区和扬子准地台等 3 个一级构造单元。从流域最西部的车村、二郎庙到确山，转南至信阳，再向东经商城到舒城一线，以北为中朝准地台，以南为秦岭褶皱区。从连云港到成子湖，略向偏西方向转折与郯庐断裂相交，此线西北为中朝准地台；东南为扬子准地台。

（1）中朝准地台。

该地台是我国最古老的地台之一，流域内基底由太古界的深变质岩系登封群、太华群、五河群、霍邱群、泰山群；太古界-下元古界的胶南群；下元古界的中-浅变质岩系嵩山群、凤阳群、济宁群、粉子山群、五莲群所组成。经太古代末期的蚌埠运动，早元古代的凤阳运动，基底地层除鲁东褶皱相对开阔外，其他地区均褶皱强烈。早元古代末期的构造运动之后，中朝准地台在流域内大部分地区上

85

图 3　淮河流域构造格架图

升为陆地，遭受剥蚀，使其上盖层与基底普遍呈不整合接触。

自晚元古代除山东部分地区外，流域内普遍沉降，接受浅海相-滨海相碎屑岩-碳酸盐岩沉积形成盖岩。晚元古代-古生代主要表现为升降运动，盖层构造颇为简单，以单斜和宽缓背向斜为主。加里东运动使准地台普遍上升隆起，缺失上奥陶统-下石炭统沉积。自中元古代到中生代初，鲁东一直处于隆起状态，遭受风化剥蚀。晚古生代海西期地壳振荡运动频繁，形成了海陆交互相沉积。岩浆活动微弱。中生代以来，印支运动及燕山运动使准地台盖层发生褶皱，形成台褶皱带。印支运动形成的褶皱较宽缓，构造线较平直，多近东西向。徐淮台坳构造线为北东向。燕山运动在流域内影响较大，表现为强烈的断裂活动，差异运动明显，形成了一系列规模不等，起始时期各异的断、坳陷盆地，并伴有中酸性为主的岩浆侵入和中性火山喷溢。沉积地层分布于盆地中。喜马拉雅期，主要为强烈的断块差异性升降运动，以玄武岩浆喷溢为其主要特点。

中朝准地台断裂构造发育，流域内以近东西向、北西向、近南北向和北北东向几组断裂为主（见图 4）。①近东西向主要断裂有栾川-确山-固始-肥中大断裂带，形成于吕梁期，后有长期活动；信阳-舒城断裂、菏泽断裂、汶泗断裂形成于加里东期；蜀山断裂、洞山逆掩断裂、利辛断裂、宿北断裂、单县断裂、凫山断裂、郯城断裂等形成于燕山期；颍上断裂、怀远断裂在喜山期仍有剧烈活动。②北西向断裂形成较早，长期活动的主要断裂有五指岭断裂、尼山断裂、蒙山断裂、新泰-垛庄断裂、铜冶店-孙祖断裂，形成于燕山期的有曹王墓断裂。③近南北向断裂鲁西最为发育，形成于燕山期的主要断裂有南照集断裂、曹县断裂、巨野断裂、嘉祥断裂、孙氏店断裂、峄山断裂。④北北东向断裂主要指郯庐断裂带，它从渤海经山东半岛入淮河流域，经莒县、郯城、新沂、泗洪、嘉山、庐江一线出域，为一系列北北东向断裂组成的复杂构造带。该断裂带在山东境内称沂沭断裂带，主要由 4 条主干断裂组成，形成了"二堑夹一垒"的构造形式，中央为地垒，两侧为地堑。该断裂中段多被第四纪地层覆盖。南段仍有 4 条主干断裂组成。主干断裂常被东西向、北西向断裂切错，在平面上呈折线状。

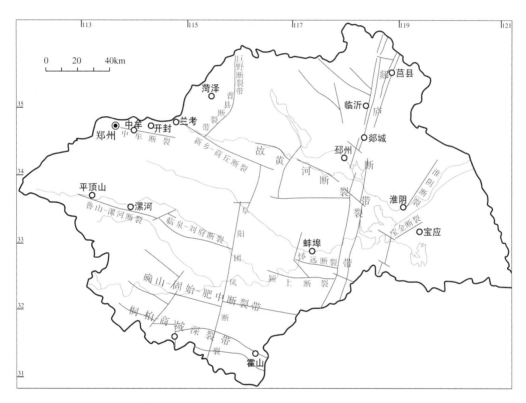

图 4　淮河流域主要断裂、隐伏断裂分布图（水利部淮河水利委员会，1999 改绘）

（2）秦岭褶皱区。

秦岭褶皱区在流域西南部伏牛山区被大规模的酸性岩体所占据，以元古代及燕山期为主。往东主要为中-深变质岩系分布。震旦纪之前地层全为变质岩，其原岩为浅海-次深海槽盆相或优地槽沉积。部分晚古生代、中生代地层也遭轻度变质，原岩为海陆交互相-陆相沉积。由于地壳的长期多次活动，区内各时代岩浆活动均有发育，超基性、基性中性、酸性岩都有，其中燕山期酸性岩浆活动规模较大。

该区主要有两组断裂，一组为北西西向，近东西向（见图4）。一般是断裂西段为北西西向，向东转为近东西向。该组断裂一般为多期次活动断裂，如桐柏-商城深断裂、磨子潭深断裂、金寨断裂等。另一组断裂为北北东向，近南北向，多形成于燕山期，如商城-麻城断裂带、潢河断裂带、涩港-大新店断裂带。

（3）扬子准地台。

流域东南部为扬子准地台的东北角，可分为3个二级构造单元，即苏北坳陷（全部）、下扬子坳陷（东北部边缘）和张八岭台拱（北段）。

苏北坳陷：大部被第四纪地层所覆盖，组成广阔的苏北平原。下伏褶皱形成于印支-燕山期，轴向主要为北东向至近东西向。白垩纪晚期开始接受沉积，第三纪是盆地的主要沉积时期，最大厚度超过6000m。

下扬子坳陷：流域内西段为基岩出露区，多为晚第三纪基性火山岩。中东部为第四纪地层覆盖，其下伏的隆起和坳陷相间排列。天长-六合、扬州-江都一带、如皋以东为隆起区，期间相间排列大致北东向的坳陷带，盱眙-滁州一带为一坳陷。

张八岭台拱：流域内仅属张八岭台拱的北东段。出露岩层主要为阚集群、肥东群和张八岭群。由中元古界张八岭群构成的皖南期褶皱，在嘉山一带出露较好，总体为一大型复背斜，轴向北北东，向南倾没。张八岭台拱岩浆岩发育，皖南期斜长角闪岩和闪长岩仅分布于浮槎山脉，燕山期花岗岩则呈串珠状紧邻断裂分布，长轴亦和深断裂一致。台拱被燕山期东西向断裂切割发生分解，有的断块沉陷被新生界地层覆盖。

扬子准地台北北东-北东东向断裂较发育（见图4），往往被北西向断裂切割，形成隆起和断陷。断裂主要形成于印支-燕山期，后期仍有活动。第三纪差异升降运动较明显。区内北北东向的主要断裂有淮河-自来桥断裂，渔钩-桂五断裂；北东向的大致有淮阴-响水口断裂、古河-渔业断裂、陈家堡-小海断裂、洪泽-流均沟断裂、高桥-孟庄断裂；北西向的有老嘉山深断裂等。

2. 淮河流域第四纪地质

淮河流域地貌类型复杂，堆积平原、河流谷底和剥蚀山地广泛分布。不同地质时期各种岩类组成的山地，为第四纪堆积提供了丰富的物质。在不同气候外营力的作用下，经风蚀、侵蚀、搬运再堆积和在更新世以来频繁的变迁及新构造运动作用和古地理演变的影响下，形成流域内成因类型极为复杂的第四纪堆积物。

（1）第四纪堆积物成因类型及分布规律。

流域内第四纪堆积物广泛发育，有陆相堆积、海相堆积、海陆交互相堆积和少量的火山岩堆积等。依据成因类型，将其分为七种类型：①冲积，粒度分选较好，又可细分为冲积扇堆积、河道带堆积和河间带堆积；②冲积-洪积，通常呈扇状、粒度较粗，多分布在山前平原冲积扇堆积；③冲积-湖积，颗粒一般较细，大多分布于平原中部的扇前（间）洼地及交接洼地等；④冲积-海积，此类型既包括垂向上有冲积和海积的交互沉积，又包括有沉积物系河流和海洋共同作用形成的，如废黄河入海三角洲堆积；⑤残积-坡积，一般分布在低山、丘陵坡侧；⑥坡积-洪积，通常分布在平原周边丘陵、台地地带或平原与山地交接地带，细粒土与块石混生；⑦冰碛-冰水堆积，在伏牛山前有零星分布。

（2）第四纪地层。

依据第四纪地层的发育特点以及地质构造、大地貌、第四纪沉积物的成因类型与分布，将淮河流域内的第四纪地层分为以下 5 个地层区。

1）沂、蒙、泰山地地层区。该区大部分为基岩出露区，其上局部覆盖有较薄的残坡积层，仅临沂盆地和若干河流谷地及滨海地有较为连续的第四系分布。第四系分布多见中、上更新统及全新统，下更新统在流域内大部分地区缺失，仅在郯庐断裂带内有零星分布，滨海可见冲积-海积层，一般冲积-洪积、坡积-洪积等，也有洞穴堆积。

2）黄河平原地层区。该区包括伏牛山前至沂蒙泰山地西北山前地区，南部界线大致在现今黄河冲积扇南缘，第四系厚度从几米、几十米至 $150\sim200\mathrm{m}$，最厚在开封坳陷，厚度可达 $400\mathrm{m}$ 左右。该区在更新世早期其物源主要来自山区，中更新世后黄河沉积物占主要地位，以冲积、冲洪积为主。除更新世早期，山前见有黏土砾卵石层及粗沙砾石层外，在新郑一带可见黏土砾卵石层露头。中晚期均以细砂、细粉砂为主，呈扇状及河道带状分布。

3）淮北平原地层区。该区范围包括淮河以北及江淮丘陵以西，固始-砀山断裂通过该区。断裂东部第四纪厚度仅 $60\sim100\mathrm{m}$，下更新统基本缺失；西部地层较全，厚度一般为 $140\sim200\mathrm{m}$。全新统在该区均不发育，一般多见于现代河道，常呈现于高地。早、晚更新世期间，物源主要来自近山区和大别山以及西部低山、丘陵；晚更新世以后，主要来自黄河、淮河沉积。

4）江淮、苏北丘陵地层区。该区包括淮河以南、江淮丘陵及部分苏北丘陵和部分平原区，第四系分布广泛，但发育不全。除普遍缺失下更新统外，厚度较薄，一般小于 $20\mathrm{m}$，最厚不超过 $50\mathrm{m}$。

5）苏北平原地层区。该区包括苏北坳陷及淮阴响水部分隆起区，第四系分布广泛，发育齐全，有多层海侵层。地层由西向东加厚，一般在 50～250m，最厚可达 300m。沉积物来源，早期主要来自沂蒙山区及古长江的冲积物，晚更新世以后，又有来自黄河、淮河的冲积物。

（二）淮河流域第三纪以来古地理演变

淮河流域现代地貌历史，可追溯到中生代末与新生代初，那时地面多处于剥蚀环境，除开封商丘以北、东南部扬子台地、淮北等局部地区为堆积外，广大的剥蚀区地表起伏甚微，表明华夏台地相当稳定，剥蚀强烈，因而形成波状夷平地表，如今日淮北广大平原之下，发现埋藏的平坦基岩面，皆侏罗-白垩系及其前地层，可连成不超过 100～300m 的起伏面，它实为古代准平原面。在鲁中南山地目前以高程 1000.00～1100.00m 峰顶面为代表，大别山 1200.00～1400.00m 峰顶面形成于古近纪。

地貌发育到第三纪渐新世晚期，喜马拉雅运动第一幕，使上述夷平面解体，揭开了地貌形成的历史。喜马拉雅运动在继中生代构造运动的同时，又以新的姿态再次发生升降运动，将古近纪及以前的剥蚀面抬升为高一级夷平面，在承袭前期断块隆起的同时，又在隆起区及其边缘产生大小规模不一的次一级断裂裂谷和断陷盆地，如山东汶上-平邑、江苏徐州-睢宁、沭阳、丰县以及伏牛-大别山山地丘陵间的裂谷盆地。在豫皖边缘，郯庐断裂带两侧的定远-长丰一带也形成许多封闭或半封闭盆地，作为盆地中心的定远一带为红色碎屑及膏盐的内陆湖相沉积，厚达 2000～3000m，最厚可达 7000m。此外豫西的山间盆地则堆积晚第三系红层，最大厚度可达 800m。以上所述的沉积厚度表明山地的抬升、切割强烈。沉积物为红色，说明了此时气候较热。沉积环境皆为内陆湖泊，表明黄河及淮河水系尚未形成完整的水系。准平原虽然解体，但古近纪地形与今日仍有巨大的差异，古近纪山丘面积较广，起伏低缓，同时今日的华北与苏北平原尚未形成。

渐新世末至中新世初，地面再度趋向和缓，强烈的侵蚀剥蚀作用再次取代差异运动，使地形趋向于夷平，或称第二次夷平化时期，如今黄淮平原西北部及西南部（豫皖）地区，新第三纪覆盖了古近纪地层，反映了地形的夷平作用。在大别山高级夷平面外围高程 200.00～900.00m 的中级夷平面，也形成于新第三纪。

至中新世中期喜马拉雅运动又掀起了新的一幕，其强度和幅度都很显著，使原来的地表再次抬升或下降，因而淮河流域内的山地丘陵广泛形成，平原普遍沉降。此时的隆起区（即新第三纪隆起区）主要仍在伏牛山、桐柏山、大别山及鲁中南山区，发生大规模断块差异活动，如鲁中南坳陷与隆起的幅度达 1000m 以上，豫西山地依据夷平面估算其上升幅度为 600～900m。由于平原地区普遍面状的沉降，使平原扩大，此时华北平原形成，并首次与淮北、苏北平原以广泛的河湖地层相互连通。古近纪的陆相盆地也一一被剥蚀沉积物填充。从此，进入了现代地貌的发育阶段。

至第四纪早更新世中期至中更新世初，构造运动相对稳定。一方面表现剥蚀相对增强，山地形成新的夷平面，如枣庄、薛城津浦线两侧的夷平面（高程 50.00～100.00m），以及大别山山麓地带（高程 150.00～250.00m）的夷平面。另一方面表现在山前冲积-洪积扇发育，平原上遗下的坳陷也基本为河湖沉积填平。此时黄河的溯源侵蚀已逐步形成统一的水系，并进入到平原边缘，形成黄河冲积扇雏形。此时气候变暖，海面上升，沿海出现第一次海侵。

中更新世中期，有一次明显的升降运动，山地普遍上升，山前古洪积扇遭受切割，新的洪积-冲积物在山间及山麓与平原交界处广泛发育。同时气候转暖，红色风化壳形成，并使前期风化物产生"红土化"过程。平原地区则进一步沉积，此时一些地方的高程超过东部地区，因此淮河全线贯通，并流入东海。

中更新世中期以后，气候转冷，伏牛-大别山之高、中山地带，发育第四纪第一次冰期的冰川，其地貌保留在伏牛山龙池漫及大别山 1000～1200m 地区。

晚更新世早、中期，构造运动微弱，地势平缓，因而平原发育面广、层薄的沉积地层。晚更新世中期，沿海地带在继中更新世海侵之后又发生了海侵，西达兴化以西至涟水县张圩-灌云县穆圩一线。晚更新世中、晚期，气候由暖转冷，流域南部黄土形成，分布广泛。至晚更新世晚期，构造运动较为活跃，丘陵发育趋于明显，山麓洪积-冲积平原扩大，上述黄土分布地区经抬升而成黄土台地和部分阶地。总之至晚更新世，流域内的低山、丘陵、台地、河湖等各种外力成因的平原地貌已全面形成。

地貌发育到全新世即冰后期，为现代地貌发育的全盛时期，也是现代构造运动的活跃期，地势高差进一步增大，地貌区域差异明显。山地继续上升，原来淹没于海中的苏北平原露出水面。古黄河出口三门峡后，在郑州造成巨大的冲积扇，黄河以辫状形式在扇面摆动和泛滥，从而形成多次叠加的古河道沙体及侧沿洼地的黄泛淤积，一直至今。苏北在晚更新世所形成发育的古潟湖洼地，此时由于滨外沙坝、拦门沙嘴逐渐封闭而淡化。

（三）淮北平原第四纪环境演变与淮河的形成

淮北平原位于黄淮海平原的南部，东西两侧分别与苏北平原和豫东平原接壤，南以淮河为界。区内除东北部有低山残丘外，其余为一坦荡平原。地势由西北向东南缓缓倾斜，高程多为15.00～46.00m。

1. 早更新世淮北平原

第四纪伊始，喜马拉雅运动兴起，淮河流域南部的大别山和桐柏山一直处于上升状态，东部的探路断裂带剧烈活动，这样流域内东西向及北北东向两组构造格局基本控制了流域内的构造格局和沉积发展，因此淮北平原在早更新世早期处于抬升阶段。据金权（1990）研究平原西部仅太和一带发育了小面积河湖相沉积，厚度约为41m（图5），平原东部沿相山背斜北西侧，自北向南至徐楼南，转向东沿宿北断陷南侧至台儿庄-固镇-怀远断裂，再沿断裂西侧南下经固镇、怀远至凤台西南部，形成一S形界线，其东南侧泗县、灵璧、五河等地长期上升，以风化剥蚀为主，未接受沉积。

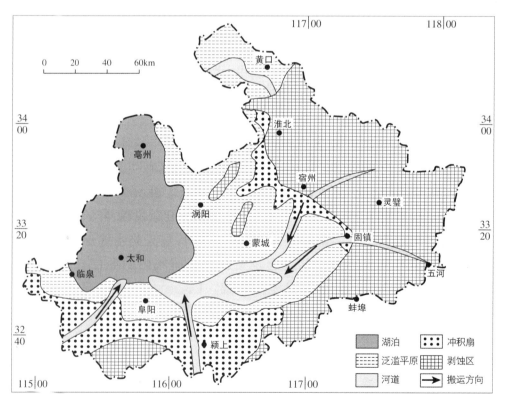

图5　淮北平原早更新世岩相古地理图（金权，1990改绘）

　　早更新世中期至晚期，淮北盆地以下降为主，除 S 形界线以东未接受沉积外，其西侧的广大地区均接受了冲积-洪积相组、湖泊-沼泽相组的沉积。沉积中心在太和、界首一带，沉积厚度约为 68m；沿淮一带厚度约为 20m。此时淮北盆地的陆源物质主要来源南部及东部，河水流向自南向北，由东向西，出口主要在西部的今安徽太和县以及西北部的亳州。

　　淮北湖盆于早更新世早期开始诞生，至中更新世中期湖盆有所扩大，晚期在临泉、蒙城等地均出现沼泽相沉积，这说明晚期地壳运动上升，湖盆面积缩小。同时，早更新世早期该区域气候开始由温暖湿润向寒冷过渡，出现阔叶林-针阔叶混交林；中期气候温暖湿润，出现含常绿成分的落叶阔叶林；晚期气候寒冷潮湿，云杉、冷杉等针阔叶混交林-草原出现。

　　2. 中更新世淮北平原

　　早更新世末期开始，喜马拉雅运动再次活动，淮北平原再次抬升，这次抬升持续的时间短，幅度小，继而盆地又以下降为主，广泛接受湖泊相沉积（图 6）。

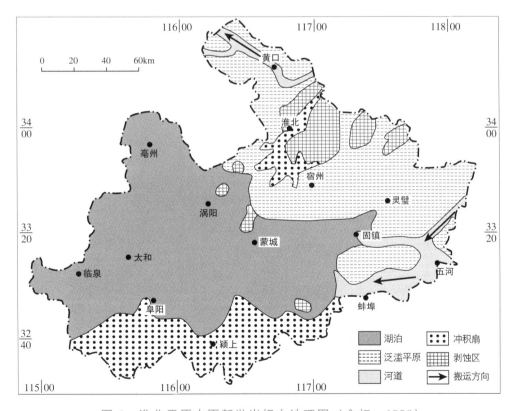

图 6　淮北平原中更新世岩相古地理图（金权，1990）

早更新世湖盆主要集中在太和、界首、亳州、利辛一带，中更新世湖盆扩张，其湖相沉积面积占平原总面积的 1/2 还多，沉积中心仍在太和。滨湖相、浅水湖相沉积主要在涡阳-蒙城等隆起区；平原南部冲积扇向东扩展至怀远，向北延伸至阜阳；五河、灵璧、泗县地区开始接受沉积，主要以泛滥平原为主要沉积相；宿州以西、淮北以南发育小面积鸟足状冲积扇相；五河、蚌埠一带发育有河道，于固镇、怀远入湖（金权，1990）。

中更新世早期湖盆扩张，晚期湖盆收缩。湖盆的陆源供给及河水流向均与早更新世一致（图5、图6）。

中更新世早期全球范围内气温升高，海平面上升，发生海侵；晚期气候转为寒冷偏湿，发生还退。淮北平原与全球范围内基本一致。这也证明了环境的变迁与演化主要受控于新构造运动和气候变化。

3. 晚更新世淮北平原

中更新世末期，喜马拉雅运动再次引起地壳发生强烈上升，导致中更新世淮北平原以湖相为主的沉积结束，进入一短期侵蚀夷平时期，大约为 0.13Ma，淮北平原开始下降，网状河道（曲流河）带为主的沉积及少量湖泊-沼泽相、过渡相沉积广泛发育（图7）。

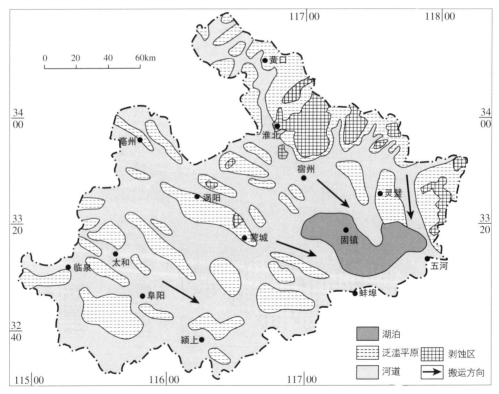

图 7　淮北平原晚更新世岩相古地理图（金权，1990 改绘）

据金权（1990）研究，晚更新世时期，淮北平原的环境变化较大，湖盆面积大收缩，主要以冲积相及风成黄土堆积为主，豫皖苏平原低洼部分，至此已由黄河堆积物填平。受喜马拉雅运动的影响，沿淮河断裂带以北的沉积区发生了北西抬升、东南沉降的反向掀斜运动，从而彻底改变了整个淮北地区东高西低的格局，使得淮北平原由原来的东南向西北倾斜的地势，演变为目前的由西北向东南倾斜的地势，水流方向也相应变为由西向东，河流出口集中于五河、洪泽湖等地；与此同时，古黄河冲积扇向东南推进至界首、亳州、宿州一带，使中更新世淮北地区发育为古黄河冲积扇的组成部分。并在向东南倾斜的古黄河冲积扇与原向西北倾斜的淮阳山前平原的交接地带，以及沿淮河断裂带，发育了近东西向的积水湖泊洼地。

在晚更新世末期，大约在 0.13Ma，由于地壳抬升，海平面下降，湖水切穿五河的浮山峡，流进洪泽湖，注入古黄海，于是淮河形成，安徽淮北平原与苏北平原连成一体，彻底改变了淮北平原的古环境。

4. 全新世淮北平原

进入全新世，因喜马拉雅运动的影响，地壳继续抬升，淮河各支流以下切为主，形成由上更新统组成的河间阶地，后发育成为目前广大的河间低平原；以河曲摆动产生的侧向侵蚀为辅。在平原西北部的界首、亳州和宿-泗以北地区，在晚更新世的剥蚀面上，覆盖有几米至十几米厚的近代黄河南泛留下的淤积物，构成现代淮北黄泛平原特殊的地貌景观。在南部淮河沿岸，此时则有不同程度的下降，海平面回升，沿岸河流型湖泊较为发育。

全新世湖盆消亡，形成了今日广阔的淮北平原地貌。

（四）结论

第四纪时，淮河流域古地理和古气候都发生了重大变化。早更新世，淮河流域气候开始转暖，湖盆诞生，河水流向自南向北，由东向西，出口主要在西部的今安徽太和县以及西北部的亳州；中更新世，气候变得温暖湿润，湖盆扩张，陆源供给及河水流向均与早更新世一致；晚更新世时期，气候干冷，湖盆面积大收缩，主要以冲积相及风成黄土堆积为主，豫皖苏平原低洼部分，至此已由黄河堆积物填平。受喜马拉雅运动的影响，沿淮河断裂带以北的沉积区发生了北西抬升、东南沉降的反向掀斜运动，改变了整个淮北地区东高西低的格局，演变为目前的由西北向东南倾斜的地势，水流方向也相应变为由西向东，河流出口集中于五河县；与此同时，古黄河冲积扇发育，在向东南倾斜的古黄河冲积扇与原向西北倾斜的淮阳山前平原的交接地带，以及沿淮河断裂带，发育了近东西向的积水湖泊洼地。在晚更新世末期，由于地壳抬升，海平面下降，湖水切穿五河的浮山峡，流向今洪泽湖，注入古黄海，于是淮河形成。

由此得出，淮河是晚更新世大约距今 0.13Ma 时，新构造运动和气候变化共同作用的结果。

三、淮河水系干支流及运河的演变

任何事物的形成与发展都需要一个过程，淮河也不例外。淮河水系自其在晚更新世形成以后，其在第四纪时期的变迁，尤其是其贯通的时间及地点对研究淮河流域的古地理环境变化起着决定性作用。然而自有人类活动以来，其在历史时期的变迁，对于今天淮河的治理和流域的建设也有重大的指导意义，因为通过复原历史时期淮河水系的面貌及变迁趋势，探究水系变迁的原因，分析影响其变迁的自然因素和人为因素，进而探索淮河流域人与环境的和谐共存和可持续发展。鉴于以上两方面的意义，本文在研究时段上选取了淮河形成前后的第四纪作为水系演变的背景，选取了淮河形成以后的巨大变迁时期即历史时期作为重点研究和探讨内容，选取了淮河出现各种问题的近现代作为本文研究目的的落脚点。因此，本文在研究时段上界定为淮河形成前后的第四纪，淮河发生重大变迁的历史时期和多难多灾的现代。

对某条重要河流流域的自然环境变迁的研究就是自然科学尤其是地质学、地理学的一个重要研究内容。在对流域进行研究的过程中，摸清水系的时空分布和组合特征，研究引起水系变迁的因素及其变迁带来的影响，揭示流域内生态和社会经济系统演变的过程是研究该流域水系变迁的主要内容。因此，本文在研究区域的选择上，把眼光放在淮河整个流域上。

（一）黄河夺淮前的淮河水系

淮河自晚更新世形成以后，就不断地发生着变化，但正如前文所述，致使历史上淮河发生巨变的是黄河对淮河的干扰。因此本书就以黄河夺淮为重要断代点，把淮河水系的变迁分为三个部分进行论述：黄河夺淮前，黄河夺淮期间，黄河北徙后。

1. 先秦至两汉时期的淮河水系
（1）干支流。
我国文献对淮河的较早记载为《禹贡》："导淮自桐柏，东会于沂、泗，东入于海。"此外,《汉书·地理志》:"《禹贡》桐柏大复山在东南,淮水所出,东南至淮浦入海。"从以上记载并结合前人研究,可以得知当时的淮河水系(见图8),即淮河干流发源于桐柏山,下游在淮阴会泗水,沂水是泗水的支流,至涟水接纳溶河,再向东循淮河故道(即今废黄河)入东海(今黄海)。包括淮河干流水系、泗水及沂沭河水系、济水水系和汴水水系,及陈蔡运河、邗沟、菏水、鸿沟和汴渠等人工运河。

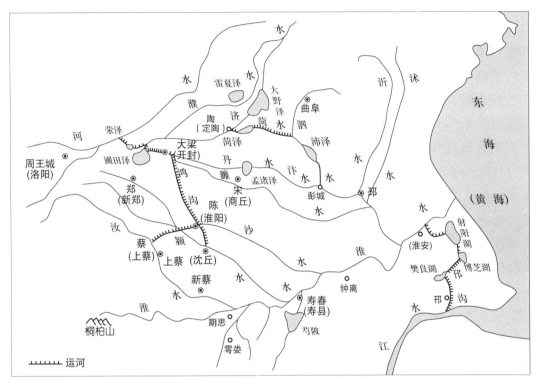

图8 春秋战国时期淮河水系示意图(水利部淮河水利委员会,2000改绘)

　　淮河主要支流泗水源出泗水蒙山南麓,经曲阜、兖州、沛县至徐州东北角会汴水。又在邳县的下邳会沂水。在宿迁以南纳潍水,在淮阴与淮河会流。沭河河源出莒县西北沂山南麓,主流经沭阳至涟水入淮河,部分洪水可分入泗水。济水在河南荥阳附近分黄河水,引水口称为济口,后改称汴口,东流会荥水、索水及鸿沟水,又东流分为南北两济,南济东流为菏水(即汴水),北济东北流入大野泽(大湖泊)。大野泽在济宁、梁山之间,西至郓城,东至嘉祥。又经梁山东,汶水来会。又东北经大清河入海。济水与卫水之间,为黄河流经的地区。古水道航运交通,可由淮入泗,由泗、菏入济,由济入漯,由漯入黄河。汴水,故道为黄河支流,导自荥阳石门,引黄河水,东经开封、商丘、砀山、萧县至徐州东北角会泗水。

（2）运河。

此外，当时的淮河水系还包括春秋战国时期相继开辟的直接把江水（今长江）、淮水（今淮河）和河水（今黄河）连接起来的四条人工运河：陈蔡运河、邗沟、菏水和鸿沟。此外这一时期的淮河水系还包括隋代开辟的汴渠等。

1）陈蔡运河。春秋时期，徐国在陈国国都（今河南淮阳）和蔡国都城（今河南上蔡）之间开辟的陈蔡运河，为我国最早的人工运河，其沟通了当时的汝水和颍水，大大缩短了陈蔡两国之间曾经绕道淮河的航运里程。这条运河的具体走向现在已不可考，估计因其规模较小，在历史上存在时间较短，以后不再见于文献记载。

2）邗沟。春秋晚期，公元前486年，崛起于长江流域的吴国利用江淮间的湖泊洼地等有利地形，开辟了邗沟，"渠水首受江，北至射阳入湖"。邗沟自邗城，引江水北上，先后经武广、陆阳两湖（在今高邮西南）之间、樊良（今高邮北）、博芝（今宝应东南）、射阳（今淮安东南）等湖泊，在淮安县城以北山阳入淮。据此推测，当时邗沟水流方向为自南向北，长江水为高于淮河，否则江水北流入淮无法实现。邗沟的兴建首次沟通了江淮，连接了泗、汴等淮河主要支流。后来邗沟经东汉和东晋年间等多次的裁弯取直，以及后来隋代的整治，逐步演化成京杭大运河江淮段的里运河。

3）菏水。公元前483年，吴国又利用泗水和济水之间的湖泊、洼地向西开辟了菏水。菏水的开通，首次沟通了江淮流域与中原地区的水路交通。

4）鸿沟。鸿沟于战国时期公元前362年开建，自新乡的黄河南岸开始，东南引黄沟渠（鸿沟的北段），先后汇济水、入圃田泽达大梁（今河南开封），经陈国都城（今淮阳）至沈丘入颍水。鸿沟的兴建不仅将淮河主要支流古汴水、濉水、澺水（今包浍河）、沙水（今涡河）和颍水连接起来，重要的是它首次将河水、济水、淮水和江水连接起来（图8），促进了战国时期政治、军事、经济的快速发展。但至隋代沟通江、淮、河、济的鸿沟、汴水等水运巷道终因黄河的泛滥、泥沙的淤积而废弃。

5）汴渠。淮河流域另外一条重要的运河汴渠，亦称汴河、汴水，为鸿沟水系的一条重要河道。鸿沟水又名蒗荡渠，在约今荥阳处与济水相连，其东流至浚仪（今河南开封）后便分出数条支流，呈扇形向流域东南流去。蒗荡渠自浚仪以下，至陈国入颍水，交汇处在今河南沈丘；汴水东流到彭城（今江苏徐州）入泗水；濉水东南至邳国入泗水，交汇处在今江苏睢宁县东；涡水东南至沛国入淮水，交汇处在今安徽怀远荆山北（图9）。以上4条水道，虽最后都汇入淮河，但汴水先入泗后入淮，河道相对平直，故成为中原与江淮交通的骨干水道。至汉代黄河泛滥、决溢时有发生，常侵入济水和汴渠，对淮河流域水系造成一定程度的破坏。

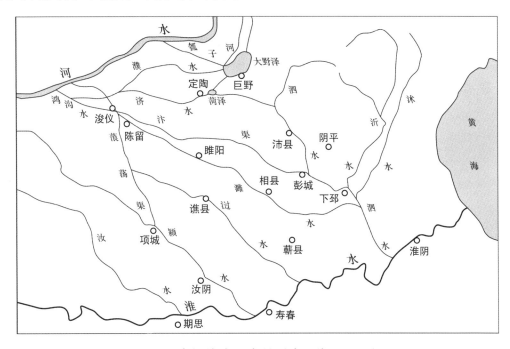

图9 东汉汴水示意图（唐元海，1985）

先秦两汉时期，淮河流域水利工程如此发达，说明当时的淮河河槽低且深，含沙较少，因此灌溉便利，航运通畅。

2. 三国两晋南北朝时期的淮河水系

（1）干支流。

东汉、三国的《水经·淮水篇》，尤其是北魏郦道元的《水经·淮水注》对淮河水系干流的流路及其途径接纳的支流进行了详细、系统的描述。按照《水经·淮水篇》和《水经·淮水注》的描述，淮河发源于桐柏胎簪山，东经新息县（今息县）南、期思（今淮滨东南）北，又向东北经过原鹿（今阜南南）、安丰（今霍邱西）东北；然后又向东经寿春（今寿县）西北，涂（今蚌埠西）、钟离（今凤阳东）两县北；又东经徐县（今泗洪南），又东经盱眙（今泗洪东南）县的故城南，又东经广陵淮阳城（今泗阳南）；又流向东北经淮阴（今清江西南）西、北，东至广陵淮浦县，流入东海（图10）。从以上叙述可以看出，淮水的流路与今天淮河干流上中游流路差别不大，区别仅在盱眙以下。今天的淮河盱眙以下穿过洪泽湖，一部分向北经废黄河流路即今苏北灌溉总渠在今涟水县东入黄海，一部分自洪泽湖向南经高邮湖、邵伯湖，在扬州东南的三江营入长江，从而借助长江的入海口注入东海。

北魏郦道元的《水经注》不仅详细记载了淮河干流的流路，对支流也有很系统的论述。据载，淮河北岸支流有大木水、慎水、汝水、颍水、沙水、涡水、涣水、濉水、泗水等，南岸支流主要有油水、蒒水、澺水、决水、沘水、淝水、中渎水等。

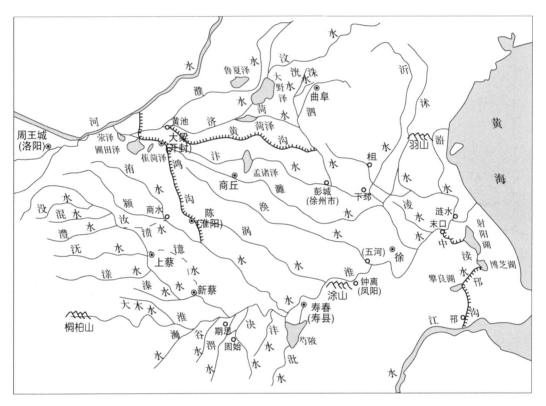

图 10　《水经注》记载的淮河水系示意图（唐元海，1985）

（2）运河。

三国时期，开展了大规模的屯田事业，因屯田和军事运输的需要，各地都十分重视水利，故到处修建陂塘、开挖河渠、建筑坝堰，在历史上出现了一个水利建设的高潮。据历史记载，这一时期，开凿了枣祗河、贾侯渠、睢阳渠、百尺渠、讨虏渠、广漕渠、更北渠、艾成河、高底河等，它们中很多既用来灌溉，又兼作水运航道。此外还修建了芍陂、茹陂、郑陂、小弋阳陂、汝南二十四陂、西华的邓门陂、白水塘等。此时的水路交通上达河水、汴水，下通淮河、颍河（图 10）。

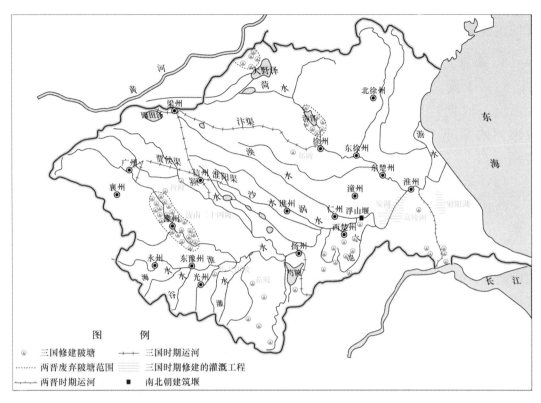

图 11　三国两晋南北朝时期淮河水利工程示意图
(水利部淮河水利委员会，1999 改绘)

　　由图 11 可以看出，睢阳渠和百尺渠，上连黄河，下通颍、淮。从记载
看，淮阳渠实际上是睢阳（今河南商丘南）与浚仪（今河南开封）之间的一
段睢水故道和浚仪西到官渡（今河南许昌）的一段汴渠，就是睢水和官渡水
经过整治以后赋予的新名词。汴水和官渡水，都是鸿沟水系中的重要河道，
当时是沟通黄淮的主要交通干线。鸿沟水系的水源为黄河。黄河水含沙量极
高，易于淤塞，加上西汉以后黄河屡次南决泛滥，使鸿沟水系淤塞更加严重。
东汉末年，睢水就已经淤浅，三国初便几乎不能通航了。曹操"治睢阳渠"，
其工程即是疏浚睢水和官渡水。

　　此外，讨虏渠，沟通了汝水和颍水，加上后来修建的运粮河，这一时期
黄淮间的水运交通十分发达。江淮间，因邗沟的整治，裁弯取直，航道也大
大改善。于是，黄、淮、江之间两条主要航道便忙碌起来。一是出黄河后经
渠水（蒗荡渠或沙水）转涡水或颍水入淮，然后穿过肥水，再过一段陆路至
巢湖，再由巢湖经濡须水到达江水；二是出黄河后，经渠水至浚仪，再由浚
仪沿汴（汳）水或睢水入泗水，然后循泗水入淮，经邗沟入江。

曹魏时期水利和航运事业的兴旺，但所建的陂塘到西晋时期，因为淮河流域洪涝灾害增多，大部分被废除，但两汉时期所建陂塘、坝堰得以保存。

3. 隋唐北宋时期的淮河水系

（1）干流。

这一时期，黄河南泛影响甚小，且处于我国历史上著名的隋唐暖期，故淮河水系干支流变迁较小，出现了人工陂塘、运河等水利工程建设的高潮。

（2）运河。

隋代开凿了南北大运河，沟通了海河、黄河、淮河、长江、钱塘江五大水系，运河之长、同行范围之大，在我国历史上留下了光辉的篇章。到了唐宋，对汴渠、邗沟又进行了修缮，漕运能力大为提高，宋朝的漕运量刷新了我国漕运史上的最高纪录。现对隋唐北宋时期的运河建设情况进行简要的概述。

隋朝开凿的运河共有4段：从大兴城（今陕西西安）到潼关的广济渠；对古邗沟修缮疏浚而成的引长江水，经扬子（今江苏仪征市南）到山阳（今江苏淮安）入淮的山阳渎；从洛阳西引谷、洛水到黄河，再从板渚（今河南汜水县东北）引黄河水东南流，经成皋、中牟、开封、陈留、杞县、宁陵、商丘、夏邑、永城、宿县、灵璧，在盱眙北入淮的通济渠；引泌水东北通涿郡（今北京附近）的永济渠；从京口（今江苏镇江）绕太湖东、南至余杭（今浙江杭州）流入钱塘江的江南运河。

贯穿淮河流域的通济渠和山阳渎，是隋代开挖运河中最重要的一段，它北通黄河、南接长江，成为南北水路交通的枢纽。通济渠虽在隋代也称汴渠，但与东汉王景时期疏浚的汴渠，流路不同。东汉汴渠，由荥阳受黄河水，向东到开封，再东南流至徐州入泗水，进而入淮。通济渠过开封后，与古濉水流径相近，至宿县后，不再东流进泗，而是东南流经泗洪入淮。

北宋建都汴州（今河南开封）（图12），以漕运为经济命脉，汴渠继续发挥着重要的作用。

但除汴渠外，以开封为中心，向东北、东南、西南以及西部辐射的有广济河（又称五丈河）、惠民河（蔡河）、天源河（金水河），构成了著名的"汴京四渠"（图13）。

汴渠取水黄河，冬季黄河易枯水断流，再加上金攻占淮北后，宋金对峙，运河被切成两段，运河沟通南北的作用完全消失，汴渠被荒废。

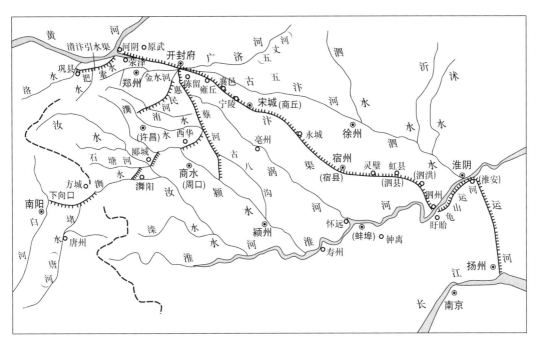

图 12 北宋汴渠示意图（水利部淮河水利委员会，2000）

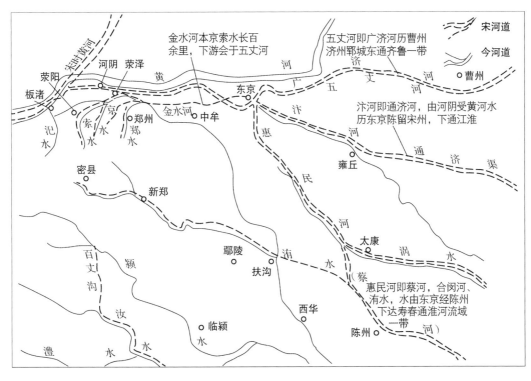

图 13 北宋四大漕渠示意图（水利部治淮委员会《淮河水利简史》编写组，1990）

（二）黄河夺淮期间的淮河水系

这一时期的淮河水系，因黄河的长期夺淮，且黄河洪水挟带大量泥沙常经淮河多条支流入淮，给淮河整个水系带来了巨大的变迁。也因此，此阶段的淮河水系很难单独研究某一支流或某一湖泊的变迁，故将淮河的整个水系分朝代一并研究。

淮河一直是一条尾闾通畅、直接入海的河流，直至 1128 年南宋时，人为决河，且限于当时的政治条件，一直未给予治理，致使黄河从 1128 年到 1855 年长期夺淮，历经宋、元、明和清四个朝代 728 年。据《淮系年表》及其他有关史料记载，在 4 个朝代期间，淮河主要发生了以下变化。

1. 干支流

（1）宋。

1128 年为阻止金兵南下，在滑县李固渡（今河南滑县西南）人为决堤，致使黄河东流经滑县南、濮阳、东明之间，再经鲁西南的巨野、嘉祥、金乡一带流入泗水，由泗入淮。在此次决河后的 40 年间，黄河相对稳定。12 世纪中叶以后，有关黄河决河的记载常见于书端。著名的有 1194 年"河决阳武"，全流经封丘、长垣、曹县、商丘等，沿古汴水在徐州入泗后，在淮阴夺淮入海。

据可考的历史记载可以看出，南宋、金期间黄河决口地点逐渐向上（西）推进，且主要决于南岸，河道也逐渐向南摆动。原在黄河以南的胙城、长垣、楚丘（今山东曹县）、虞城、砀山等地，先后改在黄河以北。这一时期除上述黄河干流入泗入淮外，还有两股泛流同时存在，这几股泛流迭为主次，最后都汇泗入淮。一股是从北面由李固渡、滑县南、濮阳、郓城、嘉祥、鱼台汇入泗水，至徐州与干流汇合；另一股是从南面由延津西分出，经封丘、开封、陈留、杞县、襄邑（今河南睢县）、宁陵、宋城（今河南商丘），又东北奔虞城与干流汇合。此两股泛流与干流先后汇合入泗水后入淮，后由淮入海。

（2）元。

元时期黄河泛滥更加频繁，从至元九年（1272 年）至至正二十八年（1368 年）的 90 年内，黄河决溢达六七十次之多，平均每 1.4 年一次，决口有二三百处，且黄河向南决口增多（图 14），淮河水系受到扰乱，水灾日益频繁。其中至元二十五年（1288 年），河决阳武 22 处，主流向南泛滥，由涡河入淮，"世称为黄河大徙之五"。直至 1644 年，经过元明两代的治理，黄河才复向东出徐州入泗河，结束了黄河由涡、颍入淮的局面。元、明两代，均建都北京，为了维护大运河南粮北运的任务（即漕运），在治河策略上，都是尽力防止黄河向北决口，以免危及运河。元朝贾鲁治理黄河，主张"疏塞并举"，疏是疏浚原汴河，导水东行。塞是修筑北堤，堵塞决口。贾鲁于1351年大举治河，使黄河自黄陵岗以东仍于徐州会泗水，堵决口，修北堤，一年工毕，河复故道，当时称为贾鲁河。但自此以后，黄河仍以南流入涡、颍为主，称大黄河，以东流入泗为次，称小黄河，成为向南向东三股泛道分流的局面。黄河出现汴、涡、颍三股泛道即始于此。至此，黄河泛流在淮河流域平原上横扫一遍。

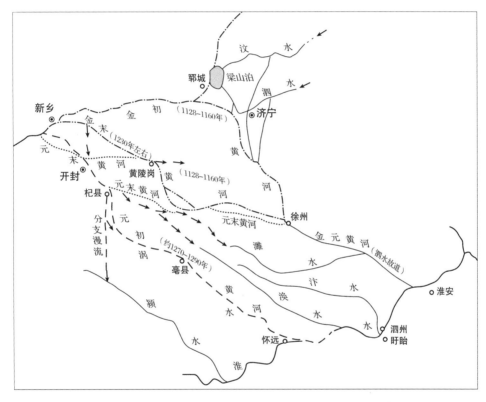

图 14 金元时期黄河泛道示意图（水利部淮河水利委员会，2000）

在元统治的 88 年中，黄河溃决漫溢频繁，达 38 年之多，大部分是在河南境内向南溃决漫溢。灾情以河南最重，且集中在以开封为中心的地区，如封丘、原武、阳武、开封、杞县、太康、通许、睢州（今河南睢县）、睢阳（今河南商丘）等地，安徽次之，苏鲁两省较轻。当时黄河主流以涡河为主，其次为颍河，其他河道也受到漫流，造成豫东、皖北水系混乱。

在元至元年间（1335—1337 年），河南汝水泛滥，有司自舞阳断其流，引汝河水东流，改道入颍河，从此汝河分为南北汝河，舞阳以北为北汝河，舞阳以南为南汝河，这就是现在漯河以西的北汝河、沙河、澧河三水系改流入颖河的经过。又在元至正十六年（1356 年），贾鲁自郑州引索水、双桥等水经朱仙镇入颖河，以遁颖、蔡、许、汝等地的漕运，居民称为贾鲁河，即现在沙颖河上游的贾鲁河。

为了维持大运河的漕运，明采取了与元朝相似的治黄策略，抑制黄河北决，使河南行。明弘治六年至八年（1493—1495 年），刘大夏治河，于黄河北岸筑太行堤，自河南胙城至徐州长一千余里，阻黄河北决，迫使南行。在黄陵岗以下，疏浚贾鲁旧河，分泄部分黄水出徐州会泗河，造成黄河主流继续由涡、颖河入淮河的局面。直到明正德三年（1508 年），黄河北徙 300 里，主流改经贾鲁故道由徐州入运河，1509 年又北徙 120 里至沛县入运河（图 15）。黄河向南经涡河、颖河入淮河的水量，日益减少，而徐州以下的灾情，则日益加重。在此期间，河南郑州至商丘之间，黄河洪水经常向南溃决或漫溢，由豫东向皖北浸流。明太祖在位期间，黄河向南溃决的有 11 年，每次溃决，先淹豫东，再淹皖北。1508 年以后，黄河主流向东经徐州入泗入淮。明万历六年至十七年（1578—1589 年），潘季驯治理黄河。潘季驯的治河策略，主要是大筑黄河两岸堤防，把黄河两岸堤防向下延伸到淮阴，堵塞决口，束水攻沙，同时修筑高家堰（即洪泽湖大堤），迫淮水入黄河攻沙。经过这次大规模治理，黄河一时趋于稳定。但以后由于河床不断淤高，黄河两岸决口增多。在明万历时期的二十三年中（1596—1619 年）黄河决口 18 次，几乎年年决口。在明朝期间，除黄河主流由向南转而向东，经徐州夺泗夺淮，泛流区下移至江苏和山东以外，修建洪泽湖大堤工程日益重要，并在大堤上修建泄水闸坝，分淮水入海入江，下游入江水道开始使用，苏北里下河地区水灾日益频繁。又于明万历三十二年（1604 年），开辟了微山湖以下至骆马湖之间的运河（当时名湘河），以避免黄河航运的危险，这就是现在的韩庄运河和中运河的一部分。

（3）明。

明正德至嘉靖前期（1505—1509 年）黄河继续从淮河入海（图 15）。

（4）清。

1644—1855 年共计 212 年，黄河已不再向涡河、颖河分流，而是全部经徐州南下夺泗夺淮，黄河泛滥区转至徐州以下直至入海口，江苏泛区最大，其次为皖北与山东。清前期对治理黄、淮、运河十分重视。靳辅是这一时期治理黄、淮、运河的代表人物，他的策略是"疏以浚淤，筑堤塞决，以水治水，藉清敌黄"，也就是所谓"蓄清刷黄"。靳辅治河 23 年（1670—1692 年），结果是黄河河床仍不断淤高，黄、淮、运河的水位日益抬高，洪泽湖大堤不断延长、加高、加固，增建的归海闸、归江坝，使淮水不断分流入江入海。

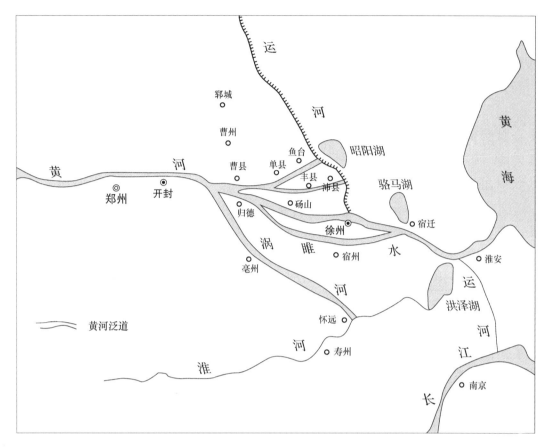

图 15　明正德至嘉靖前期（1505—1509 年）黄河泛道示意图

（水利部淮河水利委员会，2000）

道光、咸丰期间（1821—1855 年），黄、淮、运河已经千疮百孔，难以救治。终于在咸丰五年（1855 年）黄河在河南兰阳（今河南兰考）铜瓦厢决口北徙，结束了黄河夺泗夺淮的局面。淮河被迫改由洪泽湖东南的三河入江（淮水改由三河入江于 1851 年开始）。

在清朝期间，淮河流域水系有以下五大变化：一是淮河入海故道被黄河淤废，从此淮河不能直接入海，被迫从洪泽湖以下的三河改流入江。二是由于黄河夺淮，洪泽湖大堤不断延长、加高、加固，形成了现在的洪泽湖。三是由于黄河夺泗夺淮，使泗、沂、沭河水无出路，并在泗、运、沂河的中下游形成南四湖和骆马湖。四是豫东、皖北和鲁西南等平原地区的大小河流，都遭到黄河洪水的袭扰和破坏，造成排水不畅，水无出路。其中以濉河变化最大。濉河原是发源豫东，中经皖北，至江苏宿迁小河口汇入泗河的一条大支流。经黄河多年的决口和分洪，终被淤废，下游不得不改入洪泽湖。五是洪泽湖以下的入江水道逐步形成，高邮宝应水位抬高，面积扩大，在自然水力冲刷和人工疏导之下，入江水道的泄水能力不断扩大。

2. 运河

南宋时期，由于金兵的大举南侵，宋京都的南迁，历经隋唐、五代、北宋的沟通南北的汴渠终于淤废。元灭金、宋后，建都大都（今北京），但全国的经济中心仍在南方，京都的给养完全依赖于南方，而此时邗沟、汴渠等大部分运河都基本淤废，于是开通沟通南北的运河水道显得尤其迫切。从1282—1293年，先后开通了数条运河，其中南起任城（今山东济宁）北至须城（今山东东平）安山的济州河，沟通了泗水和大清河（即济水故道）；南起安山北至临清的会通河，至此基本上沟通了南北之间的水上运输。为解决通州至大都的水上运输问题，又开通了通惠河，至此，贯通海河、黄河、淮河、长江的京杭大运河全线初步开通（图16）。

图16 元代京杭大运河示意图
（水利部淮河水利委员会，2000）

明建都南京，且南方是经济重心，粮饷多通过长江运输，故明初期对漕运不够重视，致使会通河逐渐淤塞，京杭大运河断航。后明为统一全国，迁都北京，军饷漕运供不应求。于是元开始动用人力、财力利用自然地形和水势对南旺湖进行蓄水、引水、分水工程，解决了会通河和济州河的漕运水源（图17）。后来，又整治淮阴至扬州的运道，直至京杭大运河恢复畅通。

明嘉靖年间（1522—1566年），由于黄河侵淮的加剧，泗水运道受阻，明又先后在邵阳湖东开挖南阳新河，该段运河北起南阳镇，经夏镇（今山东微山县）至留城（今江苏沛县境内），将原运河航道东移（图18）。

南阳新河开通后，缓和了夏镇以北的运道淤塞，但是夏镇至徐州之间的运道仍然常受黄河泛淮的影响。为避开黄河的影响，明万历二十一年（1593

年），又实施了开挖泇河工程，泇河的开通，漕运状况得到明显的改善（图19）。

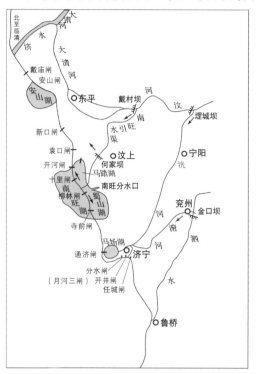

图 17　明南旺引水、分水工程示意图
（水利部淮河水利委员会，2000）

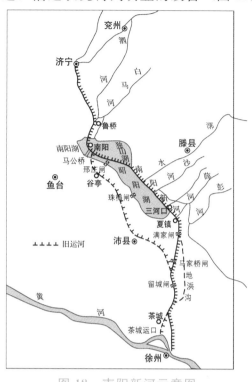

图 18　南阳新河示意图
（水利部淮河水利委员会，2000）

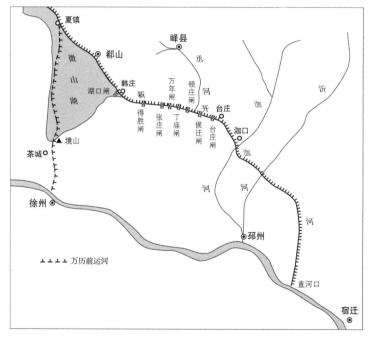

图 19　泇河示意图（水利部淮河水利委员会，2000）

清初，运河借用黄河泛道的仅剩骆马湖口至淮阴之间，因为泛道的淤塞，致运河不畅。康熙二十五年（1686 年），开挖中运河，北起张庄运口，南经骆马湖、桃源（今江苏泗阳县境内）至清河县（今江苏淮安）是仲家口，后移至杨庄（图 20）。随后经过多次整修，济宁以南的运河全线终于与黄泗分离。

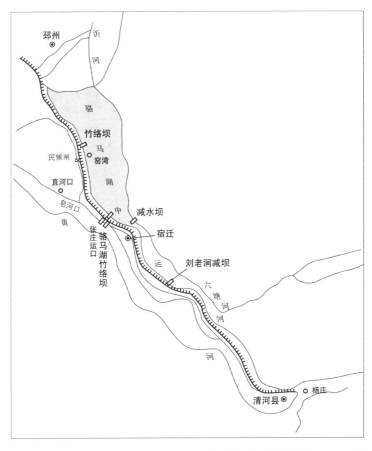

图 20　清代中运河示意图（水利部淮河水利委员会，2000）

　　淮阴以南的淮扬运河（即古邗沟），沿线多湖泊，河湖不分，经明代长期治理，实现运湖分离，漕运得以安宁。清代京杭大运河由几段组成，北京到天津的通惠河与北运河、天津到临清的卫运河（也称御河）、临清到台儿庄的鲁运河、台儿庄到淮阴的中运河、淮阴到扬州的里运河（扬州运河）、长江以南的江南运河。其中临清以北和淮阴以南的河道，基本沿用隋、唐、北宋时期的运河故道。京杭大运河经元、明、清三代近 500 年的开挖、治理、修缮，航道得以南北通畅。清咸丰五年（1855 年），终因黄河的再次改道，泥沙的淤积，只是运河通畅受阻，至光绪二十七年（1901 年），大运河南北断航。

（三）黄河北徙后的淮河水系

1. 清末民国时期淮河水系

1855 年，黄河在兰阳铜瓦厢（今河南兰考附近）决口，在今山东寿张县穿过运河，挟大清河东北入渤海，至此结束了黄河 727 年的夺淮入海史。黄河北徙以后比较稳定，因此这个时期淮河流域的水系变化不大。1935 年，国民政府根据"导淮工程计划"，在淮阴杨庄以下的废黄河旧河槽中开挖了一条入海水道，近海口一段 30 多千米，改在废黄河以北的平地上开挖，取名"中山河"（图 21）。1938 年，郑州花园口再次发生人为决河，致使黄河洪水借道贾鲁河、颍河、涡河泛滥于淮河流域涡、颍河之间豫东、皖北的广大平原地区，黄河再次夺淮，正阳关以下至洪泽湖的淮河干流也受到黄河泥沙淤积（图 22）。

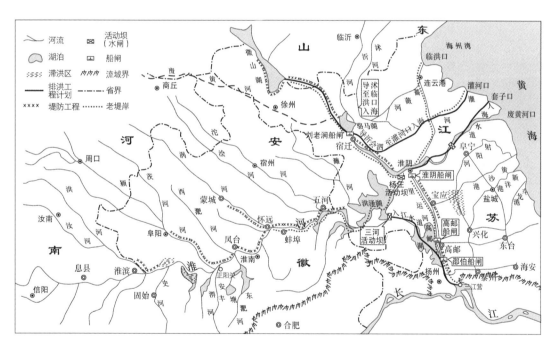

图 21　民国时期导淮工程示意图（水利部淮河水利委员会，2000 改绘）

2. 中华人民共和国成立初期的淮河水系

中华人民共和国成立后，山东省在临沂地区兴建"导沭整沂工程"，在临沭县大官庄附近劈开马陵山脉，开挖一条新沭河。从大官庄沭河东岸起经江苏省赣榆县大沙河于临洪口入海。又在临沂以下的彭家道口向东开挖一条分沂入沭河道，从沂河东岸至大官庄入沭河。江苏省在徐淮地区兴建"导沂整

专题报告

沭工程",以骆马湖为滞洪区,在沂河下游入骆马湖处整修沂河,扩大泄量,又在骆马湖东岸的嶂山,劈开马陵山余脉,从骆马湖向东至灌河口之间,筑堤漫滩,建成一条新沂河,以排泄骆马湖以上洪水。以上工程的竣工,为沂、沭、泗水系的洪水,初步打开了入海出路。1957年沂、沭、泗水系发生大洪水后,骆马湖建成宿迁闸和嶂山闸。为将骆马湖建成防洪的蓄洪水库,扩建嶂山切岭,加高培厚新沂河堤,又加建石护坡,同时还修建中运河退堤工程。

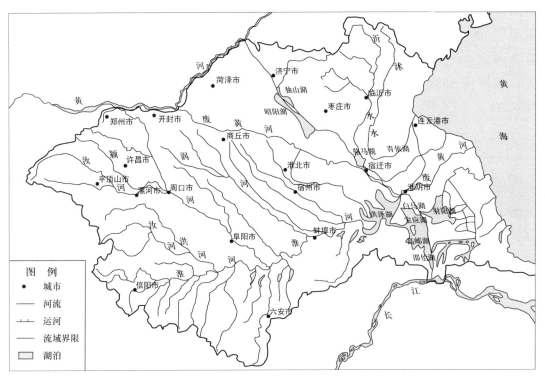

图22　清末民国时期淮河水系示意图(水利部淮河水利委员会,1999改绘)

　　1950年淮河发生大洪水以后,根据"根治淮河"的指示,政务院作出了《关于治理淮河的决定》,制定了"蓄泄兼筹"的治水方针,并成立了治淮委员会统一领导全面治淮工作。

　　淮河流域经过中华人民共和国成立初期的治理,淮河水系与沂、沭、泗水系都发生了巨大变化。在淮河干流方面,除在左右岸上游山区已修建了16座大型水库,作为兴利除害的综合利用工程外,在淮河干流的上中游,通过筑堤挖河等工程,加大了河道泄量。王家坝至正阳关之间,修建了濛洼、城西湖、城东湖和瓦埠湖等4个蓄洪区(其中瓦埠湖蓄洪区在正阳关以下),并扩大河道和行洪区。正阳关以下至洪泽湖之间的淮河干流,经过堤防加高、退建及河道整治，大大提高了泄洪能力。洪泽湖经过其大堤加固，修建了三河闸、高良涧闸及二河闸，成为防洪和蓄水兴利的巨型水库。洪泽湖以下修建了扩大入江水道工程，宝应湖和白马湖不再行洪和蓄洪。又从高良涧起，向东开辟了到扁担港入海的苏北灌溉总渠，分泄洪泽湖洪水直接入海，成为淮河洪水入海的一条新河道。又在高良涧以北的二河闸起，向北开辟了一条洪泽湖与沭阳新沂河之间的淮沭新河，分泄洪泽湖水，经新沂河入海。高邮湖也修建了蓄水控制工程，可以蓄水兴利。

除对淮河干流进行整治外，淮河两岸的支流也经过初步治理。在淮河上中游，南岸支流大多发源于山区丘陵区，以上游兴建水库、中下游发展灌溉事业为主，河道变化不大。北岸除洪汝河、沙颍河上游是丘陵区，其余都是平原河道，经过治理，变化较大。洪汝河与沙颍河均在上游修建水库，中下游修建洼地蓄洪区和进行河道治理。洪汝河中游修建了老王坡、蛟停湖、吴宋湖 3 个洼地蓄洪区，中下游经过筑堤、挖河、裁弯取直和开辟分洪道，扩大了泄水能力。沙颍河在中游修建了泥河洼蓄洪区，在下游开挖了茨淮新河，从阜阳附近的茨河铺到怀远的茨河口入淮河。涡河、西淝河、芡河、北淝河，进行了部分水系调整，将西淝河、芡河、北淝河上游部分流域面积改流入涡河，并将北淝河中下游改流入澥河和浍河，以利于中下游地区的排涝。在涡河以东，为了防洪排涝，于 1952 年兴建了五河内外水分流工程，将原来从五河入淮河的浍河、沱河与淮河分开，改入漴潼河，经峰山切岭、窑河和开辟下革湾引河直接入洪泽湖，使五河在洪水时期的内水位降低 2m 以上。同这个工程相配合，淮河干流在浮出以下，开挖了泊岗引河，裁弯取直，让出窑河作为内水通道。1966 年起，安徽、河南、江苏三省共同开挖了新汴河，把沱河、王引河和濉河上游共 6000 多平方千米平原地区的洪涝水，由新汴河直接入洪泽湖，在涡东地区开辟了一条新的排水出路，减轻了沱河、唐河和濉河中下游的洪涝灾害。濉河还在中游修建了老汪湖蓄洪工程，开挖了新濉河和濉河调尾入溧河洼工程。安河在开挖徐洪河（从洪泽湖到徐州之间，开挖一条新河，以调洪泽湖水灌溉为主，结合安河的防洪排涝）工程中进行了治理。此外，浍河、王引河、濉河等上游地区都进行了疏浚和排水系统配套工程，使这些在历史上被黄河泛滥地区的河沟经过初步治理，有利于防洪、排涝和治碱。

淮河下游地区的河道，也有较大的变化。通过大运河治理，里运河加固西堤，部分退建东堤，挖去中埝，疏浚河槽等措施，增加了输水能力，并在扬州与瓜州之间，开挖新运河，使与入江水道分开。在运河以东，开挖了新通扬运河，滨海地区开挖了通榆运河，新挖了黄沙港，加固了海堤。在入海各港口都修建了挡湖闸，使海水不能入侵。为了调江水北上发展灌溉、解决航运、工矿企业及城市居民用水，在江都修建了大型抽水站，灌排两用，可以抽江水、引江水和排内涝水。里下河地区的圩区，普遍进行了联圩并圩和建立抽水站，使里下河河网地区的水位可以进行人工控制。

沂、沭、泗水系除了修建沂、沭河洪水东调工程以外，还修建了泗河、南四湖水南下工程。在南四湖内的昭阳湖修建了横跨东西的二级坝和湖腰扩大工程，把南四湖分为上级湖和下级湖。还修建了韩庄闸、伊家河闸、蔺家坝闸和二级坝上4个泄洪闸和溢洪堰，使南四湖成为防洪蓄水兴利的蓄水库。南四湖与骆马湖之间的韩庄运河和中运河，经过治理扩大了泄水量，使南四湖和邳苍地区来水，由中运河南下经骆马湖由新沂河入海。南四湖湖东各河道，都在上游山区修建了水库，达到防洪与灌溉并举。南四湖湖西平原区各河道都经过初步治理。新开河道有洙赵新河，东鱼河和顺堤河等。原河道经过治理的有万福河、复薪河等。南四湖与骆马湖之间的中运河两岸支流也大都经过治理，西岸有不牢河、房亭河，东岸有东西泇河和邳苍分洪道，骆马湖以东的下游地区。有蔷薇河、五图河、南北六塘河、总六塘河等均经过治理，扩大了入海泄量。各入海河道除新沂柯、灌河以外，均修建了挡潮闸，防止海水入侵。淮沭河在新沂河以北，可以通过新挖河道及蔷薇河送水到连云港。此外，废黄河也经过分段治理，自河南兰考至江苏丰县的二坝为上段，来水经大沙河入南四湖，自二坝以下至淮沭河为中段，来水以入洪泽湖为主；淮沭河以下至海口为下段，可以分泄淮沭河洪水直接入海。

（四）结论

依据对黄淮关系及淮河水系变迁史的理解和分析，加之对黄河泛淮、侵淮、夺淮的不同定义，作者认为黄河长期夺淮始于1128年宋朝在滑县李固渡（今河南滑县西南）人为决堤，致使黄河干流长期东流入泗，后与淮河下游的干流并成一条河流入海。

关于淮河水系的演变，依据上述黄淮关系的阐述，分黄河夺淮前、黄河夺淮期间、黄河北徙以后三个阶段分别探讨淮河水系在不同时期的不同分布及变迁情况。

（1）黄河夺淮前，包括先秦两汉时期、三国至南北朝时期、隋唐北宋时期。先秦两汉时期的淮河水系包括淮河干流水系、泗水及沂沭河水系、济水水系和汴水水系，及陈蔡运河、邗沟、菏水、鸿沟和汴渠等人工运河。三国至南北朝时期，淮河干流依旧独流入海，支流发育。同时陂塘、河渠、坝堰随处可见。隋唐北宋时期，黄河南泛影响甚小，且处于我国历史上著名的隋唐暖期，故淮河水系干支流变迁较小，干流独流入海。此外，水利方面出现了人工陂塘、运河等水建设的高潮，著名的有京杭运河、北宋四大漕渠。

（2）黄河夺淮期间，包括南宋、元、明、清，这一时期最显著的特点就是黄河大规模夺淮，且逐渐形成 5 条泛道（图23），致使淮河干流发生重大改道，原本独流入海的下游河道被淤废，改由洪泽湖以下的三河入江。淮河完整的水系被废黄河分成淮河水系和沂沭泗河水系。淮河北岸的大小河流都遭到黄河洪水的袭扰和破坏，造成排水不畅。以洪泽湖为代表的苏北湖群、以南四湖为代表的鲁西湖群及淮河中游湖群的形成均与黄河这时期的夺淮有关。

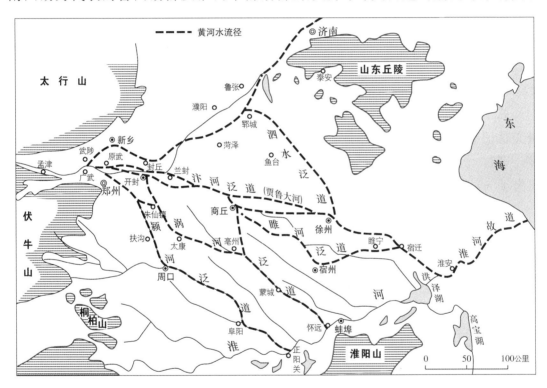

图 23　黄河南泛入淮的主要路线示意图（水利部淮河水利委员会，2000 改绘）

四、淮河水系湖泊的演变

湖泊既是水的一种存在方式，更是水系的重要组成部分。湖泊的存在，对调节河川径流、改善平原地区气候环境、发展农业经济，都具有举足轻重的作用。对某一区域湖泊的研究，还可以从一个方面反映该区域的地理环境演化。本文所指的湖泊是一个广义的概念，从形态上，它既包括一般意义上的湖泊、沼泽、陂塘，也包括其他类似的水体；从性质上说，既包括天然湖泊也包括人工湖泊。在郦道元的《水经注》中，张修桂先生统计出了其中记载的 12 种类型的水体：湖、泽、薮、淀、渚、渊、坈、陂、塘、池、潭、堰等。本书的湖泊概念基本上涵盖了上述类型的水体。本章在邹逸麟、张修桂、陈桥驿等学者研究的基础上，对淮河流域湖泊的变迁做深入的探讨，以期加深对淮河水系演变的理解。

黄河北徙后，包括清末民国、中华人民共和国成立初期和现在，这一期的淮河水系再次发生较大的变迁，但变迁的主要原因是人类活动的参与，主要表现是对淮河的治理，打通淮河的入海水道。因排水不畅、治河而形成的湖泊在近现代因为人类的围湖造田等活动也逐渐呈淤浅之势。

（一）先秦时期淮河流域的湖泊

1. 湖泊分布

关于淮河流域的湖群，邹逸麟和张修桂先生的相关研究中，提到先秦时期文献记载的黄淮海平原的湖泊数量总共 46 个。张文华教授据此收集相关资料，进行了重新统计，发现仅淮河流域地区各类湖泊 48 个（图 24），表 1 中列出了 47 个湖泊名称。从总体上说，先秦时期淮河流域的湖泊规模是相当可

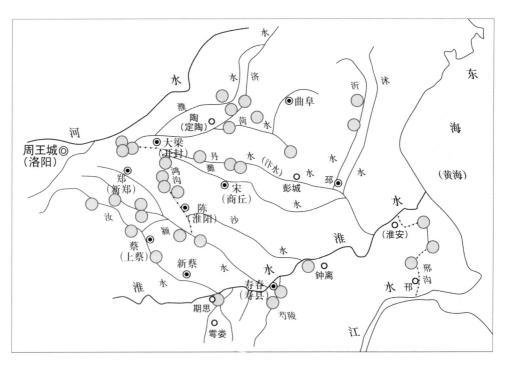

图 24　先秦时期淮河流域湖泊分布图（邹逸麟，1997 改绘）

观的。在《尚书·禹贡》《周礼·职方氏》和《尔雅·释地》所记载的 19 个全国性大湖泊中，淮河流域就有巨野泽、荥泽、菏泽、孟诸泽、圃田泽等 5 个，占到总数的 26%，而芍陂、期思陂更是影响深远、闻名遐迩的大型水利工程。这些情况表明，先秦时代淮河流域的水利资源不仅极其丰富，而且人们的开发利用也达到了较高的水平。

表 1　　　　　　　　先秦时期淮河流域湖泊地理分布表

所在区域	湖泊名称（今地）
汝、颍水流域	湛浦（平顶山市西南）、洧渊（新郑市）、浊泽（长葛市西南）、榆渊（尉氏县西北）、龙渊（西平县西）、展陂（许昌市一带）、东陂（叶县东）、钧台陂（禹州市南）、棘泽（长葛市东）、狼渊（许昌市西南）、制泽（新郑市东北）、柯泽（新郑市一带）、汪池（新郑市一带）
鸿沟系统流域	汋陂（亳州市北）、圃田泽（郑州、中牟之间）、中牟泽（中牟县东北）、东门池（淮阳县）、蒙泽（商丘市东北）、澶渊（砀山县东）、蒲如陂（睢宁县西）、寒泉陂（开封市）、湖泽（宿州市东北）、孟诸泽（商丘市东北）、荥泽（荥阳市北）、黄池（封丘县西南）、逢泽（开封市南）、大棘池（柘城县西北）、空泽（虞城县东北）、冯池（荥阳市西）、沙海（开封市南）、鸿池（开封市）、蕲县泽（宿州市东南）
沂、泗水流域	菏泽（定陶县东北）、沛泽（沛县）、丰西泽（丰县西）、余泽（苏北、鲁南一带）、羽渊（郯城县东北）、蛇渊、巨野泽（巨野、郓城之间）、潘泽（鲁西南）、沙泽（苏北、鲁南一带）、龙池（定陶县）
淮南地区	期思陂（固始县东南）、阴陵泽（定远县西北）、阳泉陂（霍邱县西北一带）、芍陂（寿县西南）、大业陂（霍邱县东部）

（邹逸麟，1997 改编）

2. 湖泊特点

从表 1 和图 24 可看出，先秦时期淮河流域的湖泊主要分布在淮北地区，48 个湖泊中，有 43 个在淮北，占总数的 90%；淮南仅见 5 个，占总数的 10%。从分布区域看，主要集中在以下 4 个区域。

（1）汝、颍水流域，包括溴荡渠一线以西及陈县（今淮阳县）以下颍水以西的广大地区。在淮北地区的 43 个湖泊中，分布于汝颍流域的有 13 个，占 30%。这一区域基本上处于黄河古冲积扇的顶部，黄河在孟津出山后，不再受制于两岸高原、丘陵、山地等，每遇汛期，洪流出山后，溢出的洪水首先在这一地区的山前洼地和河间洼地集聚，从而形成大小不等的湖泊。同时，该地区还是更新世末期形成的古黄河冲积扇的前缘地带，扇前地下水溢出易在低洼地区滞留，这也是该区形成湖泊群的一个原因。

（2）鸿沟系统流域。鸿沟系统流域是淮北地区的核心，其范围涉及广阔，大致包括自荥泽以下、沿菠荡渠一线以东，菏水运河及泗水以西，济水以南和淮水以北的广大地区。先秦时期分布于这一地区的湖泊数量最多，有 19 个，占淮北湖泊总数的 44％。该区湖泊不仅数量多，而且规模也大。淮河流域的 5 个全国性大湖泊都集中在这一区域。

（3）沂、泗水流域。分布于这一流域的湖泊有 11 个，占淮北湖泊总数的 26％。该区域基本上位于全新世黄河冲积扇前缘和中全新世黄河冲积扇前缘之间。早全新世时期，黄河冲积扇迅速向东北、东、东南 3 个方向推进，前缘已达今东明-宁陵一线，该线以东不少地方分布着代表湖泊环境的灰黑色淤泥质黏土层，如曹县、成武、单县、定陶、巨野等地。至中全新世前期，黄河冲积扇前缘已经延伸至甄成县左荣-巨野县柳林-单县李丰庄一线。大量泥沙虽然掩埋了早全新世的部分古湖，但由于中全新世气候湿润多雨，我国东部沿海普遍发生海侵，黄河冲积扇的前缘地带，湖泊随之迅速扩展，当时的湖湘地层分布广泛而且具有连续性。此区域的大部分湖泊便是在古黄河冲积扇前缘湖泊带洼地的基础上发育形成的，当时黄河通过其分流济水和濮水等，为这一区域的湖泊提供了大部分水源。

（4）淮南地区。先秦时期淮南地区见于记载的湖泊有 5 个，仅占淮河流域湖泊总数的 10％，但需要说明的是，这种情况并不意味着淮南地区的湖泊不占有重要地位。从规模大小上看，这 5 个湖泊都是颇具规模的，例如今定远县西北的阴陵泽在《史记》《汉书》等典籍中都被称为"大泽"，这无疑是对其规模状况的一种直观表达。而从水利上看，淮河流域所见的 48 个湖泊中，唯有淮南地区的期思陂、芍陂、大业陂和阳泉陂是人工陂塘，其中期思陂是淮河流域最早的灌溉工程，芍陂则是古代淮河流域最大、最著名的水利灌溉事业。

先秦时期湖泊的分布具有明显的地域不平衡性。从大的方面说，主要集中在淮北地区，淮南地区仅见 5 个。再就淮北的 3 个分布区看，其内部的分布也是很不均衡的。汝、颍水流域的湖泊主要集中在今西平县以北地区，鸿沟系统流域的湖泊主要集中在今淮阳县、宿州市以北地区，沂、泗水流域的湖泊则主要集中在今徐州市以北地区。如果沿着今西平、淮阳、徐州诸县市画出一条东西走向的线，就会发现绝大部分湖泊都分布于该线以北，这无疑是一个值得关注的现象。此等情势的出现，一方面可能与先秦时期湖泊的实际情况有关，另一方面则显然是文献记载本身的特点所致。

此外，先秦时期的湖泊大都是天然湖泊，且位于黄河冲积扇前缘或河间洼地，易被黄河泛滥的泥沙充填，故此时代的湖泊通畅较浅，洲滩密布，水草茂盛，湿生动物如麋鹿之类大量生长繁殖，成为当时各国诸侯田猎的良好场所。

（二）汉唐时期淮河流域的湖泊

1. 湖泊分布

汉唐时期（公元前 206—公元 907 年），由于王景治河的显著成效，黄河相对稳定，泛滥次数相对较少，黄河的泥沙也大部分沉积于河堤之内，故先秦记载的淮河流域大量存在的天然湖泊，在这一阶段大部分依然存在，有《汉书·地理志》、唐代《元和郡县志》以及根据唐末五代十国时期资料编写而成的《太平寰宇记》可以佐证。因此，研究这一时期的湖泊可根据反映 6 世纪前后我国湖泊详细情况的《水经注》记载加以分析。

《水经注》记载的湖泊，有 12 种类型的水体：湖、泽、薮、淀、渚、渊、坑、陂、塘、池、潭、堰等，前 7 种为天然湖泊，后 5 种为利用自然洼地蓄水的人工湖泊。其记载的分布于淮河流域的湖泊有 110 个之多（见表 2 和图 25），其中 80% 为人工陂塘，且绝大部分是利用淮河支流间的河间洼地或小支流的适当河段修建而成，鸿郤陂和芍陂是当时淮河流域最大的人工陂塘；天然湖泊仅占 20%，以圃田泽最为著名。

表 2 　　　　　　　　　　汉唐时期淮河流域湖泊分布表

地区	湖泊名（今地）
鲁西南地区	菏泽（定陶东北）、大堰（丰县西）、大荠陂（曹县西南）、濛泽（嘉祥西北）、雷泽（菏泽鄄城间）、孟渚泽（单县商丘间）、育陂（嘉祥西）、巨野泽（巨野郓城间）、丰西泽（丰县西）、薛训渚（嘉祥北）、黄湖（巨野东北）、渚（丰县西南）、黄陂（单县东南）、茂都淀（汶上西南）
鸿沟以西蒗荡渠与颍水间地区	李泽（荥阳西）、蔡泽陂（鄢陵西北）、制泽（尉氏西）、黄渊（郑州西北）、大泽（通许西南）、中平陂（新郑东北）、渊（郑州东北）、护陂（扶沟南）、龙渊（长葛西北）、博浪泽（中牟北）、陶陂（临颍东）、皇陂（长葛西南）、清口泽（中牟西南）、涝陂（西华东）、染泽陂（鄢陵西北）、高桥渊（中牟南）、荥泽（荥阳东）、南陂（鄢陵西北）、百尺陂（开封南）、船塘（荥阳东南）、鸭子陂（扶沟东南）、洧渊（新郑）、圃田泽（郑州中牟间）、宣梁陂（临颍东北）、白雁陂（新郑东）、中牟泽（中牟东）、庞官陂（西华东北）、胡城陂（长葛西南）、牧泽（开封东南）、狼陂（许昌西）、野兔陂（尉氏西北）
汴颍间淮河中游地区	奸梁陂（杞县西北）、潺湖（宿县徐州间）、郑陂（萧县西）、逢洪陂（商丘南）、徐陂（泗县东北）、安陂（徐州西南）、空桐泽（虞城东南）、白洋陂（杞县东）、乌兹渚（灵璧北）、砀陂（砀山西北）、蒙泽（商丘东北）、潼陂（泗县西北）、梧桐陂（萧县南）、白汋陂（亳州西北）、解塘（固镇西）

地区	湖泊名（今地）
汴颍间淮河上游地区	瑕陂（蒙城东北）、熨陂（寿县南）、鸡陂（利辛东南）、阳都陂（郸城东）、东台湖（寿县东南）、茅陂（凤台西北）、新阳堰（沈丘东）、死虎塘（淮南东南）、芍陂（寿县南）、大漴陂（利辛东南）、泽薮（蒙城北）、香门陂（寿县西南）、江陂（阜阳东）、泽渚（界首北）、横塘（淮南东南）、黄陂（凤台西北）、高陂（利辛西北）、阳湖（淮南东南）、湄湖（怀远西南）、次塘（太和东南）、狼陂（临颍西南）
颍淮间淮河上游地区	青陵陂（临颍西）、中慎陂（正阳东）、鸿郤陂（正阳息县间）、汾陂（商水西）、甲陂（息县北）、南陂（正阳北）、黄陵陂（上蔡北）、东莲陂（息县东）、上陂（正阳北）、葛陂（平舆东北）、绸陂（正阳东北）、窨陂（正阳东北）、富陂（临泉西）、墙陂（息县东北）、上慎陂（正阳东北）、青陂（新蔡东）、青陂、下慎陂（正阳东南）、高塘陂（阜南西北）、狼陂（临颍西南）、西莲陂（息县东）、铜陂（阜阳南）、平乡陂（项城西）、壁陂（正阳东北）、穿陂（霍邱西）、蔡塘（上蔡东）、太陂（正阳东北）、北陂（正阳北）、三丈陂（平舆东北）、壁陂（正阳东）、谯陂（正阳北）、横塘陂（新蔡东南）、塘（息县东北）、铜陂（正阳北）、陂（阜南东北）、马城陂（正阳东北）、焦陵陂（阜阳南）
苏北平原地区	津湖（宝应西南）、白马湖（宝应西北）、樊梁湖（高邮西北）、射阳湖（建湖西）

（邹逸麟，1997 改编）

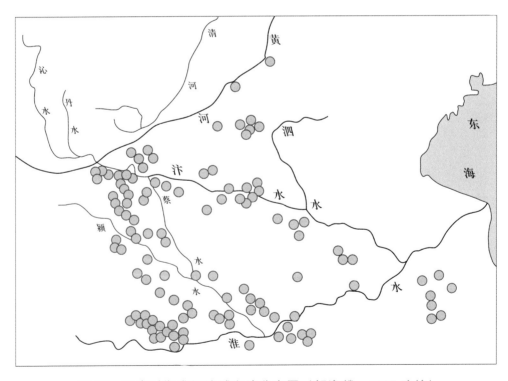

图 25　汉唐时期淮河流域湖泊分布图（邹逸麟，1997 改绘）

2. 湖泊特点

比较表1和表2可以看出，先秦时期的湖泊，此时仍然存在，因此推测很多湖泊可能在先秦时期已经形成，但缺乏相应的历史文献记载。

图25是依据表2编绘的汉唐时期淮河流域湖泊分布平面图，可以看出，汉唐时期的湖泊分布具有明显的地带性特点。

（1）蒗荡渠、汴水以北的鲁西南地区。

该区为汉唐时期黄河冲积扇的顶部地区，黄河出孟津后，南岸的支流有濮水、济水等，干支流易在此决溢、泛滥、潴水，易形成天然湖泊。这些湖泊，面积较大，成湖期长，很多是先秦时期遗留下来的湖泊。该区最著名的湖泊为巨野泽，先秦称之为大野泽，汉河决瓠子，东注巨野泽，泽面有所扩展。据唐《元和郡县志》，泽面东西达百里，南北三百里。该区第二湖泊是孟诸泽，位于商丘东北、单县西南，先秦时称盟潴、明都、孟潴等。据《禹贡》，其"导菏泽，被孟潴"，《水经注》时是济水分流黄沟汇聚的湖泊，至唐《元和郡县志》，周围尚有五十里。此时的雷泽即先秦的雷夏泽，位于北济水、濮水和瓠子河之间的河间洼地，是较大的天然湖泊。该区陂塘仍较少，见于记载的仅有大荠泽、嘉祥附近的育陂和单县东南的黄陂。

（2）鸿沟以西蒗荡渠与颍水间地区。

洧水，溱水等发源于嵩山，下游因受黄河自然堤的阻挡，排水不畅，潴水为湖。该区面积不大，河网密集、湖泊较多，天然湖泊和人工陂塘参半。先秦时期的荥泽、洧渊、圃田泽、狼渊、中牟泽等，此时依然存在。该区最大的天然湖泊为圃田泽，位于黄河冲积扇的顶部。先秦时代其即是鸿沟系统的供水盆地，又是黄河的蓄洪区，面积较大。《水经注》时代，圃田泽分解成20多个小湖泊，由上下24个浦相沟通，汛期推测仍为一湖。该区大量人工陂塘，多建于河间洼地，如鸭子陂位于洧水和鸿沟之间的洼地，而狼陂是在先秦时期天然湖泊狼渊的基础上加以改造建成的。

（3）鸿沟以东汴颍间的淮河中游地区。

该区主要指今废黄河至淮阴以南，桐柏、大别山前冲洪积平原以北。区内河流沙水、濊水、涡水、涣水等的源头均在鸿沟，东南注入淮河。淮河支流间的河间洼地常有二次支流发育。如蕲水，发源于濊水和涣水间的河间洼地；沧水和北淝水，发源于涣水和涡水间的河间洼地；夏肥水和细水，发源于颍水和沙水之间的河间洼地等。淮北平原上的诸多支流，多呈西北-东南走向，支流间的湖泊借地形之势，也多呈西北-东南走向分布。该区湖泊发育的最大特点是人工陂塘（21个）远远大于天然湖泊（14个）。区内人工陂塘多分布在濉水和颍水间的鸿沟二级支流间，如茅陂、黄陂、鸡陂、大漴陂、高陂等呈西北-东南走向排列在夏肥水沿岸；阳都陂和次塘分布在细水的上下游；漳陂和徐陂分布在蕲水延安。芍陂为该区较大的人工陂塘，位于淮河之南，隋唐时称之为安丰塘。其次，较大的人工陂塘为白羊陂，位于濉水和汴水之间，杞县东部。区内天然湖泊全部集中在濉水和汴水间。较大的淠湖，位于今徐州和宿县之间。

（4）颍淮间淮河上游地区。

该区受黄河干扰较少，人工陂塘极其发育，达36个之多，主要分布于颍水、汝水之间以及汝水下游淮河间的两个大的河间洼地，前者有15个，其中9个分布在汝水支流澺水流域，它们利用澺水及其支流润水、鲖水、富水河道适当改造而成。葛陂是澺水流域最大的陂塘。汝水下游淮河间的洼地兴建陂塘21个，分布在今新蔡、息县和正阳三县之间。鸿郄陂为该区著名的利用淮水修建的人工陂塘，至《水经注》时，该陂塘基本分解成一系列小陂塘，如上、中、下慎陂，燋陂等。唐时，汝水下游淮河间的陂塘基本消亡。

（5）苏北平原区。

《水经注》记载的苏北沿岸湖泊，分布在里下河和运河西岸，如射阳湖、博芝湖、白马湖等。该区在全新世中期还属于潟湖，先秦邗沟即利用潟湖群开凿通运，《水经注》时代，这些区域仍可通航。废黄河以北的苏北沿岸地区，《水经注》虽没有湖泊的相关记载，但据第四纪地层沉积物分析，该区有湖泊存在。《元和郡县志》记载的硕濩湖即分布在今连云港以南、涟水以北、沭阳以东区域。

从以上可以看出，汉唐时期淮河流域湖泊分布密度较大，有110多个，其中80%为利用淮河支流间的河间洼地或对二级支流某些河段的适当改造修建而成的人工陂塘，鸿郄陂和芍陂是淮北平原最大的人工陂塘；20%为天然湖泊，以圃田泽最为出名。

汉唐时期，淮河流域湖泊成因类型与平面分布状况是当时自然条件和人为影响共同作用的结果。淮河流域在汉唐时期很少受到黄河泛滥、决溢和夺淮的干扰，鸿沟运河系统运转顺利，地区经济发展速度较快，农田水利得到迅猛发展，人工陂塘相应就多了起来。另外，当时的淮河流域西部伏牛山、桐柏-大别山植被覆盖较高，水土流失不严重，泥沙相对较少，在一定程度上延缓了湖泊的淤浅速度。

（三）宋金以后淮河流域的湖泊

汉唐时期是淮河流域湖泊发展的兴盛时期，先秦西汉时期著名的天然湖泊，如巨野泽、菏泽、雷夏泽、孟渚泽、圃田泽、蒙泽、逢泽等大多数在唐代后期依然存在。人工陂塘的演化速度较快，如鸿郤陂在唐代后期已被淤废，但高陂、潼陂、葛陂、鸬鹚陂、百门陂等在唐代后期依然存在。

淮河流域湖泊演变的转折点为宋金时期的黄河夺淮。1128 年，为阻止金兵南下，以水代兵，挖开位于今河南滑县的黄河大堤，致使黄河大水泛滥于豫东南、鲁西南地区，从此拉开了黄河长期夺淮的序幕。至此黄河不再像《山经》《禹贡》《汉志》记载的流经浚、滑地区，而是向南夺泗入淮。宋代开始，黄河下游河道逐渐向南摆动，同时分为数股深入到淮河流域的腹地——豫东南和鲁西南地区（图 23），元代黄河河道进一步向南移动，进入淮北平原，常夺颍、涡、濉、浍等河入淮，通常数股并存，互为主次。明代前期黄河经常决口，入淮，后期经潘季驯治理，黄河基本上被固定在今废黄河一线，但决口仍有发生。1855 年，黄河在铜瓦厢决口，改走大清河于山东利津入海，从此结束了黄河长期夺淮的历史。黄河夺淮历经宋、元、明、清四个朝代728 年（1128—1855 年），导致淮河流域河道水系紊乱，农田水利、运河等遭到破坏，湖泊环境也随之改变。这种改变分为三种类型。

1. 淤废消亡型

这一类型的湖泊，因泥沙的淤积，由深变浅，由大变小，加上人工围垦，逐渐夷为平地。此种类型的湖泊以豫东南地区的湖泊为代表，因地处黄河下游的上段，距决口较近，洪水泛滥所挟带的泥沙首先在这一带停滞沉积，所以淤废消亡速度较快。

圃田泽是这一类型的典型代表，它原为先秦中原地区的一大泽薮，北魏（《水经注》）时严重沼泽化，大湖瓦解成 20 多个小湖，至唐后期东西仍有 50 里，南北 26 里。宋代由于黄河夺淮挟带泥沙的影响，淤浅幅度剧增，至此已剩 10 余处积水陂塘，并对汴水流量的调节起到了不可忽视的作用。金代，汴河淤废，黄河南岸修筑堤防，圃田泽洼地来水骤减，逐渐沦为农田。元代，黄河曾多次夺贾鲁河、颍河入淮，原圃田泽洼地再度大量积水成塘。明万历时，圃田泽洼地有陂塘 150 余处，汛期连成一片。后水退沙留，湖面逐渐缩小。清乾隆时，圃田泽洼地尚有东西二泽和一些陂塘；清末，农垦的发展，东西泽被垦为农田，圃田泽消亡。位于今河南商丘东北的孟渚泽、蒙泽，开封附近的逢泽、好草陂、西贾泽、雾泽陂，豫西山地以东平原上的湖泊及淮北平原上颍、涡水之间的河间洼地湖泊，鲁西南西部的菏泽、雷夏泽等湖泊均由于黄河夺淮，泥沙堆积，先后被淤废、消失。

此外，苏北地区的硕濊湖、射阳湖等湖泊，在金元时期，同样遭受黄河夺淮带来的泥沙淤积之害。唐代硕濊湖区，在湖泊相的黏土、淤泥、泥炭层之上，普遍加积一层黄河冲淤的亚砂土或亚黏土，在海州城黄泛层下的湖相黑土层中，发现了唐代钱币，说明金元时期，硕濊湖已经淤废。至清初期由于黄河的继续泛滥，泥沙的堆积，硕濊湖完全消亡。《水经注》记载的射阳湖群，由于黄河泥沙的增加，湖群也逐渐淤浅、缩小，直至基本消亡。淮安县东桥附近的地层剖面，清楚地反映了该湖群的消亡过程（见表3）。

表3 　　　　　　　　　　　　淮安东桥地层剖面

距地表距离	颜色	岩性	描述
0～50cm	土黄色	耕作层	黄泛冲积物
50～100cm	灰黄色	粉砂土	湖泊消亡后的黄泛冲积物
100～200cm	黄棕色	泥质黏土，有少量植物根茎	属于沼泽开始消亡阶段的沉积物
200～280cm	青灰色	淤泥质黄土，含大量未腐殖植物根茎	沼泽化沉积阶段沉积物
280～350cm	灰绿略带蓝色	黏土	全新世湖湘沉积物

2. 移动消亡型

这种类型的代表是巨野泽。它原为黄河支流济水、濮水汇集而成，汉河决瓠子，东南注入巨野泽，北魏（《水经注》）时湖面扩大，唐后期水面鼎盛，东西达百里，南北达三百里。五代黄河在滑州决口，淹没汴、曹、濮、单、郓五州，漫溢梁山又合于汶水，形成梁山泊。北宋时，黄河在1019年、1077年两次决口，使梁山泊的面积有所扩大，俗称八百里梁山泊。金代黄河开始南徙，梁山泊因黄河泥沙的淤积而有所淤浅，湖面逐渐缩小，大片探底开垦为田。元代，随着黄河的多次决口，梁山泊进一步扩大，至元末，梁山泊为一片泽国。明前期，梁山泊为一片浅水洼地，作为黄河南泛的泄洪区，明后期，由于黄河长期夺淮入海，梁山泊北岸筑堤阻挡黄河南决，加之济水的干枯，水源受损，西南面岸线逐渐内缩，沿湖居民开始围湖造田。清康熙初年，梁山泊一带已变湖为陆。

3. 潴水新生型

这种类型的代表是南四湖和洪泽湖。昭阳湖在四湖中形成最早，元时为山阳湖或刁阳湖。黄河夺淮期间，洪水在泗水以东、山东丘陵西侧的洼地聚集潴水成湖。明初济宁以南只有昭阳湖，后开通运河将南旺西湖的水往东南引流，在鱼台东北南阳闸北注入运河，逐渐积水成为南阳湖。南阳湖初期，水面并不大，后由于泗水下游三角洲的延伸，致使湖水难以泄入昭阳湖，于是湖面逐渐向北扩大。1567年，南阳新河开通，运道出口在南阳湖东，经昭阳湖东岸南下，于是在南阳湖以东运河东岸独山坡下的低洼地带，聚集了来自东面的山上下来的水流，形成独山湖。昭阳湖由于运河的改道，承受了汛期运河溢出的水和黄河决来的洪水，湖面不断扩展。明前期，微山湖地区只是存在一些因黄河决水形成的零星小湖。1507年明开挖泇河，运道东移至微山以东，那些零星小湖自然就在运河泇河。运河东面山洪暴发时，西面黄河决水时，北面南阳等湖涨水，再加上这些小湖所处地形北高南低，故受三面之水小湖连成一片，遂成微山湖。后由于黄河不断夺淮，湖水下泄不畅，致湖面不断扩大。

宋代以前，洪泽湖区存在着如白水陂、破釜塘等人工利用洼地修建的零星陂塘，金元时期，黄河开始长期夺淮，明后期大筑堤防，把黄河固定在今废黄河一线，全河至淮阴夺淮入海。由于黄河水挟带大量的泥沙，淮河下游河道很快淤高，淮水下游受阻后东溢，将原来的零星小湖和洼地积水连成一片，于是形成了洪泽湖。后来，为防止洪泽湖水决入里下河地区，抬高洪泽湖水位，达到"蓄清刷黄"的目的，在洪泽湖东岸修筑高家堰。高家堰越建越高，加上南面洪水的顶托，洪泽湖水面不断向西、向北扩展。向西淹没了泗州城，向北把溧河、安河、成子洼与洪泽湖连成一片。

此外，由于洪泽湖基准面的抬高，淮河中上游来水排泄不畅，致使各支流入淮受阻，汛期常在入淮口形成河口洼地湖泊，如沱河、浍河、北肥河、茨河下游即形成香涧湖、天井湖、沱湖、殷家湖。

（四）结论

从以上对不同时期淮河流域湖泊的分布及特点的研究，可以看出流域湖泊演变具有以下特征：

（1）先秦时期，流域植被发育良好，且较少受到人为破坏，故水土流失现象相对较弱；此外，先秦时期处于全新世暖期，气候温暖湿润，年平均气温较高，降水量丰富，两方面使得流域内河流水系发育。河间洼地和冲积扇前缘洼地易形成天然湖泊，且湖面较大。

（2）汉唐时期，平原湖泊有逐渐淤浅之势，但总体布局变化不大，先秦时期的天然湖泊在这一时期尚存。另外，由于经济的发展，人工陂塘大量出现，为流域湖泊发育的全盛时期。

（3）宋金以后，流域湖泊发生根本性改变。1128 年，黄河开始长期夺淮，致使豫东、豫东南、鲁西南西部以及淮北平原的大量湖泊、陂塘，大部分被黄河的泥沙填平，也有部分因人工垦殖，加速了淤废。山东丘陵西侧、黄河冲积扇前缘的低洼地带，因黄河洪水的泛滥、泥沙的堆积，造成该区河流宣泄不畅，形成了今南四湖、骆马湖、洪泽湖等新生湖泊带。

五、淮河水系演变的影响因素分析

（一）自然因素

1. 黄河干扰

黄河大约在中更新世初期或稍后（7.3Ma～1.3Ma B P）形成后，即控制着淮河在晚更新世及全新世的发生和发展。此处的"黄河干扰"特指黄河长期夺淮期间（1128—1855 年），黄河对淮河水系河流和湖泊的影响和破坏。

黄河，自古便以"善淤、善决、善徙"而闻名于世。据历史文献记载，黄河下游主要流路有 3 条：北流，由海河入渤海；东流，由大清河入渤海；南流，由淮河入黄海。虽有 3 条流路，但常常不是独流入海，而是分成数股或经海河，或经大清河，或经淮河入海。黄河水利委员会统计了历史时期黄河的决溢次数，从夏朝至 1946 年，共决溢 1570 多次。其中，秦汉时期（公元前 221—公元 220 年）的决溢频率为每 26 年一次，三国至五代时期（220—960 年）为每 10 年一次，北宋时期（960—1127 年）为每年一次，元代时期（1279—1368 年）为每 4 个月一次，明代时期（1368—1644 年）为每 7 个月一次，清初至鸦片战争时期（1644—1840 年）为每 6 个半月一次，鸦片战争至解放战争时期（1840—1946 年）为每 5 个半月一次。尽管用断代史的方法统计河流决溢的次数不符合自然规律，但足以说明黄河决溢次数的频繁。这些数字表明，黄河决溢是其自然属性使然，是其史前在黄淮海平原上造陆运动的延续。

明代黄河泛淮主要是通过淮河在淮北平原上的支流入淮河，再经淮河下游入黄海。淮河的主要支流颍河、涡河、濉河、汴河、泗河等都不同程度地受到黄河南泛决溢的影响，或成为黄河干流的下游或支流入淮再入海。黄河洪水和泥沙占用这些河道后，或拓宽，或被淤塞，或迁徙。淮河下游干流、淮河以北的支流濉河、蔡河等均因受黄河抢道或迁徙，或淤塞。

濉河原是发源豫东，中经皖北，至江苏宿迁小河口汇入泗河的一条平原河流。据《水经注》记载，濉水发源于今河南开封县南，东南流，经杞县北，东流经睢县东南，宁陵县南，商丘县西南等地，最后于宿迁县东南的小河口入泗水（图26）。后经黄河多年的决口和分洪，终被淤废，下游不得不借安河和老汴河改入洪泽湖（图27）。

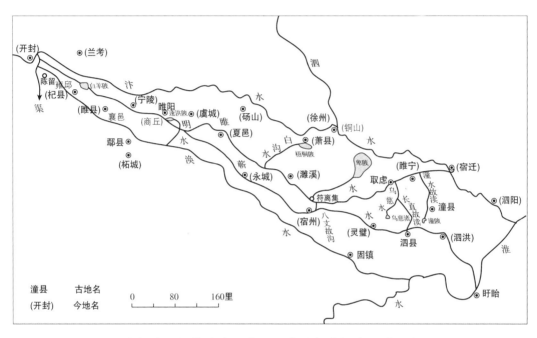

图 26 《水经注》记载濉水示意图（水利部淮河水利委员会，2000）

淮河中游的浍河、沱河、漴河及潼河，在清代因为受淮河河身抬高的顶托，发生了横溢，甚至互相窜流，并形成大肚子河。

黄河长期夺淮，不仅引起淮河主要支流的变迁，而且对淮河二级支流的变迁也产生着重要影响。如明代初期，黄河长期抢占颍河河道，造成壅水，颍河上游支流双洎河出水不畅，发生横决旁徙。颍河上游支流刘蔡河，在永乐年间还是一条淮北平原上的重要航道，但到明末，由于黄河洪水泥沙的淤积，蔡河淤废，现在已找不到故迹。明清时期，除黄河造成支流的淤废或迁徙外，还对颍河、涡河的河形产生重大影响。

黄河夺淮不仅致使淮河主要支流发生重大变迁，而且促使淮河干流也发生迁徙改道。淮河干流自洪泽湖以下的今废黄河入海道本是淮河的入海道，但因1128年后，黄河长期夺淮，成为黄河夺淮后的入海道。1577年，因黄河长期从此入海道入海，加上黄河挟带大量的泥沙，致使该入海道淤塞，不

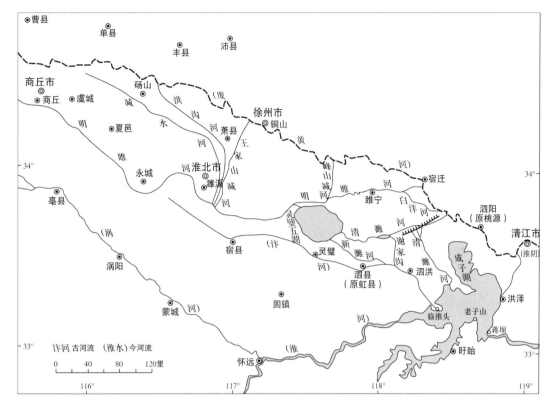

图 27　明清时期濉水变迁示意图（韩昭庆，1999）

得已淮河干流发生迁徙，经高邮、宝应等地入长江。但这次淮河下游改道时间并不长，很快就恢复原道入海。但 1821—1850 年间，淮河下游入海道河床被黄河泥沙淤高，再次淤塞，淮河不能走旧道入海，只好经洪泽湖上的减水坝，向东经里下河地区漫流入海，最后改由洪泽湖大堤东南部的三河口、高邮、宝应等地入长江。直至现在，这条通道仍是淮河的主要入海通道，长江入海口成为淮河的入海口。由于黄河夺淮，除淮河下游入海道发生重大变迁外，由于黄河泥沙的影响，淮河中下游的河道也被迫发生南移。据地质勘测资料分析，淮河干流南照集-五河段河道平均向南迁移大约 30～40km。

　　2. 气候因素

　　气候是天气的统计特征，一个地区的气候是指某种统计的平衡状态，它用温、湿、压、风、降水、蒸发、日照等气候因子在较长时段（通常规定为 30 年）的样本所取得的统计平均值、极差、方差和高阶矩来描述。气象要素（温度、降水、风等）的各种统计量（均值、极值、概率等）是表述气候的基本依据。气候反映的主要是某一地区冷、暖、干、湿等基本特征。最重要、最基本的气候要素是温度和降水。

气候通常是在某一大的区域系统影响下形成的，其变化必然引起该区域水循环的变化，导致水资源在时间和空间上的重新分配和引起水资源数量的改变，从而进一步影响该区域的自然环境和人类社会经济的发展。气候变化对流域水系变迁影响的研究，主要是通过研究气候变化引起的流域温度、降水等变化来预测径流可能变化的增减趋势及对其流域供水影响。

年径流深随年降水量的增加而增加，随年均温度的升高而减少；不同流域对各种气候变化的响应存在着明显的差异，颍河流域和淮河上游年径流深对未来气候变化都比较敏感，沂河流域年径流深对降水最敏感，其敏感程度远远大于对气温的敏感程度。反映出整个淮河流域不同自然地理条件的影响；不同季节的径流深对各种气候变化的响应也存在明显的差异，淮河流域内年内降水分配不均，汛期（6—9 月）降水一般占全年降水量的 50％～80％，仅 7 月的平均降水量占全年的 25％左右，体现了季风气候对径流的影响。

由前文论述可知，更新世时气候和新构造运动共同缔造了淮河水系。尤其是晚更新世，气候干冷，淮河流域处于寒温带向暖温带过渡地带。因受干冷气候的控制和影响，干支流下切深度大，东部海平面下降，海岸线向东延伸，淮河径流加长。全新世时，气候因素对淮河水系的变迁起着主导作用。

全新世早期（11ka～7.5ka B P），气候温暖湿润，海平面迅速回升，丰富的降水致使河流径流量增加和平原内部洼地蓄水面积的扩大，河流从下切转为加积，使河流、河湖相沉积物广泛发育，形成了广阔的冲积平原，同时出现淮河流域河流湖泊发育的兴盛。

全新世中期（7.5ka～2.5ka B P），气温较高，淮河流域处于亚热带气候区，苏北海岸发生大规模海侵，海平面上升，主要河湖地区洪涝灾害频繁。另外由于侵蚀基准面的上升，河流纵比降减小，曲流河道发育，这一时期是古河道频繁变迁阶段，并伴有牛轭湖生成。

全新世晚期（2.5ka B P 至今），中国气候普遍由温暖转向干凉，期间有次一级的冷暖旋回，突出表现在冷暖、干湿的变化上。由于气候的变化，外营力作用的方式及强度发生变化，海平面有明显的升降波动，因此平原地区的河流发育、变迁和堆积地貌形成及演变均与气候变化有着密切的关系。

周代（公元前 1000—前 850 年），是气候比较寒冷干燥的时期，气候逐渐干凉，海平面总体上略有下降，河流下切形成一级阶地，并使泛滥平原干涸，水域面积开始缩小，水土流失逐渐严重，河流决口和改道频发。周时期的寒冷气候，标志着全新世中期温暖气候的结束，以后气候回暖也未达到全新世中期的温度。并且，目前气候要素的主要特征及与此相关的生物分布特征均是在这次寒冷变化以后逐渐形成的。

春秋战国、秦时期（公元前770—公元前200年），气候温暖湿润，竹子、梅树等亚热带植物常出现在《左传》和《诗经》中，山东鲁国经常无冰，淮河流域植被发育，且因较少受到人类活动的影响，流域上游没有出现严重的水土流失现象，故河流、天然湖泊发育良好，同时，人工运河开始出现。

东汉、三国、两晋、南北朝时期（公元初—600年），气候寒冷，尤其公元225年和公元515年，淮河下游出现结冰现象。

大约隋唐五代时期（600—1000年），气候转暖，此时中国境内的雨量指数均为正距平，反映出气候有转暖湿趋势。这一时期，淮河流域在汉唐时期很少受到黄河泛滥、决溢和夺淮的干扰，河网水系密度较大，邗沟、鸿沟、汴渠、京杭大运河等人工运河相继修建，地区经济发展速度迅速，农田水利得到迅猛发展，大量人工陂塘出现。

宋朝前后（1000—1200年），11世纪初气候转寒，12世纪寒冷尤甚，1185年和1219年再次出现淮河结冰的记载，估计南宋时期温度比现在低2℃左右。

元朝前后（1200—1300年），竺可桢计算的雨量指数仍为正距平，流域内涝灾多于旱灾，气候回暖。

明清前后（1400—1700年），小冰期时期，淮河多次结冰，特别是1650—1700年的50年间气候最为寒冷，淮河结冰4次，期间又有周期较短的干湿冷暖变化。南宋至明清时期的气候特征总体上是两寒夹一暖，这一时期气候对水系的演变的影响完全淹没在黄河夺淮的大潮中。淮河水系这一时期无论是淮河干流下游的改道，淮北平原湖泊的移动、淤废、消亡，还是运河的不断变道都与黄河夺淮、人工治理淮河有决定性的关系，故消减了气候变化对水系的影响。

近百年，淮河流域的气温呈现逐渐上升的趋势，降水量却没有出现统计意义上的明显上升，呈现平稳发展状态。在降水量不变的情况下，径流随温度升高而减少。但淮河流域地处我国南北气候过渡带，淮河以北属暖温带半湿润季风气候区，以南属于亚热带湿润季风气候区。流域内自南向北形成亚热带北部向暖温带南部过渡的气候类型，冷暖气团活动频繁，降水量变化大。此外，淮河流域还处于长江流域向华北的过渡地带，南部是江淮梅雨的北缘，北部及沭泗地区是华北雨带的南缘，由于北亚热带与南温带交界线的南北移动、年纪变化、长期变化与冷暖空气活动强度都会对流域降水产生巨大的影响，进而影响流域水资源的分布。

淮河流域这种过渡带气候特征，导致淮河流域气候变化幅度增大，由此带来高影响天气事件、极端天气事件和气候异常事件发生的频率增加。南北气候过渡带所具有的气候易变性、旱涝交替的高发性、年内和年际降水的不均衡性、致洪暴雨天气组合的多样性，加上淮河流域所处的地质、地貌、地形背景，决定了流域旱涝灾害的长期性，并且灾害的强度和频率有加强的可能性。

近百年来，为治理流域内的旱涝灾害，大量水利工程、人工河出现，使淮河水系变得更为复杂。同时由于流域山丘区水土流失现象严重，明清时期新生湖泊呈逐渐淤浅之势。

3. 地质地貌因素

（1）地质因素。

淮河水系分布格局，宏观上仍然主要受控于地质构造。第四纪以来，淮河流域的构造活动大致沿河流走向形成了两个隆起带和两个沉降带，自西向东依次是伏牛山-大别山隆起带、淮北沉降带、徐州蚌埠隆起带和苏北平原沉降带（图28）。伏牛山-大别山隆起带位于流域西部和南部，山区地形坡度较大，不易储水和蓄水，易在山麓发育河流，而事实证明此处正是淮河干流及上游主要支流洪汝河、沙河、颍河等的发源地。位于流域东部和北部的黄淮平原，正处于淮北沉降带的中心，地形低洼，且西受隆起的山岗区和丘陵区来水的压力，东受徐州-蚌埠隆起带对排水的阻滞，易积流成河、蓄水成湖。先秦时期，黄淮平原湖群发育，正是宏观上受控于地质构造塑造地形地貌的结果。

自更新世以来，我国东部地区曾发生过自南向北推移的水平地壳运动，这种水平运动的动力，很可能是我国受东临太平洋板块作用力及西南受印度次大陆碰撞联合挤压的结果。淮河中游经凤台自西向东流至淮南以后河流急转向北北东向，过怀远后又转向正东，经蚌埠、凤阳临淮关以后，淮河再次转向北北东向，直至五河后向东注入洪泽湖。这种因水平运动造成的位移大约有 $30\sim35km$。从淮河所切割的地层看，今日淮河切穿全新世地层至晚更新世顶部地层，从而说明这些北北东向河道，可能在原来郯庐断裂所派生的一系列北北东向断裂的基础上，自更新世以来继续活动的结果。

微观上，地质构造还控制了河流水系大规模改道的时间、方向和地点（郭新华 等，1992）。断裂活动和地壳变形均是内力地质作用的主要表现形式，他们对河流水系的变化产生重大影响。研究表明，构造活动活跃期是地质作用较强、地貌变化较快的时期，这时期的河流水系决口、改道发生的频率较高，演变较快。河流决口改道的地点大多靠近大型活动性断裂带的下降盘一侧附近，因为这里地形地势变幅较大，堆积沉积速度较快；河流决口改道的

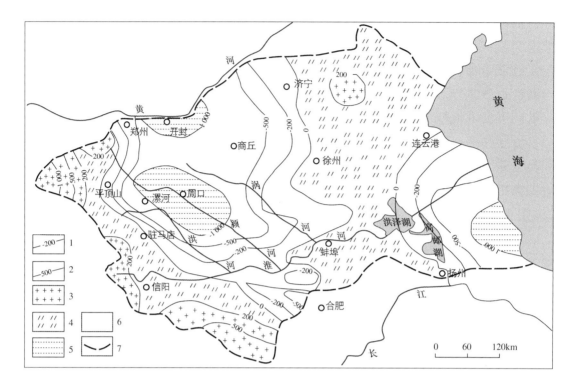

图 28　淮河流域新构造运动图（郭新华 等，1992 改绘）

1—新构造运动下降幅度等值线（m）；2—新构造运动上降幅度等值线（m）；

3—新构造运动强烈上升区；4—新构造运动一般上升区；

5—新构造运动强烈下降区；6—新构造运动一般下降区；7—流域边界

方向一般沿着沉降速度大的地区滚动，因为这里地势低洼，有利于积水和汇水。淮河支流沙河、双洎河在全新世时期的改道均与构造活动有关（图29）。

淮河构造变形带断裂构造比较发育（刘东旺 等，2004），主要为近东西向和北北东向两组断裂（图29）。从断裂截切地貌的情况分析，有的断裂具有控制淮河河道流向的作用。变形带内近东西向断裂具压剪特征，而北北东向则具张剪性质。

此外，黄淮平原下伏的隐伏断裂活动对水系也有重要的影响，河流走向、河道偏移、河流决口、湖泊形成等方面都受到断层活动的影响；新构造运动和松散软弱的底盘，直接或间接地增加黄河的活动性；黄河和淮河之间没有坚硬的分水岭，助长了黄河的游荡性。另外，横切河道的断裂或断裂交叉点则是历史上黄河决溢点。顺向断裂河沿下降盘发育，若发生掀斜作用，又可向上升盘滚动；断裂两盘的活动性质还可沿走向发生逆向变化，从而对河流走势或决溢产生相应的影响。孟津老城-黑羊山断裂带，走向为北东东向，属济源-开封坳陷南缘超壳断裂组的一支,其控制了黄河全新世以来出山后的流向。同时由于太行山向南的掀斜作用,而使黄河进一步向南岸滚动。老鸦陈断层与左岸相交的白马泉附近,花园口断层与黄河相交的花园口附近,聊兰断裂带与新乡-商丘断裂交汇点,聊兰断裂与黄河相交的董口附近等都是历史上重要的决溢点。综上所述,由于黄淮平原发生的新构造运动,致使黄河决口、改道,从而发生夺淮现象,也即淮河水系发生重大变迁。

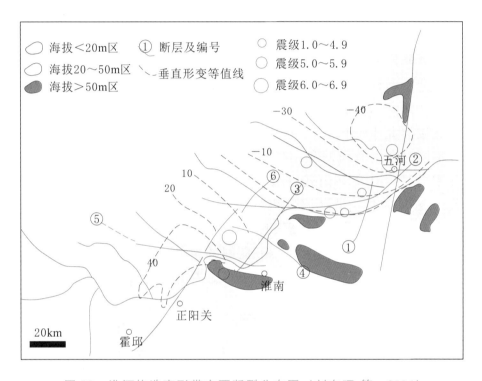

图 29　淮河构造变形带主要断裂分布图（刘东旺 等，2004）

①—临淮关-亮岗断裂；②—怀远-黄家湾断裂；③—固镇-怀远断裂；
④—明龙山-上窑断裂；⑤—阜阳-凤台断裂；⑥—明龙山-正阳关断裂

（2）侵蚀基准面的改变。

地质对淮河水系变迁的另一个表现是由于地壳运动造成的侵蚀基准面的改变。侵蚀基准面的变化对淮河水系河床下切的深度、速度及河流的侧蚀作用的影响是长期且深远的。根据苏联学者 B. Φ. 科索夫对侵蚀基准面与沟谷发育关系进行的研究结果,沟道的深度和长度与基准面高差成正比,即,基准面高差越大,沟谷的深度和长度越大。流域内侵蚀强烈的地区与新构造运动上升活跃区是一致的,淮河干流不同区域的侵蚀强度、下切强度是不同的。

第四纪初期,黄淮平原受东侧郯庐断裂上升的影响,成为一个封闭和半封闭的盆地。从第四纪开始，我国黄土堆积，而中更新世后黄土堆积达到鼎盛时期（即离石黄土和马兰黄土）。中更新后黄河古三门峡湖被打开，由于侵蚀基准面陡然下降了40～60mm，加剧了对古黄土的侵蚀作用，古黄河也逐渐由地下河变成了地上河。由于黄河的溃泄和改道，淮河水系被迫有所改变，北岸的支流逐渐填塞、淤积和改道，由于黄河泥沙的影响，淮河中下游河道被迫发生南移。据地质勘测资料分析，淮河干流南照集-五河段河道平均向南迁移大约30～40km。

（3）地貌因素。

地貌是地质发展历史中地表形态起伏现阶段的表现。地貌的形成与演化是受地质构造、新构造运动及岩性所制约的。同时地貌受外力侵蚀强度及其堆积过程，对河湖的形成与变迁具有重要意义。

淮河流域淮北平原区，因处于黄河下游且因黄河河道的善淤、善决、善徙特性，不同时期的黄河冲积扇发育、叠置在此。冲积扇的前缘地区易沥水停积，逐潴成泽。有文字记载以来，先秦时期，此处天然湖泊发育良好，且水面较大；汉唐时期，是湖泊发育的鼎盛时期，出现大量湖泊和人工陂塘，宋金以后，淮北平原的湖泊逐渐淤废；明清时期，黄河冲积扇南部扇前的低洼地带为淮河中游湖群的发育提供了良好的自然条件，东部扇前的低洼地带则形成了大野泽和南四湖，但近百年来，随着人类的垦湖造田、农田水利建设的影响，新生湖泊逐渐淤浅。

由于黄河河水的高含沙量，致使黄河在727年的夺淮过程中，不断改变着淮河流域平原区的地形地貌，进而改变了地表径流条件和原始水系分布。淮河本来是一条独立入海、尾闾畅通的河流，由于黄河的不断侵淮、夺淮，淮河不但失去了独立入海水道改由三江营入江，成为长江的支流，而且使得原来独立完整的淮河水系变成由淮河干流水系和沂沭泗河水系两部分组成。同时，在盱眙与淮阴之间的低洼地带形成洪泽湖，徐州以下的泗水故道均被黄河侵夺，泗水中下游淤塞，沂、沭河改道，泗水水系由淮河支流演变为黄河的支流，再演变为独立水系，同时下游形成了南四湖和骆马湖。同时大量泥沙排入黄海，使河口海岸向外延伸70多千米。

现代的淮河流域西部、西南部及东北部为山区和丘陵区，地势较高，且支流发育，汇水面积广泛，上游山区支流流程短，径流量大，落差大，来水汇流迅速；淮河中游河段比降突然变缓，落差仅为18m，平均比降仅为0.03‰，下游洪泽湖湖底高程大于中游地区，其水位对上中游来水具有顶托作用；洪泽湖以下泄洪通道狭窄，致使淮河中游洪水宣泄不畅，故淮河中游易积水，形成湖泊。

（二）人为因素

1. 水利开发

水资源作为人类社会发展不可替代的资源，又受到人类活动的严重干扰和影响。随着人口的增长、社会经济的发展，人们对河流滩涂的开发利用强度增加，拦河修坝、兴建水库、引水灌溉等，不断地改变着河流的天然状态。

人类对河流水系的利用主要是运输、灌溉、防洪减灾等方面。淮河流域水利工程起源较早，流域内有许多著名的水利工程。下面按黄河夺淮前、黄河夺淮期间、黄河北徙后至中华人民共和国成立前对淮河流域的水利工程进行概述。

（1）黄河夺淮前。

黄河夺淮前，淮河独流入海，尾闾畅通，人类对淮河水系的利用主要是航运和灌溉的需要。如商代出现的古水井，表明先民已经开始利用淮河水资源。创建于春秋时期的芍陂，是我国最早的大型蓄水灌溉工程。春秋战国时期兴建的期思雩娄灌溉区，是我国历史上最早的大型引水灌溉工程；这一时期开挖的菏水，把泗水和济水连接起来，淮、泗两水通过菏水和济水相连，由济水再通到黄河，首次间接地把黄河和淮河连接起来。而真正直接把黄河和淮河沟通起来的是鸿沟，又称蒗荡渠，自黄河南岸开始，东南引黄沟渠（鸿沟的北段），先后汇济水、入圃田泽达大梁（今开封），经陈国都城（今淮阳）至沈丘入颍水。鸿沟的兴建不仅将淮河主要支流古汴水、濉水、濊水（今包浍河）、沙水（今涡河）和颍水连接起来，重要的是它首次将河水、济水、淮水和江水连接起来。连接长江与淮河的运河是邗沟，其南起扬州以南的长江，北至淮安以北的淮河。邗沟的兴建首次沟通了江淮，连接了泗、汴等淮河主要支流。后来邗沟经历朝历代的整治，演化成京杭大运河江淮段的里运河。汴渠是我国古代沟通黄河和淮河的骨干工程，自河南荥阳出黄河，至江苏盱眙入淮河，历 3 省 18 县，为我国多个朝代的交通大动脉。

南北朝时修建的浮山堰，是淮河历史上第一座用于军事水攻的大型拦河坝，主坝高 $30 \sim 40 \mathrm{m}$，水域面积估计约有 $6700 \mathrm{km}^2$，总蓄水量在 100 亿 m^3 以上，它的修建直接切断了淮河，致使淮河上游一片汪洋。限于当时的历史条件和人类对河流认识的局限，浮山堰只存在了 4 个月即被冲垮。

从以上古代著名的运河和灌溉工程来看，它们的修建直接改变了河流的天然状态，丰富了淮河水系网络，影响着水系的空间分布。另外，拦河坝的修建直接导致淮河的断流，对淮河水系的变迁起着重要的影响。

（2）黄河夺淮期间。

黄河夺淮后，淮河水系发生重大变迁。在 700 余年的夺淮史中，黄河在淮北平原任意滚动，泗、汴、颍、涡、濉等河等都曾是黄河入淮的通道和泛滥的场所，黄河把大量的泥沙带给这些水系，淤塞了河道，严重地破坏着淮河固有的水系，使得淮河变得入海无路，排泄不畅。原有的运河和水利工程这时大多被淤废、破坏，这个时期新建了很多人工运渠水网等水利工程，为保漕运，减小黄河对运河的侵害，元明的治黄策略以"蓄清刷黄"和"引清济运"最为著名，各种堤坝、运渠的修筑对水系的直接干预，使淮河下游水系发生了大规模的变迁。

（3）黄河北徙后。

黄河北徙后，尤其是中华人民共和国成立以后，修建了大量的水利工程，其中各种水库 5700 多座，总库容 179 亿 m³，滞洪区和大型湖泊 15 处，总容量为 349.12 亿 m³，沿淮河干流中游建有 17 个行洪区，建设堤防约 5 万 km，各类水闸 6000 多座，固定机电排灌站 5.76 万座，已建成"江水北调，分淮入沂"和"引江济淮，江水北调"工程，正建南水北调东线和中线工程等，初步形成了由水库、堤防、行蓄洪区、湖泊、河道和水土保持等组成的防洪、排涝、灌溉、供水、航运、发电等比较完整的水利工程体系。这些水利工程，很大程度上改变了流域内的水文沟通方式，直接改变了流域水系的自然空间分布特征。

2. 人为决河

在对黄河变迁的研究过程中，黄河水利委员会统计了夏朝至 1946 年黄河的决溢次数，共决溢 1570 多次。在 1570 多次的决溢中，有文字记载以水代兵致人工决河的仅有 13 次（表 4），从数字意义看，在总决口次数中可以忽略不计。但从其带来的影响看，却是难以忽略的。

表 4 历史记载人为决河统计表

时间	人工决堤情况	备注
公元前 358 年（魏惠王十二年）	楚国出师伐魏，"楚师决河水，以水长桓之东"	《竹书纪年》
公元前 332 年（赵肃侯十八年）	齐、魏联合攻打赵国，赵国"决河水灌之"，齐、魏兵退	当时齐、赵、魏以黄河为界。《史记·赵世家》

续表

时间	人工决堤情况	备注
公元前 281 年（赵惠文王十八年）	赵国又派军队至卫国东阳，"决河水，伐魏氏"	《史记·赵世家》
公元前 225 年（秦王政二十二年）	秦将王贲率军攻打魏国，久攻不下，遂"引河沟灌大梁，大梁城坏"，魏王请降。"黄河水灌梁王宫，户口十万化沙尘。"	河沟：魏国的引黄渠道；大梁：今开封。《史记·秦始皇本纪》
公元 759 年（唐肃宗乾元二年）	"逆党史思明侵河南，宋将李铣于长清县界边家口决大河，东至（禹城）县，因而沦溺。"禹城县迁治所	《太平寰宇记·齐州·禹城县》
公元 918 年（后梁末帝贞明四年）	二月，梁将谢彦章与晋军对敌于杨刘，谢彦章"决河水，弥浸数里"，使晋军不得进	杨刘：今山东东阿县北。《资治通鉴》卷二百七十
公元 923 年（后梁末帝龙德三年）	梁将段凝以唐兵见逼，自酸枣决河，东注于郓州以阻唐兵南下，谓之"护驾水"，因决口扩大，在曹州，濮州为患，后唐庄宗同光二年（924 年）发兵堵塞，后复决	酸枣：今延津县境内；郓州：今东平西北。《新五代史·段凝传》
1128 年，金太宗天会六年（南宋建炎二年）	是年冬（11 月），金兵南下，宋东京留守杜充"决黄河，自泗入淮，以阻金兵"（决开卫州南堤）	卫州，今汲县和滑县之间；黄河从此改道南下夺淮。《宋史·高宗本纪》
1232 年（金哀宗天兴元年）	正月金人决河南堤，未遂。春蒙古兵决归德城北河堤，城四面皆水，自睢水东南流	《金史·传》
1234 年，金哀宗天兴三年（南宋端平元年）	"十一月朔旦，蒙古兵至洛阳城下立寨……赵葵、全子才在汴，亦以史嵩之不致馈，粮用不继；蒙古兵又决黄河寸金淀之水，以灌南军，南军多溺死，遂皆引师南还。"	黄河水夺涡河入淮河。《续资治通鉴·宋纪》
1642 年（明崇祯十五年）	四月，李自成起义军围开封城。七月十日，明军总兵卜善掘朱家寨河堤企图水淹敌方，李自成反"决马家口以陷城"，当时因水量小，没达目的。九月十四日，黄河水涨，十五日水满城濠，开封全城覆没	此次水灾淹死 30 多万人，开封东南"凡六七百里，尽成巨浸"。《开封市郊黄河志》
1933 年（中华民国 22 年）	8 月 3 日，长垣土匪姬兆丰等 400 余人，因久攻铁炉不下，将石头庄大堤扒开两口，至 10 日大洪水到达，两口被扩宽合而为一，造成巨灾	《黄河大事记》

时间	人工决堤情况	备注
1938 年（中华民国 27 年）	5 月 19 日徐州失守，日军控制津浦铁路和陇海铁路东段后，又沿陇海线西犯。6 月初为阻止日军西进，国民党密令在中牟、郑州一带扒决黄河大堤。4 日晨，53 军一个团在中牟赵口开始掘堤，5 日又加派 39 军一个团协助，晚 8 时扒开口门放水，因土质疏松，倾塌堵塞口门。6 月 6 日晚，新八师在郑县花园口掘堤，至 9 日晨用炸药轰炸，上午 9 时决口过水	河南、安徽、江苏 3 省 44 县 5.4 万 km² 土地受灾。8 年泛滥中，1250 万人受灾，死亡 89 万人，出外逃亡 390 万人。《黄河水利史述要》

（韩宝平 等，2004）

以水代兵事件常发生在历史时期的战乱年代，交战双方常采用人工决河的方式，掘开黄河大堤，水淹敌人。它与自然决堤相比，常选择在战略要地、地势较高地区，决堤后借助地形，水势较大，淹灌速度较快，而自然决堤多在地势低洼、河道淤塞处，决堤后水流一般扩展速度相对较慢。另外，因以水代兵常发生在战乱年代，决堤后无人问津，造成长期泛滥，对下游地区的水系、湖泊等自然地理环境造成了剧烈的影响，改变了下游地区的地形、地貌。

由表 4 可知，在人为决河的 13 次记载中，最典型的事件是 1128 年宋人工决河，以水代兵，阻挡金兵的进攻。决河后，双方都无暇顾及，黄河洪水肆意泛滥，"数十年间，或决或塞，迁徙无定"。这次决河是为黄河长期夺淮的开始，此后数代黄河或独流、或分流侵占淮北平原上的淮河中上游大小支流，或夺泗、或夺颍、或夺涡、或夺汴、或夺濉水，或数股齐下，不仅侵占了支流河道，而且因其挟带的大量泥沙，致使河道淤积，湖泊或被淤浅、或水体被迫移动、或至消亡。淮河下游的支流沂、沭、泗等均因黄河的泥沙堆积，失去了入淮的能力，在这些河流的下游潴壅形成了南四湖和骆马湖。洪泽湖的形成也与其有很大的关系。对淮河干流的破坏，即使其改道至高邮、宝应入长江后入海，失去了独立的入海口。另外，这次决河遗留下的河南兰考至江苏响水之间长 600 多千米的废黄河故道，把完整的淮河水系分成淮河干流水系和沂沭泗水系。

其次是 1938 年，民国政府为阻止日军的进攻，在郑州花园口附近人为决河，以水代兵。这次决河，致使黄河洪水借道贾鲁河、颍河、涡河泛滥于淮河流域涡、颍河之间豫东、皖北的广大平原地区，黄河再次夺淮，正阳关以下至洪泽湖的淮河干流也受到黄河泥沙淤积的影响。

3. 水土流失

流域环境的变迁与流域河流泥沙含量的关系是当今世界环境研究的重大

科学问题。根据曹素滨等（1998）的研究：河水中挟带泥沙的多寡决定着某一河流的安流和河患发生的频率。因此，泥沙问题是流域生态系统是否健康的决定性指标（孟万忠 等，2009）。

泥沙的来源主要是水土流失。水土流失是指在自然条件和人类活动作用下，由于水力、风力、重力等营力作用造成的水土资源破坏和损失（孙鸿烈，2011）。水土流失是世界上的主要灾害之一，是土地退化、河道和湖泊淤积的根本原因，是危及人类生存和发展的主要环境问题（吴佩林 等，2004；刘福臣 等，2008）。长期以来，淮河流域以资源消耗为主的经济增长方式，导致许多地区植被破坏，水土流失严重（姚孝友，2003）。

植被破坏对径流泥沙含量的影响主要体现在植被的减少会造成水土流失的产生，从而使径流的含沙量增加，另外由于植被的破坏，在降雨过程中地表径流的流速会变快，从而使地面承受着更大的冲刷压力。故如流域内植被破坏严重，流域内的河流含沙量可能会出现大幅度增长。

淮河流域地处我国南北方气候过渡带，生态环境敏感而脆弱。具体表现就是淮河中上游水土流失现象严重，洪涝灾害频繁，水库、湖泊、河流被淤浅，其根本原因是人地关系的矛盾。故对淮河流域的自然环境的变迁、水土保持以及人类活动影响的研究，将为流域制定正确的发展战略，找寻可持续发展之路提供科学依据。

据遥感普查，淮河流域水土流失面积约 5.9 万 km²（表 5），其中 20.7% 分布在伏牛山区，28.1% 分布在大别桐柏山区，29.7% 分布在沂蒙山区，12.7% 分布在江淮和淮海丘陵区，8.8% 分布在平原风沙区（肖幼，2000）。土壤年流失量 2.3 亿 t（表 6）。

表 5　　　　　　　　淮河流域水土流失情况分布表

区域	水土流失面积/km²					
	轻度	中度	强度	极强度	剧烈	合计
伏牛山区	4369.6	5035.1	2372.8	359.9	0.0	12137.4
桐柏大别山区	7118.2	7023.0	2118.2	243.6	2.1	16505.1
沂蒙山区	6701.1	7155.9	3042.2	547.6	0.0	17446.8
江淮丘陵区	3012.0	623.4	239.6	0.0	0.0	3875.0
淮海丘陵区	2576.3	837.9	180.7	0.0	0.0	3594.9
黄泛风沙区	4296.0	849.4	0.0	0.0	0.0	5145.4
小计	28073.2	21524.7	7953.5	1151.1	2.1	58704.6

表6 淮河流域土壤侵蚀情况表

淤积地点	泥沙流失量/万 t	占土壤流失量/％
上游河道、沟道	8500	37.0
山区大中型水库	6400	27.8
中游河道、湖泊	3900	17.0
下游河道、湖泊	2300	10.0
山塘、坝堰	1200	5.2
其他	700	3.0
合计	23000	100.0

由表5可以看出，每年淤积在上游河道、沟道中的泥沙约占总土壤侵蚀量的37％，计8500万 t；淤积在山丘区大中型水库的约占28％，计6400万 t；淤积在中游河道、湖泊的约占17％，计3900万 t；下泄到下游河道、湖泊的约占10％，计2300万 t；淤积在山塘、堰坝等其他小型拦蓄工程中的约占5％，计1200万 t；其他3％，约700万 t的泥沙，被挖掘利用。从淮河流域部分大型水库淤积情况分析，每年淤积兴利库容0.3％～1％。按此推算，全流域36座大型水库，每年将减少兴利库容0.22亿～0.74亿 m³，据蚌埠站多年平均输沙量和养分分析推测，由于水土流失，每年约有17万 t有机质、760t速效氮、120t速效磷和140t钾随泥沙进入水体。

因水土流失，造成河道泥沙堆积，湖泊淤浅，加速着水系变迁的步伐。另外，降低河道的行洪能力和水库调蓄洪水的能力，给防御水旱灾害带来巨大的压力；同时降低淡水资源的有效利用率，加剧水资源短缺的矛盾。对生态环境方面也是一个破坏，因其污染水体，恶化水环境。

从土地利用方面来看，水土流失面积主要分布在山地经济林和疏幼林地、"四荒"地及农业用地上。坡耕地是山丘区强度水土流失的主要策源地。中华人民共和国成立以来，淮河流域山丘区修建了近200座大中型水库，淹没几百万亩较高质量的土地，就近安置的移民为缓解粮食不足和烧柴问题进行陡坡开荒，乱伐林木，进一步加剧了水土流失。根据最新统计资料，淮河流域现有坡耕地10410km²。

气候变化、地表岩石剧烈风化、生物多样性改变、土壤侵蚀、人类活动的加剧等都会对流域自然环境演变产生深刻的影响。环境演变反过来又对河流来水、来沙产生影响，使河道淤积抬升、决溢泛滥、变迁，水患增多。水系的变迁对沿岸湖泊的消亡、对整个流域的地理环境都会产生重大而深远的影响。

六、淮河水系演变的环境响应

水系是自然环境的一部分，它的演变必然引起其他相关因素的变化。淮河流域水系的演变，导致流域内各自然要素发生变化。其中最显著、最敏感的自然要素的变化是气象和水文，二者的变化造成流域内的自然灾害，如水灾、旱灾等气象灾害，甚至成为主要的致灾因子。气象和水文的变化，进而引发流域内生态环境的改变。气象灾害和生态环境的改变是淮河流域水系演变的结果，同时，也是导致水系演变的因子，某种程度上，二者互为因果。这里选择洪涝灾害、旱灾作为代表，探讨在水系时空分布发生巨大变化的情况下，灾害爆发频率和强度的变化，以及生态环境的变化。

（一）流域内的洪涝灾害

气候因子是流域内水文系统变化最敏感的因子。目前淮河流域所面临的水资源问题，与气候的变异与变化有着十分密切的关系。气候变化致使流域内水循环加剧，对区域性的水资源在实践和空间上的分配及水资源的水质都会产生巨大的影响，同时，将伴随一系列的气象灾害，本专题主要研究淮河水系变迁所引起的旱灾和洪灾等。

根据郭迎堂对《清史稿·灾异志》及《清史稿·河渠志》中水灾的统计，清代，淮河流域共发生水灾 115 次，其中明确记载是因黄河决溢引起的就达 44 次之多，所占比例为 38.26%。针对因黄河夺淮致使淮河中下游水系紊乱，进而引发的洪涝灾害，张秉伦对 15—20 世纪淮河中下游洪涝灾害发生的次数进行了统计，计算出了频率表（表 7）并绘制成图（图 30）。

表 7　　　　　　　　　15—20 世纪淮河中下游洪涝灾害统计

时　　段	次数	频率/%	时　　段	次数	频率/%
15 世纪（1470—1500 年）	15	48.39	18 世纪（1701—1800 年）	53	53
16 世纪（1501—1600 年）	38	38	19 世纪（1801—1900 年）	43	43
17 世纪（1601—1700 年）	42	42	20 世纪（1901—2000 年）	31	38.75

由表 7 和图 30 得知，自 15 世纪，尤其是 16—18 世纪，淮河中下游流域发生洪涝灾害的次数和频率呈明显上升趋势。需要说明的是，鉴于文献记载的缺陷，15 世纪对洪涝灾害的统计是从 1470 年开始的，这更加说明了洪涝灾害发生的频率之高，而此时也正是前文所提到的黄河侵淮夺淮、淮河水系发

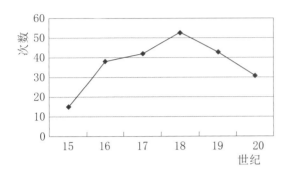

图30　淮河流域 15—20 世纪洪涝灾害曲线图

生重大变迁的时期。19 世纪的洪涝灾害次数是分段进行统计的，1801—1854 年间为 26 次，频率为 48.15％；1855—1900 年间为 17 次，频率为 36.96％。这表明淮河流域中下游发生洪涝灾害的频率从 1855 年后开始明显下降，而 1855 年后正是黄河北徙结束夺淮的时期，那这是否为巧合呢？

一般来说，一段时间内，洪涝灾害发生的频率是由气候要素温度和降水的变化所决定的，15—19 世纪处于我国明清小冰期时期，淮河多次结冰，尤其是 1650—1700 年的 50 年间气候最为寒冷，有记载可考的淮河有 4 次结冰。按照现代气候的一般理论，气温越低，降水越少。降雨量的多少在很大程度上决定着洪涝灾害是否发生，通常情况下，降雨量越大，洪涝灾害发生的频率越高。但从表 7 的统计数据和图 30 曲线走势来看，15—19 世纪这段时间内，淮河流域洪涝灾害发生的频率与这一时段的气候变化关系并不密切，或者说一定存在着"其他因素"控制着这一时期淮河流域洪涝灾害的发生，正是"其他因素"在这一时期抵消或掩盖了气候变化对淮河流域洪涝灾害发生的影响。

据郑斯中对我国东南部地区 500 年来旱涝灾害及湿润程度变化趋势的研究，15—19 世纪我国东南部地区并没发生水灾增多的长趋势变化；另据陈家其对太湖流域历史上旱涝灾害的多年研究结果，15—19 世纪太湖流域也不存在洪涝灾害发生次数几乎沿直线上升的趋势。据此推断，太湖流域洪涝灾害发生的频率是气候变化的正常反应，而淮河流域不是，综观淮河流域水系演变史，我们不难得出下面的结论：由于这一时期黄河夺淮致使淮河水系发生重大变迁从而导致淮河流域洪涝灾害发生的频率呈直线上升趋势，即淮河的水系变迁在很大程度上决定了这一时期洪涝灾害的发生。

（二）流域内的旱灾

洪涝灾害造成影响的区域往往呈带状或线状分布，而旱灾常常呈片状分布。水灾往往来势凶猛，持续时间较短；但旱灾常常在不知不觉中发生，且持续时间较长，影响具有累积性。

据文献和地方志记载，淮河流域历史上的旱灾，不仅频率高，受灾范围大，而且灾情惨重。"淮水竭，井泉枯""赤地千里""民无食大饥，人相食"等大旱饥荒，史不绝书。

据张秉伦（1998）研究统计，淮河中下游流域每百年发生旱灾的次数见表 8 和图 31。

表 8　　　　　　　　　　淮河中下游流域旱灾每百年频次表

年　　份	旱灾次数	年　　份	旱灾次数	年　　份	旱灾次数
公元前 190—200		701—800	3	1301—1400	4
201—300	3	801—900	10	1401—1500	5
301—400	5	901—1000	4	1501—1600	11
401—500	2	1001—1100	23	1601—1700	12
501—600	2	1101—1200	15	1701—1800	10
601—700	7	1201—1300	8	1801—1900	3

由表 8 和图 31 可以看出，淮河中下游流域各世纪发生旱灾的频次差异很大，时间上不具有均一性。随着时间的推移，旱灾发生的次数有逐渐增多的趋势，从表 8 可以可出，历史上 11 世纪和 12 世纪为旱灾的高发期，分别为 23 次和 15 次。

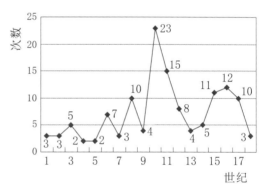

图 31　淮河中下游流域旱灾每百年频次图

为了消除世纪统计年度跨度大和历史记载遗漏的缺陷，将公元 951 年以后每 50 年旱灾发生的次数进行统计，结果见表 9 和图 32。

表 9　　　　　　　　　　淮河中下游流域旱灾每 50 年频次表

年　　份	旱灾次数	年　　份	旱灾次数	年　　份	旱灾次数
951—1000	4	1251—1300	1	1551—1600	5
1001—1050	11	1301—1350	2	1601—1650	8
1051—1100	11	1351—1400	1	1651—1700	4
1101—1150	4	1401—1450	1	1701—1750	4
1151—1200	11	1451—1500	4	1751—1800	6
1201—1250	7	1501—1550	5	1801—1850	3

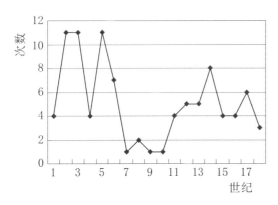

图 32　淮河中下游流域每 50 年旱灾
发生的次数曲线

（三）生态环境的恶化

按照系统论的观点，我们的地球从大的方面可以分为自然系统和社会系统，而任何一个系统的构成元素在一定的情况下都是相对稳定的。任何一个方面的破坏都会导致整个系统的紊乱。

从表 9 和图 32 可以看出，黄河夺淮前旱灾发生的次数较多，自 13 世纪突然下降，15 世纪又开始回升并保持上升的趋势。1001—1050 年、1051—1100 年、1151—1200 年为旱灾的高发期，均为 11 次。

淮河流域作为一个系统，由水系、人类、土壤、植被等组成。这个系统任何一个要素发生变化，都会对其他要素造成影响。水系是这个系统中重要的组成部分，它的变化必然引起相关要素的变化。生态环境是指由生物群落及非生物自然因素组成的各种生态系统所构成的整体，主要或完全由自然因素形成，并间接地、潜在地、长远地对人类的生存和发展产生影响。生态环境的破坏最终会导致人类生活环境的恶化。河流生态环境是指一定河流流域中的生物群落（动物、土壤、植物、人口等）与其环境组成的系统，其中各成员借助能量交换和物质循环形成一个有组织的功能复合体。这个系统具有自我调控、净化与自我修复的功能。而水是这个系统的主要构成单元，具有特殊的不可替代的重要作用。其中任何一个构成部分遭到破坏，都会影响到这个系统的平衡。

先秦汉唐时期，淮河流域土壤肥沃，农业发展迅速，下游更是著名的鱼米之乡。"走千走万，不如淮河两岸"是对当时淮河流域经济社会高度发展的高度赞美。但黄河夺淮后，淮河流域的生态环境发生了巨大的变化。由于黄河洪水的泛滥，加之其挟带的大量泥沙，致使淮北平原出现大片沙地、沙丘、缓岗和洼地。旧河床及黄河夺淮时冲蚀形成的河槽地段，沟坡、河沟、洼地普遍存在。沙丘、沙岗主要是古泛道洪流区泥沙沉积物经风力再搬运堆积而成的，它们多沿古泛道呈带状延伸，主要分布在开封、扶沟一线以东，以兰考、中牟一带最为典型。其中中牟县西南沙丘密集，地面全是沙丘沙地，沙丘形态以椭圆形居多，高度一般为 5～8m，最高可达 20～30m，丘间地面全为沙质。淮北广泛的冲积平原看上去如同沙漠，沙地保墒能力较差，所以形成了目前淮河流域"有雨则涝，无雨则旱”的困境。此外，因沙地透水性较好，城市污水排出后迅速下渗到浅层地下水，造成淮河流域很多地区地下水的严重污染。

由于黄河长期夺淮，淮河流域洪涝灾害极其严重，地下水位显著升高。泥沙致使河沟淤塞，河间洼地、湖泊众多，排泄不畅，在土壤沙化的同时，盐碱化增强，土壤有机质减少，土地肥力下降，从而使流域的大部分地区，由原来的鱼米之乡变成了“草木不生，飞沙遮天蔽日”的盐碱地。历史上淮河流域的盐碱地面积曾达 2200 多万亩，主要分布在黄河泛滥过的豫东、皖北、苏北和鲁西南地区。

明清时期黄淮水灾，不仅造成土壤盐化，而且耕作制度不得不由原来的水作变成旱作，而种植作物类型也发生了变化，在早期淮河流域水利条件好的时候，土质肥沃，水资源丰富，适合于种植水稻等水利要求高的作物，而后来，却不得不种植油菜和麦类作物，这也是淮河流域目前成为我国小麦主产区的原因之一。

七、结论与讨论

水系是地球上水体存在的载体，其对人类社会的发展作出了杰出的贡献。本专题研究的水系包括河流、湖泊、人工运河等，它们虽然存在于自然界的形态千姿百态，但都参与了全球水循环，是水量平衡的重要因子，服务于人类。它们作为自然生态系统的重要组成部分，相互作用，相互影响，密不可分。

淡水资源的短缺已成为全世界可持续发展的瓶颈，而河流水系是淡水资源的主要载体，对其变迁的研究，不仅是学界高度关注的课题，更得到社会的倍加关注。

水系变迁是研究人地关系的一个重要标尺，人与水的关系是人地关系中最重要的组成部分，是客观存在的一对矛盾体。

选择淮河水系的形成与演变进行研究，不仅要探究地质时期淮河形成的地质背景，理清历史时期淮河水系的时空分布，更重要的是采用第四纪地质学、构造地质学、地貌学、历史地理学、气候学、水文学等学科的自然科学研究方法，全面系统地从多个角度对水系变迁及相关问题进行深入的研究。

综上所述，本专题通过淮河水系形成与演变的研究，得出以下几点结论：

（1）淮河是晚更新世新构造运动和气候变化共同作用的产物。本文以分析淮河流域的地质地貌背景作为切入点，辅以气候背景，研究淮河流域古地理环境演变过程，进而探讨淮河形成的过程，推测淮河贯通和独流入海的时间为晚更新世。

（2）历史时期，淮河干流的演变趋势：独流入海-黄淮合流入海-淮河下游改道入江。淮河湖泊的演变趋势：湖泊兴盛-逐渐淤废-新生湖泊-淤浅，洪泽湖为淮河中游湖群、鲁西南湖群以及苏北湖群整体变迁的发端和重要控制因素；支流的演变主要为改道与消亡并存；运河的变迁主要受控于人类对自然的认识和利用淮河的结果。

本专题研究的淮河水系包括干支流、湖沼和运河，故在对淮河形成的时间、地点进行探讨后，着重理清了淮河形成以后，其干支流、湖沼和运河在各个时期的分布情况及演变过程。

（3）淮河发生重大变迁的根本原因是黄河夺淮，不均衡降水和植被的变化加剧着淮河变迁的速度，地质地貌是淮河水系变迁的客观条件。水利开发、人为决河、植被破坏导致的水土流失、人工采砂等人类活动对淮河水系的影响远大于其自然的演变。

在对影响淮河水系变迁因素的分析中，分为自然因素（黄河干扰、气候变化、地质地貌）和人为因素（水利开发、人为决河、水土流失等）两方面来探讨，指出不同时期自然因素和人为因素对淮河水系变迁所起的作用不同。

（4）黄河夺淮期间，淮河流域的洪涝灾害呈现显著上升趋势，而流域内的旱灾因黄河夺淮呈现陡然下降继而又小幅上升趋势。

在对淮河水系演变造成的影响分析过程，主要分析了因黄河夺淮，淮河水系变迁造成的淮河中下游气象灾害和生态环境的恶化。在具体研究过程中，气象灾害选取洪涝灾害和旱灾作为代表，对二者在淮河水系发生重大变迁的过程中发生的频率和强度分别做了定量分析，得出黄河夺淮期间，洪涝灾害发生的频率呈上升趋势，而旱灾呈现陡然下降继而又小幅上升的趋势。

（5）人对自然的认识永无止境，人与自然的和谐相处是人与自然关系的最好诠释。黄、淮、运（人类活动）三者关系的核心或根本是人与自然的关系，共同塑造了今日的淮河流域，对三者关系的深入研究对于今天治黄、治淮、黄淮水资源的利用和开发都具有深远的现实意义。

（吴梅、刘嘉麒）

参 考 文 献

〔北魏〕郦道元，1996. 水经注全译［M］. 陈桥驿，等，译. 贵阳：贵州人民出版社.

白振平，1994. 塔里木河水系变迁遥感研究［J］. 首都师范大学学报（自然科学版），15

（3）：105－110.

曹素滨，贾汉彭，刘潇，1998. 山西省汾河水库流域水土保持治理泥沙与径流变化初探 ［J］. 泥沙研究，（4）：1－8.

岑仲勉，1957. 黄河变迁史 ［M］. 北京：人民出版社.

陈桥驿，2000.《水经注》记载的淮河 ［J］. 学术界，（1）：208－213.

陈桥驿，1953. 淮河流域 ［M］. 上海：春明出版社.

陈远生，何希吾，1995. 淮河流域洪涝灾害与对策 ［M］. 北京：中国科学技术出版社.

傅先兰，1996. 淮南寿县一带的新构造运动及庄淮河南汊的新发现 ［J］. 六安师专学报，（2）：43－47.

郭新华，温彦，张克伟，等，1992. 河南省淮河流域旱涝灾害分布的地质模式 ［J］. 河南地质，10（3）：228－236.

韩宝平，许爱芹，孙晓菲，2004. "以水代兵"对黄河流域区域经济及环境的影响 ［J］. 中国矿业大学学报：社会科学版，6（2）：65－68.

韩昭庆，2010. 荒漠水系三角洲——中国环境史的区域研究 ［M］. 上海：上海科学技术文献出版社.

韩昭庆，1999. 黄淮关系及其演变过程研究 ［M］. 上海：复旦大学出版社.

侯仁之，1979. 历史地理学的理论与实践 ［M］. 上海：上海人民出版社.

胡焕庸，1986. 淮河水道志 ［M］. 蚌埠：水利电力部治淮委员会.

金权，1990. 安徽淮北平原第四系 ［M］. 北京：地质出版社.

刘东旺，刘泽民，沈小七，等，2004. 安徽淮河构造变形带及邻近块体现代构造应力场特征 ［J］. 中国地震，20（4）：364－371.

刘福臣，方静，黄怀峰，2008. 鲁中南低山丘陵区水土流失原因及治理措施 ［J］. 水土保持通报，28（4）：170－171，197.

鲁峰，2000. 浅析秦岭-淮河线 ［J］. 治淮，（8）：37－38.

孟万忠，王尚义，2009. 略论河流健康与经济可持续发展——以山西为例 ［J］. 经济问题，（1）：58－61.

宁远，钱敏，王玉太，2003. 淮河流域水利手册 ［M］. 北京：科学出版社.

任雪梅，杨达源，韩志勇，2006. 长江上游水系变迁的河流阶地证据 ［J］. 第四纪研究，26（3）：413－420.

邵时雄，郭盛乔，韩书华，1989. 黄淮海平原地貌结构特征及其演化 ［J］. 地理学报，44（3）：314－322.

申屠善，1992.《治淮汇刊》介绍 ［J］. 治淮，（9）：46.

沈玉昌，蔡弦国，1985. 试论国外河流地貌学的进展 ［J］. 地理研究，4（2）：79－88.

史念海，1989. 历史地理学的形成因素 ［J］. 中国历史地理论丛，11（2）：15－44.

水利部淮河水利委员会，1999. 淮河流域地图集 ［M］. 北京：科学出版社.

水利部淮河水利委员会，2000. 淮河综述志 ［M］. 北京：科学出版社.

水利部淮河水利委员会《淮河志》编撰委员会，2006. 淮河水文、勘测、科技志 ［M］. 北京：科学出版社.

水利部治淮委员会《淮河水利简史》编写组，1990. 淮河水利简史［M］. 北京：水利电力出版社.

苏嘉，2011. 胡渭和《禹贡锥指》［J］. 出版史料，（1）：1.

孙鸿烈，2011. 我国水土流失问题与防治对策［J］. 中国水利，（6）：16.

孙仲明，1984. 古河道的类别、成因和研究意义［J］. 灌溉排水，3（2）：42 - 45.

孙仲明，1983. 我国古水系研究的进展［J］. 中国水利，（5）：51.

谭其骧，1982. 在历史地理研究中如何正确对待历史文献资料［J］. 学术月刊，（11）：1 - 7.

谭其骧，1993. 中国历代地理学家评传（第三卷 清、近现代）［M］. 济南：山东教育出版社.

唐元海，1985. 淮河古水系述略［J］. 治淮，（4）：34 - 37.

王均，1990. 论淮河下游的水系变迁［J］. 地域研究与开发，9（2）：50 - 53，64.

王育民，1985. 中国历史地理概论（上册）［M］. 北京：人民教育出版社.

王祖烈，1987. 淮河流域治理综述［M］. 蚌埠：水利电力部治淮委员会.

吴忱，2001. 华北山地的水系变迁与新构造运动［J］. 华北地震科学，19（4）：1 - 6.

吴传钧，1996. 地理学的国际发展趋向［J］. 大自然探索，15（55）：7 - 12.

吴海涛，2005. 淮北的盛衰：成因的历史考察［M］. 北京：社会科学文献出版社.

吴佩林，鲁奇，2004. 我国水土流失发生的原因、危害和防治途径［J］. 山东师范大学学报：自然科学版，19（3）：55 - 58.

肖幼，2000. 对淮河流域水土保持工作的思考［J］. 中国水利，（5）：32 - 33.

徐丰，牛继强，2004. 淮河流域的洪涝灾害与治理对策［J］. 许昌学院学报，23（5）：105 - 109.

徐近之，1952. 淮北平原与淮河中游的地文［J］. 地理学报，19（2）：203 - 233.

姚孝友，2003. 淮河流域生态脆弱区水土保持管理机制的探索与实践［J］. 水土保持研究，10（4）：257 - 261.

张秉伦，方兆本，1998. 淮河和长江中下游旱涝灾害年表与旱涝规律研究［M］. 合肥：安徽教育出版社.

张修桂，2006. 中国历史地貌与古地图研究［M］. 北京：社会科学文献出版社.

张义丰，1993. 淮河地理研究［M］. 北京：测绘出版社.

张义丰，1996. 淮河环境与治理［M］. 北京：测绘出版社.

邹逸麟，1997. 黄淮海平原历史地理［M］. 合肥：安徽教育出版社.

邹逸麟，2007. 中国历史地理概述［M］. 上海：上海教育出版社.

曾昭璇，曾宪珊，1985. 历史地貌学浅论［M］. 北京：科学出版社.

WILLAMS M A J，DUNKERLEY D L，DECKKER P D，et al.，1997. 第四纪环境［M］. 刘东生，译. 北京：科学出版社.

WILLAMS G P，1984. Palaeohydrologic equations for rivers. In Coasta，J. E. and Fleisher，P. J.［M］. Berlin：Springer Verlag.

专题二

中国东部南北方过渡带淮河半湿润区全新世气候变化

淮河流域位于中国东部的南北方过渡带，属于半湿润区气候环境，这里既有冬季风从北方干旱半干旱区携带而来的粉尘堆积，又有江淮地区特有梅雨天气，但与北方干旱半干旱区和南方湿润区又都存在着差异，气候环境十分特殊。

淮河流域多年平均年降水量约为 920mm，其分布状况大致是由南向北递减，山区多于平原，沿海大于内陆。流域内有三个降水量高值区：一是伏牛山区，年平均降水量为 1000mm 以上；二是大别山区，超过 1400mm；三是下游近海区，大于 1000mm。流域北部降水量最少，低于 700mm。降水量年际变化较大，最大年降水量为最小年降水量的 3～4 倍。降水量的年内分配也极不均匀，汛期（6—9 月）降水量占年降水量的 50％～80％（淮河水利委员会，2008）。

淮河流域汛期 5—8 月的 3 个月通常降雨 500～600mm，特别是 6 月、7 月，江淮地区特有的梅雨季节，降雨可持续 1～2 个月。范围之大，可覆盖全流域；丰水年和贫水年交替，降水量平均相差 4～5 倍。研究发现，近 530 年流域性洪涝灾害 131 次，其中洪灾平均 3 年多一次。

产生淮河流域暴雨的天气系统为台风（包括台风倒槽）、涡切变、南北向切变和冷式切变线，以前两种居多。在雨季前期，主要是涡切变型，后期则有台风参与，台风路径遍及全流域（淮河水利委员会，2008）。历史上黄河"夺淮入海"，黄河泥沙在下游的沉淀，加剧了淮河下泄不畅的地理特征，使内涝成为淮河水灾的重要形态。

暴雨走向与天气系统的移动大体一致，台风暴雨的中心移动与台风路径有关。冷锋暴雨多自西北向东南移动，低涡暴雨通常自西南向东北移动，随着南北气流交绥，切变线或锋面作南北向、东南-西北向摆动，暴雨中心也作相应移动。例如 1954 年 7 月几次大暴雨都是由低涡切变线造成的，暴雨首先出现在淮南山区，然后向西北方向推进至洪汝河、沙颍河流域，再折向东移至淮北地区，最后在苏北地区消失。一次降水过程就遍及淮河全流域。由于暴雨移动方向接近河流方向，使得淮河流域容易造成洪涝灾害（《中国河湖大典》编纂委员会，2010）。

然而由于这个地区降雨多、黄泛严重，一直难以找到合适的全新世连续沉积物，因此全新世时期的气候变化特征一直是个谜，影响和控制这个地区主要气候系统全新世时期的演化更是长期不明。为此我们通过野外大范围调查，在淮河流域西北角的襄城地区找到了一个黄土古土壤剖面，通过对这个剖面的研究揭示了淮河流域全新世时期的气候环境变化特征，并初步探讨了其动力学机制过程。

一、研究区概况与剖面描述

（一）研究区地理与气候概况

襄城历史悠久，早在新石器时代，已有先民在此狩猎农耕，襄城在周朝春秋时名"氾"，郑地，称"氾邑""氾城"。周襄王十六年（公元前636年）居于氾，公元前540年襄城属楚，楚灵王在氾之西北隅筑新城，因周襄王曾避难居氾，故名"襄城"。俗语所言"大水冲了龙王庙，一家人不识一家人"，说的就是姜庄乡庙坡村东头儿的龙王庙（此地有4个巨石镇庙）。

襄城位于中原腹地，西倚伏牛山脉之首，东接黄淮平原西缘。地处伏牛山东麓倾斜平原，全县地势呈西高东低，西南部为连绵起伏的浅山区，以马棚山为最高，高程462.70m；北部为丘陵地带，高程90.00～128.00m；中东部为平原，高程80.00～90.00m；东部低洼，高程64.00m。

该区属淮河流域，境内有大小河流16条，多为西北-东南流向，包括北汝河、颍河、马黄河、苇子河、新范河、高阳河、上纲河、柳叶江、南北涅河、马拉河、运粮河、柳河、湛河、小泥河、文化河。其南部为沙汝河水系，东部属颍河水系。区内地表水资源丰富，但时空分布不均。地表径流与自然降水相一致，多雨季节强度大而集中，所产生的径流多随河道排出境外。

襄城属暖温带大陆季风气候，气候温和，光照充足，雨量充沛，无霜期长，四季分明。一般冬季受大陆性气团控制，夏季受海洋性气团控制，春秋为两者交替过渡季节。

年平均气温14.7℃，日照2280h，年降水量579mm，无霜期217d。春季时间短，干旱多风沙，气温回升较快；夏季时间长，炎热，雨水集中、时空分布不匀；秋季时间短，昼夜温差大，降水量逐渐减少，晴和气爽日照长；冬季时间长，多风，寒冷少雨雪，见图 1（b）。

襄城县的风向随季节变化非常明显，冬季盛行偏北风、夏季多为偏南风，全年以西南风最多。年平均风速为 2.4m/s。夏初常出现干热风，以 5 月下旬出现频率最高。

（二）剖面描述

襄城黄土剖面位于河南省襄城县王洛镇南侧 1km 处路边，坐标为北纬 33.95021°，东经 113.47992°，海拔约 96m［图 1（a）］，西北约 20km 是伏牛山余脉大禹山，南距北汝河、西至蓝河、东到文化河都是 10km 左右，剖面就在中间相对较高的黄土平原上。这个地区属于淮河流域西北边缘的山前黄土区，地势较高，历史上的黄河入淮均发生在其以东地区，因此不受黄河入淮影响。

剖面位于道路边耕地内一个方坑的壁上［图 1（c）］，高约 2.5m，顶部大约 0～17cm 是浅棕色土壤层，为耕作层，含小砾石，下方大约 17～35cm 是一黄土薄层。该黄土薄层之下 35～110cm 是约 75cm 厚的灰黑色古土壤层，富含有机质，具有下部比上部颜色偏深偏黑的特点，其底部颜色逐渐变浅变白，

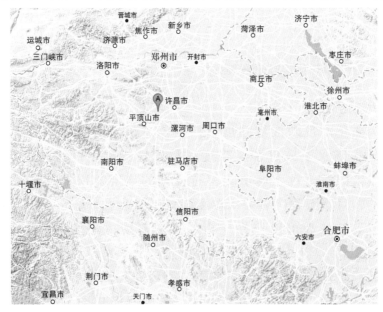

（a）剖面位置图

图 1（一）　襄城全新世黄土古土壤剖面

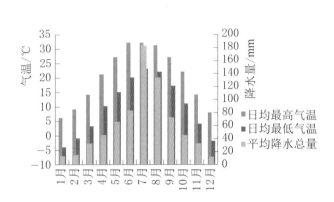

（b）年降水量和气温

（c）剖面照片图

图 1（二） 襄城全新世黄土古土壤剖面

转变成底部黄土层，120cm 以下出现大量小的钙结核，120～130cm 黄土中发育一些黑色条带，172～180cm 黑色有机质较高，180～190cm 多钙结核，210cm 以下钙结核减少。整个剖面按 2cm 间距采样。

二、指标与分析方法

（一）古环境代用指标及测试方法

1. 磁化率指标

一般认为磁化率反映成壤强度，指示了夏季风的变化，黄土古土壤样品的磁化率是反映降水量或夏季风强度的替代性指标，目前已经被广泛接受。研究表明季风区的黄土古土壤磁化率有良好的地层学指示意义，磁化率值的大小与气候的相对暖湿程度有关（温度高低、降水大小）（Han et al.，1996），磁化率值的波动被认为可以较好地指示东亚夏季风强度的强度变化（An et al.，1990；Kukla et al.，1990；Liu，1985）。

高频和低频磁化率是在不同频率下分别测量得到的磁化率。高频测量时，细颗粒的铁磁性矿物由于磁滞而被阻挡，对高频磁化率不再有贡献，有贡献的只有大的磁颗粒。高频磁化率一般都按比例低于低频磁化率，频率磁化率是低频磁化率和高频磁化率的差值与低频磁化率的百分比，因此频率磁化率反映了其中超顺磁磁性矿物磁化率占磁化率总强度的百分比含量（刘秀铭 等，1990）。在黄土高原地区，黄土古土壤中以细小的超顺磁磁性矿物为主时，低频磁化率和频率磁化率的波动是几乎一致的，都可以直接反映土壤的成壤强度。然而如果样品中粗颗粒的铁磁性矿物较多时，频率磁化率比低频磁化率更能指示细粒铁磁性矿物代表的风化成壤作用。

因此相对磁化率而言，黄土频率磁化率具有更明确的古气候意义。因为频率磁化率只反映样品中超顺磁磁颗粒含量的多少，而这些含量反映了古气候温湿程度的强弱和持续时间的长短（刘秀铭 等，1990）。

2. 粒度指标

粒度是沉积物一个比较成熟的古环境代用指标。因其测定简单、快速、物理意义明确、对气候变化敏感等特点近年来被广泛应用于黄土古土壤研究中，被认为是冬季风的替代性指标，指示东亚冬季风变迁（Ding et al.，2002；Lu et al.，1998）。在我国黄土高原地区的黄土-古土壤序列研究中，粒度指标可以指示搬运粉尘风动力变化以及沉积环境变化，是研究过去东亚冬季风变化最直观的替代性指标（An et al.，1990；Ding et al.，1994；Vandenberghe et al.，1997）。

3. 粒度磁化率指标测试方法

粒度和磁化率样品均在中国科学院地质与地球物理研究所新生代环境实验室测试完成。其中磁化率测试方法为：将样品放入烘箱中，低温烘干，称取 10g 左右，放入透明 1 号自封袋中。然后依次将各个样品放入 MS2 磁化率分析仪，测量样品的低频磁化率，每个样品测量 3 次，取其平均值。

粒度测量方法分为前处理和上机测试两部分，前处理中称取样品约 0.2g，放入清洗干净的规格为 200mL 的烧杯中，加入 10mL 浓度为 30% 的过氧化氢（H_2O_2），放置在加热炉上，温度保持在 140℃，加热过程中要多次加入过氧化氢，直到无气泡产生为止。由于加酸去除上清液的过程可能会造成细粒成分的损失，因此未做加酸处理。

加入 10mL 浓度 30% 的六偏磷酸钠作为分散剂，超声震荡 5min，最后用 Mastersizer 3000 激光粒度仪进行测量，样品的粒度范围在 0～3500μm。

（二）　测年与时间标尺

为了获得黄土古土壤剖面的时间标尺，剖面共挑选 8 个样品，进行土壤有机质[14]C 定年，然后校正成日历年龄（表1）。所有[14]C 年龄样品均由美国 Beta 实验室测定。

根据这些样品的年龄数据，采用多项式回归方法，见图2，建立了剖面的时间序列。

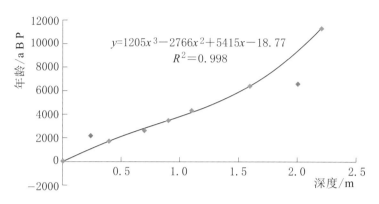

$$y=1205x^3-2766x^2+5415x-18.77$$
$$R^2=0.998$$

图2　襄城剖面的深度-时间关系图

表1　　　　　　　　　^{14}C测年样品年龄数据表

样品号	深度/m	日历年（2σ校正)/(cal a B P)
XC2013 – 12	0.24	2300±30
XC2013 – 20	0.4	1880±30
XC2013 – 35	0.7	2430±30
XC2013 – 45	0.9	3330±30
XC2013 – 55	1.1	3970±30
XC2013 – 80	1.6	5670±40
XC2013 – 100	2	5770±40
XC2013 – 110	2.2	9940±50

从时间深度总体分布关系上看，沉积速率变化不大，地层基本连续，沉积完整，可以很好地揭示襄城地区的气候变化特征。

24cm的样品年龄出现倒转，估计与表土部分耕地有关。而100cm的年龄与80cm接近，却与110cm相差较大，明显与整体趋势偏离较大。因此在建立深度-年龄回归关系时，舍弃了这两个年龄。另外还考虑了地表还在沉积现在的风成黄土。最后得到图2中的时间深度多项式转换关系。

δ^{14}C同位素年龄点与剖面的深度之间的关系可以看到回归曲线与年龄点之间拟合度很高，相关系数达0.99。据此计算得到了剖面的时间标尺。

（三）黄土粒度组分分离

经典沉积岩石学研究表明沉积物主要由滚动、跳跃和悬浮三种颗粒组分构成。黄土被证明是大气悬浮粉尘堆积形成的风成沉积物（Liu，1985）。近年来，由于测量技术的进步，激光粒度仪被引入沉积物粒度测量分析，人们发现黄土悬浮颗粒又可细分成 3 个悬浮组分（Qin et al.，2005；Sun et al.，2002）。殷志强等（2009）研究了各种水成和风成的典型环境下沉积物的粒度特征，将沉积物粒度的组分划分成 6 个，它们的中值粒径范围分别是：组分 1 为小于 $2\mu m$；组分 2 为 $2\sim10\mu m$；组分 3 为 $10\sim65\mu m$；组分 4 为 $65\sim150\mu m$；组分 5 为 $150\sim700\mu m$；组分 6 为大于 $700\mu m$。其中水成和风成沉积物中都有组分 1 和组分 2，组分 3 是大气的粗悬浮组分，组分 4 是水的粗悬浮组分，组分 5 是跳跃组分，水成的略比风成的粗，但两者的粒径范围高度重叠，组分 6 是滚动组分，同样，水成的略比风成的粗。

从沉积物粒度组分分布特征看，每一组分均属于对数正态分布类型。因此可以采用正态分布函数对样品各组分进行数学分离。每个组分由中值粒径、百分含量和标准差 3 个参数来刻画，中值粒径和标准差定义了该组分的分布函数，即各粒径的相对含量，百分含量则刻画了该组分在全部组分中的贡献。将几个组分的含量分布函数按百分含量加权求和，就得到粒度分布的拟合函数：

$$F\big[\lg(x)\big]=\sum_{i=1}^{n}\frac{c_i}{\sqrt{2\pi}\sigma_i}\exp\left[-\frac{(\lg x-\lg d_{mi})^2}{2\sigma_i^2}\right] \tag{1}$$

式中：n 为组分数；x 为粒径，μm；$\lg x$ 为取粒径的对数；d_{mi} 和 σ_i 分别为样品第 i 组分的平均粒径和标准差；c_i 为第 i 组分百分含量。

拟合函数与实测粒度分布函数的差值则是拟合误差。黄土粒度组分分离就是通过迭代计算找到使拟合误差值达到最小的组分参数组合。

（四）风力强度和粉尘搬运距离指数

黄土粒度作为一个经典的古气候代用指标，过去一直被用作指示冬季风强弱变化的替代性指标（An et al.，1990），近年来有人陆续发现黄土粉尘源区的进退收缩变化也直接影响黄土粒度的变化（Ding et al.，2005），而粉尘源区的进退变化与植被生长状况有关，植被则又受降雨直接控制，由于降雨是夏季风的直接表现，因此有人认为黄土粒度反映了粉尘源区的进退，也是夏季风的指标（Yang et al.，2008）。这显然完全相反的两种观点给粒度指标的解释带来了很大的困惑。

实际上人们早就知道黄土粒度的变化与风力强度和粉尘源区距离肯定都有关系，也尝试构建不同的粒度指标来反映古气候，如比值（小于 $2\mu m$ 颗粒

含量或大于 $10\mu m$ 颗粒含量）、大于 $64\mu m$ 含量（Ding et al.，2002）、石英颗粒中值粒径（Xiao et al.，1995）等。然而这些指标均缺乏明确的物理意义。

黄土作为大气悬浮粉尘沉积物，其粒度分布中通常都包含了 1、2、3 三个组分，即细、中、粗组分（Qin et al.，2005；Sun et al.，2004），其动力学成因分析表明粗粒组分是粉尘在源区被上升气流带到高空，再被水平气流带到上升气流消失的地区后，重力沉降速度远大于大气湍流支撑能力的粗颗粒粉尘部分，细粒组分是布朗运动影响和主导的细颗粒粉尘部分，而中粒组分是大气湍流影响和控制的颗粒部分（Qin et al.，2005；秦小光 等，2009）。

粗颗粒粉尘在水平风力带动下运移，并在重力影响下沿途沉降，由于沉降速度的差异，不同粒径粉尘的百分含量沿途不断改变，因此各组分的含量变化包含了粉尘搬运距离和风力强度的信息，粉尘搬运距离实际上也可以视为粉尘源区的距离。

秦小光等（2009）研究了黄土粉尘搬运过程的动力学机制后，首次根据粉尘的重力沉降物理过程，推导了粉尘搬运距离计算公式：

$$L = 0.3679/P_m \tag{2}$$

式中：L 为粉尘搬运距离，m；P_m 为重力沉降主导组分的粒度分布曲线上含量最高点对应的粉尘沉降通量。

定义风力强度为单位面积上方含粉尘的空气柱（对地面粉尘沉降有贡献部分）在单位时间内的通过量。它表示了含粉尘大气的水平通量，单位是 m^3/s。其计算公式如下：

$$M = ALd_m^2 \tag{3}$$

式中：M 为风力强度，m^3/s；L 为粉尘搬运距离，m；d_m 为粒度分布曲线上含量最高点对应的粒径，μm；A 为计算系数，由下式得到

$$A = \frac{g}{18\mu}\left[\frac{\rho_d}{\rho} - 1\right] \tag{4}$$

式中：ρ 为空气密度，$\rho = 1.205 kg/m^3$；g 为重力加速度，$g = 9.8 m/s^2$；ρ_d 为颗粒密度，$\rho_d = 2650 kg/m^3$；μ 为空气黏滞系数，$\mu = 0.000015 m^2/s$（Liu，1985；宣捷，2000）。

上述理论模型中风力强度是用含粉尘大气水平通量来表示的，这包含了携粉尘气流的厚度信息，这比单纯用风速来表示风力要更为合理。

由于黄土粒度分布中通常都存在粗、中、细 3 个悬浮组分（图 3），只有重力主导其沉降的粗颗粒组分才适合上述理论模型，因此只能利用粗粒组分的参数来计算风力强度和粉尘搬运距离。

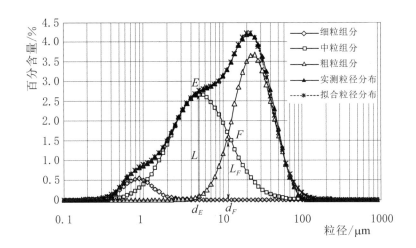

图 3 黄土粉尘实测粒度分布和三组分拟合分布关系

F—粗粒组分重力沉降量和中粒组分湍流沉降量相等的点；d_E—中粒组分的中值粒径；

d_F—F 点的粒径；L_F—F 点上中粒组分和粗粒组分的含量（高）

如果定义第 i 个组分的沉降通量为 $D_{(i)}$，沉降速率为 $P_{(i)}$，W 为粉尘浓度，则 3 个组分中第 i 个组分的含量 c_i 可表达为

$$c_i = \frac{D_{(i)}}{D_{(1)} + D_{(2)} + D_{(3)}} = \frac{D_{(i)}}{D_{(1)} + D_{(2)} + D_{(3)}} \frac{1/W}{1/W} = \frac{P_{(i)}}{P_{(1)} + P_{(2)} + P_{(3)}} \quad (5)$$

因此 c_i 实际也可视为第 i 组分的归一化沉降速率，表示该组分在整个沉降量或总沉降速率中的相对贡献。另外，由于细粒组分的含量较少，变化范围很窄，可以视为一个相对稳定的标准值，这样不同样品粗粒组分的相对含量 c_3 就是一个背景标准下的相对值，可以相互比较，就可以利用 c_3 结合粗粒组分对数正态分布峰值点的含量，计算式（6）中的 P_m 值：

$$P_m = c_3 \frac{1}{\sqrt{2\pi}\sigma_3} = 0.3989 \frac{c_3}{\sigma_3} \quad (6)$$

这样就可以根据式（2）估算出粉尘搬运距离 L，然后再根据式（3），利用 L 和粗粒组分的中值粒径 d_m 估算风力强度 M。

对一个黄土剖面而言，通常其粉尘来源方向总体上是基本稳定的，源区的变化主要表现为扩张与收缩、前进与后退，因此粉尘搬运距离实际反映了粉尘源区的进退、收缩变化，而粉尘源区的这种变化受控于植被的生长，源区如果植被长势变好，就会蜕变成草原，不再起尘，粉尘将来自距离更远、未被植被覆盖的地方。而干旱区影响植被生长的关键因素是降水量，因此粉尘搬运距离反映了粉尘源区的植被状况，或者说源区降水量变化，这样粉尘

搬运距离实际也是粉尘源区距离，可以认为二者相同，在本专题中两个说法是等同的。当然粉尘源区通常是一个面积广大的范围，因此粉尘搬运距离只是对其主要粉尘来源平均中心的一个粗略估计。

显然从式（2）估算得到的粉尘搬运距离只具有相对意义，在一个黄土剖面的纵向上（时间或深度）可以比较粉尘源区距离的相对变化，如果有某时段已知其粉尘确切源区距离，也可以将整个剖面的源区距离按比例校正换算成绝对距离值。

但对于不同的黄土剖面，尤其是缺少已知源区距离的样品时，粉尘搬运距离 L 应该视为一个半定量或定性的替代性指标。这在比较不同剖面的源区距离曲线时尤须注意。

风力强度同样如此，应该视为一个半定量或定性的替代性指标，只宜在纵向上比较，不宜比较不同剖面风力强度的绝对值，除非都已进行了绝对值校正。由于根据粒度特征估算的风力强度是指携粉尘颗粒的空气流通量，而沙尘通常出现在春秋季节，与冬季风有密切联系，在青藏高原东北边缘地区与亚洲冬季风、高原冬季风有关，因此可以视为冬季风的指示标志。

虽然粉尘源区距离、风力强度都只是定性或半定量指标，但作为古风场的重要指示参数，实际解决了粒度的多解性问题，对于了解古大气环境特征、揭示古大气环流空间格局有着重要意义。

（五）大气湍流强度指数、春季近地面气温指数和有效湿度指数

中粒组分的沉降速率受大气湍流所主导，因此可以通过估算中粒组分的沉降速率作为大气湍流强度的替代性指标。然而由于很多大气参数不可能获得，因此无法直接根据中粒组分参数计算粉尘的大气湍流沉降速率。但分析图 3，粗粒组分和中粒组分分布函数的相交点处，两组分的沉降量相等，即

$$\frac{c_2}{\sqrt{2\pi}\sigma_2}\exp\left[-\frac{(f_F-f_{m2})^2}{2\sigma_2^2}\right]=\frac{c_3}{\sqrt{2\pi}\sigma_3}\exp\left[-\frac{(f_F-f_{m3})^2}{2\sigma_3^2}\right] \tag{7}$$

这里 $f_F=\ln d_F$，$f_{m2}=\ln d_{m2}$，$f_{m3}=\ln d_{m3}$。于是可得到 f_F 的计算公式：

$$f_F=\frac{-b+\sqrt{b^2-4ac}}{2a} \tag{8}$$

其中 $a=(\sigma_3-\sigma_2)(\sigma_3+\sigma_2)$，$b=(f_{m3}\sigma_2-f_{m2}\sigma_3)(\sigma_3+\sigma_2)-(f_{m2}\sigma_3+f_{m3}\sigma_2)(\sigma_3-\sigma_2)$，$c=-(f_{m3}\sigma_2-f_{m2}\sigma_3)(f_{m2}\sigma_3+f_{m3}\sigma_2)-2\sigma_2^2\sigma_3^2\ln\frac{c_2\sigma_3}{c_3\sigma_2}$。

这样 F 点的湍流沉降速率 V_{Ft} 就可以用这点的重力沉降速率 V_{Fg} 来计算，

后者可根据 Stokes 定律计算。而中粒组分分布函数的最高点 E 处的粉尘湍流沉降速率应该与 F 点的湍流沉降速率成比例关系 L_E/L_F，最后得到大气湍流沉降速率的估算公式：

$$V_t = V_{Ft} \frac{L_E}{L_F} = V_{Ft} \exp \left[\frac{(f_F - f_{m2})^2}{2\sigma_2^2} \right] \tag{9}$$

用大气湍流沉降速率的半定量估算值作为大气湍流强度的替代性指标。

细粒组分是粒径小于 $2\mu m$ 的细颗粒粉尘，显然就是现在所谓的 $PM_{2.5}$ 细颗粒悬浮物质，动力学分析表明由于在紧邻地面的空气薄层内湍流消失，这时这些微细粒粉尘的运动主要与布朗运动有关（宣捷，2000），而分子布朗运动主要受控于温度（章澄昌 等，1995）。现代 $PM_{2.5}$ 观测数据也证实 $PM_{2.5}$ 的浓度变化除与排放源有关外，在日-旬时间尺度上与气温波动最为一致。因此细粒组分包含了近地面气温变化的信息。

根据章澄昌等（1995），受布朗运动控制的粉尘沉降颗粒数 $N(t)$ 可表示为

$$N(t) = 2n_0 \sqrt{\frac{Dt}{\pi}} \tag{10}$$

式中：D 为布朗扩散系数，m^2/s；n_0 为空气中粉尘的初始数含量，假定它对所有样品是一个常数；$N(t)$ 为时间 t 内的细颗粒粉尘沉降通量。D 与 T 的关系为

$$D = \frac{kT}{3\pi\mu d} \tag{11}$$

式中：D 为布朗扩散系数，m^2/s；k 为玻尔兹曼常数，$1.38 \times 10^{-23} J/K$；T 为温度，℃；d 为粉尘颗粒直径，μm。

如果将所有粉尘的密度视为常数，则 $N(t)/n_0$ 等同于粉尘沉降速率，可以用细粒组分的归一化相对含量 c_1 来替代。结合式（10）和式（11），温度与细粒组分参数存在下列关系：

$$T \propto c_1^2 d_{m1} \tag{12}$$

这样就可以利用细粒组分的含量和中值粒径得到近地面气温 T 的一个定性或半定量估算。

由于沙尘暴通常发生在春、秋两季，尤以春季为主，因此将 T 称为春季近

地面气温指数（the normalized index of near‐surface temperature，INST）。

对于这个气温替代性指标，必须注意以下几点：①这个温度指标的变化与年均温变化并不一定完全相同；②由于采用了细粒组分的相对含量替代沉降通量，因此得到的气温序列可能缺乏长周期的趋势性波动，而以高频波动为主；③对于黄土沉积来说，由于细粒组分在整个粒径分布中所占比例很小，样品粒度测量过程中不合适的预处理，如果造成细颗粒出现损失，虽然样品总体的中值粒径可能受影响不大，但会造成细粒组分较大的测量误差，从而影响 INST 指数计算。如常规样品预处理中，加酸静置 24h 后倒去上清液的去除碳酸盐过程就可能造成细粒粉尘的丢失，使得在后续的粒度组分分离计算中出现截尾现象，造成极大的拟合误差。

黄土磁化率受表土成壤过程的影响和控制（Liu，1985），成壤过程则受温度、降水量的共同影响，已有研究表明黄土磁化率与温度、降水量确实都存在直接的正相关关系（Han et al.，1996）。然而气温和降水量并不是两个完全独立的气候因子，气温升高会加重干旱，同时加大的蒸发必然会在一些地方带来更多的降雨，另外，降雨过程一定会带来降温效应。因此黄土磁化率（MS）应该与温度（T）和降水量（P）的乘积成正比，即 $MS \propto TP$ 这样磁化率和温度的比值就在一定程度上指示了降水量的变化，即

$$P \propto MS/T \tag{13}$$

考虑到土壤成壤强度应该与土壤有效湿度关系更密切，而也只能获得春季近地面气温的半定量信息，因此通过公式（13）获得的 P 值实际应该是春季土壤有效湿度指数，它可以用来指示当地土壤有效湿度的相对变化，是一个半定量的定性指标。

三、剖面的磁化率和粒度特征

从图 4 中襄城黄土剖面的粒度磁化率深度曲线上，可以看到中值粒径代表的粒度曲线在大约 40cm 以下为一舒缓的弧形，颗粒较细，在灰黑色古土壤层的顶部与粒径突然变粗基本对应，但灰黑色古土壤层的底部粒径没有明显变化。显然一个粒度指标很难反映出这里气候变化的细节信息。

低频磁化率曲线从下向上为逐渐升高的趋势，与黄土古土壤层的地层变化基本没有对应关系，但在地层过渡处都出现了台阶变化，说明磁化率的变化确实伴随着气候环境的变化。低频磁化率与粒度近于相似的波动与在黄土高原二者相反的变化相左，反映出半湿润地区黄土指标极大的特殊性。

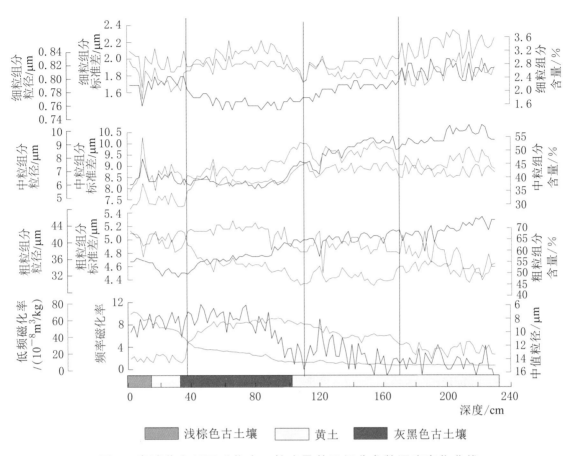

图 4 襄城黄土剖面磁化率、粒度及其三组分参数深度变化曲线

　　频率磁化率则显示了明显的不同，从灰黑色古土壤层底界 100cm 左右开始频率磁化率开始升高，到灰黑色古土壤层顶界的约 35cm 处开始缓慢下降，虽然没有反映出顶部浅棕色古土壤与黄土之间的变化，但反映出了灰黑色古土壤层开始发育以后风化成壤作用的加强过程。其次频率磁化率还显示灰黑色古土壤层下方 110~140cm 段出现了一个低峰，反映这个时期出现了较强的风化成壤，而在约 35cm、约 110cm 和约 160cm 几个深度的低谷，则反映了环境过渡阶段风化成壤作用的明显减弱。

　　分析认为由于剖面位于半湿润地区，年降水量高，剖面上淋滤作用很强，在古土壤层下方的剖面底部发育了大量白色碳酸盐淋滤胶膜和小结核颗粒，显然磁化率与降水量（或气温）的关系已超出了磁化率与降水量（或气温）之间的线性关系范围，因此低频磁化率已不能直接指示成壤强度和夏季风强度的变化，相比之下，频率磁化率能够较好指示成壤强度或夏季风强度的变化。

考察 3 个粒度组分的中值粒径、含量和标准差指标的变化，可以看到在地层变化的位置基本都存在对应的变化，图中几条竖线大致划分了这几个阶段的变化。为了考察这些变化在全新世的分布，我们考察它们的时间序列曲线（图 5）。

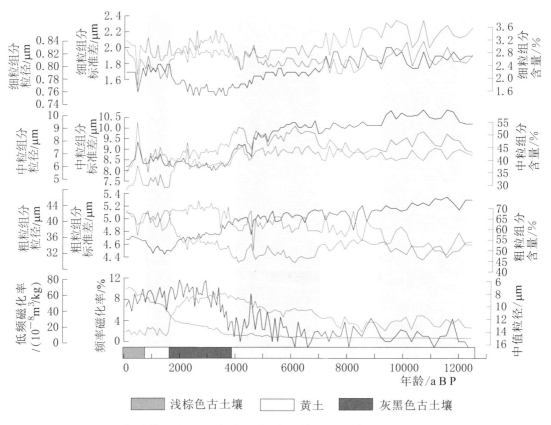

图 5　襄城黄土剖面磁化率、粒度及其三组分参数时间序列曲线

可以发现灰黑色古土壤层发育于约 1.7ka B P 至约 3.9ka B P，顶部的浅棕色古土壤形成更晚，只有 700～800 年，它们的顶底界线都伴随着明显的指标变化。而 7ka B P 和约 9.1ka B P 是另外两个环境变化结点，结点之间存在相对一致的指标特征。显然对这些时期和气候结点的解释依靠这些指标远远不够，需要考察从中提取的风场、温湿度等信号。

四、襄城黄土记录的全新世气候环境变化

襄城冬春地面盛行风向是北西向，粉尘应该来自其西北方向的干旱地区，黄河滩涂和伏牛山区可能会有一定的粉尘贡献，粉尘搬运距离（即源

区距离）主要指示了粉尘源区的植被覆盖状况或有效湿度的变化，因此可以视为粉尘源区的环境变化指标或夏季风强度变化指标。频率磁化率作为成壤强度的指标，虽然不能具体给出温度和降雨量的变化信息，但一定程度上指示了粉尘沉降点的夏季风强度变化，因此可视为襄城剖面所在地区的夏季风强度变化指标。有效湿度指数则指示了剖面所在襄城地区的湿度变化，可视作降雨量变化指标；春季近地面气温指数（INST）指示了襄城地区的春季气温变化，因此有效湿度指数和 INST 指数是粉尘沉降区两个具体气候参数的指标。风力强度指示了襄城冬春季携带粉尘的北西向近地面风的风力变化，因此是冬季风强度变化指标。湍流强度指示了襄城地区由风切变和空气热力梯度共同控制的大气湍流强度波动，是粉尘沉降区大气稳定性的指示。

这样就可以将几种指标分类作图见图 6。图 6（a）是低频磁化率和粒度两个初级指标，是过去常用的基本参数，只能给出粗略的气候演化趋势，未能给出更细节的气候参数信息。

（一）粉尘沉降区（襄城地区）全新世风化成壤强度变化

图 6（b）频率磁化率曲线反映了淮河流域全新世时期风化成壤强度的变化，其特点是大约 6ka B P 以前风化成壤作用一直较弱，波动幅度较小，在 6～7ka B P 的弱成壤期后，约 4.5ka B P 至约 5.8ka B P 期间出现了一个较高峰期，对应于全新世适宜期阶段，显然这里并非全新世时期的最好阶段，经过约 4ka B P 前后的一次成壤作用衰弱期后，这里才进入了成壤作用最强的时期，2ka B P 前到达极盛后才微弱减小，并持续到现在。

考察有效湿度和春季近地面气温两个指数的变化［图 6（d）］，约 6ka B P 以前有效湿度的波动类似于频率磁化率，气候一直偏于干旱，但约 9.5ka B P 至约 11.7ka B P 期间气温明显升高，其中 11.1ka B P 左右的低谷可能与新仙女木事件（YD）事件有关。6ka B P 至 7ka B P 和 4ka B P 前后的两次干冷期之间是约 4.5ka B P 至约 5.8ka B P 的适宜期，以冷湿为特点，后期升温。约 1.8ka B P 至约 3.8ka B P 是一次暖湿期，气温迅速大幅升高，在 3ka B P 前达到峰值后，逐步缓慢降低，而湿度则从 4ka B P 开始一直持续增加，这个时期形成了灰黑色古土壤层。1.8ka B P 至 1ka B P 又是一次降温期，但这时湿度达到顶峰，显示出冷湿特点，对应了顶部的黄土层沉积。1ka B P 以后为暖湿，气温回升，湿度保持高位状态，晚期有暖干化趋势。

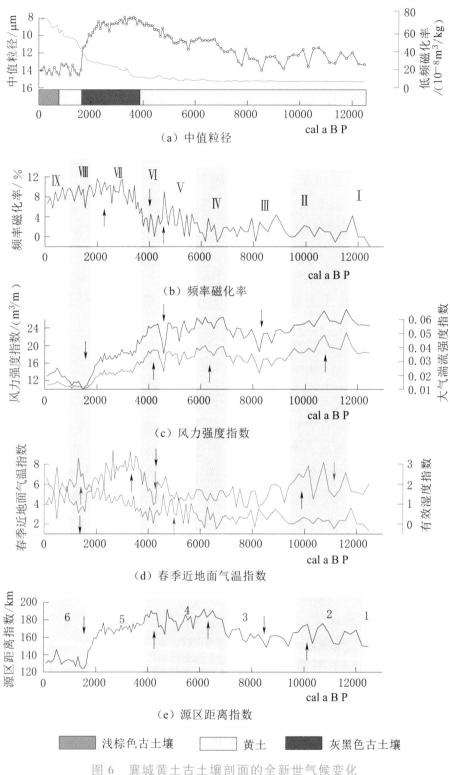

（a）中值粒径

（b）频率磁化率

（c）风力强度指数

（d）春季近地面气温指数

（e）源区距离指数

浅棕色古土壤　　　黄土　　　灰黑色古土壤

图6　襄城黄土古土壤剖面的全新世气候变化

1～6—源区距离的阶段编号；Ⅰ～Ⅸ—频率磁化率的阶段编号

（二）粉尘沉降区全新世冬季风变化

风力强度指数是冬季风强度的直接指示，而大气湍流强度反映了大气的稳定程度。考察其变化［图6（c）］，可以发现其总体趋势是自全新世早期开始冬季风强度一直在波动中下降，尤其是从大约4ka B P开始，冬季风强度迅速下降，1.5ka B P前后到达低谷，1ka B P以后在低位上冬季风有所加强。而在4ka B P以前冬季风还有几次高位上的起伏波动，与INST和湿度的波动存在对应关系。

（三）粉尘沉降区襄城全新世气候事件与分期

根据以上温湿度和风力指数的变化，可以将淮河半湿润区的全新世气候划分成9个阶段，每个阶段的温湿度、风力强度都并非简单的同步或此消彼长关系，而是各具特点，归纳如下：

（1）阶段Ⅰ。大约11.6ka B P以前，偏冷湿，冬季风强，夏季风弱。

（2）阶段Ⅱ。约9.4ka B P至约11.6ka B P，为升温期，总体偏暖干，气温升高并剧烈波动，冬季风加强，夏季风减弱，成壤作用很弱。

（3）阶段Ⅲ：约7ka B P至约9.4ka B P，为降温期，总体偏冷，湿度微增，气温波动中大幅减弱，冬季风减弱出现低谷，夏季风略增，成壤作用略有增加。

（4）阶段Ⅳ：约5.8ka B P至约7ka B P，为干旱期，总体偏干，湿度大幅波动中偏干，气温波动幅度小，保持前期高值，以冬季风加强出现峰值为特点。

（5）阶段Ⅴ。约4.4ka B P至约5.8ka B P，为湿润期，湿度明显增加，气温波动幅度小，早期略有降低，晚期伴随冬季风减弱出现急剧短期升温。冬季风在高位水平上出现剧烈波动，总体比前期略有减弱。显然这个半湿润区的全新世适宜期没有表现出明显升温。

（6）阶段Ⅵ：约3.8ka B P至约4.4ka B P，为干冷期，湿度、气温明显大幅降低。冬季风早期强烈加强，晚期开始逐渐下降，并到达一个平台值。这个时期以冬季风加强、干旱降温为特点。

（7）阶段Ⅶ：约1.9ka B P至约3.8ka B P，为暖湿期，湿度持续增加，气温急剧大幅增加。冬季风从前阶段晚期下降达到的低值开始缓慢继续减弱。这个时期以冬季风减弱但仍然较强、降雨持续增加、气温大幅升高为特点，形成了灰黑色古土壤层，是淮河流域全新世气候的适宜期。

（8）阶段Ⅷ：1ka B P 至约1.9ka B P，为冷湿期，湿度持续增加到达高峰值，气温却急剧大幅降低。冬季风急剧减弱到达谷底。这个时期以冬季风减弱、降雨增强、气温大幅降低为特点，由于风化成壤作用降低，形成了顶部黄土层。

（9）阶段Ⅸ：0～1ka B P，总体为暖干期，湿度波动中开始下降，气温则波动中持续升高，0.5ka B P 左右有一次气候反转，气候短暂冷湿，以后气候暖干加强。这时以冬季风小幅增强、降雨逐步减少、气温升高为特点，由于气温升高，风化成壤作用加强，形成了顶部浅棕色古土壤层。

（四）襄城黄土粉尘源区环境变化

粉尘搬运距离等同于粉尘源区距离，指示了粉尘源区的进退和收扩。图6（e）显示了襄城剖面粉尘源区的进退变化，粉尘源区整个全新世的环境变化可以划分成6个阶段。

（1）阶段1。12.1ka B P 以前。粉尘源区较近，反映干旱区气候较干旱。

（2）阶段2。9.6～12.1ka B P，总体趋势为粉尘源区收缩，反映干旱区气候好转，降雨增加，植被生长状况较好。这时期气候存在高频大幅波动，11.2ka B P 左右的源区扩展可能与新仙女木事件有关。与襄城剖面所在粉尘沉降点的阶段Ⅱ大致对应。

（3）阶段3。约7～9.6ka B P，其特点是粉尘源区扩张，反映干旱区气候恶化，降雨减少，植被退化。与粉尘沉降点的阶段Ⅲ大致对应，可能反映出了一次范围较大的降温事件，而这并未伴随冬季风的加强。

（4）阶段4。约3.8～7ka B P，这时期粉尘源区大幅收缩，干旱区气候好转，降雨大幅增加，植被扩张，与粉尘沉降点的阶段Ⅳ～阶段Ⅵ大致对应，其中沉降区的阶段Ⅴ总体上从干旱的源区到半湿润区的广大区域降雨都在增加，但温度在半湿润区反而偏低，仅晚期4.5～4.9ka B P 期间出现了一次短暂升温事件。这时的气候存在高频大幅波动，出现了3次持续数百年的气候恶化事件（约4.6ka B P、约5.2ka B P 和约5.8ka B P），对应在沉降区却是冬季风减弱，温湿度增加，当然即使是这些恶化事件，其环境也好过阶段3。而在粉尘沉降区干冷、冬季风强的阶段Ⅳ、阶段Ⅵ，源区反而退缩最远、环境最好。可见这个粉尘源区的全新世适宜期在襄城这个南北方过渡的半湿润区却并非环境最好的时期，两地气候隐有相反的波动趋势。

（5）阶段5。约1.7～3.8ka B P，粉尘源区从上个阶段快速小幅扩张后，在这个时期一直缓慢持续地扩张，反映源区降雨和植被在一个较高的水平上缓慢减少和退化。而这个时期却是粉尘沉降区气候环境最暖湿的阶段Ⅶ。

（6）阶段6。约1.7ka B P以后，在1.8ka B P前后粉尘源区降雨大幅减少、植被迅速退化，源区急剧大幅扩张，并到达极值，然后又小幅改善，在一个极端恶劣环境下小幅波动。对应于沉降区的阶段Ⅷ和阶段Ⅸ，显然剖面上的黄土和浅棕色古土壤地层在源区没有表现出差异，说明这只是沉降区环境变化的结果。

五、讨论与分析

（一）淮河半湿润区与北方干旱区具有不同的全新世气候环境特征

从上分析可以发现粉尘源区与襄城剖面所在粉尘沉降区的气候环境变化相差很大，其最主要特点是从大约4～7ka B P是源区距离最大的时段，干旱的粉尘源区这个时段是环境最好的适宜期，降雨增加改善植被生长状况，促使粉尘源区后退收缩。而这个源区的适宜期早于灰黑色古土壤代表的襄城适宜期，这反映出干旱半干旱区全新世的气候变化与半湿润区存在很大的不同，气候波动并不同步。

1. 风力强度与粉尘源区距离关系

从图7（a）可见，风力强度与粉尘源区距离明显呈正相关关系，反映出风力越强，就能从越远的地方搬运来粉尘。

2. 有效湿度与粉尘源区距离关系

如果认为有效湿度反映了粉尘沉降区的降雨量或有效湿度，粉尘源区距离反映了粉尘源区的降雨量或有效湿度，则可以分析粉尘沉降区和源区有效湿度是何关系。

图7（b）表明，有效湿度与粉尘源区距离关系为负相关，虽然相关系数较低，但仍反映出半湿润区和其粉尘源区的降雨量或有效湿度总体呈相反波动的负相关关系。

3. 有效湿度与风力强度的关系

如果认为有效湿度反映了粉尘沉降区的降雨量或夏季风强度，风力强度反映了粉尘源区的冬季风强度，则可以考察粉尘沉降区冬夏季风之间的关系。

图7（c）表明，有效湿度与风力强度之间为明显负相关关系，这反映出在地处半湿润区的粉尘源区，冬夏季风之间呈此消彼长的负相关关系。

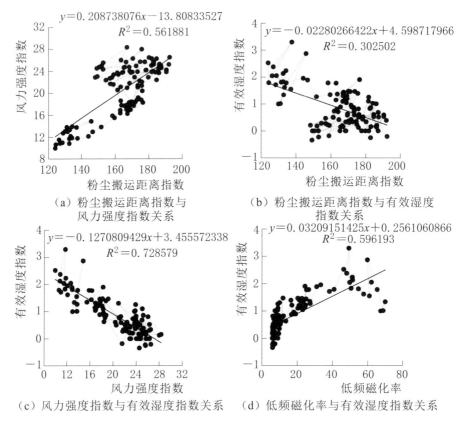

图 7　几种古气候指标之间的关系

4. 有效湿度与低频磁化率的关系

由于有效湿度和低频磁化率具有大致相似的波动趋势，因此需要研究它们之间是何关系。

图 7（d）表明，有效湿度与低频磁化率之间呈正相关关系，这可能反映了夏季风对风化成壤的贡献。

（二）襄城黄土古气候记录与南方石笋氧同位素记录的波动相似

为了验证获得的淮河半湿润区全新世气候变化结果、分析探讨其原因机制，按照距其最近、气候环境最相似、记录连续完整的原则，收集到了广西董哥洞和湖北和尚洞的石笋氧同位素记录进行对比。这两个洞的位置都比襄城偏南，气候更为湿热，是南方能够获得的最好古气候连续记录，其中湖北和尚洞距襄城更近。图 8 是襄城黄土剖面风力强度、有效湿度和石笋氧同位素的对比，从中可以发现它们总体的变化趋势很相似，尤其是和尚洞的氧同

位素 δ¹⁸O 曲线，其表现出的几处波动（箭头所指）在襄城的有效湿度曲线上都有类似变化。

广西董哥洞石笋稳定氧同位素 δ¹⁸O 提供了过去 9000 年来亚洲夏季风的连续变化历史，被认为值越低亚洲夏季风越强，原因是主要受太阳辐射的影响（Wang et al.，2005）。和尚洞位于长江中游三峡的清江，在董哥洞以北 600km，两地石笋稳定氧同位素 δ¹⁸O 的差值则被认为直接受降雨量控制（Hu et al.，2008）。最近的研究认为环流效应造成的不同来源水汽比例的变化是造成石笋氧同位素 δ¹⁸O 变化的主要原因（Tan，2014）。

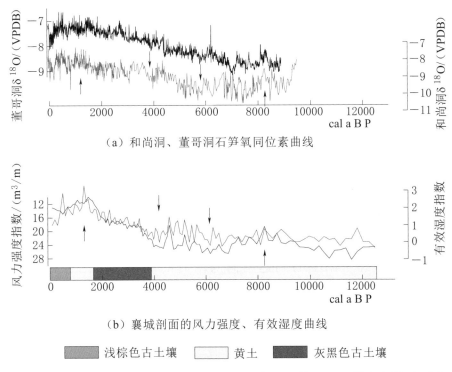

（a）和尚洞、董哥洞石笋氧同位素曲线

（b）襄城剖面的风力强度、有效湿度曲线

浅棕色古土壤　　黄土　　灰黑色古土壤

图 8　襄城剖面风力强度、有效湿度与和尚洞、董哥洞石笋氧同位素对比

要解释襄城黄土记录与石笋记录的相似性，就需要先考察影响中国东部江淮地区的主要降雨过程。

江淮地区处在欧亚大陆东部的中纬度，一方面受到从寒带南下的冷空气影响，另一方面又受到从热带海洋北上的暖湿空气影响。每年从春季开始，暖湿空气势力逐渐加强，从海上进入大陆，由于从海洋上源源而来的暖湿空气含有大量水汽，与从北方南下的冷空气相遇，交界处的锋面附近产生降水，形成了一条长条形的雨带。雨带先至华南地区，随后进一步增强北移，初夏（6—7 月）雨带北移到长江中下游的江淮地区，由于冷暖空气旗鼓相当，这两股不同的势力在这个地区的对峙形成了一条稳定的降雨带，长时间绵绵的阴雨天气，因正值梅子成熟，所以称为"梅雨"。梅雨是江淮地区极为重要的降雨过程，时间从每年6月中旬到7月上中旬，范围覆盖宜昌以东北纬28°~34°范围内的江淮流域，直到日本南部狭长区域。

如果冷空气势力比较强，云雨区将随着冷空气向南移动；如果暖空气比较强，云雨区则会随着暖空气向北移动。

印度季风低压和西太平洋副热带高压是影响水汽向长江流域输送的重要系统，其位置、强度决定了水汽输送的路径。印度季风低压偏弱，则孟加拉湾附近东北向的水汽输送减弱，而偏东的输送加强，避开了青藏高原的阻挡作用，经中南半岛向中国大陆输送水汽。西太平洋副热带高压西伸，也为南海地区的北向水汽输送创造了条件（张瑜 等，2011）。

陶杰等（1994）分析了江淮梅雨暴雨的水汽源地及其输送通道，认为江淮梅雨暴雨水汽主要来自孟加拉湾和南海及其以东地区。

徐敏等（2005）研究了2003年梅雨期的整层涡动水汽输送，发现经向水汽输送非常稳定，纬向水汽输送具有较大幅度变化，他们指出在经向水汽净输入相当的情况下，纬向水汽净输出的减弱有利于增强强降水过程的强度。

江虹（2007）也分析了2003年淮河流域发生的持续性暴雨期间的水汽输送，发现暴雨区的异常水汽并不是来自通常输送量最大的水汽输送通道2（来自印度洋孟加拉湾的西南气流经中南半岛到我国东部地区）和水汽通道3（来自孟加拉湾的水汽经中南半岛到达南海与南海的偏南气流汇合再向北输送），而主要来自位置异常西移的水汽输送通道4（来自副热带高压南侧的偏东气流沿着副热带高压边缘转向向东输送到我国东部雨区）。暴雨区内有大量的异常纬向水汽通量距平，但并没有对异常降水辐合产生贡献，而相对小量的经向水汽通量距平在暴雨区产生强烈的辐合，为持续性暴雨提供绝大部分水源。他们发现输送至暴雨区的大量经向异常水汽通量距平主要来源于暴雨区南侧紧邻的中国南部沿海地区，而不是主要的水汽源区——南海。他们提出造成大气中水汽输送及辐合异常状况的最主要原因是西北太平洋副热带高压的异常西伸，强度偏强，且长期稳定少动。

毛文书等（2009）研究了江淮地区丰枯梅期的水汽来源，他们利用水汽通量距平发现丰梅年西太平洋副热带高压南侧的偏南气流水汽输送比枯梅年明显增强，其大于$55kg/(m \cdot s)$的强水汽输送带一支经南海北部继续北上与来自日本列岛北部洋面经贝加尔湖东南部由河套以东南下的北支气流在我国的江淮流域汇合，为丰梅年江淮梅雨提供了充沛的水汽来源，有利于江淮梅雨的异常偏多。他们又利用水汽通量散度进一步明确水汽对降雨的贡献,若水汽通量散度小于 0,表示水汽输送进来大于输出,水汽通量是辐合的,水汽因输送进来而增加。他们发现丰梅年江淮梅雨的水汽来源主要源自南海和西太平洋的水汽辐合加强。

朱玮等(2007)利用 NCEP/NCAR 1957—2001 年 45 年逐日再分析资料,分析了我国江淮地区水汽输送场的季节变化特征,以及我国江淮梅雨期旱、涝年平均场水汽输送与扰动场水汽输送的差异。他们发现扰动场水汽输送与平均场水汽输送差别较大,源自孟加拉湾的平均水汽输送对我国东部地区的降水影响较大,但该地区的扰动水汽输送却主要影响印度北部地区。而影响我国江淮地区的扰动场水汽输送主要来自南海地区。源自西太平洋和我国北方的偏强的水汽输送是造成江淮梅雨期降水偏多的主要因子。

可见,不同学者的认识基本一致。张瑜等(2011)因此提出夏季风偏弱,导致印度季风低压偏弱,同时西伸增强的西太平洋副热带高压脊线偏南,就建立了江淮流域水汽输送的有利条件。她所指的夏季风实际应该是指西南季风(或称印度季风)。

虽然襄城地区已位于梅雨影响带的边缘,但仍属于其影响区,并且因地处边缘反而对梅雨的变化更为敏感。另外,襄城地区降水虽以夏季 7 月、8 月最多[图 1(b)],但有效湿度指数是利用春季近地面气温指数估算的,因此应该更多地蕴含春季至初夏的降雨信息。这些因素决定了影响江淮地区的梅雨机制可能与襄城地区全新世的环境变化关系更为密切。

根据以上现代气象学的研究,结合地质学的证据,可以总结归纳出全新世江淮地区的气候演化概念模型如下:

(1)石笋氧同位素记录了全新世以来西太平洋副热带高压影响的逐步加强和梅雨的不断增加。石笋氧同位素全新世逐步变重的趋势指示的亚洲夏季风减弱的整体趋势(Wang et al.,2005),实际记录了环流格局的变化,具体表现为西南季风携带水汽减少、而东南季风和西太平洋季风携带水汽比例增加(Tan,2014),这正是夏季风偏弱,印度季风低压偏弱,而西太平洋副热带高压西伸增强的过程(张瑜 等,2011),这就为江淮地区梅雨带降雨的增加提供了条件。

(2)冬季风的减弱是襄城降雨增加的重要原因。襄城剖面记录全新世以来冬季风的风力强度一直在逐步减弱,这正是造成梅雨带北移、襄城有效湿度持续增加的主要原因。

因此,襄城黄土记录的环境变化很好地与石笋氧同位素记录指示的气候变化相耦合，同时指示了淮河半湿润区与南北方的气候环境变化存在着不同的气候环境变化趋势。

六、结论

总结以上分析，可以归纳出以下主要结论：

（1）淮河半湿润区与北方干旱区的湿度变化总体有互为消长的反向波动趋势。约 4ka B P 至 7ka B P 是北方粉尘源区的全新世适宜期，而在襄城环境只有小幅改善。襄城的适宜期要晚于北方干旱区，在约 1.7ka B P 至 3.8ka B P 期间。

（2）襄城地区全新世时期冬季风强度一直在持续减弱，而有效湿度一直在持续增加。约 2ka B P 以来形成的黄土层是因粉尘源区扩展所致，并非因冬季风加强。

（3）襄城地区全新世时期最明显的两次升温期分别是早全新世的约 9.4ka B P 至约 11.6ka B P 和中晚全新世的约 1.9ka B P 至约 3.8ka B P，而中间从 9.4ka B P 至 3.8ka B P 气温反而较低。

（4）淮河流域这种异于北方干旱半干旱区的全新世气候特征是印度季风减弱、西太平洋副热带高压西伸增强造成江淮地区梅雨加强、同时淮河地区冬季风减弱致使梅雨带北移的共同作用造成的。

本研究受中国工程院重大咨询项目"淮河流域环境与发展问题研究"，国家自然科学基金项目 41372187、41172158、40472094 和 40024202，科技部"973"项目（2010CB950200）、中国科学院知识创新项目（KZCX2 - YW - Q1 - 03）共同资助。

（秦小光、张磊、穆燕）

参 考 文 献

淮河水利委员会，2008. 流域概况 [M]. 北京：中国水利水电出版社.

江虹，2007. 2003 年淮河暴雨期大气水汽输送特征及成因分析 [J]. 暴雨灾害，26（2）：118 - 124.

刘秀铭，刘东生，F. Heller，等，1990. 黄土频率磁化率与古气候冷暖变换 [J]. 第四纪研究，（1）：42 - 50.

毛文书，王谦谦，李国平，等，2009. 江淮梅雨丰、枯梅年水汽输送差异特征 [J]. 热带气象学报，25（2）：7.

秦小光，蔡炳贵，穆燕，等，2009. 黄土粉尘搬运过程的动力学物理模型 [J]. 第四纪研究，29（6）：1154-1161.

陶杰，陈久康，1994. 江淮梅雨暴雨的水汽原地及其输送通道［J］. 南京气象学院学报，
　　17（4）：443-447.

徐敏，田红，2005. 淮河流域 2003 年梅雨时期降水与水汽输送的关系［J］. 气象科学，
　　25（3）：265-271.

宣捷，2000. 大气扩散到物理模拟［M］. 北京：气象出版社.

殷志强，秦小光，吴金水，等，2009. 中国北方部分地区黄土、沙漠沙、湖泊、河流细粒
　　沉积物粒度多组分分布特征研究［J］. 沉积学报，27（2）：343-351.

张瑜，汤燕冰，2011. 江淮流域持续性暴雨过程水汽输送状况初析［J］. 浙江大学学报
　　（理学版），36（4）：470-476.

章澄昌，周文贤，1995. 大气气溶胶教程［M］. 北京：气象出版社.

《中国河湖大典》编纂委员会，2010. 中国河湖大典·淮河卷［M］. 北京：中国水利水电
　　出版社.

朱玮，刘芸芸，何金海，2007. 我国江淮地区平均场水汽输送与扰动场水汽输送的不同特
　　征［J］. 气象科学，27（2）：155-161.

An Z S, XIAO J L，1990. Study on the Eolian Dust Flux over the Loess Plateau – an Ex-
　　ample［J］. Chinese Sci Bull，35（19）：1627-1631.

An Z，LIU T，LU Y，et al.，1990. The long-term paleomonsoon variation recorded by
　　the loess-paleosol sequence in Central China［J］. Quatern Int，7-8，5.

DING Z L，DERBYSHIRE E，YANG S L，et al.，2005. Stepwise expansion of desert en-
　　vironment across northern China in the past 3. 5 Ma and implications for monsoon evo-
　　lution［J］. Earth Planet Sc Lett，237（1-2）：45-55.

DING Z L，DERBYSHIRE E，YANG S L，2002. Stacked 2. 6-Ma grain size record from
　　the Chinese loess based on five sections and correlation with the deep-sea delta ^{18}O re-
　　cord［J］. Paleoceanography，17（3）：1003. DOI：10. 1029/200/PA000725.

DING Z，YU Z，RUTTER N W，1994. Towards an Orbital Time-Scale for Chinese Lo-
　　ess Deposits［J］. Quaternary Sci Rev，13（1）：39-70.

HAN J M，LU H Y，WU N Q，1996. The Magnetic Susceptibility of Modern Soils in
　　China and Its Use for Paleoclimate Reconstruction［J］. Stud Geophys Geod，40（3）：
　　262-275.

HU C Y，HENDERSON G M，HUANG J H，et al.，2008. Quantification of Holocene
　　Asian monsoon rainfall from spatially separated cave records［J］. Earth Planet Sc Lett，
　　266（3-4）：221-232.

KUKLA G，AN Z S，MELICE J L，et al.，1990. Magnetic-Susceptibility Record of
　　Chinese Loess［J］. T Roy Soc Edin-Earth，81：263-288.

LIU T S，1985. Loess and Environment［M］. Beijing：Science Press.

LU H Y，AN Z S，1998. Paleoclimatic significance of grain size of loess-palaeosol
　　deposit in Chinese Loess Plateau［J］. Sci China Ser D，41（6）：626-631.

QIN X G, Cai B G, LIU T S, 2005. Loess record of the aerodynamic environment in the east Asia monsoon area since 60,000 years before present [J]. Journal of Geophysical Research, 110 (B1): 1 – 16.

SUN D H, BLOEMENDAL J, REA D K, et al., 2002. Grain – size distribution function of polymodal sediments in hydraulic and aeolian environments, and numerical partitioning of the sedimentary components [J]. Sediment Geol, 152 (3 – 4): 263 – 277.

SUN D H, BLOEMENDAL J, Rea D K, et al., 2004. Bimodal grain – size distribution of Chinese loess, and its palaeoclimatic implications [J]. Catena, 55 (3): 325 – 340.

TAN M, 2014. Circulation effect: response of precipitation delta ^{18}O to the ENSO cycle in monsoon regions of China [J]. Clim Dynam, 42 (3 – 4): 1067 – 1077.

VANDENBERGHE J, AN Z S, NUGTEREN G, et al., 1997. New absolute time scale for the Quaternary climate in the Chinese loess region by grain – size analysis [J]. Geology, 25 (1): 35 – 38.

WANG Y J, CHENG H, EDWARDS R L, et al., 2005. The Holocene Asian monsoon: Links to solar changes and North Atlantic climate [J]. Science, 308 (5723): 854 – 857.

XIAO J, PORTER S C, AN Z S, et al., 1995. Grain – Size of Quartz as an Indicator of Winter Monsoon Strength on the Loess Plateau of Central China during the Last 130,000 – Yr [J]. Quaternary Res, 43 (1): 22 – 29.

YANG S L, DING Z L, 2008. Advance – retreat history of the East – Asian summer monsoon rainfall belt over northern China during the last two glacial – interglacial cycle [J]. Earth Planet Sc Lett, 274 (3 – 4): 499 – 510.

淮河流域半湿润区末次冰盛期的气候波动

淮河流域地处中国东部的南北方过渡带，其地理位置十分特殊，南侧的大别山脉一定程度上阻挡了南方水汽的北上，因此流域南部湿润潮湿，类似南方气候，受梅雨和台风的影响，而北部则又向半干旱区接近，堆积了很多风成黄土，因此整个区域具有半湿润区的特点。前些年出现过北方干旱而这里暴雨连绵的灾情，近年来又经常出现北方多雨而这里却长期干旱的现象，给人以与北方气候相反的印象。我们对淮河流域全新世气候的研究揭示了淮河流域全新世时期气候与北方干旱半干旱区具有总体相反（即负相关）的特点，那么在冰期时期淮河流域的古气候环境有什么特点？与全球变化又有什么异同？这些异同的气候机制是什么？这些问题长期以来都因记录难找而一直困扰着人们，而揭示该半湿润区在冰期的气候环境表现无疑将极大有助于我们正确认识亚洲东部的古气候演变格局，有助于我们对古气候变化机制的理解。

为此我们利用淮南地区的一个钻孔，对末次冰盛期的气候环境进行了认真分析，揭示出淮河流域冰期的环境表现。

一、剖面位置

钻孔位于安徽省淮南市凤台县淮河北岸的顾桥镇曹洼村西南（32°50.123′N，116°30.167′E），东距淮河支流港河约2km。

针对顶部8m的岩芯以10cm为间隔，获得样品80个。

二、古环境代用指标和分析方法

（一）粒度指标

粒度是沉积物的一个比较成熟的古环境代用指标。因其测定简单、快速、物理意义明确、对气候变化敏感等特点近年来被广泛应用于古气候研究中。在我国黄土高原地区的黄土-古土壤序列研究中，粒度指标可以指示搬运粉尘风动力变化以及沉积环境变化，是研究过去东亚冬季风变化最直观的替代性指标（An et al.，1990；Ding et al.，1994；Vandenberghe et al.，1997）。在湖泊研究中粒度被用来提取湖面变化或降水信息（殷志强 等，2009）。

（二）粒度磁化率指标测试方法

粒度和磁化率样品均在中国科学院地质与地球物理研究所新生代环境实验室测试完成。其中磁化率测试方法为：将样品放入烘箱中，低温烘干，称取 10g 左右，放入 1 号透明自封袋中。然后依次将各个样品放入 MS2 磁化率分析仪，测量样品的低频磁化率，每个样品测量 3 次，取其平均值。

粒度测量方法分为前处理和上机测试两部分，前处理中称取样品约 0.2g，放入清洗干净的规格为 200mL 的烧杯中，加入 10mL 浓度为 30% 的过氧化氢（H_2O_2），放置在加热炉上，温度保持在 140℃，加热过程中要多次加入过氧化氢，直到无气泡产生为止。由于加酸去除上清液的过程可能会造成细粒成分的损失，因此未做加酸处理。

加入 10mL 浓度 30% 的六偏磷酸钠作为分散剂，超声震荡 5min，最后用 Mastersizer 2000 激光粒度仪进行测量，样品的粒度范围为 0～2000μm。

（三）黄土粒度多组分

经典沉积岩石学研究表明沉积物主要由滚动、跳跃和悬浮 3 种颗粒组分构成。黄土被证明是大气悬浮粉尘堆积形成的风成沉积物（Liu，1985）。近年来，由于测量技术的进步，激光粒度仪被引入沉积物粒度测量分析，人们发现黄土悬浮颗粒又可细分成 3 个悬浮组分（Qin et al.，2005；Sun et al.，2002）。殷志强等（2009）研究了各种水成和风成的典型环境下沉积物的粒度特征，将沉积物粒度划分成 6 个组分（mode），它们的中值粒径范围分别是：组分 1 为小于 2μm；组分 2 为 2～10μm；组分 3 为 10～65μm；组分 4 为 65～150μm；组分 5 为 150～700μm；组分 6 为大于 700μm。其中水成和风成沉积物中都有组分 1 和组分 2，组分 3 是大气的粗悬浮组分，组分 4 是水的粗悬浮组分，组分 5 是跳跃组分，水成的略比风成的粗，但两者的粒径范围高度重叠，组分 6 是滚动组分，同样，水成的略比风成的粗。

从沉积物粒度组分分布特征看，每一组分均属于对数正态分布类型。因此可以采用正态分布函数对样品各组分进行数学分离。每个组分由中值粒径、百分含量和标准差 3 个参数来刻画，中值粒径和标准差定义了该组分的分布函数，即各粒径的相对含量，百分含量则刻画了该组分在全部组分中的贡献。将几个组分的含量分布函数按百分含量加权求和，就得到粒度分布的拟合函数：

$$F\big[\lg(x)\big] = \sum_{i=1}^{n} \frac{c_i}{\sqrt{2\pi}\sigma_i} \exp\left[-\frac{(\lg x - \lg d_{mi})^2}{2\sigma_i^2}\right] \tag{1}$$

式中：n 为组分数；x 为粒径，μm；$\lg x$ 为取粒径的对数；d_{mi} 和 σ_i 分别为样品第 i 组分的平均粒径和标准差；c_i 为第 i 组分百分含量。

拟合函数与实测粒度分布函数的差值则是拟合误差。黄土粒度组分分离就是通过迭代计算找到使拟合误差值达到最小的组分参数组合。

（四）时间标尺

整个 8m 岩芯上面 0～5m 按 0.5m 间距、下面 5～8m 按 1m 间距共选取了 12 个 ^{14}C 测年样品，送美国 Beta 实验室进行有机质 ^{14}C 测年，然后校正成日历年（表1）。

表1 ^{14}C 测 年 结 果

样品编号	深度/m	^{14}C 校正年龄（日历年）	备注
HN-14	7	23760～23340cal a B P	
HN-12	6	22460～22260cal a B P	
HN-10	5	21510～21270cal a B P	
HN-9	4.5	24370～23930cal a B P	n
HN-8	4	18490～18260cal a B P	
HN-7	3.5	18720～18590cal a B P	
HN-6	3	16970～16840cal a B P	
HN-5	2.5	17900～17570cal a B P	n
HN-4	2	13330～13130cal a B P	
HN-3	1.5	22400～22170cal a B P	n
HN-2	1	16560～15900cal a B P	n
HN-1	0.5	18600～18480cal a B P	n

注 n 为拟合时未采用。

根据这些样品的深度和年龄数据，采用多项式回归方法，建立剖面的时间序列。

2m以上的样品年龄没有规律，甚至出现倒转，研究表明属于黄泛带来的次生黄土，其成分、粒度均与其下的地层相差甚远，而与黄土高原的黄土接近。鉴于只能确定其起始时间，而无法确定黄泛的次数和结束时间，因此不对0～2m的地层进行古气候分析。

2m以下的^{14}C年龄中，大多数年龄点都处在一个相对稳定的沉积速率趋势上，只有4.5m和2.5m的两个样品年龄偏离该趋势较大，建立时深拟合函数时，选择舍弃这两个年龄数据，最后得到时深转换函数（图1），并根据该函数计算得到剖面的时间标尺。

三、剖面沉积相分析

根据对现代湖泊沉积物粒度的研究（殷志强 等，2009），在湖水深度未大幅超过浪基面的湖泊里，从湖心向湖滨，常常表现为组分2（2M表示组分）的含量越来越高，而组分4的含量越来越低。因此组分2的含量一定程度上可以作为指示湖水水深的定性或半定量指标。

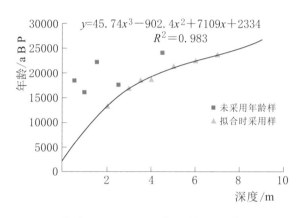

图1 淮南顾北0～8m岩芯的时深转换函数

根据前人（殷志强 等，2009）总结的各种典型水成和风成环境下沉积物的粒度特征，可以对样品沉积相进行逐一划分。

但如果湖中泥沙来自风成黄土，则由于其母质粗颗粒偏细，只有组分3，而缺少组分4的大于$70\mu m$的颗粒，这时虽然有水动力的分选，但粗颗粒组分仍会呈现组分3的特点，使粒度分布类似原来的风成黄土。这时光凭粒度分布特征很难区分其属于风成还是水成，这时就需要结合野外观察其沉积构造（如层理）和上下地层沉积相性质，才能正确确定其沉积相。

图2是8m岩芯柱所有样品的粒度分布曲线和沉积相划分，下面逐段描述。

0～2m：具有3个组分、以粗粒组分（组分3）为主峰的典型黄土粒度特征，结合其他地球化学特征和沉积特征，确认其与黄土高原的黄土最接近，

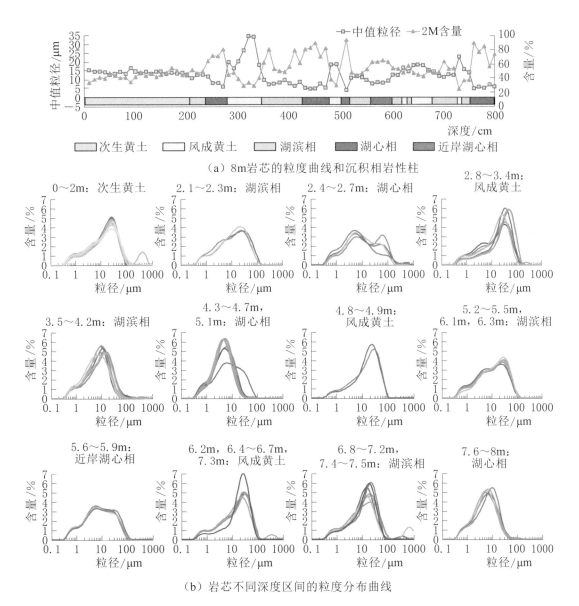

（a）8m岩芯的粒度曲线和沉积相岩性柱

（b）岩芯不同深度区间的粒度分布曲线

图2　8m岩芯的粒度分布曲线和沉积相岩性柱

为黄泛形成的次生黄土。

2.1～2.3m：湖滨相。也具有 3 个组分，比 0～2m 次生黄土偏细，与风成黄土很接近。根据发育层理、下伏湖心相沉积的特点，判别其应属于湖水晚期逐步干涸的浅水湖滨相沉积。

2.4～2.7m：湖心相。虽也具有 3 个组分，但以中粒组分（组分 2）为主峰的典型湖心相粒度特征，其粗粒组分（组分 4）较粗，其中值粒径大于 $70\mu m$，且含量呈一独峰，表明湖水深度不大。

2.8～3.4m：风成黄土。具有 3 个组分、以粗粒组分（组分 3）为主峰的典型黄土粒度特征，无层理，团粒状结构。

3.5～4.2m：湖滨相或河滨相。虽然也有 3 个组分，但因中粗粒组分（组分 2、组分 3）非常接近而模糊难辨，粗粒组分明显偏细，中值粒径仅略大于 $10\mu m$，这是风成黄土被湖水或河水强烈改造后的粒度特点，反映了水深不大的近岸特点。

4.3～4.7m，5.1m：湖心相。以中粒组分（组分 2）（中值粒径为 2～ $10\mu m$）为主峰的典型湖心相粒度特点。

4.8～4.9m：风成黄土。典型黄土粒度特征。

5.2～5.5m，6.1m，6.3m：湖滨相。与 2.1～2.3m 类似，根据沉积结构确定其属次生黄土被改造的浅水湖滨相沉积。

5.6～5.9m：近岸湖心相。与 2.4～2.7m 类似，但粗粒组分含量更高，因此更靠近湖岸。

6.2m，6.4～6.7m，7.3m：风成黄土。典型黄土粒度特征。

6.8～7.2m，7.4～7.5m：湖滨相。与 3.5～4.2m 类似，更像黄土粒度，根据沉积结构判别其为水成沉积。

7.6～8m：湖心相。与 4.3～4.7m 类似，比 3.5～4.2m 略偏细，因此湖水应该比 3.5～4.2m 深，比 4.3～4.7m 浅。

综合以上分析，整个环境的演化历史可以归纳如下：

7.6～8m 为较深湖水，其后湖泊逐渐变浅（7.4～7.5m），干涸后堆积了风成黄土（7.3m）。之后，再度被水淹没，但水很浅（6.8～7.2m），很快水干涸后又堆积了较厚的风成黄土（6.2～6.7m），中间有短暂浅水淹没过程（6.3m）。其后再度来水，先是浅水的湖滨（6～6.1m），随降雨增加，出现水较深的湖泊（5.6～5.9m），之后降雨减少，湖水变浅，成为湖滨（5.2～5.5m），一次突然的大水，这里再次出现短暂的深水湖泊（5.1m）。

湖水干涸后这里堆积了风成黄土（4.8～4.9m），然后降雨大增，出现长时间的深水湖泊（4.3～4.7m），然后湖水变浅成湖滨（3.5～4.2m），并最终干涸堆积风成黄土（2.8～3.4m）。再次的强烈降雨使这里再度沦为深湖（2.4～2.7m），然后湖水变浅成湖滨（2.1～2.3m）。最后突然发生黄河入淮事件，大量黄泛泥沙被带到这里填满了洼地，湖泊彻底消失。

从样品中值粒径和中粒组分（组分 2，即 2M）的含量曲线都显示出不同沉积相具有各自的取值范围，尤其 2M 的含量一定程度上可以指示水深的变化。

四、末次冰盛期（LGM）的气候变化

根据重建的时间标尺，我们发现黄泛以下 2～8m 的岩性柱覆盖了 13.4～25ka B P 的末次冰盛期时段。据此选择同属江淮地区的南京葫芦洞石笋记录（Wang et al.，2005）和 GRIP 冰芯记录（Alley et al.，2000）进行了古气候对比（图3），这两个记录都有很高的时间分辨率，有助于我们对比其中的细节气候变化。

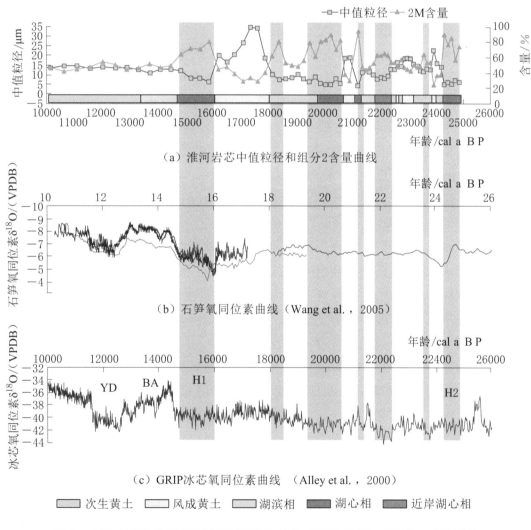

（a）淮河岩芯中值粒径和组分2含量曲线

（b）石笋氧同位素曲线（Wang et al.，2005）

（c）GRIP冰芯氧同位素曲线 （Alley et al.，2000）

图3　LGM 时期淮河流域气候波动及其与 GRIP 冰芯、石笋记录的对比

YD—Younger Dryas 新仙女木事件；BA—Bolling‐Allerod interstadial 间冰阶；

H1、H2—Heinrich 事件

从图 3 中可见，几次深湖期均在南京石笋和极地冰芯的氧同位素曲线上有对应波动，如 Heinrich 事件中的 H1 和 H2、BA 间冰阶，而新仙女木事件和 BA 间冰阶因这里发生了黄泛而没有记录。此外 GRIP 冰芯氧同位素记录上的几次小幅波动也都在顾北岩芯记录上有对应变化。这些波动的总体特点如下：

（1）冰芯氧同位素记录降低（变负）指示的降温事件，对应南京葫芦洞石笋氧同位素的升高（变正）波动，而顾北岩芯出现深湖沉积指示的多雨湿润环境。

（2）相反冰芯氧同位素记录升高（变正）指示的升温事件，对应顾北岩芯出现黄土风成沉积指示的干旱少雨环境。

一般认为冰芯氧同位素记录的升降指示了气温的升降（Alley et al.，2000），而石笋氧同位素的升降则指示了亚洲夏季风的减弱和加强（Wang et al.，2005），最近的研究相信环流效应造成的不同来源水汽比例的变化是造成石笋氧同位素 $\delta^{18}O$ 变化的主要原因（Tan，2014）。因此事实就是当全球降温、亚洲夏季风减弱（准确地说应该是西南季风减弱）时，淮河流域确实处于潮湿多雨的气候环境。

要解释这种现象，就需要考察影响淮河流域的气候系统，正如我们对淮河流域全新世气候的研究一样。

影响江淮地区最重要的降雨气候过程之一就是"梅雨"。梅雨是因江淮地区同时受到从寒带南下的冷空气和从热带海洋北上暖湿空气的共同影响而形成的。每年从春季开始，从海洋上源源而来的暖湿空气含有大量水汽，与从北方南下的冷空气相遇，交界处形成了一条长条形的雨带。雨带逐步增强北移，6—7 月初夏北移到长江中下游的江淮地区，由于冷暖空气旗鼓相当，这两股不同的势力在此地区的对峙形成了一条稳定的降雨带，因正值梅子成熟，所以称为"梅雨"。梅雨是江淮地区极为重要的降雨过程，时间从每年 6 月中旬到 7 月上中旬，范围覆盖宜昌以东 28°～34°N 范围内的江淮流域，直到日本南部这一狭长区域。

印度季风低压和西太平洋副热带高压是影响水汽向长江流域输送的重要系统，其位置、强度决定了水汽输送的路径。印度季风低压偏弱，则孟加拉湾附近东北向的水汽输送减弱，而偏东的水汽输送加强，避开了青藏高原的阻挡作用，经中南半岛向中国大陆输送水汽。西太平洋副热带高压西伸，也为南海地区的北向水汽输送创造了条件（张瑜 等，2011）。

江淮梅雨暴雨水汽主要来自孟加拉湾和南海及其以东地区（陶杰 等，

1994)。其中经向水汽输送非常稳定，纬向水汽输送具有较大幅度变化，纬向水汽净输出的减弱有利于增强强降水过程的强度（徐敏 等，2005），因此异常水汽主要来自位置异常西移的水汽输送通道，即来自副热带高压南侧的偏东气流沿着副热带高压边缘转向，向东输送到我国东部雨区，输送至暴雨区的大量经向异常水汽通量距平主要来源于暴雨区南侧紧邻的中国南部沿海地区，而不是主要的水汽源区——南海。而造成大气中水汽输送及辐合异常状况的最主要原因是西北太平洋副热带高压的异常西伸，强度偏强，且长期稳定少动（江虹，2007）。也就是说丰梅年江淮梅雨的水汽来源主要源自南海和西太平洋的水汽辐合加强（毛文书 等，2009），源自西太平洋和我国北方偏强的水汽输送是造成江淮梅雨期降水偏多的主要因子（朱玮 等，2007）。

因此西南夏季风偏弱，导致西南季风低压偏弱，西伸增强的西太平洋副热带高压脊线偏南，就建立了江淮流域水汽输送的有利条件。

这样我们就可以理解淮河流域 LGM 时期气候环境的形成机制，即当全球降温，印度季风（进入我国即为西南季风）随之减弱，导致西太平洋副热带高压西伸，大幅进入大陆，造成梅雨加强，同时来自西太平洋的降雨增加，因此石笋氧同位素偏正，而江淮地区梅雨的增加导致了淮河流域的湿润气候环境。

五、结论

（1）末次冰盛期时期，淮河流域的气候环境变化与北方干旱区相反，降温期湿润，升温期干旱。这种环境反差与全新世时期淮河地区与北方干旱区气候变化相反是一致的。

（2）淮河流域这种独特的气候环境模式是由于全球气候变化引起西南季风和西太平洋副热带高压此消彼长的变化，并因此造成江淮地区梅雨的丰枯波动，进而造成淮河流域的干湿波动与北方干旱半干旱区相反。

本研究受中国工程院重大咨询项目"淮河流域环境与发展问题研究"，国家自然科学基金项目 41372187、41172158、40472094 和 40024202，科技部"973"项目（2010CB950200）、中国科学院知识创新项目（KZCX2 - YW - Q1 - 03）共同资助。

（秦小光、张磊、穆燕、刘嘉麒、吴梅、陆春辉、安士凯）

参 考 文 献

江虹，2007. 2003 年淮河暴雨期大气水汽输送特征及成因分析 [J]. 暴雨灾害，26（2）：118 - 124.

毛文书，王谦谦，李国平，等，2009. 江淮梅雨丰、枯梅年水汽输送差异特征 [J]. 热带气象学报，25（2）：234 - 240.

陶杰，陈久康，1994：江淮梅雨暴雨的水汽原地及其输送通道 [J]. 南京气象学院学报，17（4）：443 - 447.

徐敏，田红，2005. 淮河流域 2003 年梅雨时期降水与水汽输送的关系 [J]. 气象科学，25（3）：265 - 271.

殷志强，秦小光，吴金水，等，2009. 中国北方部分地区黄土、沙漠沙、湖泊、河流细粒沉积物粒度多组分分布特征研究 [J]. 沉积学报，27（9）：343 - 351.

张瑜，汤燕冰，2011. 江淮流域持续性暴雨过程水汽输送状况分析 [J]. 浙江大学学报（理学版），36（4）：470 - 476.

朱玮，刘芸芸，何金海，2007. 我国江淮地区平均场水汽输送与扰动场水汽输送的不同特征 [J]. 气象科学，27（2）：155 - 161.

ALLEY，RICHARD B，2000. Ice - core evidence of abrupt climate changes [J]. Proc. Natl. Acad. Sci. U. S. A.，97（4）：1331 - 1334.

AN Z S，XIAO J L，1990. Study on the Eolian Dust Flux over the Loess Plateau - an Example [J]. Chinese Sci Bull，35：1627 - 1631.

DING Z，YU Z，RUTTER N W，et al.，1994. Towards an Orbital Time - Scale for Chinese Loess Deposits [J]. Quaternary Sci Rev，13：39 - 70.

LIU T S，1985. Loess and Environment [J]. Beijing：Science Press.

QIN X G，CAI B G，LIU T S，2005. Loess record of the aerodynamic environment in the east Asia monsoon area since 60,000 years before present [J]. J Geophys Res - Sol Ea，110.

SUN D H，BLOEMENDAL J，Rea D K，et al.，2002. Grain - size distribution function of polymodal sediments in hydraulic and aeolian environments，and numerical partitioning of the sedimentary components [J]. Sediment Geol，152：263 - 277.

TAN M，2014. Circulation effect：response of precipitation delta ^{18}O to the ENSO cycle in monsoon regions of China [J]. Clim Dynam，42：1067 - 1077.

VANDENBERGHE J，An Z S，NUGTEREN G，et al.，1997. New absolute time scale for the Quaternary climate in the Chinese loess region by grain - size analysis [J]. Geology，25：35 - 38.

WANG Y J，COAUTHORS，2005. The Holocene Asian monsoon：Links to solar changes and North Atlantic climate [J]. Science，308：854 - 857.

淮北平原黄河入淮的
开始时间与地质证据

  自古以来，黄河、淮河的洪水泛滥，都对淮河流域的自然环境、人民生活和国民经济建设造成过重大影响。淮河在 1128 年以前是一条独立入海的河流，1128 年宋王朝为阻止金兵南下，人为决口使黄河由泗水入淮河注入黄海（邹逸麟 等，1982），淮河成为黄河的一条支流。1851 年洪泽湖大堤决口淮河水经洪泽湖高邮湖流入长江（水利部淮河水利委员会 等，2004），1855 年黄河在河南兰阳铜瓦厢决口结束了 700 多年入黄海的历史，再次入渤海。1938 年由于国民党军队炸开河南省中牟县花园口黄河大堤，黄河水向南遍地漫流然后由涡颍二河达淮入洪泽湖造成大片黄泛区（邹逸麟 等，1982），黄河决口，洪水在黄淮海平原上泛滥，生灵涂炭、城池渔灭，多达数十万甚至上百万民众死于非命。

  那么黄河入淮是否只是历史时期发生过？地质时期是否也曾发生过呢？这对于理解淮河流域环境演化无疑具有重要的理论意义，同时对于治淮理念也具有重要的现实意义。

  秦岭-淮河是中国大陆气候和环境的南北分界带，不同气候、环境条件下存在着一定的与之相适应的沉积物，这些沉积物与它所处环境之间的平衡关系是通过沉积矿物及元素组成的迁移、富集或新矿物的形成来实现的，因而它们不但具有原岩的组成特征，而且记录着它们形成时的气候环境（李徐生 等，1999；刁桂仪 等，1999；张虎才，1997）。沉积物中的主要造岩元素主要以其氧化物的形式存在，依据这些氧化物的表生地球化学性质，研究其百分含量在剖面中的变化规律，可以对古气候环境进行指示（李徐生 等，1999；顾兆炎 等，2000；陈骏 等，1997；丁敏 等，2011；杨瑞霞 等，2011）。

  本文利用地球化学分析方法，提取沉积物物源信息、古环境变化信息，对末次冰盛期以来黄河入淮的起始时间进行了研究，并探讨了末次冰盛期期间淮河流域古环境变化，以期帮助理解黄泛事件的发生机理，对于淮河的治理提供参考。

一、研究区概况

淮河流域位于中国长江流域和黄河流域之间（31°～36°N，112°～121°E），地处中国南北气候过渡带，流域两侧兼具北方气候特征和南方气候特征，淮河以北属于温暖湿润的暖温带气候，以南属于亚热带湿润气候。年平均气温和降雨量分别约为 11～16℃和 800～1600mm（Wang et al.，2015）。流域西起桐柏山、伏牛山，东临黄海，南以大别山、江淮丘陵、通扬运河及如泰运河南堤与长江分界，北以黄河南堤和沂蒙山与黄河流域毗邻，全长约 1000km，流域面积 $2.7 \times 10^5 km^2$（水利部淮河水利委员会 等，2004）。

淮河干流以北为广大的冲积平原，平坦辽阔，土层深厚，地面自西北向东南缓缓倾斜，纵降比约为 0.2‰（Wang et al.，2015）。西部南部为秦岭-大别山造山带，构造运动强烈。流域内除山区丘陵和平原外还有为数众多星罗棋布的湖泊洼地，山丘区面积约占总面积的 1/3，平原面积约占总面积的 2/3，平原上还分布着几米到几十米的黄泛冲积物（王国强 等，2004；水利部淮河水利委员会 等，2004）。研究淮北平原沉积物的地球化学特征对于研究该区沉积物与气候物源和风化作用之间的关系具有典型意义。

二、样品采集与分析方法

利用淮南集团顾北矿的水文观测井，我们获取了全长 481m 的新生代地层岩芯。钻孔位于安徽省淮南市凤台县（32°50.123′N，116°30.167′E），针对顶部 8m 的岩芯，开展了详细的年代学、粒度、磁化率及地球化学分析测试。

顶部 8m 沉积物岩性类型主要以黄褐色粉砂质黏土、黏土互层为主，含黑色植物炭屑，5～5.3m 处有次生灰绿色斑。

对于 8m 的岩芯以 10cm 为间隔，获得样品 80 个，其中 80 个样品全部做粒度分析、磁化率分析、元素分析，以 1m 为间隔选取 11 个样品做微量元素和稀土元素分析。

分析测定之前先将采集的样品在 40°的烘箱中放置 48h 直至烘干。

磁化率的测量：称取约 10g 样品用塑料纸包装成球状，使用英国 Batington 公司生产的 MS－2B 型磁化率仪，对每个样品进行低频磁化率（0.47kHz）的测定，连续测量 3 次，取其平均值。

粒度的测量：样品的粒度分析用英国 Malvern 公司生产的 MasterSizer 2000 型激光粒度仪测试。分析过程如下：首先取约 0.5g 样品放入烧杯，然后加入 10mL 的 H_2O_2（10%）除去有机质，再加 10mL 稀盐酸（10%）除去碳酸盐，最后用 10mL 六偏磷酸钠作分散剂，震荡 10min 之后上机测试。粒度分析在中国科学院地质与地球物理研究所粒度分析实验室测试完成。

主量元素测量：在中国科学院地质与地球物理研究所岩矿制样与分析实验室进行常量分析测试。常量元素用 X 射线荧光光谱分析（X-Ray Fluorescence Spectrometer，XRF）法：用磨碎至 200 目的样品 0.5g 和 5g 四硼酸锂制成的玻璃片在 Shimadzu XRF-1500 上测定氧化物的含量，精度优于 2%～3%。

微量元素和稀土元素的测量：微量元素和稀土元素分析在核工业北京地质研究院分析测试研究中心完成。微量元素和稀土元素采用酸溶法：样品溶液制备好后，在 Element XR 等离子体质谱分析仪（ICP-MS）上测试，按照 GSR-1 和 GSR-2 国家标准，微量元素含量大于 10×10^{-6} 的精度优于 5%，小于 10×10^{-6} 的元素精度优于 10%。

三、年代学

以 0.5～1m 不等间隔选取 12 个样品进行有机碳 AMS^{14}C 年代测定，测试由美国 BETA Analytic Inc. 实验室完成（见表 1）。利用分段线性内插方法建立了淮北平原 25ka 以来的年代学框架。图 1 是已完成的 8 个测年数据的年代学校正结果及随沉积深度变化的曲线。由于顶部 2m 的年龄全部发生倒转，以及 4.5m 处的年龄发生明显倒转，所以在进行年代学的建立时从 2m 以下开始，并剔除 4.5m 处的年龄。

表 1　　　　　　　　　AMS^{14}C 测 年

BETA 实验室编号	样品名称	深度/cm	$^{13}C/^{12}C$ 比值/‰	测试年龄 ^{14}C/(a B P)	校正年龄范围/(cal a B P)	误差
327096	HN-14	700	−19.7	19670±100	23760～23340	2σ
327095	HN-12	600	−19.9	18770±80	22460～22260	2σ
327094	HN-10	500	−18.9	17910±90	21510～21270	2σ
327093	HN-9	450	−21.6	20230±80	24370～23930	2σ
327092	HN-8	400	−21.2	14920±60	18490～18260	2σ

BETA 实验室编号	样品名称	深度 /cm	$^{13}C/^{12}C$ 比值 /‰	测试年龄 $^{14}C/(a\ B\ P)$	校正年龄范围 /(cal a B P)	误差
327091	HN－7	350	－20.5	15440±60	18720～18590	2σ
327090	HN－6	300	－19.1	13830±60	16970～16840	2σ
327089	HN－5	250	－20.2	14550±70	17900～17570	2σ
327088	HN－4	200	－20.7	11360±60	13330～13130	2σ
327087	HN－3	150	－20.9	18660±80	22400～22170	2σ
327086	HN－2	100	－20.9	13230±60	16560～15900	2σ
327085	HN－1	50	－20.1	15180±80	18600～18480	2σ

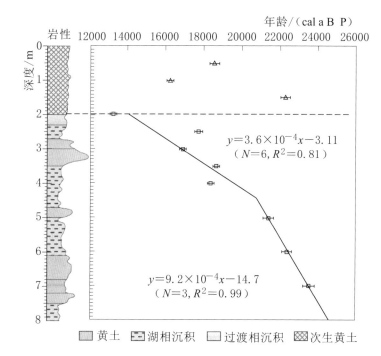

图 1　淮北平原沉积深度随 AMS^{14}C 测年的年代校正结果变化曲线

四、结果

(一) 常量元素

1. 常量元素含量

常量元素以氧化物的形式进行分析，分析结果表明：淮南剖面 0～2m 所有常量元素含量变化波动非常小，近乎呈直线分布，见图 2。其中，SiO$_2$ 含量为 70.37％～72.28％，平均值为 71.55％；Al_2O_3 变化为 14.67％～15.69％，平均值约为 15.02％，仅次于 SiO_2；Fe_2O_3 百分含量平均值为 5.84％，变化范围为 5.55％～6.44％；CaO、K_2O、MgO、Na_2O 含量普遍低于 5％，在全剖面分布变化分别为 1.16％～1.29％（平均值为 1.25％）、2.24％～3.67％（平均值为 2.66％）、1.06％～3.15％（平均值为 1.91％）、0.60％～2.13％（平均值为 1.36％）。

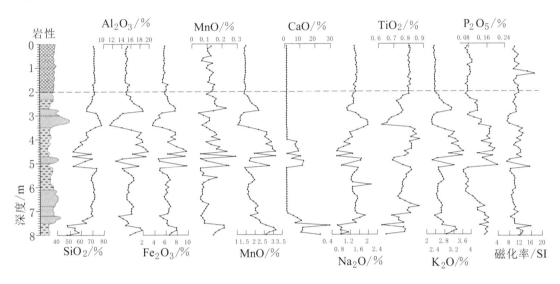

图 2　淮南钻孔顶部 8m 主量元素含量和磁化率曲线

以上说明该剖面 0～2m 主量元素成分比较均一，另外 2m 以上地层的年龄全部发生倒转，这意味着该段沉积可能是某次事件性沉积形成，也可能是人类活动造成的均匀混合。但根据磁化率的变化，磁化率值在 0～2m 并不是都非常接近，在 1.5m 处有一波峰，说明 0～2m 地层是正常沉积，受人类活动的影响不大。如果是人类活动造成的均匀混合，那么磁化率值应该也是非常接近的近乎直线分布。

历史上发生过多次黄河改道进入淮河流域，最近的一次发生在 1938 年，黄河从花园口决堤。黄河改道之后在淮北地区泛滥成灾，形成大面积黄泛沉积，本剖面顶部 2m 的沉积物记录的可能就是黄泛沉积。

淮南钻孔 2～8m 氧化物平均含量多少依次为：$SiO_2 > Al_2O_3 > Fe_2O_3 >$ $CaO > K_2O > MgO > Na_2O > TiO_2 > MnO > P_2O_5$。$SiO_2$ 在地层中含量最高，为 42.29％～77.85％，平均值为 66.47％；Al_2O_3 变化范围为 11.24％～19.72％，平均值约为 15.86％，仅次于 SiO_2；Fe_2O_3 百分含量平均值为 6.48％，变化范围为 3.71％～9.81％；CaO 在所有已测元素中变化幅度最大，

平均值约为 4.06％，在 1％～29.77％之间变化；K$_2$O、MgO、Na$_2$O 普遍低于 5％，在全剖面分布变化分别为 2.24％～3.67％（平均值为 2.75％）、1.06％～3.15％（平均值为 2.04％）、0.60％～2.13％（平均值为 1.33％）。

与洛川黄土相比（Gallet et al.，1996），常量元素组成基本相似但也存在一定的差异。淮南剖面沉积物的 CaO 变化幅度（1％～29.8％，平均值约 3.86％）比洛川剖面的要大（0.95％～11.23％，平均值约 6.74％），但平均含量却比洛川剖面低约 2.88％，这可能与淮南剖面沉积相中有河湖相沉积有关。另外，淮河剖面沉积物的 SiO$_2$ 含量变化幅度比洛川剖面明显要大，这可能是由于淮河剖面 CaO 含量变化幅度较大引起的。总体上，淮南剖面中的 SiO$_2$、TiO$_2$、Al$_2$O$_3$、Fe$_2$O$_3$、MnO 的平均含量都比洛川剖面中的含量较高，而 MgO、CaO、Na$_2$O、K$_2$O 等碱类金属氧化物平均含量都较低，见表 2。

表 2　　　　不同地区沉积物中常量元素含量的对比（重量百分比）

剖面统计		含 量/％								
		SiO$_2$	TiO$_2$	Al$_2$O$_3$	TFe$_2$O$_3$	MnO	MgO	CaO	Na$_2$O	K$_2$O	P$_2$O$_5$
淮南剖面 0～2m	最大值	72.28	0.81	15.69	6.44	0.15	1.52	1.29	1.52	2.41	0.09
	最小值	70.37	0.79	14.67	5.55	0.06	1.43	1.16	1.36	2.32	0.06
	平均值	71.55	0.80	15.02	5.87	0.12	1.48	1.25	1.46	2.37	0.08
淮南剖面 2～8m	最大值	77.85	0.87	19.72	9.81	0.29	3.15	29.77	2.13	3.67	0.21
	最小值	42.29	0.62	11.24	3.71	0.04	1.06	1.00	0.60	2.24	0.05
	平均值	66.47	0.76	15.86	6.48	0.11	2.04	4.06	1.33	2.75	0.12
洛川剖面	最大值	71.35	0.88	16.19	6.50	0.12	2.72	11.23	1.76	3.11	0.19
	最小值	62.41	0.70	13.15	4.97	0.09	1.99	0.95	1.14	2.53	0.13
	平均值	66.15	0.76	14.13	5.46	0.10	2.30	6.74	1.50	2.71	0.16

注　洛川剖面数据引自 Gallet et al.，1996.

2. 常量元素综合风化指数

图 3 所示为淮南钻孔顶部 8m 不同风化指数，烧失量（loss on ignition，LOI）一般与碳酸盐、黏土矿物、有机质的含量有关。顶部 2m 的烧失量变化幅度很小（最大值 6.23％，最小值 4.81％），平均约为 5.4％。2m 以下黄土层的烧失量普遍较低，湖相层沉积物的烧失量总体较高，最高可达 23％，这是由于湖相沉积物中碳酸岩含量比较高，2～8m 沉积物的 CaO 与 LOI 的相关系数约为 0.91。

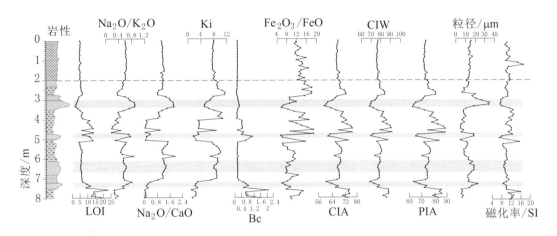

图 3　淮南钻孔顶部 8m 不同风化指数

Na_2O/K_2O（百分含量），表生环境中的 Na、K 元素可溶性盐类的地球化学行为具有一定差异，Na 在湿润气候条件下更容易受到淋溶迁移（Liu et al.，1993），K 元素更容易固定在硅酸盐矿物晶格中也易被黏土吸附，因此富含 Na 元素的斜长石风化速率远高于钾长石故而 Na_2O/K_2O 百分含量比值可以用来反映风化强度（Nesbitt et al.，1980；Nesbitt et al.，1984）。黄土层中 Na_2O/K_2O 较高，可能反映一种干冷气候，而湖湘层的 Na_2O/K_2O 偏低，说明该段时期气候相对更湿润。

残积系数 Ki $[(Al_2O_3+Fe_2O_3)/(CaO+Na_2O)]$ 是利用元素之间活泼性差异进行沉积物淋溶程度的判断。一般干旱气候条件下淋溶较弱的沉积物中残积系数较小，湿度较高的沉积物中残积系数较高。3.5～4.7m 都是湖相沉积，但是残积系数在约 4m 处有一次明显的转折，说明即使在气候湿润期期间仍可能有波动。

退碱系数 Bc $(CaO+Na_2O)/Al_2O_3$ 是利用沉积物中 Na_2O 和 CaO 相对于 Al_2O_3 的淋溶程度进行相对湿度状况及风化强度的判断，退碱系数低值对应湿润的沉积环境。淮南岩芯中 Bc 的变化与 CaO 的变化基本一致，这是由于 CaO 的含量变化幅度最大，控制了退碱系数的变化。

Fe_2O_3/FeO：文启忠等（1995）对北方黄土进行研究时指出风化作用中二价铁矿物受到风化后 Fe^{2+} 被氧化为 Fe^{3+}，最后以 Fe_2O_3 的形式保存下来（变为针铁矿和赤铁矿等），这种作用往往是在土壤中要经过一种胶体状态进一步脱水、结晶、老化而成，在老化的影响因素中 pH 值和温度最为重要。黄土的 pH 值类同，而温度就可能成为最主要的，同时气温高还有利于有机质的

分解也促进 Fe_2O_3 的形成，因此 Fe_2O_3/FeO 比值可能更多地反映温度的变化，可作为相对温度变化的替代性指标，并将其定义为氧化度，它的值越高反映气候越趋于温热，反之则趋于寒冷（李徐生 等，1999）。淮南钻孔在黄土沉积阶段 Fe_2O_3/FeO 的比值较低，反应这个时期气候趋于寒冷，而湖相沉积阶段 Fe_2O_3/FeO 的比值较高，指示该时期气候温度较高。

CIA 化学蚀变指数，Nesbitt 等（1982）首先开展了以常量元素氧化物为基础的化学蚀变指数 CIA [$CIA = 100 \times (Al_2O_3)/(Al_2O_3 + CaO^* + Na_2O + K_2O)$]（摩尔比）的研究，该值是风化层全岩各类矿物及胶结物总的化学元素迁移与富集的比例，该指标代表了风化层化学风化自然作用的总体特征（朱照宇 等，2004），反映了沉积物遭受风化的程度。随后，化学蚀变指数 CIA 被引入到对古气候环境的分析，CIA 值为 50～65，反映寒冷、干燥的气候条件下低等的化学风化程度；CIA 值为 65～85，反映温暖、湿润条件下中等的化学风化程度；CIA 值为 85～100，反映炎热、潮湿的热带亚热带条件下强烈的化学风化程度。我国黄土-古土壤堆积序列中 CIA 值变化范围为55～70（Nesbitt et al.，1982）。Guo 等（1996）将指标 CIA 作为与古夏季风强度有关的黄土-古土壤序列风化程度的替代指标，揭示了末次冰期黄土高原夏季风的波动。公式中的 CaO^* 指的是岩石（土壤）中硅酸盐所含的 CaO 的物质的量。

CIW 化学风化指数，CIW 与 CIA 的表达式很相似，只是缺少了 K_2O。化学风化指数表达式为 $CIW = 100 \times (Al_2O_3)/(Al_2O_3 + CaO^* + Na_2O)$（摩尔比）（Harnois，1988），CIW 随着物源区风化程度的增加而持续增大（Harnois，1988）。

PIA 斜长石蚀变指数 [$PIA = 100 \times (Al_2O_3 - K_2O)/(Al_2O_3 + CaO^* + Na_2O - K_2O)$]（摩尔比）常用来单独指示斜长石的风化状况（Fedo et al.，1995）。新鲜岩石 PIA 指数为 50，而黏土矿物，如高岭石、伊利石及蒙脱石的 PIA 指数则接近 100（Fedo et al.，1995）。

CIA、CIW、PIA 指数在淮南剖面中波动趋势一致，顶部 2m 基本没有变化，反应该段沉积可能经历了相同的风化过程。在 2～8m 中风成黄土沉积阶段三个指数比值降低，说明黄土沉积阶段受风化程度较低，而在湖相沉积中比值升高，反映湖相沉积时期受风化程度更深，可能与该时期气候更温暖湿润有关。

淮南剖面中粒度与磁化率成反相关关系，磁化率在黄土中低，在湖相沉积中高，粒度在黄土中高，在湖相沉积中低，这与我国北方黄土-古土壤序列的粒度与磁化率关系基本一致。磁化率在黄土中低,在古土壤中高,粒度在黄土中高,在古土壤中低。在一定的降雨量范围内,磁化率随着成壤程度的增加而增加,淮南剖面中的磁化率随湖相沉积增加,说明淮北平原在末次冰期阶段的黄土—湖相沉积序列中,降雨量可能与黄土高原第四纪时期冰期—间冰期的降雨量相当。

根据以上年代学、磁化率、主量元素组成、烧失量以及不同化学风化参数（Na_2O/K_2O、Fe_2O_3/FeO、残积系数、退碱系数、化学蚀变指数 CIA、化学风化指数 CIW、斜长石蚀变指数 PIA 等）的分析可以看出,无论从物理性质还是化学性质都可以将钻孔分为两个大的阶段:0～2m 和 2～8m。其中 0～2m 自上到下的物理性质和化学性质都比较均一,是性质比较均一的一个地层单元,可能记录的是事件性沉积信息;而 2～8m 的物理性质和化学组成有很大的波动,这种波动与气候变化存在一定的相关性,可能记录的是气候变化信息。

(二) 微量元素

1. 微量元素丰度

淮南样品的微量元素含量详见表3。用上地壳 UCC 进行标准化投影了 28 个微量元素（图4）,包括大离子亲石元素 LILE（Sr、Ba、Rb）,高场强元素 HFS（Th、Ta、Zr、Hf、Sm、Ti、Sc）和过渡元素（Cr,Co）。

表3　　　　　　　　　　　　淮南剖面微量元素丰度

实验编号	26416	26417	26418	26419	26420	26421	26422	26423	26424	26425	26426	上地壳平均值（UCC）
深度/m	0.3	0.6	1.2	1.6	2.4	3.2	4.1	4.9	5.7	6.5	7.7	
样品名称	HN－3	HN－6	HN－12	HN－16	HN－24	HN－32	HN－41	HN－49	HN－57	HN－65	HN－77	
Li	36.7	35.3	35.6	38.1	48.1	25.7	46.5	33	46.1	41.2	46.5	20
Be	2.08	2.03	2.14	2.11	2.58	1.85	2.3	1.79	2.22	2.05	2.21	3
Sc	12.7	13.2	13.3	12.5	15.2	9.39	15.5	11	13.6	12.9	15.1	13.6
V	92	91.5	91.4	89.2	103	71.5	103	82.1	105	94	119	107
Cr	106	119	111	92	115	137	95.9	89.3	108	120	94.9	83b
Co	15	12.9	18.3	14	18.8	14.1	14.3	12.8	19.6	12.8	23.3	17

实验编号	26416	26417	26418	26419	26420	26421	26422	26423	26424	26425	26426	上地壳平均值（UCC）
深度/m	0.3	0.6	1.2	1.6	2.4	3.2	4.1	4.9	5.7	6.5	7.7	
样品名称	HN-3	HN-6	HN-12	HN-16	HN-24	HN-32	HN-41	HN-49	HN-57	HN-65	HN-77	
Ni	38.8	31.7	38.9	32.4	43.2	37	43	33.4	41.3	40	46	44
Cu	21.3	23.3	27.3	22.3	31.7	18	33.6	24.2	30.4	25.3	40.7	25
Zn	62.8	60.3	67.6	58.5	87.5	51.6	98.6	59	76.5	73.3	97.4	71
Ga	17.1	17.4	18.2	17.1	21.6	13.6	19.7	14.2	18.4	17.5	19.4	17
Rb	112	109	107	108	116	79.2	133	82.4	121	104	121	112
Sr	118	120	118	119	118	138	161	196	119	132	186	350
Y	27.6	26	28.5	29.1	28.5	24.6	24.5	29.8	26	26.4	23.5	22
Nb	16	15.9	16.6	16.2	16.2	13.8	14.4	16.1	20.9	14.8	45.2	12
Mo	0.635	0.774	0.695	0.521	0.936	1.37	0.321	0.762	0.754	0.897	0.756	1.5
Cd	0.168	0.053	0.192	0.11	0.319	0.152	0.166	0.276	0.097	0.051	0.28	0.098
In	0.065	0.062	0.068	0.059	0.081	0.046	0.076	0.055	0.065	0.065	0.081	0.05
Sb	1.26	1.31	1.38	1.33	2.06	1.15	1.18	1.26	1.38	1.43	1.69	0.2
Cs	9.98	10.5	10.3	10.1	13	5.77	14	7.92	12.6	10.2	13.6	4.6
Ba	548	522	535	541	565	503	532	460	551	495	564	550
Ta	1.21	1.1	1.15	1.13	1.01	0.947	1.25	1.53	2.96	1.04	7.46	1
W	5.22	4.46	4.12	3.36	4.25	6.21	2.47	3.43	3.71	4.88	2.94	2
Re	0.008	0.006	0.007	0.006	0.007	0.006	0.007	0.007	0.007	0.007	0.007	0.0004
Tl	0.676	0.685	0.731	0.69	0.844	0.571	0.805	0.596	0.764	0.726	0.816	0.75
Pb	23.5	23	24.9	23.8	34.1	19.8	25.7	19.7	28	24.2	33.5	17
Bi	0.341	0.352	0.361	0.348	0.502	0.232	0.497	0.294	0.423	0.349	0.537	0.127
Th	13.9	14	14.7	14.2	14.7	11.2	15.2	11.3	14.4	13.8	15.5	10.7
U	2.36	2.42	2.54	2.48	2.71	3.5	2.03	2.29	2.42	2.32	4.14	2.8
Zr	252	232	241	239	204	230	132	173	188	204	113	190
Hf	7.45	6.64	7.09	7.1	5.42	6.81	3.91	5.04	5.77	6.26	3.72	5.8

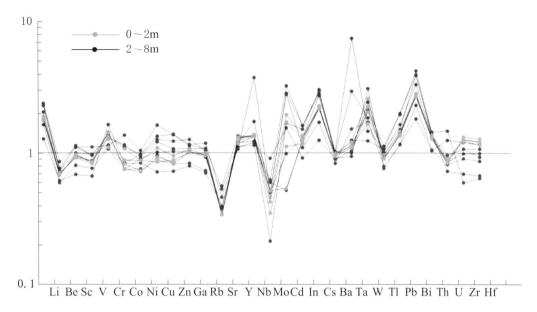

图 4　微量元素 UCC 均一化（单位：1×10^{-6}）

2. 微量元素图解特征

对于大多数微量元素，淮南剖面 0～2m 和 2～8m 的上地壳（UCC）均一化模式基本相似，其丰度与上地壳（UCC）的平均值也非常接近。但是，淮南剖面 2m 以上和 2m 以下的 Zr 与 Hf 元素的模式明显不同，2m 以上的 Zr 与 Hf 相对于上地壳（UCC）平均值呈正异常，而 2m 以下的 Zr 与 Hf 相对于上地壳（UCC）平均值呈轻微的负异常，反映两部分可能有不同的物源。另外，2m 以上的 Sr 的负异常比 2m 以下的更负一些，反映 2m 以上部分可能经历了更强烈或者持续时间更长的风化过程。

（三）稀土元素

稀土元素（REE）作为特殊的元素在地球化学研究中占有相当重要的地位，稀土元素地球化学特征已经广泛应用于研究沉积物物质来源（杨守业 等，2007；刘俊海 等，2003）、构造背景（Taylor et al.，1985；Condie，1991）、地质事件、界线剖面、地壳演化的关系（于炳松 等，1997）等方面。

1. 稀土元素丰度

表 4 是淮南剖面与不同类型地质体稀土元素丰度的对比，由表 4 可以看出，淮南剖面 2m 以上稀土元素总量∑REE 为 177.66～201.27ppm，平均值为 188.09ppm，2～8m 稀土元素总量∑REE 为 164.56～191.31ppm，平均值

表4　淮南稀土元素丰度

元素	HN-3	HN-6	HN-12	HN-16	HN-24	HN-32	HN-41	HN-49	HN-57	HN-65	HN-77	上地壳平均值（UCC）
La	40.4	38	41.6	39.5	37.4	35.1	42.7	36.5	39.1	40.6	38.6	30
Ce	75.5	70.3	84.6	74.4	72.3	67.2	75.4	62.5	74.1	74.5	73.8	64
Pr	9.35	8.66	9.68	9.19	8.44	8.04	9.69	8.11	8.91	9.4	8.73	7.1
Nd	34.7	32.8	36.6	34.4	31.6	29.6	36.4	31.5	33.7	35.6	32.4	26
Sm	6.46	6.24	6.63	6.36	5.97	5.55	6.59	5.88	6.17	6.64	6.02	4.5
Eu	1.32	1.32	1.36	1.3	1.28	1.15	1.36	1.28	1.31	1.32	1.29	0.88
Gd	5.88	5.46	5.75	5.67	5.25	5.04	5.92	5.49	5.62	5.72	5.55	3.8
Tb	1.05	0.983	1.09	1.05	0.955	0.903	0.996	1.01	1.02	1.04	0.964	0.64
Dy	5.38	5	5.6	5.61	5.15	4.67	5.05	5.33	5.24	5.39	4.86	3.5
Ho	1.07	1.01	1.09	1.11	0.994	0.938	0.949	1.04	1.03	1.03	0.934	0.8
Er	3.06	2.93	3.12	3.26	2.81	2.66	2.72	2.97	2.93	2.96	2.64	2.3
Tm	0.536	0.5	0.528	0.543	0.484	0.46	0.442	0.493	0.488	0.494	0.441	0.33
Yb	3.11	3.01	3.16	3.25	2.79	2.83	2.7	2.84	2.91	2.94	2.61	2.2
Lu	0.474	0.446	0.466	0.485	0.422	0.417	0.389	0.43	0.436	0.448	0.387	0.32
$(La/Lu)_N$	9.13	9.13	9.57	8.73	9.50	9.02	11.76	9.10	9.61	9.71	10.69	10.05
$(Ce/Yb)_N$	6.74	6.49	7.44	6.36	7.20	6.60	7.76	6.11	7.07	7.04	7.85	8.08
$(Gd/Yb)_N$	1.56	1.50	1.51	1.44	1.56	1.47	1.81	1.60	1.60	1.61	1.76	1.43
$(La/Yb)_N$	9.32	9.06	9.44	8.72	9.62	8.90	11.34	9.22	9.64	9.91	10.61	9.78
$(La/Sm)_N$	4.04	3.93	4.05	4.01	4.04	4.08	4.18	4.01	4.09	3.95	4.14	4.30
$(Gd/Lu)_N$	1.53	1.51	1.53	1.44	1.54	1.49	1.88	1.58	1.59	1.58	1.77	1.47
ΣLREE	167.73	157.32	180.47	165.15	156.99	146.64	172.14	145.77	163.29	168.06	160.84	132.48
ΣHREE	20.56	19.34	20.80	20.98	18.86	17.92	19.17	19.60	19.67	20.02	18.39	13.89
ΣREE	188.29	176.66	201.27	186.13	175.85	164.56	191.31	165.37	182.96	188.08	179.23	146.37
LREE/HREE	8.16	8.13	8.67	7.87	8.33	8.18	8.98	7.44	8.30	8.39	8.75	9.54
Eu/Eu^*	0.65	0.69	0.67	0.66	0.70	0.66	0.67	0.69	0.68	0.65	0.68	0.65
Ce/Ce^*	0.95	0.95	1.03	0.96	1.00	0.98	0.91	0.89	0.97	0.94	0.99	1.08

注　UCC（Taylor et al.，1983；McLennan，2001）。

为 178.19ppm，都高于上地壳平均值 146.37ppm、宣城平均值为 157.37ppm、洛川平均值为 160.62ppm、西峰平均值为 157.72ppm、西宁平均值为 127.30ppm、吉县平均值为 154.54ppm，都低于灵台平均值 213.21ppm。$0 \sim$ 2m 的轻稀土总量 ΣLREE 和重稀土总量 ΣHREE 与上面的规律一致，$2 \sim 8$m 的轻稀土总量 ΣLREE 与上述一致，重稀土总量 ΣHREE 低于灵台和洛川的，高于其他地区的。

2. 稀土元素分布模式

淮南剖面 $0 \sim 2$m 以及 $2 \sim 8$m 的球粒陨石标准化稀土配分模式与中国北方黄土、南方黄土的配分模式非常相近，彼此近乎平行，呈 V 形，分布曲线均为负斜率，都是富集轻稀土元素（LREE），La - Eu 曲线较陡，重稀土元素配分曲线相对比较平缓，Eu - Lu 曲线较平缓，都存在 Eu 的中度负异常（图9），La_N/Yb_N 比值范围比较固定，为 $8 \sim 12$。

3. 稀土元素特征值

淮南剖面 $0 \sim 2$m 以及 $2 \sim 8$m 的 Eu/Eu^* 的平均值分别为 0.67 和 0.68，高于我国南方宣城黄土的平均值 0.58，也高于所有北方黄土（灵台、洛川、西峰、西宁、吉县）的平均值（表5）。

淮南剖面 $0 \sim 2$m 以及 $2 \sim 8$m 的 Ce/Ce^* 的平均值分别为 0.95 和 0.97，表现为微弱的 Ce 负异常，高于洛川黄土的平均值 0.88，低于我国南方宣城黄土，其平均值为 1.10，表现为轻微的 Ce 正异常，也低于我国北方其他地区的黄土，我国北方其他地区的黄土都呈现 Ce 的弱正异常。

通常认为，在风化过程中重稀土较轻稀土更易在溶液中形成重碳酸盐和有机络合物，容易被含水溶液带走，而轻稀土则容易被黏土物质吸附，从而使轻重稀土发生分异，轻稀土相对富集，重稀土相对亏损（李徐生 等，2006；陈骏 等，1996），风化成土作用越强 ΣLREE/ΣHREE 比值（分馏系数）越大。淮南剖面 $0 \sim 2$m 的 ΣLREE/ΣHREE 平均值为 8.21，$2 \sim 8$m 平均值为 8.34，低于宣城和灵台黄土，这是因为在我国南方气候中宣城相对淮南更温暖湿润，而灵台位于陕西关中平原，处于黄土高原的最南端，气候也相对比较温湿，它们的风化成土作用更强，所以 ΣLREE/ΣHREE 比值相对较高。相对于淮南，我国北方的洛川、西峰、西宁、吉县地区气候属于半干旱地区，其黄土的成土作用相对较弱，其 ΣLREE/ΣHREE 的平均值较淮南剖面更低。

通过微量和稀土元素可以看出淮南钻孔 $0 \sim 2$m 和 $2 \sim 8$m 的 Zr，Hf，Sr 等微量元素、稀土配分以及稀土特征值也存在着明显的区别，说明两个阶段

表 5　淮南剖面与不同沉积类型地质体稀土元素特征值

样　品	(La/Lu)$_N$	(Ce/Yb)$_N$	(Gd/Yb)$_N$	(La/Yb)$_N$	(La/Sm)$_N$	(Gd/Lu)$_N$	∑LREE	∑HREE	∑REE	LREE/HREE	Eu/Eu*	Ce/Ce*
0~2m平均值	9.14	6.76	1.50	9.13	4.01	1.50	167.67	20.42	188.09	8.21	0.67	0.97
0~2m最小值	8.73	6.36	1.44	8.72	3.93	1.44	157.32	19.34	176.66	7.87	0.65	0.95
0~2m最大值	9.57	7.44	1.56	9.44	4.05	1.53	180.47	20.98	201.27	8.67	0.69	1.03
2~8m平均值	9.91	7.09	1.63	9.89	4.07	1.63	159.10	19.09	178.19	8.34	0.68	0.95
2~8m最小值	9.02	6.11	1.47	8.90	3.95	1.49	145.77	17.92	164.56	7.44	0.65	0.89
2~8m最大值	11.76	7.85	1.81	11.34	4.18	1.88	172.14	20.02	191.31	8.98	0.70	1.00
Xuancheng and Lingtai loess[a]												
XC平均值	8.57	6.97	1.21	8.72	5.26	1.19	141.13	16.23	157.37	8.68	0.58	1.10
XC最小值	8.01	5.28	1.13	8.07	5.08	1.09	118.08	15.34	133.64	7.59	0.56	0.86
XC最大值	8.94	8.13	1.29	9.42	5.56	1.26	158.82	17.24	175.89	9.30	0.60	1.35
LT平均值	10.17	7.98	1.53	9.83	3.88	1.58	191.91	21.31	213.21	9.03	0.62	1.06
LT最小值	9.32	7.42	1.32	9.21	3.56	1.32	132.48	13.89	146.37	8.38	0.60	0.95
LT最大值	11.24	8.38	1.66	10.78	4.30	1.79	205.19	23.33	228.52	9.54	0.65	1.14
Luochuan loess[b]												
LC平均值	8.31	5.86	1.59	8.35	3.56	1.59	141.19	19.44	160.62	7.39	0.64	0.88
LC最小值	5.29	4.32	1.26	5.37	3.07	1.24	75.61	12.24	87.85	5.71	0.62	0.68
LC最大值	10.17	6.99	1.95	10.02	3.88	2.06	190.79	32.47	222.41	8.45	0.67	1.07
Xifeng，Xining and Jixian loess[c]												
XF平均值	8.75	7.45	1.72	9.18	3.79	1.64	140.67	17.05	157.72	8.26	0.65	1.06
XF最小值	8.22	7.01	1.62	8.75	3.64	1.54	133.65	16.16	149.98	8.00	0.63	1.05
XF最大值	9.86	8.02	1.86	9.99	3.89	1.81	147.49	18.12	165.61	8.78	0.67	1.08
XN平均值	8.97	8.10	1.86	9.62	3.79	1.73	113.66	13.64	127.30	8.36	0.64	1.10
XN最小值	7.24	6.75	1.69	7.79	3.46	1.57	88.21	9.75	99.21	7.31	0.61	1.05
XN最大值	10.77	10.86	1.97	11.35	4.21	1.86	147.05	16.39	163.44	10.25	0.66	1.28
JX平均值	9.41	8.04	1.78	9.89	3.82	1.70	138.54	16.00	154.54	8.67	0.65	1.06
JX最小值	7.81	7.41	1.64	8.26	3.52	1.55	116.36	13.28	129.64	8.15	0.64	1.05
JX最大值	10.92	9.03	1.98	11.30	3.93	1.91	152.81	18.09	169.51	9.39	0.67	1.17

a（Qiao et al.，2011）；b（Gallet et al.，1996）；c（Jahn et al.，2001）。

的物源存在差异。

五、讨论

淮南钻孔不管从主量元素、微量元素组成还是以磁化率为代表的物理性质上来看，在2m处都发生了明显转折，根据对淮北平原的形成历史的研究，以及通过物源分析、风化程度分析、沉积年代的分析，认为这种突然的转折是由于黄泛沉积造成的，并尝试探讨黄泛沉积发生的时间和机制。

（一）黄泛沉积的物源

主量中的不移动元素（如 Al、Ti）以及微量中的不移动元素（如 REE、Y、Th、Sc、Zr、Hf、Nb）等是指示碎屑沉积物物源的潜在指标（Taylor et al.，1985；Bhatia et al.，1986；McLennan et al.，1993），因为它们在沉积后的化学风化过程中比例不变。

顾兆炎等（2000）发现 K_2O/Al_2O_3 和 TiO_2/Al_2O_3 对于类似于中国黄土那样粒级的沉积物，它们在不同的粒径中比值几乎是一致的。因此，这两个比值在不同的沉积物中都是独立的，不受粒度影响，可以用全岩方法来示踪黏土沉积物的物源。

TiO_2/Al_2O_3 的比值是指示不同类型沉积物物源的很好的指标（Sheldon et al.，2009；Hao et al.，2010），因为即使 Al 的含量相对没有变化时，Ti 在不同的岩石中的含量也是很容易变化的（Li，2000）。相对于其他主量元素，Ti 和 Al 在自然界水中的溶解度是最低的（Broecker et al.，1982；Sugitani et al.，1996；Hao et al.，2010）。

主量中的不移动元素（如 Al、Ti 等）是指示碎屑沉积物物源的潜在指标。（Taylor et al.，1985；Bhatia et al.，1986；McLennan et al.，1993）因为它们在沉积后的化学风化过程中比例不变。根据图5，淮南钻孔 0～2m 沉积物 TiO_2/Al_2O_3 的分布范围与中国北方黄土基本完全一致，从图6中可以看出，淮南钻孔 0～2m 的 SiO_2/TiO_2 和 TiO_2/Al_2O_3 也与北方基本一致，与 2～8m 和南方黄土差别较大，SiO_2 基本不受风化和搬运过程的影响，代表物源的信息。综合以上，说明淮南钻孔 0～2m 沉积物的物源可能是来自黄土高原，是黄泛沉积。而 2～8m 的 TiO_2/Al_2O_3、SiO_2/TiO_2 分布范围比较广，其主要物源可能主要是来自本流域内，是连续沉积，其组成与沉积时的气候环境变化有关。

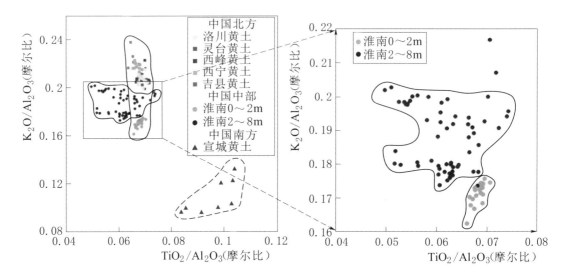

图 5　淮南钻孔与中国南北方黄土 K_2O/Al_2O_3 和 TiO_2/Al_2O_3 对比图

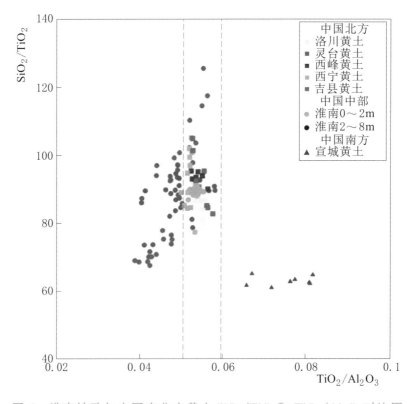

图 6　淮南钻孔与中国南北方黄土 SiO_2/TiO_2 和 TiO_2/Al_2O_3 对比图

　　微量中的不移动元素（如 REE、Y、Th、Sc、Nb）以及微量元素及其比值在示踪沉积物物源时也是非常有效的，都是指示碎屑沉积物物源的潜在指标（Taylor et al.，1985；Bhatia et al.，1986；McLennan et al.，1993）。因为它们在沉积后的化学风化过程中比例不变。图 7 中淮南钻孔 0～2m 的 Th/Nb 与 La/Nb 集中分布正好落在北方黄土的范围内，其 La/Nb 高于南方黄土。2～8m 的 Th/Nb 与 La/Nb 分布范围比较广，有的在北方黄土范围内，有的离南北方黄土都比较远，说明其物源组成比较复杂。

　　Th–Sc–Zr/10 三角图经常被看做是指示沉积物源的可靠指标，从图 8 的 Zr/10–Th–Sc 三角图中可以看出，南方黄土与北方黄土有明显的区别，北方黄土更接近上地壳的平均组成。淮南钻孔 0～2m 与北方黄土分布基本完全接近，指示出淮南 0～2m 沉积与北方黄土的物源可能是同源，而 2～8m 分布范围较广，说明其物源来源更广泛。

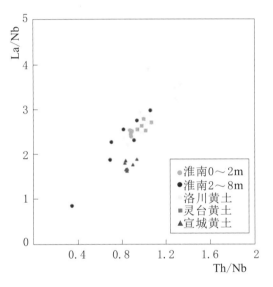

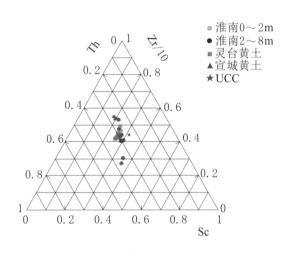

图 7　淮南钻孔与中国南北方黄土　　　　　图 8　淮南钻孔与中国南北方
　Th/Nb 和 La/Nb 对比图　　　　　　　黄土 Zr/10–Th–Sc 三角图

　　碎屑岩的 REE 含量主要受控于它的物源区岩石成分（McLennan，1989），这是因为 REE 是不可溶的，他们在海水或河水中的含量极低。因此，存在于沉积岩中的 REE 主要是呈颗粒物质搬运的，反映了他们的物源区的地球化学特征。比较而言，风化和成岩作用的效应是次要的。Nesbitt（1979）的研究表明，尽管在风化作用过程中 REE 可能被活化出来，但是它们又在风化壳中再沉淀下来。

　　Cullers 等（1987）关于沉积分选作用对 REE 浓度的影响效应的重要研究，发现了物源区的 REE 形式可以完全由沉积岩中的黏土部分来代表，含黏土的岩石比其他沉积岩具有更高的 REE 含量。正是这个原因使得许多作者利用沉积岩的黏土部分的 REE 含量或者富含黏土的沉积岩来确定沉积过程，识别物源区。因此 REE 是示踪沉积物物源的很好的指标。

目前 REE 已被广泛地应用于不同类型沉积物物源的研究（Taylor et al.，1985；McLennan et al.，1993；McLennan，1989；Yang et al.，2007；Muhs et al.，2008）。

根据图 9 中不同地区沉积物的稀土配分特征可以看出，淮南剖面 0～2m

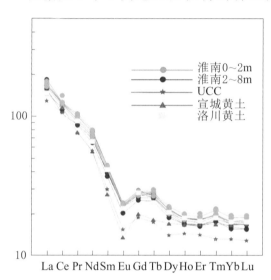

图 9　球粒陨石标准化稀土配分图

以及 2～8m 的球粒陨石标准化稀土配分（REE）模式与中国北方黄土基本一致，说明他们之间可能存在相似的物源，南方黄土的中稀土部分比北方黄土和淮南剖面更亏损，轻稀土和重稀土与北方黄土和淮南基本一致。上地壳的平均组成在轻稀土部分与北方黄土、南方黄土、淮南基本一致，重稀土部分相对更亏损。

多个指标指示淮南钻孔沉积物物源存在两个变化阶段，其中 0～2m 的 TiO_2/Al_2O_3、SiO_2/TiO_2、Th/Nb、La/Nb、Zr/10 - Th - Sc 以及稀土配分组成都与中国北方黄土基本一致，说明淮南钻孔 0～2m 沉积物的物源可能来自中国北方的黄土高原，是黄泛沉积的产物。2～8m 的分布范围较广，说明其物源来源比较复杂，来源更广泛。这是因为气候环境的变化使得物质的搬运过程发生变化，由此带来了不同地区的物质，不同的物质混合，使得其微量组成分布范围比较广。

（二）黄泛沉积的风化

沉积过程中可移动元素主要受化学风化强度的影响。Ca、Sr、Na、Mg、K 是典型的可移动元素。Nesbitt 等（1989）提出大陆化学风化趋势预测的 A - CN - K（Al - CaO + Na₂O - K₂O）三角模型图能够较为直观地判断沉积物的风化程度，并可以预测矿物未来化学风化趋势（杨守业 等，2001；李徐生 等，2007）。该模型图的原理基于风化过程中矿物稳定性、质量平衡以及相关实验数据的分析。风化趋势与 A - CN 连线平行指示了斜长石的初级风化阶段，其风化产物主要为伊利石、蒙脱石、高岭石；而风化趋势抵达 A - K 线则代表了斜长石的较高级风化阶段；风化趋势线与 A-K 连线平行时，反映剖面中初级风化产物进一步向富铝型矿物转变。

淮南钻孔的 A-CN-K 三角模型图分析结果（图 10）显示，中国北方黄土在三角模型中的分布均与 A-CN 连线大致平行，位于 UCC 风化趋势线上，处于早期的脱 Ca、Na 初级风化阶段。南方黄土在三角模型中的分布均与 A-K 连线大致平行，K 流失比较严重，K 主要富集于钾长石中，也有少部分存在于伊利石和云母中，低 K 说明风化已经到了风化的第二个阶段——K 流失的阶段，也说明南方暖湿的地区风化更强烈，反映了南方黄土的淋溶作用相对较强。淮南钻孔风化程度介于北方黄土和南方黄土之间，Na 非常低，Na 主要在斜长石中富集，

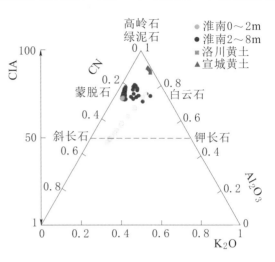

图 10　淮南钻孔 A-CN-K 化学风化趋势三角图

低 Na 说明斜长石已经几乎风化殆尽，风化产物的矿物成分可能主要以蒙脱石为主，尚未达到以高岭石为主的程度。

K_2O/Al_2O_3 经常作为化学成熟度的指标，但是也可以用来指示化学风化早期 Na、Ca 流失阶段的沉积物的组成（Cox et al.，1995），因为 K_2O/Al_2O_3 在不同的长石、云母以及黏土矿物中是有明显不同的（Deer et al.，1996）。

从图 5、图 11 中可以看出，淮南钻孔的 K_2O/Al_2O_3 低于中国北方黄土，高于中国南方黄土，其中钻孔 0~2m 的 K_2O/Al_2O_3 低于 2~8m 的 K_2O/Al_2O_3，这可能与气候的干湿程度相关，南方气候相对比较暖湿，北方气候相对干冷，淮南处于中国南北方气候过渡带，气候越暖湿，K 元素越容易风化流失，所以淮南钻孔的 K_2O/Al_2O_3 介于中国南北方黄土之间。另外淮南钻孔 0~2m 的 K_2O/Al_2O_3 比 2~8m 的低，可能是因为 2~8m 的沉积发生在末次冰期，而 0~2m 的沉积发生在全新世，全新世的气候比末次冰期的气候要更加温暖湿润，K 更容易风化流失，所以 0~2m 的 K_2O/Al_2O_3 比 2~8m 的低。

钾长石比斜长石抗风化能力更强，在 K 型硅酸岩的风化过程中，一部分 K 被伊利石黏土的晶格紧紧束缚，所以 K 没有 Na 的移动性强，南方黄土的 K_2O/Al_2O_3 低部分原因是其沉积后的风化作用。

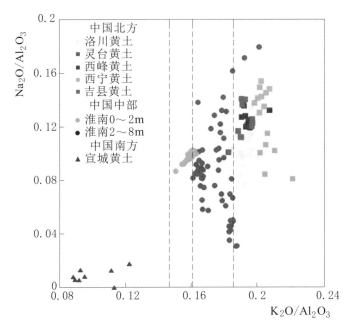

图 11 淮南钻孔与中国南北方黄土 Na_2O/Al_2O_3 和 K_2O/Al_2O_3 对比图

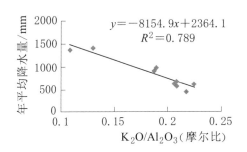

图 12 K_2O/Al_2O_3（摩尔比）与年平均 降水量的关系

图 13 K_2O/Al_2O_3 与纬度的关系

从图 12 和图 13 可以看出，K_2O/Al_2O_3 与纬度呈正相关关系，纬度越高，K_2O/Al_2O_3 越高，说明 K 流失越少，风化程度越低；而 K_2O/Al_2O_3 与年平均降水量与之相反，呈负相关关系，降水量越大，K_2O/Al_2O_3 越小，说明 K 流失越严重，风化程度越高。虽然纬度和年平均降雨量与 K_2O/Al_2O_3 的相关性都很好，但到底哪个是影响 K_2O/Al_2O_3 更根本的控制因素？

影响 K_2O/Al_2O_3 的是风化过程，风化过程主要受温度、降水、母质等的影响。安徽宣城地区属中亚热带季风气候，年均温 15.6℃，与大港地区差异不大；年降水量在 1294mm 左右，高出大港约 206mm（表 6）。但是宣城风成黄土的 K_2O/Al_2O_3 远低于大港剖面，即风化强度要远强于大港，由此可以看出，两者风化强度的差异似乎与年均温度关系不大，而主要是由于降水量的差异造成的，即降水因素在化学风化过程中可能起着更为重要的制约作用。

表6　　　　　　　　中国不同地区黄土 K_2O/Al_2O_3（摩尔比）

剖面	K_2O/Al_2O_3（摩尔比）	纬度/(°)	年平均降水量/mm	年平均温度/℃
九江	0.13066	29.7	1446	16.6
宣城	0.1086	30.9	1294.4	15.6
大港	0.19168	32.223	1088.2	15.6
淮南	0.18821	32.8354	937.2	15.3
灵台	0.2244	34.98333	654.4	8.6
洛川	0.2079	35.75	620	9.2
西峰	0.2099	35.8333	513.5	8.48
吉县	0.2065	36.1667	579	10
西宁	0.2182	36.6667	394.7	7.6

在中国，一般随纬度的升高降雨量和温度却随着降低，正好表现出 K_2O/Al_2O_3 与纬度相关性很好，但从直接控制风化的因素角度，降水是直接的，纬度是间接的，所以 K_2O/Al_2O_3 主要是直接受降水量的控制，与纬度是间接关系，不是本质关系，与温度关系不大。

（三）黄泛沉积的年代

据历史文献记载统计，4000多年来黄河下游共发生决溢、改道等大小泛滥事件超过1000次（沈怡 等，1935）。其中近千年来平均不到25年即发生一次改道，一年一决口，而在17世纪中期的明末清初决口频率甚至达到一年三决口（Chen et al.，2012）。

除了天然决堤事件，历史上黄河下游还发生了十几起以水代兵的人为决河事件。最早的一次发生于公元前361年战国时期，"楚师决河水，水出长垣之外"（《竹书纪年》）。最近的一次是1938年国民政府为阻日军进攻制造的花园口大决口，洪水淹没了黄河下游5.4万 km^2 土地（黄河水利委员会《黄河志》总编辑室，2001）（图14）。

通过历史记载可以看出，由于黄河经常性的泛滥决口，为淮北平原带来了大量泥沙，这些泥沙主要是来自黄土高原的黄土，黄河将黄土高原的物质搬运到了淮北平原，并在此沉积了下来。通过本钻孔的地球化学分析，发现0～2m的主量和微量组成与黄土高原非常一致，也说明淮北平原的沉积物有

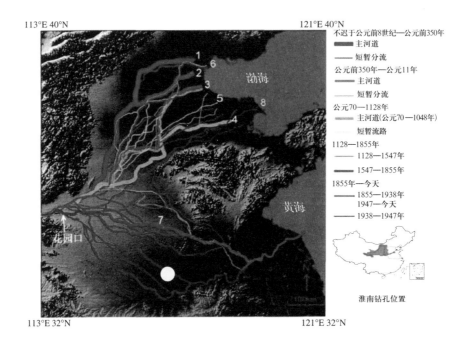

图 14　历史时期黄河下游河道变迁图

[各个时期流路主要依据《中国历史地图集》(谭其骧，1982)]，

1—山经河；2—禹贡河；3—汉志河；4—东汉河道；5—北宋东流；

6—北宋北流；7—明清河道；8—今黄河。河道线条粗细表示河道寿命长短，

并不表示河道宽度。(陈蕴真，2013 修改)

来自黄土高原的物质。

历史上黄河泛滥频繁，黄泛决口，进入淮河流域，形成如今的黄淮平原。但是黄河最早进入淮北平原的时间仍然不是很清楚，以上只是历史文献的记载。没有历史文献记载之前，黄河有没有发生决口，有没有侵入淮北平原，有的话，最早发生在什么时候？

在本钻孔 2m 处沉积物的主微量组成发生了明显的转折，2m 以上地球化学组成均一，与中国北方黄土接近，2m 以下地球化学组成变化比较大，历史上的古河道也曾经过本钻孔所在的位置（图 14），说明 2m 以上可能是黄泛沉积物，而且可能是一次事件性沉积。2m 处的 ^{14}C 测年约为 13000 a B P，2m 以上年龄全部倒转，说明可能在约 13000 年前发生了一次黄河决口，黄河决口带来黄土高原的物质在这里沉积了 2m 厚。因为 13000 年前是冰消期，是全球气候由末次冰期的寒冷气候向全新世较暖的气候过渡的阶段（Sowers et al.，1995；Zhang et al.，2014；Martinez et al.，2015），温度逐渐开始升高，黄河上游的积雪开始融化，雪水进入黄河使黄河水量增加，导致下游决口，

黄河从而进入淮北平原，带来黄土高原的物质。由此，我们推断，黄河至少在 13000 年前可能就发生过决口，侵入了淮河流域，比最早的历史记录要早约 10000 年。

六、结论

基于对淮南钻孔 25ka 以来沉积物地球化学以及年代学的研究，得出以下几点认识：

（1）钻孔沉积物的化学成分在垂向上变化明显，从主量元素含量、不同风化指数、主量元素摩尔比、微量元素比值、稀土元素配分形式、特征三角图等方面都可将钻孔分为两个阶段：0～2m 和 2～8m。

（2）钻孔 0～2m 的 TiO_2/Al_2O_3、SiO_2/TiO_2、Th/Nb、La/Nb、$Zr/10 - Th - Sc$ 以及稀土配分组成等都落在中国北方黄土的分布范围内，说明其组成与中国北方黄土基本一致，物源主要来自黄土高原，通过黄河的决口改道搬运到淮北平原，形成 2m 厚的黄泛沉积；2～8m 的值分布范围较广，说明其物源成分比较复杂，存在波动变化，波动主要受气候变化控制，物源可能以本流域内物质为主。

（3）淮南钻孔沉积物的风化程度高于北方黄土，低于南方黄土，风化程度主要受降雨量的控制，其 Ca、Na 流失严重，主要矿物成分以蒙脱石为主。

（4）黄河最早可能在冰消期大约 13ka B P 就发生过决口，进入淮北平原，形成黄泛沉积，从而形成今天淮北平原的地貌格局。

（张磊、秦小光、刘嘉麒、穆燕、贾红娟、吴梅）

参 考 文 献

陈骏，季峻峰，仇纲，等，1997. 陕西洛川黄土化学风化程度的地球化学研究［J］. 中国科学（D辑：地球科学），（6）：531 - 536.

陈骏，鹿化煜，1996. 陕西洛川黄土沉积物中稀土元素及其它微量元素的化学淋滤研究［J］. 地质学报，70（1）：61 - 72.

陈蕴真，2013. 黄河泛滥史：从历史文献分析到计算机模拟［M］. 南京：南京大学出版社.

刁桂仪，文启忠，1999. 黄土中铁的形态分布及其组合特征研究［J］. 海洋地质与第四纪地质，（3）：78 - 85.

丁敏，庞奖励，黄春长，等，2011. 关中东部全新世黄土古土壤序列常量元素地球化学特性研究 [J]. 中国沙漠，(4)：862 - 867.

顾兆炎，韩家懋，刘东生，2000. 中国第四纪黄土地球化学研究进展 [J]. 第四纪研究，(1)：41 - 55.

黄河水利委员会《黄河志》总编辑室，2001. 黄河大事记 [M]. 郑州：黄河水利出版社.

李徐生，韩志勇，杨达源，等，2006. 镇江下蜀黄土的稀土元素地球化学特征研究 [J]. 土壤学报，43 (1)：1 - 7.

李徐生，韩志勇，杨守业，等，2007. 镇江下蜀土剖面的化学风化强度与元素迁移特征 [J]. 地理学报，(11)：1174 - 1184.

李徐生，杨达源，鹿化煜，1999. 皖南风尘堆积序列氧化物地球化学特征与古气候记录 [J]. 海洋地质与第四纪地质，19 (4)：75 - 82.

刘俊海，杨香华，于水，等，2003. 东海盆地丽水凹陷古新统沉积岩的稀土元素地球化学特征 [J]. 现代地质，17 (4)：421 - 427.

沈怡，赵世暹，1935. 黄河年表 [M]. 南京：军事委员会资料委员会.

水利部淮河水利委员会，《淮河志》编纂委员会，2004. 淮河志 [J]. 北京：科学出版社.

谭其骧，1982. 在历史地理研究中如何正确对待历史文献资料 [J]. 学术月刊，(11)：1 - 7.

王国强，徐威，吴道祥，等，2004. 安徽省环境地质特征与地质灾害 [J]. 岩石力学与工程学报，23 (1)：164 - 169.

文启忠，刁桂仪，贾蓉芬，等，1995. 黄土剖面中古气候变化的地球化学记录 [J]. 第四纪研究，15 (3)：223 - 231.

杨瑞霞，李志飞，张莉，等，2011. 河南嵩山东麓邓家剖面元素的地球化学特征及环境意义 [J]. 海洋地质与第四纪地质，(2)：129 - 134.

杨守业，李从先，李徐生，等，2001. 长江下游下蜀黄土化学风化的地球化学研究 [J]. 地球化学，30 (4)：402 - 406.

杨守业，韦刚健，夏小平，等，2007. 长江口晚新生代沉积物的物源研究：REE 和 Nd 同位素制约 [J]. 第四纪研究，27 (3)：339 - 346.

于炳松，裴愉卓，李娟，1997. 扬子地块西南部晚元古代——三叠纪沉积地球化学演化 [J]. 沉积学报，(4)：129 - 135，149.

张虎才，1997. 武都黄土堆积及晚更新世以来环境变迁研究 [J]. 兰州大学学报，(1)：107 - 110，112 - 116.

朱照宇，谢久兵，王彦华，等，2004. 华南沿海地表红土地球化学特性变异的自然因素与人类活动干预 [J]. 第四纪研究，(4)：402 - 408.

邹逸麟，谭其骧，史念海，1982. 历史时期的水系变迁，黄河 [M]. 北京：科学出版社.

BHATIA M，CROOK K W，1986. Trace element characteristics of graywackes and tectonic setting discrimination of sedimentary basins [J]. Contributions to Mineralogy and Petrology，92 (2)：181 - 193.

BROECKER W S，PENG T H，1982. Tracers in the sea [M]. New York：Eldigio Press.

CHEN Y, SYVITSKI J P M, GAO S, et al., 2012. Socio – economic Impacts on Flooding: A 4000 – Year History of the Yellow River, China [J]. Ambio, 41 (7): 682 – 698.

CONDIE K C, 1991. Another look at rare earth elements in shales [J]. Geochimica Et Cosmochimica Acta, 55 (9): 2527 – 2531.

COX R, LOWE D R, CULLERS R, 1995. The influence of sediment recycling and basement composition on evolution of mudrock chemistry in the southwestern United States [J]. Geochimica Et Cosmochimica Acta, 59 (14): 2919 – 2940.

CULLERS R L, BARRETT T, CARLSON R, et al., 1987. Rare – earth element and mineralogic changes in Holocene soil and stream sediment: A case study in the Wet Mountains, Colorado, U. S. A [J]. Chemical Geology, 63 (3 – 4): 275 – 297.

DEER W, HOWIE A, ZUSSMAN J, 1996. Introduction to the Rock – Forming Minerals [M]. London: Longman.

FEDO C M, NESBITT H W, YOUNG G M, 1995. Unraveling the effects of potassium metasomatism in sedimentary – rocks and paleosols, with implications for paleoweathering conditions and provenance [J]. Geology, 23 (10): 921 – 924.

GALLET S, JAHN B M, TORII M, 1996. Geochemical characterization of the Luochuan loess – paleosol sequence, China, and paleoclimatic implications [J]. Chemical Geology, 133 (1 – 4): 67 – 88.

GUO Z, LIU T, GUIOT J, et al., 1996. High frequency pulses of East Asian monsoon climate in the last two glaciations: Link with the North Atlantic [J]. Climate Dynamics, 12 (10): 701 – 709.

HAO Q, GUO Z, QIAO Y, et al., 2010. Geochemical evidence for the provenance of middle Pleistocene loess deposits in southern China [J]. Quaternary Science Reviews, 29 (23): 3317 – 3326.

HARNOIS L, 1988. The CIW index: a new chemical index of weathering [J]. Sedimentary Geology, 55 (3): 319 – 322.

JAHN B M, GALLET S, HAN J, 2001. Geochemistry of the Xining, Xifeng and Jixian sections, Loess Plateau of China: eolian dust provenance and paleosol evolution during the last 140 ka [J]. Chemical Geology, 178 (1 – 4): 71 – 94.

LI Y, 2000. A Compendium of Geochemistry: From Solar Nebula to the Human Brain [M]. Princeton: Princeton University Press.

LIU C Q, MASUDA A, OKADA A, et al., 1993. A geochemical study of loess and desert sand in northern China: Implications for continental crust weathering and composition [J]. Chemical Geology, 106 (3 – 4): 359 – 374.

MARTINEZ R F, KASTNER M, GALLEGO T D, et al., 2015. Paleoclimate and paleoceanography over the past 20,000 yr in the Mediterranean Sea Basins as indicated by sediment elemental proxies [J]. Quaternary Science Reviews, 107: 25 – 46.

MCLENNAN S M, 1989. Rare earth elements in sedimentary rocks: influence of provenance and sedimentary processes [J]. Reviews in Mineralogy and Geochemistry, 21 (1): 169 – 200.

MCLENNAN S M, 2001. Relationships between the trace element composition of sedimentary rocks and upper continental crust [J]. Geochemistry, Geophysics, Geosystems, 2 (4): 1021.

MCLENNAN S, HEMMING S, MCDANIEL D, et al., 1993. Geochemical approaches to sedimentation, provenance, and tectonics [J]. Geological Society of America Special Papers, 284: 21 – 40.

MUHS D R, BUDAHN J R, JOHNSON D L, et al., 2008. Geochemical evidence for airborne dust additions to soils in Channel Islands National Park, California [J]. Geological Society of America Bulletin, 120 (1 – 2): 106 – 126.

NESBITT H W, MARKOVICS G, PRICE R C, 1980. Chemical processes affecting alkalis and alkaline earths during continental weathering [J]. Geochimica Et Cosmochimica Acta, 44 (11): 1659 – 1666.

NESBITT H W, YOUNG G M, 1984. Prediction of some weathering trends of plutonic and volcanic rocks based on thermodynamic and kinetic considerations [J]. Geochimica Et Cosmochimica Acta, 48 (7): 1523 – 1534.

NESBITT H W, 1979. Mobility and fractionation of rare earth elements during weathering of a granodiorite [J]. Nature, 279: 206 – 210.

NESBITT H, YOUNG G M, 1989. Formation and diagenesis of weathering profiles [J]. The Journal of Geology, 97 (2): 129 – 147.

NESBITT H, YOUNG G, 1982. Early Proterozoic climates and plate motions inferred from major element chemistry of lutites [J]. Nature, 299: 715 – 717.

QIAO Y, HAO Q, PENG S, et al., 2011. Geochemical characteristics of the eolian deposits in southern China, and their implications for provenance and weathering intensity [J]. Palaeogeography, Palaeoclimatology, Palaeoecology, 308 (3 – 4): 513 – 523.

SHELDON N D, TABOR N J, 2009. Quantitative paleoenvironmental and paleoclimatic reconstruction using paleosols [J]. Earth – Science Reviews, 95 (1 – 2): 1 – 52.

SOWERS T, BENDER M, 1995. Climate records covering the last deglaciation [J]. SCIENCE, 269: 210 – 214.

SUGITANI K, HORIUCHI Y, ADACHI M, et al., 1996. Anomalously low Al_2O_3/ TiO_2 values for Archean cherts from the Pilbara Block, Western Australia – possible evidence for extensive chemical weathering on the early earth [J]. Precambrian Research, 80 (1 – 2): 49 – 76.

TAYLOR S, MCLENNAN S, MCCULLOCH M, 1983. Geochemistry of loess, continental crustal composition and crustal model ages [J]. Geochim. Cosmochim. Acta, (47): 1897 – 1905.

TAYLOR S R, MCLENNAN S M, 1985. The Continental Crust: Its Composition and

Evolution [J]. The Journal of Geology，94（4）：57 - 72.

WANG J，LIU G，LU L，et al.，2015. Geochemical normalization and assessment of heavy metals（Cu，Pb，Zn，and Ni）in sediments from the Huaihe River，Anhui，China [J]. Catena，129：30 - 38.

YANG X，ZHU B，WHITE P D，2007. Provenance of aeolian sediment in the Taklamakan Desert of western China，inferred from REE and major - elemental data [J]. Quaternary International，175：71 - 85.

ZHANG W，WU J，WANG Y，et al.，2014. A detailed East Asian monsoon history surrounding the 'Mystery Interval' derived from three Chinese speleothem records [J]. Quaternary Research，82（1）：154 - 163.

专题五

淮南矿区采煤沉陷机理及沉陷区预测

一、淮南矿区采煤沉陷机理研究总体思路

淮南矿区位于华东经济发达区腹地，安徽省中北部，横跨淮南和阜阳两市，地理位置优越，交通运输便捷，铁路、公路、水路四通八达。矿区东西长约100km，南北倾斜宽约30km，面积约3000km²。

淮南矿业集团各矿分别分布在淮河的南和北。淮河以南主要包括新庄孜矿、谢一矿、李一矿、李嘴孜矿；淮河以北，从西到东，分布了谢桥矿、张集矿、顾北矿、顾桥矿、丁集矿、朱集矿、潘四矿、潘三矿、潘一矿、潘二矿和后备资源区。

根据国家发展改革委对淮南潘谢矿区总体规划的批复，矿井面积为1571km²，资源储量为285亿t。

（一）淮南矿区地质采矿条件

1. 地层

该区地处黄淮平原。淮南煤田位居广阔的平原之中，全部被第四系覆盖，唯有煤田南北两翼边缘的低山残丘，出露前震旦系变质岩，震旦、寒武、奥陶系等古老地层。地层由下而上依次有奥陶系、石炭系、二叠系、第三系和第四系。

2. 含煤性

（1）石炭系太原组含煤情况。

太原组含煤6~9层，总厚2.40~4.65m，煤层最大厚度1.11m，极不稳定，无开采价值。

（2）二叠系含煤情况。

二叠系石千峰组非含煤段除外，含煤段总厚 734m，含煤 33 层，煤层总厚 30.08m，含煤系数为 4.10％。共分七个含煤段，以第一含煤段（山西组）、第二含煤段（下石盒子组）和第四含煤段的含煤系数最高，分别为 9.82％、7.69％和 7.90％，见表 1。

表 1　二叠系地层含煤情况表

系	统	组	含煤段	煤段厚度/m	含煤层数/名称	煤层总厚/m	含煤系数/％
二叠系	上统	上石盒子组	七	106	4～6/22～25	1.20	1.13
			六	138	4/18～21	1.17	0.85
			五	110	3/16～17-2	1.78	1.62
			四	73	6/12～15	5.77	7.90
			三	120	6/9-1～11-3	4.16	3.47
	下统	下石盒子组	二	111	9/4-1～8	8.54	7.69
		山西组	一	76	1/1	7.46	9.82
合计				734	33	30.08	

二叠系可采煤层集中分布在煤系的中、下部厚约 450m 的地层中，共有 9 层，平均可采总厚 24.11m，约占煤层总厚的 80％。不可采煤层 24 层，平均总厚 5.97m，煤层平均厚 0.03～0.58m。

3. 可采煤层

潘谢矿区可采煤层以具有代表性的顾桥井田为例进行详细说明。可采煤层基本情况见表 2。

可采煤层共 9 层，平均可采总厚 24.11m。其中全区可采的主要煤层共 5 层：13-1 煤、11-2 煤、8 煤、6-2 煤、1 煤，其中 6-2 煤相当于张集井田的 6 煤层，平均总厚 21.14m，占可采总厚的 87.7％；局部可采 4 层：17-2 煤、13-1 下煤、7-2 煤、4-1 煤，其中 17-2 煤层相当于张集井田的 17-1 煤层，平均总厚 2.97m，占可采总厚的 12.3％。

老区煤系地层柱状图见图 1，新区煤系地层见图 2。新区地质剖面图见图 3 和图 4。

（二）淮南矿区新老区覆岩特征剖析

淮南矿业集团各矿区以淮河为界分成南、北两区。两区内各矿所采煤层赋存条件基本相同，煤系地层相同，但第四系厚度存在很大差距。

表 2　　　　　　　　　　　可 采 煤 层 情 况 表

煤层名称		穿过孔数/个	总点数	煤层点数					可采煤层厚度/m		煤层结构									标准离差	变异系数/%	稳定程度
				正常点数			非正常点数		平均	最小~最大	夹矸层数				百分数/%	类型	可采频率/%	可采性				
				可采	不可采	失灭冲刷	风化	断缺断破			合计	一层	二层	大于三层								
17-2	全区	205	209	112	48	33	8	8	0.97	0~4.35	31	25	4	2	14.8	简单	58	局部可采	0.78	81	不稳定
	可采区	88	88	83			3	2	1.57	0.77~4.35	26	20	3	3	29.5	简单	100	可采	0.68	43	较稳定
13-1		271	274	253			8	13	4.65	1.70~8.25	131	82	43	6	47.8	较简单	100	可采	1.19	25.6	稳定
13-1下	全区	164	167	59	65	35	2	6	0.56	0~1.85	9	7	2		5.4	简单	37	局部可采	0.44	78.6	不稳定
	可采区	55	57	54			3		1.04	0.75~1.85	6	5	1		10.5	简单	100	可采	0.25	25	较稳定
11-2		251	254	233			8	13	3.10	0.89~7.23	143	96	37	10	56.3	简单较简单	100	可采	0.87	27.9	稳定

续表

煤层名称		穿过孔数/个	煤层点数							煤层厚度/m		煤层结构						可采频率/%	可采性	标准离差	变异系数/%	稳定程度
			总点数	正常点数				非正常点数		平均		夹矸层数					类型					
				可采	不可采	尖灭	冲刷	风化	断缺断破	最小~最大		合计	一层	二层	大于三层	百分数/%						
8	全区	207	212	177			20	3	12	2.52 / 0~5.15		66	49	13	4	31.1	简单	89.8	局部可采	1.15	46	较稳定
	冲刷区北	68	71	67				2	2	2.86 / 1.30~5.15		35	19	12	4	49.3	简单较简单	100	可采	0.91	31.9	稳定
	冲刷区南	118	120	110			1	1	9	2.74 / 0.72~4.62		31	30	1		25.8	简单	100	可采	0.81	29.8	稳定
7-2	全区	207	209	119	16	65	4	1	4	0.76 / 0~2.94		15	14		1	7.2	简单	58	局部可采	0.66	87	不稳定
	可采区	119	120	112	1	2		1	4	1.17 / 0~2.94		14	13		1	12	简单	93	大部可采	0.35	30	较稳定
6-2		208	210	195				4	10	3.41 / 0.60~7.10		78	53	21	4	36.7	简单	99.5	可采	1.03	30	稳定
4-2		176	176	88	61	16		7	4	0.68 / 0~5.20		15	14	1		8.5	简单	53	局部可采	0.47	68.8	不稳定
1		174	174	159				11	4	7.46 / 1.85~11.89		122	67	41	14	70.1	较复杂	100	可采	2.03	27	稳定

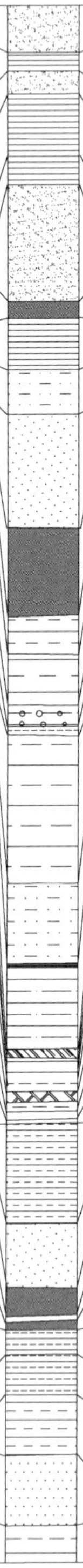

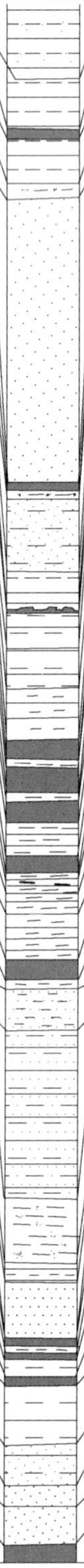

层次	层厚/m	累计厚度/m	柱状	岩性	层次	层厚/m	累计厚度/m	柱状	岩性
1	4.5	4.5		砂岩	36	7.5	147.5		砂质黏土岩
2	1.5	6		页岩	37	4.9	152.4		黏土岩
3	2	8		砂岩	38	0.8	153.2		B10煤
4	5	13		页岩中间夹一煤线	39	3.8	157		黏土岩
5	3	16		页岩	40	1.3	158.3		砂质黏土岩
6	12	28		砂岩	41	25.5	183.8		中、细砂岩层厚质硬有滴水
7	1.2	29.2		C15煤	42	0.5	184.3		B9上煤
8	5	34.2		页岩	43	0.6	184.9		砂质黏土岩
9	4	38.2		砂页岩	44	6.5	191.4		细砂岩局部夹砂质黏土岩
10	10	48.2		砂岩	45	2.8	194.2		砂质黏土岩
11	7.8	56		C13煤	46	1.3	195.5		B9c煤线黏土互层
12	3.3	59.3		黏土岩	47	0.8	196.3		黏土岩
13	5	64.3		黏土岩顶部0.1m砂质页岩	48	2.8	199.1		黏土岩
14	2	66.3		鳞状黏土岩	49	2.8	201.9		黏土岩
15	0.6	66.9		砂质黏土岩	50	4.7	206.6		黏土岩
16	13.4	80.3		黏土岩	51	1.8	208.4		B9b煤
17	7.3	87.6		砂质黏土岩	52	0.8	209.2		黏土岩
18	7.7	95.3		砂质黏土岩顶部0.1m炭质页岩	53	2.3	211.5		B9a煤
19	0.3	95.6		炭质页岩	54	0.6	212.5		黏土岩
20	0.4	96		黏土岩	55	1.7	213.8		B8b煤
21	3	99		砂质黏土岩	56	3.2	217		黏土岩
22	0.8	99.8		炭质页岩	57	1.4	218.4		B8a煤
23	1	100.8		黏土岩	58	1.4	219.8		黏土岩
24	0.3	101.1		炭质页岩	59	0.6	220.4		黏土岩
25	0.4	101.5		黏土岩	60	0.8	221.2		砂质黏土岩
26	8.9	110.4		砂质黏土岩	61	5.1	226.3		黏土岩
27	5.7	116.1		细砂岩	62	1.6	227.9		B7a煤
28	2.5	118.6		B11b煤	63	0.8	228.7		黏土岩
29	0.6	119.2		黏土岩	64	3.7	232.4		砂质黏土岩
30	0.8	120		B11a煤	65	17.5	249.9		砂岩砂质黏土岩
31	2.2	122.2		黏土岩	66	5.7	255.6		砂质黏土岩
32	3.6	125.8		砂质黏土岩	67	1.6	257.2		砂质黏土岩与黏土岩互层
33	5.4	131.2		砂质黏土岩与砂岩互层	68	5.1	262.3		砂质黏土岩
34	6.3	137.5		细砂岩	69	0.8	263.1		细砂岩
35	2.5	140		黏土岩	70	0.9	264		B6煤
					71	0.3	264.3		黏土岩
					72	2.2	266.5		线煤
					73	0.6	267.1		黏土岩
					74	4	271.1		B5a煤
					75	1.6	272.7		黏土岩
					76	3.5	276.2		砂岩与黏土岩互层
					77	1.8	278		砂岩
					78	3.7	281.7		砂岩
					79	1.2	282.9		B4b煤

图1 淮南矿老区煤系地层柱状图

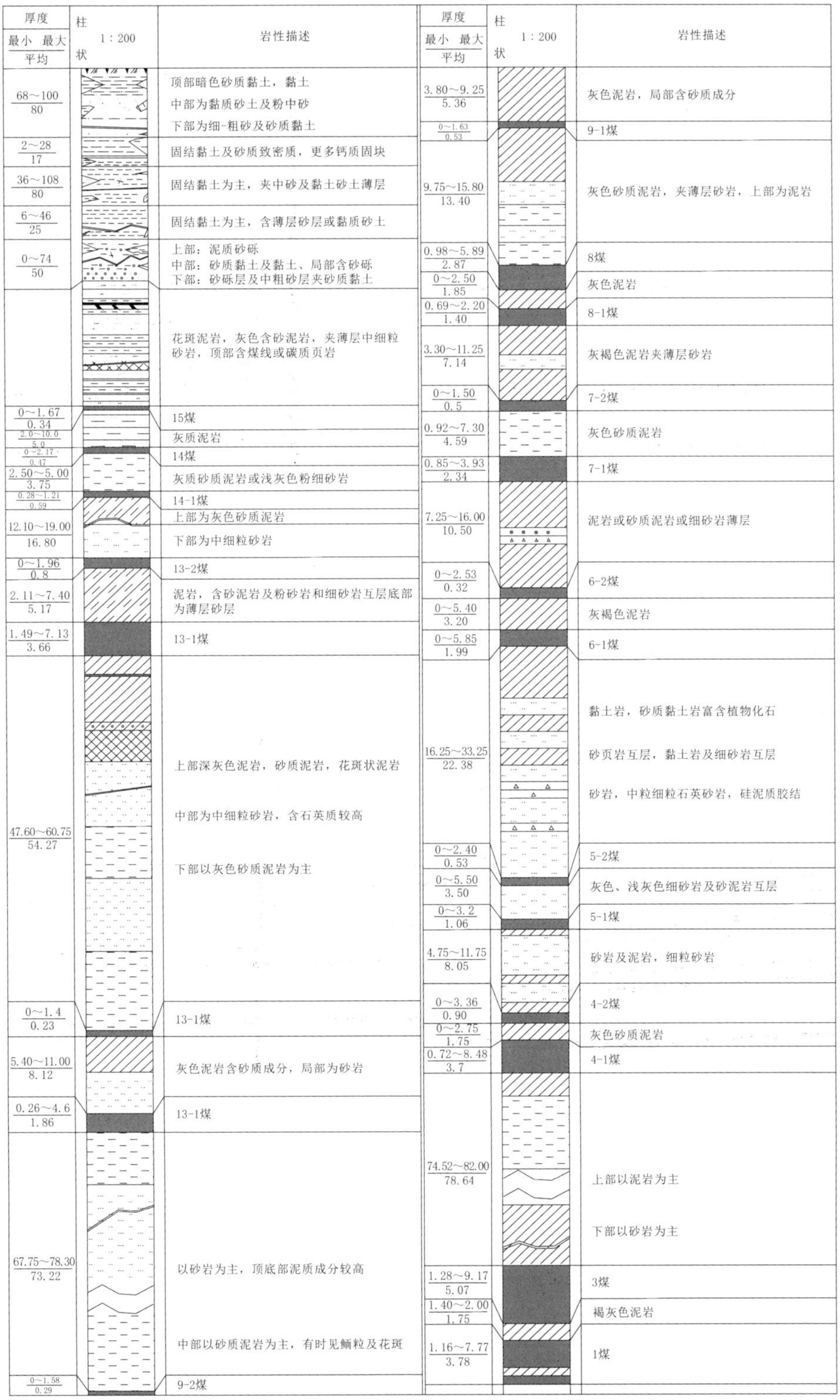

厚度 最小　最大 平均	柱状	1:200	岩性描述	厚度 最小　最大 平均	柱状	1:200	岩性描述
$\frac{68\sim100}{80}$			顶部暗色砂质黏土，黏土 中部为黏质砂土及粉中砂 下部为细-粗砂及砂质黏土	$\frac{3.80\sim9.25}{5.36}$			灰色泥岩，局部含砂质成分
$\frac{2\sim28}{17}$			固结黏土及砂质致密质，更多钙质固块	$\frac{0\sim1.63}{0.53}$			9-1煤
$\frac{36\sim108}{80}$			固结黏土为主，夹中砂及黏土砂土薄层	$\frac{9.75\sim15.80}{13.40}$			灰色砂质泥岩，夹薄层砂岩，上部为泥岩
$\frac{6\sim46}{25}$			固结黏土为主，含薄层砂层或黏质砂土				
$\frac{0\sim74}{50}$			上部：泥质砂砾 中部：砂质黏土及黏土、局部含砂砾 下部：砂砾层及中粗砂层夹砂质黏土	$\frac{0.98\sim5.89}{2.87}$			8煤
				$\frac{0\sim2.50}{1.85}$			灰色泥岩
			花斑泥岩，灰色含砂泥岩，夹薄层中细粒砂岩，顶部含煤线或碳质页岩	$\frac{0.69\sim2.20}{1.40}$			8-1煤
				$\frac{3.30\sim11.25}{7.14}$			灰褐色泥岩夹薄层砂岩
$\frac{0\sim1.67}{0.34}$			15煤	$\frac{0\sim1.50}{0.5}$			7-2煤
$\frac{2.0\sim10.0}{5.0}$			灰质泥岩	$\frac{0.92\sim7.30}{4.59}$			灰色砂质泥岩
$\frac{0\sim2.17}{0.47}$			14煤				
$\frac{2.50\sim5.00}{3.75}$			灰质砂质泥岩或浅灰色粉细砂岩	$\frac{0.85\sim3.93}{2.34}$			7-1煤
$\frac{0.28\sim1.21}{0.59}$			14-1煤				
$\frac{12.10\sim19.00}{16.80}$			上部为灰色砂质泥岩 下部为中细粒砂岩	$\frac{7.25\sim16.00}{10.50}$			泥岩或砂质泥岩或细砂岩薄层
$\frac{0\sim1.96}{0.8}$			13-2煤	$\frac{0\sim2.53}{0.32}$			6-2煤
$\frac{2.11\sim7.40}{5.17}$			泥岩，含砂泥岩及粉砂岩和细砂岩互层底部为薄层砂层	$\frac{0\sim5.40}{3.20}$			灰褐色泥岩
$\frac{1.49\sim7.13}{3.66}$			13-1煤	$\frac{0\sim5.85}{1.99}$			6-1煤
			上部深灰色泥岩，砂质泥岩，花斑状泥岩 中部为中细粒砂岩，含石英质较高 下部以灰色砂质泥岩为主	$\frac{16.25\sim33.25}{22.38}$			黏土岩，砂质黏土岩富含植物化石 砂页岩互层，黏土岩及细砂岩互层 砂岩，中粒细粒石英质砂岩，硅泥质胶结
$\frac{47.60\sim60.75}{54.27}$							
				$\frac{0\sim2.40}{0.53}$			5-2煤
				$\frac{0\sim5.50}{3.50}$			灰色、浅灰色细砂岩及砂泥岩互层
				$\frac{0\sim3.2}{1.06}$			5-1煤
				$\frac{4.75\sim11.75}{8.05}$			砂岩及泥岩，细粒砂岩
$\frac{0\sim1.4}{0.23}$			13-1煤	$\frac{0\sim3.36}{0.90}$			4-2煤
$\frac{5.40\sim11.00}{8.12}$			灰色泥岩含砂质成分，局部为砂岩	$\frac{0\sim2.75}{1.75}$			灰色砂质泥岩
				$\frac{0.72\sim8.48}{3.7}$			4-1煤
$\frac{0.26\sim4.6}{1.86}$			13-1煤				
			以砂岩为主，顶底部泥质成分较高 中部以砂质泥岩为主，有时见鲕粒及花斑	$\frac{74.52\sim82.00}{78.64}$			上部以泥岩为主 下部以砂岩为主
$\frac{67.75\sim78.30}{73.22}$							
				$\frac{1.28\sim9.17}{5.07}$			3煤
				$\frac{1.40\sim2.00}{1.75}$			褐灰色泥岩
				$\frac{1.16\sim7.77}{3.78}$			1煤
$\frac{0\sim1.58}{0.29}$			9-2煤				

图 2　淮南矿新区煤系地层柱状图

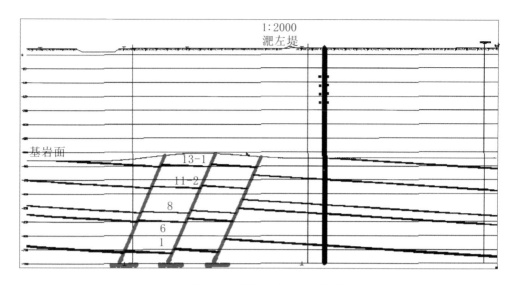

图3 淮南矿新区煤系地层剖面图1

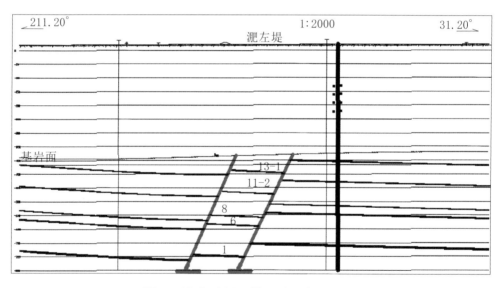

图4 淮南矿新区煤系地层剖面图2

1. 基岩相似性特征指标分析

为进一步研究淮南新、老区基岩差异，结合淮南实测钻孔资料，进行基岩相似性特征指标分析。

基岩岩性的分析采用两种方法进行判别：一是岩性综合评价系数法即 P 系数法；二是采用模糊识别法。

（1）基岩岩性的确定采用岩性综合评价系数法，即按照 P 系数法计算。

P 系数法的数学模型为

$$P_i = \sum M_{ij}Q_j/M_{ij} \tag{1}$$

式中：M_{ij} 为各岩层法向厚度，m；Q_j 为各岩层对应的岩性评价系数。

岩性评价系数值可参考表 3 确定。该法以 P 系数接近作为钻孔柱状类似的判断依据。

表 3　　　　　　　　　　　　　　岩性评价系数参考值

岩性	岩石名称	岩性评价系数 Q
坚硬	硬的石灰岩、硬砂岩、硬大理石、不硬的花岗岩	0.0
	较硬的石灰岩、砂岩、大理石	0.05
中硬	普通砂岩、铁矿石	0.1
	砂质页岩、片状砂岩	0.2
	硬黏土质片岩、不硬的砂岩和石灰岩、软砾岩	0.4
	各种页岩（不坚硬的）、致密泥灰岩	0.6
软弱	软页岩、很软石灰岩、无烟煤、普通泥灰岩	0.8
	破碎页岩、烟煤、黏土（致密的）	0.9
	软砂质黏土、黄土、软砾石、松散砂层	1.0

（2）模式识别法。

"模式"的本意是供模仿用的理想标本，因此，形象地讲，模式识别就是指从待识别的对象中识别出哪个对象与标本相同或相近。待识别对象可以是声音、文字、图形和物品等。模式识别的应用领域十分广泛，遍及工程、医学、军事及社会科学等范畴。人工智能是当今信息革命的主流，可以认为模式识别是人工智能的组成部分。模式识别的一般步骤如图 5 所示。

常用的识别方法有模板匹配法、统计决策法等。在水体下采煤智能信息系统中采用模板匹配法，数字化特征提取。本次采用模板匹配法进行研究。

将新区的钻孔柱状作为模版（识别标准），将收集到的老区实测钻孔作为待识别对象。主要分两步进行：

1）钻孔柱状的数字化及特征提取。将钻孔中开采煤层位置定为原点，从该点向上用等差级数的方法，将钻孔分成 n 段，每

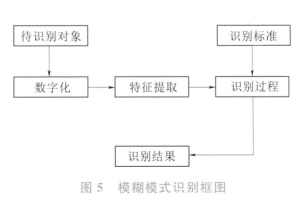

图 5　模糊模式识别框图

一段的时间间隔为

$$S_i = i \quad (i=1,2,3,\cdots,n) \tag{2}$$

每一段的岩性评价系数（按 P 系数法计算）为

$$P_i = \sum M_{ij} Q_j / M_{ij} \tag{3}$$

式中 $\sum M_{ij} = S_i$，Q_j 可参考表 1 确定，超过地表部分 $Q_j = 1.00$。

这样，就完成了整个钻孔柱状图的数字化。P_i 将作为识别的特征值。

钻孔中每段的间隔按等差级数的方式确定，主要是考虑距离煤层越近的覆岩，对导水裂缝带的影响也越大，也就是考虑了权重不一样。

2）钻孔柱状的识别。设 B 钻孔为模板钻孔（识别标准），该钻孔从开采煤层向上每一段的岩性评价系数分别为 P_{B1}、P_{B2}、$\cdots$、P_{Bn}；k 为数据库中任一钻孔（待识别对象）（$k=1$，2，m），该钻孔从同一开采煤层向上每一段的岩性评价系数为 P_{k1}、P_{k2}、$\cdots$、P_{kn}。则对应的每一段的隶属度：

$$u_i = 1.0 - \frac{|P_{Bi} - P_{ki}|}{P_{Bi}} \tag{4}$$

模板钻孔与待识别对象之间总的相似程度为

$$C_k = \sum \frac{u_i}{n} \quad (i=1,2,\cdots,n;k=1,2,\cdots,m) \tag{5}$$

所有 C_k 值中，最接近 1.00 者，最为相似，取出 C_k 值最大的一个或几个钻孔，即为识别的最后结果，并且同时给出 C_k 值（相似程度）供决策。

（3）结论。

通过上述方法对淮南新、老区的基岩岩性进行了大量的钻孔分析，过程见表 4。新、老矿区钻孔之间基岩总相似度为 0.7～0.95，平均约为 0.85，因此，可以认为淮南新、老矿区基岩性质及结构无明显差异（表 4）。

2. 基岩导水裂隙带实测资料分析

利用老区已有导水裂隙带计算公式计算新区导水裂隙带高度，并与新区实测资料进行比较分析。若实测值与计算值之间无明显差异，说明老区的计算公式同样适用于新区导水裂隙带的计算，进一步说明新、老矿区基岩无明显差异。

（1）导水裂隙带计算。

在研究上覆岩层破坏、移动规律时，采空区上覆岩层从顶板开始依次形成冒落带、断裂带和弯曲带，冒落带和断裂带内部裂缝是相互连通的，均可透水，故可以将两者合称为导水裂隙带。

1）淮南矿老区导水裂隙带计算公式。淮南矿区导水裂隙带计算公式如下：

表 4　　　　　　　　新 老 区 钻 孔 识 别

岩性	层厚/m	段号	特征值	隶属度	岩性	层厚/m	段号	特征值	隶属度
砂岩	5	15	0.19		砂岩	14	15	0.26	0.63
页岩	2				风化砂岩	4			
砂岩	2	14	0.25		碳质泥岩	10	14	0.2	0.8
煤	1								
页岩	5	13	0.28		砂岩	11	13	0.18	0.64
砂页岩	4				砂质泥岩	11			
砂岩	10	12	0.12		花斑泥岩	9	12	0.14	0.83
煤	8	11	0.69		砂岩	8	11	0.5	0.72
黏土岩	42	10	0.4		砂质泥岩	3	10	0.25	0.63
		9	0.4		砂岩	1			
		8	0.4		泥岩	12	9	0.37	0.93
		7	0.4		砂岩	15	8	0.2	0.5
碳质页岩	1	6	0.4		碳质泥岩	3	7	0.23	0.58
砂质黏土岩	9	5	0.4		砂岩	7	6	0.27	0.68
		4	0.4				5	0.24	0.6
细砂岩	6	3	0.2		砂质泥岩	12	4	0.2	0.5
		1-2	0.2				3	0.2	1

缓倾斜煤层：
$$H = \frac{100M}{3+4N} + 6.5 \qquad (6)$$

式中：M 为累计采厚，m；N 为分层数。

2）导水裂隙带计算结果。经计算，淮南矿区新区各工作面导水裂隙带高度结果见表5。

表5　　　　　　　　　　　导　水　裂　隙　带　计　算　表

矿别	工作面名称	采厚/m	最大导水裂缝带高度/m		残差	相对误差
			实测值	计算值		
潘一	1511（3）	4.64	37.90	48.68	10.78	0.28
潘一	1412（3）	3.40	48.90	55.07	6.17	0.13
潘一	1402（3）	2.20	35.40	37.93	2.53	0.07
潘一	1401（3）	1.80	22.61	32.21	9.60	0.42
潘一	1421（3）	3.00	47.55	49.36	1.81	0.04
潘一	$140_2 1$（3）	2.00	17.61	35.07	17.46	0.99
潘一	$140_3 1$（3）	2.20	19.36	37.93	18.57	0.96
潘一	2622（3）	5.80	65.25	59.23	−6.02	−0.09
潘一	1602（3）	2.2	25.00	37.93	12.93	0.52
潘一	1121（1）	1.8	29.33	32.21	2.88	0.10
潘二	1201（3）	2.00	31.61	35.07	3.46	0.11
潘二	1021（1）	2.00	33.01	35.07	2.06	0.06
潘二	12128	2.00	36.99	35.07	−1.92	−0.05
潘二	12118	2.00	33.96	35.07	1.11	0.03
潘二	16028	2.00	35.24	35.07	−0.17	0.00
潘二	12117	2.00	21.62	35.07	13.45	0.62
潘二	12027	2.00	27.25	35.07	7.82	0.29
潘三	1211（3）	2.80	30.90	46.50	15.60	0.50
潘三	1221（3）	3.00	34.98	49.36	14.38	0.41
潘北	1212（3）	2.00	30.00	35.07	5.07	0.17
潘北	14128	3.37	36.50	37.14	0.64	0.02
顾北	1212（1）	3.25	35.00	36.05	1.05	0.03
顾北	1232（3）	3.80	24.09	41.05	16.96	0.70
顾北	1242（1）	3.20	23.51	35.59	12.08	0.51
谢桥	1211（3）	4.50	45.40	47.41	2.01	0.04
谢桥	1221（3）	5.00	73.28	51.95	−21.33	−0.29
谢桥	1121（3）	6.00	67.88	61.05	−6.83	−0.10
张集	1221（3）	4.50	60.14	47.41	−12.73	−0.21
张集	1212（3）	3.90	52.15	41.95	−10.20	−0.20
张集	1215（3）	3.00	52.00	33.77	−18.23	−0.35

注　残差＝计算值−实测值；相对误差＝残差/实测值。

（2）统计分析。

为了分析实测值与计算值之间有无明显差异，说明老区的计算公式是否适用于新区导水裂隙带的计算，采用了统计学中的假设检验和 T 检验法对导水裂隙带残差、相对误差进行分析。通过分析，导水裂隙带残差、相对误差服从正态分布。

3. 结论

通过前面的分析可知，淮南新、老区所采煤层赋存条件基本相同、煤系地层相同、基岩无明显差异。淮南老区第四系冲积层厚约 $20\sim40\mathrm{m}$，淮南新区潘集区则达 $120\sim485\mathrm{m}$，老区第四系厚度相当于新区的 $4\%\sim8\%$，第四系厚度差异十分明显。

（三）总体研究思路

1. 概化模型

淮南矿采煤沉陷机理研究概化模型见图 6，煤层及煤层上覆基岩两区无显著差异。第四系冲积层两区存在显著差异。本项目在此模型的基础上展开研究。

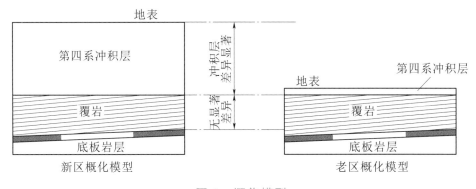

图 6　概化模型

2. 已有的实测资料（边界条件）

淮南矿区拥有丰富的实测资料，与本次研究密切相关的实测资料有如下几方面：

（1）淮南矿区老区：①煤炭开采后导水裂缝带观测钻孔资料，综合分析形成的导水裂缝带发育高度计算公式；②大量的地表移动变形观测资料，经综合分析后获得的开采沉陷预计参数，移动盆地移动角、边界角等角量参数。

（2）淮南矿区新区：①新区钻孔观测资料；②地表移动变形观测资料及

综合分析成果。

使用的观测站总共 12 个，其中 5 个用于建模，7 个用于验证及精度分析。具体见表 6。

表 6 　　　　　　　　　　　　使用的观测站资料用途

编号	工作面名称	矿名	煤层	初采/复采	用途
1	1211（3）	张集矿区	13	初采	建模
2	11118	谢桥矿区	8	初采	建模
3	1222（3）	谢桥矿区	13	初采	建模
4	1212（3）	潘集矿区	13	初采	建模
5	1141（3）	丁集矿区	13	初采	建模
6	1111（3）	张集矿区	13	初采	验证
7	1212（3）	张集矿区	13	初采	验证
8	1221（3）	张集矿区	13	初采	验证
9	140_21（3）	潘集矿区	13	初采	验证
10	1552（3）	潘集矿区	13	初采	验证
11	1117（3）	顾桥矿区	13	复采	验证
12	11228	谢桥矿区	8	初采	验证

3. 总体研究思路

（1）淮南矿区沉陷机理研究。

1）应用淮南矿区老区的观测资料，将已知的煤层开采后上覆岩层的破坏实测资料及地表移动观测资料作为边界条件，利用相似材料模型实验，研究并揭示煤层上覆岩层的移动破坏规律，具体见图 7。

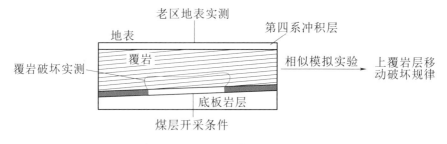

图 7 　淮南矿区沉陷在覆岩移动中的传递规律

2）由于新老区煤系地层基岩无显著差异，而老区第四系冲积层很薄，与新区相比可以忽略；因此，可以将老区的地表观测结果作为新区基岩面的沉陷值（即巨厚冲积层的下边界条件），新区地表实测资料作为巨厚冲积层的上边界条件，研究开采沉陷在土体中的传递规律；研究新区概化模型中巨厚冲积层的移动机理，即巨厚冲积层受扰的响应。具体见图 8。

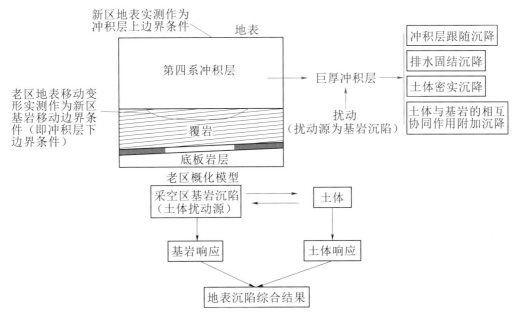

图 8　淮南新区开采沉陷传递机理研究

3）多煤层重复采动影响机理研究。新区初次采动地表沉陷有以下几方面的综合体现：基岩面的沉陷＋土体的响应（跟随沉降、排水固结沉降、压密沉降）＋土体与基岩的协同作用量。据此可以研究并揭示多煤层重复采动时引起的上述各分量的变化规律。

（2）预测模型及精度评定。具体路线见图 9。

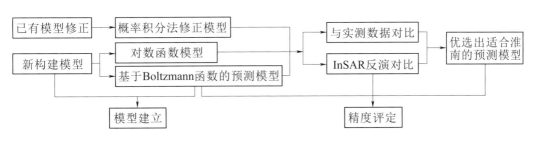

图 9　模型构建及精度评定技术路线

二、煤层上覆岩层移动破坏规律

为了研究开采沉陷在覆岩中的移动破坏规律，结合淮南矿新区地质采矿条件及钻孔柱状，以缓倾斜煤层为主，铺设了两台相似材料模型，一台为水平模型，一台为倾角 10° 的模型。根据观测得到的实验数据，可以揭示开采过程中采场上覆岩层移动的破坏过程。

（一）相似材料实验研究

相似材料模拟实验属于物理模拟实验，该实验根据相似性原理把岩层原型按照一定比例缩小利用相似材料做成模型。对模型中的煤层按照时间比例开采，通过变形监测手段获取模型上目标点的位移量，然后将其换算为实际值，通过分析得到开采沉陷在覆岩中的传递规律。

此次实验采用 2.5m 平面相似材料模型实验台，确定比例尺为 1：200。

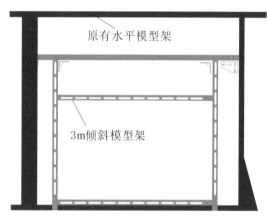

图 10　模型架设计图

模型架设计见图 10。

相似材料主要分为骨料和胶结物两大类。骨料是相似材料模型的主要成分，一般占材料总含量的 80% 左右，胶结物将骨料黏合在一起，方便成型。在本实验中使用的骨料为干河沙（小于 200 目）和云母粉（100 目），为了提高模型的重度在骨料中加入重晶石粉；在本实验中使用的胶结物为石膏和轻质碳酸钙。用水作为各种材料的混合剂，水的使用量为整个模型质量的 10%。为了给模型制作留足够时间，不让混合物中的石膏马上凝固，在水中加入硼砂作为缓凝剂。为了体现煤系地层的分层沉积效果，采用云母碎作为分层介质，为了体现表土层的松软，在表土层骨料中加入适当锯末；为了降低煤层的硬度方便模拟开采，在煤层的骨料中也加入锯末。

模型用料计算要遵守几何相似、运动学相似和动力学相似原理，在本实验中几何相似系数取 1：200。模型的配比原则为：①依照淮南提供的钻孔柱状各岩层厚度设计，由于表土层厚度过大实验中不易控制，因此实验中去掉表土层，主要模拟基岩仅留薄薄一层表土，模拟煤层开采厚度 4m，开采深度 198m，开采长度 400m；②模型开采后形成的导水裂缝带高度与实测基本一致；③模型表面的最大下沉与实测基本一致。本次实验的相似材料模型的用料配比见表 7。铺设的相似材料模型设计见图 11。

表 7　　　　　　　　　　　　　　相似材料模型用料配比

岩石类型	抗压强度		密度/(kg/m³)		查表所得 $R_压$ /(N/cm²)	材料		胶结物		
	实际 /MPa	模型 /(N/cm²)	实际	模型		砂	云母粉	胶结物	石膏	碳酸钙
泥岩	12.7	3.74	2550	1500	3.67	80	17	3	3	7
砂泥岩	27.7	7.71	2693	1500	7.41	80	17	3	7	3
砂质页岩	37.2	10.61	2630	1500	10.12	71	23	6	3	7
页岩	20	5.66	2650	1500	5.20	80	18	2	5	5
灰岩	87.8	20.98	3139	1500	21.00	70	12	18	3	7
砂砾岩	54.7	15.84	2590	1500	15.53	71	23	6	5	5
粉砂岩	76.2	21.45	2664	1500	21.52	70	22	8	5	5
粗砂岩	91.2	26.82	2550	1500	26.06	74	16	10	5	5
砾岩	90.8	23.89	2850	1500	21.73	71	23	6	7	3

为了获取高精度优质实验数据，本次实验拟采用数字近景摄影测量系统（XJTUDP）与三维光学密集点云测量系统（XJTUOM）相结合的手段获取实验数据，这两种系统简称为工业测量系统。工业测量系统组成见图 12。

在模型观测前，首先需要在模型上粘贴必要的标志点，标志点分为编码点和非编码点两种。两种标志点均能够在 XJTUDP 软件系统中自动识别并实时解算出其三维坐标。

工业测量系统具有较高的观测精度，能够获取高精度模型实验数据。其中，XJTUDP 摄影测量系统标称单点点位精度为 0.03～0.1mm。XJTUOM 密集点云测量系统一次扫描测量点云数量为 100 万～600 万，每个点的间隔为 0.08～1mm。测量精度根据单次幅面大小和相机像素不同为 0.01～1mm，一般为 0.03mm。

（二）导水裂缝带及地表沉陷实验与实测比较

1. 导水裂缝带实验与实测比较

根据淮南矿老区导水裂缝带计算公式可以计算出相似材料模型模拟的地

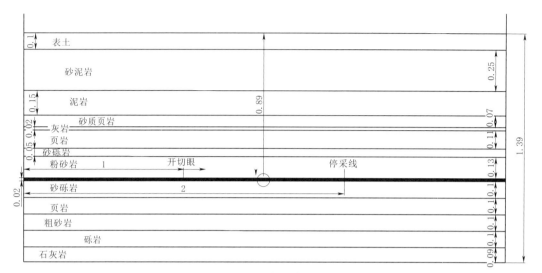

（a）水平模型

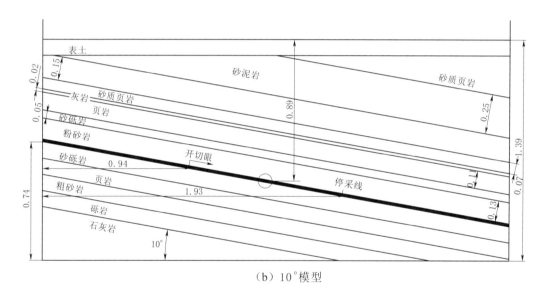

（b）10°模型

图 11　相似材料模型设计图

质条件下煤层上覆岩层导水裂缝带的高度。

淮南矿区导水裂隙带计算公式如下：计算结果和实验中观测到的结果见表 8。

缓倾斜煤层：

$$H = \frac{100M}{3+4N} + 6.5$$

式中：M 为累计采厚，m；N 为分层数。

（a）XJTUDP系统组成

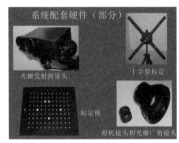

（b）XJTUOM系统硬件

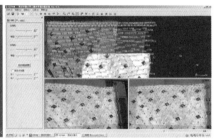

（c）XJTUOM系统软件

图 12　工业测量系统组成

表 8	导水裂缝带实验与实测比较	单位：m
导水裂缝带实际高度	水平模型观测高度	10°模型观测高度
63.6	70	78

从表 8 中可以看出实验观测到的导水裂缝的高度与通过老区计算公式得到的高度相差不大。

2. 地表沉陷实验与实测比较

相似材料模型表面第一条观测线布设在表土层内，根据第一条观测线的观测数据可以得到地表最大下沉值。

淮南矿区地表实际观测站观测到的地表最大下沉值和实验中得到的地表最大下沉值见表 9。

表 9	地表沉陷实验与实测比较	单位：mm
谢桥 11228 地表实际最大下沉值	水平模型地表最大下沉值	10°模型地表最大下沉值
3392	3476	3065

从表 9 中可以看出，实验所得结果与实地观测结果相差不大。

综上所述，实验得到的结果与实际观测值较为一致，因此实验中得到的观测数据可以用于后续研究当中。

（三）采场上覆岩层破坏规律

煤层采出后，在采空区周围的岩层中发生了较为复杂的移动和变形，将移动稳定后的岩层按其破坏程度分为冒落带、裂缝带和弯曲带。采空区上方的冒落带和裂缝带都是导水的，把它们合称为导水裂缝带。

水平模型实验得到的覆岩破坏形态见图13。

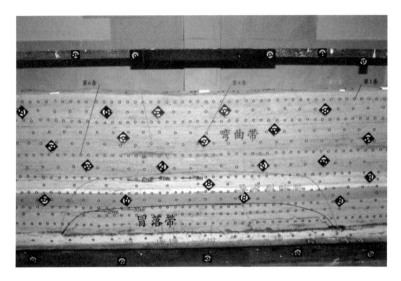

图 13　水平煤层开采后覆岩破坏形态

根据模型观测资料可以统计出开采过程中导水裂缝带高度变化，见表10和图14。

表 10　　　　　　　　　　　水平模型导水裂缝带高度统计　　　　　　　　　单位：m

工作面推进距离	导水裂缝带高度	工作面推进距离	导水裂缝带高度
104	29	212	70
140	32	320	70
158	62		

10°模型实验得到的覆岩破坏形态见图15、图16和表11。

从以上统计结果中可以看出，在开采过程中，导水裂缝带的发育高度显示缓慢增高，当工作面推进到一定距离后，导水裂缝带高度突然急剧增大，随后渐趋稳定，其最大高度几乎不再增加。

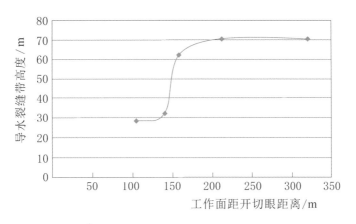

图 14　水平模型导水裂缝带高度

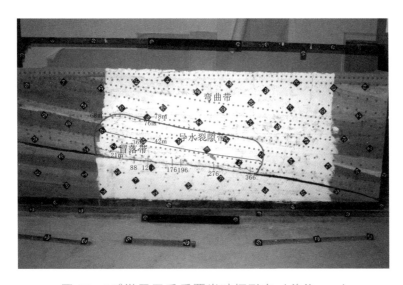

图 15　10°煤层开采后覆岩破坏形态（单位：m）

表 11　　　　　　　　　　　　10°模型导水裂缝带高度

工作面推进距离/m	导水裂缝带高度/m	工作面推进距离/m	导水裂缝带高度/m
88	21	196	76
120	36	276	78
176	42	366	78

导水裂缝带达到最大高度时，采空区宽度约为 $1H$（H 为采深）。

（四）采场上覆岩层移动规律

研究上覆岩层的移动规律时分为稳态移动规律和动态移动规律两部分。

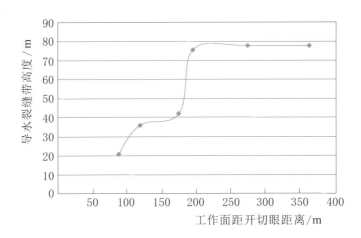

图 16 10°模型导水裂缝带高度

1. 覆岩稳态移动规律

研究覆岩稳态移动规律时，选取首次观测数据和开采稳定后的观测数据进行研究。首先选取模型表面上距煤层不同高度的岩层观测线，探究覆岩移动传递规律，然后绘制模型表面观测点的移动矢量图，研究在开采影响下上覆岩层的移动分布规律。

（1）不同层位的移动分布。

以水平模型为例，模型表面共铺设 15 条观测线，从上至下选择第 2、3、4、5、6 共 5 条观测线进行分析。根据观测数据可以绘制出每条观测线的下沉曲线，见图 17。

从图 17 可以看出，5 条观测线的下沉曲线形状基本一致，说明距煤层不同高度的岩层变形过程基本一致。结合图 17 和原始观测数据可以得到每条观测线的最大下沉值，进而可以求得每条观测线的最大下沉系数 q（见表 12）。绘制岩层下沉系数与距煤层高度的关系图，见图 18。

表 12　　　　　　　　　　距煤层不同高度岩层的下沉系数统计

项　目	第 2 条观测线	第 3 条观测线	第 4 条观测线	第 5 条观测线	第 6 条观测线
距煤层高度/m	157	145	130	118	103
最大下沉系数 q	0.86	0.91	0.95	1.05	0.96

分析图 17 可以看出，岩层距离煤层越近，下沉系数越大。这说明覆岩变形是由下向上传递的，距离煤层越近，变形越严重，在向上传递的过程中，变形呈减缓趋势。

根据图 17 中的下沉曲线，可以求得每条观测线的下沉曲线围成的下沉盆地体

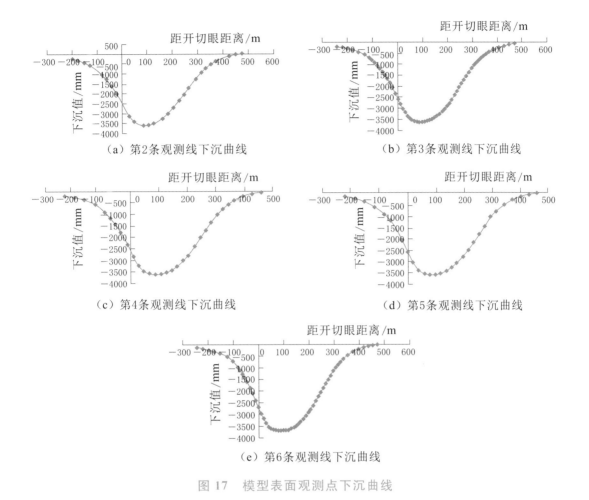

（a）第2条观测线下沉曲线　　　　（b）第3条观测线下沉曲线

（c）第4条观测线下沉曲线　　　　（d）第5条观测线下沉曲线

（e）第6条观测线下沉曲线

图 17　模型表面观测点下沉曲线

积（厚度以单位厚度计，体积＝面积），如表 13 所示。绘制下沉盆地体积与岩层距煤层高度的关系图见图 19。

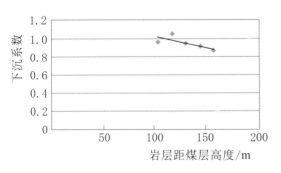

图 18　下沉系数与岩层距煤层高度
的关系图

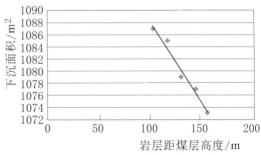

图 19　下沉盆地体积与岩层距煤层
高度关系图

233

表 13　　　　　　　　　　距煤层不同高度岩层的下沉盆地体积统计

项 目	第 2 条观测线	第 3 条观测线	第 4 条观测线	第 5 条观测线	第 6 条观测线
距煤层高度/m	157	145	130	118	103
下沉盆地体积/m³	1073	1077	1079	1085	1087

由图 19 可以看出，岩层下沉盆地体积随距煤层高度的增加而逐渐减少。这与图 18 中下沉系数的变化规律是一致的，岩层距煤层越近下沉越剧烈，导致下沉盆地体积越大。

（2）水平移动。

根据观测数据还可以绘制出每条观测线的水平移动曲线，见图 20。

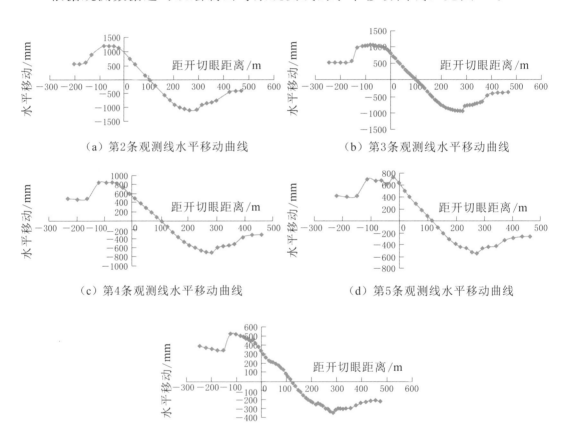

（a）第2条观测线水平移动曲线　　　　（b）第3条观测线水平移动曲线

（c）第4条观测线水平移动曲线　　　　（d）第5条观测线水平移动曲线

（e）第6条观测线水平移动曲线

图 20　模型表面观测点水平移动曲线

从图 20 可以看出，5 条观测线的水平移动曲线形状基本一致，说明距煤层不同高度的岩层水平变形过程基本一致。结合图 20 中 5 条观测线的水平移动曲线和原始观测数据可以得到每条观测线的最大水平移动值，进而可以求得每条观测线的最大水平移动系数 b，见表14。绘制水平移动系数与岩层距煤层高度的关系图，见图21。

表 14　　　　　　　距煤层不同高度岩层的水平移动系数统计

项　　目	第2条观测线	第3条观测线	第4条观测线	第5条观测线	第6条观测线
距煤层高度/m	157	145	130	118	103
最大水平移动系数 b	0.34	0.30	0.24	0.20	0.15

由图 21 中可以看出，岩层距离煤层越近，水平移动系数越小；岩层距离煤层越远，水平移动系数越大。

通过以上研究可得出结论：采场上覆岩层的移动在由下向上传递，过程中，下沉逐渐减小，水平移动逐渐增大。

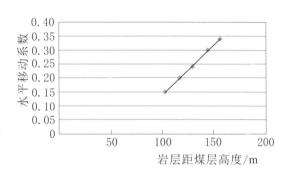

图 21　水平移动系数与岩层距煤层高度关系图

根据开采前和开采结束稳定后的观测数据，可以绘制出模型表面观测点的移动矢量图，见图22。

根据点的移动方向将岩体剖面分为 A、B、C、D、E 五个区域。其中 B 区为采空区正上方区域，该区域内各点的移动最大，移动方向指向采空区，为卸压区。

A 区和 C 区为煤柱上方区域。两个区域内点的运动轨迹背离采空区方向，指向煤柱。由于岩层移动的结果，致使顶板岩层悬空及部分重量传递到周围未直接采动的岩体上，从而引起周围岩体内的应力重新分布，形成增压区。A 区、C 区位于采区边界煤柱上方，属于增压区，岩层被压缩。

D 区和 E 区为煤柱上方区域，距煤层较远，属于减压区。区域内点的移动轨迹指向采空区方向，在开采过程中主要受到拉伸作用影响，岩层向采空区弯曲。在同一岩层层位上，离采空区越近的点移动变形越大，远离采空区的点移动变形较小。

2. 覆岩动态移动规律

（1）水平模型不同位置点的移动轨迹。

选取第三条水平观测线开采至158m、266m 和368m 时的观测数据绘制动态下沉曲线，见图23。

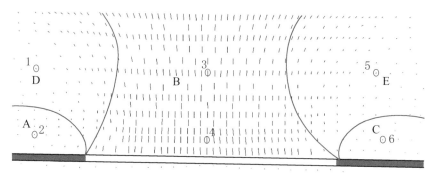

（a）水平模型观测点移动矢量图

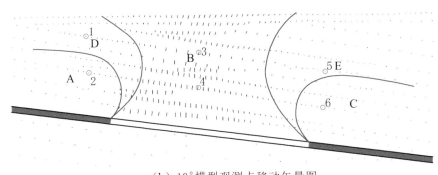

（b）10°模型观测点移动矢量图

图 22　模型表面观测点移动矢量图

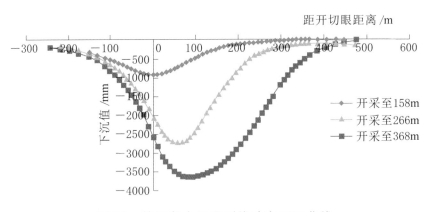

图 23　第三条水平观测线动态下沉曲线

从图 23 的动态下沉曲线可以看出，随着工作面向前推进，采空区面积不断增大，下沉范围不断增大，下沉值也逐渐增大，最后达到充分采动。

分析岩体剖面点动态运动轨迹时，选择如图 22 中所示 1～6 六个点，其中 1、3、5 三个点位于同一岩层，2、4、6 三个点位于同一岩层，点 1 和点 2、点 3 和点 4、点 5 和点 6 分别位于同一垂直剖面上。分别取开采至 52m、

104m、158m、212m、266m、320m 和 368m 的观测数据绘制动态移动矢量。为了便于观察，将六个点的移动轨迹放大，见图 24，图中红色虚线为移动轨迹起始点连线。

1 号点位于 D 区内，在开采过程中其移动方向始终指向工作面推进方向。

2 号点位于 A 区内，在开采过程中其移动轨迹先是指向工作面推进方向，

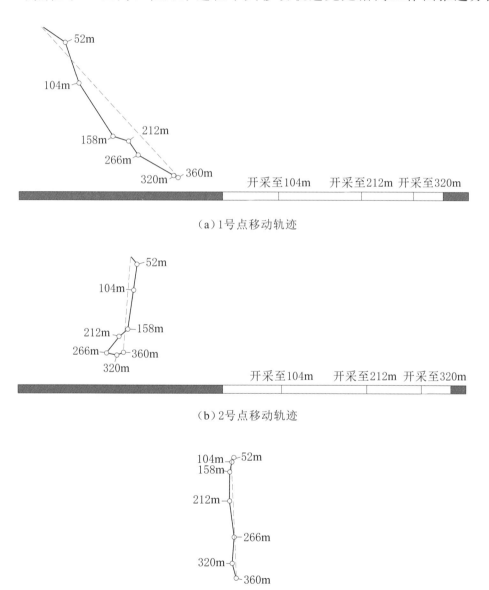

（a）1号点移动轨迹

（b）2号点移动轨迹

（c）3号点移动轨迹

图 24 （一）　0°模型观测点移动轨迹

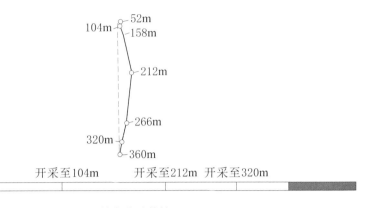

（d）4号点移动轨迹

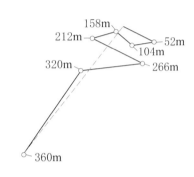

（e）5号点移动轨迹

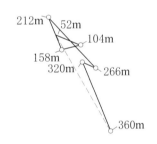

（f）6号点移动轨迹

图24（二） 0°模型观测点移动轨迹

继而指向煤柱方向。

3号点和4号点位于B区内，移动矢量最大，其移动轨迹近似于直线，在开采过程中始终指向采空区。

5号点位于E区内，移动轨迹比较复杂，移动矢量先指向煤柱方向，随后回复，最终指向采空区。

6号点位于C区内，其移动轨迹先是背离采空区指向煤柱，继而指向采空区方向。其最终位置超过原来位置，偏向煤柱一侧。

（2）10°模型不同位置点的移动轨迹。

分别选取开采至88m、176m、276m和366m的观测数据绘制所有点的动态移动矢量，见图25。

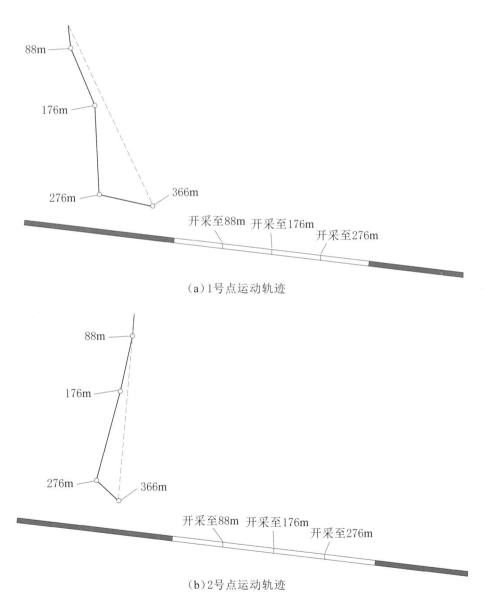

（a）1号点运动轨迹

（b）2号点运动轨迹

图25（一） 10°模型观测点移动轨迹

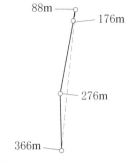

（c）3号点运动轨迹

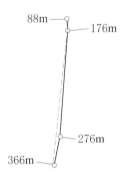

（d）4号点运动轨迹

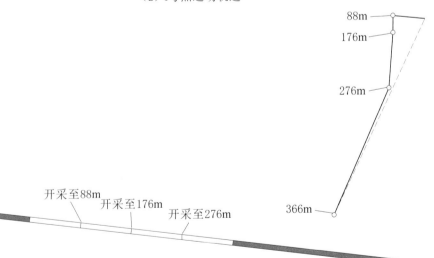

（e）5号点运动轨迹

图 25（二） 10°模型观测点移动轨迹

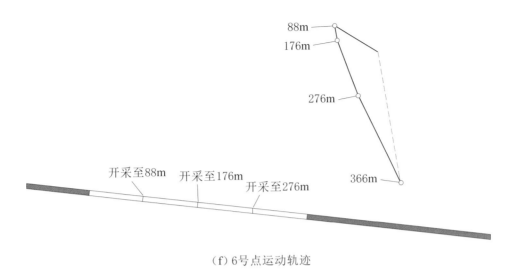

（f）6号点运动轨迹

图 25（三）　10°模型观测点移动轨迹

从图 25 中可以看出，10°模型各部分观测点的移动轨迹与水平模型类似。

（五）小结

汇总前面得到的规律，可得到采空区上覆基岩内移动破坏的综合分析图（见图 26）。

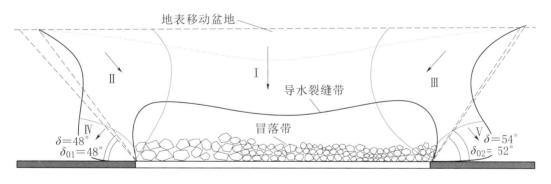

图 26　采空区上覆基岩内移动破坏的综合分析图

通过前面的分析可得到以下结论：

（1）根据模型表面观测点移动矢量的方向不同可将模型表面分为 5 个区域：Ⅰ为移动矢量垂直向下区域；Ⅱ、Ⅲ为移动矢量指向采空区中心区域；Ⅳ、Ⅴ为移动矢量指向煤柱区域。

（2）弯曲带内的下沉是连续的，下沉在岩层内部由下向上传递，在传递过程中下沉系数逐渐变小，即下沉最大值逐渐变小，范围逐渐扩大。

（3）弯曲带内水平移动也是连续的，水平移动在岩层内部由下向上传递，在传递过程中水平移动系数逐渐变大，即最大水平移动逐渐增大，范围逐渐扩大。

（4）岩层移动的边界在岩体内部不是一条直线，而是一条接近 S 形的曲线，与传统的移动边界不同。这一点具有创新性，对指导岩体内部的移动变形预计，分析岩体内部井巷工程的稳定性具有十分重要的意义。

三、巨厚冲积层移动机理研究

大量数据表明，当有巨厚冲积层存在时，开采引起的地表移动变形规律与常规开采条件（无冲积层或冲积层较薄）存在较大的不同。

（一）巨厚冲积层移动特性分析

与薄（无）冲积层区域开采相比，巨厚冲积层区域开采地表移动规律具有如下特殊性。

1. 地表下沉范围大

厚冲积层下采煤引起的地表下沉范围大于薄（无）冲积层下开采引起的地表下沉范围，反映地表移动主要影响范围的概率积分参数 $\tan\beta$ 较小。

2. 下沉系数大，接近或大于 1

厚冲积层下采煤引起的地表下沉要远大于薄（无）冲积层下开采，实测结果中很多观测站下沉系数大于 1，其中潘集区域下沉系数达到 1.4。

3. 地表水平移动范围大于下沉范围

国家煤炭工业局于 2000 年制定的《建筑物、水体、铁路及主要井巷煤柱留设与压煤开采规程》规定：地表移动盆地边缘下沉值为 10mm 的点作为移动盆地边界点。一般条件下，此边界以外的移动变形甚小可忽略不计，但厚冲积层矿区，下沉 10mm 处水平移动值很明显。

根据新区采矿概化模型，井下开采后，第四系冲积层的沉陷可分为如下几个部分：①跟随基岩下沉所产生的跟随沉降；②排水固结沉降；③开采扰动下土体密实性沉降；④冲积层土体荷载作用于采空区的附加沉降——协同作用下沉。

（二）冲积层跟随沉降分析

在开采扰动下，采空区顶板首先产生断裂，变形沿基岩逐层向上传递，最终在基岩表面形成一个比开采范围大得多的沉陷盆地。当开采区域上方有冲积层存在时，基岩面上方的土体必将跟随基岩的沉降同步下沉。这种冲积层由于基岩下沉而跟随产生下沉的现象可以称为跟随沉降。

在进行跟随沉降计算时，直接用老区参数（基岩面）计算至地表获得，巨厚表土层的存在仅相当于采深发生变化。

以张集 1211（3）工作面为例进行分析。该工作面沿煤层倾向布置，走向为 209m，倾向为 1493m，表土层厚为 350.0m，2002 年 5 月 30 日开始回采至 2003 年 1 月 31 日收作，回采速度平均为 186.6m/月。平均煤厚为 3.9m。以该工作面为例进行如下计算：①以基岩移动参数（老区综合参数）进行基岩面沉降计算，可得基岩面下沉曲线；②以基岩移动参数（老区综合参数）进行地表沉降计算，可得地表跟随下沉曲线；③地表实测下沉曲线。所得曲线见图 27。

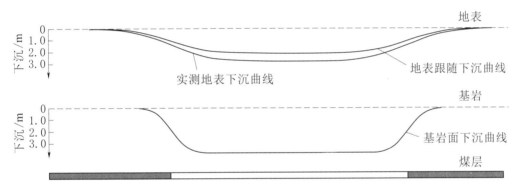

图 27　基岩及地表下沉曲线

其中，以基岩面下沉值为基础，按照基岩移动参数进行地表下沉计算得到的结果即为冲积层土体跟随基岩面沉陷发生的跟随沉陷（图 27）。而实测地表下沉曲线与冲积层跟随沉陷的差值（图 28）即为土体发生的附加沉陷，需要另行分析。

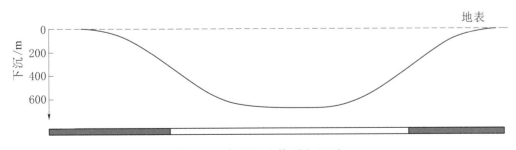

图 28　冲积层土体附加沉陷

从图 28 中可以看出，冲积层土体附加沉陷具有如下特性：

（1）沉陷形态上仍与传统下沉盆地保持较好的相似性，表明其预测计算仍可采用与概率积分理论相似的方法进行。

（2）附加沉陷范围大于基岩面沉陷范围和地表跟随下沉范围，表明冲积层土体的特性会导致沉陷范围的扩大。

（3）从沉陷量上分析，在张集 1211（3）工作面条件下，冲积层土体附加沉陷最大可达到 675mm。

（三）冲积层排水固结沉降分析

含水岩土体是一种由固相岩土颗粒和液相孔隙水组成的两相介质。假设含水层中的岩土颗粒和孔隙水均不可压缩，失水前岩土体内的应力由固相的岩土颗粒和液相的孔隙水共同承担，失水后固相岩土承担的应力增大，引起岩土体的固结压密。失水范围内的岩土体压密导致上部岩土体的下沉，从而产生地面沉降。

下面对含水层排水固结沉降进行分析。为了便于分析，推导过程以两层饱和土体为例进行。由于煤炭的高强度开采，将使原本不透水的土层变为透水的土层，因此在分析中假设分析土层为上下双面排水。图 29 为研究问题的计算简图，图中 H_1、H_2、k_1、k_2、m_{v1}、m_{v2}、C_{v1}、C_{v2} 分别为上下两层土的厚度、渗透系数、体积压缩系数和固结系数，$H=H_1+H_2$ 为土层的总厚度。

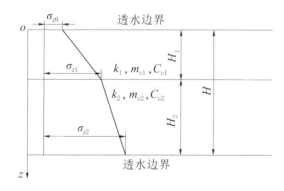

图 29　矿山开采土体固结问题简图

在公式推导过程中采用了以下一些假设：①土体是成层分布，且完全饱和；②各层土的渗透系数和压缩系数均为常数；③土中的固相和液相不可压缩；④土体的应力应变之间是线性关系；⑤土体中的渗流和变形只发生在竖向，渗流服从达西（Darcy）定律；⑥土体变形完全是由孔隙水的排出与超静水压力的消散所造成的；⑦外加荷载由土体自重产生。

（1）固结方程。

根据上述基本假定，考虑孔隙水量变化与孔隙体积缩减两者间的协调关系，可得到如下描述土体内孔隙水压力时空变化规律的固结微分方程：

$$\frac{\partial u_i}{\partial t} = C_{vi} \frac{\partial^2 u_i}{\partial z^2} \quad (i = 1, 2) \tag{7}$$

式中：u_i 为超静空隙水压力；t、z 分别为时间和空间变量。

根据土力学基本原理可得开采沉陷土体固结沉降的计算公式为

$$s = m_{v1} \int_0^{H_1} \Delta u_1 dz + m_{v2} \int_{H_1}^H \Delta u_2 dz \tag{8}$$

（2）实际应用。

假定矿山开采直接引起的地面沉降和开采土体固结引起的土体沉降相互独立，这样可以得到地表的最终沉降为上述两部分之和，即

$$w(x, t) = w_m(x, t) + w_w(x, t) \tag{9}$$

在这里采用了矿山开采沉陷中常用的记号 w 表示地表的沉降，其中 w_m 表示由矿山开采直接引起的地面沉降，在本文中采用随机介质理论进行计算。$w_w = s$ 为土体固结引起的地表沉降。

其中

$$w_m(x, t) = mq \cos\alpha \int_0^\infty \frac{1}{r} e^{-\pi \frac{(x-s)^2}{r^2}} ds (1 - e^{-gt}) \tag{10}$$

采用迭代法求解获取开采土体固结参数。

根据张集 1211（3）的冲积层及开采条件，根据上述公式进行计算，冲积层固结沉降最大可达 175mm。

（四）巨厚冲积层密实性沉降分析

针对开采影响下冲积层密实性沉降量的大小，淮南矿业集团在淮河大堤上建立了若干监测钻孔进行了持续性的观测。其中，位于工作面上方某观测孔内得到的竖向下沉动态变化见图 30。

从图 30 中可以看出，在开采影响的起始阶段，土体内竖向处于微小的拉伸变形形态（图 30 中的 A 曲线）；当监测位置在开采工作面前方且受到开采的明显影响时，土体内竖向处于压缩变形状态（图 30 中的 B 曲线）；当开采工作面推过监测钻孔位置后，监测钻孔位于采空区上方时，土体内竖向处于压缩变形状态，但压缩量有所减小（图 30 中的 C 曲线）；如果采空区范围足够大（达到充分采动）时，位于采空区中心

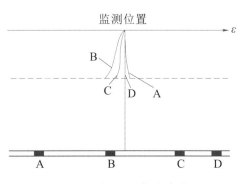

图 30　竖向下沉曲线变化图
（相对于孔口位置）

正上方位置的竖向拉伸基本上消除（图 30 中的 D 曲线）。

因此，位于工作面正上方区域的土体经历了一个拉伸-压缩-还原的过程，而位于工作面边界区域的土体则经历了一个拉伸-压缩的过程。

根据土力学中的土体压缩-回弹变形曲线（图 31）可知，由于土体的塑性，在压缩应力解除后，土体很难恢复到原有形态，会保有明显的残余压缩变形，压缩变形的量与承受的压力和土体的物理力学性质相关。由于深部土体本身周边环境应力较大，在开采扰动下二次压缩的压缩量较小，因此，进行土体密实性沉降计算时，根据土的压缩特性，仅考虑自重应力小于 2000kN 的浅层土。

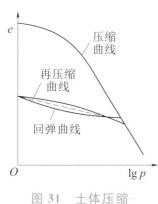

图 31　土体压缩—
回弹变形曲线

根据实测资料综合分析，淮南矿区初次充分采动影响下，浅层土体的密实性沉降量可按 $0.3 \sim 0.5 \mathrm{mm/m}$ 计算，张集 1211（3）的冲积层开采附加应力压缩沉降可达到 $30 \sim 50 \mathrm{mm}$。

（五）冲积层与采空区协同作用下的附加沉陷

当采空区上方的表土很薄时，基岩上覆的表土层对已经产生了弯曲、裂缝、冒落的岩层作用甚微，可以忽略不计。而当表土层很厚时，其对岩层的作用不容忽略，冲积层的荷载将会反作用于采空区，形成附加沉陷。

冲积层的存在相当于一个均布荷载加载于采空区基岩上方，下面分析该荷载作用下基岩内的变形情况。

冲积层荷载作用下基岩的变形可以抽象为荷载扰动下组合板的变形，由于回采工作面走向长度和倾向长度远大于岩层的悬露跨距，因此组合板的移动变形模型又可简化为组合梁模型。因此，该问题可以简化为条形荷载作用下岩梁受力分析，见图 32。

开采后，采空区上覆岩层结构示意图见图 33，在开采扰动下，采空区上覆岩层的完整性受到破坏，下部岩层破裂散碎，中部岩层呈块状断裂，上部岩层呈层状弯曲，这种次生的稳定性较差的平衡结构中存在较多的裂隙和孔隙，在巨厚冲积层荷载作用下，岩层结构中的次生覆岩结构可能发生失稳，各种采动裂隙、空隙会进行进一步的压密，产生附加沉降。

因此，采空区上覆岩层中垮落断裂带（在水体下采煤中称为"导水裂缝带"）的发育高度和发育形态对开采引起的地表沉陷规律具有明显的影响。传

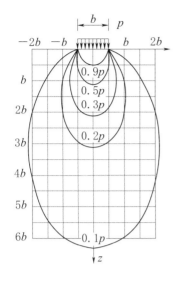

图 32 条形荷载下应力等值线
（单位：MPa）

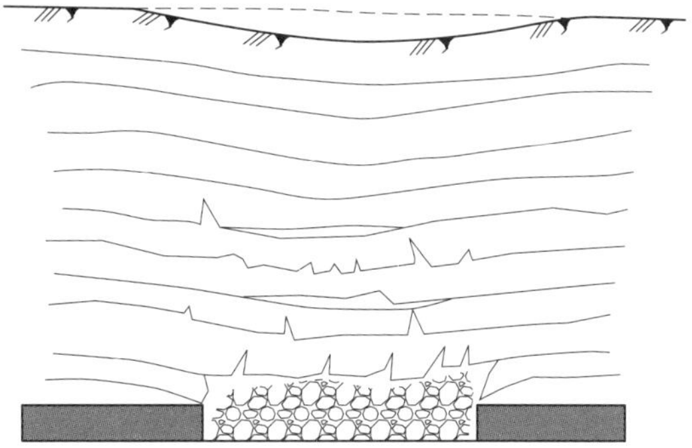

图 33 采空区上覆岩层结构示意图

统的开采沉陷理论认为，导水裂缝带的发育高度越大，采空区上覆岩层中存在的裂隙和孔隙越多，开采引起的地表下沉就越小；反之，开采引起的导水裂缝带发育高度越小，采空区上覆岩层中存在的裂隙和孔隙就越少，开采引起的地表下沉就越大。下面结合实测数据对淮南矿区巨厚冲积层区域与薄冲积层区域类似开采条件下的开采引起的导水裂缝带的发育情况进行分析。

由于淮南矿区煤层赋存层数较多，厚度差异较大，开采方法各异，下面分别针对薄—中厚煤层炮采、综采和厚煤层综放开采进行分析。

1. 薄—中厚煤层炮采、综采导水裂缝带发育高度分析

针对薄—中厚缓倾斜煤层开采引起的导水裂缝带发育高度，淮南矿区老区（薄冲积层区域）通过大量的实测资料，总结得到公式（6）。

前述分析可知，淮南矿新老矿区的上覆岩层结构特征类似；煤层上覆岩层的岩性相似，无显著性差异。因此，采用上述公式对淮南矿区新区部分工作面开采引起的导水裂缝带发育高度进行计算，并与实测结果进行对比分析，其中，炮采工作面的对比情况见表 15，综采工作面的对比情况见表 16。

从表 15 和表 16 中可以看出，无论是采用炮采还是综采，13－1 煤层开采实测的导水裂缝带发育高度明显小于计算高度，而 8－2 煤层开采实测导水裂缝带发育高度与计算高度相当。

表 15　　　　　　　　　炮采工作面实测与计算导水裂缝带发育高度对比

煤层	采煤方法	矿别	工作面名称	采厚/m	最大导水裂缝带高度/m		差值/m
					实测值	计算值	
13－1	炮采	潘一	1402（3）	2.20	35.40	37.93	2.53
13－1	炮采	潘一	1401（3）	1.80	22.61	32.21	9.60
13－1	炮采	潘一	140_21（3）	2.00	17.61	35.07	17.46
13－1	炮采	潘一	140_31（3）	2.20	19.36	37.93	18.57
13－1	炮采	潘二	1201（3）	2.00	31.61	35.07	3.46
13－1	炮采	潘北	1212（3）	2.00	30.00	35.07	5.07
8－2	炮采	潘二	12128	2.00	36.99	35.07	－1.92
8－2	炮采	潘二	12118	2.00	33.96	35.07	1.11
8－2	炮采	潘二	16028	2.00	35.24	35.07	－0.17

表 16　　　　　　　　　综采工作面实测与计算导水裂缝带发育高度对比

煤层	采煤方法	矿别	工作面名称	采厚/m	最大导水裂缝带高度/m		差值/m
					实测值	计算值	
13－1	综采	潘一	1412（3）	3.40	48.90	55.07	6.17
13－1	综采	潘一	1421（3）	3.00	47.55	49.36	1.81
13－1	综采	潘三	1211（3）	2.80	30.90	46.50	15.60
13－1	综采	潘三	1221（3）	3.00	34.98	49.36	14.38

从开采顺序上看，13－1 煤层为初次采动工作面，8－2 煤层为重复采动工作面，可见，在同等开采条件下，淮南矿区新区初采工作面开采引起的导水裂缝带高度要明显小于老区初采工作面开采引起的导水裂缝带高度，而重复采动引起的导水裂缝带高度新老区差异不明显。

经典开采沉陷理论认为，开采引起的导水裂缝带高度与地表沉陷密切相关，同等条件下，当导水裂缝带高度低时，地表下沉系数较大；当导水裂缝带高度高时，地表下沉系数较小。上述规律在一定程度上证实了淮南矿区新区开采引起的地表下沉系数要大于老区地表下沉系数。

定量方面，当采用炮采时，初次采动引起的导水裂缝带发育高度新区约比老区降低 27%，假定垮落带和断裂带等比例减小，且减小的空间全部反映到地表上，则新区炮采地表下沉系数应较老区炮采增大 27% 左右。当采用综采时，该值约为 19%。

2. 厚煤层综放开采导水裂缝带发育高度分析

厚煤层综放开采引起的导水裂缝带发育高度淮南矿区老区缺乏足够的实测资料，无成熟经验公式可用，其他矿区实测资料表明，中硬岩层 $H_{li}=20M+10$，软弱岩层 $H_{li}=10M+10$，其中，M 为煤层开采厚度。可得，淮南矿区新区综放工作面实测与计算最大导水裂缝带发育高度对比情况见表17。

表 17　　　　　综放工作面实测与计算最大导水裂缝带发育高度对比

煤层	采煤方法	矿别	工作面名称	采厚/m	最大导水裂缝带高度/m		差值/m
					实测值	计算值	
13-1	综放	潘一	1511（3）	4.64	37.90	56.4	18.5
13-1	综放	潘一	2622（3）	5.80	65.25	68	2.8
13-1	综放	顾北	1232（3）	3.80	24.09	48	23.9
13-1	综放	谢桥	1211（3）	4.50	45.40	55	9.6
13-1	综放	谢桥	1221（3）	5.00	73.28	110	36.7
13-1	综放	谢桥	1121（3）	6.00	67.88	70	2.1
13-1	综放	张集	1221（3）	4.50	60.14	100	39.9
13-1	综放	张集	1212（3）	3.90	52.15	88	35.9
13-1	综放	张集	1215（3）	3.00	52.00	70	18

从表17中可以看出，综放开采导水裂缝带发育高度实测值明显小于计算值，各观测点导水裂缝带发育高度平均降低约28%，假定垮落带和断裂带等比例减小，且减小的空间全部反映到地表上，则新区综放开采地表下沉系数应较老区增大28%左右。

由于淮南矿区老区缓倾斜煤层开采地表下沉系数为0.7左右，因此，可认为在冲积层荷载的作用下，新区导水裂缝带发育高度显著小于老区同等开采条件下导水裂缝带发育高度，反映到下沉系数上，综采下沉系数新区应较老区增大0.15左右，综放开采新区应较老区增大0.2左右。

在张集1211（3）工作面开采条件下，冲积层与采空区协同作用下可导致下沉系数增大0.2左右。

根据上述理论可得地表最大附加沉降可达470mm。

（六）小结

通过上述分析可得如下结论：

（1）巨厚冲积层区域地表移动具有影响范围广、下沉系数大等特性，将巨厚冲积层下沉分解为跟随基岩的下沉、排水固结沉降、密实性沉降和与采空区协同作用下的附加沉降四个方面并分别进行分析。

（2）以观测站实测数据为依据，确定了冲积层跟随沉降的计算方法。推导了冲积层排（失）水固结沉降的计算公式。

（3）以工作面开采过程中土体内部监测数据为基础，分析了冲积层的受力变化过程，结合土体的压缩-回弹理论，揭示了冲积层密实性沉降的机理，并给出了淮南矿区巨厚冲积层密实性沉降的计算方法。

（4）分析了冲积层对采空区的影响机理，确定了冲积层与采空区协同作用下地表沉陷的计算方法，并给出了计算参数的选择原则。

（5）采用上述理论对张集1211（3）工作面开采冲积层土体附加沉降进行了计算，累积附加沉降量可达到 675～695mm，与实测反演结果 675mm 相当。

四、多煤层重复采动影响研究

根据概化模型可知，新区初次采动地表沉陷是由以下三方面综合体现的：基岩面的沉陷、土体的响应（包括跟随下沉、冲积层排水固结沉降及密实性沉降）及土体与基岩之间的协同作用量。研究多煤层重复采动影响，就是要揭示多煤层重复采动时引起上述各部分的变化规律。

（一）重复采动条件下基岩沉陷规律

重复采动条件下，基岩沉陷移动分布规律和数学模型与初采是一致的，无显著变化。但是，模型参数存在差异，具体见表18。

表 18　　　　　　　　　　多煤层重复采动模型参数变化

概率积分法参数	初采	一次复采	二次复采
下沉系数	0.7	0.84	0.9
水平移动系数		$b=0.25+0.0043\alpha$	
主要影响角正切		$\tan\beta=1.97-1.72\dfrac{\alpha}{H_0}$	
最大下沉角	$\theta=90°-0.6$（$\alpha\leqslant55°$）		

由表18可知，重复采动条件下，下沉系数会随着重复采动的次数增加而逐渐增大，二次复采之后下沉系数会逐渐趋于稳定。

（二）土体的响应沉降

1. 跟随沉降

重复采动条件下，基岩沉降扰动土体，会引起土体的跟随沉降，这部分沉降变化规律与基岩沉降相同，模型参数也与基岩相同。

2. 排水固结沉降

由于淮南矿区新区初采后地表很快积水，重复采动条件下，地下潜水位没有变化，水无处可排，这部分的沉降量基本可以忽略。

3. 密实性沉降

初次采动条件下，基岩沉降扰动土体，会使土体产生密实性沉降。重复采动时，土体会再次密实，但这部分密实性沉降量很有限，基本可以忽略。

（三）协同作用附加沉降

图 34 为不同煤层导水裂隙带发育高度。初次采动条件下，若土体对基岩的附加应力与 15 煤层导水裂隙带相互之间沟通，则在协同作用下会产生一个附加下沉量，附加下沉量会随着开采深度的增加而逐渐减小；若两者之间不沟通，则不会产生附加下沉。一次复采时，15 煤和 13 煤两煤层的导水裂缝带沟通，若土体对基岩的附加应力与 15 煤层导水裂隙带相互沟通，则在协同作用下会产生一个附加沉降量；若不沟通，则不会产生附加下沉。二次复采时，11 煤与 13 煤两煤层导水裂隙带不沟通，则不会产生附加下沉。同样，7 煤和 8 煤与上面煤层导水裂隙带无沟通，也不会产生附加下沉。

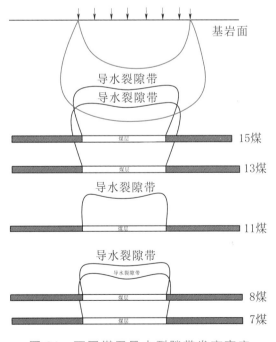

（四）综合分析

由于淮南矿区新区初采后地表很快积水，因此，对重复采动的观测带来很大困难，相关观测站的观测资料很少。要准确分析重复采动

图 34　不同煤层导水裂隙带发育高度

时的各种参数是非常困难的。在此，根据巨厚冲积层土体的特性，着重对重复采动时的下沉系数作一综合分析。

根据大量地表实测观测站资料分析，初次采动时地表下沉系数为 1.1～1.4，平均为 1.2 左右，其中基岩面沉降转换成下沉系数约为 0.7，巨厚冲积层排水固结沉降转换成下沉系数为 0.15～0.25，密实性沉降转换成下沉系数为 0.05，协同作用转换成下沉系数为 0.1～0.2。一次复采时，基岩面下沉系数约为 0.8，排水固结和密实沉降在重复采动时基本可以忽略，若存在协同作用，则其附加沉降量相当于下沉系数增加约为 0.1，则最终一次复采地表下沉系数约为 0.8～0.9。二次复采时，基岩面下沉系数约为 0.9，排水固结、密实性沉降和协同作用基本可以忽略，地表下沉系数约为 0.9。通过以上综合分析可知，重复采动条件下，下沉系数相比于初次采动是逐渐减小的，随着复采次数的增加，下沉系数逐渐趋于稳定。

（五）实测资料验证

截至目前，只收集到顾桥 1117（3）一个观测站的观测资料是重复采动的。

顾桥煤矿位于淮南市辖凤台县的顾桥镇、桂集镇、丁集镇境内，位于潘谢矿区中西部，东距凤台县县城约 20km。东与丁集矿井为邻，西与张集矿井相接，北与顾北矿井相通。2006 年 10 月 1 日开采北一采区 11－2 煤 1117（1）首采面，2008 年 2 月 27 日首采面开采结束。根据顾桥煤矿的回采计划，于 2009 年 5 月中旬回采 1117（1）首采面正上方（两面垂距约 75m）的 1117（3）工作面。

顾桥煤矿北一采区 13－1 煤 1117（3）综采面，井下位于北一上山采区下部，北为 F87 采区边界断层，南到工业广场保护煤柱，东为 1121（3）轨道顺槽，西为 1116（3）运输顺槽。周围除 1117（1）工作面回采完毕外其余上下煤层均未回采。1117（3）综采面设计走向长约 2902m，实际采长约 2737.5m，工作面斜长约 241.3m（平距 240m），煤厚为 0.8～5.1m，平均为 3.51m，工作面出煤量为 315.82 万 t；平均采高约 4.3m。工作面走向为南北方向，煤层倾角为 3°～10°，平均为 5°，为近水平煤层。工作面 13－1 煤层埋深 620～742m，平均约为 680m；工作面标高为 －718.4～－596.4m。该面回采范围内上覆新生界松散层厚度（即基岩面埋深）396.53～456.30m，平均为 430m。1117（3）工作面采煤方法为综合机械化采煤，一次采全高。顶板管理方法为全部垮落法，工作面推进速度约为 6.16m/d。1117（3）综采面上方地表较为平坦，高程为 21.5～25.6m。工作面回采对张童村等部分村庄的建筑物及一些临时建筑物、农用电网、高压电网以及灌溉沟渠产生影响。1117（1）工作面回采时，对地面的其他村庄、学校等进行了拆迁、补偿。

　　按照技术设计，顾桥煤矿 1117（3）综采面重复采动地表移动观测站布设成一条全走向观测线和两条半倾向观测线。结合首采面上方的地形情况，1117（3）综采面观测站的走向线采用 1117（1）首采面的走向观测线的位置，并对其进行延伸和加密。1117（3）综采面观测站的两条半倾向观测线的位置与 1117（1）首采面的南北两条全倾向观测线的位置相同，并向下山方向延伸。1117（3）综采面观测站的北端半条倾向观测线从 1117（1）首采面北倾向观测线的 MSA38 开始，到 CSA01，共 41 点；1117（3）综采面观测站的南端半条倾向观测线从 1117（1）首采面南倾向观测线的 MSB38 开始，到 CSB01，共 44 点。

　　利用实测地表资料，求取概率积分法模型参数，参数拟合情况见表 19。

表 19　　　　　　　　　　　　概率积分法求参结果

模型	参数
概率积分法	$q=0.96$；$\theta=89°$；$\tan\beta=1.64$

利用实测地表资料，拟合求取概率积分法参数，拟合得到下沉系数为 0.96。顾桥矿区初次采动时下沉系数为 1.1，实例说明重复采动时下沉系数是减小的，这与前面综合分析的下沉系数变化趋势是一致的。多次复采后，下沉系数会逐渐减小最终趋于稳定。

五、淮南矿区采煤沉陷预测模型

　　地下开采引起的岩层和地表移动是极其复杂的问题。人们根据现场实测资料利用各种研究手段，对一般条件下采煤引起的岩层及地表移动规律有了较深刻的认识。总结了适用于自己国家或者矿区的移动变形规律并形成了变形预计公式。在我国比较成熟的沉陷预计方法是我国学者刘宝琛、廖国华从波兰学者李特威尼申（J. Litwiniszyn）的随机介质理论发展而来的概率积分法。此方法在我国广泛适用。但是它本身也有缺陷，也有其无法解释的现象，特别是在特殊地质采矿条件下，巨厚松散层下采煤引起的地表移动就是其中之一。

　　在淮南厚松散层地区，出现以下特殊现象，下沉系数偏大或大于 1，如淮南潘集矿区最大下沉系数1.38；地表沉陷盆地范围扩大。从淮南各观测站的拟合求参的效果来看，在盆地的主要部分，移动边界范围之内，拟合效果比较理想，在移动边界与最外边界之间，拟合情况较差，预计值大于实测值。由此可以看出，概率积分法在预计地表移动变形时，在最大下沉值附近处预计比较准确，而在盆地边界处收敛较快，预计出的盆地范围小于实际盆地范围。

因此需要建立一套适合淮南矿区特点的开采沉陷预测模型或者是概率积分法的修改模型，来解决淮南矿的开采沉陷问题。

（一）已有预测模型及成果评价

1. 概率积分法

概率积分法是因其所用的移动和变形预计公式中含有概率积分（或其导数）而得名。由于这种方法的基础是随机介质理论，所以又叫随机介质理论法。

概率积分法在我国得到深入的研究和广泛的应用，取得了很大的成功。随着实测资料的增加和研究的进一步深入，发现概率积分法与实际情况有以下不符合的地方：

（1）在急倾斜、厚松散层，极不充分开采等特殊情况下适用性较差。

（2）在盆地边缘收敛过快，尤其在厚松散层矿区表现更为突出。

因此，厚松散层矿区的开采沉陷预计有需要改进的地方。

2. 双曲线函数

通过对潘一煤矿西二采区、西一采区和东一采区3个地表移动观测站的观测资料分析，特厚冲积层地区的地表移动具有以下特征，地表下沉系数较正常的地区偏大。淮南矿区老区下沉系数为0.6～0.8，而潘一煤矿观测站实测下沉系数为1.0～1.2；地表下沉盆地的边缘部分较正常地区收敛缓慢，由盆地中心至盆地边缘的范围扩展很大，因此，依据下沉10mm所确定的边界较淮南矿区老区偏小。根据上述特征，选用在盆地边缘部分收敛较为缓慢的双曲线函数代替概率积分函数，得到双曲线函数模型。

双曲线函数模型改善了概率积分法模型盆地边缘收敛缓慢的问题。

所用参数较少，但与概率积分法相比，其模型的物理意义较差。双曲线函数模型是在特定情况下提出来的，有一定的应用，但没有广泛的应用范围。

3. 模型参数解算方法

为了求出预测模型中未知的参数，利用参数估计的方法进行求解，根据所有的实测的下沉和水平移动值求取参数的估计值，在后面的求参中，采用了步长加速法、马夸尔特（Marqurdt）法两种算法。

（二）适合厚松散层沉陷预测模型的建立

1. 对数函数模型

本次开采沉陷数学模型的建立撇开概率积分法因素的影响，即从全新的另外一种研究领域出发来推导套用出一种新的沉陷预计方法。该沉陷预计方法是以相似材料模型模拟开采得到的观测数据为出发点，在理论指导与实验数据相结合中来试图建立一套新的沉陷预测数学模型。

（1）模型的建立。

研究发现，采煤后地表下沉原理跟地下水的渗透原理有异曲同工之处。煤层开采后其上部岩石逐渐向下垮落压实，而后向上传递，而地下水由于抽井的缘故，水逐渐向下水位渗透，其移动原理类似。煤层工作面开采影响形成的地表沉陷是一个沉陷盆地，犹如一个沉陷漏斗，跟潜水含水层中的抽水井抽水形成的降水漏斗十分相像。如图 35 所示，剖面上承压含水层完整井抽水形成的水位降水漏斗。均质各向同性介质含水层的厚度为 M，含水层原始水位为 H_0，完整井抽水稳定后井中的水位为 h_w，饱和水层厚度为 H，渗透系数为 K，井筒半径为 r_w。水井抽水影响到的水位线范围用影响半径 R 来表示，根据卡西尔脱经验公式计算：

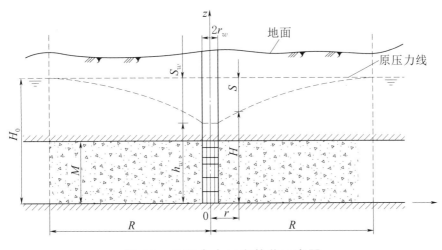

图 35 承压含水层完整井示意图

$$R = 3000 S_w \sqrt{K} \tag{11}$$

式中：S_w 为井中水位降，m；K 为渗透系数，m/s。

根据渗流模型计算推导，最后得出浸润曲面方程为

$$S(r) = S_w \frac{\ln \dfrac{r}{R}}{\ln \dfrac{r_w}{R}} \tag{12}$$

受上面的承压含水层渗流模型推导得出的浸润曲面方程的启发，初步建立的工作面开采沉陷主断面上的下沉预计模型为对数函数模型：

$$y(x) = a \frac{\ln \dfrac{x}{R}}{\ln \dfrac{r}{R}} + h \tag{13}$$

通过推导最终确定的地表沉陷预计新模型为

$$
\begin{aligned}
W(x) = K_w [f_1(x) - f_2(x)] &= K \left(\ln \frac{e^{\omega - \frac{x}{\zeta}} + 1}{e^{-\frac{x}{\zeta}} + 1} - \ln \frac{e^{\omega - \frac{x - \sigma}{\tau}} + 1}{e^{-\frac{x - \sigma}{\tau}} + 1} \right) \\
&= K_w \ln \frac{(e^{\omega - \frac{x}{\zeta}} + 1)(e^{-\frac{x - \sigma}{\gamma}} + 1)}{(e^{-\frac{x}{\zeta}} + 1)(e^{\omega - \frac{x - \sigma}{\tau}} + 1)}
\end{aligned}
\tag{14}
$$

式中：K_w 为与最大下沉值有关的新参数；ζ 为与上山方向采深有关的新参数；σ 为与开采工作面长度有关的新参数；τ 为与下山方向采深有关的新参数；ω 为与 K_w 及煤层倾角 α 有关的新参数；x 为距开切眼距离，m；ω 为下沉值。

以上 5 个新增加参数的相关分析只是初步的，假设的新参数的物理意义及所推断的相关性只是根据在建立模型当中所要表达的关系或是影响函数的形态因素等来初步确定考虑的。

用上面分析列文伯格-马夸尔特法（Levenberg – Marquardt）进行非线性函数的拟合求参，得出的各台相似材料模型中地表下沉曲线拟合效果图见图 36。

（2）函数模型参数研究。

为了研究每一项参数在函数中所起的作用，首先采用作图分析的方法。在研究任一项参数时，固定其他参数的值，只改变研究项的取值，作图分析。

1）上山影响半径因子 ζ。在对数函数模型中，当参数 ζ 越大时，最大下沉值越小，上山方向边界收敛越缓慢，而下山方向的曲线形态变化不明显。

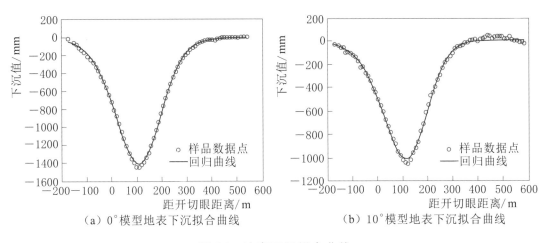

（a）0°模型地表下沉拟合曲线　　　　（b）10°模型地表下沉拟合曲线

图 36　地表下沉拟合曲线

在概率积分法模型中，上山方向主要影响角正切值 $\tan\beta$ 越小，即上山方向主要影响半径 r_2 越大时，最大下沉值越小，上山边界收敛越缓慢。由此，可以推断参数 ζ 与概率积分模型中上山主要影响半径 r_2 密切相关，见图 37。

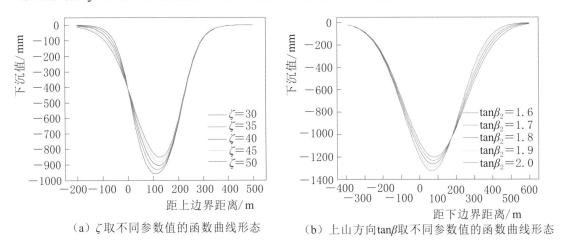

（a）ζ 取不同参数值的函数曲线形态　　（b）上山方向 $\tan\beta$ 取不同参数值的函数曲线形态

图 37　ζ 取不同值的函数曲线

2）下山影响半径因子 τ。在对数函数模型中，当参数 τ 越大时，最大下沉值越小，下山方向边界收敛越缓慢，而上山方向的曲线形态变化不明显。在概率积分法模型中，下山方向主要影响角正切值 $\tan\beta$ 越小，即下山方向主要影响半径 r_1 越大时，最大下沉值越小，下山边界收敛越缓慢。由此，可以推断参数 τ 与概率积分模型中下山主要影响半径 r_1 密切相关，见图 38。

因为开采出来资源的体积是固定不变的，所以下沉体积也是固定的，姑且称为体积不变原理。在概率积分法模型中，随着 $\tan\beta$ 逐渐增大，最大下沉

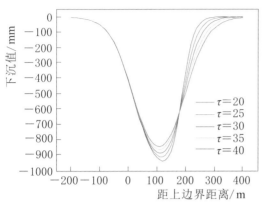

（a）τ取不同参数值的函数曲线形态

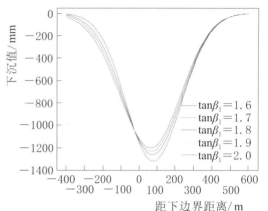

（b）下山方向tanβ取不同参数值的函数曲线形态

图38　τ取不同值的函数曲线

值逐渐增大，这是因为 $\tan\beta$ 增大，即 r 减小了，影响范围变小了，所以势必最大下沉值要增大。在对数模型中，同样出现了这种情况，即 K_w 随着 $\tan\beta$ 的增大而增大，结合 σ 的变化趋势可以看出，随着主要影响半径的减小，在数值上它也是减小的，从函数曲线上看就是曲线的开口在变窄。但 K_w 与 σ 的乘积基本保持不变，把 K_w 与 σ 的乘积看作开采体积的一种体现，所以这体现了体积不变原理。

从模拟的情况来看，ζ 和 τ 是与采深 H 和主要影响角正切 $\tan\beta$ 相关的参数，回归分析出

$$\frac{\zeta}{\tau}=\frac{H}{3.13\tan\beta+3.22} \tag{15}$$

3）工作面尺寸影响因子 σ。在对数函数模型中，参数 σ 越大，函数曲线形态的变化与概率积分法模型中，工作面斜长 L 增大时，函数曲线形态的变化一致（图39）。由此可以推断参数 σ 和工作面参数息息相关。

σ 主要与工作面推进的距离 D 有关，在充分采动条件下 $\sigma=1.01D-26.39$；

4）拐点偏移距影响因子 ω。在对数函数模型中，参数 ω 变大，引起函数曲线形态整体向上山方向偏移的趋势。概率积分法模型中，当拐点偏移距发生变化时会出现上述现象（图40）。

ω 与拐点偏移距相关，ω 越小，函数曲线越偏向坐标原点，但 ω 还与拐点偏移距、煤层倾角相关，回归得到：

$$\begin{cases} \omega=0.0236(S_2-S_1)+0.2583 & (S_1=S_2) \\ \omega=0.0274\tan\beta\times e^{-0.177\frac{H}{D}}\times S-0.56 & (S_1\neq S_2) \end{cases} \tag{16}$$

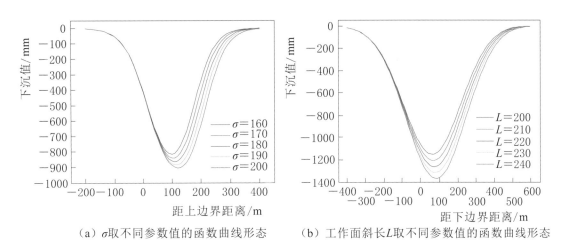

（a）σ取不同参数值的函数曲线形态　　（b）工作面斜长L取不同参数值的函数曲线形态

图 39　σ 取不同值的函数曲线

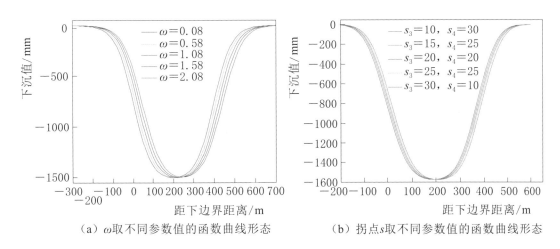

（a）ω取不同参数值的函数曲线形态　　（b）拐点s取不同参数值的函数曲线形态

图 40　ω 取不同值的函数曲线

5）最大下沉值倍数 K_w。由图 41 可以看出 K_w 主要控制最大下沉值，函数的形式与概率积分法模型中的相似。

K_w 与最大下沉值相关，$\dfrac{K_w}{W_{\max}}=K$（$K=1\sim1.3$）。

2. 概率积分法修正模型

考虑到在研究我国的开采沉陷问题时，概率积分法模型应用最为广泛，研究最为透彻，所以本文在研究概率积分的理论基础上，又提出了修正模型。

（1）模型建立。

地表下沉盆地的形状和范围主要是由单元下沉影响函数的形式决定的，概率积分法的地表单元下沉盆地的表达式为

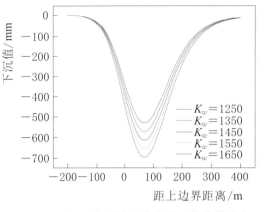

（a）K_w取不同参数值的函数曲线形态

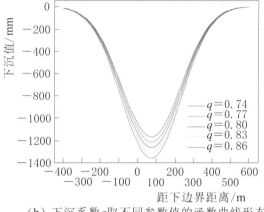

（b）下沉系数q取不同参数值的函数曲线形态

图 41　K_w 取不同值的函数曲线

$$w_e(x) = \frac{1}{r} e^{-\pi \frac{x^2}{r^2}} \tag{17}$$

式中：r 为主要影响半径；x 为地表某点坐标。

式（17）单元开采时，使地表某点产生的下沉盆地。

从式（17）可以看出影响函数曲线开口大小的主要因素是 r，只要 r 发生了变化，该函数的形状肯定发生变化，包括边界收敛缓慢问题及极值问题都发生变化。考虑到在厚松散层条件下，概率积分法模型在下沉盆地中间区域拟合较好两端拟合较差的实际情况，所以修正模型的最大下沉值应与原模型的最大下沉值一致，理想的模型与原模型相比应该是最大下沉值及附近区域不变而曲线的两端收敛较原来缓慢。从上分析可知，如果改变模型中的 r 是根本达不到理想效果的。但是可以发现式（17）中两个 r 所在的位置对函数形状的影响有所不同，为了说明问题将第一个 r 记为 r_1，第二个 r 记为 r_2。实际上对函数最值起更大作用的是 r_1，对函数边缘收敛起更大作用的则是 r_2，函数曲线如图 42 所示。

由上分析可知，只改变 r_2 所在位置值的大小而不改变 r_1 的大小，下沉曲线的收敛性可以得到控制。在概率积分法模型中，并没有考虑到厚松散层这一特殊因素，只考虑煤层上覆基岩的作用，实际上地表的沉陷是由上覆基岩和松散层综合作用的结果，所以在新的模型中必须考虑松散层厚度这一影响因素，下沉盆地边缘收敛缓慢的特性，极有可能与其不

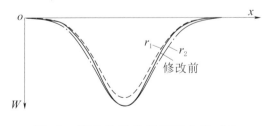

图 42　修改前后单元下沉曲线对比

容忽略的厚度有关，因此在式（17）中的 r_2 位置加入一项新参数，以调整影响函数的收敛性，使其适合厚松散层的情形，所以修正模型的单元下沉盆地表达式为

$$w_e(x)=\frac{1}{r}\exp\left[\frac{-\pi x^2}{\left[r+\left[\frac{H}{h}\right]^n\right]^2}\right] \tag{18}$$

式中：H 为平均采深，m；h 为松散层厚度，m；n 为松散层影响系数。

同概率积分法一样，可以求出半无限开采时地表下沉预计公式如下：

$$W(x)=\frac{W_0}{2}\frac{\left[r+\left[\frac{H}{h}\right]^n\right]\mathrm{erf}\left[\frac{\sqrt{\pi}}{r+\left[\frac{H}{h}\right]^n}\times x\right]}{r} \tag{19}$$

按照阿维尔申的基本假设，水平移动和水平变形仍可按下式计算：

$$U(x)=b\cdot r\cdot i(x)$$
$$\varepsilon(x)=b\cdot r\cdot K(x) \tag{20}$$

式中：b 为水平移动系数。

对于有限开采，采用叠加原理计算即可。

（2）模型参数研究。

从式（18）看出比式（17）多了一项 $\left[\frac{H}{h}\right]^n$，从上述分析可知，$\frac{H}{h}$ 值始终大于 1，h 越大，盆地边缘收敛越缓慢，$\frac{H}{h}$ 的值越小，所以 n 值就得越大，即松散层影响系数 n 与松散层厚度 h 呈正相关。n 并不像概率积分法其他参数一样有很明显的物理意义，可以直接在图上求取，它是一个潜在的参数。有了这个参数，松散层的厚度这一影响因素就不能不考虑。在松散层很小的情况下，一般都不考虑其影响，即使考虑，此时 n 的取值也会很小，接近于零，修正模型与原模型基本一致，在厚度不可以忽略的情况下，研究发现 $\left[\frac{H}{h}\right]^n$ 可取值为 kr，即影响半径的 k 倍，k 一般取 $0.2\sim0.4$，从而可以求出 n 的取值，即 $n=\dfrac{\lg(kr)}{\lg\left[\dfrac{H}{h}\right]}$。

3. 基于玻尔兹曼函数的预测模型

（1）模型建立。

玻尔兹曼（Boltzmann）把麦克斯韦分布推广为麦克斯韦-玻尔兹曼分布，这个研究成果得到了广泛的应用。玻尔兹曼数学模型的方程式为 $y = \dfrac{A_1 - A_2}{1 + e^{(x-x_0)/B}} + A_2$，很容易发现该函数的曲线形态为 S 形，跟半无限开采时地表移动盆地主断面的下沉曲线形态相似，其下沉预计公式为

$$W(x) = \frac{W_0}{2}\left[\mathrm{erf}\left|\frac{\sqrt{\pi}}{r}\right| + 1\right] \tag{21}$$

结合玻尔兹曼函数形式和式（21），初步确定半无限开采时地表移动盆地主断面上新的下沉预计公式为

$$W(x) = k\,\frac{W_0}{1 + e^{(x-s)/r}} + h \tag{22}$$

利用数据拟合分析研究后，最终确定有限开采时地表移动盆地走向主断面上的下沉预计公式为

$$W^0(x) = w(x) - w(x-l) = mq\cos\alpha \cdot \left(\frac{1}{1 + \exp\left|\dfrac{x - s_3}{R}\right|} - \frac{1}{1 + \exp\left|\dfrac{x - D + s_3 + s_4}{R}\right|}\right) \tag{23}$$

如图 43 所示，有限开采时地表移动盆地倾向主断面上的下沉预计公式为

$$w(y) = \frac{mq\cos\alpha}{1 + \exp\left|\dfrac{y + (h_1 - s_1 \cdot \sin\alpha)\cdot \cot\theta - s_1 \cdot \cos\alpha}{R}\right|}$$

$$w(y-l) = \frac{mq\cos\alpha}{1 + \exp\left|\dfrac{y + (h_1 - s_1 \cdot \sin\alpha)\cdot \cot\theta - s_1 \cdot \cos\alpha - (L - s_1 - s_2)\dfrac{\sin(\theta + \alpha)}{\sin\theta}}{R}\right|}$$

$$W^0(y) = [w(y) - w(y-l)] \tag{24}$$

式中：m 为采厚；q 为下沉系数；α 为煤层倾角；θ 为开采影响传播角；D 为工作面走向长度；L 为工作面倾向长度；l 为变形量；s_1、s_2、s_3、s_4 为下、上、左、右拐点偏移距；R 为与主要影响半径有关的新参数。

（2）模型参数研究。

拐点偏移距 s 是由悬臂作用引起的，在下沉曲线上看就是曲线凸凹的分界点，是下沉函数二阶导数为零的点。在式（23）中，令 $W^0(x)$ 的二阶导数为零，即可求出新函数模型的左右拐点偏移距 $x_1 = s_3$，$x_2 = D - s_3 - s_4$，显然和

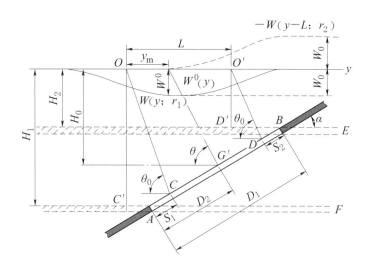

图 43　有限开采时地表倾向主断面移动和变形计算原理图

H_1—下山采深；H_2—上山采深；H_0—平均采深；θ_0—开采影响传播角；D_1—工作面倾斜长；

L—倾向工作面计算长度；W_0—最大下沉值；θ—最大下沉角

概率积分法中的左右拐点偏移距相同。

开采影响传播角 θ_0 是倾向主断面预计特有的参数。在式（24）中，令 $W^0(y)$ 的二阶导数为零，即可求出新函数模型下沉曲线拐点的位置，与概率积分法模型下沉曲线拐点位置相同。又因为在构造新函数模型时，选取了与概率积分法相同的拐点偏移距 s_1、s_2，所以图 43 中 CO 线与水平线的夹角 θ_0 与概率积分法中的开采影响传播角大小相同，意义相同。矿山开采沉陷学中讲到，θ_0 与最大下沉角 θ 相近，最大下沉点的位置决定了最大下沉角的大小，在式（24）中，令 $W^0(y)$ 的一阶导数为零，可求出最大下沉点的位置 y_m，结果与概率积分法模型一致。

选取同一参数，即下沉系数 0.8，左右上拐点偏移距 20m，上下拐点偏移距 5m，走向主要影响半径 163m，倾向主要影响半径 190m，开采影响传播角为 88°，新模型与概率积分法模型走向下沉曲线如图 44（a）所示，倾向下沉曲线如图 44（b）所示。

在同一套参数下，两种模型的下沉曲线形状差异很大，但形态上有相似之处，曲线拐点一致，最大下沉点出现的位置也相同，这证实了两种模型的最大下沉角大小相同，开采影响传播角也基本一致。

保持其他参数不变，分别调整新模型中参数 R 后，新模型曲线 2 与概率积分曲线相吻合，在下沉盆地最大下沉值附近两曲线基本一致，而在盆地边界处存在差异，即新模型曲线比概率积分法收敛缓慢。调整了参数 R 后，函

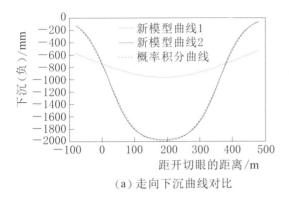

（a）走向下沉曲线对比

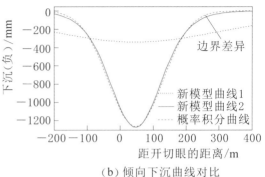

（b）倾向下沉曲线对比

图 44　走向与倾向下沉曲线对比

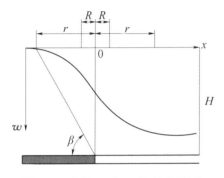

图 45　参数 R 与 r 的几何意义

数曲线发生了变化，这表明参数 R 的大小影响着曲线的分布形态。在概率积分法模型中，r 是主要由岩性决定的参数，影响着下沉曲线的分布形态，在其他参数不变的情况下，r 越大，下沉盆地影响的范围越广，最大下沉值也越小。从图 45 可以看出，R 的物理意义与主要影响半径 r 相同，只是在数值上有差异。

结合上述分析，在新模型中，q 与概率积分法下沉系数相差无几，基本一致，可定义为下沉系数；构造函数时决定了拐点偏移距 s 与概率积分法大小一致；θ_0 与概率积分法的开采影响传播角也基本一致，可定义为开采影响传播角；R 与主要影响半径 r 相比，数值上相差不少，但统计发现，其比值 r/R 相差无几，结果如表 20 所示，可以得出 $R=r/4.13$，新模型中的"主要影响半径"约为概率积分法模型中主要影响半径的 $1/4$，定义此参数为严重影响半径，即在 $X=-R\sim R$ 的范围内，地表发生严重、剧烈移动和变形。

表 20　　　　　　　　　　　　　R 与 r 的对比

r	181	167	177	170	150	189
R	44	40.5	43	41	36	46
r/R	4.11	4.12	4.12	4.14	4.17	4.11

六、沉陷预测模型精度研究

模型精度分析从两个方面考虑：一方面是模型的拟合精度分析；另一方面是模型的预测精度分析。

（一）沉陷预测模型拟合精度分析

模型的拟合精度和可靠性需实际应用来评价，现利用观测站的实测资料来检验模型拟合精度。本章提出了三种适用于淮南新区的预测模型，分别与概率积分法对比其拟合精度。

1. 对数函数模型拟合精度研究

谢桥矿 11118 工作面采用综合机械化采煤工艺（图 46），顶板采用自然陷落法管理。回采厚度最大为 3.46m，最小为 2.2m，平均为 2.95m。煤层倾角为 12°～14°，平均为 13.5°。工作面实际走向长度 620m，倾斜长度 171.8m。开采深度 498m，其中松散层厚度 400m，基岩厚度 98m。

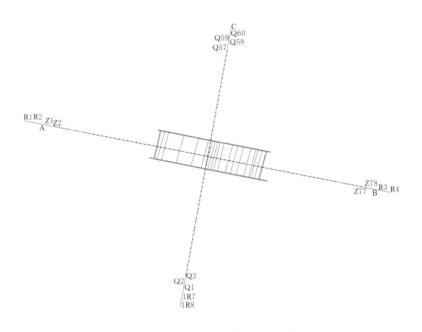

图 46　11118 观测站布置图

利用实测地表资料，求取模型中未知参数，并比较拟合精度。11118 工作面拟合曲线与实测数据对比见图 47，参数求取情况见表 21。

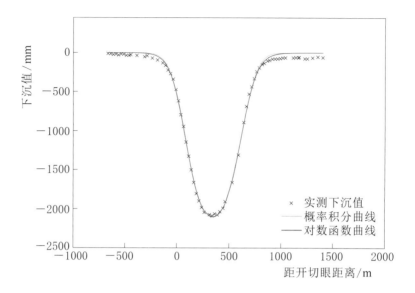

图 47　11118 工作面拟合曲线与实测数据对比

表 21　　　　　　　概率积分法与对数函数法模型参数求取情况对比

模　型	参　　数	拟合相对中误差/%
概率积分法模型	$q=0.76$；$s_1=79.15$；$s_2=6.4$；$r=305.8$	5.1
对数函数法模型	$\delta=66.9$；$\sigma=524.7$；$\tau=69$；$\omega=2.5$；$K=884.6$	2.3

　　从两个模型的拟合相对中误差可以看出，对数函数法模型与概率积分法模型相比，拟合精度提高。

2. 概率积分法修正模型拟合精度研究

　　张集矿 1212（3）工作面沿煤层走向布置，为初次采动，倾向斜长 122m，走向长 525m。下山边界采深 484m，上山边界采深 422m，平均采深 453m，表土层厚 348m。回采起止时间为 2008 年 9 月 8 日至 2010 年 3 月 31 日。回采速度平均为 28m/月。平均煤厚 3.0m，煤层倾角为 35°。观测站 1212（3）井上、下对照图见图 48。该工作面沿煤层走向和倾向分别设置了一条观测线。走向观测线长 994m，共 21 个观测点；倾向观测线长 860m，共 16 个观测点。

　　利用实测地表资料，求取模型中未知参数，并比较拟合精度。参数求取情况见表 22。

　　从两个模型的拟合相对中误差可以看出，概率积分法修正模型与概率积分法模型相比，拟合精度提高了 40%。

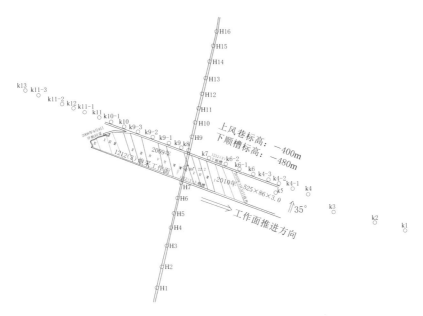

图 48　1212（3）工作面地表移动观测站平面布置图

表 22　　　　　　　　　　概率积分法与修正模型求参效果对比

模型	参　　数	拟合相对中误差/%
概率积分法模型	$q=0.83$；$\theta=88.75°$；$\tan\beta=1.10$	3.2
概率积分法修正模型	$q=0.86$；$\theta=87.8°$；$\tan\beta=1.45$；$n=18.98$	1.9

3. 基于玻尔兹曼函数的拟合精度研究

本次同样利用 11118 工作面的实测地表资料，求取模型中未知参数，并比较拟合精度。拟合曲线见图 49，参数求取情况见表 23。

表 23　　　　　　概率积分法与 Boltzmann 函数模型求参效果对比

模型	参　　数	残差平方和 $[vv]$	拟合中误差 /mm
概率积分法模型	$q=0.76$；$s_1=79.15$；$s_2=6.4$；$r=305.8$	125450	43.6
Boltzmann 函数模型	$q=0.77$；$s_1=84$；$s_2=11$；$R=75$	85666	30.8

从两个模型的拟合中误差可以看出，Boltzmann 函数模型与概率积分法模型相比，拟合精度提高。

4. 综合分析

（1）拟合精度分析。

根据前面的实例分析，如果将概率积分法模型的拟合中误差定为 10，各

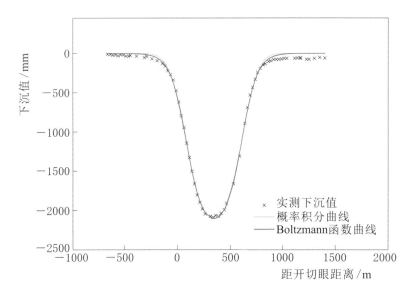

图 49   11118 工作面拟合曲线与实测数据对比

函数模型的拟合中误差对比见表 24。

表 24   各函数模型的拟合中误差对比

模型	概率积分法模型	对数函数模型	概率积分法修正模型	Boltzmann 函数模型
拟合中误差	10	6.5	6	7

三种模型求参结果均优于概率积分法模型，拟合精度提高了 $30\%\sim40\%$，但是从模型参数的选取情况来看，难易程度有所不同。

（2）参数选取分析。

对数函数模型拟合精度较高，虽然参数有一定的物理意义，但参数的选取较为复杂，在实际应用中会有一定的难度。概率积分法修正模型与概率积分法模型相比，是只多了一个参数，松散层影响系数，虽然给出了其一般取值，但基本无规律可循。基于 Boltzmann 函数模型与概率积分法模型相比，拟合精度高，参数的物理意义明确，更为关键的是，其参数选取相对容易，有了概率积分法模型的参数，即可得出该模型的参数。

再以两个实例来分析基于 Boltzmann 函数模型的拟合精度。

1）淮南丁集矿 1141（3）工作面采用综合机械化采煤工艺，顶板采用自然陷落法管理。回采厚度平均 3.2m。煤层倾角平均为 8°。2010 年 7 月开始回采，2011 年 4 月 30 日收作。工作面实际走向长度 625m，倾斜长度 220m，开采深度 670m，其中松散层巨厚（图 50 和图 51）。

2）谢桥矿 1222（3）走向长 1410m，倾向宽 177m，煤层倾角为 9°，煤厚

2.95m。工作面设置了两条观测线，其中走向观测线只有半条，长度约为1000m，观测点个数为25；倾向观测线长1702m，设置了50个观测点。由于测点的缺少，选取了走向的19个观测点作为实测资料（图52和图53）。

从实测数据的拟合效果上看，Boltzmann函数比概率积分法拟合效果更优，平均拟合精度提高了30%，尤其在盆地边界处；所求结果与前面的参数分析时的结论一致，两种模型下沉系数取值基本一样，严重影响半径约为主要影响半径的1/4。综合说明Boltzmann函数模型更适用于淮南巨厚冲击层的矿区（表25）。

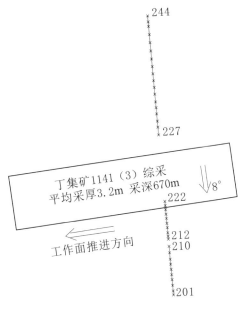

图50　1141（3）工作面示意图

表25　　　　　　　　　　　　模　拟　情　况　表

工作面	模　型	参　　　数	残差平方和 $[vv]$	拟合中误差 /mm
11118	概率积分法模型	$q=0.76$；$s_1=79.15$；$s_2=6.4$；$r=305.8$	125450	43.6
	Boltzmann 函数模型	$q=0.77$；$s_1=84$；$s_2=11$；$R=75$	85666	30.8
1141（3）	概率积分法模型	$q=0.87$；$s_3=-0.83$；$s_4=-5.51$；$r=391.8$；$\theta=90°$	146000	58.9
	Boltzmann 函数模型	$q=0.86$；$s_3=8.18$；$s_4=-17.7$；$R=95.36$；$\theta=88°$	66528	39.7
1222（3）	概率积分法模型	$q=1.0$；$s_3=-3.83$；$s_4=12.5$；$r=286.04$；$\theta=90°$	45299	48.8
	Boltzmann 函数模型	$q=0.96$；$s_3=2.35$；$s_4=17.7$；$R=69$；$\theta=88°$	30504	40.1

（二）沉陷预测模型预测精度分析

1. 预测模型参数的影响因素

由前面分析可知，所建立的三个预测模型的参数取值都可以和概率积分法模型的参数相互转换，这主要是考虑到概率积分法模型应用的广泛性，由

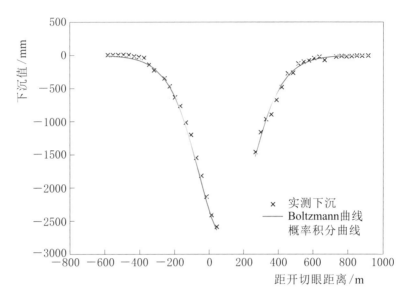

图 51 1141（3）工作面拟合曲线与实测数据对比

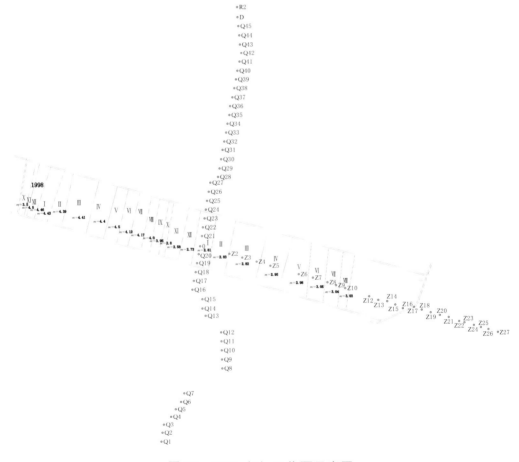

图 52 1222（3）工作面示意图

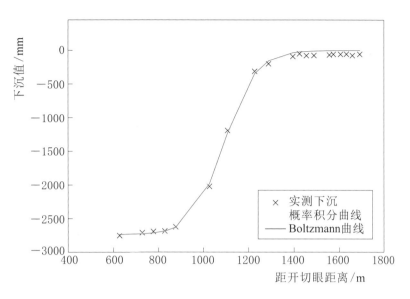

图 53　1222（3）工作面拟合曲线与实测数据对比

此也可以明显看出各参数的影响因素。

（1）对数函数模型。

在充分采动条件下，回归分析出各参数的取值方法如下：

ζ 和 τ 是与采深 H 和主要影响角正切 $\tan\beta$ 相关的参数

$$\begin{cases} \zeta = \dfrac{H_{\text{上}}}{3.13\tan\beta + 3.22} \\[3mm] \tau = \dfrac{H_{\text{下}}}{3.13\tan\beta + 3.22} \end{cases}$$

K_w 是与最大下沉值相关的参数，$\dfrac{K_w}{W_{\max}} = k$（$k = 1 \sim 1.3$）；

σ 是与工作面推进的距离 D 有关的参数，$\sigma = 1.01D - 26.39$；

ω 是与拐点偏移距相关的参数，ω 越小，函数曲线越偏向坐标原点，但 ω 还与拐点偏移距、煤层倾角相关 $\begin{cases} \omega = 0.0236(s_2 - s_1) + 0.2583 & (s_1 \neq s_2) \\ \omega = 0.0274\tan\beta \times e^{-0.177\frac{H}{D}} \times s - 0.56 & (s_1 = s_2) \end{cases}$ 。

（2）概率积分法修正模型。

该模型考虑了松散层厚度的影响，比概率积分法模型多了一个参数，松散层影响系数 n。在松散层很小的情况下，一般都不考虑其影响，即使考虑，此时 n 的取值也会很小，接近于 0，修正模型与原模型基本一致，在厚度不可以忽略的情况下，研究发现 $\left(\dfrac{H}{h}\right)^n$ 可取值为 kr，即影响半径的 k 倍，k 一般取

$0.2\sim0.4$，从而可以求出 n 的取值，即 $n=\dfrac{\lg(kr)}{\lg\left(\dfrac{H}{h}\right)}$。

（3）基于 Boltzmann 函数的预测模型。

该模型与概率积分法模型相比，除了重要影响半径 R 这个参数取值与概率积分法的主要影响半径 r 不同外，其他取值均可与概率积分法模型参数的取值相同。研究发现 $R=r/4.13$。

2. 与实测成果的比对

（1）实例分析。

张集矿 1221（3）工作面沿煤层走向布置，走向长 1011m，倾向宽 141m。表土层厚 335.0m，平均采深 591m。2000 年 10 月 1 日开始回采至 2001 年 5 月 4 日停采（遇断层）。2001 年 10 月 10 日继续回采至 2001 年 12 月 6 日收作。回采速度西段为 95m/月，东段为 112m/月，平均煤厚 4.2m（图 54）。

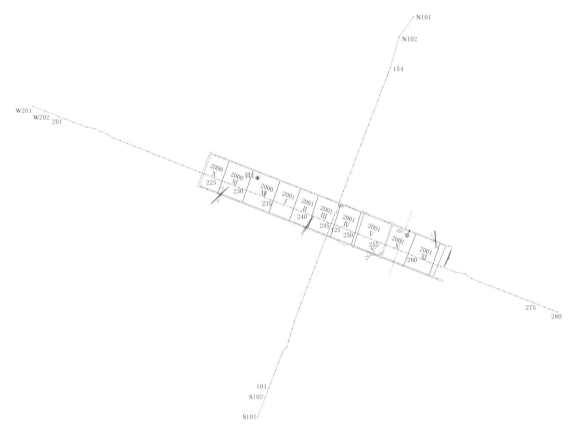

图 54　1221（3）观测站布置图

根据地质采矿条件，选取概率积分法参数如下：$q=0.51$，$\tan\beta=1.82$，$\theta=87.50°$，$s_1=50$，$s_2=117$，$s_3=13$，$s_4=24$。主要影响半径 $r=\dfrac{H}{\tan\beta}=591/1.82=324.7\text{m}$。

根据概率积分法参数，因此可以确定基于 Boltzmann 函数模型的参数：$q=0.51$，$R=r/4.13=78.62$，$\tan\beta=1.82$，$\theta=87.50°$，$s_1=50$，$s_2=117$，$s_3=13$，$s_4=24$。

概率积分法修正模型的参数：$q=0.51$，$\tan\beta=1.82$，$\theta=87.50°$，$s_1=50$，$s_2=117$，$s_3=13$，$s_4=24$，$n=6$。

对数函数模型的参数：$\zeta=66.28$，$\sigma=994.72$，$\tau=66.28$，$K_w=2100$，$\omega=1.84$。

各模型的预测曲线对比图如图 55 所示。

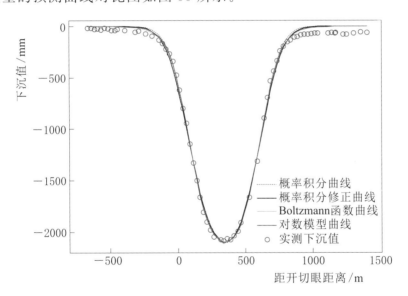

图 55　各模型预测曲线对比

模型预测精度可用残差平方和 $[vv]$ 来衡量，概率积分法模型为 1.3756×10^5，概率积分法修正模型为 1.3795×10^5，基于 Boltzmann 函数模型为 8.5666×10^4，对数函数模型为 9.6390×10^4。

（2）综合分析。

利用上述同样的方法，分别对其他 5 个观测站进行预测并与实测成果进行比对，结果见表 26。

在同样的参数条件下，概率积分法修正模型和对数函数模型的预测精度时而低于概率积分法模型，而 Boltzmann 函数模型基本上都优于概率积分法

表 26　　　　　　　　　　　各模型预测精度对比　　　　　　　　　　$\times 10^5$

观测站	预测点数	概率积分法模型	对数函数模型	概率积分法修正模型	Boltzmann 函数模型
1221（3）	61	1.381	0.964	1.379	0.856
1111（3）	41	2.472	2.102	2.213	1.887
$140_2 1$（3）	21	1.344	0.899	1.356	0.863
1552（3）	27	2.991	3.0	2.872	2.647
11228	20	3.512	3.186	3.355	3.255
1212（3）	29	2.643	2.262	2.154	2.578

模型。这也与前面的参数分析相对应。因为对数函数模型的参数选取较为复杂，修正模型中的松散层影响因素也基本无规律，Boltzmann 函数模型中的重要影响半径是主要影响半径的 1/4，关系明确。

Boltzmann 预测精度在淮南矿区与概率积分法相比可提高 27%。改善了边界拟合精度，参数仍可以借鉴概率积分法参数进行转换，弥补了概率积分法在巨厚冲积层矿区预计的缺陷。

七、淮南矿区采煤沉陷预测研究

（一）开采沉陷预测模型

我们已经建立三套适合淮南矿区特点的开采沉陷预测模型。根据前面的实例分析，如果将概率积分法模型的拟合中误差定为 10，各模型的拟合中误差见表 27。

表 27　　　　　　　　　各函数模型拟合中误差对比

模型	概率积分法模型	对数函数模型	概率积分法修正模型	Boltzmann 函数模型
拟合中误差	10	6.5	6	7

三种模型参数求取结果均优于概率积分法模型，拟合精度提高了 30%～40%，而且三套模型的拟合中误差相差很少。对于大面积的预测，再考虑到煤柱及煤层损失等，所以三套模型都能满足本次预计计算的精度。本次预计选用 Boltzmann 函数模型，该模型参数由概率积分法参数自动转换。

参数选取时考虑综合分析结果，潘谢矿区初次采动的参数为：$q=1.10\sim 1.40$，$b=0.31$，$\tan\beta=2.0$，$\theta=89°$。初次采动的下沉值中，有一部分是土体排水固结的沉降量，一部分土体密实沉降量及土体与基岩的协同作用量。根据上面分析，一次复采时，基岩面下沉系数约为 0.8，排水固结和密实沉降在重复采动时基本可以忽略，若存在协同作用，则其附加沉降量相当于下沉系数增加约为 0.1，则最终一次复采地表下沉系数约为 0.8～0.9。二次复采时，基岩面下沉系数约为 0.9，排水固结、密实性沉降和协同作用基本可以忽略，地表下沉系数约为 0.9。通过以上综合分析可知，重复采动条件下，下沉系数相比于初次采动是逐渐减小的，随着复采次数的增加，下沉系数逐渐减小并趋于稳定。

最后预计参数，初次采动：$q=1.15$，$b=0.31$，$\tan\beta=2.0$，$\theta=89°$。一次重复采动：$q=0.95$，$b=0.31$，$\tan\beta=2.0$，$\theta=89°$。二次重复采动：$q=0.90$，$b=0.31$，$\tan\beta=2.0$，$\theta=89°$。

考虑到煤柱留设及地质构造造成的开采损失等情况，经过分析，所有煤层开采的预计的综合参数定为：$q=0.85$，$b=0.31$，$\tan\beta=2.0$，$\theta=89°$。

（二）预测结果复核情况

本次复核是基于 2008—2010 年实际开采工作面与 2008 年制定的规划工作面之间的校核。根据淮南矿业集团提供最新观测站资料（2008—2010 年）进行分析，参数的反演结果显示与 2008 年获取的参数基本一致。

实际开采面积、产量及沉陷面积与规划开采面积、产量及面积对比见表 28 和表 29。

表 28　　　　2008—2010 年间的实际及规划开采面积、产量对比

项　　　目	开采面积/km²	产量/万 t
实际开采	21.66	9807.19
规划开采	32.28	14598.36

表 29　　　　2010 年之前实际与规划开采对地表影响值对比

项　　　目	最大下沉值/m	沉陷面积/km²	沉陷盆地容积/亿 m³
实际开采	7.6	108.3	3.14
规划开采	7.56	115.4	3.43

从表 28 得出：2008—2010 年间实际的开采面积及产量都比规划的少，2008—2010 年间实际开采工作总体是在按照规划进行，个别工作面做了调整。这也导致了沉陷范围及位置的改变，与规划相比，实际开采总体沉陷面积减小 7.1km²，相对误差为 6.6%；沉陷盆地容积减小了 0.29 亿 m³，相对误差

为 9.2%。

（三）本次预测结果

2020 年、2030 年度的预测结果给出了各指标的预测最大值（见表 30），同时根据目前预测模型的精度及井下地质采矿条件的变化等因素，给出了预计值的变化范围（见表 30）。根据预计，矿区 2020 年沉陷面积 241.3km²，库容 7.16 亿 m³，最大下沉 11.4m；2030 年沉陷面积 305.4km²，库容 11.42 亿 m³，最大下沉 14.5m；2050 年沉陷面积 458.3km²，库容 19.5 亿 m³，最大下沉 18.4m。

表 30　　　　　　　　淮南潘谢矿区开采沉陷数据统计表

指　标	2010 年	2020 年			2030 年		
	基准值	预测最大值	预计变化范围	均值	预测最大值	预计变化范围	均值
沉陷面积/km²	108.3	243.7	238.8～243.7	241.3	339.3	271.4～339.3	305.4
最大下沉/m	7.6	12.0	10.8～12.0	11.4	15.2	13.7～15.2	14.5
沉陷盆地库容/亿 m³	3.14	7.53	6.78～7.53	7.16	12.02	10.82～12.02	11.42

八、结论

（1）通过相似材料模拟实验，系统地研究了上覆岩层移动破坏规律，得到了如下结论：

1）根据采空区上覆基岩移动矢量的不同可分为五个区域：Ⅰ—矢量垂直向下区域；Ⅱ、Ⅲ—矢量指向采空区中心区域；Ⅳ、Ⅴ—矢量指向煤柱区域。

2）岩层移动的边界在岩体内部不是一条直线，与传统的移动边界不同。这一点具有创新性，对指导岩体内部的移动变形预计，分析岩体内部井巷工程的稳定性具有十分重要的意义。

（2）淮南新区的一个典型特征是基岩上方覆盖有巨厚冲积层，开采引起的地表沉陷具有特殊性，通过理论分析及实例研究得出巨厚冲积层区域地表移动具有影响范围广、下沉系数大等特性，将巨厚冲积层下沉分解为跟随基岩的下沉、排水固结沉降、密实性沉降和与采空区协同作用下的附加沉降四个方面并分别进行分析计算。

（3）淮南矿区多煤层重复采动地表下沉具有特殊性，下沉系数相比于初次采动是逐渐减小的，随着复采次数的增加，下沉系数逐渐减小并趋于稳定，稳定值约为0.9。

（4）最终确定Boltzmann函数模型作为淮南新区的沉陷预测。并对淮南矿区新区2010年、2020年、2030年的沉陷情况进行了预测，预测结果依据充分，预测模型精度较高。

（5）淮南矿区采煤沉陷在淮河流域具有典型性和代表性，沉陷机理的研究对于淮河流域环境与发展的研究具有重要的基础作用。

（安士凯、李亮、柳炳俊）

淮南采煤沉陷区积水来源的氢氧稳定同位素证据

　　淮河流域是我国东部重要的能源基地，煤炭资源主要分布在淮南、淮北、豫东、豫西、鲁南、徐州等矿区，探明储量达 700 多亿吨（袁亮 等，2000；孔德明，2006）。经过 50 多年的开采，井工开采采用全部冒落法，导致地表变形沉陷，形成众多近似椭圆形的下沉盆地，使得地表水系遭到破坏，引发地质环境发生巨大变化，大片农田积水无法耕种 [图 1（a）]，对当地农业生产及居民居住均带来不利影响。随着开采的不断持续，沉陷面积及沉陷深度不断增大。预计淮南矿区到 2025 年累计采煤沉陷面积 439km²，积水区域面积约 252.97km²，积水区域最大积水深度 16m，平均积水深度可达 8m（严家平等，2004；王晓波 等，2006；徐良骥 等，2007；李月林 等，2008；徐良骥等，2009）。

　　为治理沉陷区，当地设想利用这些沉陷区建立"平原水库"，这样不仅能提高当地防洪能力，而且能解决周边地区干旱年份农田缺水问题，还能蓄水养鱼，发展经济，变废为宝。要建"平原水库"，"平原水库"的水资源潜力评价就成为重要问题。在采煤沉陷区地表观察到存在大量的沉陷裂隙，图 1（b）沉陷裂隙的照片位于顾桥煤矿采煤沉陷区的边缘，沉陷裂隙地面断距约 0.5m。由于煤层位于新生代地层之下，采煤造成地面沉陷形成的大量沉陷裂隙贯通了整个新生代地层，而新生代地层中发育有多个含水层（陈陆望 等，2003；许光泉 等，2004；桂和荣 等，2005）[图 1（c）]，这些沉陷裂隙可能会沟通地下水与地表水的联系，从而对地下水和地表水的水资源评价产生影响，影响"平原水库"的水资源潜力评价。

　　另外，要建"平原水库"需要有稳定的补给水源，大气降水是沉陷区积水的直接补给，但干旱年份降雨匮乏。近年来观测发现淮河流域大旱年份时，洪泽湖水位下降近于干涸，但采煤沉陷区内积水未见显著减少。因此有人猜测沉陷裂隙可能沟通了地下含水层，并对沉陷区积水进行了水源补给，但是

（拍摄于2012年10月，镜头向东）
（a）顾桥煤矿采煤沉陷区
（32°50.803′N, 116°33.383′E）

（拍摄于2015年5月，镜头向北）
（b）顾桥煤矿采煤沉陷区地表沉陷裂隙
（32°50.967′N, 116°33.870′E）

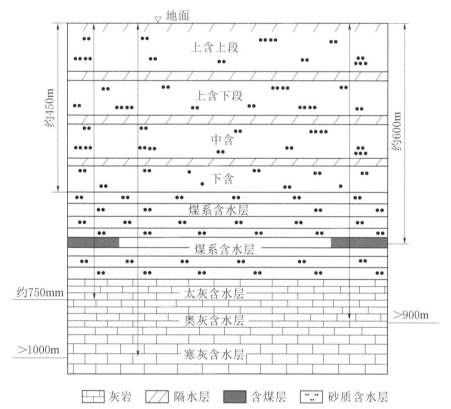

（c）淮南矿区含水层分布示意图（合肥工业大学，2010）

图1　淮南矿区地表沉陷区、沉陷裂隙及水文地质剖面示意图

上含上段—第四纪地层内的含水层的上段；上含下段—第四纪地层内的含水层的下段；
中含—第三纪地层中的上部含水层；下含—第三纪地层中的下部含水层；煤系含水层—
二叠系煤系砂岩裂隙含水层；太灰含水层—石炭系太原组灰岩裂隙含水层；
奥灰含水层—奥陶系灰岩裂隙岩溶含水层；寒灰含水层—寒武纪灰岩裂隙岩溶含水层

沉陷裂隙是否确实能够为"平原水库"提供稳定的地下水水源补给，还需进一步的确凿证据来证实。

环境同位素示踪被广泛应用于水循环研究（Craig，1961；Dansgaard，1964；张人权 等，1983；Krabbenhoft et al.，1990；Gat et al.，1994；钱雅倩 等，2001；汪集旸，2002；Deshpande et al.，2003；Tian et al.，2003；石辉 等，2003；Adelana，2005；张应华 等，2006；胡海英 等，2007；Tian et al.，2008）。水的氢、氧稳定同位素是示踪水循环的理想环境示踪剂，在水循环中主要受各种物理条件如雨水凝结、蒸发等的变化以及混合作用的影响引起同位素分馏（钱雅倩 等，2001；石辉 等，2003；胡海英 等，2007；孙晓旭 等，2012）。刘俊杰等（2009）以及葛涛等（2014）利用氢氧稳定同位素对一些煤矿的深层地下水有过研究，本文通过对比分析淮南不同采煤沉陷区、不同季节、不同水体的氢氧稳定同位素组成，分析采煤沉陷区积水的主要来源，以此判别沉陷裂隙是否是地下含水层补给沉陷区积水的透水通道，地下水是否是"平原水库"的稳定补给源，为今后采煤沉陷区的治理与"平原水库"水资源潜力评价及其建设提供参考依据。

一、研究区概况

淮南位于淮河中游，地处中国南北气候变化的过渡带，地势西北高东南低，坡度较缓，属亚热带与暖温带过渡的湿润—半湿润气候。降水量由南向北逐渐递减，多年平均年降水量为 600～700mm，年平均蒸发量为 1181.3mm，多年平均气温为 14～15℃（黄远山，2008；曹琨，2010）。流域降水年际变化大，年内分配不均，汛期（5—9 月）降水量约占年降水总量的 60% 以上（王又丰 等，2001；张爱民 等，2002；黄远山，2008；谭忠成 等，2009；魏凤英 等，2009；卢燕宇 等，2011）。地下水埋藏较浅，水资源丰富。

本文采样地区位于安徽省淮南市凤台县，该地区地势平坦，西淝河与岗河沿岸一带地势低洼，雨季易形成内涝。另外由于地下采煤的原因，多处形成大面积的采煤沉陷区，地面标高一般为 21～24m。永幸河自西北至东南方向流经该地区，西淝河在鲁台孜入淮河，是地表水集中排放的主渠道，历年最高水位 24.82m（1954 年）（王慧 等，2002；徐良骥 等，2007；黄远山，2008），此外还有纵横交错的人工沟渠〔图 2（a）〕。

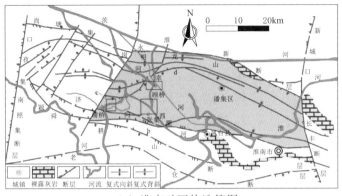

（a）淮南矿区构造简图

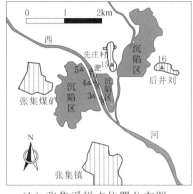

（b）张集采样点位置分布图

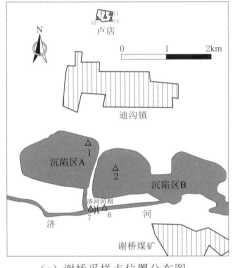

（c）谢桥采样点位置分布图

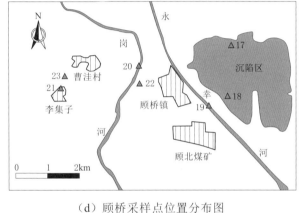

（d）顾桥采样点位置分布图

图 2　采样点位置分布图

（一）　地质及水文地质背景

淮南矿区位于秦岭纬向构造带南亚带的北缘，东与华夏构造郯城-庐江断裂呈截接，西连周口凹陷，北接蚌埠隆起，南邻合肥凹陷。淮南煤田为近东西展布的复向斜构造，受秦岭纬向构造带南北压应力的挤压作用，促使淮南复向斜主体构造行迹呈近东西向展布，并在复向斜南北翼发育了一系列走向压扭性逆冲断层，造成复向斜两翼的叠瓦式构造（沈修志 等，1993；李月林等，2008；合肥工业大学，2010；闫昆，2012）。

淮南矿区在构造上属于淮南复向斜的一部分，在矿井水文地质区划上位于南方区与北方区的交界地带，属于淮北平原水文地质区（据1：50 万安徽省水文地质图）（刘登宪，2002；乔如瑞，2010）。研究区水文地质条件受区域地质、构造和新构造运动的控制，被北部的龙山断层、南部的舜耕山断层和东部的长丰断层等切割，构成一个相对封闭的水文地质单元［图 2 （a）］。

矿区各个矿井地层发育相近，主要含水层由上而下分别为：新生界含水层、二叠系煤系砂岩裂隙含水层（以下简称"煤系"）、石炭系太原组灰岩裂隙含水层（以下简称"太灰"）、奥陶系灰岩裂隙岩溶含水层（以下简称"奥灰"）、寒武纪灰岩裂隙岩溶含水层（以下简称"寒灰"）（刘天骄 等，2011；葛涛 等，2014）。其中，新生界含水层又可以分为第四纪地层内的含水层的上段（以下简称"上含上段"）、第四纪地层内的含水层的下段（以下简称"上含下段"）、第三纪地层中的上部含水层（以下简称"中含"）和第三纪地层中的下部含水层（以下简称"下含"），下含与中、上含之间有稳定的黏土隔水层（袁文华 等，2003；万正成 等，2004；陈兴海 等，2012）［图 1 （c）］。

上含上段底板埋深为 20～44m，平均厚度约 27m，上含下段底板埋深为 95～112m，平均厚度约 8m，中含底板埋深为 96～420m，平均厚度约 220m，下含底板埋深为 445～465m，平均厚度约 30m。煤系含水层埋深约 600m，太灰含水层埋深约 750m，奥灰含水层埋深大于 900m，寒灰含水层埋深大于 1000m［图 1 （c）］（合肥工业大学，2010；乔如瑞，2010）。

（二）各含水层之间的水力联系

不同含水层地下水补给来源不同。在正常的自然状态下，上含上段以大气降水和地表水补给为主，地下水位随季节变化，与上含下段无直接水力联系。中含与下含之间因厚度大且相对稳定的中隔而不发生水力联系。下含局部地段可能与基岩直接接触，水力联系较弱。煤系含水层之间因有泥质岩类相隔，正常的自然状态下无密切水力联系。石炭系太原组灰岩裂隙含水层的灰岩水头压力大大超过煤系底部岩层允许承受的最大水压值，因此太原组灰岩含水层可能是煤系底部直接充水含水层。奥灰含水层可能由于断层或其他因素导致其直接与太灰含水层发生水力联系（王治朝 等，2011；潘凌潇 等，2013；葛涛 等，2014；孙鹏飞 等，2014）。

二、水样的采集与测试

（一）水样的采集

笔者共进行了 2 次野外水样的采集。第一次于 2012 年 5 月［雨季，图 2

(d)] 在安徽省淮南市凤台县采集了雨季水样，共采集了 2 个河水样，2 个沉陷区水样，1 个浅层地下水样（采自压水井），1 个湿地水样，1 个雨水样；第二次于 2012 年 12 月 [旱季，图 2 (b) 和图 2 (c)] 采集旱季水样，采集了 5 个河水样，5 个沉陷区水样，6 个浅层地下水样（采自压水井），压水井都是埋藏小于 10m 的民用生活水井。采样位置见图 2。所有样品采集时，样品瓶都预先用原水反复冲洗多次，样品采集完后立即与大气隔绝密封。

（二）水样的测试

雨季水样的氢氧稳定同位素分析在中国科学院地质与地球物理研究所稳定同位素地球化学实验室测试，采用 MAT-252 质谱仪测定 δD 和 $\delta^{18}O$ 含量。氢同位素测定采用锌反应法，氧同位素测定采用氧—二氧化碳平衡法（张琳等，2011），δD 的平均精度为 $\pm 0.5‰$，$\delta^{18}O$ 的平均精度为 $\pm 0.1‰$，δD 和 $\delta^{18}O$ 值都以相对于 V-SMOW 的千分差表示：

$$\delta D = \left[\frac{(D/H)_{样品}}{(D/H)_{V\text{-}SMOW}} - 1 \right] \times 1000‰$$

$$\delta^{18}O = \left[\frac{(^{18}O/^{16}O)_{样品}}{(^{18}O/^{16}O)_{V\text{-}SMO}} - 1 \right] \times 1000‰$$

旱季水样的氢氧稳定同位素采用液态水同位素分析仪 IWA-45EP（Los Gatos Research，USA）测定。δD 和 $\delta^{18}O$ 的平均精度分别为 $\pm 0.3‰$ 和 $\pm 0.1‰$。$\delta^{18}O$ 和 δD 值都以相对于 V-SMOW 的千分差表示。测量结果详见表 1。

三、结果分析及讨论

（一）区域大气降水氢氧稳定同位素特征

Craig（1961）在研究北美大陆大气降水的过程中发现降水的氢、氧同位素组成呈线性关系，并最先提出了全球大气降水线方程：$\delta D = 8\delta^{18}O + 10$。郑淑蕙等（1983）通过中国 8 个台站的 107 个降水氢氧稳定同位素数据得出中国的大气降水线方程为 $\delta D = 7.9\delta^{18}O + 8.2$。

由于淮北平原没有大气降水的同位素监测站，本文选用离该地区最近的南京站的大气降水同位素监测数据绘制大气降水线作为背景参考（宋献方 等，2007）。经计算，该区大气降水 $\delta^{18}O$ 和 δD 平均值分别为 $-7.35‰$ 和 $-45.08‰$（数据从 IAEA 的网站下载）。

表 1　　淮南矿区不同水体氢氧稳定同位素数据表

含水层	序号	样品名称	采样地点	经度	纬度	δD/‰	δD 标准差	δ18O/‰	δ18O 标准差	水样类型	埋深/m	文献
	1	谢桥矿采煤沉陷区水样 1 号	谢桥采煤沉陷区	116°21.818′	32°47.982′	—	0.05	—	0.02	沉陷区积水（旱季）	—	
	2	谢桥矿采煤沉陷区水样 2 号	谢桥采煤沉陷区	116°21.942′	32°47.322′	—	0.39	—	0.1	沉陷区积水（旱季）	—	
	3	张集矿采煤沉陷区水样 1 号	张集采煤沉陷区	116°30.927′	32°46.657′	—	0.14	—	0.05	沉陷区积水（旱季）	—	
	4	张集矿采煤沉陷区水样 2 号	张集采煤沉陷区	116°30.842′	32°46.834′	—	0.26	—	0.02	沉陷区积水（旱季）	—	
	5	张集矿采煤沉陷区水样 3 号	张集采煤沉陷区	116°30.737′	32°47.028′	—	0.04	−2.3	0.02	沉陷区积水（旱季）	—	
	6	济河水样 1 号	济河	116°21.738′	32°47.140′	—	0.1	—	0.02	河水（旱季）	—	
	7	济河水样 2 号	济河	116°21.737′	32°47.143′	—	0.11	—	0.05	河水（旱季）	—	
地表水	8	西淝河水样 1 号	西淝河	116°30.921′	32°46.654′	—	0.14	—	0.02	河水（旱季）	—	
	9	西淝河水样 2 号	西淝河	116°30.843′	32°46.915′	—	0.1	—	0.02	河水（旱季）	—	
	10	西淝河水样 3 号	西淝河	116°30.841′	32°47.018′	—	0.2	—	0.05	河水（旱季）	—	
	11	顾桥矿采煤塌陷区水样 1	顾桥采煤沉陷区	116°33.448′	32°50.692′	—	0.22	−2.54	0.04	沉陷区积水（雨季）	—	
	12	顾桥矿采煤塌陷区水样 2	顾桥采煤沉陷区	116°33.284′	32°49.848′	—	0.22	−2.04	0.04	沉陷区积水（雨季）	—	
	13	永幸河水样	永幸河	116°33.141′	32°49.553′	—	0.21	−5.35	0.04	河水（雨季）	—	
	14	岗河水样	岗河	116°31.613′	32°50.368′	—	0.17	−4.96	0.03	河水（雨季）	—	
	15	岗河堤外湿地水	岗河边湿地	116°31.739′	32°50.092′	—	0.1	−2.09	0.03	湿地水（雨季）	—	
	16	雨水	雨水	116°30.164′	32°50.128′	—	0.18	−2.42	0.06	雨水（雨季）	—	
	17	S2	泥河	—	—	—	—	−6.1	—	河水（雨季）	—	葛涛，等，2014
	18	S3	淮河	—	—	—	—	−5.9	—	河水（雨季）	—	葛涛，等，2014

续表

含水层	序号	样品名称	采样地点	经度	纬度	δD/‰	δD 标准差	δ¹⁸O/‰	δ¹⁸O 标准差	水样类型	埋深/m	文献
	19	谢桥矿采煤沉陷区井水样 1 号	谢桥	116°21.776′	32°49.593′	—	0.15	−8.02	0.04	压水井（旱季）	9	
	20	谢桥矿采煤沉陷区井水样 2 号	谢桥	116°21.735′	32°49.588′	—	0.16	−8.12	0.03	压水井（旱季）	9	
	21	谢桥矿采煤沉陷区井水样 3 号	谢桥	116°21.756′	32°49.590′	—	0.06	−7.96	0.07	压水井（旱季）	9	
	22	谢桥矿采煤沉陷区井水样 4 号	谢桥	116°21.765′	32°49.584′	—	0.14	−7.85	0.05	压水井（旱季）	9	
	23	张集井水 1 号	张集	116°31.279′	32°47.108′	—	0.25	−6.5	0.01	压水井（旱季）	7	
	24	张集井水 2 号	张集	116°31.886′	32°47.127′	—	0.14	−6.55	0.05	压水井（旱季）	7	
	25	李集子井水	顾桥	116°30.175′	32°50.050′	—	0.16	−6.59	0.04	压水井（雨季）	7	
浅层地下水	26	GW 1 - 1	蚌埠五道沟水文站	—	—	−59.9	—	−8.3	—	一含水（上 1 含上段水）	50	谭忠成等，2009
	27	GW1 - 2	蚌埠五道沟水文站	—	—	−58.2	—	−8.3	—	一含水（上 1 含上段水）	50	谭忠成等，2009
	28	GW1 - 3	蚌埠五道沟水文站	—	—	−56.94	—	−8.5	—	一含水（上 1 含上段水）	50	谭忠成等，2009
	29	GW3 - 1	蚌埠五道沟水文站	—	—	−56.32	—	−7.94	—	一含水（上 1 含上段水）	20	谭忠成等，2009
	30	GW3 - 2	蚌埠五道沟水文站	—	—	−57.18	—	−8.1	—	一含水（上 1 含上段水）	20	谭忠成等，2009
	31	GW6 - 1	蚌埠五道沟水文站	—	—	−56.16	—	−8	—	三含水（中含水）	100	谭忠成等，2009
	32	H1	淮北临涣矿	—	—	−54.2	—	−7.29	—	一含水（上 1 含上段水）	24.8～36.4	陈陆望等，2003

续表

含水层	序号	样品名称	采样地点	经度	纬度	δD/‰	δD 标准差	δ18O/‰	δ18O 标准差	水样类型	埋深/m	文献
浅层地下水	33	H2	淮北海孜矿	—	—	−51.6	—	−7.2	—	一含水(上含上段水)	24.8~36.4	陈陆望等,2003
	34	H3	淮北童亭矿	—	—	−52.4	—	−7.5	—	一含水(上含上段水)	24.8~36.4	陈陆望等,2003
	35	H4	淮北童亭矿	—	—	−68.8	—	−7.08	—	四含水(下含水)	250~457	陈陆望等,2003
	36	H5	淮北朱庄矿	—	—	−65.6	—	−7.98	—	四含水(下含水)	250~457	陈陆望等,2003
	37	H6	淮北临涣矿	—	—	−66.7	—	−9.48	—	四含水(下含水)	250~457	陈陆望等,2003
深层地下水	38	T5	张集	—	—	−69.73	—	−9.89	—	太灰含水层	—	葛涛等,2014
	39	T6	张集	—	—	−81.37	—	−9.74	—		—	葛涛等,2014
	40	T7	张集	—	—	−70.4	—	−10	—		—	葛涛等,2014
	41	T9	谢桥	—	—	−36.89	—	−5.73	—		—	葛涛等,2014
	42	T10	谢桥	—	—	−48.84	—	−5.84	—		—	葛涛等,2014
	43	T13	顾北	—	—	−59.85	—	−6.67	—		—	葛涛等,2014

续表

含水层	序号	样品名称	采样地点	经度	纬度	δD/‰	δD标准差	δ¹⁸O/‰	δ¹⁸O标准差	水样类型	埋深/m	文献
深层地下水	44	T14	顾北	—	—	−50.17	—	−6.71	—	太灰含水层	—	葛涛等，2014
	45	T15	顾北	—	—	−54.42	—	−6.08	—		—	葛涛等，2014
	46	T18	谢桥	—	—	−71.36	—	−9.04	—		—	葛涛等，2014
	47	T19	谢桥	—	—	−75.06	—	−9.61	—		—	葛涛等，2014
	48	A22	顾北	—	—	−51.33	—	−5.12	—	奥灰含水层	—	葛涛等，2014
	49	A23	顾北	—	—	−31.15	—	−4.11	—		—	葛涛等，2014
	50	A24	顾北	—	—	−40.62	—	−4.31	—		—	葛涛等，2014
	51	A25	谢桥	—	—	−67.89	—	−9.43	—		—	葛涛等，2014
	52	A26	顾北	—	—	−71.62	—	−9.48	—		—	葛涛等，2014
	53	A27	张集	—	—	−69.67	—	−9.46	—		—	葛涛等，2014
	54	A28	张集	—	—	−79.91	—	−8.4	—		—	葛涛等，2014
	55	A29	张集	—	—	−63.61	—	−8.44	—		—	葛涛等，2014
	56	H34	谢桥	—	—	−87.65	—	−9.62	—	寒灰含水层	—	葛涛等，2014

287

（二）雨季不同水体氢氧稳定同位素特征

雨季地表水 δD 的范围为 $-18.53‰ \sim -49.06‰$，平均值为 $-29.42‰$，$\delta^{18}O$ 的范围为 $-2.04‰ \sim -6.59‰$，平均值为 $-3.71‰$。从图 3 中雨季不同水体（红色符号）同位素样品测试结果看，该区雨季不同类型水体 $\delta^{18}O$、δD 全部分布于区域大气降水线的右侧。对雨季不同水体的 $\delta D - \delta^{18}O$ 数据采用最小二乘法拟合直线，得到直线方程为 $\delta D = 6.46\delta^{18}O - 5.45$，该直线截距小于 10 且斜率小于区域大气降水线斜率，反映该区雨季地表水受蒸发作用影响。

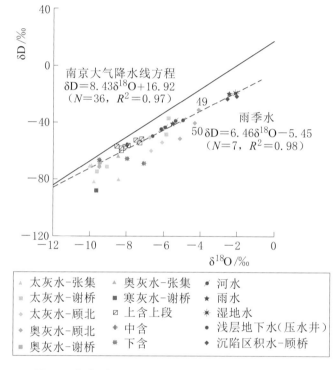

图 3 淮南矿区雨季不同水体 $\delta D - \delta^{18}O$ 关系图

从图 3 可以看出，雨季的地表水的氢氧稳定同位素（包括沉陷区积水、雨水、湿地水）集中分布且氢氧重同位素相对富集，说明湿地水以及雨季沉陷区的积水的水源补给可能主要来自大气降水。河水与压水井的样品分布相对接近，相对于地表水氢氧重同位素亏损。

浅层地下水氢氧稳定同位素（包括上含上段水、中含水以及下含水）数据来自同一沉积盆地北部、分别相距 60km、130km 的蚌埠和淮北地区，由于淮北平原水文地质条件相近（陈陆望 等，2003；桂和荣 等，2005；杨梅，2008；葛涛 等，2014），可以反映淮北平原浅层地下水相对于地表水和深层地下水的相对关系，即浅层地下水集中分布，氢氧重同位素相对地表水亏损，相对于深层地下水富集，并且浅层地下水与地表水和深层地下水之间有稳定的黏土质隔水层（桂和荣 等，2005），说明正常自然状态下浅层地下水与其他含水层之间没有密切的水力联系。

太灰水与奥灰水的水样点分布范围较广，部分水样点与河水、压水井的水比较接近，表明了深部地下水水文地质条件较为复杂（葛涛 等，2014），与寒灰水相比，推测由于采煤产生的沉陷裂隙，局部地区地表水和浅层地下水沿着沉陷裂隙渗透到深层地下水，与太灰水和奥灰水发生不同程度的混合，产生这种氢氧同位素分布特征。总体上，含水层越深氢氧稳定同位素值越低。

奥灰水中有 2 个水样点（序号分别为 49、50）的氢氧稳定同位素值比浅层地下水和河水的值略偏高，比沉陷区积水偏低（图 3），说明雨季沉陷区的水可能与深层地下水存在水力联系，但由于深层地下水分布范围较广，有部分与河水、浅层地下水的氢氧稳定同位素值相近，与沉陷区积水相离较远，而沉陷区积水的氢氧稳定同位素值集中分布，说明沉陷区没有受到其他含水层水的混合，这种水力联系可能是地表水通过沉陷裂隙下渗沟通的，不可能是深层地下水通过沉陷裂隙上涌补给地表沉陷区的。

（三）旱季不同水体氢氧稳定同位素特征

旱季地表水 δD 的范围为 $-23.66‰ \sim -57.07‰$，平均值为 $-43.83‰$，$\delta^{18}O$ 的范围为 $-2.3‰ \sim -8.12‰$，平均值为 $-5.68‰$。该区旱季不同水体 $\delta^{18}O$、δD 全部分布于区域大气降水线的右侧，$\delta D - \delta^{18}O$ 关系线斜率小于区域大气降水线斜率，反映该区旱季不同水体可能受蒸发作用影响较大（图 4）。

与其他浅层地下水相比，部分旱季压水井水样点的分布与上含上段分布在同一区域，这是由于旱季压水井受到雨水的补给较少，滞留时间相对长一些，受季节效应的影响，压水井的氢氧重同位素更亏损形成的。

与深层地下水相比，旱季沉陷区积水与河水分布相对集中，说明地表水没有受到深层地下水的混合，可以得到与雨季相同的结论（图 4）。

（四）旱季和雨季同类水体氢氧稳定同位素特征

旱季压水井的水的 δD 的范围为 $-47.21‰ \sim -57.07‰$，平均值为 $-53.76‰$，$\delta^{18}O$ 的范围为 $-6.5‰ \sim -8.12‰$，平均值为 $-7.5‰$；雨季在压水井采了一个水样，δD 值为 $-49.06‰$，$\delta^{18}O$ 值为 $-6.59‰$。

旱季河水的 δD 的范围为 $-32.72‰ \sim -47.42‰$，平均值为 $-43.26‰$，

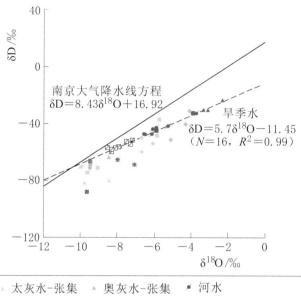

图 4 淮南矿区旱季不同含水层 $\delta D - \delta^{18}O$ 关系图

$\delta^{18}O$ 的范围为 $-3.72‰ \sim -6.15‰$，平均值为 $-5.48‰$；雨季河水 δD 的范围为 $-37.89‰ \sim -38.36‰$，平均值为 $-38.12‰$，$\delta^{18}O$ 的范围为 $-4.96‰ \sim -5.35‰$，平均值为 $-5.16‰$。

旱季沉陷区积水的 δD 的范围为 $-23.66‰ \sim -44.89‰$，平均值为 $-32.47‰$，$\delta^{18}O$ 的范围为 $-2.3‰ \sim -5.87‰$，平均值为 $-3.71‰$；雨季沉陷区积水 δD 的范围为 $-20.74‰ \sim -22.48‰$，平均值为 $-21.61‰$，$\delta^{18}O$ 的范围为 $-2.04‰ \sim -2.54‰$，平均值为 $-2.29‰$。

旱季压水井的水、河水、沉陷区积水的 δD 和 $\delta^{18}O$ 值分别比雨季的压水井的水、河水、沉陷区积水的 δD 和 $\delta^{18}O$ 值都普遍偏低，也就是同类水体旱季的 δD 和 $\delta^{18}O$ 值比雨季的偏低，这可能是由于旱季该地区正好是冬季，温度较低，雨季该地区为夏季，温度较高，温度较高的雨季大气降水普遍偏重，富集 D 和 ^{18}O，旱季反之。这与大气降水的季节效应（郑永飞 等，2000）一致。

不同水体的 $\delta D - \delta^{18}O$ 关系线斜率旱季为 5.697，雨季为 6.46，旱季略小于雨季（图5），说明旱季蒸发作用比雨季略强，淮河流域季节效应存在，但不强烈。

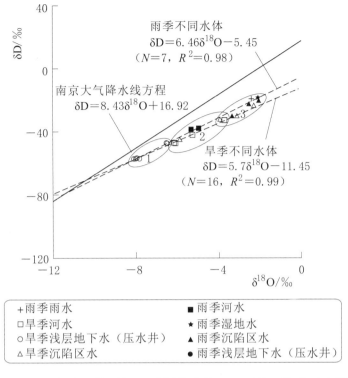

雨季不同水体
$\delta D=6.46\delta^{18}O-5.45$
$(N=7,\ R^2=0.98)$

南京大气降水线方程
$\delta D=8.43\delta^{18}O+16.92$

旱季不同水体
$\delta D=5.7\delta^{18}O-11.45$
$(N=16,\ R^2=0.99)$

+ 雨季雨水　　　　　　　■ 雨季河水
□ 旱季河水　　　　　　　★ 雨季湿地水
○ 旱季浅层地下水（压水井）　▲ 雨季沉陷区水
△ 旱季沉陷区水　　　　　● 雨季浅层地下水（压水井）

图 5　淮南矿区旱季与雨季同类水体 $\delta D-\delta^{18}O$ 关系对比图
1—主要为压水井的水；2—主要为河水；3—主要为沉陷区积水与大气降水

（五）采煤沉陷区积水来源综合分析

通过旱季和雨季的不同水体氢氧稳定同位素值可以看出，无论旱季还是雨季，沉陷区积水的 $\delta^{18}O$ 和 δD 值都相对最高，集中分布，而且最接近雨水的 $\delta^{18}O$ 和 δD 值，比同季节的压水井的水和河水的值偏高，与深层地下水相距较远，说明无论旱季还是雨季沉陷区积水的补给主要都是来源于大气降水。另外，深层地下水分布较广，有部分水样点与旱季和雨季的河水以及压水井的水都非常接近，因此推测沉陷裂隙目前可能已经沟通地表水和地下水，但主要是以地表水下渗的方式发生水力联系，深层地下水还不是沉陷区积水的主要补给源，在该地区建设"平原水库"时还需谨慎。

四、结论

无论雨季还是旱季，该地区采煤沉陷区积水的氢氧稳定同位素组成都呈集中分布，最接近大气降水的氢氧稳定同位素组成，而与深层地下水的氢氧稳定同位素组成相差较大，说明采煤沉陷区积水的主要来源为大气降水补给。采煤沉陷区的沉陷裂隙贯穿了整个新生代地层，使地表水下渗与深层地下水发生水力联系，在深层发生不同程度的混合，深层地下水不是沉陷区的主要补给水源，无法对"平原水库"形成稳定补给。

（张磊、秦小光、刘嘉麒、穆燕、安士凯、陆春辉、陈永春）

参 考 文 献

曹琨，2010. 淮河流域气候变化特征分析 [J]. 中国科技论文在线，http：//www. paper. edu. cn.

陈陆望，桂和荣，许光泉，等，2003. 皖北矿区煤层底板岩溶水氢氧稳定同位素特征 [J]. 合肥工业大学学报（自然科学版），26（3）：374 - 378.

陈兴海，张平松，吴荣新，等，2012. 淮南潘谢矿区浅部煤层开采时压架致灾水文地质特征分析 [J]. 中国煤炭地质，24（11）：36 - 39，62.

葛涛，储婷婷，刘桂建，等，2014. 淮南煤田潘谢矿区深层地下水氢氧同位素特征分析 [J]. 中国科学技术大学学报，44（2）：112 - 118，170.

桂和荣，陈陆望，宋晓梅，2005. 皖北矿区地下水中氢氧稳定同位素的漂移特征 [J]. 哈尔滨工业大学学报，37（1）：111 - 114.

桂和荣，宋晓梅，彭子成，2005. 淮南煤田阜凤推覆构造带水文地质特征研究 [J]. 地球学报，26（2）：169 - 172.

合肥工业大学，2010. 顾北煤矿矿井水文地质类型划分报告 [C].

胡海英，包为民，王涛，等，2007. 氢氧同位素在水文学领域中的应用 [J]. 中国农村水利水电，5：4 - 8.

黄远山，2008. 淮南市近 50 多年气候变化分析 [R]. 中国气象学会 2008 年年会气候变化分会场论文集.

孔德明，2006. 淮南矿区薄煤层开采的思考 [J]. 淮南职业技术学院学报，（3）：41 - 43.

李月林，查良松，2008. 淮南煤矿塌陷区生态恢复研究 [J]. 资源开发与市场，24（10）：899 - 901.

刘登宪，2002. 淮南矿区水文地质补勘及水害防治回顾与展望 [J]. 淮南工业学院学报，（8）：96 - 100.

刘俊杰，赵峰，王大国，2009. 氢氧同位素组成对阜新煤矿区矿井水来源的解释 [J]. 煤炭学报，34（1）：39 - 43.

刘天骄，张春雷，钱家忠，等，2011. 淮南煤田老矿区地下水微量元素多元统计研究 [J]. 合肥工业大学学报（自然科学版），34（1）：119 - 122.

卢燕宇，吴必文，田红，等，2011. 基于 Kriging 插值的 1961—2005 年淮河流域降水时空演变特征分析 [J]. 长江流域资源与环境，20（5）：567 - 573.

潘凌潇，刘汉湖，何春东，2013. 顾桥矿矿井水深度处理：超滤＋反渗透系统计研究 [J]. 中国矿业，22 (6)：47-50.

钱雅倩，郭吉保，邱永泉，2001. 氢氧同位素交换动力学及其地质意义 [J]. 火山地质与矿产，22 (4)：243-250.

乔如瑞，2010. 安徽煤矿水文地质环境分析 [J]. 技术与创新管理，31 (5)：618-620.

沈修志，李秀新，薛爱民，等，1993. 淮南复向斜区地质——地球物理场特征及煤，煤成气靶区分析 [J]. 石油实验地质，15 (3)：235-242.

石辉，刘世荣，赵晓广，2003. 稳定性氢氧同位素在水分循环中的应用 [J]. 水土保持学报，17 (2)：163-166.

宋献方，柳鉴容，孙晓敏，等，2007. 基于 CERN 的中国大气降水同位素观测网络 [J]. 地球科学进展，22 (7)：738-747.

孙鹏飞，易齐涛，许光泉，2014. 两淮采煤沉陷积水区水体水化学特征及影响因素 [J]. 煤炭学报，39 (7)：1345-1353.

孙晓旭，陈建生，史公勋，等，2012. 蒸发与降水入渗过程中不同水体氢氧同位素变化规律 [J]. 农业工程学报，(4)：100-105.

谭忠成，陆宝宏，孙营营，等，2009. 淮北平原区氢氧同位素水文实验研究 [J]. 水电能源科学，27 (1)：37-39.

万正成，王磊，2004. 张集水源地地下水质状况及保护措施 [J]. 煤炭科技，1：5-6.

汪集暘，2002. 同位素水文学与水资源、水环境 [J]. 地球科学（中国地质大学学报），27 (5)：532-533.

王慧，王谦谦，2002. 近 49 年来淮河流域降水异常及其环流特征 [J]. 气象科学，22 (2)：149-158.

王晓波，曹贵昌，2006. 淮南矿区采煤沉陷特征与治理对策 [J]. 淮南职业技术学院学报，3 (6)：13-14.

王又丰，张义丰，刘录祥，2001. 淮河流域农业气候资源条件分析 [J]. 安徽农业科学，29 (3)：399-403.

王治朝，凌标灿，方良成，2011. 谢桥矿陷落柱影响区各含水层之间的水力联系研究 [J]. 华北科技学院学报，8 (2)：23-26.

魏凤英，张婷，2009. 淮河流域夏季降水的振荡特征及其与气候背景的联系 [J]. 中国科学（D 辑），(10)：1360-1374.

徐良骥，严家平，高永梅，2009. 煤矿塌陷水域水环境现状分析及综合利用——以淮南矿区潘一煤矿塌陷水域为例 [J]. 煤炭学报，34 (7)：933-937.

徐良骥，严家平，2007. 煤矿塌陷区地表水系综合治理 [J]. 煤炭学报，32 (5)：469-472.

许光泉，沈慧珍，2004. 疏降地下水引起地面塌陷浅析——以淮南煤矿区为例 [J]. 中国地质灾害与防治学报，15 (4)：64-68.

闫昆，2012. 淮南地区地质构造特征与环境效应分析 [D]. 合肥工业大学硕士学位论文.

严家平，赵志根，许光泉，等，2004. 淮南煤矿开采塌陷区土地综合利用 [J]. 煤炭科学技术，32 (10)：56-58.

杨梅，2008. 基于 GIS 的淮南老矿区地下水环境特征及突水水源判别模型 [D]. 合肥工业大学硕士学位论文.

袁亮，张炳光，张茂出，等，2000. 淮南煤矿地质工作的回顾与展望 [J]. 中国煤炭，26 (1)：17 - 19.

袁文华，方良成，张成，等，2003. 谢桥煤矿煤系上覆第四纪底砾层隔水性评价 [J]. 安徽理工大学学报（自然科学版），23 (3)：1 - 5.

张爱民，王效瑞，马晓群，2002. 淮河流域气候变化及其对农业的影响 [J]. 安徽农业科学，30 (6)：843 - 846.

张琳，陈宗宇，刘福亮，等，2011. 水中氢氧同位素不同分析方法的对比 [J]. 岩矿测试，30 (2)：160 - 163.

张人权，王志刚，1983. 同位素方法在水文地质中的应用 [M]. 北京：地质出版社.

张应华，仵彦卿，温小虎，等，2006. 环境同位素在水循环研究中的应用 [J]. 水科学进展，17 (5)：738 - 747.

郑淑蕙，侯发高，倪葆龄，1983. 我国大气降水的氢氧稳定同位素研究 [J]. 科学通报，28 (13)：801 - 806.

郑永飞，陈江峰，2000. 稳定同位素地球化学 [M]. 北京：科学出版社.

ADELANA S M A，2005. Environmental Isotopes in Hydrogeology [M]. Water Encyclopedia. John Wiley & Sons，Inc..

CRAIG H，1961. Isotopic variations in meteoric waters [J]. Science，133 (3465)：1702 - 1703.

CRAIG H，1961. Standard for reporting concentrations of deuterium and oxygen - 18 in natural waters [J]. Science，133 (3467)：1833 - 1834.

DANSGAARD W，1964. Stable isotopes in precipitation [J]. Tellus，16 (4)：436 - 468.

DESHPANDE R D，BHATTACHARYA S K，JANI R A，et al.，2003. Distribution of oxygen and hydrogen isotopes in shallow groundwaters from Southern India：influence of a dual monsoon system [J]. Journal of Hydrology，271 (1 - 4)：226 - 239.

GAT J R，BOWSER C J，KENDALL C，1994. The contribution of evaporation from the Great Lakes to the continental atmosphere：estimate based on stable isotope data [J]. Geophysical Research Letters，21 (7)：557 - 560.

KRABBENHOFT D P，BOWSER C J，ANDERSON M P，et al.，1990. Estimating groundwater exchange with lakes：The stable isotope mass balance method [J]. Water Resources Research，26 (10)：2445 - 2453.

TIAN L，LIU Z，GONG T，et al. ，2008. Isotopic variation in the lake water balance at the Yamdruk - tso basin，southern Tibetan Plateau [J]. Hydrological Processes，22 (17)：3386 - 3392.

TIAN L，YAO T，SCHUSTER P F，et al.，2003. Oxygen - 18 concentrations in recent precipitation and ice cores on the Tibetan Plateau [J]. Journal of Geophysical Research：Atmospheres，108 (D9)：4293.

专题七

淮南采煤沉陷区水循环转化机理

一、研究区概况

（一）自然概况

本专题在梳理前人已有资料基础上（李文生 等，2007；王浩 等，2003），首先总结了淮河流域的水资源问题（徐翀 等，2013），再借助水循环模型（贾仰文，2003；贾仰文 等，2005；陆垂裕 等，2007；陆垂裕 等，2012；芮孝芳，2004；王国庆 等，2000；王浩 等，2010，2004，2006；王建华 等，2005；王西琴 等，2006；谢新民 等，2002；杨大文 等，2005）模拟淮南采煤沉陷区的水循环过程，最后对沉陷区水资源开发利用潜力进行了评估。

1. 淮河流域概况

淮河流域位于我国东部，介于长江和黄河流域之间，位于东经 111°55′～120°45′，北纬 31°～36°，西起桐柏山、伏牛山，东临黄海，南以大别山、江淮丘陵、通扬运河及如泰运河与长江流域毗邻，北以黄河南堤和沂蒙山脉为界，流域面积为 27 万 km^2。流域地形总态势为西高东低，全长 1000km，总落差 200m，平均比降为 0.2‰。淮河流域上游两岸山丘起伏，水系发育，支流众多，正阳关汇纳上游干支河流全部山区来水，总控制面积为 91620km^2，素有"七十二道归正阳"之称，大别山区、桐柏山区、伏牛山区、嵩山山区等，都是淮河的主要洪水源地；中游地势平缓，多湖泊洼地；下游地势低洼，大小湖泊星罗棋布，水网交错，渠道纵横。沿淮多湖泊，分布在支流汇入口附近，湖面大但水不深，左岸有八里湖、焦岗湖、四方湖、香涧湖、沱湖、天井湖等；右岸有城西湖、城东湖、瓦埠湖、高塘湖、花园湖、女山湖、七里湖、高邮湖、沂湖、洋湖等。

2. 矿区地理分布

淮河流域是富煤地区,淮河中游的淮南矿区位于华东腹地的安徽省中北部、淮河中段,煤炭矿藏极为丰富。淮南矿区现已查明-1000m、-1200m 以浅内含可采煤层 9~18 层,可采煤层总厚度平均约 20~30m,其中有 6 个主采煤层,单层厚度为 2~6m,主采煤层的总厚度占可采煤层总厚度的 70% 左右,属中厚—厚煤层。煤炭远景储量 444 亿 t,探明储量 153 亿 t,是我国南方地区最大的煤炭生产基地,煤炭的保有储量占安徽省的 74%,占华东地区的50%。目前,淮南是国家确定的 13 个大型煤炭基地和 6 大"煤电一体化"基地之一。现有 9 对生产矿井,年生产规模 4000 万 t,到 2007 年又有 6 对新矿井建成投产,按照《矿区总体开发规划》,"十一五"期间矿区生产能力达8000 万 t,2020 年以后,生产规模将达到 1.0 亿 t。

3. 矿区水文地质

该区第四系地层基本属于华北地层系统,第四系地层发育,厚度由西、西北部大于 700m 渐变至北部、东南部小于 100m。从构造体系看,该区处于新华夏第二沉降带与秦岭纬相构造带的复合部位,构造特征以近东西向构造为主,辅以北北东向的构造格局。根据区内构造特征及其形成时期,可分为蚌埠-凤阳期褶皱,印支、燕山期褶皱及喜山期坳陷。地表断层少见,多为隐伏断层。根据其展布方向归纳为北北东-北东、北西、南北、东西向断层组合,主要为燕山期形成。

淮北地区第四系按岩层地质学法可划分为:中下更新统、上更新统、全新统三个主要地层时代。由于下更新统与中更新统无明显分层标志,故合并为中下更新统。其第四纪地质不同时代的岩层埋深和厚度见表1。

表 1　　　　　　　研究区第四系主要含水层埋深和厚度统计表

时代	符号	含水层类别	含水层顶板埋深/m	含水层厚度/m
全新统	Q_4^2	第一层	3.0~15.0	2.5~14.0
	Q_4^1	第二层	9.1~44.0	0.8~11.0
上更新统	Q_3	第一层	25.1~104.8	1.0~33.0
		第二层	53.71~109.3	1.8~22.8
		第三层	67.4~126.9	1.0~27.6
中下更新统	$Q_{1~2}$	第一层	80.0~156.0	2.5~19.0
		第二层	104.0~176.0	2.0~39.4

时代	符号	含水层类别	含水层顶板埋深/m	含水层厚度/m
中下更新统	$Q_{1\sim2}$	第三层	117.5~190.0	3.0~25.6
		第四层	135.0~236.6	3.6~35.3
		第五层	153.37~264.5	5.5~48.5
		第六层	189.1~348.3	6.5~32.4
		第七层	228.1~339.3	4.1~19.3
		第八层	250.2~353.0	8.0~12.4

4. 采煤沉陷概况

根据淮南矿区采煤沉陷机理研究及沉陷区预测，2009年，潘谢矿区淮河以北产量为5885万t，随着朱集、潘一东矿井建成投产及6对矿井技术改造项目的完成，"十二五"期间产量将达到并持续稳定在9000万t规模。淮南煤田属煤层群开采，可采煤层累计沉陷深度最终可达20m以上。采煤沉陷是个动态的、长期的过程，随着煤炭开采进展，沉陷范围和积水区范围从小到大，积水深度由浅到深，积水区从互相独立到连成一个整体。预计到2030年，潘谢矿区矿井采煤沉陷区分别与泥河、架河上段、西淝河及港河、济河及其洼地相连。2030年后，4个沉陷区逐渐连成一片，沉陷积水区域与相邻水系、洼地相连，形成大范围、大深度的湖泊群。不同水平年份采煤沉陷面积、深度及蓄水容积情况见表2。

表2 不同水平年份采煤沉陷面积、深度及蓄水容积情况

时段	指标	沉陷面积/km²	最大下沉/m	沉陷盆地容积/亿m³
2010年	基准值	108.3	7.6	3.14
2020年	预测最大值	243.7	12	7.53
	预计变化范围	238.8~243.7	10.8~12.0	6.78~7.53
	均值	241.3	11.4	7.16
2030年	预测最大值	339.3	15.2	12.02
	预计变化范围	271.4~339.3	13.7~15.2	10.82~12.02
	均值	305.4	14.5	11.42

预计到2020年，累计采煤沉陷面积为186.9km²，其中积水面积112.65km²。沉陷的农用地面积约165.1km²（其中耕地面积约123.9km²），建设用地约19.5km²，未利用土地约2.2km²。到2030年，累计采煤沉陷面积

为 275.2km²，其中积水面积 195.40km²。沉陷的农用地面积约 243.2km²（其中耕地面积约 182.4km²），建设用地约 28.7km²，未利用地约 3.3km²。

未来 20 年，由于采煤影响，西淝河及其支流港河、济河等河流范围内，将形成较大面积的沉陷区和积水区，沉陷积水区域与主要水系相连，将形成大范围的湖泊群。

2030 年后，西淝河及其支流港河、济河以及泥河、架河等区域的采煤沉陷区将连成片，沉陷积水区域与水系下游洼地相连，将形成较大范围的沉陷区和积水区。到 2050 年，高程 22m 以下蓄水库容约 46.0 亿 m³；到 2135 年，−1500m 以上煤层全部采完后（约 130 年后），地表总下沉量约 23m，届时塌陷面积为 1500km²，积水区面积约 930km²，最大积水深度超过 20m，高程（85 黄海）22m 以下蓄水库容超过 95 亿 m³。

（二）水资源问题

60 多年来，流域内基本建成了较为完整的防洪、除涝、灌溉、供水等水利工程体系。在水资源开发利用方面，初步形成水资源综合开发利用工程体系，灌溉体系基本完善，形成江淮、沂沭泗、黄河水并用的水资源供水工程体系，流域四省供水保证率得到显著提高，为供水安全、粮食安全、防洪安全提供了重要保障。但淮河流域具有气候复杂多变，平原广阔，人口密度大，蓄泄条件差，上游落差大、中下游落差小，水土资源的分布极不协调等特点，加之黄河长期夺淮的影响，特殊的地理、气候和人文条件决定了淮河治理的艰巨性和复杂性，目前主要水资源现状与突出问题有如下几点。

（1）水资源总量不足，且年内年际变化大，水资源短缺问题依然严重。淮河流域多年平均地表水资源量为 595 亿 m³，地下水资源量为 338 亿 m³，水资源总量为 799 亿 m³，水资源总量约占全国的 1/30；淮河流域人均水资源量为 484m³，约为全国人均水量的 1/5，为世界人均占有量的 1/15；亩均水资源量为 355m³，约为全国亩均水量的 1/4，为世界亩均占有量的 1/8。从水资源情况来看淮河流域属于严重缺水地区，而淮河流域承载的人口和耕地面积分别占全国的 1/5 和 1/7，粮食产量占全国的 1/5。由于人多、地少、水少，加上水资源时空分布不均，导致淮河流域四个省水资源问题依然十分突出。水资源总量不足是制约淮河流域社会经济快速发展的主要原因之一。

（2）淮河干支流拦蓄工程日益增多，来水量和下泄量呈递减趋势。在淮河上游河南省境内，为了防洪、供水、灌溉及发电需要，在淮河干支流上已经兴建了南湾、鲶鱼山、石山口、薄山、宿鸭湖、孤石滩、昭平台、白龟山、白沙等多座大中型水库；在淮河中游安徽省境内，干流上已经修建了蚌埠闸大型蓄水枢纽工程和临淮岗洪水控制工程，在支流涡河、茨淮新河、浍河等河流上也不断兴建了一些闸坝拦蓄工程。这些在干支流上的拦蓄工程的兴建，可以增加当地水资源的利用量和抬高沿河两岸的地下水位，但同时导致河道下泄量和区间来水量呈减小的趋势，从而导致淮河中下游地区的水资源形势越来越严峻。从整体上看，淮河水资源进一步开发的难度较大，开发潜力主要是雨洪水资源。

（3）水污染和生态环境问题依然突出，从而加剧了水资源的供需矛盾。淮河流域由于不合理的经济社会活动及过度的水土资源开发，淮河干流纳污能力已超极限，众多支流长年断流，河道水功能区达标率低，生态功能退化，污染事件频繁发生，尤其是鲁东平原、皖北地区和苏北部分地区，基本是有河皆污，污染减排任务很重。正是由于地表水体污染严重，从而加剧了对地下水的开采，加剧了水资源的供需矛盾。

（4）淮北地区地下水超采和地下水污染问题日益突出。随着社会经济的快速发展，城市规模的不断扩大，沿淮及淮北地区大中城市用水需求和水资源短缺的矛盾越来越突出。由于地表水资源匮乏和水体污染日趋严重，目前，除沿淮的信阳、蚌埠、淮南、淮安等城市主要使用地表水以外，淮北其他的城市如周口、商丘、开封、宿州、淮北、亳州、阜阳、徐州、宿迁等都把深层地下水作为主要供水水源，有的城市如周口、宿州、淮北、亳州、阜阳等地下水几乎是唯一的水源。淮北地区大部分城市区都长期集中开采中深层地下水，已形成不同规模的地下水降落漏斗，全区 2009 年地下水超采面积达 7500km²，安徽省阜阳市由于超采产生的沉降中心地面累积沉降量已达 1.568m，地面沉降面积 410km²，给社会经济和人民生活带来了不可估量的损失。

（5）水资源分布与经济资源布局不匹配，水资源配置结构不尽合理。淮河流域从水资源状况和分布来看，淮河上游及山丘区以工程型缺水为主，中游和下游及沿淮各支流以资源型缺水和水质型缺水为主。广大的淮北平原既是我国的粮棉油主产区，又是重要的煤电基地，这一地区水资源相对短缺，生态相对脆弱，且社会经济发展对水资源的需求量大；而淮河以南地区水资源相对丰沛，拥有多座大型水库，且社会经济发展对水资源的需求量不大。在淮北平原及南泗湖缺水地区，目前仍然是以高污染高耗水企业为主，且是未来中部崛起区主要高污染企业和高耗水企业的接收区，水资源与产业结构布局不合理。

（6）经济社会快速发展导致水资源需求量剧增，水资源面临前所未有的挑战。当前，随着国家中部发展战略和众多经济圈及试验区的全面启动，淮河流域社会经济进入快速发展期，城市化和工业化的快速发展必然导致对水资源的需求量大幅度增加，水资源和水环境新问题和新矛盾将更为频繁。主要表现在水资源的供需矛盾将越来越突出，水环境水生态系统承受的压力越来越大，流域整体上面临越来越大的缺水和污染的压力，部分地区已面临生存和安全的压力，水资源紧缺和水环境污染已成为当前和今后更长时期严重制约经济社会快速发展的重要因素，水资源和水环境将面临前所未有的挑战。面对新的发展机遇和新的挑战，对流域水安全和环境安全保障将提出更高的要求。不仅直接涉及防洪安全、供水安全、饮水安全与生态环境安全，而且必然关系到粮食安全、健康安全、经济安全与社会安全。流域水资源合理配置、污染限排、水生态修复与综合治理及洪水综合利用是支撑流域快速平稳发展的必然需求。

针对以上问题，新时期的治淮活动需要站在水安全保障的高度，在流域综合治理中，从淮河流域实际情况和流域经济社会发展对水资源的需求出发，全面规划，统筹兼顾，标本兼治，综合治理，突出重点，远近结合，注重实效，工程和非工程措施相结合，兴利除害并重，综合考虑防洪安全、供水安全、灌溉安全、生态环境安全、粮食安全、经济安全、社会安全、健康安全。统筹解决好防洪除涝和水资源配置与保护问题，加强水生态保护，为流域经济社会又好又快发展提供支撑与保障。

二、"河道-地下水-洼地"水循环模型模拟原理

（一）MODCYCLE 模型概述

通过研究开发了水循环模型（An Object Oriented Modularized Model for Basin Scale Water Cycle Simulation，MODCYCLE）。该模型以 C＋＋语言为基础，通过面向对象的方式模块化开发，并以数据库作为输入输出数据管理平台。利用面向对象模块化良好的数据分离/保护以及模型的内在模拟机制，该模型还实现了水文模拟的并行运算，大幅提高了模型的计算效率。此外该模型还具有实用性好、分布式计算、概念-物理性兼具、能充分体现人类活动对水循环的干扰、水循环路径清晰完整、具备层次化的水平衡校验机制等多项特色。

1. 模拟结构与水循环路径

MODCYCLE 模型为具有物理机制的分布式模拟模型。在平面结构上，模型首先需要把区域/流域按照数字高程（DEM）划分为不同的子流域，子流域之间通过主河道的级联关系构建空间上的相互关系。其次在子流域内部，将按照子流域内的土地利用分布、土壤分布、管理方式的差异进一步划分为

多个基本模拟单元,基本模拟单元代表了流域下垫面的空间分异性。除基本模拟单元之外,子流域内部可以包括小面积的蓄滞水体,如池塘、湿地等。在子流域的土壤层以下,地下水系统分为浅层和深层共两层。每个子流域中的河道系统分为两级:一级为主河道;一级为子河道。子河道汇集从基本模拟单元而来的产水量,经过输移损失后产出到主河道。所有子流域的主河道通过空间的拓扑关系构成模型中的河网系统,河网系统中可以包括湖泊/水库等大面积蓄滞水体,水分将从流域/区域的最末级主河道逐级演进到流域/区域出口。从这个意义而言,子流域之间是有分布式水力联系的,其空间关系是通过河网系统构成的。此外,当子流域地下水过程用数值模拟方式处理时,各子流域地下水之间的作用也将表现出分布式性质。图 1 为模型系统的平面结构示意图。

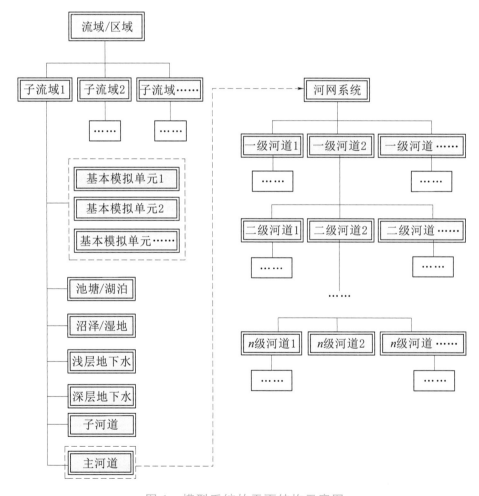

图 1　模型系统的平面结构示意图

在水文过程模拟方面,MODCYCLE 将区域/流域中的水循环模拟过程分为两大过程进行模拟，首先是产流过程的模拟，即流域陆面上的水循环过程，包括降雨产流、积雪/融雪、植被截留、地表积水、入渗、土表蒸发、植物蒸腾、深层渗漏、壤中流、潜水蒸发、越流等过程。其次是河道汇流过程的模拟，陆面过程的产水量将向主河道输出，考虑沿途河道渗漏、水面蒸发、湖泊洼地的拦蓄等过程，并模拟不同级别主河道的水量沿着河道网络运动直到流域或区域的河道出口的河道过程。图 2 为 MODCYCLE 模型的水循环路径示意图。

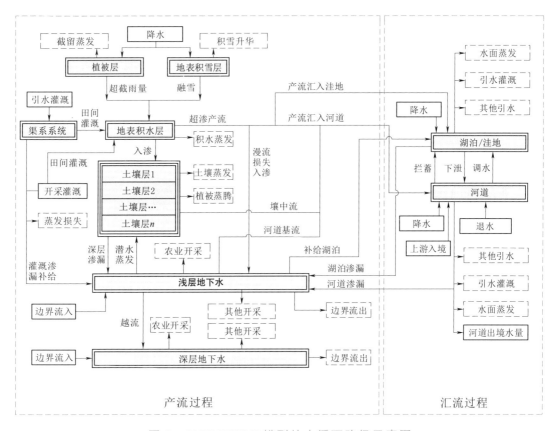

图 2　MODCYCLE 模型的水循环路径示意图

2. 模型的多过程综合模拟能力

在模型开发过程中，充分考虑到模型对自然过程和人类活动影响的双重体现，具体体现为以下分项过程模拟。

（1）自然过程的模拟。

1）大气过程。降雨、积雪、融雪、积雪升华、植被截留、截留蒸发、地表积水、积水蒸发等。

2）地表过程。坡面汇流、河道汇流、径流滞蓄、湖泊/湿地漫溢出流、水面蒸发、河道渗漏、湖泊/湿地水体渗漏等。

3) 土壤过程。产流/入渗、土壤水下渗、土壤蒸发、植物蒸腾、壤中流等。

4) 地下过程。渗漏补给、潜水蒸发、基流、浅层/深层越流等。

5) 植物生长过程。根系生长、叶面积指数、干物质生物量、产量等。

（2）人类活动影响过程的模拟。

模型可考虑多种人类活动对自然过程的干预，主要包括以下几方面。

1) 作物的种植/收割。模型可根据不同分区的种植结构对农作物的类型进行不限数量的细化，并模拟不同作物从种植到收割的生育过程。

2) 农业灌溉取水。农业灌溉取水在模型中具有较灵活的机制，其水源包括河道、水库、浅层地下水取水、深层地下水取水及外调水五种类型。除可直接指定灌溉时间和灌溉水量之外，在灌溉取水过程中还可根据土壤墒情的判断进行动态灌溉。

3) 水库出流控制。可根据水库的调蓄原理对模拟过程中水库的下泄量进行控制。

4) 点源退水。模型可对工业/生活的退水行为进行模拟，点源的数量不受限制，同时可指定退水位置。

5) 工业/生活用水。工业/生活用水在模型中通过耗水来描述，其水源包括河道、水库、浅层地下水深层地下水、池塘五种类型。

6) 水库-河道之间的调水。可模拟任意两个水库或河道之间的调水联系，并有多种调水方式。

7) 湖泊/洼地的补水。可模拟多种水源向湖泊/洼地的补水。

8) 城市区水文过程模拟。针对不同城市透水区和不透水区面积的特征，对城市不同于其他土地利用类型的产/汇流过程进行模拟。

（二）"河道-地下水-洼地"模拟模块原理

"河道-地下水-洼地"模拟模块是 MODCYCLE 模型专为淮南采煤沉陷区水循环模拟开发的模拟模块。主要从洼地水平衡原理出发推导，考虑了影响洼地蓄量的各种复杂因素，尤其是基于对洼地积水过程中地下水作用定量研究的目的，洼地地表水体与地下水之间严格按照数值方法进行处理，具有较高的开发难度。

1. 平原湖泊自然特征

平原区洼地，实际上是由平原地形低陷处形成的湖泊，因名词湖泊较洼地用得广泛，为简明起见，以下计算原理介绍中，均以"湖泊"替代"洼地"。图3为洼地（平原湖泊）的平面示意图。平原湖泊的平面特征如下：首先平原湖泊有自身的汇水范围，平原湖泊作为汇水范围内的低洼地带，蓄滞来自上游多条河道的汇入水量，湖泊的汇水范围包括这些汇入河道的产/汇流面积。其次平原湖泊的水量排泄一般受人工集中控制，下泄一般通过闸门自然下泄或泵站抽排，因此通常有一个或数量有限的几个主要的下泄通道。最后湖泊的总面积为其潜在的最大积水面积，由湖泊周边地形或堤防高程决定，一般是固定的。通常情况下湖泊的积水面积达不到其最大积水面积，因此可以将湖泊面积分为两个部分：一部分为湖泊当前的积水区面积；另一部分为湖泊当前的未积水区面积，湖泊总面积为积水区面积和未积水区面积之和。由于湖泊总面积固定，当湖泊积水区面积变化时，未积水区面积将会反向变化，两者存在动态互补依存关系。

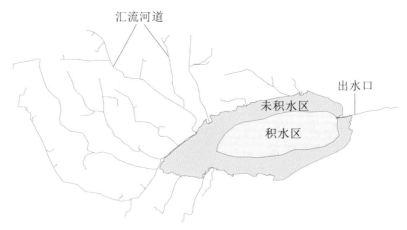

图 3　洼地（平原湖泊）的平面示意图

　　本模块的开发过程中，假设任何时刻单个湖泊的积水区都具有统一的地表水位，不考虑因上游河道流量汇入、风浪、下泄等过程引起的湖泊水位在空间分布上的不均。对于淮南采煤沉陷区面积中等的湖泊/洼地来说，这种假设是可以接受的。

2. 平原湖泊-地下水作用机理

　　地下水尤其是浅层地下水容易受到地表水体的影响。平原湖泊与浅层地下水存在直接的垂向或侧向的水力联系。虽然湖泊和地下水的水量平衡过程不是完全紧密依存，但两者之间存在水力联系，因此一方的平衡条件变动导致水位变动，将对另一方的水量及水位过程产生相应的影响。

　　湖泊与相邻含水层之间的水量交换强度与方向与湖泊水位和含水层系统的地下水位之间的关系有关。湖泊水位和地下水位都可能在时空上发生显著变化。当湖泊水位高于相邻含水层的地下水位时，湖泊中的水分将作为"源"补给进入含水层中。这种情况通常发生在湖泊的入流大于出流导致湖泊水位的显著上升，或地下水含水层因大量开采导致地下水位显著下降时。当地下水位高于湖泊时，含水层中的水分将进入湖泊。这种情况通常发生在湖泊没有足够的降雨或河道汇入量从而湖泊的蒸发量明显大于含水层的潜水蒸发量，导致含水层的水位高于湖泊水位。这些情况下，湖泊在含水层系统中表现为"汇"的作用，即地下水向湖泊排泄并消耗。还有其他混合情况，如湖泊的部分表现为"源"，另一部分表现为"汇"。

图 4 给出了湖泊-地下水作用关系计算原理示意图，湖泊与相邻含水层之间的水量交换由达西公式确定：

$$q = K \frac{h_l - h_a}{\Delta l} \tag{1}$$

式中：q 为湖泊与相邻含水层之间的渗流渗出强度；K 为湖泊与含水层水位以下的某点之间的饱和渗透系数；h_l 为湖泊的水位；h_a 为含水层的水位；Δl 为 h_l 与 h_a 测量点之间的距离差。

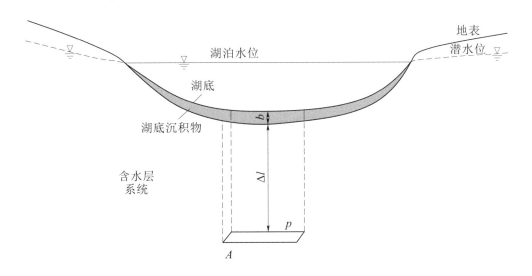

图 4　湖泊-地下水作用关系计算原理示意图
A—观测点处含水层的平面面积；b—湖底沉积物的厚度；
Δl—观测点到湖底间含水层的厚度；p—测量点位置

当湖泊水位高于含水层水位时，渗出强度的符号为正。

三、淮南采煤沉陷区水循环模拟构建

(一) 水循环模拟范围

淮南采煤沉陷区周边水系和边界比较复杂，水循环模拟开展之前首先需合理确定模拟范围。由于是分布式模拟，模拟范围涉及资料收集整理的工作强度，过大的模拟范围有可能徒使工作量增加，而对提升模拟结果质量的作用不明显；过小的模拟范围则有可能忽视了重要的边界条件或要素，影响模拟结果的可靠性。淮南采煤沉陷区水循环模拟范围的确定主要依据以下几点原则：一是研究区需能覆盖不同水平年份的采煤沉陷区；二是研究区地表/地下水具有完整水力联系及与外界相对的独立性；三是研究区范围利于资料收集整理；四是研究区边界清晰，并利于模型概化处理。

   研究区范围首要考虑的是西淝河与沉陷区之间的水力联系。从图5分析，西淝河为穿过淮南采煤沉陷区的一条主要河流，因此与采煤沉陷区水循环有重要关系。西淝河与茨淮新河有交汇点，以北为西淝河上段、以南为西淝河下段，采煤沉陷区基本都位于西淝河下段范围内。如果西淝河与茨淮新河之间的交汇点处上、下两段为连通状态，则考虑采煤沉陷区地表水循环条件时，西淝河上段的汇流必须考虑在内。但经过实地调研和遥感影像分析（图6），西淝河上、下两段在茨淮新河交汇点处实际上是完全分离的，西淝河上段来水直接汇入茨淮新河，不再经由西淝河下段，因此西淝河与采煤沉陷区地表水联系部分只有西淝河下段。

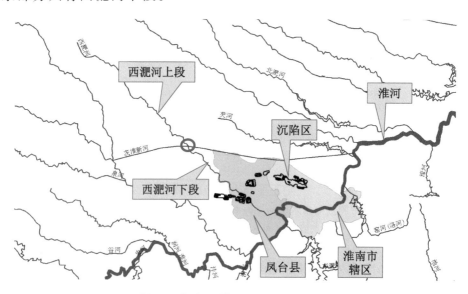

图5   淮南采煤沉陷区周边水系

   其次需要考虑的问题是研究区的边界。从图7看，沉陷区周边以北的主要河流是茨淮新河，西南是颍河，东南是淮河，三者的交汇点与其各自的河道构成一个相对封闭的区间。淮南潘谢矿区完整分布在这个区间之内（因此采煤沉陷也局限在该区间内），同时与采煤沉陷区地表水循环密切相关的苏

图 6　西淝河与茨淮新河交汇处遥感影像图

沟、济河、泥河、架河等河流，其汇流区也都位于该区间内，与该区间之外无关。因此以该封闭区间作为模拟范围，一是能够满足覆盖不同水平年份的采煤沉陷区的研究需要，二是该模拟范围内的地表水系统具有与外界的相对独立性，因此单从地表水模拟来说，该模拟范围是清晰和合理的。

图 7　淮河、颍河、茨淮新河区间图

另外由于本次模拟还含有地下水数值模拟部分，因此地下水边界条件也需要确定。地下水边界条件一般有一类边界（水头边界）、二类边界（流量边界）和三类边界（水头和流量具有相关性的混合边界）三种，模拟时需要根据实际水文地质情况进行概化。从茨淮新河、颍河、淮河3条河流的流量资料看，3条河流都是常年有流量的，其中茨淮新河在此封闭区间的过境流量平均为6.6亿 m³/a，颍河为30.9亿 m³/a，淮河为208.7亿 m³/a。对于以常年有水的河流作为边界的地下水数值模拟，一般以一类边界（水头边界）对地下水边界条件进行概化是比较便利和合理的。

综上，根据矿区分布、周边水系分布状况，地表水汇流格局以及遥感影像和调研等，结合地表水和地下水边界的考虑，划定了以茨淮新河、颍河、淮河干流为边界，3条河流所围区域为研究区范围，研究区总面积为4013km²，所包含区县有淮南市的潘集区及凤台县、蚌埠市的怀远县南部、亳州市的利辛县南部、阜阳市的市辖区东部及颍上县东北部，见图8。

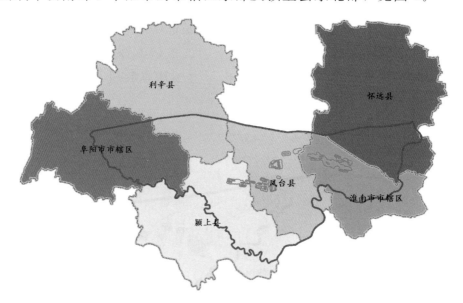

图8 模拟范围涉及县市图

研究区涉及的主要河流有西淝河、永幸河、架河和泥河，根据安徽省水利水电勘测设计院提供的各条河流的流域划分图，可将本研究区进行汇流区分片，见图9。其中西淝河汇流区面积为1690km²，永幸河汇流区（含架河）面积为411km²，泥河汇流区面积为583km²。3条主要河流的汇流区占整体研究区模拟范围的67%。

目前淮南市采煤沉陷区在空间上呈离散性分布，根据2010年沉陷区范围

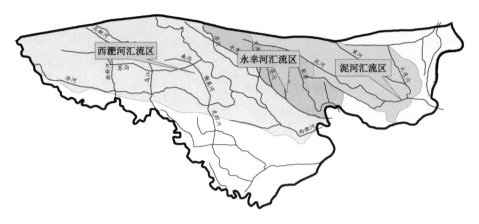

图 9　研究区模拟范围内汇流区划分

分布，可将各沉陷区按不同河流的汇流区进行划分，依次划分为西淝河沉陷区、永幸河沉陷区和泥河沉陷区，以明确不同沉陷范围的地表水汇流影响区，见图 10。

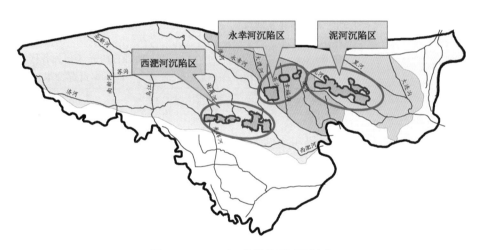

图 10　2010 年采煤沉陷区划分

（二）主要空间数据及处理

模拟数据说明如表 3 所示。MODCYCLE 模型的构建需要基础空间数据和水循环驱动数据两类。水循环驱动数据包括气象数据和人类活动取用水数据。本次研究收集的气象数据包括 17 个雨量站和 3 个国家气象站 1954—2010 年的气象要素数据（最高最低温度、辐射、风速、湿度）。雨量和气象数据根据地理位置就近原则进行展布。人类活动供、用水的水量统计数据为 2001—2010 年逐年农业用水、工业用水、城市生活用水和农村生活用水的统计数据等。

表 3 　　　　　　　　　　　　MODCYCLE 模型主要参考数据

数据类型	数据内容	说明
基础地理信息	数字高程图（DEM）	精度为 30m×30m
	土地利用类型分布图	1：10 万（2005 年）
	土壤分布图	1：100 万
	数字河道	1：25 万
气象信息	降水、气温、风速、太阳辐射、相对湿度、位置分布	来源于中国气象局，安徽省水文局
土壤数据库	孔隙度、密度、水力传导度、田间持水量，土壤可供水量	来源于《安徽省土种志》
农作物管理信息	作物生长期和灌溉定额	文献调查
水利工程信息	水利工程参数	相关规划报告
水文信息	系列年出入境水量	安徽省水文局
地下水位信息	地下水观测井及埋深	安徽省水文局、淮南矿业集团等单位收集
供、用水信息	农业灌溉用水、城市工业和生活用水，农村生活用水	整理自研究区相关各区县的《水资源公报》

1. 子流域划分及模拟河道

根据模型计算原理，为研究地表产/汇流关系，在空间上，首先需要根据 DEM 数字高程信息（图 11），借助 GIS 汇流关系分析工具将全海河流域划分成多个子流域，提取模拟河道，以刻画区域的地表水系特征。一般来说受精度限制，数字高程信息对于山丘区等高程变化较大的区域的子流域划分精度较高，但对平原区等地势平缓地区的子流域划分则精度较差。同时平原区人工河道和天然河道纵横交错、水系散乱、水利工程密布，仅仅根据 DEM 难以刻画其复杂的河道系统，因此划分子流域、提取模拟河道时除利用 DEM 以外，还需要用实际河道分布信息进行人工引导。在本次模拟过程中，全研究区共划分为 1245 个子流域，对应每个子流域都有自己的主河道，模拟河道具体情况见图 12。

在 MODCYCLE 模型中平原区以地下水数值模拟方法计算，因此还需要对研究区进行网格离散（图 13）。本课题研究总结，平原区网格单元以 0.5km 为间距进行剖分，共剖分 132 行 276 列，分浅层和深层两层，单层计算单元数量为 36432 个，其中研究区范围内的有效单元为单层 16166 个。

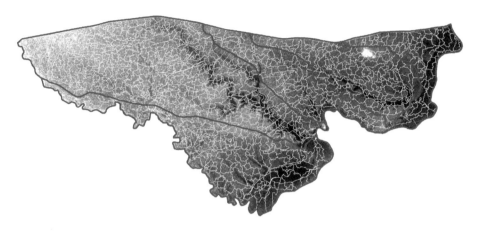

图 11　研究区子流域划分分布图

图 12　研究区基于 DEM 的模拟河道汇流关系

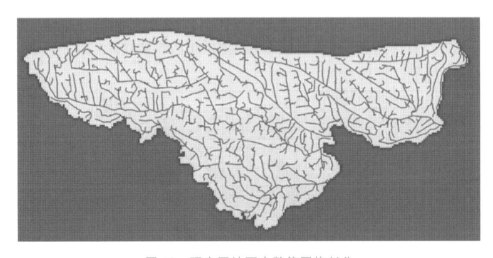

图 13　研究区地下水数值网格剖分

2. 气象水文数据空间展布

本次水循环模拟，收集了研究区附近 17 个雨量站的降水数据资料和 3 个国家气象站的气象数据，所有站点均为日实测数据，且数据系列长度均超过 30 年，其中常坟、大白庄、夏集 3 站资料系列长度为 1976—2010 年；丁集、古店、火刘、江口集、老庙集、岳张集等 6 站资料系列长度为 1966—2010 年；其余 8 站系列长度均为 1954—2010 年。模型对降水的空间展布采用类似于泰森多边形的处理方式，子流域计算所用的降水数据来自与其形心最近的雨量站。模拟中雨量站分布及对应子流域见图 14。

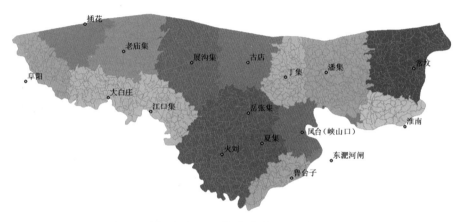

图 14 模型采用雨量站分布及对应子流域

研究区收集到 3 个国家气象站点，分别为阜阳站、蚌埠站和寿县站。其数据包括日最高/最低气温、日平均风速、日照时数、日平均相对湿度、日水面蒸发等数据。气象数据主要用来计算研究区的各项蒸发，包括土壤蒸发、植被蒸腾、冠层截留蒸发、水面蒸发等。与降水数据空间展布类同，模型根据子流域形心与气象站的距离确定各子流域所用的气象数据（图 15）。

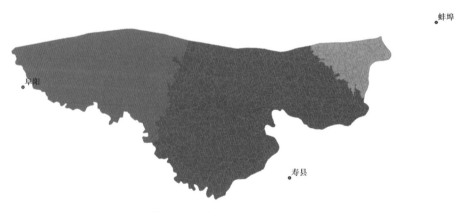

图 15 模型采用气象站分布及对应子流域

3. 土地利用与土壤分布

在子流域划分的基础上，进一步需要将不同子流域内的土地利用和土壤类型进行综合叠加，构建模型的初级基本模拟单元。研究区土地利用类型图（1∶10 万）和土壤类型图基本反映了模拟期（2001—2010 年）的下垫面情况和土壤类型分布情况。

研究区中，土地利用包括耕地、林地、草地、水域、城乡、工矿、居民用地等类型（图 16），具体类别编码、类别名称及含义见表 4。研究区的土地利用类型以农业耕地为主（包括旱地与水田），占研究区总面积的 80％以上，居住与工地用地（包括城镇和农村居民点）占研究区总面积的 14％，其余土地利用不足 5％。

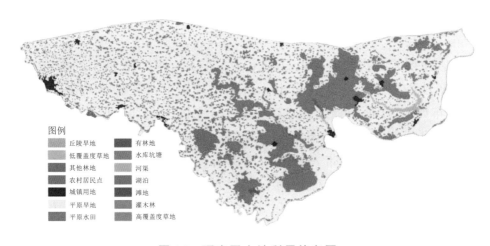

图 16 研究区土地利用信息图

表 4　　　　　　　　研究区不同区县土地利用类型及面积　　　　　　　　单位：km²

区（县）	凤台县	淮南市市辖区	怀远县	颍上县	阜阳市市辖区	利辛县	总计	占比/％
平原旱地	672.7	268.1	334.1	580.5	574.0	321.2	2750.6	68.5
农村居民点	118.7	59.6	45.6	158.9	104.2	55.8	542.8	13.5
平原水田	180.1	201.8	42.2	85.7		2.6	512.4	12.8
河渠	9.4	25.5	14.0	11.4	9.5	5.5	75.3	1.9
湖泊	46.7			11.6			58.3	1.5
城镇用地	6.7	7.8	0.9	3.1	18.4	0.9	37.8	0.9
水库坑塘	8.4	3.2	5.3	0.6	0.4	0.1	18.0	0.4

续表

区（县）	凤台县	淮南市市辖区	怀远县	颍上县	阜阳市市辖区	利辛县	总计	占比/％
滩地	4.7	0.8		2.8			8.3	0.2
其他林地					3.0		3.0	0.1
灌木林			2.0				2.0	0.1
高覆盖度草地	0.2			1.5			1.7	0.0
有林地	0.1		1.0	0.2			1.3	0.0
丘陵旱地			1.2				1.2	0.0
低覆盖度草地					0.1		0.1	0.0
总计	1047.7	566.8	446.3	856.3	709.6	386.1	4012.8	100.0

　　研究区主要土壤类型有棕色石灰土、水稻土、潴育水稻土、漂洗水稻土、潮土、石灰性砂礓黑土、砂礓黑土、白浆化黄褐土、黏盘黄褐土、黄褐土共10种。分布如图17所示。由图17可知，研究区中北部土壤类型大多为砂礓黑土，颍河北部有石灰性砂礓黑土，淮河、颍河、西淝河周边多为潮土，水稻土多分布在沿淮低洼地带，西淝河沿岸有白浆化黄褐土。研究区中砂礓黑土的面积最大，占总研究区面积的52％，其次为潮土、水稻土和黄褐土，分别约占研究区面积的19％、10％和8％，其余6种土壤面积比例较小，见表5。相关土壤水力学参数经查《安徽省土种志》及期刊论文等相关研究文献，整理其土壤容重、渗透系数及含水率等数据见表6。

图17　研究区土壤类型信息图

表5　　研究区不同区县土壤类型及面积　　单位：km²

土壤类型	凤台县	阜阳市市辖区	怀远县	淮南市市辖区	利辛县	颍上县	总计	占比/%
砂礓黑土	562.2	483.5	155.2	219.8	334.5	335.4	2090.6	52.1
潮土	165.5	165.8	59.3	71.9	11.7	286.0	760.2	18.9
水稻土	124.1		156.0	112.7		25.1	418.0	10.4
黄褐土	77.2		60.2	105.9	24.9	65.3	333.4	8.3
石灰性砂礓黑土		60.7			14.6	143.5	218.9	5.5
白浆化黄褐土	89.9			1.2	0.3	0.1	91.4	2.3
潴育水稻土	18.5		6.4	54.8		0.7	80.4	2.0
漂洗水稻土	10.1		0.9				11.0	0.3
棕色石灰土			8.4				8.4	0.2
黏盘黄褐土	0.0			0.6			0.6	0.0
总计	1047.5	710.0	446.4	566.9	386.0	856.1	4012.9	100.0

表6　　不同类型土壤主要水力学参数

土壤类型	容重/(g/cm³)	渗透系数/(mm/h)	饱和含水率/%	凋萎含水率/%	田间持水率/%
砂礓黑土	1.38	24.2	0.48	14.6	25.4
潮土	1.42	20.2	0.46	12.6	27.5
水稻土	1.52	5.6	0.43	18.7	32.5
黄褐土	1.48	18.1	0.44	13.2	29.2
石灰性砂礓黑土	1.43	16.9	0.46	13.4	27.9
白浆化黄褐土	1.47	9.7	0.45	11.9	26.7
潴育水稻土	1.48	4.2	0.42	17.5	29.6
漂洗水稻土	1.55	3.8	0.42	16.5	30.4
棕色石灰土	1.52	12.8	0.43	15.7	28.4
黏盘黄褐土	1.46	15.6	0.45	12.3	26.6

此外土质也是影响潜水蒸发的一个主要因素。王振龙等（2009）根据试验站长期试验数据，对淮北平原砂礓黑土和潮土两种面积比例最大的土壤在有无植被生长条件下潜水蒸发与埋深的变化规律进行了研究（图18、图19）。根据其研究结论，淮北平原砂礓黑土的潜水蒸发极限埋深为2.4～3.8m，潮土的潜水蒸发极限埋深为3.8～5.1m。通过阿维里扬诺夫公式对其数据进行

拟合，模拟过程中砂礓土的极限潜水埋深为 3.5m 时，潜水蒸发指数为 4.2～8.0；潮土的潜水蒸发极限埋深为 5.0m 时，潜水蒸发指数为 2.9～4.2。

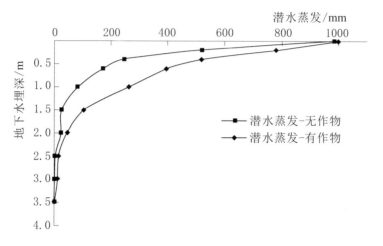

图 18 淮北平原砂礓黑土潜水蒸发随埋深变化特征曲线
（王振龙 等，2009）

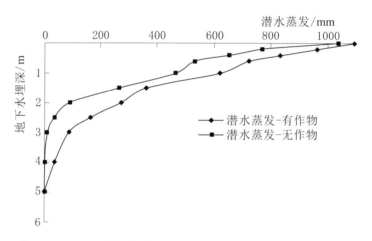

图 19 淮北平原潮土潜水蒸发随埋深变化特征曲线 （王振龙 等，2009）

基础模拟单元代表特定土地利用（如耕地、林草地、滩地等）、土壤属性和土地管理方式（种植、灌溉等）的集合体，具有三重属性。初级基础模拟单元的划分主要依据土地利用和土壤分布进行划分，仅考虑两重属性。通过GIS工具对土地利用和土壤分布进行叠加归类操作，共分初级基础模拟单元4102 个（图20）。后期将主要根据各县种植结构进一步对耕地类型的初级基础模拟单元进行细化，分出具体作物的种植面积及其农业操作，包括作物生育期、灌溉用水模式等。

图 20　研究区初级基础模拟单元构建

4. 主要水文地质参数

课题收集了与研究区相关的 4 幅 1：20 万水文地质普查报告，用以详细研究项目区地下水含水层情况。4 幅地下水普查报告分别为阜阳县幅〔图幅号：I-50-(26)〕、蒙城幅〔图幅号：I-50-(27)〕、蚌埠市幅〔图幅号：I-50-(28)〕、寿县幅〔图幅号：I-50-(33)〕，各水文地质普查报告图幅分布具体见图 21。

图 21　项目研究区水文地质普查报告图幅

该区地下水赋存于松散的第四系多层交叠的各种砂质岩层孔隙中，地下水赋存与第四系堆积物的成因类型、厚度及展布方向密切相关，而堆积物的成因类型、厚度、展布方向又受构造、气候及古地理环境控制。该区经几期构造运动之后，形成了开阔的坳盆基地。因此，第四系沉积厚度、展布方向与两个坳陷区及淮南复向斜的部位关系密切。在复向斜与坳陷部位第四系厚度较大，赋水砂层厚度也较厚。由于成因类型不同，含水砂层的孔隙大小也不同，故对地下水赋存起了重要的作用。第四纪早期的中下更新统与中期上更新统的一套以冲洪积、湖积组成的松散与半胶结的砂质岩层中，赋存了较丰富的地下水。地下水分布规律与含水砂层的分布规律一致。在200m深度以内，含水层由东南向西北、北部逐渐变薄，富水性变弱。

该区浅层地下水赋存于全新统含水层岩组中。其富水性较好的地段，即为全新统中段与下段两时期古河道砂层叠置发育的地带。古河道砂层的发育又与近代河流的发育方向相近。但凡含水砂层较好（厚度大、颗粒粗）的地方，也是水量丰富的地段。该含水层岩组上部为亚黏土（厚4～8m），层位较稳定，但裂隙发育，因此气象要素直接影响该岩组内的地下水动态变化。从利辛县西南部至颍上县、凤台县、怀远县一带，中下更新统的半胶结砂层发育地段是该区中深部地下水赋存和分布的地方。由利辛县到蒙城县乐土再到怀远县赵集一线以南，除沿山丘附近上更新统出露地区之外，广大地区均为深层承压水含水岩组的赋水区（图22）。

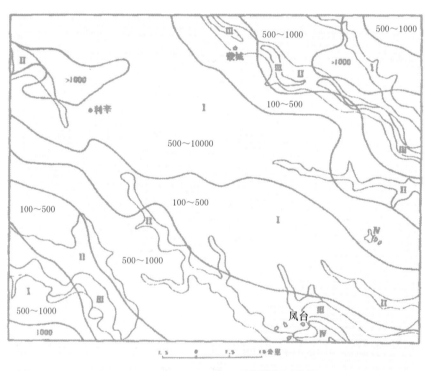

图22　浅层地下水富水性分区
（注：资料来自区域水文地质普查报告——蒙城幅，比例尺1：20万）
1—河间亚黏土裂隙孔隙中等渗透区；2—河谷淤积黏土裂隙弱渗透区；3—河漫滩粉砂亚砂孔隙
较强渗透区；4—基岩残丘岩溶裂隙渗透区；5、6、7—开采资源分区（t/d）；
8—富水性分区界线；9—岩性地貌分区界线

浅层潜水含水层岩组主要由全新统下、中两段组成。粉、细砂层是该含水岩组的主要含水层。尤其以全新统中段含水砂层更为发育。含水砂层累积厚 10～20m，微具承压性。浅层潜水含水岩组可分为水量丰富、中等两级。在全新统中段、下段两期古河床砂层发育部位及其重叠分布的地区，含水层以粉、细砂为主，厚度 10～20m。属于富水区，单井涌水量 1000～2000t/d；古河道砂层较薄，厚度小于 10m。以粉砂、亚砂土为主要的中等富水区，根据单井涌水量又可分为 500t/d 及 100～500t/d 两个亚区。

中深部承压含水岩组主要由上更新统与中下更新统含水段组成。上更新统含水砂层及中下更新统顶部含水砂层是组成该含水岩组的主要含水层。上更新统含水段仅在该区东南部平峨山与韭菜山附近有小面积出露，中下更新统含水层均隐伏于地下。上更新统顶板埋深一般为 30～100m，西北部埋藏较深，东南部稍浅。南部凤台、颍上、怀远上更新统含水层厚 20～50m，北部为 5～15m，单井出水量多数小于 1000t/d，少数可以达到 1500t/d。中下更新统含水段厚度大，分布连续，主要有 3～8 个含水层，其中以顶板埋藏 120～130m 的含水层为主，厚度一般为 10～20m。顶板埋深 150～170m 的含水层厚度也较大，一般由几米到十几米，且分布广泛，构成中深部含水岩组的富水地段，单井水量为 1000～4000t/d。

该区浅层潜水的补给来源主要为大气降水，降水量与地下水位之间的关系密切。该区地势平坦，地面坡降为 1/8000～1/15000。地下水流向与地形坡降较为一致，由西北流向东南，与地表水流方向大体一致，径流缓慢，表明地下水侧向补给微弱。由于浅层潜水埋深较浅，所以除少量侧向排泄于该区外，主要消耗于潜水蒸发。根据多年枯水季节地下水位仍高于地表水位，足可确认该区河流是排泄地下水的❶。该区承压水顶板隔水层厚度在局部地区不甚稳定，因此上、下两个含水岩组中的地下水之间是有水力联系的。

与模型地下水数值模拟有关的主要水文地质参数包括地表高程分布、地下水的给水度/贮水系数、含水层导水系数、含水层底板高程等信息，均根据研究区相关的 1∶20 万水文地质普查报告及各淮南、蚌埠、利辛等县水资源评价资料进行整理，见图 23～图 29。

模型模拟时需要设定各地下水数值网格单元的初始地下水位数据，但研究区所在范围内的地下水位监测站很少，本次研究仅收集到 6 站数据，尚不能通过实测数据的插值处理为整体研究区提供合理的地下水位分布数据。因

---

❶　结论来自蒙城水文地质普查报告。

此，本次模拟主要通过试算法确定初始地下水位。

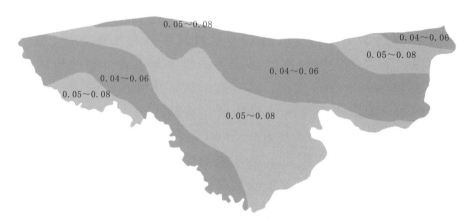

图 23　浅层给水度分布

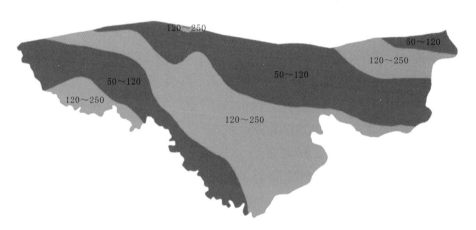

图 24　浅层导水系数分布

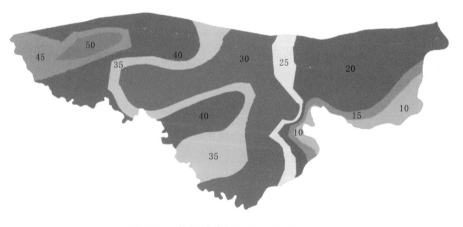

图 25　浅层底板埋深（单位：m）

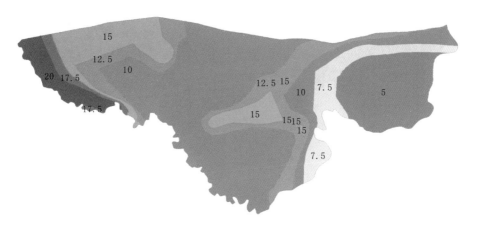

图 26　浅层含水层厚度分布（单位：m）

图 27　浅层含水层与深层含水层间越流系数

图 28　研究区地表高程示意图（2010 年沉陷情景）

图 29 研究区地表高程示意图（2030 年沉陷情景）

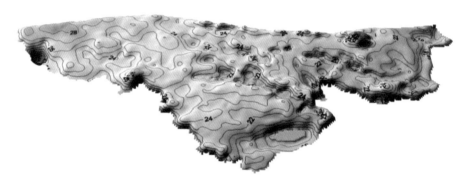

图 30 研究区初始浅层地下水位（2010 年沉陷情景）

图 31 研究区初始浅层地下水位（2030 年沉陷情景）

研究区位于淮北平原高潜水位区，且用水主要以地表水为主，地下水开发利用程度不高，浅层地下水埋深为 1～2m，其分布基本上与地形走向一致，年际变化不大。本次模拟先统一以地表以下 1.5m 作为模型的初始浅层地下水位，通过一定年份的模拟后，各网格单元的浅层地下水位将自动调整到与研究区实际地下水位分布相近的程度。此时将网格单元的浅层地下水位输出，再作为其初始的浅层地下水位数据使用。通过上述处理，2010 年、2030 年沉陷情景模拟时所用的浅层地下水位数据见图 30 和图 31。深层地下水位同样按此方式处理。

（三）主要水循环驱动因素

研究区水循环模型的驱动因素主要包括五类：①气象条件（日降雨、气温、湿度、太阳辐射、风速）；②边界条件；③农业种植循环过程；④人工用水过程；⑤人工退水过程。

1. 气象条件

气象条件是自然水循环的主动力之一，用来计算降雨产流和潜在蒸发等，也是作物生长所必需的驱动因子。模型中用到的气象数据包括日降水量、日最高气温、日最低气温、日太阳辐射量（日照时数）、日风速、日相对湿度等。

研究区 1954—2010 年系列年平均降水量（按雨量站控制面积加权）为 438～1618mm，多年平均年降水量为 888mm，2001—2010 年近 10 年的降水量为 965mm，各雨量站年降水过程线见图 32。从数据分析来看，各站年降水量的变化趋势较为一致，但不同站点相同年份的降水数量有一定差距，体现出研究区降水的不均匀性。从多年变化规律看，研究区每年的降水量差异很大，枯水年份仅 300～500mm，丰水年份可达 1300～1600mm，体现出淮河中游地区降雨量年际变化大，旱涝转变急剧的水文特征。

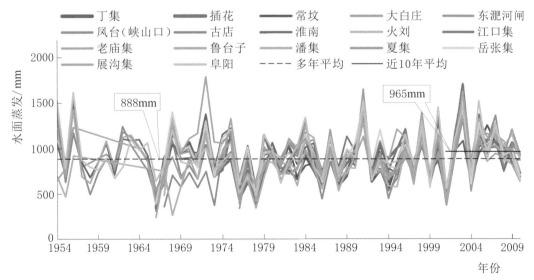

图 32 各雨量站多年年降水量过程线

研究区多年平均年降水量分布见图 33,总体上研究区降水量西南部略大于东北部,降水量分布区间大致为 810~940mm,西南部降水高值区与东北部降水低值区相差 100~130mm。研究区 2001—2010 年平均降水量分布见图 34,近 10 年降水量的空间分布大致为 900~1020mm,同时各站雨量与多年平均相比都有所增大,空间分布规律上与多年平均状况有一定的相似性,也是西南部略大于东北部,但降水量高值区有向西南方向移动的迹象,另外西部老庙集站附近降水增加较多,东部常坟站、淮南站一带降水量增加较少。

图 33 研究区多年平均年降水量分布

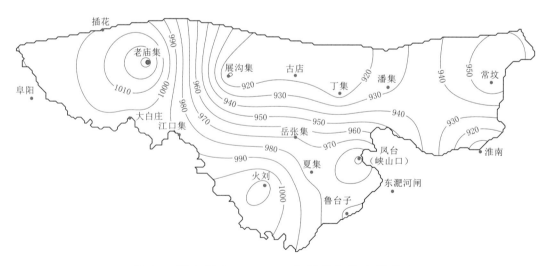

图 34 研究区 2001—2010 年平均年降水量分布

阜阳、蚌埠和寿县三站的水面蒸发观测数据见图 35。三个气象站点早前采用 20cm 直径小型蒸发器观测水面蒸发,近十几年来改用 E601 型蒸发器。

为使数据系列具有一致性，以上数据都已修正为 E601 型蒸发器观测值。通常认为 E601 型蒸发器观测数据与大面积水体的蒸发量相当。根据观测数据变化规律，研究区多年平均水面蒸发量约为 976mm，2001—2010 年平均水面蒸发量约为 969mm，与多年平均水面蒸发量基本相当。多年变化表明，研究区 20 世纪 70 年代以前的水面蒸发较大，70—90 年代为低值区，近 10 年来又略有回升。

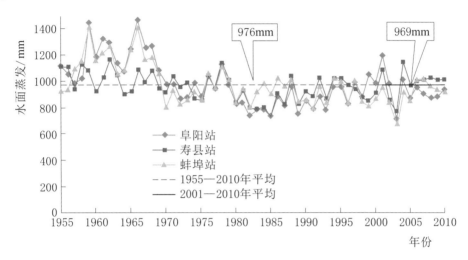

图 35　研究区多年平均水面蒸发量（E601 型蒸发器）

另据宋艳淑等人对淮河流域多年平均水面蒸发量的研究，可知研究区位置处多年平均水面蒸发量为 950～1000mm，与本报告蒸发数据能够基本吻合。

2. 边界条件

本研究区北以茨淮新河为界，东南以淮干为界，西南以颍河为界，是一个三面环河的封闭区域。其中淮河干流多年平均过境水量为 208.7 亿 m³，茨淮新河多年平均过境水量为 6.585 亿 m³，颍河多年平均过境水量 30.9 亿 m³。

研究区与外界地表水系的直接联系被切割，除该区域内河道向环周河道排水及人工取水之外，外界地表水系与该区水系基本无水量汇入关系，无需处理外界河道水量入境问题，但是需要处理研究区河道的出流条件问题。研究区内的西淝河、永幸河、泥河均向淮河排泄，在不同河流的下游附近建有泄水闸或泵站（图 36、表 7）。其中西淝河下游花家湖建有西淝河老闸和新闸，老闸设计过闸流量为 300m³/s，新闸设计过闸流量为 220m³/s；永幸河流域下游建有架河闸、架河排涝站和永幸河排灌站，其中架河闸设计过闸流量为 67m³/s，架河排涝站设计抽排流量为 23.4m³/s，永幸河排灌站设计抽排流量为 40m³/s；泥河建有泥河青年闸和芦沟排涝大站，青年闸设计过闸流量为

$153\text{m}^3/\text{s}$，芦沟排涝大站设计抽排能力为 $120\text{m}^3/\text{s}$。研究区焦岗湖建有鲁口孜和禹王电排站，设计抽排流量分别为 $38.4\text{m}^3/\text{s}$ 和 $30.2\text{m}^3/\text{s}$。以上数据将作为模型计算各条河流入淮水量的参数使用。

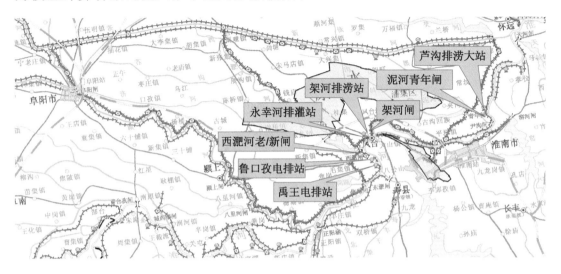

图 36　沿淮西淝河、永幸河、泥河入淮泄水闸及泵站

表 7　　　　　　　　　　各汇流区主要闸门和排涝站

汇流区	闸门/电排站	排 涝 能 力
西淝河	西淝河老闸、新闸	西淝河老闸设计过闸流量为 $300\text{m}^3/\text{s}$，西淝河新闸设计过闸流量为 $220\text{m}^3/\text{s}$
永幸河	架河闸、永幸河排灌站、架河排涝站	架河闸设计过闸流量为 $67\text{m}^3/\text{s}$，永幸河排灌站设计抽排流量为 $40\text{m}^3/\text{s}$，架河排涝站设计抽排流量为 $23.4\text{m}^3/\text{s}$
泥河	青年闸、芦沟排涝大站	泥河青年闸设计过闸流量为 $153\text{m}^3/\text{s}$，芦沟排涝大站设计抽排流量为 $120\text{m}^3/\text{s}$
焦岗湖	鲁口孜、禹王电排站	鲁口孜电排站设计抽排流量为 $38.4\text{m}^3/\text{s}$，禹王电排站设计抽排流量为 $30.2\text{m}^3/\text{s}$

　　淮河水位也是影响各条河流入淮的重要因素。每逢汛期，在淮河水位高于西淝河、永幸河、泥河等内水水位时，除建有泵站的河可强排外，其余河流内水将无法排出，形成关门淹。为模拟淮河中游这种典型的水文情况，本次研究过程中收集了正阳关、鲁台子、凤台（峡山口）和淮南各站从 20 世纪 50 年代以来的水位和流量资料。经过数据整理，2001—2010 年应用于西淝河、永幸河/架河、泥河三处入淮口处的水位数据见图37～图39。

　　从地下水边界的角度看，该区的周边环绕的河道为地下水的一类边界（水头边界），也需要给出其边界条件，即模拟过程中沿研究区周边的河道的

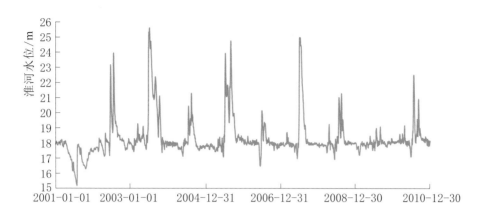

图 37　2001—2010 年西淝河入淮口处淮河日水位

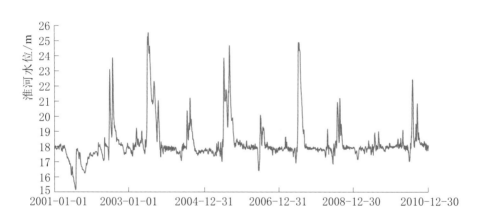

图 38　2001—2010 年永幸河/架河入淮口处淮河日水位

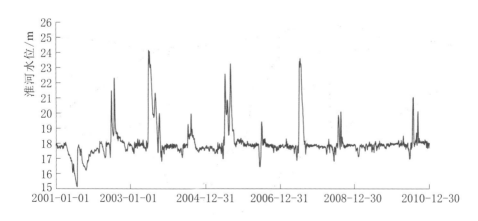

图 39　2001—2010 年泥河入淮口处淮河日水位

水位。模拟过程中河道水位的确定方法为选择有长期连续日观测数据的水文站点，将其多年日观测数据进行平均得出，以体现水头边界的平均作用效果。所用的站点包括插花闸站、上桥闸站、正阳关站和淮南站四个水文站点（图40），监测时段为1957—2010年。

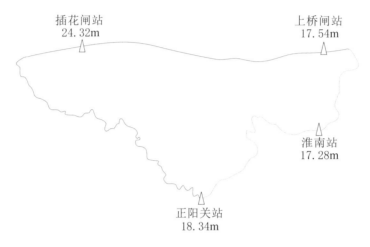

图 40　地下水边界处理所涉及四个水文站多年平均水位

3. 农业种植循环过程

淮北平原是我国重要的商品粮生产基地之一，研究区处于淮北平原南缘，日照、积温、降水、灌溉水源等自然条件均较为优越，适合农业综合开发利用。根据研究区各地市年鉴资料统计，研究区农业耕地面积约为23万 hm²，占研究区总面积近60%，研究区农业耕地空间分布见图41。研究区农作物除了大面积种植的水稻及小麦外，还种有玉米、大豆、薯

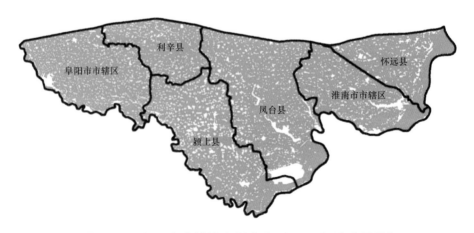

图 41　研究区农业耕地空间分布（2005 年遥感解译）

类、花生、棉花、油菜子、芝麻、蔬菜、瓜果等，在怀远、利辛和阜阳地区还种有小面积的高粱、绿豆、红小豆，以及麻类、甘蔗、烟叶及药材等其他作物。

作物种植循环对区域水循环的影响主要体现在两个方面：一方面是不同的作物其生育期发生时间、历时长短、叶面积指数、根系分布等各具特征，因此不同的作物种植分布格局关系到研究区内蒸发/蒸腾量的时空分布，同时对土壤墒情变化也有直接影响；另一方面是不同的作物其灌溉需水特征不同，因此区域农业灌溉用水的取用规律与之密切相关。灌溉活动作为人工干预土壤墒情的行为，自然也影响到研究区的土壤水循环过程。因此农业种植与灌溉过程是影响研究区水循环整体过程的重要因素，在水循环模拟中需要予以重视。农业种植和灌溉问题向来是多数水文/水循环模型处理的难点和重点。MODCYCLE 模型具有处理多种人类活动的能力，可以对农业种植和灌溉过程进行细致模拟，这也是 MODCYCLE 模型的主要特色之一。模型关于农业种植循环数据的处理主要有以下工作。

一是耕地上的种植结构分解。据遥感资料统计分析，研究区农业耕地占地面积近80%。限于遥感识别的精度，目前我国多数土地利用图仅能将耕地大致分为"平原旱地""平原水田"和"山地旱地"等较笼统的土地利用类型，尚不能识别出具体作物的空间分布状况。对此，MODCYCLE 模型需进一步根据分区作物种植结构信息进行农业耕地种植分布细化；二是农业种植周期划分。不同作物都有其种植周期，每种作物的播种和收获都有其相对稳定的时间。作物是影响研究区农业用水和区域耗水的重要因素，模拟之前需要对不同作物的生长发育时间、收获时间进行确定。

研究区水热条件较好，作物种植可一年双季，同时地表水系发达，渠系、河道纵横交错，灌溉水源充足，为该区农业种植提供了良好的灌溉条件。冬小麦、水稻、大豆为其主要农作物，复种则以冬小麦复种其他夏季作物为主，复种指数为1.6~1.7，麦复水稻为该地区的主要复种类型。根据研究区相关地市（淮南市、蚌埠市、阜阳市）2004 年以来各年统计年鉴，整理的现状年研究区各县农业种植结构如表 8 所示，含 11 种主要的种植类型，不同作物的主要模型参数见表 9。全研究区农业耕地的遥感数据约为 326427hm²，占全研究区总面积的80%左右。限于土地利用的遥感精度，部分道路、田埂、水渠、田间荒地等小尺度的数据未能从耕地中识别出来，表中参考各地市统计年鉴中各区县作物播种面积、耕地面积等数据进行了分离，并归类为未利用地，约占遥感面积的28.8%。

表 8　　　　　　　　　　　　　现状年研究区各县农业种植结构表　　　　　　　　　　单位：hm²

作物名称	凤台县	阜阳市市辖区	怀远县	淮南市市辖区	利辛县	颍上县	总计
春大豆				2007			2007
春棉花		865	1235			1652	3752
春玉米		1030	849		1273	996	4148
瓜果	1555	1390	869	1542		1660	7016
麦复大豆	4883	21491	4349		12494	10837	54054
麦复花生			3192	808			4000
麦复薯类		1854			996	3052	5902
麦复水稻	48284		10424	25697	378	15623	100406
麦复玉米		11346	3485		7482	9847	32160
双季蔬菜	4284	2562	2012	4081	1528	2368	16835
油菜复蔬菜		1030				1091	2121
未利用地	26268	15837	11334	12857	8230	19500	94026
总计	85274	57405	37749	46992	32381	66626	326427

表 9　　　　　　　　　　　　　　　　各作物的主要计算参数

作物名称	播种日期	收获日期	潜在热单位/℃	潜在叶面积指数（一）	潜在冠层高度/m	根系深度/m	生长基温/℃	最优生长温度/℃	气孔导度/(m⁻²/s)
春大豆	5月5日	8月15日	1401	3	0.8	1.2	10	25	0.007
棉花	4月5日	9月10日	1249	4	1	2.5	15	30	0.009
春玉米	5月1日	8月10日	1529	5	2.5	1.2	8	25	0.007
瓜果	4月5日	7月5日	831	4	0.5	1.2	16	35	0.006
冬小麦	10月25日	6月5日	1989	4	0.9	1.5	0	18	0.006
夏大豆	6月10日	9月20日	1482	3	0.8	1.2	10	25	0.007
花生	6月12日	9月25日	1158	4	0.5	1.2	14	27	0.006
薯类	6月15日	9月25日	1158	4	0.8	1.2	14	24	0.006
水稻	6月10日	10月20日	1717	5	0.8	0.9	10	25	0.008
夏玉米	6月12日	9月25日	1722	5	2.5	1.2	8	25	0.007
春蔬菜	3月5日	6月5日	979	2.5	0.5	0.6	4	22	0.006
夏蔬菜	6月10日	10月2日	1064	3	0.5	1.2	15	26	0.006
油菜	10月15日	5月1日	1478	3	2.5	1.2	6	25	0.008

4. 分区人工供用水过程

分区人工供用水过程数据根据研究区各地市水资源公报、各地市水资源综合规划等资料进行整理。模拟期内人工研究区分区供用水量按一般工业、火电、城镇公共、城镇居民生活、农村居民生活、生态环境、农田灌溉、林牧渔畜八个用水部门和当地地表水、区外引水（淮河、颍河、茨淮新河）、浅层地下水、深层地下水四个水源类型进行区分，见表10。

表 10　　　　　2010 年研究区不同区县各用水部门用水量表　　　单位：万 m³

用水部门	水源类型	凤台县	阜阳市市辖区	怀远县	淮南市市辖区	利辛县	颍上县	合计
一般工业	当地地表水	3300	0	665	2200	0	759	6924
	区外引水	6542	0	0	7158	0	0	13700
	浅层地下水	3056	3515	488	3344	292	1839	12534
	深层地下水	0	445	0	0	0	0	445
	小计	12898	3960	1153	12702	292	2598	33603
火电	当地地表水		0	0		0	0	0
	区外引水	1900	2000	0	57380	0	0	61280
	浅层地下水	0	0	0	0	0	0	0
	深层地下水	0	0	0	0	0	0	0
	小计	1900	2000	0	57380	0	0	61280
城镇公共	当地地表水	0	0	0	0	0	0	0
	区外引水	0	0	0	0	0	0	0
	浅层地下水	0	0	67	0	0	0	67
	深层地下水	413	311	0	487	35	58	1304
	小计	413	311	67	487	35	58	1371
城镇居民生活	当地地表水	0	0	0	0	0	0	0
	区外引水	0	0	0	0	0	0	0
	浅层地下水	903	0	174	486	8	7	1578
	深层地下水	75	1121	0	40	40	285	1561
	小计	978	1121	174	526	48	292	3139
农村居民生活	当地地表水	0	0	0	0	0	0	0
	区外引水	0	0	0	0	0	0	0
	浅层地下水	1258	0	431	677	97	45	2508
	深层地下水	105	1194	0	56	469	1751	3575
	小计	1363	1194	431	733	566	1796	6083

用水部门	水源类型	凤台县	阜阳市市辖区	怀远县	淮南市市辖区	利辛县	颍上县	合计
生态环境	当地地表水	387	194	91	213	39	86	1010
	区外引水	0	0	0	0	0	0	0
	浅层地下水	0	0	0	0	0	0	0
	深层地下水	0	0	0	0	0	0	0
	小计	387	194	91	213	39	86	1010
农田灌溉	当地地表水	3298	480	0	1813	0	8811	14402
	区外引水	33801	222	10500	18590	930	7779	71822
	浅层地下水	0	0	0	0	0	0	0
	深层地下水	0	0	0	0	0	0	0
	小计	37099	702	10500	20403	930	16590	86224
林牧渔畜	当地地表水	908	349	201	492	289	473	2712
	区外引水	0	0	0	0	0	0	0
	浅层地下水	0	0	0	0	0	0	0
	深层地下水	0	0	0	0	0	0	0
	小计	908	349	201	492	289	473	2712
总计		55946	9831	12617	92936	2199	21893	195422

根据统计结果，2010 年研究区总用水量约为 19.54 亿 m^3。其中淮南市市辖区用水最大，约为 9.29 亿 m^3；凤台县其次，约为 5.59 亿 m^3，两者合计占总研究区用水总量的 76%。其余 4 个区县约占总用水的 24%，按大小排序颍上县约 2.19 亿 m^3，怀远县约 1.26 亿 m^3，阜阳市市辖区约 0.98 亿 m^3，利辛县约 0.22 亿 m^3。

从不同用途用水量看（图 42），研究区农田灌溉、火电、一般工业的用水比例较大，分别占全区用水总量的 44%、31% 和 17%，三者合计用水量占总用水的 92%，农村和城镇居民生活用水等共计占总用水量的 8%。研究区火电用水量占比较大，为该区用水特色之一，用水总量为 6.1 亿 m^3。研究区主要电厂有 6 个，为平圩电厂、顾桥电厂、凤台电厂、潘三电厂、田集电厂、阜阳市华润周鹏电厂。经调查，研究区火电厂主要分布在沿淮岸边，其取水水源绝大多数来自淮河，如顾桥电厂取水水源地为永幸河口下游淮河左岸，平圩电厂取水水源地为淮南淮河大桥西侧，潘三电厂和田集电厂的取水水源地为凤台淮河大桥下等。用水量较大的火电厂为平圩电厂、凤台电厂、田集电厂和潘三电厂，其中平圩电厂年用水量高达 5.5 亿 m³，占研究区所有火电用水总量的 90% 左右。

从不同水源占比看（图 43），由于研究区三面环水，且周边均为水源较为充足的河流，引水条件比较便利，因此区外引水（含淮河、颍河、茨淮新河）为研究区的主要水源，区外总引水量达 14.7 亿 m³，占总供水量的 75%，主要用于农田灌溉和火电，少部分用于一般工业；其次为当地地表水，用水量约为 2.5 亿 m³，占总供水量的 13%，包括从研究区河道及湖泊的引水量，大部分用于农田灌溉，小部分用于区内一般工业。浅层地下水总用水量为 1.7 亿 m³，约占研究区总供水量的 9%，大部分用于一般工业，其余用于生活用水。深层地下水总用水量仅为 0.7 亿 m³，占研究区总用水量的 3%，主要用于农村和城镇居民生活用水。

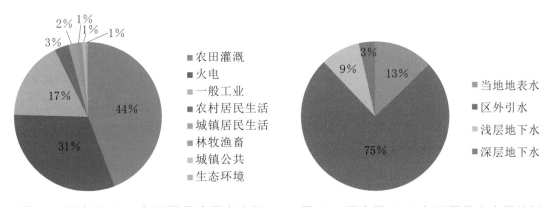

图 42　研究区 2010 年不同用途用水比例　　图 43　研究区 2010 年不同供水水源比例

对于人工供用水的分布式处理，模拟过程中将人工用水区分成农业灌溉用水量和其他人工用水量两大类。

农业灌溉用水比较特殊，因其受当年降水气象变化影响较大，每年的灌溉水量有可能相差较远，即存在显著的年际气候相关性，对于淮河中游这种旱涝转变急剧的地区情况更是如此。表 10 中的农业用水数据只代表了 2010 气象水平年的情况，而模型模拟期则为 2001—2010 年共 10 年。作为分布式模拟，模型需要给出农业灌溉用水量的时空分布。农业灌溉用水量与当年的降雨气象条件密切相关，研究区位于湿润地区，除水稻之外，降水基本可满足一般旱作物的大部分生长需求，平常年份基本为补充灌溉，灌溉次数较少或无须灌溉，偏枯年份或降水年内分布极不均匀时则需多次灌溉，单次灌溉水量水浇地为 70～90 m³/亩，水稻田为 50～70 m³/亩。对于范围较大的地区而言，由于作物种植结构较复杂，同时各作物所在位置的降水气象条件、土质条件、灌溉条件等都存在空间差异性，导致需灌次数和灌溉发生的时间具有很大不确定性。以上因素造成水循环模型模拟在应用时，农业灌溉用水量的时空展布成为一个普遍较难解决的问题。由于土壤墒情（土壤水分情况）是气象过程、作物种类、土质条件、灌溉活动等作用下的综合反馈，为此MODCYCLE模型以土壤墒情为核心针对农田基础单元开发了自动灌溉功能，以具体思路是追踪各基础模拟单元每日的土壤墒情情况，在土壤墒情低于给定的阈值时模型将自动取水对农田基础模拟单元进行灌溉，这样使得农业灌溉用水时空展布能够与区域种植结构、气象过程、土质条件等联系起来。

此外模型还需指定每个农田基础模拟单元的水源，农业灌溉水源包括水库、河道、浅层地下水、深层地下水和区外引水5种，对于每个基础模拟单元的每次灌溉事件，MODCYCLE都可以指定其中的一种或多种作为水源。当一个基础模拟单元对应多个水源时，输入数据中需给出每种灌溉水源的取水比例，该比例关系具体可根据每个区县的农业灌溉用水水源结构确定。最后，由于采用自动灌溉的方式处理农业用水数据，因此每年的农业灌溉用水量将由模型自行模拟推测，表10中研究区2010年的农业灌溉用水量不被直接硬性使用，但可作为参考数据对自动灌溉的有关参数进行调试，如作物单次灌溉用水量、土壤墒情阈值的确定等，以使模型模拟推测的农业灌溉用水量与统计的农业灌溉用水量接近。

其他人工用水量包括一般工业用水、火电用水、城镇公共用水、城镇/农村居民生活用水、生态环境用水、林牧渔畜用水等。这些用水过程一般而言相对比较稳定，在研究区人口、产业结构、城镇分布变化不大时年际差异较小。限于数据收集的难度，本次模拟过程中认为表10中的其他人工用水量数据代表了研究区2001—2010年期间的一般情况，不再区分年际变化。

在其他人工用水量的分布式处理上，需进一步细分为城镇用水和农村用水两个层次进行。一般工业用水、城镇公共用水、城镇居民生活用水、生态环境用水划分为城镇用水；农村居民生活用水、林牧渔畜用水划分为农村用水。城镇用水分布一般相对较为集中，且水源也比较固定。对于城镇用水中的浅层/深层地下水，先将每个区县的按照每个子流域的城镇用地和其他建设用地的面积比例展布到该子流域上，由于子流域和地下水网格单元存在空间拓扑关系，模拟过程中MODCYCLE模型将自动按照子流域和地下水数值网格的对应关系把城镇地下用水数据映射到浅层/深层地下水网格单元上。对于当地地表水，模型将根据各区县主要取水口所在位置将城镇用水对应到城镇附近主要河流或湖泊上。至于城镇用水中的区外引水，由于水源不在研究区范围内，因此无须指定水源位置。农村用水也按照类似方式处理，但在空间进行分布时参考的依据是子流域土地利用中的农村居民点面积比例。在对城镇用水和农村用水进行空间分布后，可以对两者进行叠加，从而获得研究区除农业灌溉用水外的人工用水强度空间格局，如图 44 所示，图中用水量较大的子流域一般都是城镇或大用水户（如电厂等）集中之处。

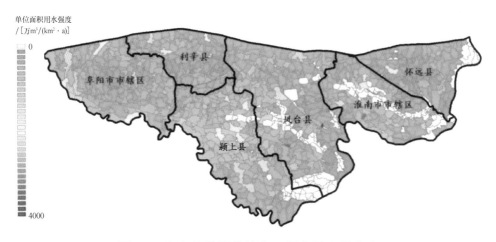

图 44 除农业灌溉外的人工用水量空间分布

5. 分区退水过程

农业灌溉用水在模型中参与土壤水循环过程，因此其消耗及多余水分的深层渗漏、排水等由模拟过程自行确定。工业用水、城镇/农村生活用水等在使用过程中不一定被完全消耗，均有退水产生，这些退水量将进入工矿企业、城镇、农村居民点附近的沟渠、排水管道并最终进入区域河道系统，成为地表水循环的一部分。退水量需要在模型输入数据中作为点源给出。退水量的大小与两个因素有关系：一是单位面积用水强度；二是退水率。由于研究区的用水有空间分布特征，因此退水也有相应的分布特征。通常用水量集中、耗水率低的区域，则相应地退水量大。本次模拟过程中，数据采集自研究区相关地市的水资源规划报告和水资源公报，不同区县不同部门的退水量计算见表 11。

研究区总退水约 8.07 亿 m³，通过数据资料分析，约有 5.07 亿 m³ 的退水量直接进入淮河，因此进入研究区河道的退水总量约为 3.00 亿 m³。从部门来看，火电部门的退水量最大，占总退水量的 65%，其中尤以淮南市市辖区为主，其区内平圩电厂是直流式大型电厂，退水率较高，用水量大，使得淮南市市县区的火电部门退水量占全研究区主要部分，其他区县的电厂均为循环

表 11　　　　　　　　　　　2010 年研究区不同区县不同用水部门退水量

用水部门	分项	凤台县	阜阳市市辖区	怀远县	淮南市市辖区	利辛县	颍上县	合计退水/万 m³
一般工业	用水量/万 m³	12898	3960	1153	12702	292	2598	
	退水率	0.75	0.75	0.78	0.75	0.78	0.74	
	退水量/万 m³	9662	2952	899	9516	227	1930	25186
火电	用水量/万 m³	1900	2000	0	57380	0	0	
	退水率	0.20	0.20	—	0.90	—	—	
	退水量/万 m³	380	400	0	51642	0	0	52422
城镇公共	用水量/万 m³	413	311	67	487	35	58	
	退水率	0.56	0.43	0.60	0.56	0.67	0.50	
	退水量/万 m³	229	133	40	271	0	0	673
城镇居民生活	用水量/万 m³	978	1121	174	526	49	293	
	退水率	0.79	0.80	0.80	0.79	0.80	0.80	
	退水量/万 m³	768	897	139	413	0	0	2217
农村居民生活	用水量/万 m³	1363	1194	431	733	566	1796	
	退水率	0.05	0.05	0.05	0.05	0.05	0.05	
	退水量/万 m³	68	60	22	37	0	0	187
合计退水/万 m³		11108	4442	1100	61878	227	1930	80685

式，退水率较低。其次为一般工业，退水量占总量的 31%，其余用水部门退水较少。从分区来看，退水量较大的为淮南市市辖区及凤台县，因这两个工业相对比较发达，城镇生活用水也较多，两个区县的退水占研究区总量的 90%。退水将作为点源展布到各子流域，空间分布如图 45 所示。

图 45　人工退水量空间分布

（四）2010 年沉陷情景湖泊/洼地数据

关于淮南采煤的地表沉陷发展，淮南矿业集团联合中国矿业大学早在十多年前就展开了相关研究工作。煤炭开采引起的地表沉陷，是指采空区面积扩大到一定范围后，岩层移动发展到地表，使地表产生沉陷（移动和变形）。开采引起的地表移动过程，受多种地质采矿因素的影响，因此，随着开采深度、开采厚度、采煤方法及煤层产状等因素的不同，地表沉陷和破坏的形式也不完全相同，但在采深和采厚的比值较大时，地表的沉陷（移动和变形）在空间和时间上是连续的、渐变的，具有明显的规律性，研究区内的潘谢矿区就属于该种情况。2005 年淮南矿业集团对潘谢矿区的开采沉陷现状进行了实测，其后中国矿业大学采用基于概率积分法的矿区沉陷预测预报系统（MSPS）软件，利用 2005 年的实测沉陷数据，在 2005 年实际开采工作面的基础上叠加了 2005 年年底至 2010 年年底、2020 年年底、2030 年年底、2050 年年底和最终矿区煤炭完全采完后各不同时间段内的开采工作面，模拟测算了不同时段淮南潘谢矿区开采沉陷范围及沉陷深度。

1. 湖泊/洼地分布特征

2010 年沉陷情景，淮南采煤沉陷区分布状况见图 46。由于当前矿区采煤工作面在空间上尚未连成整体，沉陷洼地分布处于分散状态。潘谢矿区目前

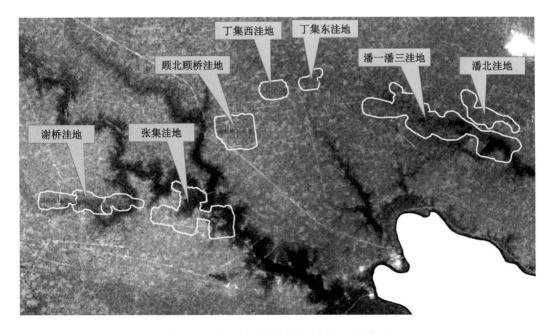

图 46　2010 年潘谢矿区地表沉陷范围

大致分布有七片沉陷盆地,从西向东分别为谢桥洼地、张集洼地、顾北顾桥洼地、丁集西洼地、丁集东洼地、潘一潘三洼地和潘北洼地。

通过实地考察,其中的谢桥洼地由于地表水系比较特殊,可细分为3个小洼地,分别为谢桥西洼地、谢桥中洼地和谢桥东洼地(图47)。划分原因一是由于谢桥西洼地下游建有谢展河闸,隔断了与谢桥洼地其他部分的水力联系,成为独立的一部分;二是济河先汇入谢桥中洼地,后穿出流入谢桥西洼地,因此谢桥中洼地和谢桥东洼地的河道汇水过程不能以整体看待,需要分离处理。

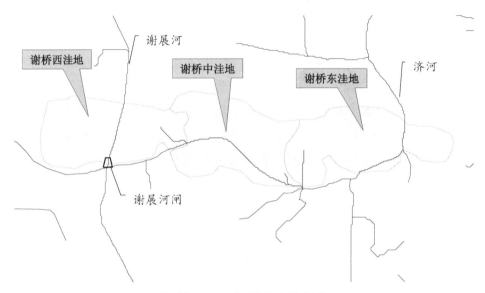

图 47 2010 年谢桥洼地划分

除了采煤沉陷形成沉陷洼地,研究区内还有5个蓄水容积相当可观的天然湖泊,分别为焦岗湖、港河下游的姬沟湖、西淝河下游的花家湖、永幸河下游的城北湖以及泥河下游的泥河湖(图48)。这些天然湖泊在研究区当前防洪除涝、供水过程中起到重要作用,需要在水循环模拟过程中显式加以考虑。

在综合考虑研究区采煤沉陷形成的沉陷洼地和原有的天然湖泊的情况下,研究区整体河道-洼地空间关系和布局见图49,代表了研究区地表水系的汇流-蓄滞特征。需要指出的是根据洼地实际分布,姬沟湖、张集洼地与花家湖在空间位置上具有天然联系,本身是一体的,因此在研究过程中需要联合成整体洼地进行模拟。

按照 MODCYCLE 模型的"河道-地下水-洼地"模拟原理,洼地需要以网格单元的形式进行离散,以对洼地地表积水和地下水之间的通量关系进行模拟计算。离散结果见图50。

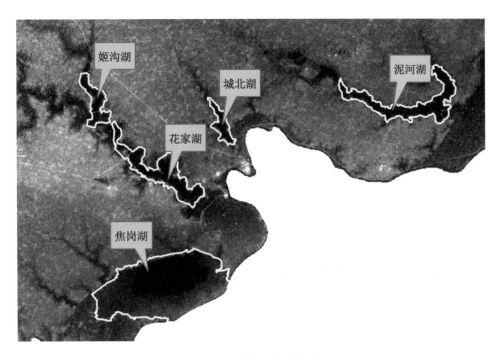

图48　研究区天然湖泊分布

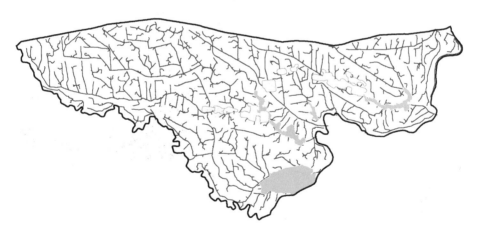

图49　研究区河道-洼地空间关系和布局

2. 湖泊/洼地蓄滞特征曲线

　　模型中洼地湖底高程数据是进行地下水数值模拟的基础数据,本书中洼地的湖底高程整理自中国矿业大学提供的地面高程等值线(图51),经过对地面高程等值线进行网格插值,可得到各洼地所含的每个网格单元的湖底高程。将各个洼地从最低湖底高程的网格单元开始,逐步统计湖底高程变化引起的洼地积水面积和蓄水量变化,可得到洼地的水位与洼地积水面积、洼地蓄水

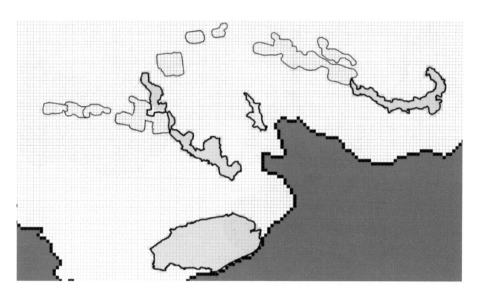

图 50　研究区洼地网格离散

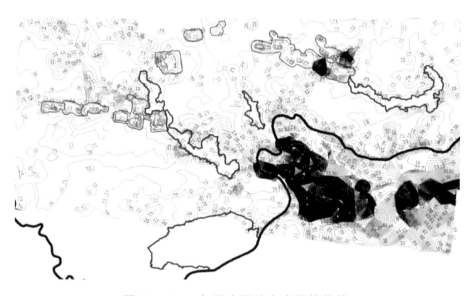

图 51　2010 年研究区地表高程等值线

量之间的线性关系。

不同洼地积水面积、蓄水量随水位（高程）的变化关系见图 52～图 65。

3. 湖泊/洼地蓄滞库容统计

在不考虑张集洼地、姬沟湖、花家湖联合的情况下，根据水位-蓄水量-积水面积关系曲线，可对研究区 13 个沉陷洼地及湖泊的最大蓄滞库容进行统计，如表 12 所示。洼地及湖泊的最大蓄滞库容计算方法为先利用 GIS 工具提

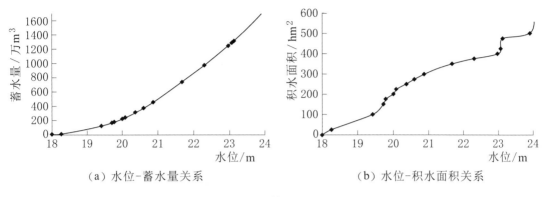

（a）水位-蓄水量关系　　　　　　　（b）水位-积水面积关系

图 52　谢桥西洼地水位-蓄水量-积水面积关系曲线

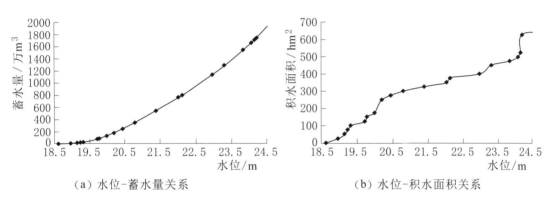

（a）水位-蓄水量关系　　　　　　　（b）水位-积水面积关系

图 53　谢桥中洼地水位-蓄水量-积水面积关系曲线

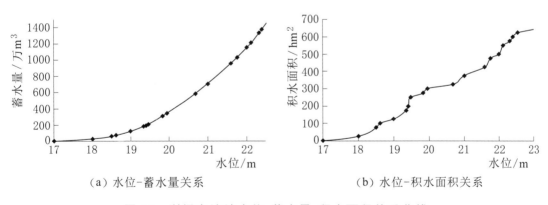

（a）水位-蓄水量关系　　　　　　　（b）水位-积水面积关系

图 54　谢桥东洼地水位-蓄水量-积水面积关系曲线

取洼地、湖泊分布范围内的面积，该面积为洼地、湖泊的最大可能积水面积，再通过水位-积水面积关系曲线通过线性插值法反算对应最大可能积水面积的水位高程，该水位高程可近似看作洼地、湖泊的平均周边地面高程，最后利用水位-蓄水量关系曲线计算对应洼地、湖泊平均周边地面高程的蓄水量，该

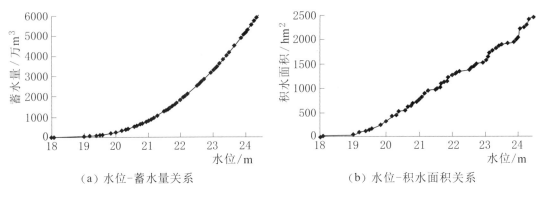

（a）水位-蓄水量关系　　　　　（b）水位-积水面积关系

图 55　张集洼地水位-蓄水量-积水面积关系曲线

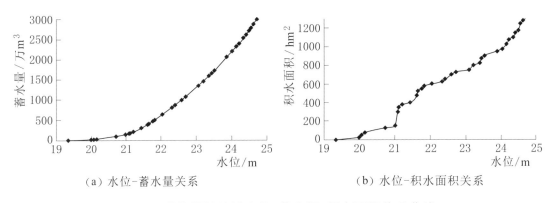

（a）水位-蓄水量关系　　　　　（b）水位-积水面积关系

图 56　顾北顾桥洼地水位-蓄水量-积水面积关系曲线

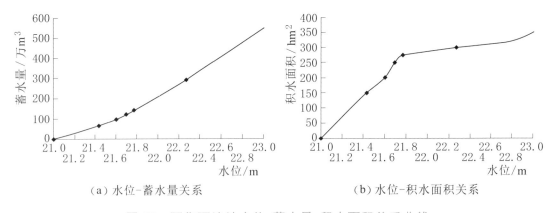

（a）水位-蓄水量关系　　　　　（b）水位-积水面积关系

图 57　丁集西洼地水位-蓄水量-积水面积关系曲线

蓄水量即为该洼地、湖泊的最大蓄滞库容。

　　根据统计计算结果（表 12），2010 年研究区沉陷洼地的总面积约为 108km²，最大蓄滞库容约为 2.67 亿 m³；天然湖泊的总面积约为 196km²，最大蓄滞库容约为 6.09 亿 m³。沉陷洼地和天然湖泊总库容约为 8.76 亿 m³，总

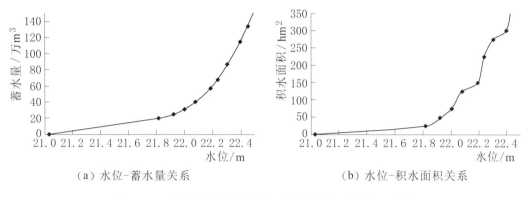

（a）水位-蓄水量关系　　　　　　（b）水位-积水面积关系

图 58　丁集东洼地水位-蓄水量-积水面积关系曲线

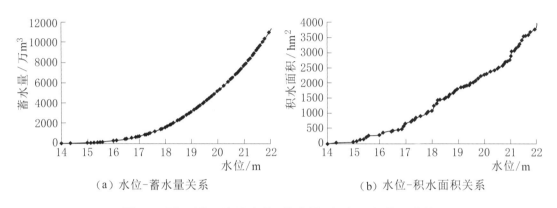

（a）水位-蓄水量关系　　　　　　（b）水位-积水面积关系

图 59　潘一潘三洼地水位-蓄水量-积水面积关系曲线

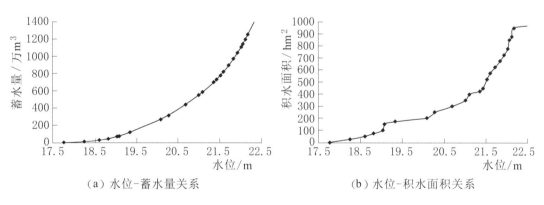

（a）水位-蓄水量关系　　　　　　（b）水位-积水面积关系

图 60　潘北洼地水位-蓄水量-积水面积关系曲线

面积约为 304km^2。2010 年天然湖泊的总蓄滞库容为沉陷洼地的 2 倍多，由此可见，研究区的蓄洪除涝能力很大程度上依赖天然湖泊的作用。

由于花家湖、姬沟湖、张集洼地在位置上存在天然联系，因此模拟时将三者联合成整体洼地，命名为花家湖片，同理，潘一潘三洼地和泥河湖也存

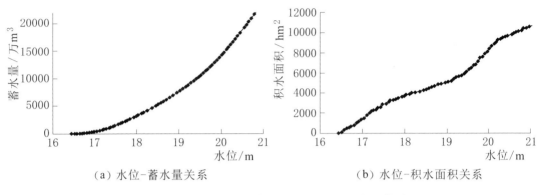

（a）水位-蓄水量关系 　　　　　（b）水位-积水面积关系

图 61　焦岗湖水位-蓄水量-积水面积关系曲线

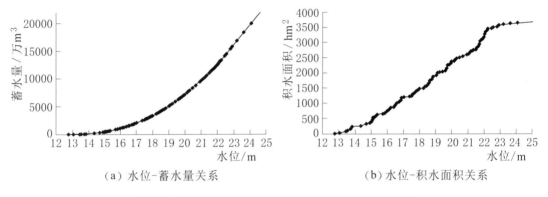

（a）水位-蓄水量关系 　　　　　（b）水位-积水面积关系

图 62　花家湖水位-蓄水量-积水面积关系曲线

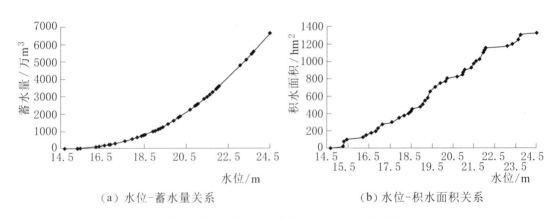

（a）水位-蓄水量关系 　　　　　（b）水位-积水面积关系

图 63　姬沟湖水位-蓄水量-积水面积关系曲线

在天然联系，因此也联合成泥河湖片，以便合理研究洼地的蓄洪除涝作用。经过联合后研究区共计有 11 个洼地/湖泊需要模拟。将洼地/湖泊按汇流区划分，可分别统计西淝河、永幸河、泥河三大汇流区的洼地蓄滞能力，见表 13。

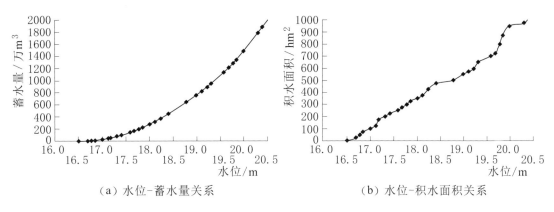

（a）水位-蓄水量关系　　　　　　　（b）水位-积水面积关系

图 64　城北湖水位-蓄水量-积水面积关系曲线

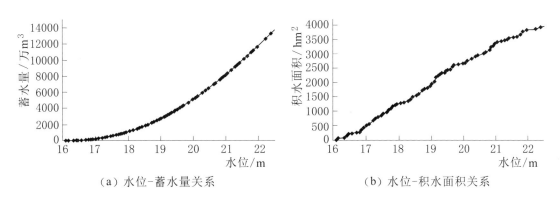

（a）水位-蓄水量关系　　　　　　　（b）水位-积水面积关系

图 65　泥河湖水位-蓄水量-积水面积关系曲线

表 12　　　　　　　　2010 年研究区沉陷洼地及天然湖泊面积和库容统计表

类型	编号	洼地/湖泊名称	湖底最低高程/m	周边地面高程/m	最大面积/hm²	最大库容/万 m³
人工	1	谢桥西洼地	18.00	24.00	5.43	1755
	2	谢桥中洼地	18.62	24.16	5.39	1711
	3	谢桥东洼地	17.00	22.12	5.51	1218
	4	张集洼地	18.00	24.44	24.40	6186
	5	顾北顾桥洼地	19.33	24.56	12.57	2805
	6	丁集东洼地	21.03	22.42	3.31	123
	7	丁集西洼地	21.00	23.04	4.69	571
	8	潘一潘三洼地	14.00	22.00	38.33	11178
	9	潘北洼地	17.77	22.10	8.67	1179
	合计				108.30	26726

续表

类型	编号	洼地/湖泊名称	湖底最低高程/m	周边地面高程/m	最大面积/hm²	最大库容/万 m³
天然	1	焦岗湖	16.18	20.29	98.10	19194
	2	花家湖	12.77	24.52	36.58	21637
	3	姬沟湖	14.68	24.42	13.22	6523
	4	城北湖	16.50	20.19	9.66	1679
	5	泥河湖	16.09	22.04	38.31	11852
	合计				195.87	60885
总计					304.17	87611

表 13　　　　　　　　各汇流区洼地及湖泊面积和库容统计表

汇流区	编号	洼地/湖泊名称	湖底最低高程/m	周边地面高程/m	最大面积/km²	最大库容/万 m³
西淝河	1	谢桥西洼地	18.00	24.00	5.43	1755
	2	谢桥中洼地	18.62	24.16	5.39	1711
	3	谢桥东洼地	17.00	22.12	5.51	1218
	4	花家湖片	12.77	24.48	74.51	34346
	合计				90.84	39030
永幸河	1	顾北顾桥洼地	19.33	24.56	12.57	2805
	2	丁集东洼地	21.03	22.42	3.31	123
	3	丁集西洼地	21.00	23.04	4.69	571
	4	城北湖	16.50	20.19	9.66	1679
	合计				30.23	5178
泥河	1	潘北洼地	17.77	22.10	8.67	1179
	2	泥河湖片	15.04	22.02	77.69	23030
	合计				86.36	24209
其他	1	焦岗湖	16.18	20.29	98.10	19194
总计					305.53	87611

根据划分结果，西淝河汇流区含谢桥西洼地、谢桥中洼地、谢桥东洼地、花家湖片 4 个洼地/湖泊，总面积约为 91km²，最大蓄滞库容为 3.9 亿 m³，为所有汇流区中最大的；其次为泥河汇流区，含潘北洼地、泥河湖片两个洼地/湖泊，总面积约为 86km²，最大蓄滞库容约为 2.42 亿 m³；蓄滞库容最小的为

永幸河汇流区，含顾北顾桥洼地、丁集东洼地、丁集西洼地、城北湖 4 个洼地/湖泊，总面积约为 30km²，最大蓄滞库容约为 0.52 亿 m³。

四、淮南采煤沉陷区水循环模拟检验

水循环模型在投入未来年份水循环模拟预测之前需要进行模拟检验，以使模型在预测时有可靠的基础。淮南采煤沉陷区水循环关系复杂，水循环模拟难度大，此前也从未有人在研究区开展过相关洼地水循环机理和水资源转化量评价方面的研究。本书提出的"河道-地下水-洼地"模拟模块为新近自主开发，在淮南采煤沉陷区水资源利用关键技术研究项目中首次应用，需要对模块模拟效果的适用性、合理性进行检验，这可以通过与实测数据对比、洼地水量平衡分析、经验判断等手段进行。

本次水循环模拟检验，以 2010 年淮南沉陷情景为基础，以 2001—2010 年的水文气象数据和研究区相关用水驱动数据作为背景进行。模拟过程中将 2001—2010 年共 10 年分为 3 个阶段，第一阶段为 2001—2002 年共 2 年，这个阶段作为水循环模拟的预热期，通过模型预热，可将有关土壤初始含水率、初始地下水位、河道流量等初值设置不完全合理带来的影响进行有效弱化；第二阶段为 2003—2006 年共 4 年，该阶段作为模型的率定期，通过模型率定调试模型的各项参数，使得模型模拟结果能够与实际观测数据有较好的一致性；第三阶段为 2007—2010 年共 4 年，该阶段作为模型的验证期，验证期内保持与率定期一致的模型参数，通过在验证期内比较模拟结果与实测结果的相似程度，可以对模型的模拟能力和精度进行合理判断，仅在率定期和验证期模型都能够较好地还原实际观测数据情况时，才能认为模型可行。

本次水循环模拟检验通过几个方面进行。首先，本次研究过程中收集了 2003 年和 2007 年西淝河闸和泥河青年闸汛期有关水位数据及研究区有关站点地下水埋深数据，可以通过实测数据的检验说明模型的适用性；其次，MODCYCLE 模型的水循环模拟分项过程达数十项，水分转化关系十分复杂，但模型模拟的水量收支总体过程必须平衡，这是对水循环模拟的基本要求；最后，研究区位于淮北地区，目前关于淮北地区水资源研究的文献较多，可以通过将模拟结果反映的各项水循环转化特征参数与文献研究值进行对比，如降水产流系数、降水入渗补给系数等，从而在更宏观的层次对水循环模拟的合理性进行说明。

（一）洼地/湖泊模拟控制参数设置

水循环模拟检验时，有关洼地的主要模拟控制参数见表14，包括运行期间的最高蓄水位、正常蓄水位、汛限水位、洼地/湖泊闸底高程（对于有闸门控制的洼地/湖泊）或出流高程（对于无闸门控制的洼地/湖泊为下游河底高程）、出流能力（对于有闸门控制的洼地/湖泊为闸门的设计流量，对于无闸门控制的洼地为其下游河道的过流能力）、泵站抽排能力（对建有泵站的洼地/湖泊）等。

目前研究区内 4 个天然湖泊均有防洪标准，可以用于确定最高允许蓄水位。根据安徽省勘测设计院提供的信息，西淝河花家湖的警戒水位为 23.20m，圩堤确保水位为 24.20m，圩堤最大防洪水位为 24.70m；城北湖警戒水位为 21.00m，确保水位为 22.00m，圩堤最大防洪水位为 22.00m；泥河青年闸设计排涝水位为 21.08m，圩堤最大防洪水位为 22.00m；焦岗湖确保水位为 21.50m，圩堤最大防洪水位为 22.00m。天然湖泊的最高允许蓄水位参数均参照其圩堤最大防洪水位，沉陷洼地尚无圩堤，因此最高允许蓄水位按其周边平均地面高程处理。

表 14　　　　　　　　　　洼地主要模拟控制参数

汇流区	洼地/湖泊名称	最高允许蓄水位/m	正常蓄水位/m	汛限水位/m	出流能力/(m³/s)	泵站抽排能力/(m³/s)
西淝河	谢桥西洼地	24.00	22.50	22.50	40	0
	谢桥中洼地	24.16	22.66	22.66	80	0
	谢桥东洼地	22.12	20.62	20.62	80	0
	花家湖片	24.70	18.50	18.50	520	0
永幸河	顾北顾桥洼地	24.56	23.06	23.06	10	0
	丁集西洼地	23.04	21.54	21.54	10	0
	丁集东洼地	22.42	20.92	20.92	10	0
	城北湖	22.00	18.50	18.50	67	40＋23.4
泥河	潘一潘三洼地	22.00	20.50	20.50	160	0
	潘北洼地	22.10	20.60	20.60	10	0
	泥河湖	22.00	18.50	18.50	153	120
其他	焦岗湖	22.00	18.00	18.00	0	38.4＋30.2

对于正常蓄水位，西淝河片、焦岗湖、城北湖、泥河湖等天然湖泊采用

淮南市水资源公报给出的正常蓄水位数据，经过考察，顾北顾桥洼地基本为封闭洼地，基本不通过河道向外排水，因此其正常蓄水位设置为最高允许蓄水位以下 0.3m，其余洼地的正常蓄水位假设为周边平均地面高程以下 1.5m；对于汛限水位，现有资料均未提及，因此认为与正常蓄水位一致。

洼地的出流能力，已有的天然湖泊均有相关的闸门设计流量数据，模拟时直接采用，沉陷洼地采用试算法，以大于模拟期洼地上游来水量上限（不影响洼地出流）作为参考。洼地/湖泊中城北湖、泥河和焦岗湖下游都建有泵站，其泵站的抽排能力也采用现有资料的数据。

关于洼地/湖泊湖底沉积物的渗透系数，通过在泥河湖、顾北顾桥洼地、谢桥洼地等进行实地采样，发现湖底沉积物的土质均为粉质黏土，厚度为 0.08～0.32m，根据采样位置有一定区别，一般规律是距离洼地中心位置越近，或者在河道通过处沉积物的厚度较大。根据渗透试验和相关文献资料检索，该种土质的底泥饱和渗透系数为 5×10^{-4}～5×10^{-3} m/d，约合每天 0.5～5mm 的渗透速度。根据模型试算经验，由于该区地表高程变化不大，地下水径流的水力坡度较小，地下水与洼地/湖泊的交换通量对湖底渗透系数参数不是很敏感，从渗透系数 5×10^{-4}（下限）～5×10^{-3} m/d（上限）的取值，对地下水交换量模拟的影响小于 10%，而且地下水循环通量在湖泊水量平衡过程中不占主要部分，所以模拟过程中，各个湖泊单元的底泥饱和渗透系数统一按 2.75×10^{-3} m/d 处理，为渗透系数变化范围的均值，底泥厚度按调查时的常见值取 0.12m。

其他模拟参数包括洼地/湖泊的水面蒸发修正系数 cof_e，本次模拟根据研究区蒸发器的实测数据进行对比调算，确定为 0.86；未积水区的降水产流 SCS 曲线值 CN 取为 90；未积水区降水入渗补给系数 $coef_{rec}$ 为 0.35；未积水区潜水蒸发极限埋深和蒸发指数根据湖泊/洼地单元格的分布位置处的土质情况确定。

（二）水循环模拟观测数据检验

1. 地表水位检验

本次研究过程中收集到的主要地表水位实测数据包括 2003 年、2007 年汛期西淝河闸（花家湖下游）、青年闸（泥河下游）两个闸站的闸上/闸下（淮河）水位观测数据。架河闸（永幸河下游）没有进行水位观测。模型主要对西淝河闸上和青年闸的数据进行模拟检验。城北湖的永幸河闸没有观测数据，这里仅给出水位模拟过程线供参考（图 70 和图 71）。

图 66 和图 67 是采用 2010 年沉陷数据开展水循环模拟所得到的花家湖 2001—2010 年闸上水位的模拟结果，从模拟结果看率定期和验证期模型基本都能反映西淝河闸上水位变化规律。

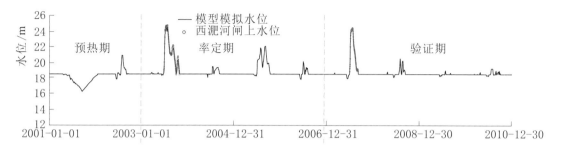

图 66　2010 年沉陷情景下西淝河汇流区花家湖闸上水位模拟校核

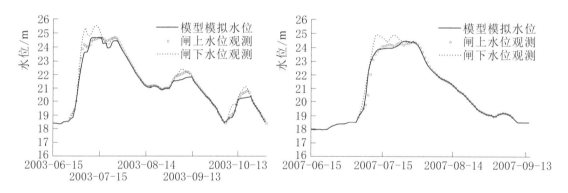

图 67　2003 年、2007 年汛期花家湖水位变化

泥河青年闸闸上水位的模拟结果见图 68 和图 69，模拟结果也基本能够接受。需要指出的是青年闸 2003 洪水年汛期模拟水位变化趋势与实测水位基本一致，但模拟水位低于实测水位比较明显，原因可能是模拟时采用的是 2010 年时累积沉陷值，而 2003 实际年份时洼地累积沉陷量较之要小。2003 年汛期西淝河闸模拟值与实测值之间的差异也可能存在这个因素。

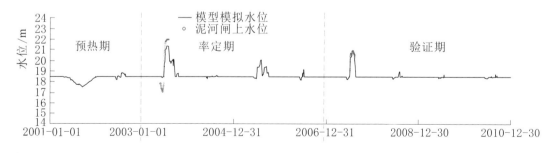

图 68　2010 年沉陷情景下泥河汇流区泥河湖闸上水位模拟校核

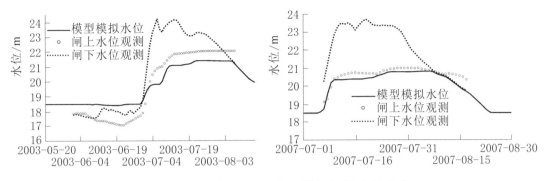

图 69 2003 年、2007 年汛期泥河湖水位变化

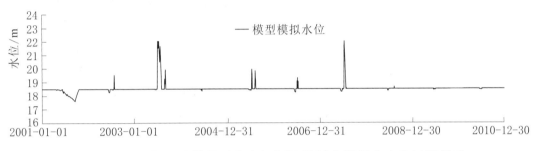

图 70 2010 年沉陷情景下永幸河汇流区城北湖闸上水位过程模拟

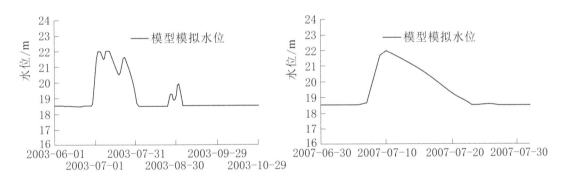

图 71 2003 年、2007 年汛期城北湖水位变化

两个闸站 2007 年的模拟值与实测值的拟合程度都比 2003 年要稍好,可能主要因为 2007 年与 2010 年更接近。西淝河闸 2003 年拟合程度比青年闸要好,可能是因为沉陷洼地累积沉陷量随年份增长带来的汇流区总蓄滞库容的变化程度较小。根据表 12 分析,2010 年时西淝河汇流区沉陷洼地总蓄滞库容为 1.09 亿 m³,全部湖泊/洼地的蓄滞库容为 3.90 亿 m³,沉陷洼地仅占 28%;而 2010 年时泥河汇流区沉陷洼地总蓄滞库容为 1.24 亿 m³,全部湖泊/洼地的蓄滞库容为 2.42 亿 m³,沉陷洼地占比为 51%。因此西淝河汇流区沉陷洼地累积沉陷量随年份变化对模拟拟合效果影响较小。

2. 地下水位检验

本次收集了研究区自 20 世纪 70 年代起常坟、黄庄、夏集、谢桥、新庙集、杨村集等 6 站浅层地下水埋深 5 日一测数据，其站点分布见图 72。不同站点的地下水埋深模拟检验结果见图 73～图 78。从地下水埋深模拟结果来看，除前两年模型预热期内的模拟效果稍差，率定期和验证期大多数站点模拟值与实测值之间的变化趋势一致，包括地下水周期变化和变幅，均有相似之处，但细节变化上尚有差距。

图 72　研究区地下水观测站点分布

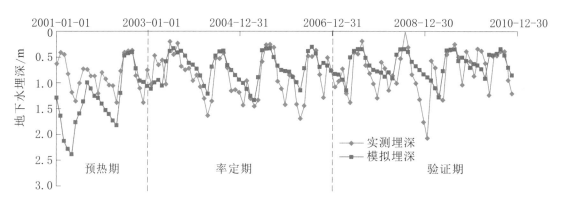

图 73　杨村集地下水埋深模拟检验

需要说明的是，水循环模拟模型虽然是分布式模拟，但进行单井水位检验时通常都难以获得精准的拟合结果，这主要是由模拟尺度决定的。单井地下水埋深变化受井周小尺度因素环境参数影响比较明显，理论上分布式模型可以将模型的模拟单元，如子流域、地下水网格等剖分得无限小，但限于基础数据的精度，如地表高程、土地利用、土壤分布、降水站点分布、用水等，

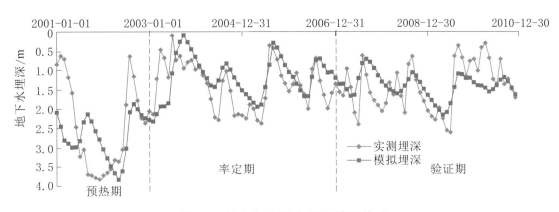

图 74 新庙集地下水埋深模拟检验

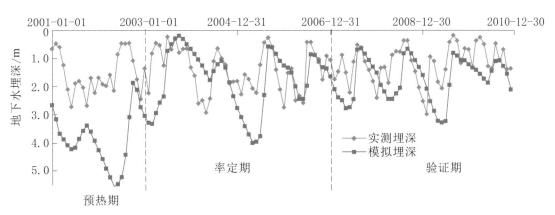

图 75 谢桥地下水埋深模拟检验

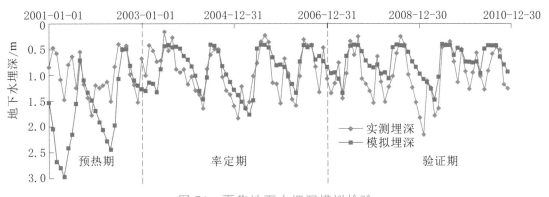

图 76 夏集地下水埋深模拟检验

以及数据处理工作量的限制，通常模拟时都进行一定程度的均化处理。在这个过程中单井周边的一些小尺度范围内的影响因素可能因此被掩盖。如降雨通常在空间分布上变化比较大，尽管雨量站点较多，模型进行空间插值等处理后，可能观测井所在位置处的实际雨量与模型给出的雨量仍有一定量差，

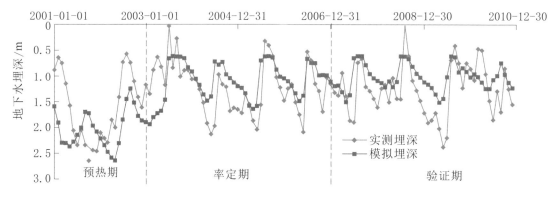

图 77　黄庄地下水埋深模拟检验

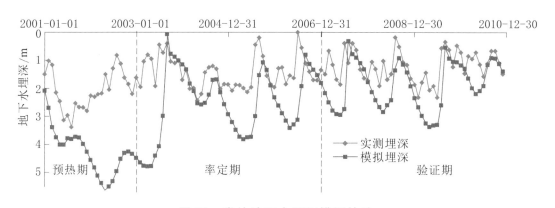

图 78　常坟地下水埋深模拟检验

除非观测井就在雨量站点附近；土壤可能是同种类型，但不同地点的密实程度、土粒级配、渗透系数可能存在一定区别等，此外模型本身计算原理的抽象化过程也有可能会引入一定的误差。这些因素综合在一起，都会给模型的拟合带来难度。

　　尽管如此，但作为分布式模拟模型，模拟过程中总需要从单点变化的检验来大致判断模型模拟的合理性。从目前模型的地下水埋深检验方面来看，至少在地下水埋深周期变化规律和埋深变幅上还是基本能反映实地情况的。

（三）水循环模拟收支平衡检验

　　以率定期和验证期 2003—2010 年共 8 年作为水量平衡检验时段，研究区从降水、土壤水、地表水（含湖泊、洼地）、地下水到全区的年均水循环平衡分项统计见表 15，水分沿水循环"四水转化"模拟路径的各过程通量见图 79。

表 15　　　　　　　2003—2010 年研究区"四水转化"平衡关系表　　　单位：亿 m³

水循环系统	补　给		排　泄		蓄　变	
	方式	补给量	方式	排泄量	方式	蓄变量
土壤水	降水	39.77	冠层截留蒸发	1.20	土壤水蓄变	0.34
	本地地表引水灌溉	1.35	积雪升华	0.01	植被截留蓄变	0.00
	地下水开采灌溉	0.00	地表积水蒸发	4.13	地表积雪蓄变	0.00
	区外引水灌溉	6.91	土壤蒸发	13.55	地表积水蓄变	0.00
	潜水蒸发	4.89	植被蒸腾	12.05		
			地表超渗产流	8.00		
			壤中流	0.19		
			土壤深层渗漏	10.16		
			灌溉渗漏补给地下水	1.49		
			灌溉系统蒸发损失	1.82		
	合计	52.92	合计	52.59	合计	0.34
地表水（本地）	降水	1.23	湖泊/洼地水面蒸发	1.15	河道总蓄变	0.06
	地表产流汇入河道	11.47	河道水面蒸发	0.23	湖泊/洼地总蓄变	0.01
	地表产流汇入洼地	0.49	灌溉引水	1.35		
	地下水补给湖泊/洼地	0.40	工业/生活/生态引水	0.79		
	工业生活退水	3.00	河道出境水量	12.81		
			河道渗漏	0.00		
			湖泊/洼地渗漏	0.17		
	合计	16.59	合计	16.5	合计	0.07
地下水	地表漫流损失入渗	0.11	河道基流排泄	3.88	浅层蓄变	0.13
	土壤深层渗漏	10.16	潜水蒸发	4.89	深层蓄变	0.02
	河道渗漏量	0.00	浅层边界流出	0.51		
	灌溉渗漏补给地下水	1.49	深层边界流出	0.00		
	池塘/湿地/水库渗漏	0.17	浅层农业灌溉开采	0.00		
	浅层边界流入	0.26	浅层工业/生活/生态开采	1.67		
	深层边界流入	0.00	深层农业灌溉开采	0.00		
			深层工业/生活/生态开采	0.69		
			地下水补给湖泊/洼地	0.40		
	合计	12.19	合计	12.04	合计	0.15

续表

水循环系统	补 给		排 泄		蓄 变	
	方式	补给量	方式	排泄量	方式	蓄变量
全区	降水量（土壤）	39.77	冠层截留蒸发	1.20	土壤水总蓄变	0.34
	降水量（地表水体）	1.23	积雪升华	0.01	地表水总蓄变	0.07
	浅层边界流入	0.26	地表积水蒸发	4.13	地下水总蓄变	0.15
	深层边界流入	0.00	土表蒸发	13.55		
	区外引水灌溉	6.91	植被蒸腾	12.05		
	区外引水供工业等	7.50	地表水体水面蒸发	1.39		
			其他（工业/生活/生态）消耗	2.58		
			灌溉系统蒸发损失	1.82		
			地下水边界流出	0.51		
			河道出境水量	12.81		
			电厂直退淮河	5.07		
	合计	55.67	合计	55.12	合计	0.56

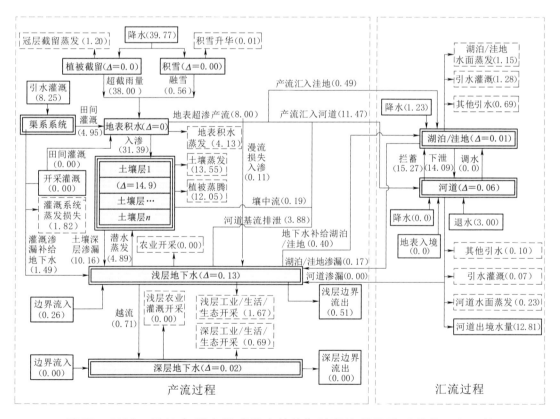

图 79　2003—2010 年研究区"四水转化"过程定量关系（单位：亿 m³）

研究区土壤水系统、地表水系统、地下水系统水量收支情况如下：土壤水年均总补给量为 52.92 亿 m³，年均总排泄量为 52.59 亿 m³，年均总蓄变量为 0.34 亿 m³；地表水（本地）年均总补给量为 16.59 亿 m³，年均总排泄量为 16.5 亿 m³，年均总蓄变量为 0.07 亿 m³；地下水年均总补给量为 12.19 亿 m³，年均总排泄量为 12.04 亿 m³，年均总蓄变量为 0.15 亿 m³。

从研究区整体来看，包括降水、区外引水、地下水边界流入等总水分补给 55.67 亿 m³，自然蒸发、人工消耗、地下水边界流出、河道出境、区内电厂直排等排泄量共计年均 51.12 亿 m³，全区年均总蓄变量为 0.56 亿 m³。从不同系统的水量收支来看，土壤水系统、地表水系统、地下水系统、全区水循环整体系统等的年均总水分补给量都等于其年均总排泄量与年均蓄变量之和，符合水循环模拟水量收支平衡的基本要求。

（四）宏观水文特征参数检验

水资源评价中涉及的两个最重要的水文特征参数为地表径流系数和降水入渗补给系数，一个关系到地表水天然资源量的评价，一个关系到地下水天然资源量的评价。

淮北平原径流系数研究方面，乔丛林等人在淮北平原多年平均 869.6mm 降水的基础上给出的多年平均径流系数为 0.24。本次水循环模拟 2003—2010 年共 8 年期间地表径流量可根据"四水转化"模拟（表 15）评价为：地表径流量＝地表产流汇入河道量＋地表产流汇入洼地量＝11.47 亿 m³＋0.49 亿 m³ ＝11.96 亿 m³。

考虑到土表总降水为 39.77 亿 m³（约合 1000mm/a），可知模型模拟的年均径流系数约为 0.30，比多年平均值要大。但注意到模拟期内有 2003 年和 2007 年两个大洪水年，且年均降水量大于多年均值，因此模拟评价的地表径流系数比多年平均值大也是正常的。

在淮北平原降雨入渗补给系数研究方面，水利部门于玲等人通过淮北地区水文试验站长期的地下水动态观测资料推算了淮北地区的降水入渗系数，并用统计回归法对不同资料系列计算的降水入渗系数进行了比较，得出的结论是淮北地区降水入渗系数为 0.22～0.24，而且随着降水量的增加，降水入渗系数有随之增加的趋势。研究区涉及的几个区县不同系列的降水入渗系数实验值如表 16 所示。

此外，地矿部门郭新矩等人也提出了对淮北平原降水入渗系数的评价结果，给出的参考值为 0.23，与于玲等人的研究成果相近。

表 16　淮北平原不同资料系列计算年平均降雨入渗量与入渗补给系数对照表

地区	1951—1995 年系列		1956—1979 年系列
	降雨量/mm	入渗补给系数	入渗补给系数
怀远县	870.1	0.24	0.22
淮南市郊	918.7	0.23	0.22
凤台县	865.2	0.24	0.22
利辛县	889.1	0.23	0.22
阜阳县	918.2	0.23	0.22
颍上县	951.6	0.24	0.22

　　MODCYCLE 水循环模拟模型中的土壤深层渗漏量（表 15 和图 79）实际上可以代表降水入渗补给量计算值，2003—2010 年共 8 年期间模拟计算出来的年均土壤深层渗漏量约为 10.16 亿 m³，而期间研究区土表年均降水量为 39.77 亿 m³（约合 1000mm/a），这样降水入渗补给系数约为 0.255，比文献值稍大，考虑到模拟时段内降水量比研究区多年平均多 112mm，模型评价出的降水入渗补给系数应该也是合理的。

五、采煤沉陷区水资源开发利用潜力评估

（一）代表性沉陷洼地积水机理模拟分析

　　以往研究区的经验表明，该区潜水位较高，地表一旦沉陷，则很容易积水，而且洼地水位与周边地下水位基本同步变化，尤其是水质清澈，符合地下水补给特征，这些表象似乎从侧面印证了洼地积水主要是从地下水渗出的预判，但事实是否如此，尚缺乏科学理论及定量研究结论支撑。

　　要定量研究洼地积水机理，特别是地下水所起作用，需要选取典型洼地进行研究。典型洼地周边条件最好比较简单，以减少外源水量对研究结论的干扰。根据淮南项目区的实地考察，当前研究区洼地分散为大小十多片，大部分洼地与当地河道直接连通，如谢桥洼地、张集洼地、泥河洼地等，河道水量的汇入干扰很不利于单独分析地下水与洼地积水间的相互作用机理，比较合适于做典型洼地研究的为顾北顾桥洼地。该洼地位于凤台县顾桥镇，沉陷范围据中国矿业大学 2010 年评估约为 1257km²，大部分面积积水（图 80）。苍沟从沉陷洼地中间穿过，筑有河堤与沉陷洼地水面分离，其水量并未汇入顾北顾桥洼地内。该沉陷洼地无灌溉等人工利用，基本上用于养殖。从这个

意义上来说，顾北顾桥洼地基本上可以概化为一个孤立洼地，其积水量仅决定于降水、水面蒸发、地下水作用，而与上游汇流量无关，比较符合本次研究沉陷洼地积水中地下水作用的需要。

（a）2011年9月状况　　　　　　　　（b）2013年5月状况

图80　顾北顾桥洼地积水状况

1. 洼地水循环通量模拟及水平衡分析

对于顾北顾桥这类孤立洼地，其水循环涉及的通量组成中，补给项主要为水面降水、地下水渗出补给（含积水区/未积水区）、未积水区地表产流汇入三部分；排泄主要为水面蒸发和地下水渗漏两部分。不同水循环通量在水循环模拟过程中的变化规律见图81～图86。

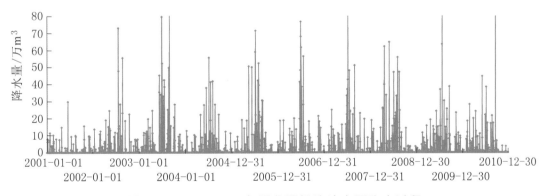

图81　2001—2010年顾北顾桥洼地水面降水过程

2001—2010年水循环模拟过程中，顾北顾桥洼地的积水面积、洼地水位、洼地蓄水量的逐日模拟数据见图87～图89。

将顾北顾桥洼地的各水循环补给项和排泄通量按年份进行统计，可得图90及图91所示的年补给及排泄组成变化过程。从洼地水量补给组成来看，对于顾北顾桥这种孤立洼地，大部分水量补给其实绝大部分来源于降水，而非

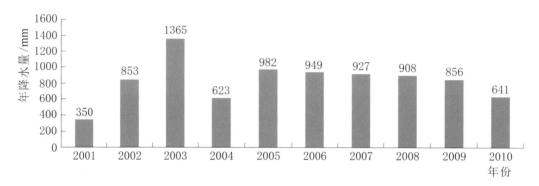

图 82　2001—2010 年顾北顾桥洼地年降水强度统计

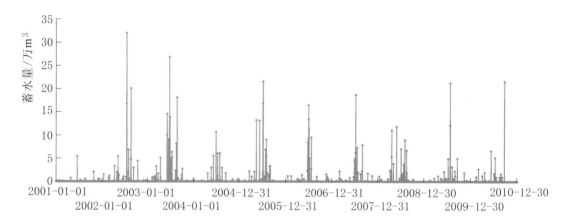

图 83　2001—2010 年顾北顾桥洼地降水产流量变化模拟

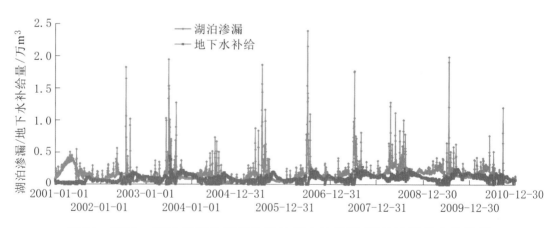

图 84　2001—2010 年顾北顾桥洼地地下水补给量/湖泊渗漏量变化模拟

地下水补给，这个结论与之前关于洼地积水主要来自地下水补给的经验看法截然不同。洼地的排泄组成则以水面蒸发为主。

　　基于以上模拟数据，可对顾北顾桥洼地进行水平衡分析，以研究不同水

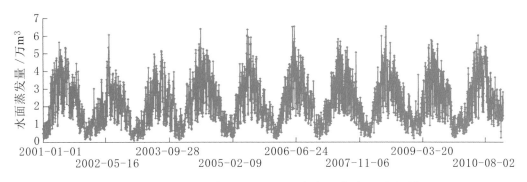

图85　2001—2010年顾北顾桥洼地水面蒸发量变化模拟

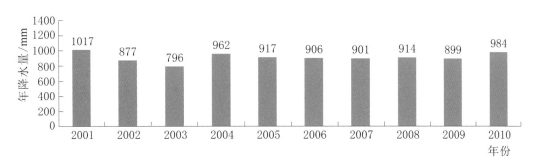

图86　2001—2010年顾北顾桥洼地年水面蒸发强度统计

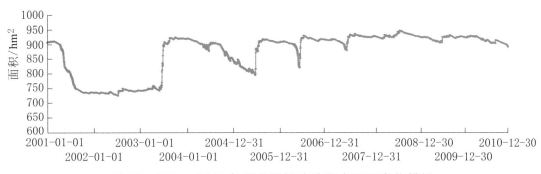

图87　2001—2010年顾北顾桥洼地积水面积变化模拟

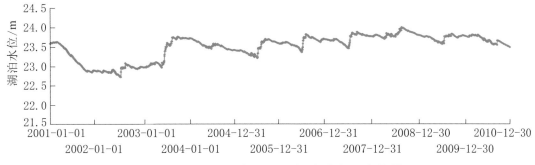

图88　2001—2010年顾北顾桥洼地水位变化模拟

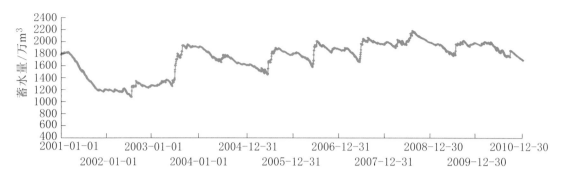

图 89　2001—2010 年顾北顾桥洼地蓄水量变化模拟

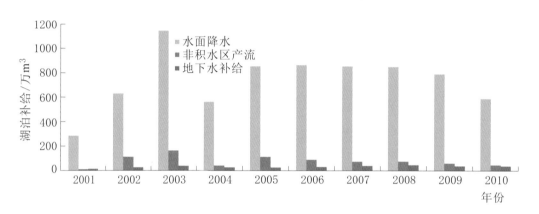

图 90　2001—2010 年顾北顾桥洼地年水量补给组成变化

循环通量的比例构成。由于气象驱动因素不同,各年份的洼地水循环通量存在一定的波动性,为使分析结论具有平均意义,表 17 给出了 2003—2010 年共计 8 年的水平衡分析结果。2001 年及 2002 年未计入水平衡分析过程,主要是为了排除水循环模拟预热期的干扰。

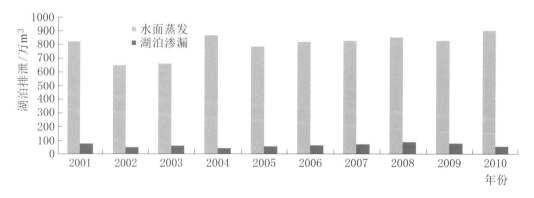

图 91　2001—2010 年顾北顾桥洼地年水量排泄组成变化

表 17　　　　　2003—2010 年顾北顾桥洼地水平衡分析表　　　　单位：万 m³/a

补给		排泄		其他	
方式	补给量	方式	排泄量	方式	蓄变量
水面降水	811.4	水面蒸发	815.7	模拟开始蓄变量	1277.4
积水区地下水补给	23.1	湖泊渗漏	65.5	模拟结束蓄变量	1692.0
未积水区地下水补给	14.2	人工用水	0.0	未积水区降水入渗	71.9
未积水区产流汇入	84.3	湖泊下泄	0.0	未积水区潜水蒸发	205.0
上游河道汇入	0.0				
小计	933.0	小计	881.2	年均蓄量变化	51.8

从水量平衡分析来看，2003—2010 年间，顾北顾桥洼地水量补给源中水面降水占 87.0%，地下水补给量仅占约 4.0%（含积水区及未积水区渗出补给），未积水区产流汇入约占 9.0%。洼地的水量排泄中水面蒸发约占 92.6%，7.4% 的水量排泄方式为湖泊渗漏。

2. 洼地地下水补给/湖泊渗漏规律分析

根据顾北顾桥洼地水平衡分析的相关结果，比较出乎一般经验认识的结论是发现在淮南地区，孤立洼地的水量补给中地下水的补给比例实际上很小，为了继续深入研究地下水-洼地地表积水之间的作用关系，在 10 年模拟期间选择 2004 年及 2005 年的逐日地下水补给模拟数据和湖泊渗漏模拟数据分析地下水与洼地积水间的循环通量变化规律，见图 92 和图 93 所示。由于降水主导了洼地的水分补给，图中一并给出这两个年份的日降水分布数据。

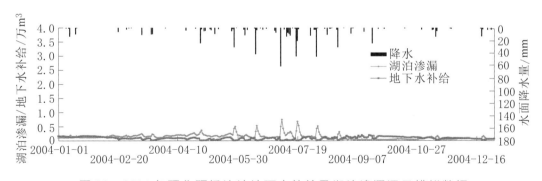

图 92　2004 年顾北顾桥洼地地下水补给及湖泊渗漏逐日模拟数据

从 2004 年及 2005 年地下水补给洼地及洼地积水渗漏（湖泊渗漏）的年内过程来看，可以发现洼地渗漏主要发生在降水较丰的汛期，且与降水量分布有显著正相关关系，地下水补给洼地过程则与年内降水分布之间的相关关系

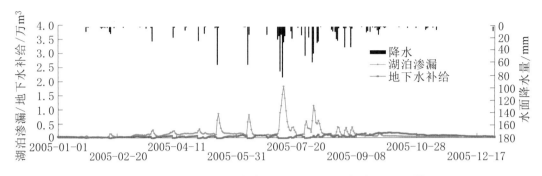

图93　2005年顾北顾桥洼地地下水补给及湖泊渗漏逐日模拟数据

不强。

　　由于洼地周边地下水位分布不均，洼地当天可能部分区域产生洼地积水渗漏，而其他部分区域产生地下水补给，为便于研究，可将洼地的逐日地下水补给量减去其渗漏量，得其逐日的地下水净补给量从而进行规律分析。当日的地下水净补给量为正，说明当日地下水-洼地积水间作用以地下水补给为主，反之则说明当日地下水-洼地积水间作用以洼地积水渗漏为主。2004年及2005年顾北顾桥洼地的逐日地下水净补给量过程见图94和图95。

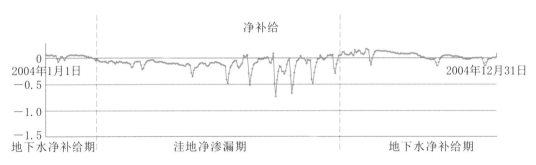

图94　2004年顾北顾桥洼地地下水净补给过程

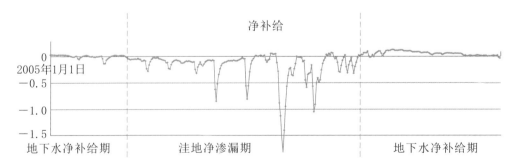

图95　2005年顾北顾桥洼地地下水净补给过程

图中显示的规律表明，在一个水文年内，地下水与洼地积水间的作用过程具有明显的阶段性，在汛期基本上表现为洼地净渗漏（地下水负的净补给），在非汛期基本上表现为正的地下水净补给。其内在机理经分析应该为，汛期降水比较集中，高频次的降水导致短时期内洼地水面接受大量雨水补给从而迅速抬高其积水位，而降水入渗补给地下水一般有滞后效应，洼地周边潜水位抬升的速度滞后于洼地水位抬升的速度，因此洼地积水渗出补给给周边地下水；非汛期（枯期）降水稀少，洼地水量的直接补给来源大幅衰减，与此同时水面蒸发成为其主要通量过程，随着洼地水量的大量消耗，洼地积水位逐渐低于其周边潜水位，因此洼地周边潜水将向洼地补给；随着洼地积水位与周边潜水位间逐渐趋同，地下水向洼地的补给量逐渐减少。

3. 高潜水位区洼地积水机理辨析

本节以上部分对淮南代表性孤立采煤沉陷洼地的水平衡过程进行了模拟分析，给出了洼地积水的补给/排泄特征，并剖析了其洼地积水与地下水间的作用关系，取得了两个重要的基本认识：一是孤立洼地的水量补给来源绝大部分来自降水而非地下水补给；二是地下水对洼地的补给有季节性变化规律，汛期洼地水量渗漏到地下水，枯水季地下水补给给洼地。基于此，可对淮南采煤沉陷洼地积水的两个基本问题进行辨析。

（1）为何在淮南这种高潜水位平原地区，采煤沉陷洼地容易大面积积水。这个问题可从洼地水量平衡原理、淮南地区气象条件出发进行解答。对于孤立的沉陷区洼地，其水量补给来源于三部分：①洼地积水区的水面降水；②洼地未积水区的地表产流；③地下水的补给。洼地水量排泄主要为水面蒸发和洼地积水渗漏两部分，见图96。

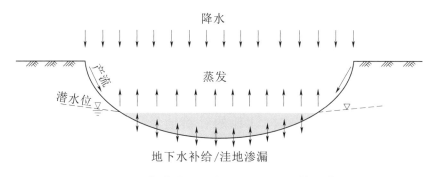

图96　高潜水位环境对洼地积水的涵养

理论上，对于单个孤立洼地，若忽略地下水对沉陷洼地水平衡的影响，既不考虑地下水对洼地的补给作用，也不考虑湖泊的渗漏，仅考虑洼地积水区降水、洼地未积水区降水产流、洼地积水区水面蒸发之间的水量平衡，则可得以下数量关系：

$$A_积 \cdot P + \alpha \cdot P \cdot (A_T - A_积) = A_积 \cdot E_0 \tag{2}$$

式中：α 为降水径流系数（一）；P 为年均降水量；E_0 为年均水面蒸发量；A_T 为沉陷洼地包含积水区和未积水区的总面积；$A_积$ 为沉陷洼地的年均积水面积。

式（2）中左端第一项 $A_积 \cdot P$ 为洼地积水区接受的年均降水量，左端第二项 $\alpha \cdot P \cdot (A_T - A_积)$ 为洼地未积水区年均产流汇入到洼地的水量，右端项 $A_积 \cdot E_0$ 为洼地的年均水面蒸发量。式（2）经过整理可得洼地积水面积比与降水产流系数、降水量、水面蒸发量间的数学关系：

$$\frac{A_积}{A_T} = \frac{\alpha \cdot P}{E_0 - (1-\alpha)P} \tag{3}$$

淮南地区多年平均年降水量约为 888mm，多年平均水面蒸发量为 976mm，当地降水产流系数约为 0.24。将以上数据代入式（3），可得多年平均意义上的洼地积水面积比为 71%。以上简单的数据匡算表明，在淮南地区，由于降水量与水面蒸发量比较接近，即使没有地下水对采煤沉陷洼地的补给，仅仅依赖洼地积水区降水和洼地未积水区的降水径流，也可以维持孤立采煤沉陷区洼地较大的积水面积比。因此淮南采煤沉陷洼地容易大面积积水，首先是由当地的降水/蒸发气象条件决定的。此外，人们通常发现沉陷洼地的水质较好，比较清澈，符合地下水渗出补给的特征，因此，认为洼地的水量主要来源于地下水，其实降水直接补给洼地的水量也具有同样的特征。

（2）在淮南地区，高潜水位环境在采煤沉陷洼地积水过程到底起什么作用。从以上顾北顾桥洼地水循环模拟过程中，可以发现洼地的地表-地下水之间的作用是双向的，既有地下水向洼地的补给，又有洼地积水向地下水的渗漏。但由于平原区地势平坦，地下水侧向径流微弱，洼地的地表-地下水交换通量在洼地水循环的整体循环通量中所占的比例其实是比较小的，补给部分只占 4.0%，排泄部分只占 7.4%。顾北顾桥洼地 2003—2010 年洼地积水向地下水的渗漏通量甚至比地下水向洼地的补给通量还要大一些，从纯水平衡收支的角度，2003—2010 年模拟期内洼地积水是向地下水供水的而不是从地下水得到补给的，虽然比例并不大，其原因是 2003—2010 年阶段顾北顾桥洼地所在地区平均降水要比多年平均降水稍偏丰一些，基本与水面蒸发相等（见表17），洼地水面降水与洼地未积水区降雨径流量之和超出洼地水面蒸发能力，因此部分洼地积水以净渗漏的方式进入洼地周边地下水进行排泄。平原洼地地表-地下水交换通量比例较小的事实以及丰/枯季双向交替规律表明，高潜水位环境实际上是为平原洼地积水提供了涵养条件。这里高潜水位的涵养作用包括两层含义：①由于潜水位较高，洼地水面降水及洼地未积水区的地表径流才能够保存在洼地中不至于大量漏失。如果潜水位过低，则洼地积水将无法维持蓄存（图97），如同华北平原地区由于地下水常年超采，潜水位较深，大量的湖泊湿地如白洋淀、大浪淀等水面面积持续萎缩一样，如无人工补水，这些湿地将逐渐消亡。②高潜水位条件下，若洼地积水由于水面蒸发较大导致水面下降较快，洼地积水位与洼地周边潜水位之间的水位差将驱动地下水向洼地进行补给，反之若洼地短时期内接受了大量的降雨与地表径流补给，洼地水面上升较快，则洼地积水位与洼地周边潜水位之间的水位差将驱动洼地积水向周边地下水进行排泄。从这个意义来说，高潜水位区地下水为维持洼地水面的稳定性起到了调节器的作用。虽然地下水调节的循环通量比较小，但淮南地区年降水与年水面蒸发比较接近，该调节通量尚有一定作用。人们发现通常除非特殊枯水年份，洼地积水位是比较稳定的，降水丰期不见显著上升，降水枯期不见显著下降，且与周边地下水位往往是同期变化，但这并不是表明洼地积水主要从地下水而来，实际上是表明了高潜水位环境对洼地积水的双向调节作用。

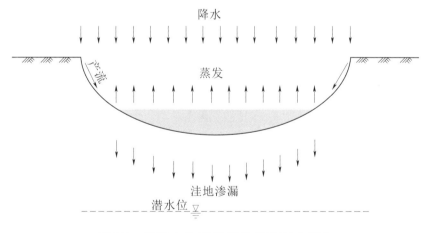

图97 低潜水位环境下的洼地积水漏失

（二）近期 10 年沉陷洼地水资源形成转化模拟评估

在 2010 年沉陷水平下，研究区采煤沉陷形成的蓄滞库容已有 2.67 亿 m^3，但在空间上分布比较分散，同时多数与周边河道沟通，很多洼地已经不是孤立存在的，而是融合在研究区整体汇流系统中（图98）。洼地水资源不是仅局

限于其沉陷范围内的降水、地表径流与地下水补给，与洼地有水力连通关系
的周边河道地表水向沉陷洼地的汇入量，也是沉陷洼地水资源更新的重要组
成部分。

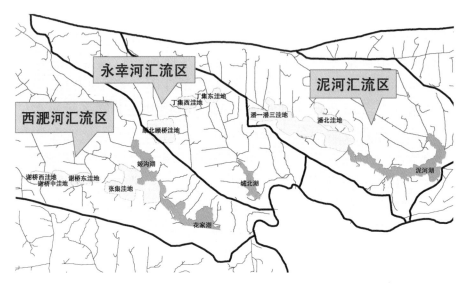

图 98　不同汇流片的河道-洼地分布关系

以 2001—2010 年的水文气象数据和研究区相关用水驱动数据作为背景，
对构建的"河道-地下水-洼地"综合模拟模型进行了率定验证工作，本节将
在该基础上继续对 2010 年沉陷水平下的洼地水资源进行评价，分析现状阶段
沉陷水平及近 10 年期间沉陷区洼地水资源的来源、组成结构等，为初步认识
洼地水资源状况提供定量数据，同时为未来 2030 水平年沉陷区水资源利用研
究提供数据参照。

1. 洼地水循环补给/排泄组成

以表 18 为 2010 年沉陷水平下，通过 2003—2010 年水文气象数据及用水
数据模拟所得的研究区各湖泊/洼地的年均补给、排泄、蓄变状况，2001—
2002 年为预热期模拟，数据不统计在其内。模拟中，西淝河汇流区的张集洼
地、姬沟湖和花家湖为天然连通关系，故合并成西淝河片洼地进行模拟。泥
河汇流区的潘一潘三洼地和泥河湖也是如此，合并为泥河片洼地。

2003—2010 年 8 年期间，研究区年平均降水量为 1022mm，相当于 30%
降水年份下的降水量，比研究区多年平均 888mm 的降水量偏丰约 134mm。
在此模拟条件下，研究区所有湖泊/洼地包括降水、地下水补给（含积水区和
未积水区）、未积水区降水产流汇入、上游河道汇入在内的总来水量为 17.4

表 18　2010 年沉陷水平下的湖泊/洼地水量平衡（2003—2010 年年均）

单位：万 m³/a

编号	湖泊/洼地名称	补给						排泄						蓄变		
		降水	积水区地下水渗出补给	未积水区地下水渗出补给	未积水区降水产流汇入	上游河道汇入	合计	水面蒸发	渗漏	农业引水	其他引水	下泄	合计	2003年初蓄量	2010年末蓄量	年均蓄变
1	西淝河片	2547	1351	754	1227	55050	60929	2135	583	2871	1932	53408	60929	4959	4959	0
3	谢桥西洼地	356	64	10	44	1438	1912	364	16	0	0	1533	1913	1055	1055	0
2	谢桥中洼地	387	22	30	47	18501	18987	370	134	0	0	18482	18986	1019	1019	0
4	谢桥东洼地	302	129	60	60	19384	19935	288	13	0	0	19634	19935	562	562	0
5	顾北顾桥洼地	811	23	14	84	0	932	816	65	0	0	0	881	1277	1692	52
6	丁集西洼地	154	9	24	78	0	265	145	39	0	0	84	268	71	44	−3
7	丁集东洼地	3	0	6	84	0	93	3	2	0	0	88	93	2	1	0
8	泥河片	3115	573	99	930	22097	26814	3041	284	1522	2632	19334	26813	4121	4122	0
11	潘北洼地	286	28	52	143	926	1435	285	33	0	0	1118	1436	411	411	0
9	焦岗湖	3925	378	11	2157	22089	28560	3666	486	7962	1945	14401	28460	2398	3203	101
10	架河水库	463	194	129	52	13260	14098	428	44	441	414	12772	14099	500	500	0
	合计	12349	2771	1189	4906	152745	173963	11541	1699	12796	6923	140854	173813	16375	17568	150

亿 m³/a，其中上游河道汇入量约为 15.3 亿 m³/a，湖泊/洼地水面降水量约 1.23 亿 m³/a，未积水区降水产流量约为 0.5 亿 m³/a，地下水补给量为 0.4 亿 m³/a，可见在研究区现状水系格局下，湖泊/洼地来水量组成中，来源于湖泊/洼地自身沉陷范围内的水量所占来水量的比例较小，主要是与湖泊/洼地相关联的河道汇流量为湖泊/洼地提供了可更新资源。

2. 洼地水资源量评价

根据研究区内湖泊/洼地水量平衡模拟分析数据，可对近期沉陷水平和近期实际年份下的洼地水资源量进行评价。湖泊/洼地水资源量评价分汇流片进行，西淝河汇流区含谢桥西洼地、谢桥中洼地、谢桥东洼地与西淝河片洼地；永幸河汇流片含顾北顾桥洼地、丁集西洼地、丁集东洼地；泥河汇流片含泥

河片洼地和潘北洼地。在分汇流片进行水资源量评价时，需要指出的是由于
2010年沉陷情景下采煤沉陷洼地比较分散，某些汇流片的洼地具有上下游关
系，如西淝河汇流片的谢桥西洼地、谢桥中洼地、谢桥东洼地、西淝河片洼
地为级联关系，这样在分汇流片评价采煤沉陷洼地水资源量时，洼地的河道
汇流资源量将有重复，如从谢桥东洼地下泄的水量，将成为西淝河片的入流
量。为此，需要将重复的河道汇流量进行扣除，方法是将下级洼地的河道汇
流量减去上级洼地的洼地下泄量。经过整理，得到不同汇流片采煤沉陷洼地
的水资源量如表19所示。不同汇流片洼地不同水资源来源比例见图99。

表19 2010年沉陷水平下的洼地水资源量（2003—2010年年均）

单位：万 m³/a

片区	洼地名称	水量来源						（7）	（8）	水资源总量
		（1）	（2）	（3）	（4）	（5）	（6）			
		水面降水	积水区地下水补给	未积水区地下水补给	未积水区降水产流	上游河道汇入	合计	洼地下泄	不重复河道汇流量	
西淝河汇流区	谢桥西洼地	356	64	10	44	1438	1912	1533	1438	62114
	谢桥中洼地	387	22	30	47	18501	18987	18482	16968	
	谢桥东洼地	302	129	60	60	19384	19935	19634	902	
	西淝河片	2547	1351	754	1227	55050	60929	53408	35416	
	合计	3592	1566	854	1378	94373	101763		54724	
永幸河汇流区	顾北顾桥洼地	811	23	14	84	0	932	0	0	1291
	丁集西洼地	154	9	24	78	0	265	84	0	
	丁集东洼地	3	0	6	84	0	93	88	0	
	合计	968	32	44	246		1291		0	
泥河汇流区	潘北洼地	286	28	52	143	926	1435	1118	926	27131
	泥河片	3115	573	99	930	22097	26814	19334	20978	
	合计	3401	601	151	1073	23023	28249		21904	
总计		7961	2199	1048	2697	117396	131303		76628	90536

注 表中各汇流片水资源总量＝（1）＋（2）＋（3）＋（4）＋（8）。

从统计的数据看，2010年沉陷情景及近期实际年份下，淮南采煤沉陷区
洼地总的水资源量约为9.05亿 m³/a，其中西淝河汇流区最大，约为6.2亿
m³/a，其次为泥河汇流区约2.7亿 m³/a，永幸河汇流区洼地目前沉陷规模甚

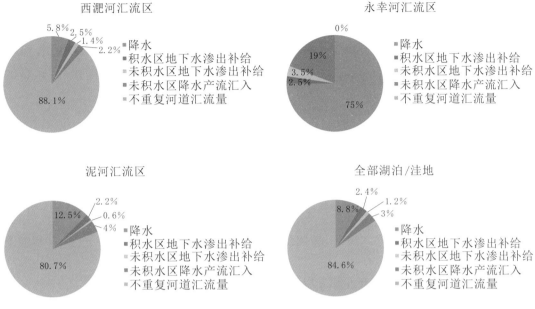

图 99　不同汇流区及研究区整体洼地水资源来源比例构成

小，且基本上全为孤立洼地，因此水资源量最小，仅约 0.13 亿 m³/a。若考虑到洼地的水面蒸发是其水资源不可利用的部分，则扣减 0.74 亿 m³/a 的洼地水面蒸发后研究区采煤沉陷洼地可利用的总水资源量约为 8.31 亿 m³/a。

从沉陷洼地的水资源构成比例看，河道汇流量为其主要的水资源来源，占 84.6%；其次为水面降水，约占 8.8%；地下水补给洼地的水量比例较小，含积水区和未积水区补给在内的总和也仅占 3.6%，总量仅约 0.32 亿 m³/a；未积水区降水产流量约占 3%。

六、结论

（1）建立了采煤沉陷区水循环模型，得到了水资源转化模式和采煤沉陷区蓄滞库容。研究区 2010 年沉陷洼地的总面积为 108km²，以沉陷洼地周边平均地面高程为基础计算的最大蓄滞库容为 2.67 亿 m³。

（2）沉陷洼地积水机理。根据模型模拟分析和理论推导，给出了孤立洼地积水的补给/排泄特征，并剖析了其洼地积水与地下水间的作用关系，结论为：研究区沉陷洼地容易大面积积水的原因，主要是由当地较接近的降水、蒸发量气象条件决定的，孤立洼地的水量补给来源绝大部分来自降水而非地下水补给；研究区高潜水位环境仅对沉陷洼地积水提供涵养环境，地下水对沉陷洼地的补给作用很小，大部分情况下不到洼地积水补给来源的 5％，主要功能是保障沉陷洼地的积水不漏失。

（3）淮南采煤沉陷区水循环转化机理研究，确定了地表水、地下水和沉陷洼地积水的转化关系，为淮河流域矿区水资源与水环境研究提供了重要的科研价值。

（徐翔、陆垂裕、葛沐锋）

参 考 文 献

贾仰文，王浩，王建华，等，2005. 黄河流域分布式水文模型开发与验证 [J]. 自然资源学报，120（2）：300 - 308.

贾仰文，2003. WEP 模型的开发和应用 [J]. 水科学进展，14（增刊）：50 - 56.

李文生，许士国，2007. 流域水循环的人工影响因素及其作用 [J]. 水电能源科学，25（4）：28 - 32.

陆垂裕，秦大庸，张俊娥，等，2012. 面向对象模块化的分布式水文模型 MODCYCLE Ⅰ：模型原理与开发篇 [J]. 水利学报，43（10）：1135 - 1145.

陆垂裕，裴源生，2007. 适应复杂上表面边界条件的一维土壤水运动数值模拟 [J]. 水利学报，38（2）：136 - 142.

芮孝芳，2004. 水文学原理 [M]. 北京：中国水利水电出版社.

王国庆，王云璋，2000. 黄河中游分布式水资源评价模型研究 [J]. 河南气象，（4）：20 - 22.

王浩，陈敏建，秦大庸，等，2003. 西北地区水资源合理配置和承载能力研究 [M]. 郑州：黄河水利出版社.

王浩，陆垂裕，秦大庸，等，2010. 地下水数值计算与应用研究进展综述 [J]. 地学前缘，17（6）：1 - 12.

王浩，秦大庸，陈晓军，2004. 水资源评价准则及其计算口径 [J]. 水利水电技术，（2）：1 - 4.

王浩，王建华，贾仰文，等，2006. 现代环境下的流域水资源评价方法研究 [J]. 水文，25（3）：18 - 21.

王建华，江东，2005. 黄河流域二元水循环要素反演研究 [M]. 北京：科学出版社.

王西琴，刘昌明，张远，2006. 基于二元水循环的河流生态需水量与水质综合评价方法——以辽河流域为例 [J]. 地理学报，61（11）：1132 - 1140.

王振龙，刘淼，李瑞，2009. 淮北平原有无作物生长条件下潜水蒸发规律试验 [J]. 农业工程学报，（6）：26 - 32.

谢新民，郭洪宇，唐克旺，等，2002. 华北平原区地表水与地下水统一评价的二元耦合模

型研究 [J]. 水利学报，12：95-100.

徐翔，孙青言，安士凯，等，2013. 采煤沉陷对沉陷区洼地汇流范围的影响分析 [J]. 中国水能及电气化，(8)：63-69.

徐翔，陆垂裕，陆春辉，等，2013. 淮南采煤沉陷区水资源开发利用关键技术 [J]. 中国水能及电气化，(8)：52-57.

杨大文，楠田哲也，2005. 水资源综合评价模型及其在黄河流域的应用 [M]. 北京：中国水利水电出版社.

淮南潘谢矿区煤炭开采
对水环境的影响分析

  淮南矿区大面积的采矿活动所引起的地面动态沉陷，造成地表水域范围呈现出相应的变化。以淮南潘谢矿区为研究对象，共设置 13 个观测孔，通过建立符合客观实际的开放式、封闭式平原沉陷区模型以及浅层地下水观测系统，实时动态地获取野外观测数据，采用有限单元方法及波振方法编程计算了地表水与地下水量的相互转化，研究结果表明，封闭式沉陷区地表水与地下水之间的关系为地下水补给地表水，其补给量相对较小；开放式沉陷区的地表水与地下水之间的补给量、排泄量呈现互为补排的特征。在水量转化研究的基础上，通过 $\delta^{15}N$、$\delta^{18}O$ 和营养盐结构分析发现，两种沉陷区均属于磷限制型，开放式沉陷区的磷限制性更强。

  淮南矿区具有悠久的开采历史，自 20 世纪 50 年代规模型开采以来，至 2010 年有 60 多年。以淮河为界，形成了不同格局的地面沉陷区，并具有其形态各异水域特征：淮河以南的东部长条形沉陷区，该区属于稳沉区，开采历史悠久，水域分布范围较小；淮河以南西部长条形块状沉陷区，该区位于城区附近，沉陷水域分布较大，受城市生活污水、开采环境影响；淮河以北沉陷区多为串珠状、片状沉陷积水区域，属于非稳沉区，积水范围大。地面变形与垂向沉降导致积水区域内水量、水质与其他地表水之间以及下部浅层地下水之间在横向和垂向上水流关系发生了根本性改变，也是矿区水环境变化根本之所在。因此，从沉陷地表水、包气带水、浅层地下水的水量随开采沉陷条件、地表微地貌条件变化入手，研究该区的水资源量及其与水环境的变化关系，以及水质变化状况，为矿区农业用水、生产、生活用水以及电力用水提供科学依据。

  浅层地下水的定义在国际上还没有统一，各个地区根据该区的水文地质特征，定义的浅层地下水一般为地下 0～30m。其中，包括上层滞水、潜水和微承压水。根据对研究区的现场含水层钻孔揭露情况，研究区浅层地下水部分为埋深小于 20m 的浅层地下水，属于全新统（Q_4）层位，该层由地表向下第一个微承压含水层，通过包气带及开采沉陷微裂隙与沉陷区地表水体保持一定的水力联系。

一、现状调查与监测

本专题在梳理前人已有研究基础上（桂和荣 等，2001；何春桂 等，2005；童柳华 等，2009；王振龙 等，2009；许光泉 等，2004，2005，2010；严家平 等，2004），评估地表水和地下水之间的转化（徐翊 等，2013），并讨论了地表水营养特征和氮磷来源。

（一）现状调查

淮南潘谢矿区为新生界松散层覆盖的全隐蔽煤田，主要地层为寒武系、下奥陶统、上石炭统、二叠系和三叠系、第四系。缺失中上奥陶统、志留系、泥盆系和下石炭统和三叠系、侏罗系和白垩系。石炭—二叠纪地层为该区主要含煤地层，并与下伏地层呈假整合接触，与上覆新生界地层呈不整合接触。新生界含水层地下水属松散岩类孔隙水，赋存于第三系及第四系松散沉积物中，含水层为一套冲积、冲积-洪湖、湖积的砂、砂砾石以及砂或亚砂土层，总厚度为 5～300m 不等。

研究区属暖温带湿润性季风气候。其特征是热量丰富，日照充足，气候温和，雨量适中，四季分明，季风显著，夏季多雨，冬季干旱，无霜期长（平均 230d）。年际降水量变化大，季节分布不均匀，易形成旱涝灾害，春秋两季时热时冷，气温不稳定。年平均气温为 15.3℃。7 月气温最高，平均为 28～28.4℃，1 月气温最低，平均为 1.2℃。年平均降水量为 939.3mm，日最大降水量为 145mm，1h 最大降水量达 77.5mm，平均年降水天数为 107d，年蒸发量为 1612.8mm，年最大蒸发量为 2157.1mm（1988 年），年最小蒸发量为 1570.0mm，蒸发量大于降水量。

（二）研究区选择与监测

依沉陷区与地表河流之间关系，将沉陷区划分为两种类型，各选一处作为研究对象。

（1）第一种类型为封闭式沉陷区。周围只有地表面状径流汇入，没有线状水流的补排，污染类型为面源污染，与地下水存在一定的水力联系，以潘一矿东部后湖沉陷区为研究对象，作为浅层地下水人工观测区。

（2）第二种类型为开放式沉陷区。与地下水及周围地表水都有联系。除了周边有沟渠的径流补给外，还有河流或湖泊通过其内部，因此，存在着河流流入和流出的水量。潘一和潘三沉陷区地表中间有潘北矿进矿路隔断，南侧有泥河紧邻沉陷区由西向东流过，受降雨的影响，在不同水文期，泥河和潘一、潘三沉陷区之间有水力联系。

根据现场踏勘，对研究区进行水文观测孔布设，点位布置图观测井基本信息见图1、图2和表1。

图 1　潘一矿东部后湖沉陷水域观测孔布置

图 2　潘一、潘三矿沉陷区水域及观测孔布置

$P_6^\#$、$P_{12}^\#$、$P_{14}^\#$、$P_{15}^\#$ 和 $P_{16}^\#$ 观测孔均分布于后湖生态园附近，为潘一矿和潘三矿采煤共有沉陷区，其中可见塌陷的房屋和树木，大部分为农田环绕。$P_1^\#$、$P_2^\#$、$P_3^\#$ 观测孔均分布于潘北路附近，位于潘一矿沉陷水域内，其中 $P_1^\#$、$P_2^\#$ 观测孔位于沉陷区一侧，周边为基本农田。$P_3^\#$ 观测孔位于沉陷边缘。$P_4^\#$ 观测孔位于潘三矿沉陷水域，潘三矿沉陷水域面积较大，但水深较浅，最深为3m。该沉陷区北邻泥河，受河流水位影响较大。$P_7^\#$、$P_8^\#$ 观测孔位于潘集镇与潘北路之间，沉陷浅，为农田。$P_9^\#$ 和 $P_{11}^\#$ 位于潘北路左侧，属潘三矿沉陷区水域周边，该塌陷区多养殖野生鱼。观测孔深度一般为 $6\sim8$m，观测层位为第四系第一个含水层。在实际观测中，观测孔中水位高于其地层标高，包气带为负压，说明其上部的黏土层隔水性较好，砂层不与大气连通，则第四系第一含水层及其上部的黏土层可以看作为承压含水层。

表 1　　　　　　　　　　　沉陷区观测井基本信息

观测孔	北纬	东经	孔深/m	地面标高/m	过滤器长度/m	井径/m	备注
$P_1^\#$	32°49′38.83″	116°48′01.91″	6.5	20.5	1.2	0.025	人工
$P_2^\#$	32°49.671′	116°48.066′	6.5	20.7	1.2	0.025	人工
$P_3^\#$	32°49′40.93″	116°48′00.45″	6.5	19.1	1.2	0.025	人工
$P_4^\#$	32°49′14.21″	116°46′13.97″	6.0	20.0	1.2	0.025	人工
$P_6^\#$	32°48′43.90″	116°50′36.98″	4.0	20.0	1.2	0.025	人工
$P_7^\#$	32°48′58.47″	116°49′00.52″	7.0	20.3	1.2	0.025	人工
$P_8^\#$	32°48′22.05″	116°48′43.52″	8.0	19.1	1.2	0.025	人工
$P_9^\#$	32°48′42.08″	116°46′54.41″	6.5	19.5	1.2	0.025	人工
$P_{11}^\#$	32°49′46.24″	116°48′01.80″	7.0	19.5	1.2	0.025	人工
$P_{12}^\#$	32°49′05.12″	116°50′40.13″	6.5	21.2	1.2	0.025	人工
$P_{14}^\#$	32°49′33.21″	116°49′53.03″	9.0	19.4	1.2	0.025	人工
$P_{15}^\#$	32°49′12.59″	116°51′01.23″	11.0	20.5	1.2	0.025	人工
$P_{16}^\#$	32°49′25.81″	116°50′42.02″	9.0	19.9	1.2	0.025	人工

在 2012 年 9 月 25 日至 2013 年 9 月 1 日之间，先后进行了 16 次观测（其中 2012 年 10 月与 2013 年 6 月观测加密），其结果如图 3 和图 4 为 13 个观测孔的水位历时变化曲线。其中，$P_1^\#$、$P_2^\#$、$P_3^\#$、$P_7^\#$、$P_8^\#$ 和 $P_{11}^\#$ 随着时间的推移水位变化较显著，起伏较大；而 $P_4^\#$、$P_6^\#$、$P_9^\#$、$P_{12}^\#$、$P_{14}^\#$、$P_{15}^\#$ 和 $P_{16}^\#$ 观测孔水位变化较平缓。

（三）观测结果分析

研究区地下水的补给主要是降水补给，通过黏土组成的弱透水层补给细

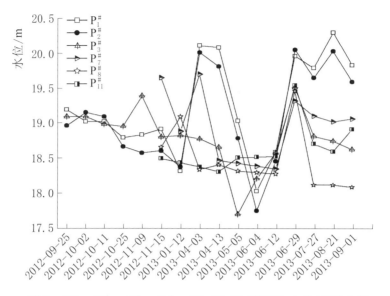

图3 $P_1^\#$、$P_2^\#$、$P_3^\#$、$P_7^\#$、$P_8^\#$ 和 $P_{11}^\#$ 观测孔水位历时曲线

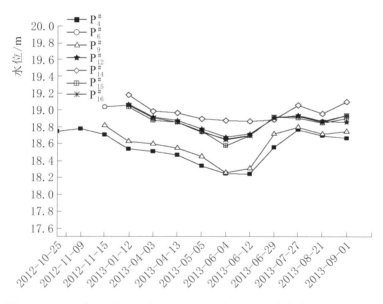

图4 $P_4^\#$、$P_6^\#$、$P_9^\#$、$P_{12}^\#$、$P_{14}^\#$、$P_{15}^\#$ 和 $P_{16}^\#$ 观测孔水位历时曲线

砂强透水层，此外，细砂层的地下水接受来自深层地下水的补给，在不同地段和不同月份，开放式沉陷水域还接受来自河流的补给。排泄方式主要包括蒸发、居民取水以及向河流的排泄，地下水流向为北西流向南东。

研究区的主要岩性以粉砂和黏土为主，其中黏土层透水性弱，为弱透水结构；由粉砂、细砂组成砂泥互层渗透性较大含水层，导水性强，为微承压含水层结构；垂向上，各层位的粒径由上至下，从砂质黏土到细粉砂层，其透水性也逐渐增强。通过粒度分析可以得出：浅层地下水含水层中土粒度以粗砂、中砂为主，夹杂着少量粉粒和极细砂粒，开放式和封闭式沉陷区的浅层地下水含水层岩性相似，在垂向分布上，由地表至浅层地下水含水层，土粒度呈现增大趋势，中间略有波动，同时也伴随着颗粒比表面积的波动和减小。研究区黏质土的渗透系数较小，一般为 $10^{-6} \sim 10^{-8}\,\mathrm{cm/s}$，而粉质土或者砂的渗透系数较大，为 $10^{-3} \sim 10^{-6}\,\mathrm{cm/s}$。

由潘集的人工观测孔水位观测数据可以得出：研究区观测期内各观测孔最低水位均高于其含水层（粉砂层）顶板标高，浅层地下水含水层具有承压性，因此浅层地下水可概化为"承压"含水层。

二、地表水与浅层地下水水量转化

（一）计算方法

本文采用有限单元法计算水量转化，其基础是用有限个单元的集合体代替渗流区，其分析过程一般包括下列几个步骤：

（1）离散化含水层系统。将求解区域剖分为有限个单元，用有限个网格点代替连续的求解区域，对于非稳定流，还必须对求解区域进行时间离散。

（2）选择某种函数来表示单元内的水头分布。一般采用多项式插值，必要时也可采用对数插值，最简单也是最常用的是线性多项式，即线性插值。

（3）用变分原理推导有限单元方程，建立单元渗透矩阵。

（4）集合形成整个离散化的连续体的代数方程组。各个单元的渗透矩阵这时集合形成整个渗流区的总渗透矩阵 $[A]$。代数方程组的形成为

$$[A]\{H\} = \{F\} \tag{1}$$

式中：$\{H\}$ 为渗流区水头的列矢量，即 $\{H\} = [H_1, H_2, \cdots, H_n]^{\mathrm{T}}$，$n$ 为内结点和第二类边界上的结点数（即未知结点数）；$\{F\}$ 为已知项组成的列矢量，即 $\{F\} = [F_1, F_2, \cdots, F_n]^{\mathrm{T}}$。

（5）求解各结点的未知水头。

（6）由结点水头计算出流量。

有限单元法对第二类、第三类边界不必作专门处理，能够自动满足，因而便于处理复杂的边界条件。

（二）计算流程

利用 VB 语言对建立的地下水运动数学模型进行求解，并计算出不同时间沉陷区地表水与地下水的转化量，程序流程图见图 5。

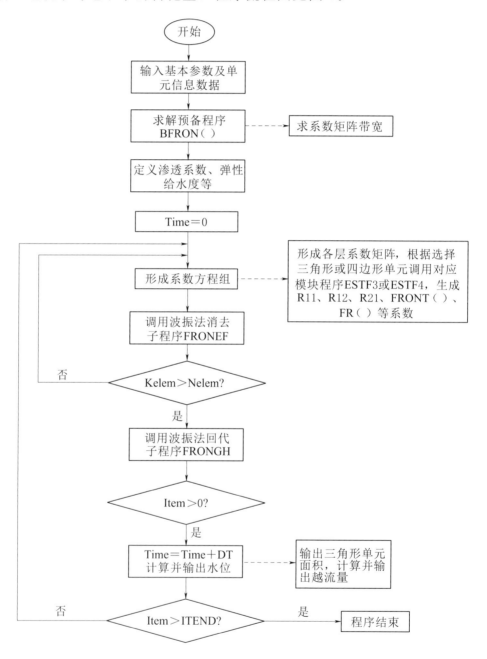

图 5　越流量程序流程图

Time—时间变量；DT—时间步长；Kelem—单元变量；Item—水位推算变量

（三）网格划分

对封闭式沉陷区进行网格剖分，分为 226 个网格点和 385 个单元（图 6），用 226 个网格点代替整个封闭式沉陷区，由于属非稳定流运动，则需要对沉陷区域进行离散。

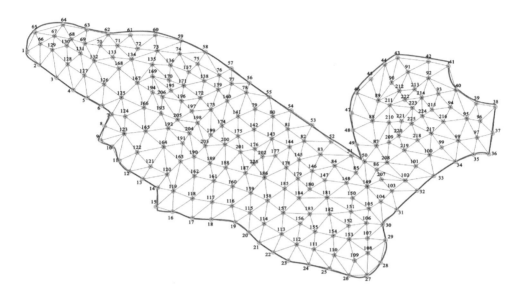

图 6　封闭式沉陷区单元分区

对开放式沉陷区进行网格剖分，可分为 151 个网格点和 247 个单元（图 7），用 151 个网格点代替整个开放式沉陷区，由于属非稳定流运动，则需要对沉陷区域进行离散。

（四）封闭式沉陷区地表水和浅层地下水水量转化

图 8～图 17 为封闭式沉陷区地表水和浅层地下水在观测时段的地下水流场。

面积 $S=2135411.5\text{m}^2$，上层沉陷塘水头 $H_1=19.0\text{m}$，以 2013 年 1 月 12 日的各点水位作为初始水位，越流量为 $Q_{f总}=334.999\text{m}^3/\text{d}$，单位面积平均越流量 $Q_{f平}=1.569\times10^{-4}\text{m}^3/\text{d}$，说明该时刻承压含水层水位平均高于上层塌陷塘水位，承压含水层补给上层塌陷塘水，但补给量较小。

由表 2 可知，2013 年 1 月 12 日至 9 月 1 日，封闭式沉陷区地表水与浅层地下水之间的关系为浅层地下水补给地表水，补给量较小。2013 年 3—5 月为平水期，越流量为 $2.288\times10^{-4}\sim2.571\times10^{-4}\text{m}^3/\text{d}$；5—9 月为雨季，

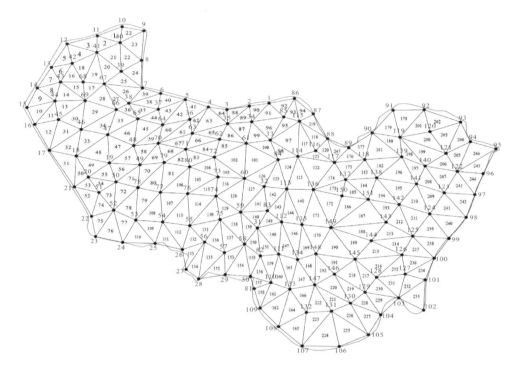

图 7　开放式沉陷区单元分区

6—8 月为汛期，常出现较大暴雨。此时，地下水补给地表水的水量为 $1.3968 \times 10^{-4} \sim 2.477 \times 10^{-4}\,\mathrm{m^3/d}$，7 月和 8 月末降雨最多，地下水补给地表水的水量分别为 $1.788 \times 10^{-4}\,\mathrm{m^3/d}$ 和 $1.3968 \times 10^{-4}\,\mathrm{m^3/d}$，相对平水期越流量减小。季节、降雨量及蒸发量对地表水与地下水的转化量都有影响，其中降雨量的影响较大。

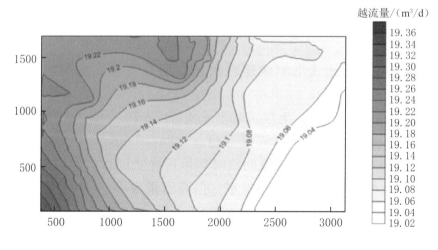

图 8　2013 年 1 月 12 日地下水流场

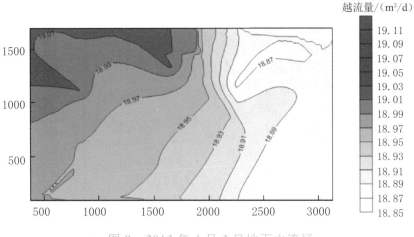

图 9 2013 年 4 月 3 日地下水流场

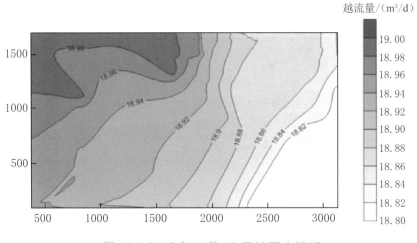

图 10 2013 年 4 月 13 日地下水流场

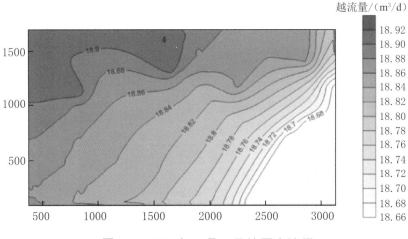

图 11 2013 年 5 月 5 日地下水流场

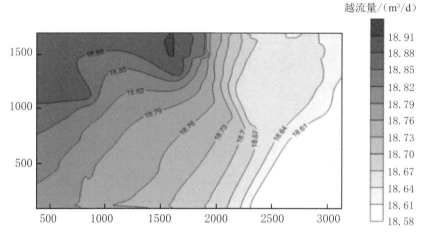

图 12　2013 年 6 月 4 日地下水流场

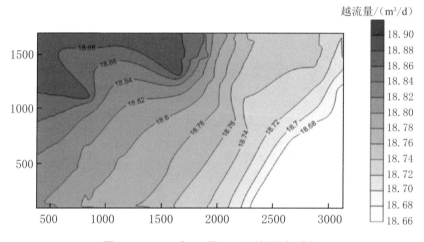

图 13　2013 年 6 月 12 日地下水流场

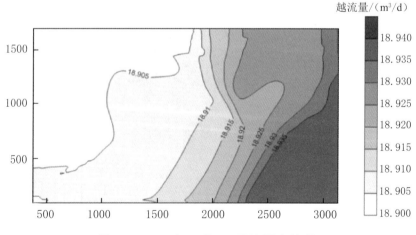

图 14　2013 年 6 月 29 日地下水流场

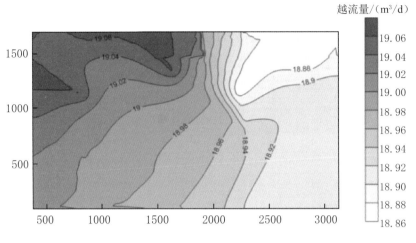

图 15　2013 年 7 月 27 日地下水流场

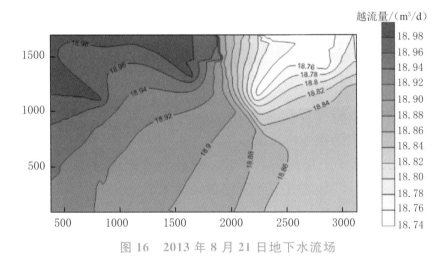

图 16　2013 年 8 月 21 日地下水流场

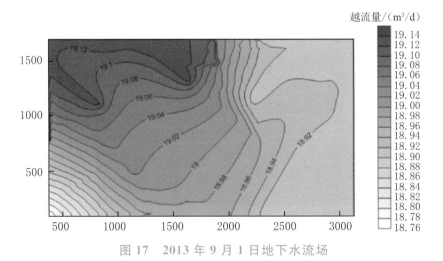

图 17　2013 年 9 月 1 日地下水流场

表 2 封闭式沉陷区各时段越流量统计

时　间 （年－月－日）	越流量 /(m³/d)	沉陷区面积 /m²	单位面积平均 越流量/(m³/d)	补给情况
2013 - 01 - 12—2013 - 04 - 03	334.999	2135411.5	1.569×10^{-4}	地下水补给地表水
2013 - 04 - 03—2013 - 04 - 13	488.492	2135411.5	2.288×10^{-4}	地下水补给地表水
2013 - 04 - 13—2013 - 05 - 05	549.059	2135411.5	2.571×10^{-4}	地下水补给地表水
2013 - 05 - 05—2013 - 06 - 04	514.386	2135411.5	2.409×10^{-4}	地下水补给地表水
2013 - 06 - 04—2013 - 06 - 12	528.947	2135411.5	2.477×10^{-4}	地下水补给地表水
2013 - 06 - 12—2013 - 06 - 29	474.801	2135411.5	2.223×10^{-4}	地下水补给地表水
2013 - 06 - 29—2013 - 07 - 27	381.845	2135411.5	1.788×10^{-4}	地下水补给地表水
2013 - 07 - 27—2013 - 08 - 21	462.269	2135411.5	2.165×10^{-4}	地下水补给地表水
2013 - 08 - 21—2013 - 09 - 01	298.166	2135411.5	1.3968×10^{-4}	地下水补给地表水

（五）开放式沉陷区地表水和浅层地下水水量转化

图 18～图 33 为开放式沉陷区地表水和浅层地下水在观测时段的地下水流场。

开放式沉陷区面积 $S=6556204.6\text{m}^2$，以 2012 年 9 月 25 日的各点水位作为初始水位，上层沉陷塘初始水头 $H_1=19.1\text{m}$，初始时刻越流量为 $Q_{k总}=53750.69\text{m}^3/\text{d}$，单位面积平均越流量 $Q_{k平}=8.1198\times10^{-3}\text{m}^3/\text{d}$，则该时刻承压含水层平均水位高于上层沉陷区水位，承压含水层通过越流补给沉陷区地表水位且补给量较小，但是由于该沉陷区附近有河流经过，河流对沉陷区地表水位的影响较大，地表水与地下水交换量相对于封闭式沉陷区要大。

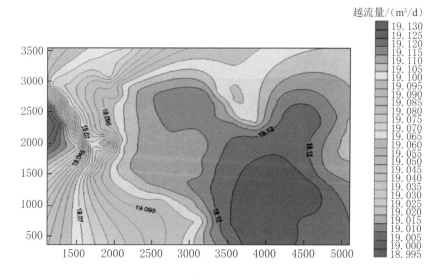

图 18　2012 年 9 月 25 日地下水流场

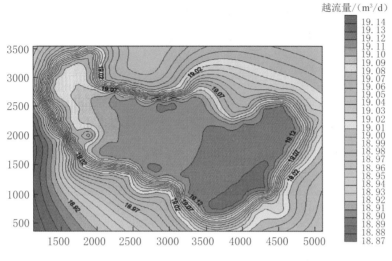

图 19　2012 年 10 月 2 日地下水流场

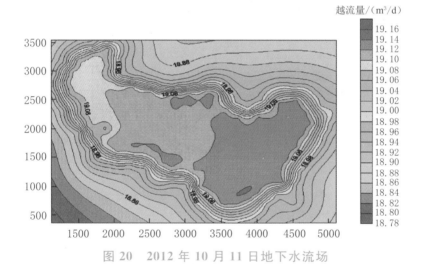

图 20　2012 年 10 月 11 日地下水流场

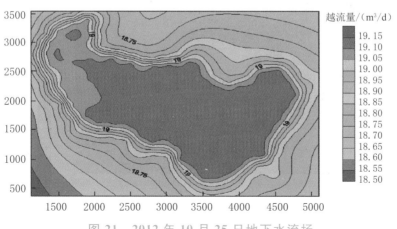

图 21　2012 年 10 月 25 日地下水流场

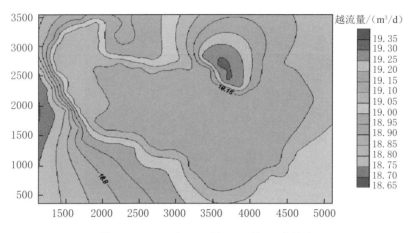

图 22　2012 年 11 月 9 日地下水流场

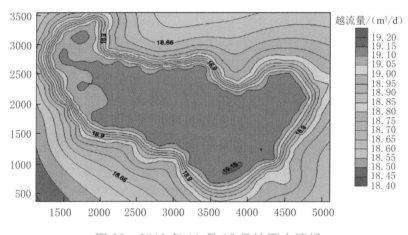

图 23　2012 年 11 月 15 日地下水流场

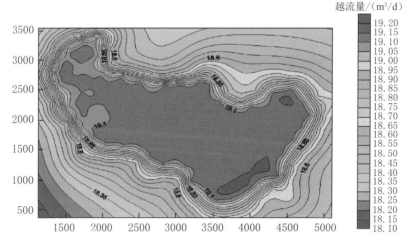

图 24　2013 年 1 月 12 日地下水流场

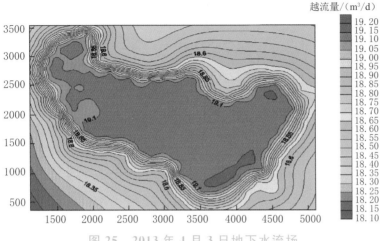

图 25　2013 年 4 月 3 日地下水流场

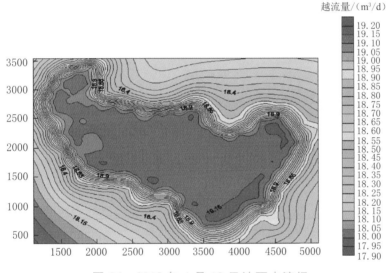

图 26　2013 年 4 月 13 日地下水流场

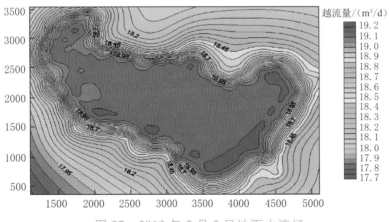

图 27　2013 年 5 月 5 日地下水流场

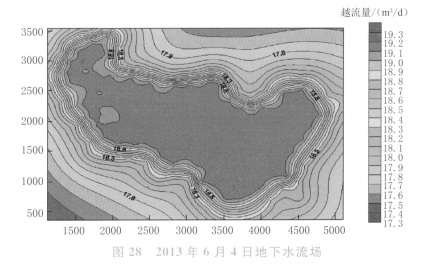

图 28   2013 年 6 月 4 日地下水流场

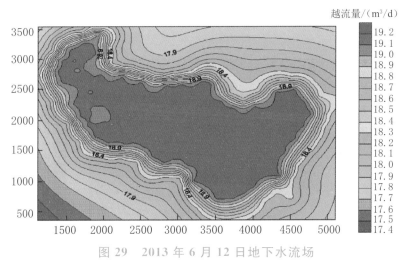

图 29   2013 年 6 月 12 日地下水流场

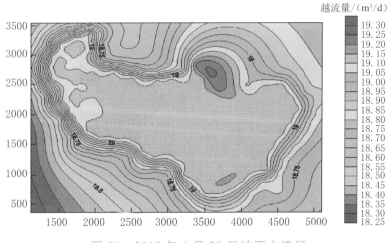

图 30   2013 年 6 月 29 日地下水流场

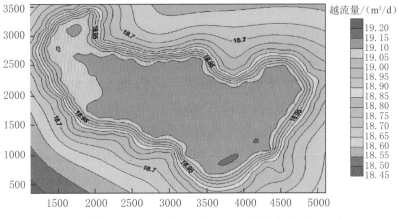

图 31　2013 年 7 月 27 日地下水流场

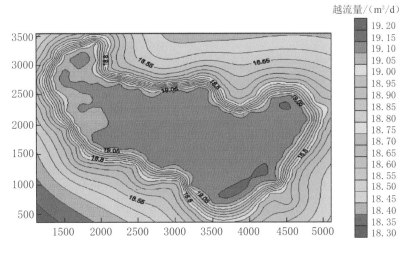

图 32　2013 年 8 月 21 日地下水流场

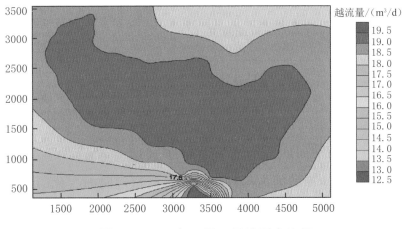

图 33　2013 年 9 月 1 日地下水流场

对于开放式沉陷水域，地表水与地下水之间的转化关系较为复杂，沉陷区地表水由于受到泥河水位的影响，与泥河之间发生联系（大多为沉陷区地表水补给泥河），地表水位变化较大，且 2012 年 9 月至 2013 年 9 月，该沉陷水域多次因农业灌溉以及鱼塘捕鱼而疏干，区内地表水受到人为影响较为严重。淮南地区夏季雨水最多，占年降水量的 50%，每年 5—9 月为雨季，其中，6—7 月为梅雨期，6—8 月为汛期（通常出现暴雨），2013 年 7 月和 8 月末降雨最多，地下水补给地表水的水量分别为 1.03×10^{-3} m³/d 和 3.091×10^{-4} m³/d，地表水与地下水之间的转化量相对减小（表 3）。

表 3　　　　　　　　　开放式沉陷区各时段越流量统计

时　　间 （年-月-日）	越流量 /(m³/d)	沉陷区面积 /m²	单位面积平均 越流量/(m³/d)	补给情况
2012 - 09 - 25—2012 - 10 - 02	53750.69	6556204.6	8.198×10^{-3}	地下水补给地表水
2012 - 10 - 02—2012 - 10 - 11	−30993.80	6556204.6	-4.727×10^{-3}	地表水补给地下水
2012 - 10 - 11—2012 - 10 - 25	43238.80	6556204.6	6.595×10^{-3}	地下水补给地表水
2012 - 10 - 25—2012 - 11 - 09	9487.00	6556204.6	1.447×10^{-3}	地下水补给地表水
2012 - 11 - 09—2012 - 11 - 15	−3068.39	6556204.6	-4.68×10^{-3}	地表水补给地下水
2012 - 11 - 15—2013 - 01 - 12	7446.91	6556204.6	1.136×10^{-3}	地下水补给地表水
2013 - 01 - 12—2013 - 04 - 03	11238.06	6556204.6	1.714×10^{-3}	地下水补给地表水
2013 - 04 - 03—2013 - 04 - 13	19441.74	6556204.6	2.965×10^{-3}	地下水补给地表水
2013 - 04 - 13—2013 - 05 - 05	26111.89	6556204.6	3.983×10^{-3}	地下水补给地表水
2013 - 05 - 05—2013 - 06 - 04	23139.55	6556204.6	3.529×10^{-3}	地下水补给地表水
2013 - 06 - 04—2013 - 06 - 12	42376.07	6556204.6	6.464×10^{-3}	地下水补给地表水
2013 - 06 - 12—2013 - 06 - 29	35319.90	6556204.6	5.387×10^{-3}	地下水补给地表水
2013 - 06 - 29—2013 - 07 - 27	6755.13	6556204.6	1.03×10^{-3}	地下水补给地表水
2013 - 07 - 27—2013 - 08 - 21	23226.27	6556204.6	3.543×10^{-3}	地下水补给地表水
2013 - 08 - 21—2013 - 09 - 01	2026.74	6556204.6	3.091×10^{-4}	地下水补给地表水

（六）地表水与地下水补排关系分析

图 34 和图 35 为计算时间内两种沉陷区越流量随时间变化的面积图（正值表示地下水补给地表水，负值表示地表水补给地下水）。

由图 34 所示，封闭式沉陷水域与地下水之间的关系为地下水补给地表

图 34　封闭式沉陷区总越流量历时曲线

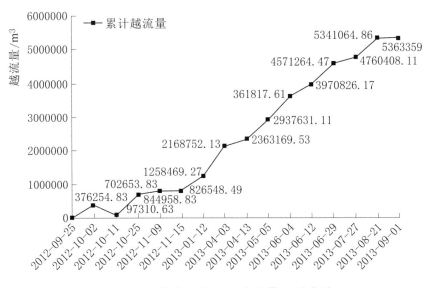

图 35　开放式沉陷区总越流量历时曲线

水，从 2013 年 1 月 12 日至 2013 年 9 月 1 日，该沉陷区域地下水补给地表水的总量为 97362.121m³。而图 35 中，开放式沉陷区地表水与地下水的转化较为复杂，既有地表水补给地下水，又有地下水补给地表水。从 2012 年 9 月 25 日至 2013 年 9 月 1 日，开放式沉陷区总体以地下水补给地表水为主，总量为 5363359m³。

三、地表水营养特征研究

(一)采样点布设

在潘谢矿区沉陷积水区的东部、中部及西部共设置 5 个站点，即 PXS-1、PXS-3、PXS-5，具体位置见图 36。由于各研究水体面积不同，形态上存在较大差异，每个水体至少设置 5 个以上的水质采样点，并根据不同水域现场条件适度增加，以便能翔实准确地反映研究水域的水质状况。总体上研究水域年龄跨度为几年到几十年，潘谢矿区选取的 3 个研究站点中，PXS-1 和当地河流泥河连通，PXS-5 和周围主要农业干渠谢展河连通，并和南边的济河通过节制闸在不同的季节存在水量交换，其他水体现阶段较为封闭。

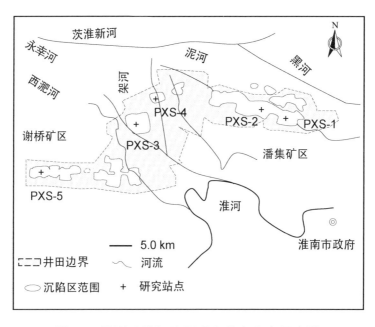

图 36　潘谢采煤沉陷区研究站点分布示意图

(二)NP 限制模拟实验方法

营养限制模拟实验均随 2012 年 10 月秋季和 2013 年春季水质采样进行，采样当天从各研究站点拟定的模拟实验采样点采集桶装水样后（约 10L），避光带回实验室，立刻用 200μm 的筛绢过滤除去大型浮游动物和大颗粒悬浮物，分别量取 1L 水样装于不同的锥形瓶中。实验中所用的锥形瓶在使用前都用

1∶10的盐酸浸泡过夜并用水样润洗。

每个采样点设置 4 组实验，分别为对照组（Control）、加氮组（＋N）、加磷组（＋P）和加氮加磷组（＋N＋P），其中在春季的 PXS－1 站点和 PXS－5 站点由于氮磷比较高，具有磷限制的潜能，在 2013 年春季设置低磷（＋LP）和高磷（＋HP）添加组，而 PXS－3 站点氮磷比较低，具有氮限制的潜能，故 2013 年分别设置低氮（＋LN）和高氮（＋HN）添加组。营养盐添加浓度根据及时测定的氮、磷浓度确定，磷的添加以实测 PO_4－P 浓度的 5～10 倍计算，添加后的氮磷比见表 4。由于研究水域面积不大，水体混合较为均匀，各采样点水质差异较小，同时考虑到光照培养箱容量问题，水样氮磷模拟实验中不设平行组，而是通过观察 3 个采样点藻类生长对氮磷添加的响应来确定整个水域的营养限制类别。

将加好营养盐的各组锥形瓶放入光照培养箱中（GZX－150BS－Ⅲ），培养箱中温度设置为秋季的水温，一般为 20℃，光照强度按照实际研究站点特征设置，其中 13∶00 设置最大值 5000lx，然后按照从早到晚进行 20%、40%、60%、80% 和 100% 5 个梯度设置，光暗周期比为 14∶10。每天早晚各摇瓶一

表 4　　　　　　　营养限制模拟实验添加氮磷浓度一览表

站点	时间	初始氮磷浓度和比率	对照组	加氮组（＋N）	加磷组（＋P）	加氮加磷组（＋N＋P）
PXS－1	2012 年秋	NO_3－N/(mg/L)	0.74	1.04	0.74	1.04
		PO_4－P/(mg/L)	0.004	0.004	0.12	0.12
		NO_3－N/PO_4－P	—	—	14	19
	2013 年春	NO_3－N/(mg/L)	1.05	1.30	1.05	1.30
		PO_4－P/(mg/L)	0.004	0.004	0.06(＋LP)/0.12(＋HP)	0.12（＋HP）
		NO_3－N/PO_4－P	—	—	38(＋LP)/19(＋HP)	23
PXS－3	2012 年秋	NO_3－N/(mg/L)	0.16	0.46	0.16	0.46
		PO_4－P/(mg/L)	0.001	0.001	0.06	0.06
		NO_3－N/PO_4－P	—	—	6	16
	2013 年春	NO_3－N/(mg/L)	0.20	0.5(＋LN)/0.8(＋HN)	0.20	0.5
		PO_4－P/(mg/L)	0.003	0.003	0.06	0.06
		NO_3－N/PO_4－P	—	—	7	18

续表

站点	时间	初始氮磷浓度和比率	对照组	加氮组（＋N）	加磷组（＋P）	加氮加磷组（＋N＋P）
PXS-5	2012年秋	NO_3-N/(mg/L)	0.90	1.20	0.90	1.20
		PO_4-P/(mg/L)	0.002	0.002	0.12	0.06
		NO_3-N/PO_4-P	—	—	16	42
	2013年春	NO_3-N/(mg/L)	0.60	0.90	0.60	0.90
		PO_4-P/(mg/L)	0.003	0.003	0.06(＋LP)/0.12(＋HP)	0.12(＋HP)
		NO_3-N/PO_4-P	—	—	21(＋LP)/11(＋HP)	16

次以使浮游植物混合均匀和防止生物聚集。从加入营养盐当天开始每天抽取 25mL 培养液，用 $0.45\mu m$ 的混合纤维素膜过滤，滤液进行营养盐的测定，滤膜则装入离心管中冷冻保存待测 Chl-a，同时记录 pH 值变化。营养盐及 Chl-a 分析方法参照野外现场水样分析方法，每天测定各培养组 Chl-a 含量以便观察藻类生长变化，在对营养添加有明显响应的培养组藻类 Chl-a 含量峰值过后下降接近初始值时结束实验（见结果部分，约 10d），实验结束后分别对各研究站点营养盐样品同批次测定，以减少实验误差。在培养实验开始（0d）到 Chl-a 达到峰值时段（4～5d），根据水体氮磷浓度差值来确定藻类指数生长期间氮磷吸收比率，其中培养开始时 PO_4-P 浓度由于藻类的快速吸附，出现了快速的降低，所以采用添加量作为初始值来计算磷的吸收量。

（三）氮磷含量及结构随季节变化分析

表5给出了 2012 年潘谢 3 个代表性研究站点 PXS-1、PXS-3 和 PXS-5 四个季度各采样点 TP、PO_4-P、TN、NH_4-N、NO_2-N 和 NO_3-N 的均值、标准差，及体现营养盐比例结构的 TN/TP、DIN/TP 和 DIN/DIP 等特征参数值。PXS-1 站点 TP 季节差异不大，PXS-3 站点夏秋季比春冬季高，而 PXS-5 站点则春秋季较高；PXS-1 站点 TN 季节差异较大，春冬季最高，夏秋季次之，PXS-3 站点季节差异不明显，而 PXS-5 站点春秋季最高，季节变动性较大。

从形态结构上看，TP 中 PO_4-P 占比较小，PXS-1 比例范围为 1.9％～31.9％，在生长季春夏两季 PO_4-P 保持在较低的浓度水平（约 0.006mg/L），其他两个站点表现出同样的规律，也是 PO_4-P 占 TP 比率较小，其中 PXS-3

表5 潘谢采煤沉陷区3个站点氮磷含量、结构及比例季节变化统计

站点	时间	TP /(mg/L)		PO₄-P /(mg/L)		TN /(mg/L)		NH₄-N /(mg/L)		NO₂-N /(mg/L)		NO₃-N /(mg/L)		TN/ TP	DIN/ TP	DIN/ DIP
		均值	标准差	均值	标准差	均值	标准差	均值	标准差	均值	标准差	均值	标准差			
PXS-1	2012年5月	0.12	0.03	0.006	0.002	2.56	0.52	0.09	0.04	0.09	0.02	1.43	0.28	48	30	626
	2012年8月	0.10	0.01	0.008	0.004	1.19	0.12	0.06	0.02	0.01	0.01	0.09	0.02	26	4	45
	2012年11月	0.11	0.02	0.033	0.023	1.59	0.18	0.18	0.06	0.13	0.06	0.85	0.21	34	24	77
	2013年1月	0.12	0.02	0.10	0.01	2.95	0.23	0.31	0.04	0.00	0.00	2.24	0.06	53	47	55
PXS-3	2012年5月	0.03	0.00	0.004	0.001	0.75	0.02	0.014	0.011	0.00	0.00	0.20	0.06	50	14	126
	2012年8月	0.06	0.01	0.003	0.002	0.80	0.03	0.026	0.018	0.00	0.00	0.14	0.01	29	6	116
	2012年11月	0.06	0.03	0.001	0.001	0.72	0.03	0.020	0.014	0.00	0.00	0.17	0.00	25	7	358
	2013年1月	0.03	0.00	0.001	0.002	0.67	0.02	0.014	0.007	0.00	0.00	0.16	0.00	46	12	396
PXS-5	2012年5月	0.11	0.01	0.007	0.008	5.96	0.37	0.718	0.056	0.40	0.05	1.62	0.30	117	54	932
	2012年8月	0.07	0.01	0.002	0.001	1.36	0.08	0.052	0.023	0.02	0.01	0.19	0.03	42	8	314
	2012年11月	0.13	0.02	0.017	0.002	3.17	0.26	0.888	0.068	0.54	0.02	0.79	0.02	55	29	224
	2013年1月	0.07	0.01	0.002	0.001	2.19	0.04	0.552	0.012	0.09	0.00	0.91	0.01	74	52	1390

注 DIN为溶解无机氮；DIP为溶解无机磷。

站点四个季节都维持在较低的水平，而PXS-5站点秋季由于TP浓度较高，PO₄-P浓度也相对较高，约0.017mg/L；TN中DIN占据主要比例，PXS-1夏季最低，远低于其他3个季节，PXS-3季节差异不明显，可能由于其TN含量较低导致，PXS-5站夏季最低，其他季节较高。

DIN的组成比例分布见图37，3个研究站点中，NO₃-N含量最大，NO₂-N最小，NH₄-N居中。PXS-1站点夏季NO₃-N比率最低，冬春季较高，而PXS-5站点NH₄-N所占比例较大，在春季、冬季和夏季的浓度高达

0.552～0.888mg/L，和 TN 含量一样，远高于夏季的 0.052mg/L。总体上，各站点 NH_4-N 比率 PXS-3 最低，PXS-1 次之，PXS-5 最高，和这 3 个水域水体的营养水平高低一致。

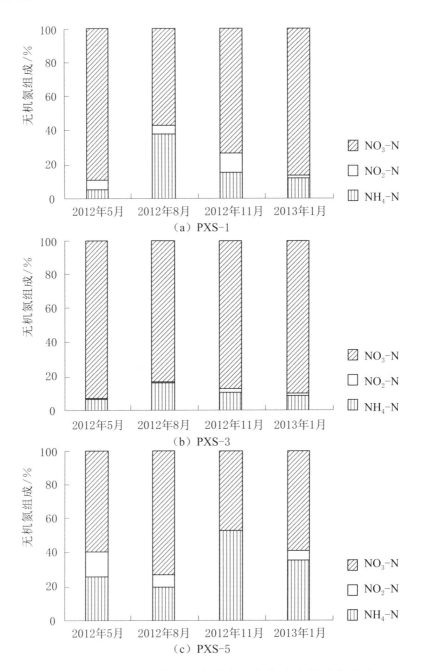

图 37　潘谢采煤沉陷区 3 个站点无机氮比率的季节分布

3 个研究站点的营养比例结构见表 5，PXS-1 站点春季 N/P 比值最大，夏季最小；PXS-3站点3个比率夏季最低，同时N/P远高于其他研究站点，主要是由于其氮浓度相对较大造成的。3个研究站点TN/TP和DIN/TP均大于文献给出的磷限制阈值（16:1和5:1），并具有一定的季节变化性，同时由于水体中PO_4-P浓度极低，导致DIN/DIP的比值较大，这些均体现出磷限制的特点，然而，3个站点Chl-a仍然保持着较高的浓度，表明营养元素对水体初级生产的限制具有相对性。

（四）　氮和磷限制性分析

水体中氮磷类营养盐是水生生物不可或缺的，当生物可利用磷的浓度低于5mg/L时，磷类营养盐可能成为限制水生植物生长的限制性因素；当生物可利用氮的浓度低于20mg/L时，氮类营养盐可能成为制约水生植物生长的限制性因素。若两者均小于以上标准，氮和磷则均可能成为限制性营养盐，若可被水生植物吸收利用的氮磷营养盐浓度均高于限制生长的含量时，可利用水体中氮和磷的比值来确定限制性营养盐。

由图38可知：

（1）水生植物对氮吸收量最大的形态为无机氮，多数无机氮与总磷比率都大于7，说明研究区属磷限制性水体。TN/TP和DIN/TP均大于文献给出的P限制阈值（16:1和5:1），并具有一定的季节变化性，同时由于水体中PO_4^{3-}-P浓度极低，导致IN/TP较大，均体现出磷限制的特点，其中地表水中IN/TP、TN/TP、KN/TP比值为开放式沉陷区＞封闭式沉陷区，而浅层地下水中则相反。

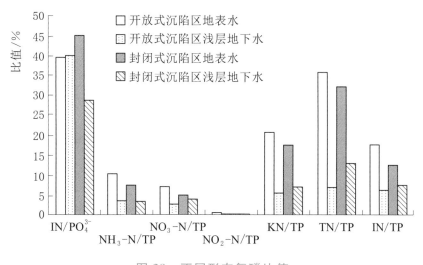

图38　不同形态氮磷比值

（2）丰水期总氮与总磷的比值以及无机氮与总磷的比值均有所降低，并且两比值差距也随之减小，说明丰水期给研究区带来的氮源污染主要为无机氮，有机氮比重较小，另外，丰水期为研究区带来的氮磷污染中，磷的比重要高于氮，说明降雨对研究区内磷的相对影响大于对氮的相对影响。

（3）总氮与总磷的比值在6月和7月均有所升高，主要是由于这段时间处于丰水期和农忙高峰期，该时段农业施肥打药、地表径流对研究区氮磷浓度有很大贡献，说明农业施肥中氮肥高于磷肥。

（4）通过以上几方面的分析，开放式沉陷区由于和地表河流相连，氮的来源更广，氮磷比更大，更加体现了磷限制的特征，同时在对沉陷区水体富营养化进行预防和控制时，由于开放式沉陷区的高氮磷比的特点，在有相同外源磷输入的情况下，可能开放式沉陷区更易发生富营养化。因此，采煤沉陷区发生富营养化的潜在风险不可忽视，尤其是对外源磷输入的控制。

（五）氮和磷的来源分析

地下水和土壤中的 NO_3^- 来源复杂，可分人为来源和天然来源。天然来源构成了地下水硝酸盐天然背景值；人为来源则更加复杂，包括人工固氮生产的化肥、煤、石油、天然气燃烧、工业废水和生活污水排放、人和畜禽粪便的排放等。从20世纪70年代开始，众多学者利用 $\delta^{15}N$ 研究地表水及地下水汇总硝酸盐氮的来源，最为经典的是 Helton 在总结前人研究成果的基础上，得出三种主要污染源的氮同位素组成典型值域，大大提高了氮同位素技术在实际应用中的可操作性。不同来源的硝酸盐其 $\delta^{15}N$ 范围大致如下：降水为 $-8‰\sim2‰$，化肥为 $-4‰\sim4‰$，矿化的土壤有机氮为 $4‰\sim8‰$，生活污水为 $8‰\sim15‰$，动物粪便为 $10‰\sim22‰$。根据这些数值结合研究区的水文地质条件，可以大致推断出地下水中 NO_3^- 的来源（表6）。

同时，在用 $\delta^{15}N$ 识别地下水来源的研究中，也有众多学者研究和讨论了 $\delta^{15}N-\delta^{18}O$ 来共同识别氮的来源，同时也可以更有效地识别反硝化作用。

结合沉陷区周围的土地利用类型和 $\delta^{15}N$ 的测试结果，在开放式的沉陷区，南侧为泥河，北侧为农田，在南侧泥河边上有畜禽养殖，地表水和浅层地下水的 NO_3^- 来源基本上来自化肥，而泥河水中的 NO_3^- 主要来自生活污水。封闭式沉陷区周边为农田和村庄，地表水中的 NO_3^- 主要来自降水和化肥，而浅层地下水中的 NO_3^- 来自动物粪便和矿化的土壤有机氮。

表6　地表水及浅层地下水 NO_3^- 的来源

沉陷区类型	点位	$\delta^{15}N/‰$	$\delta^{18}O/‰$	来源
封闭式 沉陷区	16B	1.21	24.64	降水
	16D	18.59	17.46	动物粪便
	6B	2.68	20.00	化肥
	6D	6.89	−3.39	矿化的土壤有机氮
开放式 沉陷区	8B	−3.88	−1.85	化肥
	8D	40.98	15.44	—
	9B	−0.40	18.64	化肥
	9D	−2.35	3.72	化肥
	P1	3.87	18.22	化肥
	P3	2.07	20.10	化肥
地表河流	NB	7.26	5.33	生活污水

通过分析研究区地表水和浅层地下水中 $\delta^{15}N$、$\delta^{18}O$ 的含量，不同类型沉陷区的地表水和浅层地下水的 NO_3^- 来源不同，开放式沉陷区由于受到地表河流的影响，水力交换条件好，其 NO_3^- 主要来自周边农田在降雨时的地表径流的汇入，浅层地下水也受到了地表化肥的污染。

封闭式沉陷区由于水力循环条件、沉陷区形状等因素的影响，在某些区域，地表水中的 NO_3^- 主要来自降水，而其相应垂线下的浅层地下水中的 NO_3^- 来自动物粪便，同时在其他区域，地表水中的 NO_3^- 来自化肥，而其相应垂线下的浅层地下水中的 NO_3^- 来自土壤矿化的有机氮。这说明封闭式沉陷区的地表水相对孤立，水力循环条件次于开放式沉陷区，同时浅层地下水的循环也不同于开放式沉陷区，污染物的扩散面积小于开放式沉陷区。

四、结论与建议

（1）通过对采煤沉陷区地表水与浅层地下水动态变化特征研究发现：沉陷区地表水除与降水及蒸发因素有关外，与浅层地下水之间存在相互作用关系。

（2）采煤沉陷区地表水与浅层地下水水位动态变化是影响二者之间量转化的决定因素，而不同季节降水与蒸发作用，是确定其相互转化的决定因素，其量的大小除与水位相关外，还与包气带厚度及其渗透性有关。

（3）本次研究发现：封闭式沉陷区地表水与地下水之间的关系为地下水补给地表水，其补给量相对较小，在雨季虽然地表径流增加，但发生越流转化量减小；因受到泥河和农业灌溉影响，开放式沉陷区的地表水与地下水之间的补、排泄量呈互为补排特征。

（4）通过$\delta^{15}N$、$\delta^{18}O$和氮、磷等营养盐结构分析发现，两种沉陷区均属于磷限制型，开放式沉陷区的磷限制性更强，封闭式沉陷区的地表水相对孤立，水力循环条件次于开放式沉陷区，同时浅层地下水的循环也不同于开放式沉陷区，污染物的扩散面积小于开放式沉陷区。

地表水体及浅层地下水的水质与水量动态变化，直接影响着当地生物、植被、农作物生长以及居民生存环境，它也是水-土-气之间相互作用的纽带与溶剂，对地表环境有着较强的驱动作用。因此，研究动态开采条件下的浅层水环境特点及影响因素，探求其变化规律，对矿区水资源的综合利用、矿区环境的修复治理以及改善矿区生态环境，具有十分重要的现实意义。从沉陷地表水、包气带水、浅层地下水的水量随开采沉陷条件、地表微地貌条件变化入手，研究该区的水资源量及其与水环境的变化的关系，以及水质变化状况，为矿区农业用水、生产、生活用水以及电力用水提供科学依据。

（陆春辉、许光泉、李翠、范廷玉）

参 考 文 献

桂和荣，胡友彪，宋晓梅，等，2001. 矿业城市浅层地下水资源研究：淮南市浅层地下水资源评价与开发 [M]. 北京：煤炭工业出版社.

何春桂，刘辉，桂和荣，2005. 淮南市典型采煤塌陷区水域环境现状评价 [J]. 煤炭学报，30 (6)：754-758.

童柳华，刘劲松，2009. 潘集矿区塌陷水域水质评价及其综合利用 [J]. 中国环境监测，25 (4)：76-80.

王振龙，章启兵，李瑞，2009. 采煤沉陷区雨洪利用与生态修复技术研究 [J]. 自然资源学报，24 (7)：1155-1162.

徐翀，孙青言，安士凯，等，2013. 采煤沉陷对沉陷区洼地汇流范围的影响分析 [J]. 中国水能及电气化，(8)：63-69.

徐翀，陆垂裕，陆春辉，等，2013. 淮南采煤沉陷区水资源开发利用关键技术 [J]. 中国水能及电气化，(8)：52-57.

许光泉，沈慧珍，等，2005. 宿南矿区"四含"沉积相与富水性关系研究 [J]. 安徽理工大学学报（自然科学版），25 (4)：4-8.

许光泉，沈慧珍，2004. 疏降地下水引起地面塌陷浅析——以淮南煤矿区为例［J］. 中国
　　地质灾害与防治学报，13（4）：64-68.

许光泉，史红伟，何晓文，2010. PRB 技术处理污染地下水的试验研究［J］. 合肥工业大
　　学学报（自然科学版），33（6）：901-905.

许光泉，王伟宁，2010. 安徽淮北平原浅层地下水水质特征分析［J］. 水文地质工程地
　　质，37（3）：12-17.

严家平，赵志根，许光泉，等，2004. 淮南煤矿开采塌陷区土地综合利用［J］. 煤炭科学
　　技术，32（10）：56-58.

淮河流域采煤沉陷区河道
损害机理及治理技术

淮南矿区是国家确定的 13 个大型煤炭基地和 6 大煤电一体化基地之一。2004 年，国家发展改革委批准了淮南矿业集团潘谢矿区总体开发规划，获准资源量 285 亿 t。淮南矿区是目前中国东部和南部地区煤炭资源最好，也是储量最大、最后一块整装煤田。淮南矿业集团现有 13 对生产矿井，2013 年年生产规模约 7000 万 t。

淮南矿区老区水体下（包括淮河下、淮堤下）压煤量占该区总储量的 60% 以上。水体下的大量压煤制约了该区生产的正常发展。为了保证安徽和华东地区用煤，充分利用煤炭资源，稳定矿区产量，本着积极稳妥，确保安全，先易后难，由点到面，逐步扩展的原则，淮南矿业集团组织工程技术人员会同有关科研单位，把水体下采煤问题列为重点攻关项目，经过充分调研和论证，先在李嘴孜矿进行了水体下压煤的试采，并获得了成功。在水下开采过程中，淮南矿业集团在各试采区累计施工了约 500 个冒落裂缝带探测孔，获得了丰富的实测成果。

本专题在梳理已有采煤沉陷区治理研究基础上（国家煤炭工业局，2004；袁亮 等，2003；胡振琪 等，1999；束一鸣 等，1998，2004，2006，2012；吴侃 等，1995，1998，1999，2000，2003；戴华阳，1990；何国清 等，1982；顾大钊，1995；徐翀 等，2013；李亮 等，2010；王宁 等，2013；周大伟 等，2011；张舒 等，2007；涂敏，2004；邹友峰，1997，2001；洪加明 等，1992；耿德庸 等，1980；郝延锦 等，2000），分析了煤层开采后的河道变形规律和河道损害机理（李佩全，2010；杨宗震 等，1994；葛中华 等，1991），总结了已实施的河道专项治理技术，最后研究了采动影响下的河道治理模式。

一、多煤层重复开采河道变形规律

为研究多煤层重复开采河道变形规律，选择具有典型多煤层重复采动特点的淮南矿区作为实验点，建立了全面的观测体系：堤防表面移动变形、堤防内部移动变形和水下地形观测系统，获取了大量的观测资料。通过这些观测资料，可以掌握堤防的动态情况，评价和判断堤防的加固和维护质量。

（一）淮河大堤堤防内外动态监测体系

1. 淮河大堤表面移动变形观测系统

根据从高级到低级逐级控制的原则，堤坝表面移动变形观测系统由监控网和堤坝移动变形观测站组成。

（1）淮河大堤监控网。

建立监控网的目的是为堤坝表面移动变形观测系统提供可靠的基准，网形见图1。该网由二等边角网（1点、2点、3点和4点）和四等闭合导线（4导线、5导线、6导线和7导线）组成，其中老鹰山、车路山为设在远离采矿影响区域的高等点。监控网观测要求见表1。

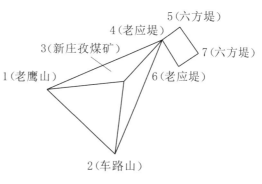

图 1　监控网示意图

表 1　监控网观测要求

观测项目	仪器名称	仪器精度	作业要求和等级
测距	DI20	Ms＝3mm＋2ppm.D	按二等红外边4测回往返观测
水平角	TC2002	Mr＝0.5s	国家二等、四等三角测量
垂直角	TC2002	M＝0.5s	按规程观测
水准	WILD N3	SI	国家二等水准测量

（2）堤坝移动变形观测站。

1）堤坝移动变形观测站的布设。堤坝移动变形观测站是为了监测堤坝的动态变形而布设的，在监控网的基础上沿受采动影响的淮堤布设，测点设在迎水坡一侧，沿淮河大堤纵向布设。观测站按观测程序和精度等级分为控制点和工作点两部分。工作点点间距为25～30m。

观测站的观测采用TC2002电子速测仪同步实施三维观测，用三角高程或几何水准测量。

2）堤坝移动变形观测站的观测工作。观测站控制点与工作点同时测量，控制点间水平方向两测回，天顶距和距离对向观测两测回，工作点一测回。

测点高程采用三角高程或几何水准测量。

3）堤坝移动变形观测站的计算。将现场测量记录整理后，输入计算机，用"堤坝变形监测处理系统"进行处理，获得完整的监测成果。

2. 堤防内部钻孔观测系统

堤防内部移动变形观测采用钻孔测斜仪和钻孔伸长仪组成的三维测量系统。

（1）岩体内部下沉测量（钻孔伸长仪）。

1）主要组成部件。该系统主要由探头、电缆、带指示装置的卷缆轮、测管、感应环和基架组成。

2）测量原理。探头内的感应电路在探头接近感应环时，将引起蜂鸣器报警，并使指示器上指针偏转。当指针达到峰值，即探头中心正好对准感应环时，利用电缆和标尺上的刻度，便可测得探头中心所在的深度。根据一定时间间隔内前后两次的测量结果，可计算出不同深度（感应环所在位置）岩层的垂直位移以及每一段内岩层的竖向伸长或压缩量。为获得绝对的位移值，至少应有一个感应环（如孔底附近）埋在稳定岩石中，或者有一个感应环（如孔口附近）用其他方法测得绝对位移值。

3）仪器精度。对于一个熟练的操作员，测深精度可达到1.5mm。

（2）岩体内部水平移动测量（钻孔测斜仪）。

1）主要组成部件。主要组成部件为传感器、电缆、读数装置、测管。

2）测量原理。将传感器通过电缆和读数设备连接在一起，由孔口用电缆将传感器下放到测管内，依次用电缆上的刻度将传感器标定到每一个指定的深度处，测出偏斜增量。整个钻孔测完后，计算出钻孔内每一指定深度相对于基准点（孔口或孔底处）的偏斜值。在一定时间间隔内，前后两次测量所得的各深度处钻孔偏斜值之差，即为各深度处的水平移动值。

3）仪器精度。在安装良好、钻孔偏离竖直方向的偏角不超过3°的情况下，一个30m深的钻孔中，测量总位移的误差不超过7.5mm。以两倍中误差作为极限误差，那么，测定位移的测定中误差为3.75mm。

（3）堤防内部钻孔观测系统的布设。

堤防内部观测钻孔分别布设于新庄孜矿老应堤、六方堤和李嘴孜矿黑李堤。观测钻孔分别沿淮堤纵向和横向布设。

3. 观测成果的精度评价

为了评价堤坝移动变形观测站观测成果的精度，分别于1992年2月和5

月对观测站中的近 300 个工作点进行了观测试验，并着重对三角高程的精度进行了试验研究。试验时将测点按距离不同分组：0～50m，30 个点；50～100m，30 个点；100～200m，60 个点；200～300m，80 个点；300～400m，56 个点；400～500m，30 个点；500m 以上，10 个点。结果表明：平面坐标和传统作业方法相比基本上没有差别，高程和几何水准测量相比，如视几何水准为真值，中误差为 5.6mm（0～500 范围内），二者差值变化范围为 0～10mm。若当距离超过 500mm 时，三角高程观测结果和几何水准比较，差值较大，最大达到 17mm。由此可见，对于堤坝移动变形观测，在一定距离范围内，用三角高程测量代替几何水准测量方法是可行的，成果精度也能满足要求。

由实测资料统计分析得到：观测站观测成果的平面坐标精度较规程推荐的方法精度高，高程也能满足三等水准的要求。

钻孔测斜仪自始至终采用双方向观测，用两个方向观测的平均值计算各深度点的位移量。要求同一点两次观测的位移增量互差不超过 2mm。测定位移量的误差与测点的深度有关，离基准点越远，位移的误差越大。因此，观测时要求同一点同方向相对于基准点的累计位移量，两次观测计算值之间的互差不超过中误差的两倍。在这样的要求下，观测成果的精度至少达到了仪器的标称精度。同样，钻孔伸长仪测定的岩体内部下沉的精度也达到了仪器的标称精度。因此，所有的实测资料是可靠的，完全能满足大堤安全监测的要求。

（二）淮河大堤表面观测站实测资料分析

1. 淮河大堤实测资料总体分析

通过对受采动影响淮河大堤的精密测量，获得了大量丰富的淮河大堤移动与变形观测资料，这些资料体现了淮河大堤的沉陷动态。

对堤坝动态监测成果分析后，可以得出以下总体分析结论：

（1）1991—1995 年间，受开采影响的堤坝移动变形是连续的、渐变的，下沉盆地是平缓的。地表和堤坝在开采影响过程中发现的裂缝基本上在分析预测的深度和宽度的范围内，这些裂缝经过灌浆等必要的技术手段处理后，顺利地渡过了 1991 年和以后几年的洪水考验。只要保证堤坝维修、加固和灌浆等工程质量，淮河大堤的安全是有保证的。

（2）在局部范围内累计的拉伸变形值比较大，这是由于多个采空区边界重叠所致。因此，采场的接替安排需要做进一步的改进，应当尽量避免各煤层采空区边界重叠，减小水平变形值，以避免开采引起的裂缝达到极限深度，使灌浆处理裂缝的效果更好。

（3）在已经形成的局部的拉伸变形集中带，虽然堤坝表面经过充填加固，使产生的裂缝或疏松区得到消除，但堤防内部及堤基中产生的疏松区在较长时间内不会消失。因此，应该尽快开采相邻的工作面，使各煤层开采边界错开，或者加大灌浆的深度和灌浆量。

2. 淮河大堤观测站实测资料分析

（1）老应堤实测资料分析。根据开采情况，用概率积分法预计模型对局部观测值进行了求参拟合，拟合中误差分别为：下沉拟合相对中误差为10%左右；水平移动拟合相对中误差为17%。以上结果表明，淮河大堤下（老应段）采煤的堤坝表面沉陷预计模型采用概率积分法预计模型进行预计是可靠的；在参数选择合理的情况下，下沉预计中误差约为最大值的10%。

（2）黑李堤实测资料分析。根据开采情况，用概率积分法预计模型对黑李堤测点观测值进行了求参拟合。拟合中误差分别为：下沉拟合中误差为23mm，相当于这些点中的最大下沉值的7%；水平移动（沿堤坝纵向）拟合中误差为37.7mm，相当于这些点中的最大水平移动值的26%。以上结果表明，李嘴孜矿淮河堤坝下采煤的堤坝表面沉陷预计模型采用概率积分法预计模型进行预计是可靠的；在参数选择合理的情况下，下沉预计中误差约为最大值的10%；水平移动预计误差大于下沉预计误差。

（3）六方堤新庄孜段实测资料分析。根据开采情况，用概率积分法预计模型对1993年的测点观测值进行了求参拟合。拟合中误差分别为：下沉拟合中误差为86.6mm，相当于这些点中的最大下沉值的6.5%；水平移动（沿堤坝纵向）拟合中误差为71.7mm，相当于这些点中的最大水平移动值的15%。

3. 多次重复开采对堤坝的影响

六方堤新庄孜段在1993—1995年之间堤坝下开采强度最大，开采重复次数最多，因此，以该堤段为重点来分析多次重复开采对堤坝的影响。

1994年堤坝移动拟合情况如下：

下沉拟合中误差为70.7mm，相当于这些点中的最大下沉值的8.8%；水平移动（沿堤坝纵向）拟合中误差为48.6mm，相当于这些点中的最大水平移动值的14%。拟合求得的参数（多个工作面的综合参数）：$\theta=72°$，$q=0.81$，$b=0.27$，$\tan\beta=1.57$，$S=-10\sim10m$。

1995年堤坝移动拟合情况如下：

下沉拟合中误差为 50.4mm，相当于这些点中的最大下沉值的 7.7％；水平移动（沿堤坝横向）拟合中误差为 54mm，相当于这些点中的最大水平移动值的 15.8％。拟合求得的参数（多个工作面的综合参数）：$\theta=75°$，$q=0.84$，$b=0.30$，$\tan\beta=1.63$，$S=-20\sim10m$。

将对六方堤 1993 年、1994 年和 1995 年观测成果的拟合情况及拟合求得的年度内所有工作面的综合参数列入表 2。

表 2　　　　　　　　　　　　　　六方堤拟合精度和拟合参数

年度	相对中误差/％		参　　　数				
	下沉	水平移动	q	b	$\tan\beta$	$\theta/(°)$	S/m
1993 年	6.5	15	0.86	0.25	1.42	68	$-10\sim-15$
1994 年	8.8	14	0.81	0.27	1.57	72	$-10\sim10$
1995 年	7.7	15.8	0.84	0.30	1.63	75	$-20\sim10$

从表 2 中可以看出，多次重复开采引起的堤坝移动的综合结果仍然符合概率积分法预计模型，分年度求得的参数没有明显的差异。

（三）淮河大堤堤防横向移动变形

淮河大堤是建立在表土体上的水工建筑，一方面，堤坝在受到井下高强度、大规模开采的影响下与地表一起大幅度地下沉；另一方面，为了保证堤坝的功能，不断地进行加固和维护，使得堤坝的体高在增加。虽然地表相对平坦，但堤坝则存在坡面，因此，从理论上分析，堤坝的横向移动和地表的移动在整体趋势相同的情况下，还有一些差异。

对于开采引起的堤坝的纵向移动，采用前面的模型和参数，就可以获得满意的预计结果，而对于堤坝的横向移动则应当按地表移动相同的预计方法预计后，再根据预计点所处的位置加以必要的修正。

为了全面掌握堤坝移动的动态规律，仅靠设立于迎水坡一侧沿堤坝纵向的一条观测线是不够的，为弥补不足，在实验室通过大比例尺相似材料模型进行了模拟试验。综合分析实验结果表明（坡度按 1∶3 考虑）：

（1）当开采引起的倾斜与坡度方向不一致时，堤坝坡面、坡顶和坡脚的移动与相应的地表移动无明显的差异。

（2）当开采引起的倾斜与坡度方向一致时，堤坝的坡面移动与相应的地表移动存在一定的差异。坡面上各点的移动应当在相应点的地表移动的基础上加以必要的修正。

（3）在实验过程中观测到，坡面上老坝与新坝之间的层面上有微小的离层现象，其他各处移动均匀。

（4）当开采引起的倾斜与坡度方向一致时：靠近坡顶的坡面下沉量较相应的地表点大，靠近坡脚的坡面下沉量较相应的地表点小；与地表点移动相比，坡面相对于地表的下沉曲线的形态如图 2 所示，该下沉曲线的转折点位于开采引起的坡面处地表各点倾斜平均值处；坡面上各点相对于地表的下沉曲线的最大值大约是地表各点倾斜平均值的 3～5 倍。

（5）当开采引起的倾斜与坡度方向一致时：坡面上的水平移动均较相应的地表点的水平移动大，两者的差异与开采引起的坡面处地表各点倾斜成正比，见图 2。

（四）堤防内部移动规律

1. 老应堤堤防内部移动实测资料的分析

（1）老应堤堤防内部下沉的宏观分析。

根据老应堤堤防内部下沉实测资料，堤防内部的下沉与采空区的位置是密切相关的。可以归纳为如下几种情况：

1）当监测钻孔的位置距离采空区较远（接近移动盆地边界，见图 3 中 a 位置），仅受很微小的影响时，堤顶至基岩面之间的岩体内部与地表面处于同步下沉状态。

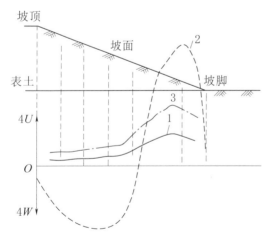

图 2　坡面相对于表土的移动曲线
1—表土倾斜曲线；2—坡面相对于表土的下沉；
3—坡面相对于表土的水平移动

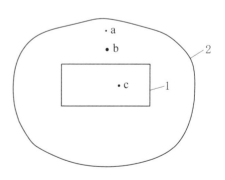

图 3　监测钻孔与采空区相对位置示意图
1—采空区边界；2—下沉盆地边界

2）当监测钻孔的位置在下沉盆地边界与采空区边界之间时（图 3 中 b 位置），在受采动影响的初始阶段，从堤顶至基岩面存在微小的竖向拉伸。随着下沉值的增大，内部的竖向下沉曲线首先从基岩面开始向上由竖向拉伸转化为竖向压缩。在继续缓慢下沉过程中，竖向压缩保持基本不变。下沉稳定后，从堤顶至基岩面整体处于微小的压缩状态。堤防内浅部的竖向拉伸变形也转化为竖向压缩变形（堤坝新充填土）且压缩变形可达到 6～10mm/m。

当监测钻孔的位置处于采空区正上方时（图 3 中 c 位置），在受采动影响过程中，体（表土体）内部经历了不同的竖向变形，如图 4 所示。在受开采影响的起始阶段，土体内竖向处于微小的拉伸变形状态（图 4 中的 A 曲线）；当监测位置在开采工作面前方且受到开采的明显影响时，土体内竖向处于压缩变形状态（图 4 中的 B 曲线）；当开采工作面推过监测钻孔位置后，监测钻孔位于采空区上方时，土体内竖向处于拉伸变形状态（图 4 中的 C 曲线）；如果采空区范围足够大（达到充分采动）时，位于采空区中心正上方位置的竖向拉伸基本上消除（图 4 中的 D 曲线）。

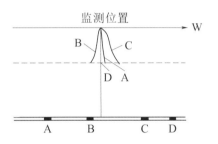

图 4　竖向下沉曲线动态变化规律
（相对于孔口）

在老应堤目前的开采强度下，从堤顶至基岩面平均竖向拉伸或压缩变形均小于 2mm/m（距堤顶 2～3m 范围内的新充填土除外，该段竖向拉伸或压缩可达 6～10mm/m）。

（2）堤防内部下沉细观分析。

实测的竖向下沉是围绕下沉趋势曲线的锯齿形曲线，在不同的层位拉、压交替变化。这种变化部分是由于观测误差引起的，但是，大量的观测结果还是证明了堤坝（土体）内部竖向变形具有如下规律性：

不同性质的层面位置是下沉发生明显变化的地方，即产生较大的拉伸或压缩变形的地方。

黏土层在上，非黏性土（砂土）层在下的界面一般处于拉伸变形状态，反之，一般处于压缩变形状态；

性质相同的土层内部其竖向下沉均匀变化。

不同层位的拉伸、压缩交替现象十分明显，层面处最大竖向拉伸变形可达 14mm/m，最大竖向压缩变形可达 16mm/m。在堤坝新填土与老堤土的界面的局部区域就存在这一现象。虽然，处于三向受力状态的表土层中，在竖向拉伸变形为 14mm/m 时，并不会像地表那样出现裂缝（离层），但是，受拉伸区域内土体疏松是肯定存在的。对于老应堤而言，竖向下沉观测到的最不利的界面是新填土与老堤坝之间的界面。

表土层内各种不同界面，在受采动影响时形成竖向拉伸、压缩交替变化的现象。竖向拉伸和压缩在各个层位均有自己的最大值，达到最大值后，即使下沉继续增加，竖向拉伸、压缩变形值也不再增大。在下沉结束后，竖向变形将部分或大部分复位（复位程度取决于竖向位置与采空区的相对位置）。

（3）堤防内部水平移动宏观分析。

在不考虑地层的排列结构的情况下，堤防（表土）内部的水平移动具有如下特点：无论监测钻孔位于堤顶还是坡脚，从地表（堤顶）至基岩面的各点的水平移动始终是地表（堤顶）大，深部小。宏观水平移动趋势见图5。在目前老应堤开采强度下，土体内部不均匀水平移动平均小于 5mm/m。

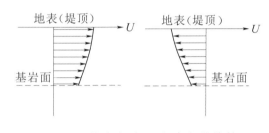

图 5　土体内部水平移动宏观趋势曲线示意图

（4）堤防内部水平移动细观分析。

从地表（堤顶）至基岩面的各点的水平移动并不是完全均匀变化的，具有明显的分段特性，出现这种现象的主要原因是土层的排列结构和各土层的物理力学性质。

均匀的土层内水平移动也是均匀的，移动方向指向采空区中心。

距地表约 15m 的淤泥质亚黏土层充当了上覆亚黏土与下伏粉砂、细砂层之间的滑动层，在该层位出现了水平移动值的明显变化。上覆亚黏土层水平移动量大，下伏粉砂、细砂层水平移动量小。淤泥质亚黏土层对老应堤来说是一个需要引起重视的界面，实测最大不均匀水平移动值为 5mm/m，该值是在测管内获得的，受测管本身刚度的作用，实际这一界面的不均匀移动值要大于 5mm/m，估计可能达到 10～15mm/m。

非黏性土（砂层）内水平移动扩展范围小，而黏土层内水平移动扩展范围大。

2. 六方堤堤防内部移动实测资料分析

（1）六方堤堤防内部竖向下沉分析。

根据监测资料，无论从宏观上还是从微观上分析，总体规律与老应堤分析结果类似。由于六方堤堤坝的加固方法及堤坝下的开采强度与老应堤存在差异，故其堤防内部移动规律又有如下不同：

新充填土在施工期间，由于受灌浆、排水的影响，监测结果是无规律的。稳定后则与别的土层一样，竖向下沉均匀变化。

从孔口（堤顶）至基岩面（泥灰岩）土体竖向受拉伸或压缩平均变形量大约为 3mm/m，略大于老应堤（老应堤平均竖向拉伸、压缩变形量一般小于2mm/m）。

在高强度的开采影响下，竖向下沉过程中，成层运动的特性表现得更充分。

从老应堤竖向下沉中分析出，最不利的界面是老堤坝与新填筑堤坝之间的界面，而在六方堤下的开采强度影响下，淤泥质黏土层则是竖向下沉变化最剧烈的层位。当竖向总体处于拉伸状态时，这一位置的拉、压变形量最大可达到 35mm/m 和 −55mm/m；当竖向总体处于压缩状态时，这一位置的拉、压变形量最大可达到 20mm/m 和 −30mm/m。据监测结果分析，这种现象是暂时的，区域是有限的，与采空区的位置变化有直接的关系。

（2）六方堤竖向水平移动分析。

根据六方堤竖向水平移动的监测结果：

从孔口（堤顶）至基岩面（泥灰岩）土体竖向水平移动总体分布与监测位置有关。当监测位置位于移动盆地拐点以外的外边缘区域时，竖向水平移动规律与老应堤监测结果一致（老应堤大部分监测孔位于盆地外边缘区），即地表（堤顶）移动量大，深部小，见图5；当监测位置位于移动盆地拐点以内时，竖向水平移动规律则相反，即从地表（堤顶）至深部逐渐增大，见图6。

六方堤内虽然受到很大的水平移动影响，但是，土体内各界面的相对滑移并没有因为水平移动增大而加剧。最不利的淤泥质黏土层的相对滑移量最大时也仅仅与老应堤下开采监测结果相当。

图6　土体内部水平移动总体趋势

堤顶以下 5m 范围内受堤防施工加固的影响明显。

3. 堤防内部移动实测资料分析小结

（1）根据前述的分析，堤防与表土无论是下沉或者水平移动都是同步的、缓慢的。

（2）土体内各点的竖向下沉，在整体同步下沉的前提下，土体内各自然形成的界面或人工形成的界面处均存在拉伸、压缩交替的现象，这种现象在开采结束后将缓慢减弱。

（3）对于老应堤而言，最不利的界面是老堤坝与新填筑堤坝之间的界面，这一界面在开采过程中往往出现疏松带。土体内部不均匀的水平移动主要发生在土体内部距离地面15m左右的淤泥质亚黏土层、基岩面和最新充填的2～3m充填土内。最不利的层位是淤泥质亚黏土层。在老应堤目前的开采强度下，该层实测到的相对滑移小于5mm/m，考虑到测管本身的刚度，实际可能达到10～15mm/m。这两个界面在今后的堤坝下采煤中应给予注意。

（4）在六方堤的开采强度影响下，竖向下沉变化最剧烈的层位是淤泥质亚黏土层。该层界面上在局部区域的一段时间内存在较大的拉伸、压缩变形，甚至存在孔隙。该层位虽然位于堤坝基础之下，但也应引起重视。竖向水平移动虽然移动量很大，但是各土层移动是均匀的，其界面的滑移并没有随水平移动量的增大而增加。在某些监测时刻，淤泥质亚黏土层存在与老应堤相似的滑移。

（五）多煤层重复采动地表移动规律及沉陷参数

1. 多煤层重复采动地表移动规律

现有理论认为重复采动时，覆岩的下沉系数会增大，一般第一次重复采动下沉系数较初次采动增大10%～20%，但其值不会大于1.1。如果为厚煤层分层开采，则第一次重复采动时的下沉系数增大20%，第二次重复采动时的下沉系数增大10%，以后重复采动下沉系数不再增大。

关于下沉系数增大的机理，有文献提出以下看法：煤层初次开采时形成的采出空间是由三部分所占据：一部分是冒落带内岩石的碎胀；一部分是上覆岩层在弯曲下沉过程中产生离层裂缝；一部分是地表下沉。当重复采动时，上覆岩层已经历过冒落、裂缝、弯曲、离层和下沉等移动和变形，岩层的原始状态遭到破坏，岩层硬度减弱，可以认为整个岩层变"软"了。所以，当重复采动时，冒落带还没有得到充分发展，上覆岩层即迅速弯曲下沉，这样就使冒落带减小，地表下沉值增大。由于岩层比原始状态变"软"了，重复采动时岩层移动过程中产生的离层裂缝比初次开采时要小，同时第一次开采时岩层内产生的离层裂缝又发生闭合，这种离层裂缝的闭合就引起地表下沉值的增大。

对于巨厚冲积层矿区，初次采动时下沉系数已大于1.0，重复采动时下沉系数还会符合上述规律吗？需从巨厚冲积层矿区沉陷机理着手研究。

（1）多煤层重复采动机理分析。

　　大量数据表明，当有巨厚冲积层存在时，开采引起的地表移动变形规律与常规开采条件（无冲积层或冲积层较薄）存在较大的不同。与薄（无）冲积层区域开采相比，巨厚冲积层区域开采地表移动规律具有如下特殊性：①地表下沉范围大；②初次采动下沉系数大，接近或大于1；③地表水平移动范围大于下沉范围。将巨厚冲积层矿区煤层上覆岩层和土体看成统一岩体的话，岩性即偏软，下沉系数偏大。但是岩层和土体是两种性质不同的材料，土体本身有很多不同于岩层的性质，应将土体和岩层分开分析沉陷机理。

　　淮南矿区提供有利条件和丰富的实测资料，本书以淮南矿区为研究对象进行研究。将淮南矿区煤层上覆基岩与第四系冲积层分开，分别研究各自的开采沉陷机理及相互协同作用机理，然后进行综合分析。研究思路概化模型见图 7（a）。

　　基岩面沉陷向地表传递过程中引起的冲积层土体三方面响应机理：土体跟随基岩面沉降、深部土体失水固结沉降及浅部土体的压密沉降，见图 7（b）。

　　而冲积层以荷载的形式向下传递至采空区，从而影响采空区及其上方的破碎岩体及裂隙产生冲积层与采空区（即岩土协同作用）协同作用下沉，具体见图 7（c）。

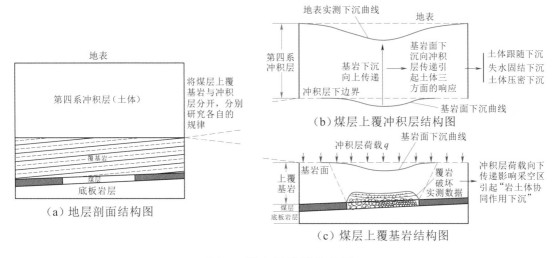

图 7　研究思路概化模型

　　根据研究思路概化模型，井下开采后，第四系冲积层的沉陷可分为如下几个部分：①跟随基岩下沉所产生的跟随沉降；②失水固结沉降；③开采扰动下土体密实性沉降；④冲积层土体荷载作用于采空区的附加沉降——协同作用下沉。

　　根据概化模型可知，新区初次采动地表沉陷有以下三方面的综合体现：

基岩面的沉陷、土体的响应（包括跟随下沉、冲积层排水固结沉降及密实性沉降）及土体与基岩之间的协同作用量。研究多煤层重复采动影响，就是要揭示多煤层重复采动时引起上述各部分的变化规律。

（2）重复采动条件下基岩沉陷规律。

重复采动条件下，基岩沉陷移动分布规律与数学模型和初采是一致的，无显著变化。但是，模型参数存在差异，具体见表3。

表3 多煤层重复采动模型参数变化

概率积分法参数	初采	一次复采	二次复采
下沉系数	0.7	0.84	0.9

由表3可知，重复采动条件下，下沉系数会随着重复采动的次数增加而逐渐增大，二次复采之后下沉系数会逐渐趋于稳定。

（3）土体的响应沉降。

1）跟随沉降。重复采动条件下，基岩沉降扰动土体，会引起土体的跟随沉降，这部分沉降变化规律与基岩沉降相同，模型参数也与基岩相同。

2）排水固结沉降。由于淮南矿区新区初采后地表很快积水，重复采动条件下，地下潜水位没有变化，水无处可排，这部分的沉降量基本可以忽略。

3）密实性沉降。初次采动条件下，基岩沉降扰动土体，会使土体产生密实性沉降。重复采动时，土体会再次密实，但这部分密实性沉降量很有限，基本可以忽略。

4）协同作用附加沉降。图8为不同煤层导水裂隙带发育高度。初次采动条件下，若土体对基岩的附加应力与15煤层导水裂隙带相互之间沟通，则在协同作用下会产生一个附加下沉量，附加下沉量会随着开采深度的增加而逐渐减小；若两者之间不沟通，则不会产生附加下沉。一次复采时，15煤层和13煤层两煤层的导水裂缝带沟通，若土体对基岩的附加应力与15煤层导水裂隙带相互沟通，则在协同作用下会产生一个附加沉降量；若不沟通，则不会产生附加下沉。二次复采时，11煤层和13煤层两煤层导水裂隙带不沟通，则不会产生附加下沉。同样，7煤层和8煤层与上面煤层导水裂隙带无沟通，也不会产生附加下沉。

（4）综合分析。

由于淮南矿区新区初采后地表很快积水，因此，给重复采动的观测带来很大困难，使得相关观测站的观测资料很少。要准确分析重复采动时的各种参数是非常困难的。在此，根据巨厚冲积层土体的特性，着重对重复采动时

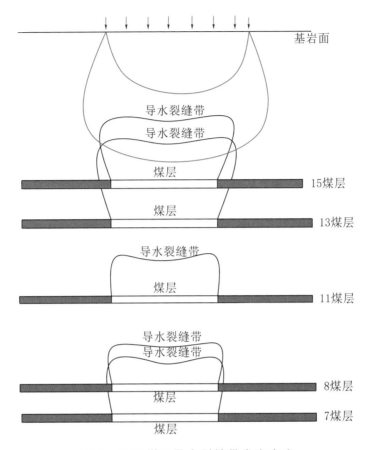

图 8　不同煤层导水裂缝带发育高度

的下沉系数做一综合分析。

根据大量地表实测观测站资料分析，初次采动时地表下沉系数为 1.1～1.4，平均为 1.2 左右，其中基岩面沉降转换成下沉系数约为 0.7，巨厚冲积层排水固结沉降转换成下沉系数为 0.15～0.25，密实性沉降转换成下沉系数为 0.05，协同作用转换成下沉系数为 0.1～0.2。一次复采时，基岩面下沉系数约为 0.8，排水固结和密实沉降在重复采动时基本可以忽略，若存在协同作用，则其附加沉降量相当于下沉系数增加约为 0.1，则最终一次复采地表下沉系数约为 0.8～0.9。二次复采时，基岩面下沉系数约为 0.9，排水固结、密实性沉降和协同作用基本可以忽略，地表下沉系数约为 0.9。通过以上综合分析可知，重复采动条件下，下沉系数相比于初次采动是逐渐减小的，随着复采次数的增加，下沉系数逐渐趋于稳定。

（5）实测资料验证。

截至目前，只收集到顾桥 1117（3）一个观测站的观测资料是重复采动的。

顾桥煤矿位于淮南市辖凤台县的顾桥镇、桂集镇丁集镇境内，位于潘谢矿区中西部，东距凤台县县城约 20km。东与丁集矿井为邻，西与张集矿井相接，北与顾北矿井相通。2006 年 10 月 1 日开采北一采区 11－2 煤 1117（1）首采面，2008 年 2 月 27 日首采面开采结束。根据顾桥煤矿的回采计划，于 2009 年 5 月中旬回采 1117（1）首采面正上方（两面垂距约 75m）的 1117（3）工作面。

顾桥煤矿北一采区 13－1 煤 1117（3）综采面，井下位于北一上山采区下部，北为 F_{87} 采区边界断层，南到工业广场保护煤柱，东为 1121（3）轨道顺槽，西为 1116（3）运输顺槽。周围除 1117（1）工作面回采完毕外其余上下煤层均未回采。1117（3）综采面设计走向长约 2902m，实际采长约 2737.5m，工作面斜长约 241.3m（水平距离 240m），煤厚为 0.8～5.1m，平均为 3.51m，工作面出煤量为 315.82 万 t；平均采高约 4.3m。工作面走向为南北方向，煤层倾角为 3°～10°，平均为 5°，为近水平煤层。工作面 13－1 煤层埋深为 620～742m，平均约为 680m；工作面标高为－718.4～－596.4m。该面回采范围内上覆新生界松散层厚度（即基岩面埋深）396.53～456.30m，平均为 430m。1117（3）工作面采煤方法为综合机械化采煤，一次采全高。顶板管理方法为全部垮落法，工作面推进速度约为 6.16m/d。1117（3）综采面上方地表较为平坦，高程为 21.5～25.6m。工作面回采对张童村等部分村庄的建筑物及一些临时建筑物、农用电网、高压电网以及灌溉沟渠产生影响。1117（1）工作面回采时，对地面的其他村庄、学校等进行了拆迁、补偿。

按技术设计，顾桥煤矿 1117（3）综采面重复采动地表移动观测站布设成一条全走向观测线和两条半倾向观测线。结合首采面上方的地形情况，1117（3）综采面观测站的走向线采用 1117（1）首采面的走向观测线的位置，并对其进行延伸和加密。1117（3）综采面观测站的两条半倾向观测线的位置与 1117（1）首采面的南北两条全倾向观测线的位置相同，并向下山方向延伸。1117（3）综采面观测站的北端半条倾向观测线从 1117（1）首采面北倾向观测线的 MSA38 开始，到 CSA01，共 41 点；1117（3）综采面观测站的南端半条倾向观测线从 1117（1）首采面南倾向观测线的 MSB38 开始，到 CSB01，共 44 点。

利用实测地表资料，求取概率积分法模型参数，求参拟合效果见图 9，参数求取情况见表 4。

利用实测地表资料，拟合求取概率积分法参数，拟合得到下沉系数为 0.96。顾桥矿区初次采动时下沉系数为 1.1，实例说明重复采动时下沉系数是

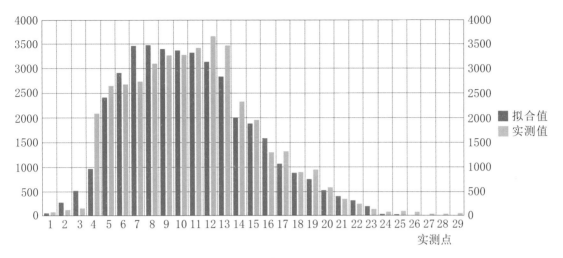

图9　求参拟合效果图

表4　　　　　　　　　　概率积分法求参结果

模型	参 数
概率积分法	$q=0.96$；$\theta=89°$；$\tan\beta=1.64$

减小的，这与前面综合分析的下沉系数变化趋势是一致的。多次复采后，下沉系数会逐渐减小最终趋于稳定。

2. 淮南矿区地表移动参数分析

（1）分矿区综合。

1）张集矿区参数综合分析。根据实测数据计算，将获得的张集矿区所有的观测站资料汇总于表5。

表5　　　　　　　　　　张集矿区参数汇总表

	观测站名称	1212（3）	1211（3）	1221（3）	1111（3）
工作面参数	走向长/m	210	209	1011	210
	倾向长/m	1190	1493	141	1809
	采厚/m	3.9	3.9	4.2	4.1
	表土厚/m	350	350	335	390
	平均采深/m	478	480	590	508
	工作面长/平均采深	0.44	0.44	0.24	0.41
	平均开采速度/(m/d)	5	6.2	3.45	6.0

续表

观测站名称		1212（3）	1211（3）	1221（3）	1111（3）
概率积分参数	下沉系数	0.9	0.84	0.51/0.85	0.91
	主要影响角正切	1.92	1.98	1.82	2.28
	水平移动系数	0.32	0.33	0.35/0.31	0.31
	开采影响传播角/(°)	90.8	88.0	87.5	86.2
	左拐点偏距/m	−8.8	−9.6	49.9	23.1
	右拐点偏距/m	16.6	13.2	117.0	5.8
	上拐点偏距/m	4.8		12.7	
	下拐点偏距/m	6.8		24.0	
边界角	走向/(°)	45.2	50.8	47.9	51.0
	上山/(°)	44.3	48.0	50.3	48.5
	下山/(°)	46.0	44.3	46.8	55
移动角	走向/(°)	65.1	68.3	65.7	67.9
	上山/(°)	63.7	65.5	69.0	65.4
	下山/(°)	67.0	64.6	65.0	72.5
动态参数	最大下沉速度/(mm/d)	50.7	63.9	25.0	73.5
	最大下沉速度滞后角/(°)	79.4	82.0	79.1	81.8
	起始期/d	24	17	39	19
	活跃期/d	161	127	190	128
	衰退期/d	123	83	145	87
	移动总时间/d	308	227	374	234

经综合分析，可获得如下结论：

A. 经充分程度转换后［1221（3）工作面］，张集矿区开采工作面沿走向推进与沿倾向推进表现的地表移动规律无明显差异。1221（3）工作面获得的下沉系数小是由于极不充分采动造成的。

B. 角量参数。在充分或接近充分采动下，开采引起的走向、上山和下山边界角无明显差异，可统一选用48°（因表土层移动角无法获取，该值为含表土层的综合边界角）。

开采引起的走向、上山和下山移动角无明显差异，可统一选用66°（含表土层的综合移动角）。

C. 概率积分法参数。当$L_1/H = 0.25$或$L_2/H = 0.25$时，$q = 0.51$，$\tan\beta = 1.82$，$b = 0.32$，$\theta = 88°$；当$L_1/H = 0.45$或$L_2/H = 0.45$时，$q = $

0.88，$\tan\beta=2.0$，$b=0.32$，$\theta=88°$；当 $L_1/H\geqslant1.0$ 或 $L_2/H\geqslant1.0$ 时，$q=1.1$，$\tan\beta=2.2$，$b=0.32$，$\theta=88°$。其他情况的参数可线性内插获得。

拐点偏移距约为 $0.025H$（H 为平均采深）。

D. 动态参数。最大下沉速度：当 $L_1/H=0.45$ 或 $L_2/H=0.45$ 时，$V_{max}=1.27mc/H$。其中，V_{max} 为最大下沉速度，mm/d；m 为采厚，m；c 为工作面回采速度，mm/d；H 为平均采深，m。

当 L_1/H 或 L_2/H 都大于等于 1.0 时，$V_{max}=1.52mc/H$。

其他的情况可线性内插获得。

最大下沉速度滞后角为 $80°$。

移动持续时间分析：地表移动期估算公式开始期为 $0.92H/cm$；活跃期为 $6.4H/cm$；衰退期为 $4.5H/cm$；地表移动持续总时间为 $11.82H/cm$。其中，m 为采厚，m；c 为工作面回采速度，m/d；H 为平均采深，m。

2）谢桥矿参数综合分析。

A. 角量参数。利用概率积分法参数进行动态反演，获得需要的参数并用实测资料进行校正。角量参数见表 6。

表 6　　　　　　　　　　谢桥矿角量参数表

边界角/(°)	走向边界角	46.7
	上山边界角	50.0
	下山边界角	43.7
移动角/(°)	走向移动角	67.4
	上山移动角	70.4
	下山移动角	65.0

B. 概率积分法参数。现将谢桥矿的求参数结果汇入表 7 中。

表 7　　　　　　　　　　参数结果汇总表

名　　称	1221（3）			11228	首采面	1222（3）
	2001 年7 月 10 日	2001 年8 月 24 日	稳定			
下沉系数	1.13	1.11	1.10	1.06	1.14	1.15
水平移动系数		0.31			0.29	0.32
主要影响角正切	2.12	2.3	2.19	2.01	2.09	2.10
最大下沉角/(°)	82.5	85	85	85	87.5	85

名　　称	1221（3）			11228	首采面	1222（3）
	2001 年 7 月 10 日	2001 年 8 月 24 日	稳定			
收作拐点偏距/m					56	33
切眼拐点偏距/m	22.2	6.8	19.8		16	
上拐点偏移距/m	−2.7	9.1	4.1	4.5	6	
下拐点偏移距/m	27.3	13.8	13.8	2.6	−10	
拟合中误差/mm	25	85	116	139		
相对中误差（相对于实测最大值）	3.3%	3.8%	4.2%	6.3%		

从表中可以看出：动态参数和稳定后参数不存在明显差异；13 槽煤层开采地表沉陷预计参数和 8 槽煤层的参数不存在明显差异；各观测站的参数也不存在明显的差异。因此，今后 13 槽和 8 槽煤层开采的地表沉陷预计参数可以采用如下值（初采时）：

下沉系数为 1.11；水平移动系数为 0.31；主要影响角正切为 2.10；最大下沉角为 $85.6°$；切眼拐点偏移距为 $0.035H_0$；收作拐点偏移距为 $0.1H_0$；上山拐点偏移距为 $0.010H_0$；下山拐点偏移距为 $0.015H_0$。

C. 动态参数。最大下沉速度滞后角为 $80°$。最大下沉速度 $V_{max}=1.76mc/H$。其中，V_{max} 为最大下沉速度，mm/d；m 为采厚，m；c 为工作面回采速度，mm/d；H 为平均采深，m。

移动持续时间分析：地表移动期估算公式开始期为 $0.8H/cm$；活跃期为 $4.6H/cm$；衰退期为 $3.6H/cm$；地表移动持续总时间为 $9.0H/cm$。其中，m 为采厚，m；c 为工作面回采速度，m/d；H 为平均采深，m。

3）潘集矿区参数综合分析。根据前述的计算，将获得的潘集矿区所有的观测站资料汇总于表 8。

经综合分析，可获得如下结论：

A. 角量参数。在充分或接近充分采动的情况下，开采引起的走向、上山和下山边界角无明显差异，可统一选用 $42°$。开采引起的走向、上山和下山移动角无明显差异，可统一选用 $68°$。

B. 概率积分法参数。

$q=1.2L_2/H_j$，L_2 为工作面长，H_j 为上覆基岩厚度，当 $L_2/H_j>1.1$ 时，取 1.1；$\tan\beta=1.83$，$b=0.3$，$\theta=89°$，拐点偏移距约为 $0.04H$（H 为平均采深）。

表 8　　　　　　　　　　　　　潘集矿区参数汇总表

	观测站名称	140_21	1212（3）	1552（3）
工作面参数	走向长/m	680	550	1020
	倾向长/m	126	140	160
	采厚/m	1.93	2.9	3.1
	表土厚/m	320	425	390
	平均采深/m	408	525	630
	工作面长/上覆基岩厚度	1.43	1.4	0.7
	平均开采速度/(m/d)	2.9	3.5	1.7
概率积分参数	下沉系数	1.38	1.39	0.83
	主要影响角正切	2.0	1.65	1.84
	水平移动系数	0.3	0.3	0.31
	开采影响传播角/(°)	89.0	90.0	89.2
	左拐点偏距/m			
	右拐点偏距/m	9.0	31.6	
	上拐点偏距/m	−13.2		13.6
	下拐点偏距/m		13.3	27.8
边界角	走向/(°)	50.9	41.1	43.3
	上山/(°)	51.9	41.3	41.8
	下山/(°)	50.9	41.0	43.1
移动角	走向/(°)	66.7	67.5	69.0
	上山/(°)	67.7	68.4	70.0
	下山/(°)	66.7	67.3	69.6
动态参数	最大下沉速度/(mm/d)	27.4	24.5	9.1
	最大下沉速度滞后角/(°)	80.0	81.2	80.4
	起始期/d	36	59	130
	活跃期/d	198	192	420
	衰退期/d	128	140	368
	移动总时间/d	362	391	918

C. 动态参数。最大下沉速度 $V_{max}=1.45mc/H$。其中，V_{max} 为最大下沉速度，mm/d；m 为采厚，m；c 为工作面回采速度，mm/d；H 为平均采深，m。最大下沉速度滞后角为 80°。

移动持续时间分析：地表移动期估算公式开始期为 $1.1H/cm$；活跃期为 $3.6H/cm$；衰退期为 $2.9H/cm$；地表移动持续总时间为 $7.6H/cm$。其中，m 为采厚，m；c 为工作面回采速度，m/d；H 为平均采深，m。

（2）新区综合。根据分矿区综合参数，对其进一步综合分析，新区中可以分为两大区——张集区、谢桥区和潘集区。

1）张集区、谢桥区。

A. 角量参数。

边界角（适用条件为煤层倾角 $\alpha<15°$）：走向边界角为 $47.5°$；上山边界角为 $47.5°+0.18\alpha$；下山边界角为 $47.5°-0.26\alpha$。

移动角（适用条件为煤层倾角 $\alpha<15°$）：走向移动角为 $67.5°$；上山移动角为 $67.5°+0.20\alpha$；下山移动角为 $67.5°-0.18\alpha$。

B. 概率积分法参数。

下沉系数：令 $a=$ 工作面长/平均采深（$a>1$ 时，取 $a=1$，下同）。

张集：$q=-0.9675a^2+1.9964a+0.0711$；

谢桥：$q=1.1$（适用条件为 $a>0.45$）。

水平移动系数：$b=0.32$。

主要影响角正切：

张集：$\tan\beta=-0.7153a^2+1.4008a+1.5145$；谢桥：$\tan\beta=2.1$（适用条件为 $a>0.45$）。

开采影响传播角（最大下沉角）：$\theta=90°-0.26\alpha$。

拐点偏移距：拐点偏移距（切眼、上山、下山）约为 $0.025H$（H 为平均采深）；拐点偏移距（收作线）约为 $0.1H$。

C. 动态参数。最大下沉速度：张集最大下沉速度为 $V_{\max}=(0.45a+1.07)mc/H$；谢桥最大下沉速度为 $V_{\max}=1.76mc/H$（适用条件为 $a>0.45$）。其中，$V_{\max}$ 为最大下沉速度，mm/d；m 为采厚，m；c 为工作面回采速度，mm/d；H 为平均采深，m。

最大下沉速度滞后角为 $80°$。

移动持续时间：开始期为 $0.9H/cm$；活跃期为 $5.5H/cm$；衰退期为 $4.1H/cm$；地表移动持续总时间为 $10.5H/cm$。其中，m 为采厚，m；c 为工作面回采速度，m/d；H 为平均采深，m。

2）潘集区。

潘集区所有参数适用于煤层倾角 $\alpha<10°$。

A. 角量参数。

边界角：走向、上山和下山边界角统一选用42°。

移动角：走向、上山和下山边界角统一选用68°。

B. 概率积分法参数。

下沉系数：令 $a = $ 工作面长/上覆基岩厚度（$a > 1.1$ 时，取 $a = 1.1$），$q = 1.2a$。

水平移动系数：$b = 0.3$。

主要影响角正切：$\tan\beta = 1.83$。

开采影响传播角（最大下沉角）：$\theta = 89°$。

拐点偏移距：拐点偏移距约为 $0.04H$（H 为平均采深）。

C. 动态参数。最大下沉速度：$V_{max} = 1.45mc/H$。其中，V_{max} 为最大下沉速度，mm/d；m 为采厚，m；c 为工作面回采速度，mm/d；H 为平均采深，m。

最大下沉速度滞后角为80°。

移动持续时间：开始期为 $1.1H/cm$；活跃期为 $3.6H/cm$；衰退期为 $2.9H/cm$；地表移动持续总时间为 $7.6H/cm$。其中，m 为采厚，m；c 为工作面回采速度，m/d；H 为平均采深，m。

3）老区综合。对于老区的观测资料，先前已做过全面综合分析，求得的参数见表9和表10。

表9　　　　　　　　　　淮南矿区老区观测站角量参数　　　　　　单位：（°）

编号	角 量 参 数													
---	边界角				移动角				裂缝角			充分采动角			最大下沉角
	β_0	γ_0	δ_0	ψ	β	γ	δ	λ	β	γ	δ	φ_1	φ_2	φ_3	θ
1															70
2					72.5										70
3															79
4	47			42	50										87
5	35		53		47		63				72				73
6	42.5		58		64.0		65				70				78
7									67.2	75.1					
8	47.5					75									
9				40	64										68
10					64										72

表 10 淮南矿区老区概率积分法参数表

编号	概率积分法参数						
	q	b	$\tan\beta$	S_1/m	S_2/m	S_3/m	S_4/m
1	0.58	0.40	1.6				
2	0.84	0.40	1.8				
3	0.60	0.30	1.5				
4	0.67		1.8	3.0	8.8		
5	0.69		2.0	-6	-20		
6	0.77	0.21	1.9	-7			
7							
8							
9	0.68	0.42	1.7	16	5		
10	0.78	0.32	1.7	12	-6		

综合分析结果如下：

A. 松散层移动角 $\varphi = 41°$。

B. 边界角：走向为 $\delta_0 = 49°$；下山为 $\beta_0 = 49° - 15°\sin\alpha$；上山为 $\gamma_0 = 54°$；底板为 $\lambda_0 = 40°$。

C. 移动角：走向为 $\delta = 66°$；下山为 $\beta = 66° - 22°\sin\alpha$（$0 < \alpha < 90°$）；上山为 $\gamma = 70°$（$\alpha < 55°$）；底板为 $\lambda = 55° - 0.16\alpha - 12$（$55° < \alpha < 90°$）。

D. 最大下沉角：$\theta = 90° - 0.6\alpha$（$\alpha < 55°$）；$\theta = 1.42\alpha - 18°$（$55° \leqslant \alpha \leqslant 76°$）；$\theta = \arctan\dfrac{2H_0}{D_{IS}}$（$\alpha > 76°$）。

E. 概率积分法参数。

下沉系数（初采、重采）：$q = 0.6 + 0.12\ln n$（不包括急倾斜煤层，n 为回采分层数）。

水平移动系数：$b = 0.25 + 0.0043\alpha$（$15° < \alpha < 50°$）。

主要影响角正切：$\tan\beta = 1.97 - 1.72\dfrac{\alpha}{H_0}$（不包括急倾斜煤层）。

拐点偏距：$S = 0.1H$（不包括急倾斜煤层）。

二、开采影响下河道损害机理研究

开采对堤防的影响主要在于下沉和裂缝，下沉和裂缝将导致防洪能力的散失。通过分析研究得出：开采引起的堤防的下沉是缓慢、连续的；裂缝在一定区域内出现；裂缝的深度是有限的。通过研究获得了裂缝发育的动态规律，建立了关于裂缝的预计计算模型。

（一）开采影响下堤防裂缝发育规律研究

1. 裂缝发育规律的实测研究

裂缝是关系到水工建筑物能否安全运行的另一个重要问题，开采引起的地表和堤防裂缝从两方面进行研究：①裂缝的平面分布规律；②裂缝的深度发育规律。在平面分布规律研究中，通过对实测地表裂缝分布情况的分析，得到确定裂缝分布范围的角量参数、裂缝的静态分布规律和动态发育规律，然后分析裂缝与导致裂缝发育的水平变形的关系；在裂缝深度发育规律研究方面，首先通过理论分析、实地开挖和相似材料模型三个方面分析了裂缝在深度方向上的发育规律，然后建立了裂缝发育深度预测模型，分析了地表和堤体裂缝发育的一致性，最后对兖州矿区泗河河道下开采时堤体、滩地裂缝的渗水性进行了分析。

（1）采动裂缝平面分布规律研究。

1）采动裂缝分布实测结果。为了研究开采引起的地表裂缝分布情况，在1310观测站、5306观测站、5305观测站和4314观测站等都对采动过程中的地表裂缝进行了观测和记录。图10为1310观测站地表裂缝分布情况。图11为5306工作面上方地表裂缝分布情况。图12为5305工作面、5034工作面开采地表和堤防裂缝分布情况。表11和图13为4314工作面前方地表实测裂缝统计情况。

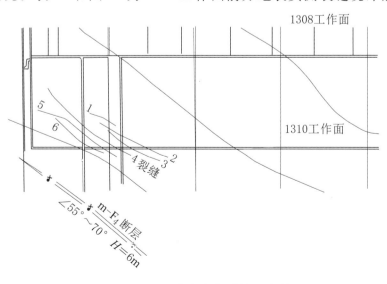

图 10　1310 观测站地表裂缝分布情况

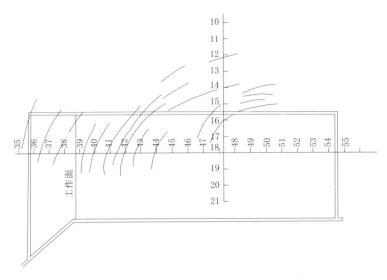

图 11　5306 工作面上方地表裂缝分布情况

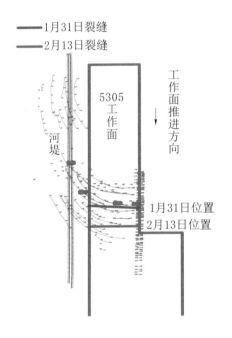

（a）5305工作面开采实测堤防裂缝

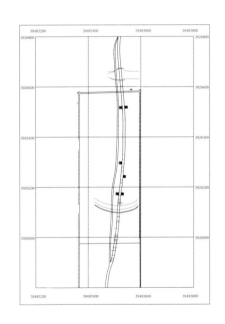

（b）5304工作面开采实测堤防裂缝

图 12　堤防实测裂缝位置

2）地表和堤防裂缝分布范围。为了确定开采引起的裂缝各个时期在地表的分布范围内，给出如下几个定义：

稳定裂缝角：在充分采动或接近充分采动条件下，沉陷基本稳定后，在地表移动盆地的主断面上，移动盆地内最外侧的地表裂缝至采空区边界的连

线与水平线在煤柱一侧的夹角为稳
定裂缝角。

动态裂缝角：在工作面开采过
程中，在地表移动盆地的主断面
上，移动盆地内最外侧的地表裂缝
至采空区边界的连线与水平线在煤
柱一侧的夹角为动态裂缝角。

图 13　4314 工作面部分实测裂缝位置示意图

表 11　　　　　　　4314 工作面开采地表部分实测裂缝统计表

裂缝序号	产生时间	推进速度/(m/d)	超前工作面距离/m	裂缝间距/m	特 征 描 述
1	1994 – 10 – 20	3.4	60	2.0	长 36m，宽 10mm
2	1994 – 10 – 23	3.4	50	14.0	长 18m，宽 5mm
3	1994 – 10 – 26	3.4	52	20.0	长 50m，宽 10mm
4	1994 – 10 – 28	3.4	65	16.0	长 90m，宽 300mm，落差 0.5～0.6m
5	1994 – 10 – 31	3.4	65		长 100m，宽 300mm，落差 0.5～0.6m
6	1994 – 11 – 24	2.8	48	7.8	长 14m，宽 10mm
7	1994 – 11 – 27	2.8	48	8.0	长 18m，宽 10mm
8	1994 – 11 – 30	2.8	65		长 6m，宽 5mm
9	1994 – 12 – 11	3.0	86	10.0	长 8m
10	1994 – 12 – 13	3.0	90	10.0	长 12m
11	1994 – 12 – 17	3.0	90		长 6m

裂缝还原角：在工作面开采过程中，裂缝宽度达到最大值后开始还原的
位置至采空区边界的连线与水平线在煤柱一侧的夹角为裂缝还原角。

5305 工作面走向方向上煤层埋深为 330m，上山方向煤层埋深为 250m。

在工作面开采基本稳定后，走向最外侧裂缝距工作面边界位置距离
157m，上山方向最外侧裂缝距工作面边界位置距离 125m。可得

走向稳定裂缝角：$\delta^\circ = \arctan\left(\dfrac{H}{l}\right) = \arctan\left(\dfrac{330}{157}\right) = 64.6^\circ$　　　　(1)

上山稳定裂缝角：$\gamma_1'' = \arctan\left(\dfrac{H}{l}\right) = \arctan\left(\dfrac{250}{125}\right) = 63.4^\circ$　　　　(2)

在工作面动态开采过程中，走向上最外边界裂缝距工作面边界位置距离
135m，还原裂缝位于工作面前方 21m。可得

走向动态裂缝角：$\delta_1'' = \arctan\left(\dfrac{H}{l}\right) = \arctan\left(\dfrac{330}{135}\right) = 67.8°$ （3）

裂缝还原角： $\delta_2'' = \arctan\left(\dfrac{H}{l}\right) = \arctan\left(\dfrac{330}{21}\right) = 86.4°$ （4）

走向方向裂缝分布情况见图14。

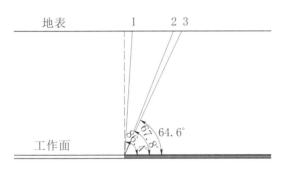

图 14　裂缝角分布位置图

1—裂缝开始还原位置；2—工作面推进过程中
裂缝最外边界；3—工作面开采结束并稳定后
裂缝最外边界

在工作面推进过程中工作面前方地表114m范围（1点～2点之间，即动态裂缝角与裂缝还原角之间）是裂缝发育最为剧烈的位置，对河堤来说是最危险的位置。

3）地表和堤防裂缝平面分布规律。

A. 裂缝平面分布规律。通过对前面的实测资料的分析研究，结合土力学相关知识，可以得到采动裂缝在平面上的分布具有如下规律：

当开采引起的地表拉伸变形超过土体的极限抗拉强度时，地表土体将开始产生裂缝；随着地表变形的增大，地表裂缝加深、加宽，裂缝两侧通常还产生一定的落差；裂缝的深度、宽度、落差大小与地表变形、土体力学性质有关；地表裂缝形成后，裂缝将吸收周围的地表变形，使得裂缝两侧的土体变形降低，所以通常两条裂缝之间相隔一定距离。

随着工作面的推进，通常每隔一定距离形成一条新裂缝；裂缝的间距取决于工作面的推进速度、采深和地表变形值。一般当地表土强度大、抗变形能力强时，形成的地表裂缝深度、长度和宽度较大，各裂缝的间距大、密度低；当土体强度弱、抗变形能力差时，地表裂缝深度、宽度、长度小，但裂缝密度大、间距小。

地表裂缝总是在采空区的边界外侧上方产生，其基本形态是以采空区为中心的圆弧形或椭圆形，近似平行于采空区覆岩陷落边界，符合长壁采场覆岩破坏、断裂的"O"形圈理论；裂缝的延伸方向与地表变形主拉伸方向正交。

平行于工作面推进方向的裂缝均为张口裂缝，裂缝发育位置均位于工作面外侧，说明这些裂缝均由拉伸变形和正曲率变形引起。沿工作面推进方向裂缝分为两种情况：位于工作面外侧裂缝均为张口裂缝，由拉伸变形和正曲率变形引起；位于采空区内裂缝由于地表由水平拉伸、正曲率变形逐步转化为水平压缩、负曲率变形，张口裂缝可得到部分还原。

在采空区周围大裂缝处常产生台阶，台阶落差为 $100\sim260\text{mm}$。台阶方向相背成对出现，形成小型的地垒和地堑。

现场实测表明，厚煤层开采引起的地表和堤防裂缝发育保持一致，没有出现裂缝遇堤防断开、变窄或者堤防裂缝较地面裂缝发育较多、较宽的现象。

B. 裂缝宽度分布规律。为了确定裂缝在宽度上的分布规律，在 5305 工作面倾向和走向方向上各取一典型剖面，以剖面上 2009 年 2 月 12 日裂缝宽度分布为例进行研究，走向剖面位于水泥公路上，倾向剖面位于与工作面垂直的充分采动区内。两条剖面线上裂缝宽度的分布情况见图 15 和图 16。

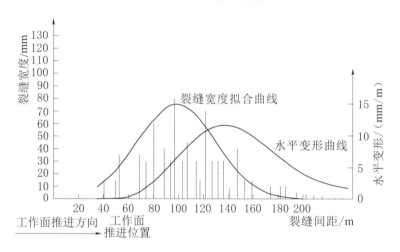

图 15　裂缝宽度沿走向方向上的分布规律

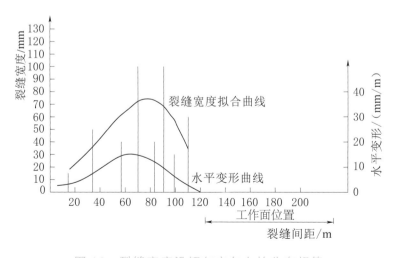

图 16　裂缝宽度沿倾向方向上的分布规律

通过研究分析得到如下结论：

在走向方向上，不同位置的裂缝宽度近似呈现出正态分布规律，拟合得到的最宽裂缝位于工作面前方 21m、最大拉伸变形后方 44m。最大裂缝位置滞后最大拉伸变形位置，这是由于土体具有保持自身稳定的惯性存在，裂缝的宽度发育滞后于地表变形值。

倾向上，最大裂缝处于地表拉伸变形极大值周边区域，向采空区方向和开采影响边界逐渐减小，向外到达裂缝角位置，向内接近开采边界。同样说明了拉伸变形和正曲率变形是地表裂缝扩展的主因。

在裂缝累计宽度上，走向拉伸区内裂缝累计宽度为 554mm，倾向裂缝累计宽度为 545mm。倾向方向上最大裂缝宽度大，裂缝数少。

4）裂缝宽度与水平变形关系。从前面的分析可知，裂缝主要是由于受到水平拉伸变形和正曲率变形的影响而产生和扩展发育的，研究裂缝累计宽度与水平变形之间的定量关系对于确定裂缝的分布具有重要的作用。由于在开采沉陷理论中，水平变形与曲率变形是相似的，因此，用水平拉伸变形来研究其与裂缝宽度之间的关系。同样以 5305 工作面为例研究张开裂缝与拉伸水平变形之间的关系。

A. 裂缝最大宽度与最大水平变形值之间的关系。以 5305 工作面 2 月 12 日观测结果为例进行分析，最大裂缝宽度与最大水平变形值的关系见表 12。

表 12 最大裂缝宽度与最大水平变形值的关系

位置	最大裂缝宽度 /mm	最大水平变形 /(mm/m)	最大裂缝宽度与 最大水平变形比值
走向	80	12	6.7
倾向	100	15	6.7

可见，在 5305 工作面这种开采条件下，最大裂缝宽度约是最大水平变形的 6.7 倍。

B. 累计裂缝宽度与累计水平变形量之间的关系。以 5305 工作面 2 月 12 日观测结果为例进行分析，累计裂缝宽度与累计水平变形值的关系见表 13。

表 13 累计裂缝宽度与累计水平变形值的关系

位置	累计裂缝宽度 /mm	累计水平变形 /(mm/m)	累计裂缝宽度与 累计水平变形比值/%
走向	554	1040	53.2
倾向	545	1612	33.8

可见，水平变形并没有全部通过裂缝反映出来，一部分变形被地表土体所吸收。从计算结果上看，走向方向上，水平变形约有53％通过裂缝反映出来，而倾向约有34％通过裂缝反映出来。

这一结果说明，土体表面存在疏松现象，如果在汛期开采，需要对受开采影响堤体采取灌浆、碾压等工程措施进行处理。

（2）采动裂缝发育深度研究。

为了研究裂缝在深度上的发育情况，选择5305工作面的裂缝进行实地开挖。选择地表不同发育宽度和落差的4条裂缝（L31、L33、L20和L39）进行开挖。裂缝与工作面的相对位置见图17。裂缝的表面宽度和落差见表14。

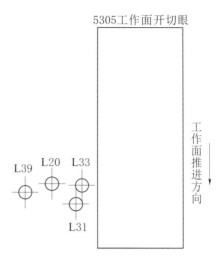

图 17　开挖裂缝的平面位置

表 14　　　　　　　　　开挖裂缝的表面宽度和落差

裂缝名称	L31	L33	L20	L39
表面宽度/mm	100	100	50	35
裂缝落差/mm	200	200	100	0

先对需要开挖的裂缝进行人工灌浆，用白石灰对裂缝进行充填，对裂缝深度和发育形态进行标识，避免在开挖过程中周围土体进入裂缝而导致裂缝形态和深度难以辨识。充填的裂缝形态见图18。

图 18　裂缝充填图

为了探测裂缝的发育深度，对裂缝进行了两种方式的开挖：钻孔开挖和人工开挖。选择 4 个具有代表性的裂缝进行开挖。

1）钻孔开挖。对裂缝注浆区段开挖时采用 50 型钻机 Φ89 取芯。对每道裂缝的注浆区段采用平行裂缝发育方向、错位钻进的方法进行打钻取芯，孔位布置见图 19，孔间距为 200mm。

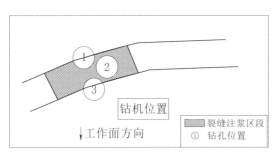

图 19　裂缝开挖平面位置示意图

视裂缝发育情况确定每道裂缝的下钻次数，在平面方向以最后一钻泥（岩）芯中无裂缝为打钻终止判别条件。每钻取样深度视裂缝发育情况，依裂缝在深度方向尖灭或者裂缝在倾斜方向发生变化作为终孔条件。每孔 3m 一提，观察岩芯，如遇裂缝倾向发生变化或者单孔裂缝尖灭则换位。

钻探施工情况见图 20。

图 20　钻探施工图

钻探取得的土样见图 21。

在进行钻孔取样的过程中，发现存在如下几个问题：

A. 泥土的可压缩性太强，钻孔取芯很难，取芯率很低，经常出现空钻，无法取芯的现象。换用大孔径钻机（127mm）后在一定程度上缓解

 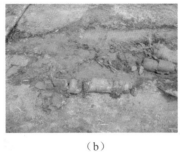 

（a）　　　　　　　　　（b）　　　　　　　　　（c）

图 21　钻孔岩芯图

了取芯问题，但取芯效果仍很难使人满意，难以判断所取泥芯的具体深度是多少。

B. 采用无水钻进时，由于下面的土层强度较大，钻进困难。钻进时如有水，由于水的存在，导致孔内泥土在一定程度上产生了混合，取得的泥芯见图 21 （c），仅可以发现白灰的存在，而裂缝的发育形态很难判断。

C. 由于工艺上的限制，很难保证钻机每次的位移量达到设计的要求，两次下钻之间的距离较大，经常出现本次钻进发现裂缝，而下一次钻进时泥芯内无法找到裂缝发育痕迹的情况。

鉴于以上种种原因，采用钻孔开挖方式难以判断裂缝的具体发育形态，但是通过钻孔开挖发现，裂缝的发育深度较浅，因此完全可以采用人工开挖的方式对裂缝的发育形态和发育深度进行判断。

2）人工开挖。为了判别裂缝在深度上的发育，对裂缝采取了人工方式进行开挖，开挖点位与钻孔开挖法开挖点位相同。开挖得到的裂缝情况见图 22～图 25。裂缝在深度方向上的发育形态及土层结构见图 26。

从表和图中可知：

总体上讲，裂缝的形态是上宽下窄状（L20 裂缝在地下 1.5m 处变宽是因为与地面上另一条发育至此位置的裂缝重合），裂缝发育深度是有限的。其中发育最深的为 L31 裂缝，为 3.44m。

裂缝在深度方向上的发育形态并不是垂直的，受土体结构的影响沿弱面向下发展，因而呈现了不同的发育形态。

裂缝的发育深度与裂缝的宽度和落差是相关的，同样的地质条件下，宽度和落差越大的裂缝，其发育深度就越大，而宽度较小的裂缝则会很快闭合。

同时，裂缝的发育又受到土层结构的影响，当裂缝发育到砂土等松散层时会很快尖灭。

图 22　L31 实地开挖裂缝发育　　　　图 23　L33 实地开挖裂缝发育
　　　　　形态照片　　　　　　　　　　　　　形态照片

图 24　L20 实地开挖裂缝发育　　　　图 25　L39 实地开挖裂缝发育
　　　　　形态照片　　　　　　　　　　　　　形态照片

2. 裂缝发育规律的理论分析

当地下煤层被开采后，回采工作面上方地表逐渐形成近似椭圆形的下沉盆地，在下沉盆地的边缘区，地表受拉伸变形，当拉伸变形值大于产生裂缝的临界变形值后，地表即出现裂缝，并逐渐形成由多条裂缝组成的裂缝带。

436

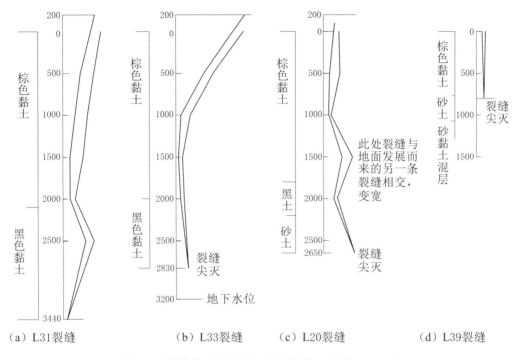

（a）L31裂缝　　　　　（b）L33裂缝　　（c）L20裂缝　　　　（d）L39裂缝

图 26　裂缝发育深度和土层结构（单位：mm）

裂缝带宽度一般为 40～70m。裂缝的形态为上宽下窄，呈楔形，其深度有限，经人工开挖验证，一般为 2～3m，最深达 4.15m。

　　裂缝始终从地表面开始，不会从土体内部某一深度处产生，土体内部一般只会产生层面之间的离层现象。因此，裂缝的切割深度线与地表面起伏一致，即无论地表面如何起伏，其裂缝深度（从地表面算起）基本一致，见图 27。

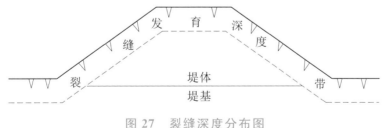

图 27　裂缝深度分布图

　　裂缝产生的时间、位置是可以预计的，裂缝发育的范围、深度是有限的，且地表（堤体）内部不会产生竖向裂缝。

（1）开采引起的裂缝分布区域的预计。

对于开采沉陷引起的地表裂缝问题，以往的研究成果主要有：对地表裂缝的现场素描及定性分析；单纯从土的工程地质性质分析裂缝的极限深度，或者单纯从几何学的角度分析裂缝的发育情况。因此，存在着如下问题：

1）定量研究不足。

2）从工程地质或几何学角度研究不应当同地下开采的采矿地质条件脱离开。

3）没有涉及地下开采的时间过程及裂缝发育的时间过程。

A. 开采引起的地表任一点应变分量计算。

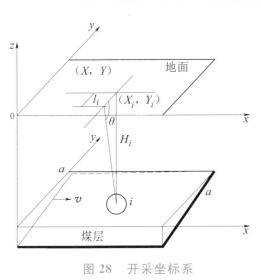

图 28　开采坐标系

在如图 28 所示的开采坐标系中，任一单元开采引起地表 $(X，Y)$ 在 t 时刻的下沉 $W_{ei}(X，Y，t)$ 可根据式（5）求得。设工作面以等速 v 沿走向方向推进，同一个 x 坐标值的一条煤是在同一时刻采出的，若工作面起始时刻为 0，则 i 单元的开采时刻 $t_i = x/v$。为简化计算，式（5）中的 r_i，l_i 用工作面平均主要影响半径 r、最大下沉点偏移距 l 代入（在开采沉陷预计理论和实践中，对于水平煤层、缓倾斜煤层的开采，这样简化引起的误差是可以忽略的）。

$$W_{ei}(X，Y，t) = (1/r^2) \cdot \exp[-\pi(X-x)^2/r^2] \cdot \exp[-\pi(Y-y+l)^2/r^2] \cdot$$
$$\{1-\exp[-c(t-X/v)]\} \tag{5}$$

式中：$(x，y)$ 为单元中心坐标。

因此，所有已开采的单元引起地表点 $(X，Y)$ 在 t 时刻的下沉量为

$$\left.\begin{array}{l} W(X，Y，t) = W_0 \iint W_{ei}(X，Y，t) \mathrm{d}x \mathrm{d}y \\[2mm] d = vt \quad (vt < p) \\[2mm] d = p \quad (vt \geqslant p) \end{array}\right\} \tag{6}$$

式中：W_0 为该地质采矿条件下的最大下沉值，mm；d 为已开采的采空区走向长，m；p 为工作面沿走向方向的最终开采长度，m；a 为采空区沿倾斜方向的水平距离，m。

可推导出地表点 $(X，Y)$ 在 t 时刻的各个应变分量：

$$\varepsilon_x(X,Y,t)=brW_0\iint\frac{\mathrm{d}^2W_{ei}}{\mathrm{d}x\,\mathrm{d}x}\mathrm{d}x\,\mathrm{d}y$$

$$\varepsilon_y(X,Y,t)=brW_0\iint\frac{\mathrm{d}^2W_{ei}}{\mathrm{d}y}\mathrm{d}x\,\mathrm{d}y+W_0\cot\theta\iint\frac{\mathrm{d}x\,\mathrm{d}y}{\mathrm{d}W_{ei}}\mathrm{d}x\,\mathrm{d}y$$

$$\varepsilon_z(X,Y,t)=0$$

$$\tag{7}$$

$$r_{xy}(X,Y,t)=brW_0\iint\frac{\mathrm{d}^2W_{ei}}{\mathrm{d}x\,\mathrm{d}y}\mathrm{d}x\,\mathrm{d}y+brW_0\iint\frac{\mathrm{d}^2W_{ei}}{\mathrm{d}y\,\mathrm{d}x}\mathrm{d}x\,\mathrm{d}y+W_0\cot\theta\iint\frac{\mathrm{d}W_{ei}}{\mathrm{d}x}\mathrm{d}x\,\mathrm{d}y$$

$$r_{zx}(X,Y,t)=W_0\iint\frac{\mathrm{d}W_{ei}}{\mathrm{d}y}\mathrm{d}x\,\mathrm{d}y$$

$$r_{zy}(X,Y,t)=W_0\iint\frac{\mathrm{d}W_{ei}}{\mathrm{d}y}\mathrm{d}x\,\mathrm{d}y$$

$$\tag{8}$$

式中：ε_x、ε_y、ε_z 为正应变；r_{zx}、r_{zy}、r_{xy} 为剪应变。

在实际计算时，特别是当采空区形状不规则时，根据式（6）～式（8）来求解非常困难。为此，将采空区分割成足够小的 n 个单元，用离散化方法求得。

B. 地表裂缝区域的预计。在地表任一点沉陷后的应变分量求得后，为了判定该点是否被破坏，还需要求出该点的应力分量。要求出应力分量，主要取决于土的应力-应变关系特性。真实土的应力-应变关系是非常复杂的，实际中多对其进行简化处理。目前许多土力学问题求解时，常把土当成线弹性体，服从广义胡克定律。尽管这种假定是对真实土体性质的高度简化，但在一定条件下，实践证明，仍可满足工程需要。在此前提下，据弹性力学物理方程求出地表任意一点的三个主应力。详细求解如下：

$$\sigma_x=2G\lambda(\xi_x+\xi_y)/(2G+\lambda)+2G\xi_x$$

$$\sigma_y=2G\lambda(\xi_x+\xi_y)/(2G+\lambda)+2G\xi_y$$

$$\sigma_z=2G\lambda(\xi_x+\xi_y)/(2G+\lambda)$$

$$\tau_{yz}=G\gamma_{yz}$$

$$\tau_{zx}=G\gamma_{zx}$$

$$\tau_{xy}=G\gamma_{xy}$$

$$\lambda=E\mu/(1+\mu)(1-2\mu)$$

$$2G=E/(1+\mu)$$

$$\tag{9}$$

推得：

$$\sigma^3-I_1\sigma^2+I_2\sigma-I_3=0 \tag{10}$$

式中：

$$I_1 = \sigma_x + \sigma_y + \sigma_z$$
$$I_2 = \sigma_x\sigma_y + \sigma_y\sigma_z + \sigma_z\sigma_x - \tau_{yz}^2 - \tau_{xy}^2 - \tau_{zx}^2$$
$$I_3 = \sigma_x\sigma_y\sigma_z - \sigma_x\tau_{yz}^2 - \sigma_y\tau_{zx}^2 - \sigma_z\tau_{xy}^2 + 2\tau_{yz}\tau_{zx}\tau_{xy}$$

求得：

$$\left. \begin{aligned} \sigma_1 &= \sigma_0 + 1.414\tau_0\cos\theta \\ \sigma_2 &= \sigma_0 + 1.414\tau_0\cos(\theta + 0.667\pi) \\ \sigma_3 &= \sigma_0 + 1.414\tau_0\cos(\theta - 0.667\pi) \end{aligned} \right\} \tag{11}$$

式中：

$$\left. \begin{aligned} \theta &= 0.333\,\mathrm{arc}\cos(1.414J_3/\tau_0^3) \\ \sigma_0 &= 0.333I_1 \\ \tau_0 &= 0.333\left[(\sigma_x - \sigma_y)^2 + (\sigma_y - \sigma_z)^2 + (\sigma_z - \sigma_x)^2 + 6(\tau_{yz}^2 + \tau_{xy}^2 + \tau_{zx}^2)\right]^{0.5} \\ J_3 &= I_3 - 0.333I_1I_2 + (2/27)I_1^3 \end{aligned} \right\} \tag{12}$$

根据土的极限平衡条件（莫尔-库仑破坏准则）：

$$\left. \begin{aligned} \sigma_1 &= \sigma_3\tan^2(45° + 0.5\varphi) + 2C\tan(45° + 0.5\varphi) \\ \sigma_3 &= \sigma_1\tan^2(45° - 0.5\varphi) - 2C\tan(45° - 0.5\varphi) \end{aligned} \right\} \tag{13}$$

或

式中：C 为黏聚力；φ 为内摩擦角，（°）。

判定该点是否被破坏。

通过对地表一系列点的计算后，即可求得地表裂缝区域。

C. 实例验证。图 29 为淮南淮河大堤下一个典型工作面的开采。该矿的地表土有三类，其力学参数列入表 15 中。有相同应变分量的点，如果地表土力学性质不同，其破坏情况也不同。因此，计算了该矿工作面上方分别为老堤土、新堤土及坝基土时各点的破坏情况，列入表 16 中。

由以上计算可见，走向主断面上裂缝区域为 6～9 号点之间。倾向主断面下山方向裂缝区域为 14～17 号点之间。实际观测到的地表裂缝完全落在以上计算的范围之内，是符合实际的。

另有某矿在开采缓倾斜煤层（倾角为 0°～10°），采深与采厚比为 23～76 时，用走向长壁式方法采煤，全陷法管理顶板，采后地表出现了规律性

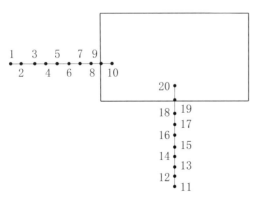

图 29　开采工作面与预计点相对关系图

的张口裂缝，并详细观察记录了某一工作面因采动引起的地表裂缝情况。根据该矿的地质采矿条件、开采沉陷参数，用上述方法计算出该工作面开采后的裂缝分布区域，计算结果与实测裂缝分布的对比见图 30。从图 30 可见，实测裂缝基本上落在计算的裂缝分布区域内，证明预计的裂缝区域是正确的，可以用于预计。

表 15　　　　　　　　　　　地 表 土 力 学 参 数 表

类型	压缩模量/MPa	泊松比	黏聚力/MPa	内摩擦角/(°)
老堤土	12.8	0.35	0.029	2.5
新堤土	7.21	0.36	0.020	2
坝基土	21.16	0.34	0.022	25

表 16　　　　　　　　　　　各预计点的破坏情况表

点号	破　坏　情　况		
	老堤土	新堤土	坝基土
1	√	√	√
2	√	√	√
3	√	√	√
4	√	√	√
5	√	√	√
6	√	√	×
7	×	×	×
8	×	×	×
9	×	×	×
10	√	√	√
11	√	√	√
12	√	√	√
13	√	√	√
14	×	√	×
15	×	×	×
16	×	×	×
17	×	√	×
18	√	√	√

注　√表示完好，×表示破坏。

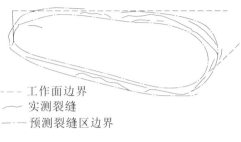

--- 工作面边界
——— 实测裂缝
——— 预测裂缝区边界

图30 实测裂缝与预测裂缝区域对比

D. 地表裂缝的动态分布规律。如图31所示,工作面推进至不同的位置,其裂缝区域也发生相应的变化。

裂缝并非地表沉陷一开始就产生的,而是工作面推进至一定面积,地表某一点的主应力达到裂缝临界值后开始逐步形成的。地表有一点处于裂缝临界状态时,已开采的面积称为裂缝临界开采面积。裂缝临界开采面积的大小取决于开采深度、开采厚度、上覆岩层的物理力学性质和结构等因素。产生裂缝的临界值则主要取决于地表土的物理力学性质。

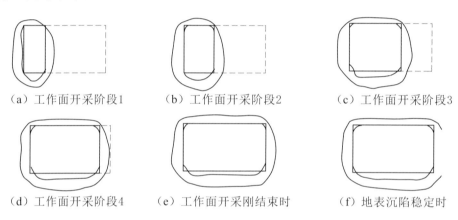

（a）工作面开采阶段1　　　（b）工作面开采阶段2　　　（c）工作面开采阶段3

（d）工作面开采阶段4　　　（e）工作面开采刚结束时　　　（f）地表沉陷稳定时

图31 地表裂缝区动态演化分布图

开采工作面切眼、上山、下山边界和停采线边界上方的地表一旦产生裂缝是永久性的。这些裂缝只有当相邻工作面的开采,或者人工充填,或者经历较长时间的自然作用才能闭合。

回采工作面上方的裂缝区是随着工作面的向前推进而前移的。当已开采的面积大于裂缝临界开采面积后,在采空区周边上方出现裂缝区域［图31（a）］;当采空区面积连续增大,切眼、上山、下山边界上方的裂缝区域扩大,而工作面上方地表裂缝区向前移动,先前的裂缝区逐渐进入压缩变形区,产生的裂缝逐步闭合,而在裂缝区外侧则产生新的裂缝［图31（a）~图31（c）］。工作面继续推进各边界上方裂缝区范围不再扩大,工作面上方裂缝有规律地前移［图36（c）~图36（e）］。工作面停采后,只存在采空区周边上方的裂缝区［图31（f）］。

由于回采工作面上方地表的裂缝区是随着工作面的推进而同步前移,在该区内的任意一条裂缝从产生到开始闭合要经历工作面推进一个裂缝区宽度所需的时间，从开始闭合到完全闭合同样要经历工作面推进一个裂缝区宽度所需的时间。因此，裂缝（回采工作面上方的裂缝，也可称为动态裂缝）从产生到闭合所持续的时间可用下式计算：

$$T = 2L/v \qquad (14)$$

式中：T 为裂缝持续时间，d；L 为工作面上方裂缝区最大宽度，m；v 为工作面推进深度，m/d。

根据计算，工作面上方出现的动态裂缝是大致平行推进位置的直线形裂缝。在采空区的拐角上方是圆滑的曲线形裂缝。裂缝区域的形态与地表移动盆地的形态相似。

这里提出的裂缝区判定方法将地表点的变形同地表土的力学性质结合起来，获得了满意的效果，具有普遍的适用性，弥补了用水平变形临界值或者用裂缝角来判定裂缝区域的不足。

地表裂缝分布规律的动态定量计算，为深入研究裂缝的发育规律（即裂缝的宽度和深度计算）、裂缝对土地生产力的影响及裂缝所引起的矿区灾害等问题提供基础。

（2）开采引起的裂缝发育深度的预计（方法一）。

1）地表裂缝发育的模拟试验。为了对地表裂缝发育深度做深入的研究，通过对相似材料模型架的改进，自制了可垂直升降的用于指定底部边界位移的系统，见图32。

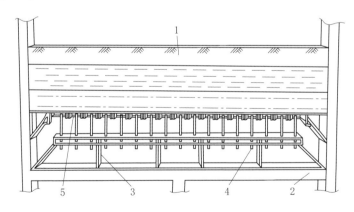

图32　模拟实验系统
1—土体模型；2—模型架；3—调节架；4—调节螺旋；5—可调节垫块

模拟时：①将表土层按相似理论缩小后（本次模拟采用1:10的比例）铺设在该模型架上；②由可调基础在表土层底部指定不均匀的沉降；③观测

模型的位移（垂直位移和水平位移），获得模型上各测点的应变情况并观测裂缝的发育规律。图 33 和图 34 分别给出了其中某一次模型上的下沉值、水平移动值和裂缝发育情况。

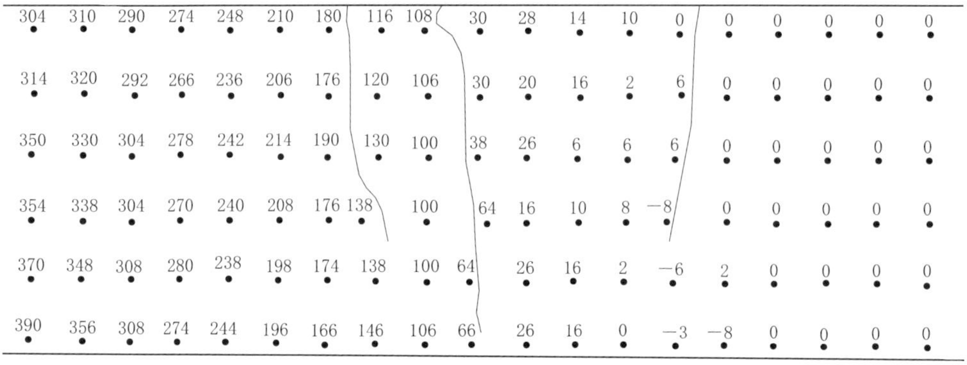

```
304  310  290  274  248  210  180  116  108  │  30   28   14   10   0    0    0    0    0    0    0
314  320  292  266  236  206  176  120  106  │  30   20   16   2    6    0    0    0    0    0    0
350  330  304  278  242  214  190  130  100  │  38   26   6    6    6    0    0    0    0    0
354  338  304  270  240  208  176  138  100  │  64   16   10   8   -8    0    0    0    0
370  348  308  280  238  198  174  138  100  64 │ 26   16   2   -6    0    0    0    0    0
390  356  308  274  244  196  166  146  106  66 │ 26   16        -3  -8    0    0    0    0    0
```

图 33　某一次观测的下沉值和裂缝素描（单位：mm）

```
-10  -22  -38  -48  -60  -72  -84  │ -66  -66  │ -30  -30  -24  -28  -30   0    0    0    0    0
-12  -22  -30  -34  -42  -44  -60  │ -46  -48  │ -20  -20  -14  -22  -20   0    0    0    0
-12  -16  -20  -28  -18  -26  -30  │ -30  -32  │ -16  -12  -8   -12  -12   0    0    0    0
-4    0   -12   0   -12  -8   -20  -24  -20   -20  -8   -6   -12  -2    0    0    0    0
0     2    0   -8    0    0   -8    0   -6   -6    6   -4   -4    6   -2    0    0    0    0
6    10    8   16   10   12   10   10   10    8    8    6    4    4    4    0    0    0
```

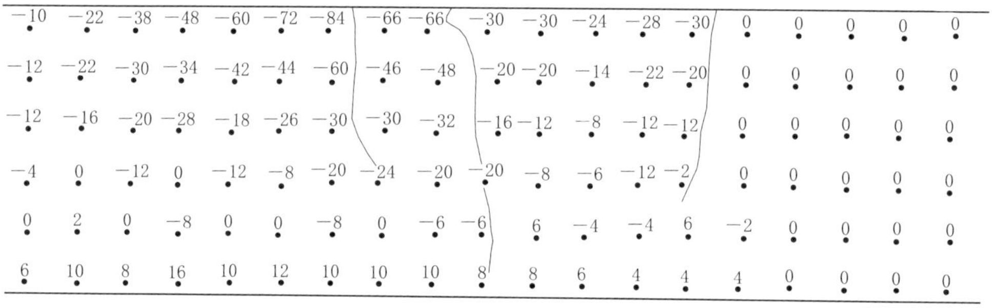

图 34　某一次观测的水平移动值和裂缝素描（单位：mm）

图 35　模型上表面裂缝发育

图 35 为模型上表面裂缝发育的典型形态。

通过反复模拟试验，可以获得如下定性结论：

A. 竖向裂缝首先从地表开始，不会从某一深度处开始发育。

B. 地表达到裂缝临界变形值后即产生裂缝，有几处达到裂缝临界变形值就产生几条裂缝。

C. 裂缝处变形明显集中。

D. 产生裂缝后地表面上变形分布

是非连续的，两条裂缝之间或裂缝之外的地表其变形值不会超过裂缝临界变形值。

E. 裂缝沿竖直方向的发育是有限的，因此，存在裂缝发育的极限深度。

F. 裂缝沿竖直方向的发育不是一条直线，其弯曲变化主要取决于土层的性质和变形状态。

G. 土层中裂缝的发育受到水平变形和竖向变形的综合影响。设 ε_x 为水平变形，ε_z 为竖向变形，ε_x、ε_z 为 "＋" 时表示拉伸，为 "－" 时表示压缩。则：$\varepsilon_x + \varepsilon_z \leqslant 0$ 时，不会产生裂缝；$\varepsilon_x + \varepsilon_z \geqslant 0$，且 $\varepsilon_x < \varepsilon_J$ 时，不会产生裂缝；$\varepsilon_x + \varepsilon_z \geqslant 0$，且 $\varepsilon_x \geqslant \varepsilon_J$ 时，从地表面上首先产生的裂缝有可能发育到该点或经过该点。ε_J 为所在土层的裂缝临界水平变形值。

2）开采引起的裂缝发育深度定性分析。如图 36 所示，采空区上覆岩体变形如非常厚的顶板，弯曲时在其中产生宽阔的拉伸和压缩区，而且不形成明显的平行于层面的中性层。尽管水平变形的符号沿竖直线 P_1P_1' 和 P_1P_2' 是变化的，但它与薄层弹性梁弯曲的变形不同，拉伸带是沿对角方向——由岩体的下中部向上部边缘延伸。水平变形 ε_x 沿竖向方向是逐步减小的。

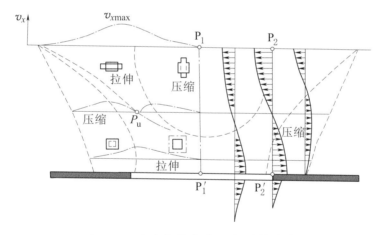

图 36　采动岩体中水平变形的分布

如图 37 所示，在地表拉伸区位置，沿竖向方向变形 ε_z 则是压缩变形，且随着深度增大而有所增大，如图 37 中的位置 1 和位置 2。

因此，肯定存在一个面，在该面上 $\varepsilon_x + \varepsilon_z \geqslant 0$ 且 $\varepsilon_x < \varepsilon_J$ 或者 $\varepsilon_x + \varepsilon_z \leqslant 0$，即地表裂缝发育至该面终止。

3）开采引起的地表裂缝发育深度的预计模型。表土层性质相同或相近时，为了建立实用的裂缝发育深度的预计模型，选取开采沉陷主断面来进行分析，主断面上的情况与模拟试验的条件是一致的。假设裂缝范围内的表土

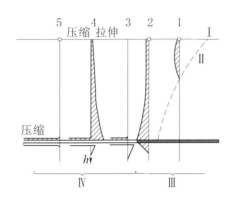

图 37　相对于开采区（达到充分采动面积）的不同位置时围岩的变形分布

层性质是相同或相近的。此时，根据弹性力学理论可得：

$$
\left.\begin{array}{l}
\varepsilon_x = (1-\mu^2)\big[\sigma_x - \mu\sigma_z/(1-\mu)\big]/E \\
\varepsilon_z = (1-\mu^2)\big[\sigma_z - \mu\sigma_x/(1-\mu)\big]/E
\end{array}\right\}
$$

$$(15)$$

根据实验结果，可能使裂缝进一步发育的临界点应满足如下条件：

$$\varepsilon_x + \varepsilon_y \geqslant 0，且\ \varepsilon_x \geqslant \varepsilon_J \tag{16}$$

令 $\sigma_z = -\gamma h$（即仅考虑自重作用的压应力，不考虑由于开采而引起的附加压应力），$\varepsilon_x + \varepsilon_y = 0$，$\varepsilon_x = \varepsilon_J$，代入式（16）得

$$
\left.\begin{array}{l}
\varepsilon_J = (1-\mu^2)\big[\sigma_x - \mu\gamma h/(1-\mu)\big]/E \\
-\varepsilon_J = (1-\mu^2)\big[-\gamma h - \mu\sigma_x/(1-\mu)\big]/E
\end{array}\right\}
$$

$$(17)$$

进一步简化后求得

$$h = (1/\gamma) \cdot E\varepsilon_J/(1+\mu) \tag{18}$$

式（18）就是地表裂缝发育极限深度的计算公式。

地表裂缝临界水平变形值的求取：

A. 实测法——从地表观测站中获得。直接通过建立地表移动变形观测站求得地表裂缝临界水平变形值。

B. 计算法。在地表面上，令 $\sigma_z = 0$，由式（15）得

$$\sigma_x = E\varepsilon_J/(1-\mu^2) \tag{19}$$

近似使 $\sigma_1 = \sigma_x$，$\sigma_3 = \sigma_z = 0$，得

$$\sigma_1 = \sigma_3 \tan^3(45° + 0.5\varphi) + 2C\tan(45° + 0.5\varphi) \tag{20}$$

得

$$E\varepsilon_J/(1-\mu^2) = 2C\tan(45° + 0.5\varphi) \tag{21}$$

从中求解出：

$$\varepsilon_J = 2 \cdot (1-\mu^2) \cdot C \cdot \tan(45° + 0.5\varphi)/E \tag{22}$$

C. 实例计算。实测法求取裂缝发育最大深度的公式为式（18）：

$$h = (1/\gamma) \cdot E\varepsilon_J/(1+\mu) \tag{23}$$

将式（22）代入式（18），得到计算法求取裂缝发育最大深度的公式为

$$h = (2/\gamma) \cdot (1-\mu) \cdot C \cdot \tan(45° + 0.5\varphi) \tag{24}$$

淮南矿务局新庄孜矿采空区上方老堤土，其实测有关参数为：$\varepsilon_J = 4\text{mm}/$

m，$E=12.8$MPa，$\mu=0.35$，$C=0.029$MPa，$\varphi=2.5°$，$r=1650$kg/m³。其裂缝发育的最大深度为：按实测裂缝临界水平变形值计算，即按式（18）计算，$h=2.30$m。

按理论公式计算，即按式（24）计算，$h=2.39$m。

淮南矿务局新庄孜矿采空区上方坝基土，其实测有关参数为：$E=21.16$MPa，$\mu=0.34$，$C=0.022$MPa，$\varphi=25°$，$r=1620$kg/m³。其裂缝发育的最大深度为［按理论公式计算，即按式（24）计算］：$h=2.81$m。

以上计算结果与现场开挖实测的裂缝深度是吻合的，误差是比较小的。

4）表土层性质具有明显差异时裂缝深度的预计模型。事实上，表土层具有层状结构，各层的性质经常具有明显的差异。假设从地表往下各层的厚度、容重、泊松比、内聚力和内摩擦角分别用 m_n、r_n、μ_n、C_n 和 φ_n（$n=1,2,3,\cdots$）表示，此时，开采引起的裂缝发育深度可采用递推算法求得，其步骤如下：

A. 将第一层参数代入式（24），求得 h_1；

B. 如果 $h_1 \leqslant m_1$，h_1 为最终裂缝发育深度，即 $h=h_1$，计算结束；

C. 如果 $h_1 > m_1$，将第二层参数代入式（24），求得 h_2；

D. 如果 $h_2 < m_1$，$h=m_1$，计算结束；

E. 如果 $m_1 < h_2 < m_1 + m_2$，$h=h_2$，计算结束；

F. 如果 $h_2 > m_1 + m_2$，将第三层参数代入式（24），求得 h_3；

G. 按步骤 D～F 步递推，直至求得最终裂缝发育深度。

（3）开采引起的裂缝发育深度的预计（方法二）。

土体产生流动变形的深度，即拉张裂缝发育的极限深度。图38（a）中 OO' 表示堤体的表面，裂缝从 A 处发生。拉伸裂缝由堤体表面逐渐向深部发展，而裂缝两壁的土体受力不断发生变化，变化情况在图38（b）中表示出来。现分析土体中1、2、3、4各点受力情况，当土体未产生裂缝前，各点受力情况简化为平面问题，分别为 δ_{z1}、δ_{x1}、δ_{z2}、δ_{x2}、δ_{z3}、δ_{x3}、δ_{z4}、δ_{x4}，并得莫尔圆 m、n、p、q。从图38中可以看出圆 m、n、p、q 没有与破坏包线 CD 相切，因此，土体是稳定的。在 A 点出现裂缝后，各土体受力条件产生明显的变化，裂缝发展到1点时，m 圆变为 m' 圆，随着裂缝的加深，n 圆变成 n' 圆，p 圆变成 p' 圆，q 圆变成 q' 圆，q' 圆与破坏包线 CD 相交，表明4点土将产生流动变形，因此拉张裂缝的极限深度不会超过4点。拉张裂缝极限深度 h 的计算公式为

$$h = \frac{2c}{\gamma} \tan\left(45° + \frac{\psi}{2}\right) \tag{25}$$

式中：c 为土体的内聚力；ψ 为内摩擦角；γ 为土体的容重。

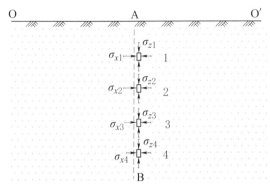

（a）拉伸裂缝由堤体表面逐渐向深部发展

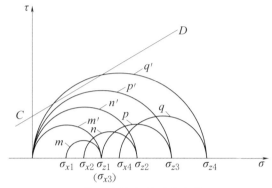

（b）缝两壁的土体受力变化

图 38　土体中受力分析

（4）裂缝发育宽度与发育深度的关系。

根据对实验数据的统计分析，裂缝发育的最大宽度（K）与最大深度（h）大体上呈正比关系，$K = 0.015h$。

下面根据实验数据来分析一下裂缝形成的宽度与深度之间的动态关系。图 39 给出了动态宽度（K'）与深度（h'）的无因次曲线。将其取平均后即可得体现两者之间关系的典型曲线，典型曲线系数见表 17。

表 17　　　　　裂缝发育宽度和深度关系的典型曲线系数

h'/h	0.0	0.1	0.2	0.3	0.4	0.5	0.6	0.7	0.8	0.9	1.0
K'/K	0.0	0.04	0.07	0.11	0.18	0.25	0.37	0.49	0.68	0.85	1.0

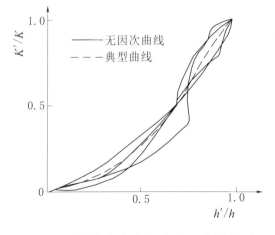

图 39　裂缝发育宽度与发育深度的关系

据此曲线，可以预计裂缝的动态发育情况。例如，淮南矿务局新庄孜矿采空区上方老堤土，裂缝发育的最大深度为 $h = 2.30\text{m}$，裂缝在地表可能发育的最大宽度 $K = 0.015h = 0.015 \times 2.30\text{m} = 0.034\text{m}$。若地表出现了 $K' = 0.017\text{m}$ 宽度的裂缝，按 $K'/K = 0.50$ 查表 17 可得，此时裂缝发育的深度为 $h' = 0.7h = 0.7 \times 2.30\text{m} = 1.61\text{m}$。

（二）开采影响下堤防防洪能力变化研究

开采对堤防防洪能力的影响主要体现在三个方面：堤防标高的下降、边坡坡度的变化和受开采影响下堤防材料渗流的变化。其中，堤防标高的下降主要通过加高堤防来进行堤防防洪能力的恢复，以淮南矿区淮河下采煤为例进行开采影响下堤防防洪能力影响模拟计算。

1. 工程地质特性测试及评价

根据工程地质勘探及专门测试，淮堤老应段（老应堤）、六方堤和黑李段获得了一般工程地质特性。

（1）老应堤土体特殊工程地质特性测试及评价。测试内容包括土体流变特性试验、土的三轴剪切试验、土的抗拉特性试验。

1）土体流变特性试验：在老应堤试样 7 个，用改装的直剪仪，进行了快剪和蠕变试验。

通过分析认为：

A. 老应堤黏土体的长期强度试验指标远低于瞬时指标，一般为其的 40%。

B. 试样未达到蠕变破坏阶段以前，其变形极其缓慢，当达到蠕变破坏阶段以后，变形量急速增加，试样迅速被剪断。

C. 控制长期受荷作用的建（构）筑物稳定强度指标，对黏土来说应是长期强度指标，对粉土来说，因长期和瞬时指标极为相近，也可采用瞬时指标。

D. 试验中，减小剪切荷载的极差和增加剪切历时，能更有效地取得土体的长期强度指标。

2）土的三轴剪切试验：为了研究堤坝和土体采动裂缝的发育规律，土体的抗剪强度指标 C、Φ 值的分析具有重要意义；三轴试验因与土的实际受力情况相接近，所以试验更具重要意义，试验用的三轴仪型号为 SJ-IA，围压范围为 $0 \sim 1.2 MPa$，对三个样孔用三种类型进行了剪切试验。

由试验结果大致可得出以下结论：

A. 老堤土普遍比新堤土（新填土体）C 值大，而 Φ 值差别不大。

B. 随着深度增加，土的 C、Φ 值有增大的趋势。

C. 位于拉伸带和压缩带的土样，其 C、Φ 值变化不大。

3）土的抗拉特性试验：用 WD-1 型万能试验机和悬挂式重力荷载两种设备对 6 例原状土样和 25 例扰动土样（其中瞬时荷载条件 17 例，长期荷载条件 8 例）进行试验。

分析试验结果后，可以认为：

A. 对原状土：①不同深度土体虽在构成成分、固结状态及含水量条件等方面存在差别，但其绝对拉伸变形量未有较大差异，大都在 4mm/m 左右；②不同部位土体的单轴抗拉强度存在较大差别，土体含水条件和天然固结状态是影响土体单轴抗拉强度和变形的两个主要因素，天然固结状态不好且含水量较大时，其拉伸变形大，单轴抗拉强度小。

B. 对瞬时荷载条件下的扰动土：①含水量虽不同，但其绝对变形量并没有大的差异，含水量在 8.4%～21.7% 的变化范围内，绝对变形量 E 值大都为 3～4mm/m；②土体相对拉伸变形与含水量关系明显，含水量增加，拉伸变形呈增加的趋势，含水量达到一定值后，E 值增大的幅度更加明显。

C. 对长期荷载条件下的扰动土：①单轴抗拉强度与荷载时间无直接关系，相同含水条件下的单轴抗拉强度并未因荷载时间不同而产生较大差别，而与相同条件下的瞬时荷载条件的单轴抗拉强度相一致；②拉伸变形与荷载时间呈明显相关性，相近含水条件下，荷载时间越长，拉伸变形量越大；③含水量相近情况下，与瞬时荷载条件相比，长期荷载条件下产生的变形量要大得多；④含水量越大，产生的变形效应越加明显。

（2）六方堤土体特殊工程地质特性测试及评价。

1）土体原位剪切试验。为了更准确研究六方堤砂性土的抗剪强度指标，进行了室内直剪和现场不同深度的原位剪切试验，二者结果基本相同，c 的原位值略小于室内值。

2）亚砂土的单轴抗压强度测试。专门设计的应力-应变关系的测试装置，对六方堤的亚砂土（扰动样）进行测量，得到应力-应变曲线，试验的条件是容重为 $1.92kg/cm^3$，含水量为 21.3%，测定了屈服极限。

3）土体流变特性研究。用改装的直剪仪进行了六方堤砂性土的蠕变试验。试验结果表明，长期剪切指标和瞬时剪切指标极为相近。

（3）六方堤亚砂土渗透特性的试验研究。用渗流槽对在六方堤现场采集的粉砂土采用两种试验方法：①上游水箱保持稳定不变的水位，调整下游水箱水位，进行不同渗流水头条件下的渗透试验；②下游水箱水位保持至最低，调整上游水箱水位，进行各种渗流水头条件下的渗透试验，在对粉砂土的渗透性能及其浸润曲线进行分析对比以验证结果的准确程度的同时，也进行了中粗砂的渗透试验。

分析结果认为，两种方法所求得的渗透系数 K 基本一致，为 $(7.5～10.1)\times 10^{-4}cm/s$，与同时试验的中粗砂的测试结果相比，其渗透能力仅为中粗砂的

1%左右，（中粗砂的渗透系数 K 为 $6.5×10^{-2}$ cm/s），综合分析试验结果，粉砂土的渗透有如下特征：

试验条件下，水头与渗透距离的比例关系，将一定程度上会影响渗透坡降的大小，但对浸润曲线的形态影响不太明显，六方堤粉砂土的渗透坡降与水头变化有密切关系，即渗透坡降 J，随水头值的加大呈比例增加。

渗透量 q 与渗透坡降 J 具有明显的相关关系，显示出六方堤粉砂具有明显的层流渗透规律；渗流量 q 与渗流水头变化量 Δh 之间的关系表明，即使在相当大的渗透坡降情况下，渗流量 q 并不发生突变现象，也即说明土体并未发生机械潜蚀现象，因六方堤粉砂土有较好的渗透稳定性。

（4）开采对堤基土层的影响。大面积、长期、剧烈的开采沉陷，使堤基土层的结构和物理力学性质发生了变化，主要表现在下列几个方面：

1）沉陷区土层逐渐加厚。沉陷区内汛期带来的泥沙将淤积，使堤段土层逐渐增厚。据钻探资料对比，沉陷区覆盖层的厚度将增加 1～3m。

2）沉陷中心区砂层增厚。据 1990 年钻探资料与 20 世纪 70 年代钻探资料对比，砂层因处于沉陷中心区而增厚。

3）受扰动的土层波速发生变化。与地震勘探资料对比，发现受扰动的土层与同一层非扰动土层，其波速有明显差异。

2. 开采对堤防损害数值的模拟

为了分析堤基、地表、堤防及基岩-表土界面的移动和变形，以淮南矿区为例，沿老应段及六方堤段的一些重要地段作若干个垂直断面，用有限元方法进行分析计算，以确定大堤在铅直方向上的变形和破坏规律。主要确定基岩-表土界面、表土-堤基界面会不会受采动影响而拉开，断层面附近大堤会不会由于断层面受采动活化而破坏，堤防内受采动后应力变化能否产生裂缝等。

（1）有限元模拟计算分析模型的设计。

为了较全面地模拟堤坝在各种采动条件下的移动变形及其受力情况，本次模拟计算设计了以下几个计算模型。

1）模型 M1。取老应段在 1991—2000 年之间的危险地段，该模型全长1200m，深度（包括大堤）480m。模型中包括 2 条断层，见图 40。该模型底边节点的自由度全部限制，侧边指定下沉和水平移动，其移动值根据邻近采区的开采影响，由概率积分法求得。该模型中大堤作为平面应力问题，大堤以下作为平面应变问题，并模拟已存在的冒落带、裂隙带。从该模型中可得到断层对淮堤的影响，实际开采引起的堤防、堤基、基岩——表土界面的移动和变形。

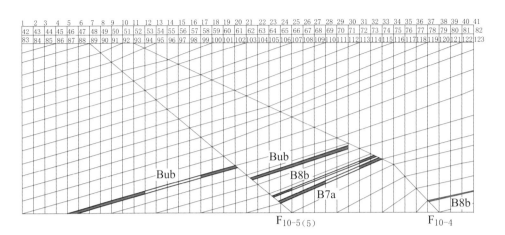

图 40　M1 模型单元划分图（Bub、B8b、B7a 为煤层编号；数字 1，…，123 为单元编号）

2）模型 M1－1。该模型对 M1 基岩面以上的局部进一步进行细分，目的是进一步分析断层对堤坝的影响，堤防内应力分布情况及裂缝发育规律等。

3）模型 M2。对不同开采深度和不同开采强度的典型工作面开采时淮堤的变形情况进行分析。模型类似 M1，沿淮堤作剖面，全长 600m，深度 480m。模型中模拟三个典型工作面的开采，工作面宽均为 120m，工作面（1）开采平均深度为 250m，开采厚度为 6m，工作面（2）开采深度为 300m，开采厚度为 2m，工作面（3）开采深度为 350m，开采厚度为 2m，见图 41。该模型剖面位置及材料类似 M1，其煤层不是指具体的某一层。模型底边节点自由度全部限制，侧边节点对下沉不做限制。

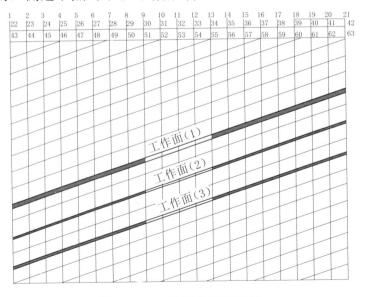

图 41　M2 模型单元划分图

4）模型 M3。该模型取自垂直老应段大堤方向，模拟 B7a 煤层的开采。设计开采范围可使地表达到充分采动，分两层开采，上分层开采时分三步模拟推进过程中的开采，采完上分层后开采下分层。模型单元划分，几何尺寸见图 42。通过对该模型的分析，可得到工作面位置不同对大堤的影响、重复采动的影响及地表移动变形的预计参数。

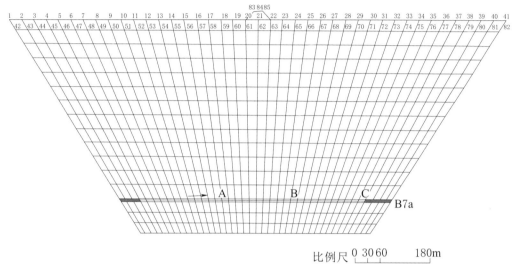

比例尺 0　30 60　　　　180m

图 42　M3 模型单元划分图

5）模型 M3-1。对 M3 基岩面以上的局部进一步细分，以 M3 求得的移动变形参数作为该模型的边界条件。

（2）模拟结果分析。

1）在正常开采情况下淮堤的移动和变形分析。从 M2 模拟结果可以得出：堤顶、堤基和基岩面上的地表移动变形规律是一致的。由于该处表土层厚度约为 20m，大堤高度为 6.6～8.6m，相对于开采深度来说较小，故堤顶和基岩面、堤基和基岩面上的移动变形值在量上差别也是很小的。

就水平移动和水平变形而言，从基岩面至堤顶面，移动和变形是增大的。

开采深度不同（其他条件相同）时，移动变形值随深度增加而减少，且移动变形曲线较平缓。

2）断层对淮堤稳定性的影响。断层对地表移动和变形的影响是非常复杂的，为了确定断层是否会引起淮河大堤的突然塌陷，M1 模型模拟了老应段 1991—2000 年之间较危险的堤段，并对实际断层作了模拟。M1 模型模拟结果表明：在受断层影响以外的区域，下沉曲线、水平移动曲线各界面之间的规律同 M2 模型结果的分析，但是，在断层的露头处基岩面上有些异常。

下沉曲线在 M1 模型左边和右边煤层分别开采时，在 $F_{10-5(5)}$、F_{10-4} 断层露头处及 F_{10-4} 断层剖面上的拐弯处上方基岩面上，其下沉量比堤基面及地表面要小。因此，在这几个位置的竖向方向上，堤基和基岩面之间的土体受压缩，压缩变形为 2～4mm/m。当左右两侧模型中工作面全部开采完时，则 F_{10-4} 断层拐弯处上方竖向处于拉伸状态，拉伸变形量为 3～4mm/m。

为了进一步分析断层露头及异常区基岩面以上直到堤顶的竖向变化规律，对 M1 模型 5 号、87 号、95 号、13 号 4 个点包围的范围及 28 号、110 号、118～36 号 4 个点包围的范围内进行了细算。结果表明：基岩面和堤基之间所受的变形是近于一个常数，没有变形集中现象，呈整体变化。堤基和堤顶之间的堤防，在竖向方向受压缩，局部有压缩变形集中，最大处可达 10mm/m。

水平移动曲线类似于下沉曲线，在断层露头处有异常。水平变形在断层露头处的基岩面上出现了明显的变形集中，在堤基及堤顶面上由于表土体的作用得到了部分缓和。基岩面上最大拉伸变形为 8mm/m，堤基面上最大拉伸变形为 6mm/m，堤顶面上最大拉伸变形为 5.7mm/m。按实际观测资料类比，极有可能在此处出现裂缝。

（3）开采过程中地表移动变形规律。

将 M3 模型中煤层上分层开采至 A 点、B 点、C 点及下分层全部开采完时，获得地表（堤顶、堤基）和基岩面上的下沉、水平移动和水平变形曲线。

基岩面、堤基（地表）和堤顶的下沉值相差很小。在 20m 左右的表土层内存在 20～50mm 的拉伸量。其竖向方向拉伸变形为 1.0～2.5mm/m。当煤层上分层开采至 A 点时，堤基和基岩面之间的规律是一致的。靠近采空区一侧堤顶下沉量小于堤基的下沉量，故这部分堤防在竖向方向受拉伸。另一侧堤顶下沉量大于堤基的下沉量，故这部分堤防在竖向方向受压缩。拉伸、压缩量均小于 10mm，当煤层上分层开采至 B 点时，堤基、基岩面及堤顶之间的下沉曲线规律仍同前，但拉伸量略有增大；当煤层上分层开采至 C 点时，堤坝位于采空区中心正上方，此时，基岩面与堤基之间、堤基与堤顶之间在竖向方向上均受拉伸，基岩面与堤基之间拉伸变形为 1.5mm/m。堤防内沿堤防中心线竖向拉伸量最大，为 1.0mm/m；当下分层采完后，堤防下方基岩面与堤基之间拉伸变形值最大为 3.2mm/m，堤防在竖向受的最大拉伸变形为 2.0mm/m。根据淮南矿务局实测资料，4mm/m 的变形值为产生裂缝的临界变形，按此资料，堤防在竖向方向不会产生裂缝，仅存在疏松带。

M3 模型上分层开采至 B 点及上下分层全部开采完后，基岩面和地表（堤基）的水平移动规律同 M2 模型的分析。移动过程中，堤顶面上各点水平移动近于一个固定值。当上分层开采至 B 点时，堤顶面上各点水平移动值约为 280mm，当上下两分层全部开采完，大堤位于采空区正上方时，堤顶的水平移动值约为 0。因此，在开采过程中大堤是整体移动的。

M3 模型中煤层上分层开采至 A 点、B 点、C 点及下分层全部开采完时的水平变形规律为大堤在整个开采过程中大部分时间受到压缩变形。仅在工作面处于 A 点位置时，大堤一侧受到了较小的拉伸变形。相对于压缩变形要小得多，堤脚处的压缩变形较大，而堤顶的变形值很小。因此，在开采过程中，大堤在该方向出现裂缝的可能性不大。

（4）小结。

通过开采对堤基、地表、堤防及基岩-表土界面影响的电子计算机模拟，可以得到如下几个结论：

1）在正常地质采矿条件下，堤顶、堤基和基岩面上的移动变形规律基本上是一致的。

2）堤基、堤顶（地表）及基岩-表土界面上下沉量差别很小。基岩面与堤顶面上水平移动和水平变形最大相对差异约为 17%。堤基和基岩面之间移动变形最大相对差异约为 10.5%。从基岩面至堤顶面，水平移动和水平变形量是增大的。

3）从垂直淮堤方向上的模型分析表明大堤呈整体移动。按 M3 模型工作面开采时，淮堤横向上在整个开采过程中大多受压缩变形，在竖向方向上受拉伸变形，但拉伸量较小，一般不会出现裂缝，仅存在疏松带。

4）沿淮堤的方向上，根据采空区位置的不同，所受的拉压变形是不同的。当水平变形达到一定值后就要出现裂缝。堤防在竖向方向上受压缩（此时将堤坝作为平面应力问题模拟）。

5）由于断层的存在，使得断层露头处的基岩面、地表、堤基等界面上出现水平变形集中，在该处要出现拉伸裂缝。岩体内的断层面两侧由于开采的影响局部出现较大的相对滑移、拉开和挤压现象。离采空区一定距离后相对移动逐步减弱，使断层两侧岩体呈现整体下沉趋势。采深越大，断层对基岩面以上部分的影响越小。

总之，模拟研究表明，在没有断层影响的地区，淮堤、表土和上部基岩的移动和变形是连续的，也就是在淮堤、表土和上部基岩之间不出现大的离层空间，淮堤不会出现突然塌陷。在有断层影响的情况下，断层面受开采影响被拉开，两侧发生相对错动，但这种错动在近地表处由于表土的约束、缓冲作用而越来越小。模拟结果显示，在基岩面处，断层两侧下沉差仅有

20mm，水平移动差不超过 80mm，这些位移差将被表土及大堤吸收，不会形成大的空洞而导致大堤的突然塌陷。但在断层露头处堤防极有可能出现裂缝。

（三）开采沉陷对河道行洪能力影响的分析

1. 水面线改变

从水力学角度分析，在同样洪水条件下，采煤沉陷后，河道改变了原有形态，其水面线也将发生改变。由于采煤沉陷造成河底成马鞍形，使沉陷段下游侧比降减少，上游侧比降加大，造成下游段水流流速降低，水位壅高，上游段流速增加，水位降低，而堤防高程又降低很多，采煤沉陷使河道防洪能力降低。现以鲍店煤矿 1312 工作面为例说明沉陷对水面线的影响，设计中采用"天然河道复式断面的水面线推算程序"，对河道沉陷前后设计洪水下的水面线进行推算，成果见表 18。现状河道要素与预计沉陷值见表 19。

表 18 　　　　　　泗河桩号 25＋600～29＋000 段水位成果表 　　　　单位：m

桩号	现状断面	塌陷后断面	桩号	现状断面	塌陷后断面
	1/50 年一遇水位	1/50 年一遇水位		1/50 年一遇水位	1/50 年一遇水位
25＋600	47.66	47.66	27＋200	48.14	48.12
25＋700	47.66	47.66	27＋300	48.19	48.18
25＋800	47.71	47.71	27＋400	48.21	48.19
25＋900	47.76	47.78	27＋500	48.22	48.21
26＋000	47.78	47.82	27＋600	48.29	48.28
26＋060	47.79	47.83	27＋700	48.34	48.32
26＋100	47.80	47.83	27＋800	48.34	48.32
26＋200	47.82	47.83	27＋900	48.38	48.36
26＋300	47.83	47.83	28＋000	48.41	48.40
26＋400	47.86	47.83	28＋100	48.45	48.44
26＋500	47.86	47.83	28＋200	48.47	48.45
26＋600	47.91	47.89	28＋400	48.49	48.48
26＋700	47.94	47.92	28＋600	48.56	48.55
26＋800	47.98	47.96	28＋800	48.64	48.63
26＋900	48.03	48.02	28＋900	48.64	48.63
27＋000	48.04	48.02	29＋000	48.69	48.69
27＋100	48.12	48.10			

表 19					现状河道要素与预计沉陷值一览表		单位：m

桩　　号	左滩地		右滩地		河　　槽	
	现状高程	预计沉陷值	现状高程	预计沉陷值	现状高程	预计沉陷值
25＋700	44.46	0	44.29	0	39.06	0
25＋800	43.72	0.03	43.69	0.18	38.71	0.06
25＋900	43.25	0.35	43.96	2.00	37.53	1.01
26＋000	44.28	2.27	43.68	5.25	38.03	2.63
26＋060	44.28	3.70	43.68	6.00	38.03	5.39
26＋100	43.32	4.37	44.04	5.65	37.51	5.02
26＋200	43.75	4.55	43.75	2.85	38.18	3.02
26＋300	43.73	2.37	43.81	0.50	38.46	0.99
26＋400	44.88	0.47	43.90	0.05	37.79	0.26
26＋500	44.12	0.05	43.76	0	39.37	0.22
26＋570	43.70	0	44.00	0	39.00	0

从表 19 中数据看出，26＋100、26＋200 断面沉陷最大，从 26＋200 向上下游沉陷逐渐变小，形成了马鞍形沉陷曲线，河底变化从 25＋800～26＋200 为负比降，从 26＋200～26＋500 段比降加大；反映在水位表 18 中，断面 25＋800 以下河段水位没有变化，从 25＋800～26＋200 段，水位壅高，最大壅高达 40mm；26＋300 断面水位基本不变，26＋300～26＋500 段水位下降，最大下降 30mm；直到 29＋000 处，水位恢复正常。从表 18 可以看出，采煤塌陷对水面线的影响不仅在塌陷段，而且将影响到超出沉陷段 2.5km 外的上游段。

2. 河势变化

河道沉陷同样引起流速的改变，对河槽的冲淤产生影响，从而引起河势的改变。冲淤计算一般先根据《水力学》河床最大允许不冲流速 $v_{不冲}$、最小不淤流速 $v_{不淤}$ 计算公式，分别计算水面线变化段河槽遭遇规划洪水及中小洪水时的最大允许不冲流速 $v_{不冲}$ 和最小不淤流速 $v_{不淤}$；一般情况下沉陷区下游段流速变缓，以淤积为主，上游段流速加大，以冲刷为主，直至达到新的冲淤平衡。

表 20 为鲍店煤矿 1312 工作面开采沉陷前后，泗河 50 年一遇洪水时流速计算表。

表 20 不同桩号的流速比较表

桩号	现状断面			塌陷后断面		
	流速	$v_{不冲}$	$v_{不淤}$	流速	$v_{不冲}$	$v_{不淤}$
25＋600	1.48	1.87	1.38	1.48	1.87	1.38
25＋700	1.69	1.75	1.27	1.68	1.75	1.27
25＋800	1.59	1.79	1.31	1.55	1.80	1.32
25＋900	1.41	1.86	1.37	1.21	1.97	1.47
26＋000	1.47	1.85	1.36	0.95	2.20	1.69
26＋060	1.49	1.85	1.36	0.87	2.29	1.78
26＋100	1.49	1.85	1.36	0.86	2.31	1.79
26＋200	1.50	1.84	1.36	1.03	2.15	1.64
26＋300	1.62	1.84	1.35	1.38	1.94	1.44
26＋400	1.63	1.89	1.40	1.75	1.94	1.44
26＋500	1.99	1.83	1.34	2.00	1.83	1.44
26＋600	1.93	1.91	1.41	1.94	1.90	1.41
26＋700	1.98	1.89	1.40	1.98	1.89	1.40

$$v_{不冲}=cR^{0.4};v_{不淤}=c'\sqrt{R}$$

式中：c 为系数，粉土取 0.96；R 为水力半径，m；c' 为根据河道水流泥沙性质而定的系数，取 0.6。

从表 20 中可以看出，塌陷后 25＋900～26＋300 段将出现淤积，26＋500～26＋700 段产生冲刷。

3. 开采对河道流场影响的数值模拟分析

为了更为直观地反映开采对河道流场的影响情况，特用 fluent 软件建立数值模型，对河道 25＋800～26＋500 段受 1312 工作面开采影响前后的流态情况进行模拟计算。

（1）原河道流态分析。

建立起的原河道三维立体图见图 43，给定进口速度为 0.5m/s 时，河道内整体流场情况见图 44。从图中可以看出在河道塌陷以前流态平稳，且从进口断面到下游，在重力的作用下流速有增加的趋势，在下游 6m 左右流速达到最大值，为 1.49m/s；出口断面

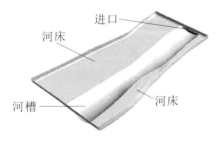

图 43 原河道三维立体图

的流速为 0.2m/s。

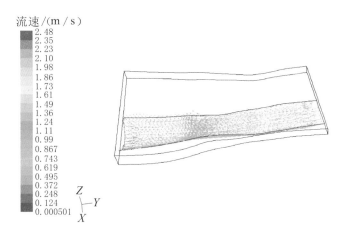

图 44 原河道流场图

（2）开采影响后河道流场分析。

受开采影响塌陷后的河道三维数值模型见图 45。

分析分两种情况进行：一种是河道高水位时的流态分布；另一种是中水位时的流态分布。对每种情况计算了 X、Y、Z 三个方向上多个剖面的速度流线。其中，高水位时 Z 方向选取的剖面位置见图 46。计算得到的各剖面速度流线见图 47～图 50。

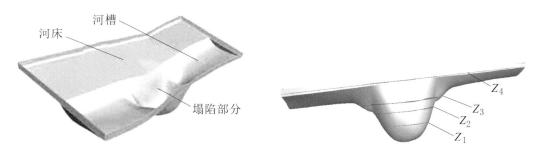

图 45 塌陷后河道三维立体图   图 46 沿 Z 方向各剖面图

采用同样的方法对高水位和中水位两种情况 X 方向 4 个剖面、Y 方向 4个剖面和 Z 方向 4 个剖面的流态进行了分析，经过分析研究，得到在开采沉陷的影响下，河道 25＋900～26＋300 段将出现淤积，26＋500～26＋700 段产生冲刷，与理论分析的结果一致。

研究表明，在兖州矿区泗河下开采的情况下，开采引起的塌陷会引起河水对塌陷区上游河床的冲刷和塌陷区下游河床的淤积，加大河势的演变。考虑到泗河本身为季节性山洪河流，河势处在不停地演变过程中，未对河槽进

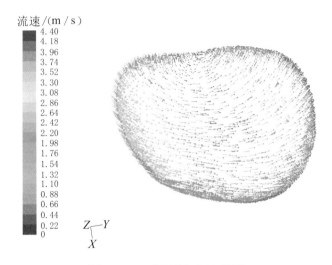

图 47 Z_1 剖面速度流线图

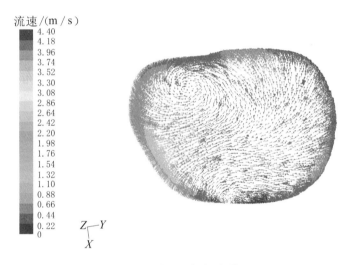

图 48 Z_2 剖面速度流线图

行治理时，流速在塌陷段增加得不多。因此，对开采引起塌陷段的河槽可采用回填的方式进行治理，也可以不进行治理。但对塌陷段的河岸应采取防护，减轻河水对岸堤的冲刷。

淮南矿区实测的水下地形图表明整个受采动影响段淮堤河床中，确保大堤的堤脚处河床标高在抬高，中部和北部河床标高下降。受采动影响段的河床由于下沉而使其形态发生了变化。河段的河床形态对水流条件影响甚大，在相同的来水量及其变化过程的情况下，河床形态不同，水流条件也不相同，从而影响着河道的演变发展。

实测结果表明，在受开采影响期间，河床淤积的速度小于河床由于开采

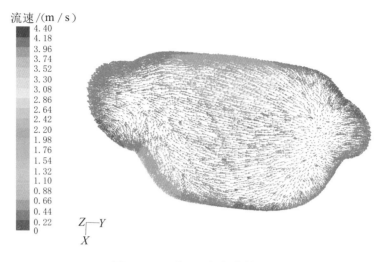

图 49　Z_3 剖面速度流线图

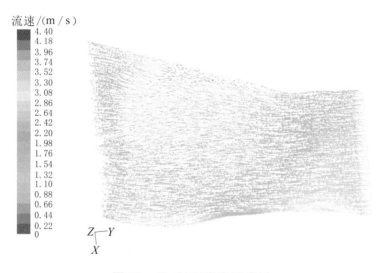

图 50　Z_4 剖面速度流线图

引起的下沉速度。因此，河床的淤积不影响过水断面，不影响淮河的航运。河道的横向变形基本上处于下沉、淤积有规律的运动中，没有出现特殊的情况，对堤坝的稳定性无明显的影响。实测结果与泗河区域的研究结论相符。

三、河道治理专项技术研究

（一）堤防加固技术研究

堤防沉陷后，不仅使堤顶高程下降，减少了河道原有的行洪能力，还使堤防产生不同程度的裂缝，使堤防的完整性、密实度下降，引起堤坡、堤基的抗滑和渗透稳定问题。

1. 堤线布置及堤型选择

（1）堤线布置原则。

1）堤线布置力求顺直，各堤段平缓连接，避免出现急弯。

2）尽可能利用现有堤防和有利地形，堤线布置在土质较好、比较稳定的基础上，避开软弱堤基、深水地带。

3）建成后便于管理维护。

（2）堤线布置。

堤线布置一般沿原堤线布置，在局部滩地较窄或堤线不连续处重新按照布置原则布置。在特殊情况下可改变原有堤线，如西淝河区域在开采影响下，老堤两面临水，无法从塌陷区取土，考虑预先从塌陷区取土备料，仍难以解决长期大量的土石料来源问题。从经济和实用的角度考虑，可采用退堤方法。

（3）堤型选择。

堤型选择本着因地制宜、就地取材的原则，根据堤段所在地的特点、堤防防洪要求、堤基地质、筑堤材料、施工条件等诸多因素，可选择土堤、石堤、混凝土或钢筋混凝土防洪墙、分区填筑的混合材料堤等。在本研究区域，淮河确保堤采用矸石为支承体，黏土为防渗体的组合堤；淮河行洪堤采用亚砂土堤；西淝河采用黏性土与煤矸石组合堤；南四湖流域堤防采用黏土堤。

2. 堤身设计

筑堤材料本着因地制宜、就地取材的原则，堤防的填筑标准需满足堤防工程设计规范要求。

堤顶高程需根据堤防等级，按照设计洪水位加堤顶超高，并预留一定的开采沉陷安全系数确定，弯道一侧凹岸堤顶高程再加弯道水位增加值。

堤防断面可根据堤防工程设计规范中的设计规范，根据堤防稳定性及防洪要求综合确定。

（二）裂缝处理技术

开采沉陷造成河槽、堤防、滩地、护堤地出现裂缝，影响着河道的防洪功能。沉陷裂缝属于地表不均匀沉降引起的拉伸裂缝，根据工作面与堤防的相对位置不同，有纵向裂缝，也有横向裂缝。地表裂缝发育深度与土体的弹性模量、泊松比、黏聚力、内摩擦角及土体密实度有关，可根据经验公式进行估算，一般不深。

河槽内的裂缝在自然淤积作用下会很快地填平，不需要进行特殊处理；如果能够处理好堤防上的裂缝，滩地和护堤地上的裂缝对河道的防洪等功能不构成威胁，也可以不进行处理，因此关键是做好堤防裂缝的处理。

对河道裂缝的处理，在实践中采取了以下两种处理措施。

开挖回填：对开展宽度大的裂缝，采取开挖回填的处理措施，对裂缝进行开挖，开挖边坡不小于 1∶4，挖至裂缝底部后，分层回填夯实。

灌浆处理：灌浆技术是利用压力将能固结的浆液通过钻孔注入岩土孔隙或建筑物的裂隙中，使其物理力学性能得到改善的一种方法。用于堤防工程的灌浆技术，是在灌浆压力作用下，浆液克服各种阻力而渗入孔隙和裂隙，压力越大，吸浆量及浆液扩散距离就越大，因此又称渗入性灌浆。堤防上的裂缝一般不会深至堤基，挡水高度不高，一般采用锥探灌浆。

1. 有效注浆宽度的确定

堤坝裂缝注浆的有效宽度是指在某一水头 h_1 时能起有效防渗效果的最小注浆段的宽度 L_1，则在注浆均匀的条件下，每单位宽度的注浆段所能防渗的最大水头就为 h_1/L_1。这个最大水头值与裂缝宽度，堤坝土体性质和浆液性质及注浆固结时间有关系。这种关系目前还没有一个合理的函数关系式，无法进行定量计算，只有用实测的方法进行，由于实际坝体裂缝不允许进行这样的试验测试，因此，仅能在实验中进行相应的模拟试验。

堤坝裂缝注浆后，注浆段是否能起有效防渗作用，主要表现在两个方面：一方面是注浆段是否能防止河水渗过；另一方面是注浆段能否抵抗住河水静水压力的作用。由于注浆材料是黏土浆，而黏土本身渗透性很小，当水力坡度达到 5 以上才能产生少量的渗透，而浆液本身强度不大，抵抗静水压力的能力较弱。因此，黏土浆液注浆段是否能防渗，主要取决于注浆段是否能抵抗住河水的静水压力，单位宽度注浆段能起有效防渗的最大水头 h_1/L_1，主要取决于单位宽度注浆段所能抵抗的静水压力。从理论上讲，在土体性质相同，宽度相同的裂缝中用相同的注浆材料注浆，则它们的单位宽度注浆段的有效防渗段能抵抗的最大水头是相同的。而且，由于浆液不能完全固结成形，具有流变触动的特点，上覆作用力较小，因此，在裂缝深度不大的条件下，裂缝中不同深度上单位宽度注浆段防渗的最大水头值基本上是相同的，可采用在不同宽度裂缝中某一注浆条件下，单位宽度注浆段能起防渗作用的最大水头来确定实际堤坝相应裂缝中的有效注浆段宽度。

根据相同土体，相同宽度裂缝在相同注浆条件下，单位注浆宽度的防渗最大水头相同的原理，在室内进行相应的实体模拟试验。其研究方法如下。

（1）取垂直贯穿堤坝的单个裂缝作为研究对象，裂缝深 4.15m，宽 1～5cm。根据近 30 年观测资料，发育的裂缝最深达 4.15m，宽度一般为 1～3cm，个别达 20～30cm。堤坝上发育多个方向的裂缝，其中以垂直贯穿堤坝的裂缝渗水最危险。

（2）实验室中用渗流仪制作堤坝模型。研究的重点是注浆段的防渗情况，而注浆段之外的堤坝部分对此没有影响。因此，将注浆段布置在靠近迎水坡处，模型仅研究注浆段后部到迎水坡这部分的堤坝，而注浆段到背水坡这部分堤坝不考虑。取堤坝走向方向 1m 厚，堤坝垂直和水平方向按 1∶20 缩小，水位也按 1∶20 缩小。模型中堤坝高 30cm，其中裂缝深 20.75cm，模型长 50～80cm 不等。

（3）用搅拌器配制注浆液，注入模型裂缝中，凝固一定时间后，观测注浆段的形状和宽度，在迎水坡供水，保持水位间断性上升，间隔时间一般为 3～4h，直到注浆段产生渗水或破坏，如上升到最高洪水水位仍不渗水或破坏，则缩小注浆段宽度，重新进行试验，直到渗水或破坏。

（4）产生渗水时的供水水头与注浆段宽度的比值 h/L 就是单位注浆宽度能防渗的最大水头，将其称为临界破坏水力梯度，即

$$J_c = \Delta H / b_{\min} \tag{26}$$

式中：ΔH 为注浆两侧水头差，cm；$b_{\min}$ 为注浆段最小宽度，cm。

由于注浆段在剖面上的形状为梯形，而注浆体所承受的静水压力分布图在垂直方向上为上小下大的三角形，这一三角形为锐角是 45° 的直角三角形，注浆段下部所受的静水作用力最大，这样在注浆均匀且梯形斜边平均坡比大于 2∶1 时，注浆段底部最易被冲开，为危险区。注浆试验中注浆浆液的容重为 1.4～1.55，其注浆段形状基本都满足这一要求。因此，在试验中最危险的地段主要是分布在裂缝底部，临界水力梯度也是以这一点的情况来计算的。

为避免较大的偏差，对于各种情况同时进行 1∶10 的模型试验，在这两种模型试验的基础上研究实际堤坝的有效注浆宽度。

根据设计的模型对淮堤老应段黏土坝及六方堤砂土坝进行了 19 次不同高度，不同宽度裂缝的模拟试验，除个别模型未达到要求外，其他均符合要求。从试验结果来看是基本符合实际情况的，这为深入分析试验资料打下了基础。根据试验资料，对黏土坝和砂土坝裂缝注浆有以下几点结论。

（1）黏土坝在浸水后有膨胀，因此，裂缝可变浅，变窄，有一定的自愈

能力，但当水力梯度较大时，裂缝仍将坡冲开从而发生河水大量渗漏的现象，为此，对黏土坝裂缝注浆防渗是必要的。

（2）黏土坝注浆段的破坏首先从下部开始，因为下部承受的水头压力最大。注浆段的最小宽度或临界破坏水力坡度主要与水头差和裂缝宽度有关。对宽 2cm 的裂缝，其临界水力坡度为 2.79；宽度 3cm 的裂缝，临界水力坡度为 2.28；宽度 5cm 的裂缝其临界水力坡度则为 1.69。

（3）在实际注浆中多沿裂缝注浆，注浆最小宽度可由公式 $b=\Delta H/J_c$ 求得（ΔH 为裂缝水头差，J_c 为某一宽度裂缝的临界水力坡度），这一宽度随裂缝宽及河水位的变化而变化，见表 21。

表 21　　　　黏土坝有效注浆宽度

水位/m	水头差/m	注浆宽度/m		
		缝宽 2cm	缝宽 3cm	缝宽 5cm
+26	1.15	0.41	0.50	0.68
+27.9	2.65	0.95	1.16	1.57
+29	4.15	1.49	1.82	2.46

（4）六方堤砂坝裂缝破坏是由于河水绕过黏土浆体渗出，当水力梯度较高时造成冲刷和掏空而引起的，这一临界水力梯度即是砂土能被冲刷的水力坡度，实验值为 1.06，这一值只与水头差及渗透距离有关，而与裂缝宽度无关。

（5）对砂土坝裂缝无论其宽度大小，都应注浆防渗，否则水流将沿缝冲开，注浆宽度可用 $b=\Delta H/1.06$ 近似确定，它只与河水位的变化有关，见表 22。

表 22　　　　六方堤坝最小注浆宽度

淮河水位/m	水头差/m	注浆宽度/m
+22	0.15	0.14
+23	1.15	1.48
+24.5	2.65	2.5
+26	4.15	3.92

（6）无论对黏土坝及砂土坝，由于其裂缝为上宽下窄并趋于尖灭，裂缝弯曲而不平直，因此，注浆时宜采用稀浆灌注（比重为 1.1~1.3），以增大浆液的流动性和可灌性，注浆钻孔深度可比裂缝发育深度深 0.5~1.0m。

2. 注浆方法

锥探灌浆属于充填式灌浆，是利用浆液自重将浆液注入隐患部位以堵塞隐患的一种方法。灌浆范围为受采动影响的堤段各向外延伸50m。灌浆孔沿大堤走向布设3～4排孔，梅花形布置，排距为1.5m，孔距为1.5m，见图51。灌浆深度为堤顶至堤基下2.0m。

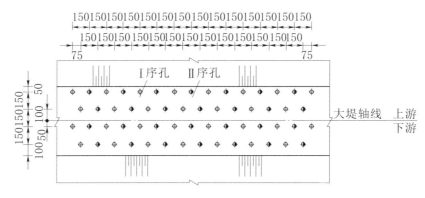

图51　裂缝锥探灌浆孔位布置图（单位：cm）

（三）河槽治理技术研究

对河槽的治理，理论上有不同的争论。有的专家认为，河槽沉陷后引起河道纵向比降的变化，对上游河床造成冲刷，引起河势的改变，需进行治理；有的专家认为，河槽的演变是正常的，而且，河槽加深可提高河道的行洪能力，不需治理。

实际上，对河槽的处理也存在着治与不治两种方式。在兖州煤业股份有限公司鲍店煤矿1312工作面泗河下采煤沉陷治理及十采区白马河下采煤沉陷治理中，均通过纵向设计，对河槽采取了回填措施将沉陷区上下游河底平顺连接的治理措施。治理中，采取了全段围堰配合明渠导流的方式，治理费用较高。

随着对河下采煤沉陷治理研究的加深，通过对河道采煤沉陷后河道水位的推算，发现在设计洪水下，沉陷区河槽流速较沉陷前减少，沉陷处河槽流速均小于不淤流速，河槽将处于不断淤积状态。沉陷段河槽将逐渐淤积达到新的动态平衡，因此，采取了对河槽不进行恢复，而只对部分凹岸河岸采取抛煤矸石护砌的治理措施。该措施不需采取导流措施，节省了大量的工程费用。实践证明，这种处理技术是经济可行的。

（四）滩地、护堤地恢复技术

1. 滩地治理

滩地按照结合防渗稳定及满足耕植要求的原则进行恢复。一般采用稳沉后治理，恢复宽度根据不同情况进行不同的处理，在滩地较窄的河段，按照沉陷前的宽度恢复；在滩地较宽的河段，结合河槽的平面布置按照不小于50m原则恢复。填筑材料同筑堤土料。恢复高程按照与未沉陷段平顺连接的原则确定。

2. 护堤地治理

护堤地对堤防有重要的保护作用，需进行恢复。按照《堤防工程管理设计规范》（SL 171—96）中表3.1.2 "2、3级堤防护堤地宽度为20～60m" 规定，治理中背水侧护堤地均按照50m宽度进行恢复。对沉陷后治理的护堤地，按照方便管理结合复耕的原则恢复，回填材料表层1m采用土料，下部可为土料也可为煤矸石。对沉陷前治理背水侧护堤地一般兼做备土区，常采用土料填筑。

（五）河岸加固技术研究

处于凹岸的河道，滩地较窄，恢复滩地后，为防止塌岸危及堤防的安全，采取了沉陷后治理的护岸措施。考虑到护岸建在塌陷区，结合当地建筑材料，采用干砌石坡式护岸。为防止护坡高度太大影响稳定，对岸坡处河槽采用煤矸石回填，作为护坡的护脚工程，煤矸石护脚顶宽10m，顶高程高出枯水期水位0.5m。护坡建在煤矸石护脚上，不但增加了护坡的稳定，而且减少了排水费用，方便了施工，见图52。

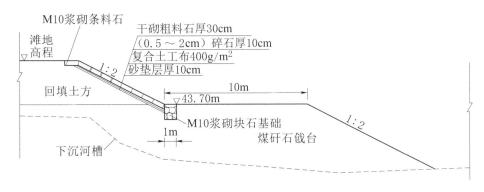

图 52 泗河下采煤沉陷护岸设计结构图

（六）开采沉陷区统筹规划研究

为避免沉陷治理取土困难，需在取土区未沉陷前将治理所需土方抢备出来。

备土包括备土量计算及备土区选择。备土量按照沉陷预测、设计标准及治理范围计算确定。可按照单采面沉陷预计备足该采面治理所需土料。最理想的是根据整个采区多个采面的采煤沉陷计算取土量，确保整个采区开采沉陷治理所需土方量。

为减少工程占地和避免重复搬运土方，备土区的布置坚持与预加固相结合的原则，对堤防治理、背水侧护堤地按照预加固进行治理，一次治理到位。对滩地治理，土方一般备在治理段背水侧护堤地上。

取土区布置是沉陷治理工程中非常重要的环节，应按照统筹规划、节约土地、保证安全、方便经济的原则布置。统筹规划就是取土区布置既要满足本采面治理取土的需要又要考虑相邻采面治理取土的需要，同时满足沉陷地复垦的要求和河道整治的要求，避免本采面治理完后，相邻采面治理时取土困难或无法取土的局面，同时避免与采煤沉陷区复垦相矛盾，避免与岸线规划相矛盾。节约土地，就是取土区尽量布置在沉陷地上，减少或避免可耕地的占用。保证安全就是按照规范要求禁止在护堤地及堤防保护范围内取土，影响堤防安全。方便经济就是在未沉陷前取土，就近取土降低施工难度及施工费用。设计中，结合沉陷预计，按照上述原则，做好土方平衡，取土区均布置在沉陷区内，背水侧取土区布置在堤防保护范围外，对取土区按照1：2.5的边坡开挖，方便复垦为鱼池。滩地较宽的河道结合河槽整治一般布置在临水侧，既扩大了河槽又减少了背水侧塌陷地占压，在鲍店煤矿1312、6312泗河下采煤沉陷治理中，均采取了这种布置方式，收到了良好的效果。

四、采动影响下河道治理模式研究

（一）淮河干流治理模式研究

1. 维护加固基本原则

淮堤的安全度汛，是关系到淮南矿区安全的头等大事。对采动淮堤的维护加固，遵循了以下基本原则：

（1）切实保证安全可靠，特别是确保堤要有足够的安全储备系数。

（2）既要考虑静态条件下对堤防的工程要求，又要顾及地震的可能影响，以及淮河大堤常年处于沉陷变形的特殊工程条件。

（3）加固工程考虑取材方便、因地制宜和少占耕地。

（4）便于灵活施工和加快工程进度。

（5）工程按大阶段可一次性加宽到位、小阶段逐步加高的施工方式。

（6）加固后便于汛期组织抢险，易于排除险情。

2. 加固方案

根据上述原则，确保堤和行洪堤采取不同的加固措施。

确保堤采用组合堤的形式，堤型与断面组合堤由黏土、亚砂土和矸石组成，其中黏土斜墙作为防渗体，矸石堤作为支承体，中间以亚砂土充填，并在矸石堤和亚砂土堤体界面上铺设导滤层。根据淮河防洪要求、开采引起的沉陷情况和堤防裂缝发育情况，按照土坝设计规范确定堤顶高程、堤顶宽度和坡比。

行洪堤采用原堤加高加宽的方式，根据堤防防洪要求和开采沉陷计算情况进行堤防的加高加宽，并对迎水坡做防浪防渗处理，对裂缝区进行锥探灌浆处理。

（二）高潜水位区域河道治理模式研究

河道及周边区域受开采影响会发生明显下沉，当区域潜水位较高时，在开采沉陷区会形成明显的积水，导致在堤防内外出现较多沟塘洼地。对这种区域进行河道治理时，必须考虑积水后筑堤材料来源和堤防防洪能力等方面的综合要求。一般情况下，高潜水位区域河道堤防治理有三种方式：原堤加固、退堤、退堤和原堤加固相结合。

原堤加固方案要求根据堤防的治理范围、设计断面、设计高程、开采沉陷情况等综合考虑堤防加固所需土方量及工程量，需在沉陷前提前备足堤防加固所需土方。该加固方案适用于开采沉陷量较小，筑堤材料充足的情况。当区域沉陷量较大，发生大面积积水，无充足筑堤材料或材料运输及治理成本较高时，原堤加固方案可行性较差。

退堤方案具有可根据最终沉陷范围确定新堤位置，一次治理加高到位，可从未沉陷区域取土，筑堤材料充足等优点。但由于开采沉陷是一个持续的过程，对于淮南矿区地质采矿条件下的多煤层开采，从开始影响河道到河道达到最大沉陷量，通常需要经历几十年乃至上百年时间。在这段时间内，沉陷的范围及沉陷量是一个逐渐增大的过程。如果按照最终沉陷量确定退堤位置及新筑堤高程时，可能存在一次性征地补偿面积过大，新筑堤常年无法发挥防洪作用等缺点，不适用于开采影响周期过长的沉陷区河道治理。

退堤和原堤加固相结合的治理方案即在开采影响初期根据预计的地表沉陷情况采用原堤加固的方法保证河道的防洪能力，当沉陷积水区发生大范围扩大，采用原堤加固经济技术不可行时，再根据最终沉降量和退堤方案修筑新堤。该方法具有可保证河道防洪能力且便于处理征地补偿矛盾的优点。但同时，由于该方案进行了两个堤防的修筑，加固的原堤最终将被全面废弃，存在工程投入量大、成本较高等缺点。

（三）剧烈沉陷区河道治理模式研究

厚煤层单次开采具有开采影响周期短，影响程度剧烈，河道破坏严重等特点。针对剧烈沉陷区河道的治理，结合区域特点，有三种模式可供选择。

1. 沉陷后治理技术

沉陷后治理技术是在工作面开采结束后，地表移动变形达到稳定状态后再对河道采取措施进行治理。

（1）技术的可行性。

沉陷后治理在技术上是完全可行的，根据开采引起的地面移动变形情况，在地面稳沉后，对堤防、滩地、护堤地等的裂缝进行处理，对裂缝处理完成的河道进行标高恢复。对不能满足设计要求的堤防可以采取加高、加固或者推倒重建的方式进行防洪能力的恢复。

（2）技术的优缺点。

沉陷后治理技术的优点：一是可一次性地对堤身裂缝进行处理；二是施工的连续性好，施工周期短，降低管理费用；三是治理效果有保证。

沉陷后治理技术的缺点：一是对涉及多个开采煤层、多个采面或汛期沉陷、汛前不能稳沉或汛前稳沉但汛前治理时间不足的单采面的河下采煤地段不适用；二是由于塌陷后地面积水，填筑及取土均需采取排水措施，增加了取土难度、排水费用和土方晾晒费用；三是大堤塌陷缺口存在遭遇非常来水的洪水风险；四是可用治理时间短，存在着工期风险。煤矿河下采煤一般在每年的汛后进行，每个采面开采 4 个月左右，3～6 个月稳沉，山东省每年 10月至次年 5 月，共 8 个月为非汛期，损毁工程要在汛前恢复，可施工期短，存在施工工期风险；五是矿井河下采煤计划受时间制约强度大。

因此，沉陷后治理存在着很大的局限性。沉陷后治理的时机应该选择在洪水期来临前，但必须在对开采引起的裂缝处理后。否则，如果治理后的堤体内存在未处理的隐藏裂缝，势必会对堤体的稳定性构成较大的威胁，形成渗流通道，发生突水、管涌等事故，进而引起堤体的失稳，造成严重的事故。

因此，沉陷后治理的特点是可以一次性地完成河堤整个的治理修复工作，治理后的河堤不存在安全隐患。但沉陷后治理需要在洪水期来临前完成治理工作，再扣除治理时间，井下工作面实际可采时间很短，等待时间很长，严重地影响矿井的正常生产和经济社会效益。

（3）技术要点。

需要注意的是区域煤层的开采会引起地面大面积的积水，如果进行沉陷后治理，需要在工作面开采前进行取土备土工作，准备好堤体、护堤地和滩地加高、加宽的填筑材料，以便地表稳沉后进行堤体、滩地等的加高和加固。

2. 沉陷中治理技术

沉陷中治理技术即在开采沉陷的过程中，对堤防、滩地、护堤地的标高进行恢复，对河槽进行治理。做到治理后的河道无论在开采过程中还是地面稳沉后均能达到设计的防洪要求。

（1）技术的可行性。

由前面的研究成果可知，开采引起的地表和堤防沉陷是一个逐渐变化的过程，剧烈的沉陷发生在一个较短的时期内，剩余的很长的时间段内发生的沉陷量有限且沉陷缓慢，对堤防等水工建筑物的影响有限。另外，开采引起的裂缝也有一个先张开再还原的过程，如果能够在裂缝还原的过程中对裂缝进行治理，则治理效果完全能够满足工程要求。因此，只要确定了合理的治理时机，在沉陷过程中对开采影响的河道进行治理，技术上是完全可行的。

（2）技术的优缺点。

沉陷中治理技术的优点：一是可以有效地节约治理时间，在工作面推进一定距离后即可对河道进行治理；二是可在取土区积水前治理，且不用提前大规模备土，有效地降低了治理费用；三是与采前预加固稳沉后综合治理相比，沉陷中治理技术治理后的堤防、滩地、护堤地等水工建筑物受到采动的影响程度有显著的减小，有助于其结构的稳定性，降低工程造价。

沉陷中治理技术的缺点：一是对施工队伍的要求比较高，要求能够按照工作面的推进过程保证质量的完成施工任务，各项施工安排得较紧，增大了施工难度；二是治理后的河道仍将承受一定的开采变形的影响，治理后的河道防洪能力仍有一定的降低，治理时需要考虑一定的安全系数。

（3）技术要点。

首先要结合工作面开采情况，掌握地表裂缝的发育情况，对不再扩大和进入还原区段的裂缝方能进行充填处理；标高的恢复应当在过了地表移动活跃期，且对裂缝处理完成后方可进行。要保证裂缝的处理效果，保证治理后的堤体内不出现新的裂缝。

3. 采前治理技术

采前治理技术即在开采影响前完成对河道的治理工作，保证河道的防洪标准不降低，满足区域防洪安全的要求。

（1）技术的可行性。

采前治理技术即根据预测得到的开采沉陷情况，在工作面开采前完成对堤防、滩地、护堤地高程的恢复和对河槽的处理。这样，可以满足河道防洪对标高的要求。但是治理后的河道在开采的影响下，会出现较大的变形，在变形剧烈区会有明显的裂缝，这些裂缝的存在会对堤防的稳定性和河道的防洪能力构成严重的影响，因此，仅采用沉陷前治理技术具有一定的局限性。

（2）技术的改进方法。

如果能在沉陷前标高恢复时考虑一定的安全系数，保证堤防在有裂缝存在的情况下防洪能力仍能满足设计要求，在开采稳沉后对裂缝进行充填处理，使受开采影响的堤防、滩地和护堤地达到设计强度，则沉陷前治理仍不失为一种可采用的治理方法。即将沉陷前治理技术改进为采前预加固与稳沉后综合治理技术。

（3）技术的优缺点。

采前预加固与稳沉后综合治理技术具有如下优点：一是可结合整个采区的沉陷预测进行整体治理，适用于各种采煤情况；二是增加了有效施工时间，降低了施工风险；三是在沉陷前进行治理，使河道防洪功能一直存在，降低了施工期间突然来水的风险；四是沉陷前治理，不但降低了取土难度，方便了施工，而且减少了取土排水和筑堤土方晾晒费用，降低了工程造价。

采前预加固与稳沉后综合治理技术缺点：一是对跨越汛期沉陷的滩地不能提前治理以避免滩地行洪时阻水；二是对裂缝不易采取提前治理措施；三是对堤岸防护不宜采取预防措施。

（4）技术要点。

沉陷前治理需要注意的是预先加高、加固的河堤会受到开采的影响发生下沉和变形，在进行加高时应分析开采下沉和变形对堤体结构和稳定性的影响，确保受影响后堤体的标高、坡度和结构均能满足防洪的要求，堤体具有足够的安全性。

沉陷前治理的时机可以根据堤体区段的实际情况进行选择，只要保证在开采前完成河堤、滩地和护堤体的治理工作即可。在工作面的开采过程中，对开采引起的裂缝应根据裂缝治理时机来进行治理。在洪峰来临前和地表稳沉前应加强对河堤的巡视和检查工作，确保堤体的安全。

上述三种治理技术均有各自的优缺点及其适用范围，只有结合现场河流的实际情况、井下工作面开采情况以及现场施工的需要等因素选择合适的治理方法，采用其中的一种方法或综合采用几种方法的关键技术来对开采影响的河道进行治理。

（四）河道综合治理技术体系分析

考虑到淮河流域河道的多样性及河道下煤层开采情况的复杂性，在对河道治理专项技术分析的基础上，分别对干流确保堤、干流行洪堤、高潜水位多次缓慢沉降区支流河堤和单次剧烈沉陷区支流河堤提出了针对性的治理方案，形成了较为完整的淮河流域河道下煤炭保护开采及河道治理技术体系。其中：

（1）确保堤是淮河干流防洪安全的保障性工程，与淮南矿区和淮南市区西部近百万人民生命财产生死攸关，是必须确保、死保的大堤。因此在确保堤加固过程中必须考虑足够的安全性。因此在进行确保堤加固过程中，采用了组合堤的形式，既可确保堤防本身结构的稳定性，同时又具有良好的防渗及抗滑性。在进行加固过程中，根据最终沉陷情况，一次加宽到位，逐年根据沉陷情况加高。

（2）行洪堤是淮河干流重要的防洪工程，在加固过程中因地制宜地采取原堤加宽加高的治理形式，在治理过程中考虑足够的防渗稳定性及抗滑稳定性。

（3）淮南矿区淮河各支流堤防具有多次沉陷，累计沉陷量大，单次沉陷量大，沉陷区大面积积水等特点。因此在进行治理时需结合河道最终沉陷情况制定适宜的治理模式，需原堤加固的应根据最终沉陷量备足土料，并在沉陷积水前做好整体基础，随着沉陷量的增加逐渐加高。需退堤的应规划好退建堤防与原堤防的防洪关系，在经济合理的情况下保证河道的防洪能力，同时妥善处理退建堤防带来的工农关系处理等问题。

（4）对于单次剧烈沉陷区的淮河支流堤防，应结合开采影响时间、堤防防洪能力、维修加固要求等因素综合考虑，可在开采影响过程中或者开采影响结束后一次治理到位，也可在开采影响前进行预加固，稳沉后再系统治理。

上述河道治理模式基本涵盖了淮河流域河道下压煤开采引起河道损害所

需的治理模式，形成了完整的技术体系，在淮河水系河道下压煤开采时，应根据影响区域的开采沉陷情况和河道情况针对性地选择一种治理模式或者综合考虑多种治理模式。在其他水系河道治理时，也可根据区域具体情况在上述模式中进行选择，必要时也可做适当的改进。

五、结论

（1）淮河流域河道下压煤众多，开展淮河流域煤炭开采河道损害机理及综合防治技术对解放区域煤炭资源，保证河道防洪安全具有重要的理论价值及现实意义。

（2）通过大量实测数据分析，获得了淮河流域主要矿区覆岩开采破坏的特征，提出了防水煤岩柱留设方法，为淮河流域河道下煤炭资源的安全开采提供了可靠的技术依据。

（3）通过大量堤防表面观测站和堤防内部钻孔监测资料，表明地表与堤防移动变形保持良好的一致性，建立了适应于矿区开采沉陷预测的修正概率积分法预测模型和 Boltzmann 函数预测模型，解决了淮河流域不同开采条件下地表及堤防移动变形预测方法及预测参数问题。

（4）在河道专项治理基础研究的基础上，进行了淮河流域河道治理技术研究，提出了淮河干流组合堤加固，高潜水区域原堤加固与退堤相结合，剧烈沉陷区开采前预加固采后综合治理、采中动态防治和采后系统治理的治理模式，形成了完整的河道治理技术体系，解决了淮河流域各种地质采矿条件下河道治理技术问题。

（5）结合理论计算、相似材料模拟和数值模拟等方法，对开采影响下河道堤防的边坡和渗流的静态稳定性和动态稳定性进行了分析，测试了煤矸石堤防的物理力学性质，并对堤防的加固效果进行了探测，确保堤防的安全运行。

实现河道下煤炭资源安全开采，一方面有利于快速高效地回收压滞的煤炭资源，满足了工农业的能源需要，有效地缓解了能源需求与供给矛盾，促进了社会的可持续发展。另一方面，延长了煤矿企业及附属产业的服务年限，保持了矿区煤炭生产的可持续发展，保证矿井生产的正常接续，安置了大量职工，避免了失业问题的发生，有效地缓解了国家就业方面的压力，保证了社会的稳定团结，促进了社会的和谐发展。通过对河道有计划的治理和加固措施，提高了河道的防洪能力，降低了水患发生的可能性，保护了河流沿岸居民的生命财产安全，促进了社会的稳定健康发展，具有良好的社会、经济效益。

（袁亮、吴侃、束一鸣、刘锦、周大伟）

参 考 文 献

国家煤炭工业局，2004.建筑物、水体、铁路及主要井巷煤柱留设与压煤开采规程［M］.北京：煤炭工业出版社.

戴华阳，1990.负指数法预计山区地表移动［J］.矿山测量，（3）：48－51.

葛中华.王柏荣.杨宝林，1991.淮河下采煤矿井隔水层合理厚度研究［J］.煤田地质与勘探，10：43－46.

耿德庸，仲惟林，1980.用岩性综合评价系数确定地表移动的基本参数［J］.煤炭学报，（4）：13－25.

顾大钊，1995.相似材料和相似模型［M］.徐州：中国矿业大学出版社.

郝延锦，吴立新，陈胜华，2000.岩移参数的统计规律和影响因素［J］.煤矿安全，（5）：30－31.

何国清，马伟民，王金庄，1982.威布尔分布型影响函数在地表移动计算中的应用——用碎块体理论研究岩移基本规律的探讨［J］.中国矿业学院学报，（1）：1－20.

洪加明，王旭春，1992.概率积分法参数与地质采矿条件之间关系的研究［J］.阜新矿业学院学报，11（1）：46－51.

胡振琪，吴侃，顾和和，等，1999.开采沉陷对耕地破坏的机理及其复垦对策研究［C］//面向21世纪的科技进步与社会经济发展（上册）.

李亮，吴侃，陈冉丽，等，2010.小波分析在开采沉陷区地表裂缝信息提取的应用［J］.测绘科学，（1）：165－166，171.

李佩全，2010.淮南矿区水体下采煤的实践与认识［J］.科技大关，27（4）：30－33，42.

束一鸣，李永红，2006.较高土石坝膜防渗结构设计方法探讨［J］.河海大学学报（自然科学版），（1）：60－64.

束一鸣，吴海民，2012.围垦堤防施工技术研究［J］.水利经济，30（3）：31－34.

束一鸣，殷宗泽，李冬田，等，1998.受采动影响的淮堤安全论证和技术措施［J］.水利水电科技进展，18（6）：28－32.

束一鸣，袁亮，杜广森，等，2004.淮河矸石堤坡环保植被实验工程［J］.水利水电科技进展，24（4）：22－25.

涂敏，2004.潘谢矿区采动岩体裂隙发育高度的研究［J］.煤炭学报，29（6）：641－645.

王宁，吴侃，刘锦，等，2013.基于Boltzmann函数的开采沉陷预测模型［J］.煤炭学报，38（8）：1352－1356.

吴侃，葛家新，周鸣，等，1998.概率积分法预计模型的某些修正［J］.煤炭学报，（1）：

33 - 36.

吴侃，郭广礼，何国清，等，1995. 测点缺失对地表移动参数确定的影响 [J]. 中国矿业大学学报，24（3）：97 - 102.

吴侃，靳建明，2000. 时序分析在开采沉陷动态参数预计中的应用 [J]. 中国矿业大学学报，29（4）：413 - 415.

吴侃，靳建明，戴仔强，2003. 概率积分法预计下沉量的改进 [J]. 辽宁工程技术大学学报，22（1）：19 - 22.

吴侃，周鸣，1999. 矿区沉陷预测系统 [M]. 徐州：中国矿业大学出版社.

徐翀，张静，吴侃，2013. 煤矿采场上覆岩体内部预计参数研究 [J]. 煤矿安全，44（12）：195 - 197.

杨宗震，王吉才，陆飞伟，1994. 淮南煤矿进行"三下"采煤的技术对策 [J]. 煤炭学报，19（1）：4 - 11.

袁亮，吴侃，2003. 淮河堤下采煤的理论研究与技术实践 [M]. 北京：中国矿业大学出版社.

张舒，吴侃，2007. 三维激光扫描技术在沉陷监测中应用的若干问题探讨 [A]//第七届全国矿山测量学术会议论文集 [C].

周大伟，吴侃，刁新鹏，等，2011. 测量误差对概率积分参数精度影响的仿真计算与分析 [A]//2011 全国矿山测量新技术学术会议论文集 [C].

邹友峰，1997. 地表下沉系数计算方法研究 [J]. 岩土工程学报，19（3）：109 - 112.

邹友峰，2001. 开采沉陷预计参数的确定方法 [J]. 焦作工学院学报（自然科学版），20（4）：253 - 257.

淮南采煤沉陷区对淮河中游水系的影响及治理对策研究

安徽省沿淮地区是国家重要的能源和煤化工基地，是全国重要的粮食主产区之一，是淮河流域治理的重点地区。淮南矿区位于淮河中段，区域内水系发达，水系下压覆大量的煤炭资源。

淮南煤田位于安徽省中北部、淮河中段，面积约 3000km²，是目前中国东部和南部地区煤炭资源最好、储量最大的一块整装煤田，主要由淮南矿业集团和国投新集能源股份有限公司负责开发与生产经营。

淮南矿业集团的矿区横跨淮河两岸，面积约 2000km²，主要由淮河南岸的老矿区和淮河北岸的潘谢新矿区组成，北达茨淮新河、南至淮南市郊，东侧大致以淮南市与蚌埠市的行政边界为界，西抵淮河最大支流沙颍河。该区域内水系复杂，西淝河下游、架河、永幸河和泥河均汇入淮河，并与茨淮新河相通，同时西淝河支流济河与沙颍河相通，区内西淝河下游、架河和泥河下游形成天然水域，汇水面积超过 4000km²。

该区域内堤防、河道等水利设施下存储有大量煤炭资源，因此采煤沉陷对水利设施的影响不可避免。2010 年，淮南矿业集团潘谢矿区范围内沉陷面积达 108.3km²。已不同程度地影响到区内防洪、排涝、灌溉等水利设施，其中淮河以北主要为西淝河下游及其支流、永幸河、架河、泥河等河道，淮河河道中的下六坊堤行洪区，淮河南岸为黑李段、老应段等堤防。随着开采的延伸，对区内水系的影响程度将不断扩大、加重。

本文主要为淮南矿业集团潘谢矿区采煤沉陷影响范围区域，面积约 1256km²，包括淮河支流西淝河下游、永幸河、架河、泥河水系。分析采煤沉陷对该区域的在建和拟建圩堤、排涝沟及涵闸、泵站等防洪排涝水利设施都有不同程度的影响。在分析影响范围与程度的基础上，完善对已建和在建水利设施的修复和改建方案，对拟建水利设施应根据沉陷发展趋势，分别拟定相应的对策措施。

一、采煤沉陷影响水系及水利设施情况

（一）采煤沉陷影响水利设施总体情况

潘谢矿区总面积为 1256km²，截至 2010 年年底，采煤沉陷面积为 108.3km²，至 2020 年，采煤沉陷面积为 243.7km²，预计至 2030 年，采煤沉陷面积为 339.3km²。

潘谢矿区采煤沉陷影响水系主要有西淝河下游、永幸河、架河和泥河水系，影响县（区）有颍上县、凤台县、潘集区和怀远县。

各县（区）现状（2010 年）、2020 年、2030 年采煤沉陷面积统计见表 1。

表 1　　　　　　　　潘谢矿区采煤沉陷分县（区）面积统计表　　　　　　单位：km²

序号	县（区）	2010 年	2020 年	2030 年
1	颍上县	15.3	24.8	27.9
2	凤台县	46.0	120.2	161.3
3	潘集区	47.1	94.5	145.6
4	怀远县		4.2	4.5
	合计	108.4	243.7	339.3

采煤沉陷区影响的水利设施有河道、堤防、大沟、闸涵、生产桥与泵站等。受采煤沉陷影响的主要堤防、河道与大沟是根据淮南潘谢矿区采煤沉陷下沉值与水利工程设施位置示意图量算统计划分的，对采煤沉陷区内小沟以下水利设施，依据潘谢矿区采煤沉陷范围预测图，由安徽省水利设计院会同各县（区）水利局调查统计得出，根据量算及统计，2010 年影响河道 33.3km、堤防 33.7km，2020 年预计影响河道 50.69km、堤防 65.53km，2030 年预计影响河道 62.94km、堤防 75.66km，统计见表 2。

表 2　　　　　　　采煤沉陷影响的主要水利设施分县统计表

县区	时间	河道 /km	堤防 /km	灌溉渠 /km	排涝沟 /km	闸 /座	涵 /座	桥 /座	泵站 /座	泵站装机 /kW
颍上	2010 年	6.7	2	21.2	57.5	8	27	21	11	1732
	2020 年	8.1	3.56	21.2	57.8	8	27	21	11	1732
	2030 年	8.1	3.56	25.3	68.3	8	28	25	11	1732

续表

县区	时间	河道/km	堤防/km	灌溉渠/km	排涝沟/km	闸/座	涵/座	桥/座	泵站/座	泵站装机/kW
凤台	2010 年	11.7	13.8	221.2	168.9	35	30	35	64	4090
	2020 年	21.29	34.07	263.8	209.1	54	222	101	72	4510
	2030 年	30.42	39.9	368.2	323.2	88	609	228	130	7028
潘集	2010 年	14.9	17.9	60.4	56.8	11	129	116	15	610
	2020 年	18.2	27.9	91.1	82.3	40	499	200	22	1025
	2030 年	20.82	32.2	133.2	103.4	45	686	293	37	1914
怀远	2010 年									
	2020 年	3.1								
	2030 年	3.6								
小计	2010 年	33.3	33.7	302.8	283.2	54	186	172	90	6432
	2020 年	50.69	65.53	376.1	349.6	102	748	322	105	7267
	2030 年	62.94	75.66	526.7	494.9	141	1323	546	178	10674

（二）影响各水系主要水利工程设施情况

1. 西淝河下游

西淝河下游流域范围内煤炭资源丰富，淮南煤电基地大部分位于西淝河下游及其支流范围内。流域内含煤地层可采煤层较厚，平均厚度约 30m，其中主采煤层占 70% 左右。随着地下煤炭资源的大规模开采，采煤沉陷范围和程度将不断加大，对堤防、河道等防洪除涝工程产生较大影响。

（1）堤防。

1）淝左堤。根据中国矿业大学开采损害及防护研究所编制的《淮南潘谢矿区开采沉陷预计报告》成果分析，顾北、顾桥和张集 3 座煤矿的开采将对西淝河左堤有影响，影响堤段位于凤台县，预计 2020 年、2030 年影响堤防长度分别为 2.36km（指沉陷大于 0.1m，下同）和 3.28km，累计最大下沉值分别为 1m 和 6m。2030 年以后随着煤矿的进一步开采，影响还将进一步加大。

2）生产圩堤。根据采煤沉陷预计分析，张集、谢桥、顾桥 3 座煤矿的开采对西淝河下游圩区圩堤有影响，影响圩区大部分位于凤台县、少数属颍上县。

现状西淝河下游圩区受采煤沉陷影响的有 8 个，影响圩堤长度 15.8km。预计 2020 年影响圩区为 14 个，影响圩堤长度 35.17km；2030 年影响圩区为14 个，影响圩堤长度 39.14km。

采煤沉陷区影响西淝河下游圩区具体情况详见表3。

表3　　　　　　　西淝河水系生产圩堤采煤沉陷影响情况统计表

序号	圩堤名称	影响长度（沉陷大于0.1m）/km			累计最大下沉值/m			涉及县（区）	影响煤矿
		2010年	2020年	2030年	2010年	2020年	2030年		
1	孙岗圩堤	2	3.56	3.56	0.1	4	8.5	颍上县	谢桥矿
2	济河圩堤	1.3	2	2	0.1	3	3	凤台县	张集矿
3	大台圩堤	4.1	5	5.1	2.5	5	10	凤台县	张集矿
4	姬沟圩堤	1.2	2.5	2.5	5	8	8	凤台县	张集矿
5	后岗圩堤	2.8	2.8	2.8	7	7	8	凤台县	张集矿
6	大洲湾圩堤	1	1.2	1.2	2	2.5	4	凤台县	张集矿
7	李大圩堤	1.4	3.04	3.05	2.5	4	7	凤台县	张集矿
8	金刚圩堤	2	3.7	3.7	4.5	7	7	凤台县	张集矿
9	胡镇圩		2.67	3.67		4	4	凤台县	顾桥矿
10	西晒网滩圩		1.2	2.36		4	4	凤台县	顾桥矿
11	前后咀圩		2.3	2.3		1	1	凤台县	张集矿
12	赵后胡圩		0.3	1.5		0.1	4	凤台县	顾桥矿
13	窑场圩		2	2.5		2	4	凤台县	顾北矿
14	曹张圩		2.9	2.9		3	3	凤台县	顾北矿
	合计	15.8	35.17	39.14	7	8	10		

（2）河道、大沟。

根据采煤沉陷预计分析，张集、谢桥与顾北3座煤矿的开采对西淝河水系的河道与大沟有影响，影响河道为西淝河下游干流及支流港河与济河，影响大沟为谢展沟与光辉沟，涉及凤台县与颍上县。

西淝河干流主要受张集矿采煤影响，现状影响河道长度已达7.1km，累计最大下沉值7m，预计2020年、2030年影响河道长度分别为9.37km与9.87km，累计最大下沉值分别为8m与10m。

港河主要受顾北、张集等矿井的开采影响，预计2020年影响港河长度为10.3km，累计最大下沉值为6m；2030年影响长度为10.3km，累计最大下沉值为7m。

济河主要受谢桥矿开采影响，现状影响河道长度已达8.7km，累计最大下沉值1.5m；预计2020年、2030年影响河道长度分别为12.1km与12.4km，累计最大下沉值分别为6m与8.5m。

淮南潘谢矿区采煤沉陷区影响西淝河水系河道、大沟情况统计见表4。

表 4　　　　　采煤沉陷区影响西淝河水系河道、大沟情况统计表

类别	项目名称	影响长度（沉陷大于 0.1m）/km			累计最大下沉值/m			涉及县（区）	涉及煤矿
		2010 年	2020 年	2030 年	2010 年	2020 年	2030 年		
河道	西淝河	7.1	9.37	9.87	7	8	10	凤台县	张集矿
	港河		10.3	10.3		6	7	凤台县	顾桥矿 张集矿
	济河	8.7	12.1	12.4	1.5	6	8.5	颍上县	谢桥矿
大沟	谢展河	1.9	1.9	2.07	4	7	11	颍上县	谢桥矿
	光辉沟		0.8	0.9		1	1	颍上县	谢桥矿

2. 永幸河灌区

永幸河灌区属凤台县，灌区范围内煤炭资源丰富，有顾桥与顾北 2 座煤矿，根据采煤沉陷预计分析，采煤沉陷范围和程度随着地下煤炭资源的大规模开采，将不断加大，对永幸河灌区干支渠、主要建筑物等灌溉工程设施将产生较大影响。

现状（2010 年）采煤沉陷影响永幸河总干渠长度为 2.3km，累计最大下沉值为 1.5m；预计 2020 年、2030 年永幸河灌区输水总干渠采煤沉陷影响长度分别为 3.37km 和 9.63km，累计最大下沉值分别为 5m 和 9m，幸福沟、友谊沟、凤蒙沟等主要输水渠道也受采煤沉陷影响。

永幸河灌区干、支渠采煤沉陷影响情况统计见表5。

表 5　　　　　永幸河灌区干、支渠采煤沉陷影响情况统计表

序号	名称	影响长度（沉陷大于 0.1m）/km			累计最大下沉值/m			涉及县（区）	影响煤矿
		2010 年	2020 年	2030 年	2010 年	2020 年	2030 年		
1	永幸河	2.3	3.37	9.63	1.5	5	9	凤台县	顾桥矿、顾北矿
2	巷沟	1.3	1.3	1.74	0.1	4	6	凤台县	顾桥矿、顾北矿
3	友谊沟	3.4	5.21	5.98	4	10	14	凤台县	顾桥矿
4	幸福沟	1.6	2.97	2.97	1.5	6	6	凤台县	顾桥矿
5	凤蒙沟		1.3	2.6		0.1	4	凤台县	丁集矿
6	许大湖排涝沟		1.2	1.2		3	3	凤台县	张集矿
	合计	8.6	15.35	24.12	4	10	14		

3. 架河水系

根据采煤沉陷预计分析，丁集矿开采沉陷对架河水系有影响，架河影响段位于凤台县与潘集区交界处，依沟位于潘集区。

现状 2010 年采煤沉陷影响架河河道长度为 1.9km、累计最大下沉值为 1.5m，影响依沟长度 1.7km，累计最大下沉值为 0.1m。

预计 2020 年、2030 年，采煤沉陷影响架河河道长度分别为 4.05km 和 6.57km，累计最大下沉值分别为 4m 和 7m；采煤沉陷影响依沟长度分别为 2.79km 和 5.36km，累计最大下沉值分别为 3m 和 8m。

架河水系采煤沉陷影响架河、依沟情况见表 6。

表 6　　　　　架河水系采煤沉陷影响架河、依沟情况统计表

序号	名称	影响长度（沉陷大于 0.1m）/km			累计最大下沉值/m			涉及县（区）	影响煤矿
		2010 年	2020 年	2030 年	2010 年	2020 年	2030 年		
1	架河	1.9	4.05	6.57	1.5	4	7	凤台县	丁集矿
2	依沟	1.7	2.79	5.36	0.1	3	8	潘集区	丁集矿
小计		3.6	6.84	11.93					

4. 泥河水系

泥河流域范围内煤炭资源丰富，是淮南煤电基地的重要组成部分。随着地下煤炭资源的大规模开采，采煤沉陷范围和程度将不断加大，对堤防、河道及主要建筑物等防洪除涝工程产生较大影响。根据采煤沉陷预计，泥河流域采煤沉陷范围主要沿泥河干流偏北位置分布，位于泥河干流河道刘龙集段和潘北矿桥以上段。

（1）河道、大沟。

根据采煤沉陷预计分析，潘一、潘二、潘三、潘北与朱集共 5 座煤矿的开采对泥河水系的河道与大沟有影响，影响河道为泥河干流和黑河干流，影响大沟为利民新河、东南干渠、架河北干渠、顾高新河、芦沟、柳沟等 17 条主要大沟，均位于潘集区。

泥河干流主要受潘一、潘三矿采煤影响，现状影响河道长度已达 14.9km，累计最大下沉值为 4m，预计 2020 年、2030 年影响河道长度分别为 18.2km 与 20.82km，累计最大下沉值分别为 5m 与 6m。

黑河主要受朱集矿井的开采影响，预计 2020 年影响黑河长度 3.1km，累计最大下沉值为 3m；2030 年影响长度 3.7km，累计最大下沉值为 7m。

淮南潘谢矿区采煤沉陷区影响泥河水系河道、大沟情况统计见表 7。

表 7　　　　　　采煤沉陷区影响泥河水系河道、大沟情况统计表

类别	项目名称	影响长度（沉陷大于 0.1m）/km			累计最大下沉值/m			涉及县（区）	涉及煤矿
		2010 年	2020 年	2030 年	2010 年	2020 年	2030 年		
河道	泥河	14.9	18.2	20.82	4	5	6	潘集区	潘一矿、潘三矿
	黑河		3.1	3.7		3	7	潘集区怀远县	朱集矿
	小计	14.9	21.3	24.52	4	5	7		
大沟	利民新河	0.7	2.8	4.5	0.1	6	6	潘集区	潘三矿
	西一支渠	1	1.9	4.7	1	3	4	潘集区	朱集矿、潘北矿、潘三矿
	东一支渠	1.8	2	6.7	3.5	4	7	潘集区	朱集矿、潘北矿、潘三矿
	东二支渠	2.2	2.2	6.8	0.1	0.1	5	潘集区	朱集矿、潘北矿、潘三矿
	东南干渠		0.8	4.9		3	5	潘集区	朱集矿、潘北矿
	东三支渠		3.5	3.6		4	8.5	潘集区	朱集矿、潘北矿
	东四支渠		2.5	2.6		5	9	潘集区	朱集矿、潘北矿
	东五支渠		1.2	1.7		0.1	0.1	潘集区	朱集矿、潘北矿
	东六支渠	1.6	5.0	5	3	6	10	潘集区	朱集矿、潘北矿
	顾高新河			4.5			4	潘集区	潘三矿
	芦沟	1.4	1.5	2.9	2	2	3	潘集区	潘三矿
	柳沟	1.65	2.28	2.28	2.5	2.5	6	潘集区	潘三矿
	潘集大沟	2.3	2.3	3.2	3	4	4	潘集区	潘三矿
	架河北干渠	2.6	3.5	3.6	2	2.5	6	潘集区	潘一矿
	石郎沟	1.6	3.9	3.9	0.1	1	5	潘集区	潘一矿
	瓦沟	6.9	6.9	6.9	2	10	10	潘集区	潘北矿、潘二矿、潘一矿
	工农大沟		1.6	1.6		2	4	潘集区	潘一矿
	小计	23.75	43.88	69.38	3.5	10	10		

（2）堤防。

根据采煤沉陷预计分析，潘一矿与潘三矿 2 座煤矿的开采对泥河圩堤有影响，影响圩堤位于潘集区。

现状泥河圩堤受采煤沉陷影响的有 5 段，影响圩堤长度 17.87km，预计 2020 年影响圩堤长度为 27.9km，2030 年影响圩堤长度为 32.2km。

泥河圩堤采煤沉陷区影响情况统计见表 8。

表 8 　　　　　　　　泥河圩堤采煤沉陷区影响情况统计表

序号	名　　称	影响长度（沉陷大于 0.1m）/km			累计最大下沉值/m			涉及县（区）	涉及煤矿
		2010 年	2020 年	2030 年	2010 年	2020 年	2030 年		
1	泥南圩圩堤	5	7.5	7.5	1.5	4	4	潘集区	潘三矿
2	谢街圩圩堤	4.6	5.5	5.5	2	4	4	潘集区	潘三矿
3	潘一矿封闭堤	5.77	7.7	9.9	2.5	5	7	潘集区	潘一矿
4	代大郢圩圩堤	1.6	5.6	7.7	2	4	6	潘集区	潘一矿
5	区政府防洪堤	0.9	1.6	1.6	2	5	5	潘集区	潘一矿
	小计	17.87	27.9	32.2	2.5	5	7		

（三）影响水利工程管理设施情况

采煤沉陷影响区内水利设施管理除西淝河左堤、永幸河灌区、潘集区架河、古路岗电力排灌站有专门的管理机构外，其余各县、区未设置堤防、河道的专管机构。河道由水行政主管部门负责统一管理，其他小型闸站、圩堤、大沟及配套桥梁基本由所属乡镇水利站负责其范围内水利设施的日常维护和管理工作。

采煤沉陷在影响水系及水利设施的同时，对水利工程管理单位及管理设施也将产生影响。

1. 西淝河左堤管理单位情况

西淝河左堤分别由凤台县河道局和利辛县河道局负责管理，下辖西淝闸、白塘、港河、店集、侯老家、阚町 6 个管理段，见表 9。

2. 永幸河灌区管理单位及设施情况

永幸河灌区由永幸河管理处负责管理，隶属于凤台县水利局，现有各类管理人员 253 人。其中，技术、行政人员 77 人，工人 176 人，有基层管理站 13 个，管理房面积为 5133m²，管理车辆 2 辆，以及部分观测设施。

3. 架河、古路岗电力排灌站管理单位及设施情况

（1）淮南市架河电力排灌站。

淮南市架河电力排灌站建于 1966 年，总装机容量为 2790kW，设计灌溉

表9　　　　　　　　　　　西淝河左堤各堤段管理现状表

堤别	管理单位		管理桩号	管理长度 /km	现有在职 人员/人
西淝河 左堤	一	凤台县河道局	0+000～39+862	39.862	76
	1	西淝闸管理段	0+000～5+062	5.062	7
	2	白塘管理段	5+062～18+698	13.636	6
	3	港河管理段	18+698～27+645	8.947	4
	4	店集管理段	27+645～39+862	12.217	7
	二	利辛县河道局	39+862～56+020	16.158	30
	1	侯老家管理段	39+862～47+800	7.938	7
	2	阚町管理段	47+800～56+020	8.22	8

面积为34.5万亩，现有在职职工67人，离退休人员32人，季节临时工（放水员）10人。

灌区内有潘一矿、潘二矿、潘三矿3座大型煤矿，由于采煤沉陷导致灌区的灌溉面积逐年减少。自1995年，架河北干渠东段（泥河以北），由于潘一矿、潘二矿采煤沉陷，渠道沉降，每年都要对渠道进行加高加固（由潘一矿组织实施）才能输水，至2010年，由于灌区采煤沉陷严重，停止了泥河以北的灌溉。西干渠由于潘三矿的采煤沉陷，灌区面积也是逐年减小，水费收入减少。

（2）潘集区古路岗电力排灌站。

古路岗电力排灌站于1976年建成运行，总装机容量为1860kW，设计流量为16.2m³/s，设计灌溉面积为11.5万亩。现有在职职工60人，退休人员10人，长期临聘4人。该站有管理房2005.7m²，干渠2条，长15.5km，支渠10条，长70km，斗农渠千余条。

近年来由于灌区内潘三矿、潘北矿、朱集矿、朱集西矿等4座煤矿建设投产，灌区内土地逐年沉陷，据统计灌区内1.5万亩土地已塌陷。随着灌溉面积减小，水系严重破坏，灌溉渗漏严重，抽水成本增加，水费收入也减少。

二、采煤沉陷区防洪排涝工程体系影响分析

（一）采煤沉陷区防洪排涝体系状况

淮南潘谢矿区总面积约1256km²，位于淮河流域中游左岸正阳关与涡河

口间、淮北大堤保护区涡东堤圈，区域涉及西淝河下游，永幸河、架河、泥河等水系。

1. 淮河流域淮河水系防洪排涝体系现状

在党中央、国务院的正确领导和"蓄泄兼筹"治淮方针的指导下，按照历次防洪规划，在豫、皖、苏三省各级党委、政府和人民群众的持续努力下，经过近60年的持续治理，淮河流域初步形成了防洪、除涝、灌溉、航运、供水、发电等水资源综合利用体系，减灾兴利能力得到显著提高，在保障防洪保护区防洪安全和粮食安全、促进能源开发利用、推进工业生产、提高人民生活水平等方面，充分显示出基础地位和"命脉"作用。

淮河流域初步形成了由水库、河道堤防、行蓄洪区、调蓄湖泊等组成的防洪工程体系。建成各类水库3000多座，总库容203亿 m^3，其中大型水库20座，控制面积1.78万 km^2，总库容155.42亿 m^3，防洪库容59.42亿 m^3；淮河中游临淮岗洪水控制工程，100年一遇设计滞洪库容85.6亿 m^3；利用洼地建成蓄滞洪区和湖泊型水库工程共12处，总库容259.93亿 m^3，蓄滞洪库容191.84亿 m^3；建成主要堤防8070km，其中淮北大堤、洪泽湖大堤、里运河大堤等1级堤防长1240km，2级堤防长1408km；淮河干流有17处行洪区，目前使用机遇在4~18年一遇，如充分运用，可分泄河道流量的20%~40%，是淮河防洪体系中的重要组成部分。

淮河干流主要河段的规划泄洪能力上游淮凤集—王家坝为7000 m^3/s；中游王家坝—正阳关为7400~9400 m^3/s，正阳关—涡河口—洪泽湖为9000~12000 m^3/s。茨淮新河分洪、泄洪能力为2300~2700 m^3/s。怀洪新河分洪、泄洪能力为2000~4710 m^3/s。重要支流的泄洪能力为800~3760 m^3/s，防洪标准大都不足10~20年一遇，除涝标准不足3~5年一遇。

经过多年治理，淮河流域防洪除涝已取得巨大成绩，但由于自然地理特点和经济社会条件的限制，现状防洪减灾体系尚不完善，防洪能力偏低，流域防洪保护区的防洪标准与社会和经济发展的要求还不相适应，洪涝灾害仍然影响人民生命财产安全，制约本地区国民经济的发展。

2. 淮北大堤西淝河左堤防洪体系现状

（1）淮北大堤保护区基本情况。

淮北大堤堤圈是淮河中游最为重要的堤防，由淮河左堤、颍河左堤、西淝河左堤、涡河左堤、涡河右堤组成，总长641km，形成了保护淮北地区的防洪屏障。淮北大堤保护区面积13152 km^2，耕地77.6万 hm^2，人口700多万人。

淮北大堤保护区分为涡东、涡西两大堤圈，堤圈内被堤防分隔成6个小区。1区（茨南淝右区）为茨淮新河以南、颍河以东、西淝河以西的区域，面积2165km²；2区（茨南淝左区）为茨淮新河以南、西淝河以东的区域，面积1819km²；3区（怀洪南区）为淮河与怀洪新河围成的区域，面积1480km²；4区（涡西茨北区）为茨淮新河与涡河所夹三角形区域，南抵茨淮新河插花闸，北至蒙城，面积1739km²；5区（涡东怀洪北区）为涡河、怀洪新河、京沪铁路之间，面积2940km²；6区（京沪线东怀洪北区）为京沪线、怀洪新河和新汴河之间，面积3008km²。

淮北大堤保护区涉及安徽省蚌埠、阜阳、宿州、淮南、颍上、毛集、凤台、利辛、蒙城、怀远、固镇、五河、濉溪、灵璧、泗县、明光，江苏泗洪等17个市（县），是我国重要的粮油生产基地和能源基地，区内蚌埠、阜阳是皖北经济重镇、省级交通枢纽，淮南、淮北市煤炭资源丰富，电力工业发达。京沪、京九、合阜铁路、合徐、京福高速公路及在建的京沪高速铁路均贯穿其中，交通发达。

根据防洪标准，淮北大堤保护区防护等别应为Ⅰ等，防洪标准为100年一遇，现状是临淮岗洪水控制工程已建成使用，2006年国家批复的淮北大堤加固工程现已基本完成，淮北大堤保护区的防洪标准已达到100年一遇。

（2）西淝河左堤的防洪任务与作用。

根据2009年《国务院关于淮河流域防洪规划的批复》（国函〔2009〕37号），以及水利部淮河水利委员会编制的《淮河流域防洪规划报告》，淮北大堤堤圈由淮左堤、颍左堤、西淝河左堤、涡河左堤、涡河右堤组成，总长641km。淮北大堤设计标准为100年一遇，堤防等级为1级。

根据《淮河洪水调度方案》（国汛〔2008〕8号），当发生超标准洪水时，在临淮岗工程启用、弃守正南淮堤、黄苏段和颍右堤圈后，正阳关水位仍达到27.9m，视水情和工程情况，弃守淮北大堤颍左淝右堤圈，以保证西淝河左堤及其以下淮北大堤和淮南、蚌埠城市圈堤的安全。即颍左淝右堤圈弃守进洪后，西淝河左堤与茨淮新河右堤、淮左堤（西淝河左堤以下段）共同组成堤圈，保护茨淮新河以南、西淝河以东的区域（茨南淝左区）。

同时，西淝河左堤亦承担西淝河下游防洪任务。西淝河下游干流河口建设有新老西淝闸，河道两岸圩区的圩堤防洪标准尚不足10年一遇。淮河一般洪水年份，新老西淝河关闸防御淮河洪水倒灌，西淝河下游受淮河高水位顶托，内水无法外排，部分圩堤溃破，西淝河左堤同时承担西淝河洪水的防洪任务。西淝河左堤是淮河流域防洪体系的重要组成部分，其作用十分重要、不可替代。

3. 西淝河下游防洪排涝体系现状

西淝河为天然河道，历史上多次受到黄河泛滥的影响，河床淤积严重，河线弯曲，河道比降较缓。中华人民共和国成立后，对西淝河下游多次进行了局部治理，1950年疏导西淝河入淮口，1951年疏浚了西淝河口—苏沟段，并筑防洪堤，1954年汛期淮北大堤在禹山坝溃破后，1955年起修筑了西淝河左堤自唐郢子至阚疃长56.02km，西淝河右堤自禹山坝至康郢子长12.5km。其中西淝河左堤属于淮北大堤的重要组成部分，与淮河左堤饶荆段、颍左堤、涡河右堤共同构成涡西堤圈。西淝河左堤保护区为茨淮新河以南、西淝河以东的区域，面积1819km²，耕地139万亩，人口105万人。

为解决西淝河排涝和淮河倒灌问题，分别于1951年和1974年在西淝河口建老、新西淝闸，设计流量分别为300m³/s和320m³/s，其中新西淝闸在2005—2007年间进行了加固和更新改造。一旦汛期淮干水位高于西淝河内水位时，需关闭西淝河新闸和老闸，防止淮干洪水倒灌入西淝河内。在西淝河排水不受淮水顶托的情况下，新老西淝河闸排涝能力可达5年一遇。

20世纪50年代起，在沿河岸地势低洼处，群众为防洪除涝，先后圈圩筑堤，目前西淝河流域共有圩堤60处，圩堤长266.6km，保护面积214.5km²，保护人口22.9万人，耕地20.9万亩。其中西淝河沿岸现有圩堤47处，圩堤长191.9km，保护面积169.8km²，保护人口19.2万人；苏沟有圩区3处，保护面积13.7km²，圩堤长26.9km，保护人口1.1万人；济河有圩区3处，保护面积9.9km²，圩堤长18.3km，保护人口1.4万人；港河两岸先后修筑了7处生产圩堤，保护面积21.1km²，圩堤长29.5km，保护人口1.2万人。

西淝河下游已初步形成以堤防、河道、闸站为主的防洪排涝体系，现状工程条件下，港河、苏沟、济河内水分别由港河闸、展沟闸、谢桥闸排入西淝河后再由新、老西淝河闸排入淮河。在永幸河排涝站重建工程完成后，港河洼地涝水抽排通过顾桥闸引入永幸河，由永幸河排涝站抽排入淮河。

4. 永幸河灌区体系现状

永幸河灌区灌溉系统由永幸河干渠和与之纵交的支渠以及斗渠、农渠构成。灌区一级抽水站永幸河站和菱角湖站提水进入永幸河干渠、支渠后，再通过二级抽水站和斗渠、农渠对农田进行灌溉，灌区灌溉渠系以永幸河为骨干呈扇形分布。

永幸河灌区原有水系都是进入下游的湖泊洼地，形成了"关门淹"。根据截岗抢排，高水不入洼的原则，淮河、茨淮新河 3 年一遇的排涝水位为 21.5m，5 年一遇的排涝水位为 22.0m。所以灌区地面 23.0m 以上的来水，有机会就抢排入茨淮新河和淮河。为了抢排，在永幸河河网内兴建节制工程，利用邵沟涵、张庄闸，使港河闸上游 90km² 来水通过港沟、塘路沟和英雄沟排入茨淮新河，通过泥河闸、关店闸、依沟闸、石集闸，使泥河和架河上游 40km² 的来水，通过幸福沟、大寨沟、小黑河排入茨淮新河。架河紧靠永幸河两岸的 90km² 的来水，通过永幸河排入淮河。当淮河和茨淮新河顶托时，可利用龙江闸节制，通过顾桥分洪闸和十里沟分洪闸，使来水仍入港河和架河洼地。

5. 架河流域防洪排涝体系现状

架河流域现状主要排水出口为架河闸，设计流量为 67m³/s，以及架河排涝站，排涝流量为 23.4m³/s。在永幸河涝水、凤台县城涝水已排完情况下，可利用菱角湖站（装机容量为 1240kW，排涝流量为 12.0m³/s）抽排入淮。

架河流域城北湖汇水区内有幸福沟、蒙凤沟、依沟 3 条主要排涝大沟，其中幸福沟和蒙凤沟与永幸河连通，依沟汇入城北湖。涝水通过下游架河闸、架河站以及菱角湖枢纽等排入淮河。沿岸有架河南圩、架河北圩、杨刘洼圩和盛楼圩 4 段圩堤防洪，总堤长 11.82km，保护面积 5.03km²。

戴家湖汇水区内有芦沟和柳沟 2 条排涝沟汇入戴家湖。涝水通过架河闸和架河站排入淮河。沿湖有架河圩和淮北圩 2 段圩堤防洪，圩堤总长 11.9km，保护面积 12.8km²。

正在兴建的城北湖站（设计排涝流量 100m³/s）建成后，架河流域涝水就分为城北湖片和戴家湖片，分别由城北湖站和架河排涝站抽排，自排仍通过架河和架河闸排入淮河。

6. 泥河流域防洪排涝体系现状

泥河流域排水主要由泥河干流、黑河排入泥河洼，经青年闸，由汤渔湖行洪区内的尹家沟，经尹家沟闸排入淮河。面上排水大沟主要有小黑河、柳沟、东一支大沟、潘集大沟、十郎沟、瓦沟、工农大沟与利民新河等，沿河还建有龚集、泥河、老庙、赵岗、夹沟、朱疃等 7 座排涝站，抽排流量为 37.9m³/s。并于 2001 年建成芦沟排涝大站，直接抽排泥河洼地内水入淮河，抽排流量为 120m³/s。芦沟站的修建为确保煤矿的安全生产，改善泥河流域的农业生产状况创造了条件，形成了较好的排涝体系。

泥河流域防洪主要依靠 20 世纪 60—70 年代兴建的薛集圩、陈集圩、代大郢圩、谢街圩、朱疃圩等圩堤和 90 年代淮南矿务局为重点保护潘一矿井口和生活区兴建的潘一矿封闭堤，以及随着潘集区政府所在地田集街道的逐步发展形成的潘集区政府防洪堤，堤防总长 56.4km，保护面积 121km²。各段堤防现已自成体系，为工农业生产提供可靠的保障。

（二）采煤沉陷区防洪排涝工程体系影响分析

1. 对淮河流域防洪排涝体系影响的分析

淮南潘谢矿区采煤沉陷区对淮河流域防洪排涝体系的影响主要是采煤沉陷将影响到西淝河左堤的防洪功能，根据采煤沉陷预计，2020 年、2030 年影响西淝河左堤长度分别为 2.36km 和 3.28km，累计最大下沉值分别为 1m 和 6m，影响较大，需要采取改线或加固措施保障西淝河左堤在淮河防洪体系的任务和作用。

2. 对西淝河下游防洪排涝体系的影响

根据采煤沉陷预计，西淝河下游圩区受采煤沉陷影响：2010 年为 8 个，影响圩堤长度 15.8km；预计 2020 年影响圩区为 14 个，影响圩堤长度 35.2km；2030 年影响圩区为 14 个，影响圩堤长度 39.1km。

采煤沉陷对西淝河下游圩区的防洪体系产生影响，需要根据采煤沉陷情况，对受采煤沉陷影响的圩区要根据影响程度采取废圩、并圩措施，对圩堤进行退建和加固，以形成新的防洪体系；采煤沉陷对西淝河下游排涝体系影响较小，主要是对排涝涵闸、泵站设施有影响，可采取废弃、移址重建等措施。

3. 对永幸河水系防洪排涝体系的影响

2010 年，采煤沉陷影响永幸河总干渠长度为 2.3km，累计最大下沉值为 1.5m；预计 2020 年、2030 年永幸河干渠采煤沉陷影响长度分别为 3.4km 和 9.6km，累计最大下沉值分别为 5m 和 9m，幸福沟、友谊沟、凤蒙沟等主要输水渠道也受到采煤沉陷影响。

采煤沉陷对永幸河排涝体系没有影响，但对永幸河干支渠的输水灌溉功能有较大影响，由于采煤沉陷会导致灌溉用水输送中断和渗漏损失，需要进行专题研究，以保障永幸河灌区灌溉功能不受影响。

4. 对架河流域防洪排涝体系的影响

预计 2020 年、2030 年，采煤沉陷影响架河河道长度分别为 4.1km 和

6.6km，累计最大下沉值分别为 4m 和 7m；采煤沉陷影响依沟长度分别为
2.83km 和 5.4km，累计最大下沉值分别为 3m 和 8m。

由于架河采煤沉陷河段沿岸没有堤防，采煤沉陷对架河的防洪排涝体系
没有影响，对依沟的灌溉功能有影响。

5. 对泥河流域防洪排涝体系的影响

采煤沉陷 2010 年影响泥河干流河道长度已达 14.9km、累计最大下沉值
为 4m，预计 2020 年、2030 年影响河道长度分别为 18.2km、20.82km，累计
最大下沉值分别为 5m、6m。黑河预计 2020 年、2030 年影响河道长度分别为
3.1km、3.7km，累计最大下沉值分别为 3m 和 7m。采煤沉陷 2010 年影响泥
河圩堤长度 17.87km，2020 年影响圩堤长度为 27.9km，2030 年影响圩堤长
度为 32.2km。

采煤沉陷对泥河防洪体系产生影响，需要根据采煤沉陷情况，对受采煤
沉陷的圩区采取废圩、圩堤退建和加固等综合措施；采煤沉陷对排涝体系影
响较小，主要是对排涝涵闸、泵站设施有影响，可采取废弃、移址重建等
措施。

三、采煤沉陷对在建、拟建水利设施影响情况

（一）采煤沉陷区在建、拟建水利工程项目

淮南潘谢矿区采煤沉陷区涉及西淝河下游、永幸河、架河、泥河水系。
该区域位于淮河中段，水系复杂、地势低平，防洪除涝任务重，是治淮的重
点与难点。依据《淮河流域防洪规划》《安徽省淮河流域排涝规划》《进一步
治理淮河近期实施方案》，目前针对西淝河下游、永幸河、架河、泥河水系存
在的问题，根据项目的轻重缓急，加快前期工作进程，分类编制了涉及该区
域治理的项目规划、可行性研究报告、初步设计报告。

主要项目为：
（1）《淮河流域重点平原洼地治理工程（外资项目）初步设计报告》。
（2）《安徽省淮河流域西淝河等沿淮洼地治理应急工程可行性研究报告》。
（3）《安徽省淮河干流一般堤防加固工程可行性研究报告（修订本）》。
（4）《安徽省淮河流域重点平原洼地除涝规划》。
（5）《永幸河灌区规划》。
（6）《凤台县凤凰湖新区水系规划》。

（7）《泥河流域防洪规划》。

（8）《泥河、架河中小河流治理工程》。

（二）采煤沉陷区在建、拟建水利工程项目内容

1. 淮河流域重点平原洼地治理工程（外资项目）

2009 年 10 月，国家发展改革委投资项目评审中心以《世行贷款淮河流域重点平原洼地治理工程可行性研究报告评估报告》（评审字〔2009〕246 号）通过了该项工程可行性研究评估。

（1）西淝河下游已列入安徽省重点平原洼地治理工程外资项目的工程措施包括：

1）规划将港河洼地涝水通过顾桥闸引入永幸河，由永幸河排灌站将涝水抽排入淮，按照 5 年一遇排涝标准重建、扩建永幸河排灌站。

2）疏浚苏沟西淝河—北乌江口 15.71km 河段、济河龙沟闸—济河闸 38.34km 河段和港河顾大桥—永幸河 19.74km 河段。重建苏沟闸、济河闸，加固龙沟闸、王小庄闸和永钱河渡槽。苏沟重建跨河桥梁 6 座，济河重建跨河桥梁 1 座，港河重建跨河桥梁 3 座。

3）根据圩区排涝需求，结合工程现状，新建展沟圩展沟站、重建大东圩大东站、孙岗圩孙岗站和毛家湖圩第三排灌站。

4）疏浚颍东区的黑凤沟、公平沟、北新河等 3 条排涝大沟。

（2）架河洼地已列入安徽省重点平原洼地治理工程外资项目的工程措施包括：

1）规划在潘集境内架河引河上建架河节制闸，设计流量为 67m³/s，将城北湖片与戴家湖片两片涝水分开。

2）在城北湖出口处建一座排涝站，设计流量为 40m³/s；开挖城北湖站引水渠 0.84km，在引渠上新建生产桥 1 座，并在城北湖站引水渠左侧新建堤防长 0.77km。

3）为防永幸河河水倒灌，规划在蒙凤沟口新建蒙凤沟沟口闸，设计流量为 6m³/s，在幸福沟口新建幸福沟沟口闸，设计流量为 30m³/s。

4）改建架河站部分机组，设计排涝流量为 13m³/s、设计灌溉流量为 14m³/s。

2. 安徽省淮河流域西淝河等沿淮洼地治理应急工程

2009 年 5 月，水利部以水规计〔2009〕279 号《关于报送安徽省淮河流域西淝河等沿淮洼地治理应急工程可行性研究报告审查意见的函》上报国家

发展改革委。按照统筹规划，分步实施的原则，在安徽省重点平原洼地治理工程外资项目的基础上，西淝河下游洼地治理的主要工程措施包括：①新建西淝河排涝站；②重建老西淝闸；③排涝河道疏浚；④圩区排涝泵站建设；⑤圩区自排涵闸建设；⑥桥梁工程建设。

（1）新建西淝河排涝站。

新建西肥河排涝站设计流量为 $180\text{m}^3/\text{s}$。花家湖圩、钱庙圩、济河圩、毛家湖圩等 4 处联圩大圩按西淝闸上水位 24.5m 加固，防洪标准达到 20 年一遇。其他圩堤按西淝闸上水位 23.26m 加固，防洪标准达到 10 年一遇。

（2）重建老西淝闸。

老西淝闸用于汛期防止淮河洪水倒灌，同时抢排西淝河内水。于 1951 年开工并建成，闸孔为 3 孔，原设计排涝水位闸上 23.82m，闸下 23.60m，过闸流量为 $300\text{m}^3/\text{s}$。

由于老西淝闸建闸束水严重，遇大水年份影响排泄及闸身安全。1974 年安徽省水利电力局批复在西淝闸北 250m 唐郢子村北建设新西淝闸，闸孔为 3 孔，设计排涝水位闸上为 22.6m，闸下为 22.15m，落差 0.55m，过闸流量为 $320\text{m}^3/\text{s}$。

结合西淝河排涝站的建设，拆除重建老西淝闸。新、老西淝闸两闸合计设计排涝流量按 5 年一遇排涝标准为 $592\text{m}^3/\text{s}$，其中老西淝闸排涝流量为 $442\text{m}^3/\text{s}$，新西淝闸排涝流量为 $150\text{m}^3/\text{s}$。设计水位闸上为 22.2m，闸下为 22.1m。设计防洪水位闸下采用淮河设计洪水位 22.55m。

（3）排涝河道疏浚。

苏沟上段：对颍东县境内的北乌江口—枣庄闸 12.73km 河段按 5 年一遇除涝标准进行疏浚。除涝水位为 27.0～25.47m，除涝流量为 $106\text{m}^3/\text{s}$。

（4）圩区排涝泵站建设。

考虑到圩区排涝需求，结合工程现状，规划加固的圩区内按 5 年一遇除涝标准进行排涝站新建、重建和更新改造，对有灌溉要求的结合引水灌溉。

西淝河圩区王咀东湾站、杨刘王站、塘东塘西站、彭岗站、刘楼站、山涧站、万海站、友谊站、展沟东站、王早湾站、房庄站等 11 座排涝站，规划拆除重建，对于不足 5 年一遇排涝标准的排涝站按 5 年一遇排涝标准建设。

西淝河圩区彭岗西湾站、许大湖站、米吴站、西码头站、薛窑站、方庄站、魏庙站、苇孜湾站等 8 座排涝站，规划更新改造，对于不足 5 年一遇排涝标准的排涝站按 5 年一遇排涝标准建设。

利辛县张集圩现状圩内无抽排设施，汛期高水位时圩内涝水无法外排。

规划按 5 年一遇排涝标准新建前圩排涝站，抽排张集圩内涝水，排涝面积为 8.0km²。

西淝河圩区需新建排涝站 1 座；重建排涝站 11 座，更新改造排涝站 8 座。

（5）圩区自排涵闸建设。

西淝河圩堤穿堤排涝涵闸大多建于 20 世纪 70 年代，部分涵闸污工或涵管结构，工程质量差且毁坏严重，洞身长度不足，电气设备老化。对建设年代久远、毁坏严重的涵闸拆除重建；对建设年代较短，过流能力满足要求的涵闸进行加固处理。建设标准采用 5 年一遇排涝标准。

规划重建朱大圩进水涵、刘楼闸、徐圩闸、济河引水闸、徐咀涵、魏庙涵等 6 座穿堤涵闸，加固瓦寺涵、苏湾涵 2 座穿堤涵闸。

张谢圩东北侧为西淝河左堤，堤上建设有苇孜湾涵，西淝河左堤内地面高程普遍高于圩内地面高程，西淝河左堤内涝水自排入圩内，经张谢圩内排涝沟由自排涵再泄入西淝河下游。而张谢圩自排涵规模较小，仅能满足圩内涝水自排要求。每届汛期，西淝河左堤内水经苇孜湾涵自排时，由于张谢圩自排涵无法及时外排，涝水渚留于圩内，造成圩内受涝。本次规划新建苇孜湾二涵，西淝河左堤内涝水经苇孜湾涵自排后，由新建的苇孜湾二涵排入西淝河下游。

刘圩圩排涝面积为 6.3km²，其中利颍公路以西排涝面积为 4.1km²。圩内排涝设施为房庄站涵，自排与抽排站涵结合。由于利颍公路阻断，利颍公路以西涝水无法自排。规划新建杨桥涵，穿利颍公路，引利颍公路以西涝水由房庄站涵排出。

共新建涵闸 2 座，重建 6 座（不含老西淝闸重建），加固 2 座。

（6）桥梁工程建设。

规划对疏浚的苏沟上段的阻水、损坏严重的 3 座桥梁进行重建。桥梁规模主要根据其跨越沟渠规模及连接道路情况综合确定，即桥梁的总跨度须满足沟渠规划设计要求，并考虑与两岸连接道路的平顺衔接；其宽度确定原则为：对于现状连接道路宽度小于 4.5m 的单车道农用道路，桥面净宽按 3.5m 确定；对于现状连接道路宽度大于 4.5m 的双车道乡级道路，桥面净宽按 6.0m 确定；对于现状连接道路宽度大于 4.5m 的双车道县级道路，桥面净宽按 7.0m 确定；对于现状连接道路为多车道的重要道路，桥面净宽按路面宽度确定。

3. 安徽省淮河干流一般堤防加固工程西淝河左堤加固

2002 年，国务院办公厅转发水利部《关于加强淮河流域 2001—2010 年防洪建设若干意见的通知》(国办发〔2002〕6号)中指出,淮河流域堤防应提高其防洪能力,确保堤防安全。2003年10月国务院讨论通过了《关于抓紧淮河流域灾后重建和加快治淮建设有关问题的请示》,要求抓紧淮河流域灾后重建和加快治淮建设,并明确了淮河治理的目标和任务。2003年11月水利部淮河委员会编制的《加快治淮工程建设规划》和《加快治淮工程建设实施方案》以及《淮河流域防洪规划报告》,淮河流域堤防达标及河道治理工程作为新增三项重点工程之一,列入加快治淮工程建设内容。

根据以上要求,2007年3月编制完成了《安徽省淮河一般堤防加固工程可行性研究报告》,2008年11月根据淮河水利委员会对该报告的评审意见,安徽省水利水电勘测设计院(以下简称"省水利设计院")编制完成了《安徽省淮河干流一般堤防加固工程可行性研究报告(修订本)》,工程范围包括临王段、西淝河左堤、黄苏段、天河封闭堤和塌荆段等。

(1)西淝河左堤概述。

1954年淮河发生了全流域的大洪水,淮北大堤在禹山坝和毛滩两处决口,洪灾损失惨重。汛后进行了复堤工程,并增建了西淝河左堤作为内隔堤。1955年,淮河水利委员会设计院编制了《淮河干流堤防加固工程规划设计》,1956年对淮北大堤进行了全面的加高培厚并调整了局部堤线。西淝河左堤加高培厚设计水位为25.60~25.80m,堤身断面形式为:顶宽一般8m,超高除港河拦河坝段为2.5m外,其余均为2m,边坡外坡坡比为1:3,内坡堤顶以下3m设2m宽平台,平台以上边坡坡比为1:3,平台以下边坡坡比为1:5。

1982年大水后,1983年对淮北大堤涡西堤圈进行了除险加固,西淝河左堤完成了黄海子、港河段等9处填塘工程;1991年大水后,淮北大堤又进行了应急除险加固,对西淝河左堤谢圩孜、袁湾等6处填塘加固,对港河、阚西、四里陈等6座涵闸进行加固处理;1996年以来,淮河水利委员会又分别安排了续建加固工程、年度除险加固工程;2003年大水后,西淝河左堤进行了应急加固工程,主要内容为堤身和堤基防渗处理,主要包括堤身锥探灌浆41.77km,堤内填塘及盖重3.126km,堤外填塘1.5km,导渗盲沟381m。

现状西淝河左堤自凤台县的唐郢子至利辛县的阚疃集长56.02km,堤顶高程为27.0~28.0m,堤顶宽7~8m。堤防背水侧堤坡部分2.0m宽平台不完整,平台上下边坡少数堤段仅为1:1~1:3,迎水侧坡比一般以1:3最为普遍,但局部堤段外坡较陡。堤外侧坡脚沟塘众多。现有穿堤建筑物24座,其中7座为1990年代新建,1座于1994年完成加固,6座为1999年拆除重建,上述14座涵闸中,有4座仍然存在无门、无启闭机或闸门漏水及下游消能设施不完善的情况。余下的大多建于 20 世纪 60—70 年代，以圬工结构和混凝土管涵为主，多为附近村庄群众自行砌筑。

（2）工程加固标准与任务。

西淝河左堤是淮北大堤涡西堤圈的重要组成部分，与淮河左堤饶荆段、颍左堤、涡河右堤共同构成涡西堤圈。西淝河左堤与茨淮新河左右堤将涡西堤圈分隔为颍淝、淝茨、茨涡三部分，颍淝堤圈一旦溃决进洪，为防止洪水泛滥再漫进淝左以下淮北平原，淝左堤即是最后一道防线。西淝河左堤保护区为茨淮新河以南、西淝河以东的区域，面积 1819km²，耕地 139 万亩，人口 105 万人。淮北大堤防护对象等别为 I 等，防洪标准为 100 年一遇，据此确定西淝河左堤工程为 1 级。

西淝河左堤设计水位，在分析了以往历次加固标准，结合现状的堤顶高程，仍维持 1955 年设计水位不变，阚疃集至西淝闸上设计水位为 25.80～25.60m。根据水利部水利水电规划设计总院水总规〔2003〕83 号文审查意见和中国国际工程咨询公司咨农〔2004〕696 号文《关于淮北大堤加固工程可行性研究报告的评估报告》等有关规定，西淝河左堤是淮北大堤涡西圈堤的分隔堤，河口处建有防洪控制闸，因此确定西淝河左堤堤身设计标准断面为：堤顶宽 6m，外坡坡比为 1：3，对堤身高度小于 6.0m 堤段，内坡坡比为 1：3；堤身高度大于 6.0m 堤段，内坡堤顶以下 3m 处设置 2m 宽平台，平台以上边坡坡比为 1：3，以下边坡坡比为 1：5。

加固工程的主要任务是根据淮河流域防洪规划，以及堤防保护区及城市防洪的要求，确定防洪标准，通过加高加固堤防，确保堤防防洪安全。主要加固内容如下。

1）加固西淝河左堤 56.02km。对堤顶超高、顶宽、边坡达不到设计要求的大部分堤段进行加高培厚；堤身清基 0.88 万 m³，堤身削坡 0.43 万 m³，堤身加高培厚 7.0 万 m³，拆迁房屋面积 4.5 万 m²，规划迁房安置人口 2193 人。种植防浪树苗 141551 株。西淝河左堤新建 11.22km 柏油路面，加固维修沥青道路。

2）对圬工涵及存在严重问题的穿堤涵洞拆除重建，对存在一般问题的涵闸进行加固处理。西淝河左堤重建 10 座，加固 4 座。

4. 安徽省淮河流域重点平原洼地除涝规划

（1）西淝河下游规划。

1）治理范围与标准。本次西淝河下段治理以西淝河本干、苏沟、济河及港河为重点。防洪标准为居住人口较多的圩口为 20 年一遇。除涝标准为自排

5 年一遇，抽排标准为 10 年一遇；苏沟、济河、港河等排涝河（沟）按 5 年一遇排涝标准进行疏浚。

2）总体思路。由于茨淮新河等已截走西淝河上游超过一半的来水面积，西淝河下段干流排涝能力基本已达 5 年一遇，故西淝河下段防洪除涝形势已有一定的改善。但西淝河下段沿河筑圩现象较为普遍，两岸现有圩区 48 个，其中利辛县 8 个，颍上县 6 个（其中 4 个与凤台县共有），凤台县 28 个（其中与毛集区及农场共有 2 个，不包括与颍上县共有的 4 个），毛集区 6 个（不包括与凤台县共有的 2 个）。48 个圩口中，除 9 个圩口为生产圩外，其他皆有人居住。大部分圩堤堤线地面高程较低，地质条件差，同时堤身较高且单薄，防洪能力较差，加固难度较大。根据历次治理规划及工程现状，本次规划对沿河两岸圩口采取三种处理方式：①选择保护对象相对重要和人口较多、沿堤线地面高程相对较高、地质条件较好的少数圩口进行堤防加固。②对其他有人居住的圩口暂时维持现状，可根据经济及社会发展状况以及杨村矿的开采情况进一步研究相应的治理措施。目前需严格控制人口迁入和大规模建设，实行萎缩性管理，优先考虑移民迁建，可逐步将圩内群众迁入经加固的高标准圩内或西淝河左堤保护区内。③对孤山套圩、李咀圩、塘东塘西圩、前后咀圩、西晒网滩圩、李大圩、胡圩子圩等生产圩，由于过于侵占滩地，规划逐步废弃。

西淝河下段面上的苏沟、济河等排涝干沟排水标准低，上下游矛盾突出，应列为本次治理重点。同时，需采取适当措施，为港河洪涝水开辟新的出路。

3）主要工程措施。西淝河下段洼地治理的主要工程措施为：①沿西淝河干流两岸圩区堤防加固；②主要排涝河（沟）疏浚；③排涝泵站、涵闸建设；④排水干沟整治；⑤桥涵工程建设；⑥将居住在圩外的群众迁入圩内安置；⑦扩建永幸河排涝站，将港河内水通过永幸河排涝站外排；⑧拟建西淝河排涝大站。

4）工程量与投资。西淝河下游洼地治理需加固堤防 20.3km，疏浚河道长 75km，新建、重建涵闸 6 座，新建、重建排涝站 22 座，新增装机容量 3.76 万 kW。疏浚整治干沟长 22.9km，配套建设交通桥、生产桥 75 座。迁移人口 2800 人。田间配套面积为 78 万亩。工程总投资 14.5 亿元。

（2）架河洼地规划。

根据流域的地形条件，将架河流域分为城北湖片与戴家湖片进行治理。规划在潘集境内架河引河上新建架河节制闸，将城北湖片与戴家湖片两片涝水分开，在城北湖出口处新建城北湖排涝站，排城北湖片涝水；戴家湖片涝

497

水仍通过架河站排出。疏浚排涝干沟，完善排涝体系。规划排涝标准为自排 5 年一遇，抽排 10 年一遇。

1）城北湖片治理工程。城北湖片为永幸河以北、幸福沟以东、潘庄路以西，汇水面积 154km²，该片地面高程 18.00～23.00m。城北湖常年蓄水位 17.5m 左右，相应面积 2.46km²，湖底高程 16.00m 左右。

城北湖片涝水自排出路主要为架河闸，抽排出口为架河站。由于架河站还需抽排戴家湖片涝水，因此排涝能力不足。规划在距城北湖出口建城北湖排涝站，抽排流量为 40m³/s，并开挖城北湖站引水渠 0.8km。

为防止流域间窜流，在无闸门控制的沟口增建闸门，对已毁坏闸门进行更换。

架河闸引河在凤台县境内长 5.5km，底宽 3～5m，目前河道断面不能满足过水要求，规划进行疏浚。

2）戴家湖片治理工程。戴家湖片位于泥河以南、潘庄路以东、架河总干渠以西、淮北大堤以北，汇水面积 51km²，该片地面高程大都为 21～22m。涝水均汇入戴家湖洼地。戴家湖常年蓄水位 17.5m，湖底高程 16.00m 左右。

该片洼地内有架河排涝站，设计流量为 23.4m³/s，装机容量为 2790kW，建于 1966 年，年久失修，机组老化，规划进行改建。

为使城北湖片与戴家湖片分片排水，规划在架河引河上新建一座节制闸以控制城北湖片来水。

架河引河在潘集区境内长 2.5km，规划进行疏浚。

该片洼地内的芦沟、柳沟都是戴家湖片排涝干沟，涝水汇入戴家湖，但通水不畅，淤积严重。规划对芦沟、柳沟进行疏浚，对架河圩堤上的病险闸进行加固。

由于架河流域排涝泵站建设，对于现有的 7 处圩堤，暂维持现状，不再加固。

3）面上配套工程。规划在张巷面大沟、耿王大沟、蒙凤沟、关大沟、架河引河、柳沟、芦沟上共修建桥梁 13 座，其中新建 7 座，改建 6 座。规划中小沟以下面上配套 18 万亩。

4）工程量及投资。架河洼地治理需新建、重建涵闸 9 座，新建、扩建泵站 0.78 万 kW，技改泵站 0.12 万 kW，疏浚开挖干沟 16km，配套建设交通桥、生产桥 13 座。面上配套面积 18 万亩。工程总投资 2.6 亿元。

（3）泥河洼地规划。

芦沟排涝大站建成后，现有圩堤的防洪标准基本满足要求。针对泥河流域目前存在的主要问题，本次规划以除涝为中心，结合考虑防洪及兴利等方面的问题，通过疏浚河道、排涝干沟，完善排涝体系。其主要工程措施包括：对排涝能力不足、排水不畅的窑岗桥以上的泥河干流进行扩挖疏浚；改建沿泥河圩区排涝站，恢复其排涝能力；完善芦沟站枢纽的灌溉设施；重建陶古路泥河桥；对沿泥河的瓦沟、工农大沟等 8 条大沟进行扩挖疏浚和配套。

规划排涝标准为自排 5 年一遇，抽排 10 年一遇。

1）河道疏浚工程。对潘集区境内凤潘交界至龚集站 31.8km 的泥河干流进行疏浚。

2）泵站更新改造工程。蚌埠市怀远县黑河流域的熊家沟和朱疃排灌站，合计装机容量为 815kW，设计流量为 7.9m³/s，朱疃站和熊家沟站分别建于 1973 年和 1979 年，已运行多年，现厂房破烂不堪，机泵陈旧，线路老化，规划进行技术改造。

潘集区泥河流域的龚集、泥河、夹沟、老庙、赵岗 5 座排涝站，总装机容量为 2290kW，目前已运行 30～40 年之久，规划更新老机泵设备，对已年久失修的机房、管理房以及进出水池进行改造。

3）芦沟站配套工程。芦沟站装机容量为 1.2 万 kW，目前无反向灌溉配套设施。规划新建引水闸 1 座，引水流量 30m³/s；新建灌溉闸 1 座；新建排涝引河节制闸 1 座。

4）堤防加固工程。泥河两岸现有圩堤及防洪堤 7 处，本次规划暂维持现状。朱疃圩位于怀远县黑河左岸，自朱疃村漫水桥至五路村熊家沟站，全长 11.9km，保护面积 23.9km²，耕地 3.6 万亩，人口约 2.2 万人。朱疃西洼地内村庄稠密、人口较多，大部分村庄在 21.0m 高程以下。建议下阶段对该处圩堤结合已建的芦沟站，进一步分析论证圩区治理方案。

5）面上工程。现有泥河陶古路桥为 2 孔 5m 跨桥梁，汛期严重阻碍洪水下泄。规划拆除重建陶古路泥河大桥。

泥河洼地排涝大沟淤积严重，排水不畅，规划对张大沟、朱大沟、小黑河、潘大沟、十朗沟、瓦沟、工农大沟、伊沟等 8 条大沟进行疏浚，长 60.3km。重建大沟桥梁 29 座。

规划治理中小沟以下面积 52 万亩。

6）水域保护及水资源利用。根据资料分析，自 1954 年以来，泥河水位超过 20.0m 的有 17 年。对于 20.0m 以下地区，要控制人口迁入，对现有人口要逐步实施外迁，同时，要对现有水域进行保护，发挥水资源综合利用效益。

7）工程量与投资。泥河洼地治理规划疏浚河道长 32km，泵站改造装机容量为 1.51 万 kW；重建泵站 2 座，装机容量为 0.21 万 kW。大沟清淤总长 60km，大沟配套桥梁 30 座，面上配套面积 52 万亩，工程总投资 5.3 亿元。

5. 西淝河下游流域治理规划

西淝河下游流域面积 1621km²，河道以利辛县刘郢堵坝为起点，流经颍上县、凤台县于西淝河闸入淮河，长 72.41km，流域范围共涉及阜阳市颍东区、颍上县，亳州市利辛县，淮南市凤台县、毛集区等 5 个县（区），流域总人口 125.7 万人，耕地 171.4 万亩。

西淝河下游治理规划以西淝河主干、苏沟、济河及港河为重点。防洪标准为居住人口较多的圩口为 20 年一遇，其他圩口为 10 年一遇。除涝标准为自排 5 年一遇，抽排 5 年一遇。规划新建西淝河排涝站；重建老西淝闸；扩建永幸河排涝站，将港河内涝水通过永幸河排涝站外排；进行河道疏浚；规划建设排涝泵站、涵闸；进行排水干沟整治及桥梁建设。

规划进行圩区处理，按 20 年一遇防洪标准加固花家湖圩、钱庙圩、济河圩、毛家湖圩；其他圩堤按 10 年一遇防洪标准加固；对在 2025 年前煤矿塌陷影响的赵后湖圩、胡镇圩、杨村圩、李圩、小舟湾圩、大舟湾圩、羊皮洼圩、马老湾圩、吴楼湾圩、直北湾圩、梳草湾圩、孙岗圩、黄洼圩、陈铁圩等 14 处圩区暂维持现状，随着塌陷区的发展情况，进一步研究废弃或其他处理方案；规划废弃孤山套圩、前后咀圩、西晒网滩圩、李大圩、尹家洼圩、金岗圩等圩区 6 处；西淝河支流济河、苏沟、港河的生产圩维持现状。

6. 永幸河灌区规划

永幸河灌区面积 360km²，设计灌溉面积 39.3 万亩。灌区节水工程措施主要包括：实施灌区续建配套工程；对田间斗农渠进行混凝土防渗衬砌，采用混凝土 U 形渠道，2020 年防渗率达 100%；推广水稻"浅、晒、深、湿"等节水增产灌溉技术，2020 年在水稻种植区全面推广；逐步开展农民的节水灌溉技术培训，建立灌溉阶梯水价制度，从技术和制度上加强节水能力和节水意识，提高节水水平。

规划清淤干、支渠 167.16km，斗渠 59.5km；新开挖苍沟下段和永菱河出口段渠道 3.8km，扩挖考曹大沟 3.5km；护砌渠道长 10km，其中永幸河城区段 6.8km、永菱河 2.5km 及与永幸河相交的 14 条支渠出口段共计 0.7km。共计清淤土方 171.9 万 m³，开、扩挖土方 18 万 m³，护砌石方 8.1 万 m³。

规划加固西淝河圩堤 18.8km，永幸河北堤 6.8km，堤防加固主要工程量为：堤身加高培厚 106.6 万 m^3，填塘 11.82 万 m^3，干砌石护坡 1.87 万 m^3，草皮护坡 56.38 万 m^2，堤顶道路 15.26km。

规划对灌区损坏严重的 18 座建筑物进行重建，封堵建筑物 1 座，新建节制闸 2 座；重建改造泵站 470 座。

灌区田间工程典型区选择永淝片进行规划。

7. 凤台县凤凰湖新区水系规划

凤凰湖新区规划范围 24km²，水系规划需新建架河隔堤 1.7km，铁路桥封闭堤为 6.7km，加固堤防 6.8km，新建架河节制闸设计流量为 67m³/s，新建铁路桥节制闸设计流量 90m³/s，加固穿堤建筑物 4 座，新建堤顶道路 18.4km，生态护坡 21.6km；疏浚城北湖水面面积 4km²，新建城北湖排涝站流量为 100m³/s，开挖城北湖引河 1.13km，整治河道 10.5km，生态护岸 33.3km，建人工湿地 1.0km²。

8. 泥河流域防洪规划

（1）工程规划总体安排。

充分考虑和利用现有的防洪除涝工程体系和格局，通过治理，构建较完整的防洪除涝体系，提高防洪除涝能力，满足规划目标要求。针对泥河流域防洪除涝能力低的实际问题，泥河治理以防洪排涝为主、综合治理。防洪除涝以利用泥河洼地调蓄洪涝水、疏浚河道与大沟向淮河相机抢排洪涝水、芦沟站抽排以及堤防建设相结合的治理思路，达到全面提高泥河流域的防洪排涝标准。

泥河流域防洪除涝工程总体规划方案如下：

1）修筑加固防洪堤，提高防洪标准。对不在煤矿塌陷区范围的现有防洪堤进行加固处理，提高其防洪标准。本次规划除完善城区防洪堤和对朱瞳圩、陈集圩与薛集圩进行加固外，其余在煤矿开采沉陷区范围内的圩堤和潘一矿圈堤均不列入本次加固。

2）疏浚河道，清除阻水障碍物。根据泥河流域河道排涝能力现状，对排涝能力不足、排水不畅、不在采煤塌陷区范围的河段，进行扩挖疏浚，同时拆除阻水障碍物；对已毁坏的窑岗桥、漫水桥和焦庄闸进行重建，恢复其过水能力。

3）疏浚排涝大沟，提高洼地排涝标准。对泥河流域 7 条排涝大沟和排涝引河入口段进行扩挖疏浚，对损坏阻水的大沟桥梁重建修复，以提高排涝标准。

4）改建、重建泵站，恢复排灌能力。对沿泥河流域未经改造的排灌站进行改建或重建，恢复其排灌能力。

5）实施移民迁建工程，保障洼地群众居住安全。规划对黑河怀远县朱疃西洼地、泥河左岸潘集区陶老家洼地等低洼地居住的群众实施移民迁建安置工程。

6）加强非工程措施建设，强化管理，形成完善的防洪体系，提高整体防洪能力。

（2）防洪除涝工程规划。

1）防洪工程规划：根据泥河流域防洪水位和防洪工程现状，考虑采煤沉陷影响，泥河流域防洪工程规划为修筑加固潘集城区防洪堤和加固陈集圩堤、朱疃圩堤和薛集圩堤。

规划城区防洪堤位于泥河右岸，自铁路桥起，穿袁庄路，向东接于篾匠村北0＋300处，堤线长3.6km，首末两端分别与铁路桥堤和篾匠村北岗的道路相接。

规划对朱疃圩、陈集圩与薛集圩圩堤进行加固，圩堤长度分别为9.1km、7.5km和5.5km，合计长度22.1km。

2）除涝工程规划：规划按5年一遇除涝标准对泥河干流米集—徐桥22.1km、马园—袁庄段9.17km，以及黑河干流叶家—黄谷村段24km进行河道疏浚。

规划对潘集区境内的伊沟、朱大沟、工农排大沟、张大沟、小黑河以及怀远县境内的当连沟与大柳沟，按5年一遇标准进行疏浚，大沟疏浚总长度为37.1km，重建大沟桥梁35座。对位于采煤沉陷区内的十郎沟、瓦沟、潘大沟等3条大沟，不列入本次治理范围。规划对芦沟站排涝引河入口段800m进行疏浚。

3）建筑物工程规划：规划对凤台县境内的泥河闸和黑河上怀远县境内的焦庄闸拆除重建，对泥河出口青年闸进行扩建。规划对泥河干流上不在采煤沉陷区内损坏阻水的漫水桥、窑岗桥、耿集大桥、焦庄闸大桥等15座桥梁进行拆除重建。为满足怀远县黑河灌溉引水需要，规划在泥河北湖洼黑河出口青龙桥旁主河道上扩建桥梁1座。

规划对潘集区夹沟、老庙与赵岗3座泵站实施技术改造或重建，对怀远县朱疃圩堤加固工程影响到朱疃站、熊家沟站和陈郢站实施重建，以及黑河、当连沟与大柳沟疏浚影响到的16座取水泵站予以改建。

（3）移民迁建规划。

规划对泥河洼地居住人口较为集中的潘集区夹沟乡的后陈、鸽笼自然村和怀远县唐集乡的王庄、李西、江河、张圩子、圩南与沟湾自然村，合计1566人（其中潘集区为164人、怀远县为1402人），实施移民迁建，安置到安全的地方。移民迁建安置采取本地就近后再集中安置的方式。

（4）城市防洪规划意见。

根据潘集区总体规划，潘集城区到2020年规划人口16万人，属一般城镇。依据防洪标准，拟定潘集城区防洪标准2020年为20年一遇。远期可根据社会经济发展需要，进一步提高标准。

规划对潘集城区袁庄路以西段堤防进行加固、以东筑堤，分别接于高地，形成一个防御泥河干流洪水的堤防体系，使潘集城区达到规划的防洪标准；同时制订超标准洪水防御措施；加强防洪非工程措施建设等。

9. 中小河流治理工程

全国重点地区中小河流近期治理建设规划项目涉及本地区的有：淮南市潘集区泥河刘龙集上段（17＋600～26＋672）河道疏浚工程、淮南市潘集区泥河徐桥至凤潘交界段河道疏浚工程、淮南市潘集区泥河袁庄至马园段堤防加固工程、淮南市凤台县架河上段河道整治工程、淮南市潘集区架河整治工程等，主要工程措施是河道疏浚和堤防加固等。

（三）采煤沉陷区对在建、拟建水利工程的影响分析

1. 淮河流域重点平原洼地治理工程（外资项目）

淮河流域重点平原洼地治理工程（外资项目）中规划重建的济河闸，以及济河龙沟闸—济河闸38.34km河段和港河顾大桥—永幸河19.74km河段疏浚部分位于采煤沉陷区，其中，谢桥矿开采影响济河闸及济河疏浚1.6km；顾桥、顾北矿开采影响港河疏浚1.5km。目前项目已经实施，对采煤沉陷影响的在建济河闸进行了移址重建，闸址位置上移2.7km至陈圩子附近，避开采煤沉陷范围，新济河闸基本建成，重建按现行规划条件设计，即排涝5年一遇标准，设计排涝流量为305m³/s，设计排涝水位为23.55m，排洪采用20年一遇洪水标准，设计排洪流量为480m³/s。根据矿区开采计划，疏浚工程适时进行了调整。

2. 安徽省淮河流域西淝河等沿淮洼地治理应急工程

西淝河下游流域治理应急工程规划与设计中，已考虑到采煤沉陷的影响，工程布置不受影响。

3. 安徽省淮河干流一般堤防加固工程西淝河左堤加固工程

根据采煤沉陷预计，采煤沉陷对西淝河左堤堤防影响长度2020年为5km、2030年为11.9km，地面最大下沉值2020年为4m、2030年为6.8m，将影响到西淝河左堤该段堤防的加固、堤防内外填塘工程和堤顶道路的修筑，以及朱大圩涵、赵湖涵、后湖涵、白塘涵、港河闸等穿堤建筑物处理工程等。

对应采煤沉陷段西淝河左堤可研加固工程的主要内容为：堤顶沥青道路维修4000m（宽4.5m），泥结石上堤路250m（宽5m）；堤外填塘（20m宽）16.1万m³，堤内填塘（桩号17+310～17+380）0.28万m³；拟拆除重建朱大圩涵、赵湖涵、后湖涵，加固白塘涵启闭机房、港河闸启闭机房及消能设施重建。鉴于西淝河左堤的重要性，受淮南矿业集团委托编制了《淮南矿业集团采煤影响区西淝河左堤白塘至高庄段堤线调整建设工程可行性研究报告》，进行了专项的研究。

4. 安徽省淮河流域重点平原洼地除涝规划

安徽省淮河流域重点平原洼地除涝规划内容部分已在淮河流域重点平原洼地治理工程（外资项目）实施，对在建的济河闸及河道疏浚已调整，对规划拟建的泥河疏浚工程，大沟疏浚（十郎沟、瓦沟、潘大沟）工程有一定的影响，由于河道与大沟疏浚均为排涝工程，采煤沉陷对其基本无影响，工程项目可适时调整。

5. 永幸河灌区规划

永幸河灌区规划工程内容受采煤沉陷影响较大的主要是干支渠道及建筑物的灌溉工程，其余受采煤沉陷影响较小。

采煤沉陷对永幸河灌区灌溉功能有较大影响，特别是永幸河干渠的输水功能，需要采取措施以保障永幸河灌区的灌溉功能不受影响。应根据采煤沉陷预计影响，统筹灌区治理与采煤关系，研究调整灌区规划方案。

6. 凤台县凤凰湖新区水系规划

凤台县凤凰湖新区位于架河流域中游城北湖，不在采煤沉陷区范围内，凤台县凤凰湖新区水系规划建设工程不受采煤沉陷影响。

7. 泥河流域防洪规划

泥河流域防洪规划已考虑采煤沉陷的影响，规划治理工程措施不受采煤沉陷影响。

8. 中小河流治理工程

中小河流治理工程，已统筹考虑采煤沉陷影响，工程项目不受采煤沉陷影响。

四、采煤沉陷影响西淝河左堤对策措施

（一）西淝河左堤基本情况

1. 形成历史

1954 年 7 月，淮河流域发生 5 次大范围暴雨过程，淮北大堤涡西堤圈在禹山坝漫决，涡东堤圈在毛滩漫决。1955 年，淮河水利委员会总结 1954 年洪水淮左干堤暴露的问题，考虑到涡西堤圈范围过大，堤身强度难趋一致，因局部堤段溃决而造成的损失过大，增建了西淝河左堤作为内隔堤，将涡西堤圈分割为颖淝、淝涡两部分。1955 年，淮河水利委员会设计院编制了《淮河干流堤防加固工程规划设计》，1956 年对淮北大堤进行了全面的加高培厚并调整了局部堤线。淮北大堤西淝河左堤加高培厚设计水位为 25.60～25.80m，堤身设计断面型式为：除了港河的拦河坝段超高为 2.5m 外，其余均为 2m，顶宽一般为 8m，边坡外坡均为 1∶3，内坡堤顶以下 3m 设 2m 宽平台，平台以上边坡坡比为 1∶3，平台以下边坡坡比为 1∶5。20 世纪 70 年代茨淮新河开挖后，西淝河左堤与淮左堤、茨淮新河左右堤将涡西堤圈分隔为颖淝、淝茨、茨涡三部分。

2. 保护区概况

西淝河左堤保护区为茨淮新河以南、西淝河以东的区域（茨南淝左区），面积 1819km²，耕地 139 万亩，人口 109 万，涉及淮南、利辛、凤台、怀远 4 个县市，粮食总产量 81 万 t，工农业总产值 99 亿元。凤台县城、淮南市潘集区城区、淮南矿区的潘一、潘二、潘三、潘北、丁集、朱集、顾桥、顾北和新集矿区的八里塘煤矿位于该区，2010 年生产能力达 4355 万 t。区内的平圩电厂是华东最大的坑口电厂，电厂设计装机 4 台 240 万 kW，现已装机 120 万 kW 投入运行。田集电厂设计装机 4 台 240 万 kW，现已装机 120 万 kW 投入运行。

3. 堤防现状

1955 年，淮河水利委员会设计院编制了《淮河干流堤防加固工程规划设

计》，1956 年对淮北大堤进行了全面的加高培厚并调整了局部堤线。西淝河左堤加培设计水位为 25.60～25.80m，堤身设计断面形式为：顶宽一般为 8m，除了港河的拦河坝段超高为 2.5m 外，其余均为 2m，边坡外坡坡比均为 1：3，内坡堤顶以下 3m 设 2m 宽平台，平台以上边坡坡比为 1：3，平台以下边坡坡比为 1：5。

西淝河左堤自凤台县的唐郢子至利辛县的阚疃集长 56.02km，现状堤顶宽度 7.0～8.0m，堤顶高程一般为 27.00～28.00m，部分堤段存在堤顶高程不足的问题，但除了桩号 54＋000～55＋900 堤段欠高在 0.8～1.5m 外，其余堤段欠高均不超过 0.5m。堤迎水侧坡比一般为 1：2.5～1：3.0，局部为 1：2.0，背水侧坡比一般为 1：3.0～1：5.0，大部分无戗台。局部堤段边坡较陡，桩号 55＋000 附近堤段边坡迎水侧坡比为 1：1.43，背水侧坡比仅为 1：1.15。

由于早期就近取土筑堤，致使近堤脚形成众多沟塘。背水侧渊塘在 2003 年灾后重建工程中已基本填平。迎水侧阚西下段凡庙—丁家洼、阚疃段袁湾—阚疃镇等堤外侧均为连续沟塘，堤外渊塘顺堤连线长度达 43.85km，占全堤线长度的 78.3%。渊塘的存在，使堤基覆盖层厚度变薄，堤防高度增加，稳定安全度减小。

西淝河左堤各类穿堤建筑物共 24 座（利辛县 6 座、凤台县 18 座），包括 6 座砖拱结构涵、9 座钢筋混凝土管涵和 9 座钢筋混凝土箱涵。其中任圩、刘集村、赵湖、后湖、钱庙、陈圩、店集老涵、杨村等 8 座涵闸为圬工涵闸或钢筋混凝土管涵，均已年久失修、病害严重，危及大堤度汛安全。

西淝河左堤在历次加固中受投资限制，仅针对当年发生的险情进行加固，目前堤防迎水侧仍存在大量连续渊塘、部分建筑物损毁严重等问题。且堤防现状堤坡杂树、荆条丛生，不利于汛期查险，堤防面貌较差。

（二）采煤沉陷影响情况

根据淮南矿业集团提供的采煤沉陷资料，淮南淮业集团矿区范围内西淝河左堤长 15.1km（不含顾桂深部，顾桂深部段长 3.8km，其压煤在−1000m 以下），其中张集矿内长 1.5km，顾北矿内长 5.0km，顾桥矿内长 8.6km。根据三下规程计算，堤下（指堤防及护堤地范围）压覆矿权范围内（地下−1000m 以上）的煤炭资源地质储量为 37960 万 t，其中可采储量为 22603 万 t。

西淝河左堤压煤情况详见表 10。

矿名称	地质储量	可采储量
顾北矿	11179	6257
顾桥矿	21025	14030
张集矿	5756	2316
合计	37960	22603

表 10　　　　　西淝河左堤下压煤情况统计表　　　　单位：万 t

根据中国矿业大学开采损害及防护研究所编制的《淮南潘谢矿区开采沉陷预计报告》成果分析，顾北、顾桥和张集 3 座煤矿的开采将对西淝河左堤有影响，影响堤段位于凤台县，预计 2020 年、2030 年影响堤防长度分别为 2.36km（指沉陷大于 0.1m，下同）和 3.28km，累计最大下沉值分别为 1m 和 6m。2030 年以后随着煤矿的进一步开采，影响还将进一步加大。

（三）堤线调整的必要性与可行性

鉴于西淝河左堤在淮河防洪体系中的作用和重要性，按照现有国家法律法规要求，煤炭资源开采需保证西淝河左堤功能和防洪标准不变，确保其防洪安全。

1. 西淝河左堤堤下煤炭资源开采方案

（1）留设煤柱、维持现有西淝河左堤堤线方案。

西淝河左堤堤下留设煤柱，采煤从西淝河左堤堤下经巷道穿越采煤保护区域后开采保护区域以外地下煤炭资源，西淝河左堤下煤炭资料不开采。

留设煤柱方案维持现有西淝河左堤堤线不变，但将压覆西淝河左堤堤下 2.26 亿 t 可采煤炭资源量。

（2）调整西淝河左堤堤线方案。

调整西淝河左堤堤线，退建采煤影响范围内西淝河左堤，通过新筑堤防保证西淝河左堤防洪功能和防洪标准不变的前提下，在老西淝河左堤堤下实现煤炭资源的开采。

（3）方案评述。

留设煤柱方案将压覆西淝河左堤堤下 2.26 亿 t 可采煤炭资源量，造成国家资源的浪费。同时，留设煤柱方案将维持现有西淝河左堤，由于受堤下不能采煤限制，需掘进大量巷道（岩巷、煤巷），受压煤影响的采区工作面回采不完整、支离破碎，难以进行规模性开采，无效投入大，间接影响压覆的可采储量达 0.54 亿 t。

淮南矿业集团西淝河左堤采煤影响区压覆煤量详见表11。

表11 西淝河左堤采煤影响区压覆煤量表

方案	压覆煤炭资源/万 t				释放煤炭资源/万 t				备注
	直接压覆		间接影响		直接压覆		间接影响		
	地质储量	可采储量	地质储量	可采储量	地质储量	可采储量	地质储量	可采储量	
留设煤柱、维持现有堤线方案	37960	22603	6947	5380					
调整西淝河左堤堤线方案	5957	2424	734	552	32003	20179	6213	4828	调整西淝河左堤长14.43km，筑新堤长17.67km

注 间接影响煤量指受堤防限制不能布置工作面开采或开采不经济而放弃的煤量。

从防汛角度分析，留设煤柱方案将维持现有西淝河左堤堤线不变，但受采煤沉陷影响，采煤影响工堤段迎水侧、背水侧均为采煤沉陷常年积水区，堤防处于两面临水状态，不利于堤防的日常维护和汛期查险，且一旦发生险情，抢险困难。

调整堤线方案在确保西淝河左堤防洪功能与防洪标准不变的前提下，通过调整局部堤线，新筑堤线按照矿区地下资源分布，布置在不压煤区域和顾桥、顾北矿不可采的断层破碎带区域，同时结合济祁高速南侧布置，利用高速公路下不开采范围可大幅减少新筑堤压煤量，释放西淝河左堤下煤炭资源。

调整堤线方案可释放西淝河左堤堤下 2.26 亿 t 可采煤炭资源量，在考虑新筑堤压覆煤炭资源可开采量 0.24 亿 t，可释放直接影响的可采煤炭资源 2.02 亿 t，间接影响的可采煤炭资源 0.48 亿 t，符合国家"矿产资源节约与综合利用"的要求，同时对保障淮南矿业集团主力矿井接替、保证煤炭资源开采量稳步均衡增长和可持续发展具有决定性意义。

综上所述，考虑到西淝河左堤在淮河防洪体系中的作用和重要性，为确保其防洪安全，按照现有国家法律法规要求，在保证西淝河左堤功能和防洪标准不变的前提下，采用局部调整西淝河左堤堤线新筑堤防方案，既可以保证西淝河左堤堤圈的防洪安全，又可以在批准后开采现有西淝河左堤堤下煤炭资源。

2. 堤线调整的必要性与可行性

淮南矿业集团是全国 14 个亿吨级煤炭基地和 6 个大型煤电基地之一，是国家首批循环经济试点企业、中华环境友好型煤炭企业和国家级创新型试点企业。西淝河左堤堤下压覆矿权范围内的煤炭资源地质储量为 3.80 亿 t，其中可采储量为 2.26 亿 t，属于由淮南矿业集团开发的张集矿、顾桥矿、顾北矿的井田范围内。

顾北矿、张集矿、顾桥矿三个矿均为淮南矿业集团的主力矿井，2011 年合计产量 2884 万 t，占集团公司总产量 6751 万 t 的 42.7%。

顾北矿是国家"皖电东送"电源点凤台电厂配套矿井，西淝河左堤压煤对顾北矿产量的影响将直接影响到凤台电厂的正常运行。由于顾桥镇压煤，矿井北翼资源已经大幅萎缩，若南翼再受淝左堤压煤影响，矿井产量只能勉强维持在 150 万 t 左右，矿井很难达产。

张集矿、顾桥矿是安徽省目前仅有的两个千万吨级矿井，矿井正常接替是煤矿一切生产的基础，顾桥矿目前采场集中在北一采区，若淝左堤堤下留设煤柱，则只有南二 13-1、11-2 下盘区不受影响，矿井生产采区减少，采掘接替紧张，很难维持千万吨矿井生产规模；张集矿北一、东一（5）采区受影响也很大，将形成矿井采掘接替紧张的被动局面。

矿井正常接替是煤矿一切生产的基础，西淝河左堤下压煤如果不开采，不仅直接造成三个矿可采资源量的大大减少，造成国家资源浪费，同时造成矿井采区和工作面布置困难、打乱矿井正常接替。合理开发西淝河左堤下煤炭资源，对保障淮南矿业集团主力矿井接替、保证公司产量稳步均衡增长和可持续发展具有决定性意义。

调整堤线方案能确保西淝河左堤防洪功能与防洪标准不变。调整堤线方案新筑堤防和老堤防之间退出范围大部分为采煤沉陷常年积水区。随着采煤沉陷的发展，淮南矿业集团将该退出范围内居民逐步外迁安置，补偿耕地。即使按留设煤柱维持现有西淝河左堤堤线方案，堤内沉陷区居民和耕地仍需补偿和搬迁安置。同时，调整堤线方案避免了留设煤柱维持现有堤线方案中受采煤沉陷影响西淝河左堤堤段两面临水的情况，从日常管理和防汛查险、抢险的角度，新筑堤防相对方便。

西淝河左堤下煤炭资源丰富，可采储量为 2.26 亿 t。合理开发西淝河左堤下煤炭资源符合国家"矿产资源节约与综合利用"要求。在确保西淝河左堤防洪功能与防洪标准不变的前提下，与西淝河左堤内采煤沉陷区居民外迁和耕地补偿相结合，与拟建的济祁高速线路相结合，统筹水利工程与采煤沉陷的关系，为煤炭资源的开采创造条件，保护、解放煤炭资源，实现煤炭资源高强度和高回采率的开采，促进社会经济可持续发展，合理开发西淝河左堤堤下煤炭资源是十分必要的。为保证西淝河左堤功能和防洪标准不变，保障其防洪安全，实施西淝河左堤堤线调整是必要的和可行的。

（四）西淝河左堤堤线调整方案研究

1. 堤线调整的原则

淮南矿业集团矿区内西淝河左堤堤下（指堤防及护堤地范围，地下－1000m以上）压煤地质储量为 37960 万 t，其中可采储量为 22603 万 t，涉及张集矿、顾桥矿、顾北矿。根据淮南矿业集团采煤计划安排，预计 2020 年、2030 年影响堤防长度分别为 2.36km（指沉陷大于 0.1m，下同）和 3.28km，累计最大下沉值分别为 1m 和 6m。2030 年以后随着煤矿的进一步开采，影响还将进一步加大。

根据西淝河左堤堤下采煤沉降预测范围和该区域煤炭分布情况，结合周边现状水系分布、交通设施布置及工矿场区位置情况，西淝河左堤局部堤线调整布置原则为在保证西淝河左堤防洪安全的同时释放现西淝河左堤堤下煤炭资源，尽量不压煤或迟压煤；位于顾桥、顾北矿断层破碎带，紧靠拟建济祁高速公路，预留济祁高速改扩建范围，保证新堤线背水侧堤脚与拟建济祁高速管理范围外边线距离至少 50m；重要水利设施和交通设施位于西淝河左堤保护区内。

2. 济祁高速公路概况

济祁高速利辛至淮南段长约 77km，起点与利辛县望疃镇陈堂村附近的望疃枢纽互通，自北往南途经利辛、蒙城、凤台、毛集等县（区），与合淮阜高速公路衔接。其中穿过西淝河流域段线路位于永幸河以南，与永幸河基本保持平行。该段线路预留煤柱共压覆煤炭资源约 3.5 亿 t，主要属于顾桥、顾北矿断层破碎带，不利于开采。其线路走向经安徽省政府组织省国土资源厅、省煤田地质局、淮南矿业集团、淮河水利委员会、省水利厅等有关部门、有关市政府召开的专题会议讨论，形成的会议纪要提出采用占压矿产最少的路线方案。并经淮南矿业集团和国投新集能源股份有限公司复函确认。

济祁高速公路设计为全封闭、全立交高速公路，设计速度为 120km/h，双向四车道，路基宽度为 27m，设计荷载为公路-Ⅰ级，路面结构为沥青混凝土面层。远期规划扩建为双向八车道。该项目计划于 2013 年开工建设。

西淝河左堤调整新筑堤线布置的原则是沿济祁高速公路以南（高速公路位于堤防保护区内），在济祁高速公路占地、管理和规划扩建范围以外，紧临布置堤防护堤地和堤身，保证新堤线背水侧堤脚与拟建济祁高速管理范围外边线距离至少 50m，在堤防和高速之间不留未征用土地。

西淝河左堤调整新筑堤线在姬沟湖处开始与济祁高速平行布置，沿东南方向过顾北矿工厂区，穿过农场四队与农场一队之间后折向南，堤防与高速平行段位于潘谢矿区铁路和阜淮铁路之间，长约 7km。路堤平行段济祁高速公路穿跨高速公路的建筑物共布置了 36 座，其中上跨高速公路桥的车行天桥 1 座，下穿高速公路桥、涵共 35 座。详见表 12。

表 12　　　　　　　平行段济祁高速上布设穿路或跨路建筑物统计表

建筑物	数量/座	跨越形式
桥下涵	20	下穿高速
机通兼排水	11	下穿高速
分离立交	4	下穿高速
车行天桥	1	上跨高速
合计	36	

3. 堤线调整方案

现状西淝河左堤保护区内分布有淮南煤矿矿区，矿区内现有矿区铁路线、工矿场区、永幸河干渠、S308 省道及即将实施的济祁高速公路等重要设施，西淝河左堤实施局部堤线调整后这些重要设施需同样位于西淝河左堤保护区内。根据淮南煤矿采煤规划、矿区地形条件，结合西淝河左堤堤下采煤沉陷预测和济祁高速公路预留煤柱位置，考虑到沉降幅度、时间、影响范围，本次西淝河左堤局部堤线调整拟定两个方案进行比选。

堤线调整方案一：按照淮南矿业集团提供的采煤计划及沉陷预测，将 2040 年采煤范围退出，同时矿区南风井处于保护区内。堤线调整上游自矿区铁路专用线与西淝河左堤交叉处（西淝河左堤桩号 23＋694）沿铁路北上，过港河至拟建济祁高速公路，沿拟建的济祁高速公路南侧过顾北矿工厂区，穿过农场四队与农场一队之间后折向南，穿庙沟后在白塘涵东接现西淝河左堤（西淝河左堤桩号 14＋070），调整西淝河左堤老堤线长 9.642km，筑新堤长 12.474km。退出面积约 22.4km²，其中港河常年蓄水面积 3.5km²，2040 年采煤沉陷面积 14.8km²。

新筑西淝河左堤需新建港河闸、新沟排涝涵、临淝二队灌溉涵、农场干渠灌溉涵、桂西灌溉涵、庙沟排涝涵等 6 座建筑物。详见表 13。

表 13　　　　　　　　　　　方案一穿堤建筑物情况表

序号	位置	建筑物名称	设计流量/(m³/s)	备　注
1	1+134	新沟排涝涵	17.6	排涝/新建
2	2+511	港河闸	136	排涝/新建
3	6+767	临涎二队灌溉涵	1.6	灌溉/新建
4	8+710	农场干渠灌溉涵	1.0	灌溉/新建
5	10+187	桂西灌溉涵	1.5	灌溉/新建
6		庙沟排涝涵	10.9	排涝/新建

堤线调整段可释放老堤压覆煤炭资源可采储量 14321 万 t，释放间接影响可采储量 3413 万 t；新建堤防压覆煤炭资源可采储量 2794 万 t（不含与济祁高速重复压煤可采量 2617 万 t），间接影响煤炭资源可采储量 745 万 t。该方案释放煤炭资源可采储量 14195 万 t，其中直接压覆 11527 万 t，间接影响 2668 万 t。

新建堤防土方工程量 335 万 m³，堤身、排灌沟、护堤地永久占地 2434 亩，拆迁涉及 1249 户、3842 人。

方案一估算工程总投资 6.48 亿元。

堤线调整方案二：将西淝河左堤受淮南矿业集团所属矿区范围全部退出。调整上游自矿区铁路专用线与西淝河左堤交叉处（西淝河左堤桩号 23+694）沿铁路北上，至拟建济祁高速公路，沿拟建的济祁高速公路至顾桥矿矿区边缘后折向南，经彭伍庄、彭李庄后在耿庄与现西淝河左堤（西淝河左堤桩号 9+266）相接，调整西淝河左堤老堤线长 14.428km，筑新堤长 17.672km，退出面积约 34.7km²，其中港河常年蓄水面积 3.5km²，2040 年沉陷面积 14.8km²。

南风井属于顾桥矿矿井之一，调整后矿井位于新建堤外，为了保证矿井安全，沿南风井兴建南风井保庄圩，面积 0.7km²，新建堤长 3.8km（标准同西淝河左堤）。

新筑西淝河左堤需新建港河闸、新沟排涝涵、临涎二队灌溉涵、农场灌溉涵、庙沟涵、桂集西站灌溉涵、苍沟涵、桂集南站灌溉渠涵、柳沟涵、潘谢沟涵等 10 座建筑物。南风井保庄圩新建排涝站 1 座，设计自排和抽排流量均为 2.3m³/s。详见表 14。

堤线调整段可释放老堤压覆煤炭资源可采储量 22603 万 t，释放间接影响可采储量 5380 万 t；新建堤防压覆煤炭资源可采储量 2424 万 t（不含与济祁

表 14　　　　　　　　　　　方案二穿堤建筑物统计表

序号	位置	建筑物名称	设计流量/(m³/s)		备　注
			自排	灌溉	
1	1+134.3	新沟排涝涵	17.6		排涝/新建
2	2+511	港河闸	136		排涝/新建
3	6+767	临沘二队灌溉涵		1.6	灌溉/新建
4	8+710	农场灌溉涵		1.0	灌溉/新建
5	9+984.1	庙沟排涝涵	3.8		排涝/新建
6	10+142.2	桂集西站灌溉涵		1.5	灌溉/新建
7	10+161.4	苍沟涵	3.22		排涝/新建
8	12+600.9	桂集南站灌溉渠涵		1.5	灌溉/新建
9	14+139.4	柳沟涵	10.9	0.7	灌排/新建
10	15+422.9	潘谢沟涵	11.8	1.1	灌排/新建
11		南风井保庄圩排涝站	2.3		抽排流量为 2.3m³/s

高速重复压煤可采量 3833 万 t），间接影响煤炭资源可采储量 552 万 t。该方案释放煤炭资源可采储量 25007 万 t，其中直接压覆 20179 万 t，间接影响 4828 万 t。

新建堤防土方工程量 616 万 m³，堤身、排灌沟、护堤地永久占地 4023 亩，拆迁涉及 1914 户、5888 人。

方案二估算总投资 11.79 亿元。方案比较见表 15。

表 15　　　　　　　　　　　工程量与投资比较表

方案	调整老堤/km	筑新堤/km	退出面积/km²	新筑堤土方/万 m³	永久占地/亩	迁移户数/户	建筑物/座	工程总投资/亿元	老堤压煤量/万 t	新堤压煤量/万 t	释放煤量/万 t
堤线调整方案（一）	9.642	12.474	22.4	335	2434	1249	6	6.48	17734	3539	14195
堤线调整方案（二）	14.428	21.472（含南风井保庄圩堤3.8km）	34.7	616	4023	1914	11	11.79	27983	2976	25007
（二）-（一）	4.786	8.998	12.3	281	1589	665	5	5.31	10249	−563	10812

4. 方案比选分析

（1）工程量及投资分析。

方案一堤线调整范围为预测 2030 年采煤沉陷范围，退西淝河左堤 9.624km，筑新堤 12.474km，工程总投资 6.48 亿元；方案二堤线调整范围为涉及淮南矿业集团矿区范围，退西淝河左堤 14.428km，筑新堤 21.472km，工程总投资 11.79 亿元。

从工程投资看，方案一由于调整堤线范围及新筑堤防较短，投资较小，为方案二的 55%，但从单位堤长投资分析，方案一约为 5120 万元/km，方案二约为 5490 万元/km，两个方案相差不大。

（2）对西淝河左堤影响的分析。

西淝河左堤是淮北大堤的重要组成部分，根据淮河洪水调度方案，在发生超标准洪水，弃守淮北大堤颍左淝右堤圈时，西淝河左堤是保护淮北平原茨淮新河以南、西淝河以东的区域的重要防洪屏障。本次采煤影响区西淝河左堤局部堤线调整是在保证西淝河左堤功能和防洪标准不变的情况下，为煤炭资源的开采创造条件，保护、解放煤炭资源，实现煤炭资源高强度和高回采率的开采。

方案一涉及西淝河左堤 9.624km 的调整，方案二涉及西淝河左堤 14.428km 的调整。方案一堤线调整范围为预测 2030 年采煤沉陷范围，从对西淝河左堤堤线影响的角度考虑，方案一对西淝河左堤堤线影响相对较小。

（3）对释放可采煤量的分析。

实施西淝河左堤局部堤线调整，是为了既保证西淝河左堤防洪安全，同时为煤炭资源的开采创造条件，保护、解放煤炭资源，实现煤炭资源高强度和高回采率的开采。方案一堤线调整范围老堤压煤可采量 17734 万 t，新建堤防压煤可采量 3539 万 t，释放可采煤量 14195 万 t；方案二堤线调整范围老堤压煤可采量 27983 万 t，新建堤防压煤可采量 2976 万 t，释放可采煤量 25007 万 t。

从新筑堤防每千米释放煤炭资源可开采量比较，方案一为 1137 万 t/km，方案二为 1165 万 t/km，两方案基本相同。

（4）近远期经济合理性分析。

根据淮南矿业集团顾桥矿、顾北矿和张集矿采煤计划安排，预计 2020 年、2030 年影响堤防长度分别为 2.36km（指沉陷大于 0.1m，下同）和 3.28km，累计最大下沉值分别为 1m 和 6m。2030 年以后随着煤矿的进一步开采，影响还将进一步加大。

从近期考虑，方案一西淝河左堤堤线调整至 2030 年采煤沉陷范围，可满足今后近 25 年的煤矿开采要求；远期堤线调整可结合方案一堤线向下游延伸。方案二则是对淮南矿业集团所属矿区矿界内西淝河左堤的影响范围全部实施堤线调整，可以完全释放淮南矿业集团所属矿区西淝河左堤堤下压煤。

方案一按照煤炭开采近期布局，近期投入 6.48 亿元，远期 2030 年后若再次调整西淝河左堤，则可结合方案一堤线向东南方向延伸，新筑堤防 12.058km，匡算投资 6.62 亿元（现价）。方案二则一次性投入 11.79 亿元。按照国民经济评价估算，分期实施方案经济效益费用比为 4.70，一次性建成方案经济效益费用比为 3.26。近期实施方案一经济合理。

（5）对土地资源及社会影响的分析。

方案一工程永久占压土地 2434 亩，方案二工程永久占压土地 4023 亩。方案一工程永久占压土地相对较少。

方案一退出面积约 22.4km²，退出范围内（不含新筑堤堤身范围）现有居民 0.72 万户、2.2 万人；方案二退出面积约 34.7km²，退出范围内现有居民 1.22 万户、3.7 万人。

方案一永久占压土地相对较少，退出范围较小，对土地资源的影响及社会影响相对较小，工程实施难度小。

方案二工程实施难度相对较大，且由于顾桥矿南风井位于堤线调整范围新筑西淝河左堤外，为了保证矿井安全，需新建南风井保庄圩堤 3.8km，增加了防汛负担及防汛压力。

（6）综合评述。

淮南矿业集团采煤影响区西淝河左堤堤线调整方案从投资比较来看，工程总投资相差较大，方案一由于堤线调整老堤及新筑堤堤线较短，工程占地及移民相对较少，投资最小。

方案一考虑到 2030 年采煤沉陷范围，影响西淝河左堤长度及新建堤防长度最短，压占土地及退出范围相对较小，满足今后近 25 年的煤矿开采要求，实施难度小。且在考虑远期继续调整西淝河左堤的情况下，分期投资经济效益费用比高，经济合理。

方案二考虑到淮南矿业集团所属矿区矿界内西淝河左堤的影响范围，全部实施堤线调整，可以完全释放淮南矿业集团所属矿区西淝河左堤堤下压煤，但影响西淝河左堤长度及新建堤防长度较长，压占土地及退出范围相对较大，实施难度较大。

西淝河左堤堤线调整沿济祁高速公路布置堤线，充分结合了济祁高速公路预留煤柱，沿济祁高速公路布置堤段方案二结合了方案一的堤线向东南方向延伸。近期实施堤线调整方案一，即使 2030 年后再次调整西淝河左堤，也能利用已布置的堤线，较为合适。

综合以上分析，方案一对西淝河左堤影响最小，压占土地及退出范围较少，且考虑到 2030 年采煤沉陷范围，可释放可采煤量 14195 万 t，满足今后近 25 年的煤矿开采要求。本次淮南矿业集团采煤影响区西淝河左堤堤线调整采用方案一。

对堤线调整后退出的西淝河老堤考虑沉陷影响，按生产圩堤标准实施加固，由于采煤沉陷的不断发展，最终沉陷量深度将达 22.5m，退出范围的防洪标准将低于原西淝河左堤防保护区的防洪标准。西淝河左堤堤线调整后，退出范围内的居民由原处于西淝河左堤保护区内变为保护区外，受洪水威胁的程度将有所提高，防洪风险加大。

西淝河左堤白塘至高庄段堤线调整后，按照淮南矿业集团的采矿及沉陷区搬迁规划，退出范围内的居民搬迁和土地补偿，将根据采矿沉陷情况，采取逐年实施的方式。将退出范围内 36 个自然村庄，预计 7344 户、22161 人，逐步迁入正在建设的福镇新村和凤台县小麦原种场安置新村、规划建设的凤台县凤凰湖安置区等 3 个安置区。退出范围土地在塌陷后，企业在未征收前，每年按春秋两季支付青苗补偿费。

建设工程堤线调整后的西淝河左堤老堤，根据淮南矿业集团的开采计划，按照沉陷范围进行逐年加固。

（五）西淝河左堤采煤沉陷影响对策措施

在确保西淝河左堤防洪功能与防洪标准不变的前提下，与西淝河左堤内采煤沉陷区居民外迁和耕地补偿相结合，与拟建的济祁高速线路相结合，统筹水利工程与采煤沉陷的关系，为煤炭资源的开采创造条件，保护、解放煤炭资源，实现煤炭资源高强度和高回采率的开采，促进社会经济可持续发展，合理开发西淝河左堤堤下煤炭资源是十分必要的。为保证西淝河左堤功能和防洪标准不变，保障其防洪安全，实施西淝河左堤堤线调整是必要的和可行的。

根据淮河流域防洪规划、淮河洪水调度方案，按照西淝河左堤在淮河流域防洪中的任务及地位，西淝河左堤保护区防洪标准 100 年一遇，西淝河左堤堤防等级为 1 级。

工程主要建设内容如下。

（1）新筑西淝河左堤：维持西淝河左堤功能和防洪标准不变，保证防洪安全，对西淝河左堤白塘至高庄段堤线进行调整。新筑西淝河左堤堤线自矿区铁路专用线与西淝河左堤交叉处（高庄，西淝河左堤桩号 23＋694）沿铁路北上，过港河至拟建济祁高速公路，沿拟建的济祁高速公路南侧过顾北矿工厂区，穿过农场四队与农场一队之间后折向南，穿庙沟后在白塘涵东接现西淝河左堤（白塘，西淝河左堤桩号 14＋070），调整西淝河左堤堤线长 9.624km，新筑堤白塘至高庄段长 12.474km。堤防设计洪水位为 25.65～25.68m。

调整新筑堤防采用重粉质壤土和粉质黏土填筑，设计堤顶高程 28.3m，堤顶宽度 8.0m，外坡坡比为 1:3.0，对堤身高度小于 6.0m 堤段，内坡坡比为 1:3.0；堤身高度大于 6.0m 堤段，内坡堤顶以下 25.0m 处设置 5.0m 宽平台，平台以上边坡坡比为 1:3.0，以下边坡坡比为 1:5.0。港河闸和局部深塘河底高程为 17.0～20.0m，堤防高度达 11～8m，堤身大部长期浸泡于水下，为增加堤防的抗滑稳定和渗流稳定的安全性，便于防汛巡查，在两侧采用填土修筑 30m 宽的护堤平台，平台高程 22.0m，位于正常水位以上，水下边坡坡比为 1:5.0，兼做内外围堰。

（2）护坡工程：规划对新筑堤防边坡进行防护。迎水侧采用连锁式生态护坡；背水侧港河段堤防（1＋941.9～2＋844.6）采用三维植被网草皮护坡，其余段采用草皮护坡。迎水面设计洪水位＋0.5m 以下采用连锁式生态护坡，26.2m 高程以上采用草皮护坡。港河段下游坡面采用三维植被网护岸，其余采用草皮护坡。迎水侧护堤地修建防浪林。

（3）上下堤道路及堤顶防汛道路：堤顶防汛道路总长 12.474km，采用沥青混凝土路面，宽 6.0m，一期路面采用泥结碎石路面厚 20cm，宽 8m，待沉降稳定后再铺设 20cm 厚 C20 混凝土路面，下设级水稳碎石基层厚 20cm。上下堤道路根据现状交通道路和村庄情况，结合济祁高速公路跨路道口设置情况布置，布置上下堤道路 22 处，采用沥青混凝土路面。

（4）水系恢复工程：新建新沟排涝涵、港河闸、临淝二队灌溉涵、农场干渠灌溉涵、桂西站灌溉涵、庙沟排涝涵等 6 座穿堤建筑物。其中港河闸采用 5 孔箱涵结构，孔口尺寸为 3.5m×5.0m，根据以往工程经验初拟顶、底板和边墙厚度 0.8m，中墩 0.5m，箱涵宽 21.1m，分 5 节，每节长度 11.2m，总长 56.0m，节间设包箍 0.8m×0.8m，防止箱涵不均匀沉降。进出口布置分别防洪和检修闸门，中墩渐扩至 1.2m 厚，边墩厚 1.0m，进出口涵宽 24.3m。

西淝河左堤调整后，破坏了原有排灌体系。为了恢复原排灌体系，沿新筑堤防背水侧和迎水侧护堤地外各开挖一条排涝沟，总长 14.5km，其中背水侧长 10.45km，迎水侧长 4.05km。

为减少穿堤建筑物数量，合并了临沘灌溉渠、桂西灌溉渠上的灌溉涵，在退建区内新建灌溉渠沟通其支渠，总长 2.47km。

五、采煤沉陷影响永幸河灌区对策措施

（一）永幸河灌区概况

永幸河灌区位于安徽省淮北平原南端淮南市凤台县境内，东抵淮河与潘集区界、南临西淝河，西接利辛县界，北与茨淮新河灌区毗邻，永幸河灌区总面积 360km²，设计灌溉面积 39.3 万亩，主要水源为淮河，地形总趋势是西北高，东南低。坡降为万分之一左右。地面最高高程为 24.5m，最低为 21.0m，地貌特征为岗湾（洼）交错的平原河谷型地貌。

灌区主要有一个人工水系和两个自然水系：人工水系为永幸河，流域面积 180km²；自然水系一个是位于灌区西南部的港河流域，面积为 134km²，另一个是灌区东部的架河城北湖流域，面积为 205km²（其中凤台县为 127km²）。

永幸河是 1978 年开挖成的一条排灌两用的人工河道，穿过港河和架河两个流域的高岗地，截走两流域各 90km² 来水面积。永幸河介于茨淮新河与西淝河之间，纵贯凤台县东西，西起尚塘乡英雄沟口，东至凤台一中北面入淮，全长 42.63km，并与 14 条支渠贯通。灌区干支渠上兴建了大中型涵闸等建筑物 24 座，电力排灌站 475 座，装机容量为 23216kW。

永幸河灌区位于凤台县，涉及朱马店、顾桥、凤凰、刘集、关店、桂集、钱庙、古店、杨村、丁集共 10 个乡镇，总人口 27.8 万人，其中农业人口 26.4 万人。

（二）采煤沉陷影响情况

永幸河灌区范围内有顾桥与顾北 2 座煤矿，根据采煤沉陷预计分析，采煤沉陷范围和程度随着地下煤炭资源的大规模开采，将不断加大，对永幸河灌区干支渠、主要建筑物等灌溉工程设施将产生较大影响。

2010 年，采煤沉陷影响永幸河总干渠长度为 2.3km，累计最大下沉值为 1.5m；预计 2020 年、2030 年永幸河灌区输水总干渠采煤沉陷影响长度分别为 3.37km 和 9.63km，累计最大下沉值分别为 5m 和 9m，幸福沟、友谊沟、凤蒙沟等主要输水渠道也受采煤沉陷影响。

采煤沉陷区影响永幸河灌区干、支渠情况详见表16。

表16 永幸河灌区支渠采煤沉陷影响情况统计表

序号	名称	影响长度（沉陷大于0.1m）/km			累计最大下沉值/m			涉及县（区）	影响煤矿
		2010年	2020年	2030年	2010年	2020年	2030年		
1	永幸河干渠	2.3	3.37	9.63	1.5	5	9	凤台县	顾桥矿、顾北矿
2	巷沟	1.3	1.3	1.74	0.1	4	6	凤台县	顾桥矿、顾北矿
3	友谊沟	3.4	5.21	5.98	4	10	14	凤台县	顾桥矿
4	幸福沟	1.6	2.97	2.97	1.5	6	6	凤台县	顾桥矿
5	凤蒙沟		1.3	2.6		0.1	4	凤台县	丁集矿
6	许大湖排涝沟		1.2	1.2		3	3	凤台县	张集矿
	合计	8.6	15.35	24.12	4	10	14	凤台县	

（三）永幸河干渠处理方案研究

1. 永幸河干渠处理方案

永幸河中段顾桥镇附近，受顾北、顾桥矿采煤沉陷影响，至2030年，本段最大下沉深度可达9m，致使永幸河干渠失去输水功能。为保障永幸河灌溉功能完整，继续发挥排灌作用，采用下列4种处理方案比选：

方案一：在沉降过程中，对永幸河总干渠左、右堤持续实施加固，保障永幸河干渠输水畅通。

方案二：对永幸河干渠进行改线，根据采煤沉陷预计成果，永幸河干渠以北为主采煤沉陷区，沉陷范围大，沉陷深，改线方向为S308省道以南。

方案三：在沉降过程中，永幸河干渠加固至2015年后废弃处理。永幸河上游灌区利用茨淮新河调配水源，兴建调水工程，供永幸河上游灌溉。

方案四：在沉降过程中，对永幸河干渠实施加固至2015年废弃处理。然后在永幸河干渠沉陷区西端边界建闸站抽水，以供灌区上游灌溉。

2. 方案比选分析

方案一持续对永幸河干渠采煤沉陷段北堤实施加固，保持灌区原有灌溉体系，按S308省道仍维持原线路不变的方案，初步估计到2030年需加固土方量共计200万m³（S308省道采煤沉陷加固工程量不计），主要难题是在目前采煤沉陷区沟渠加固中普遍存在的渠道渗漏问题。

方案二对永幸河干渠进行改线，由于改线方向只能在 S308 省道以南，改线也只能布置在济祁高速以北区域，S308 省道沿线房屋较多，征地拆迁量较大。初步估计改线长度约 10km，需征地 750 亩，穿越 S308 省道需建公路大桥 2 座。

方案三需深入论证茨淮新河水资源的可利用性、保障性。茨淮新河灌区水源通过上桥站抽引淮河水进行灌溉，根据茨淮新河灌区规划，在目前情况下，永幸河上游灌区的水源保证有困难，在扩大上桥抽水站规模和从茨淮新河引水工程的情况下，可能满足要求。

方案四在近期对永幸河干渠进行加固是可行的，但由于采煤沉陷是一个动态的过程，新建抽水闸站位置很难确定，同时近期由于沉陷区水资源难以得到保障，建站抽水可能发生水源不足的情况，影响上游灌溉。

经比较分析，方案一优点是未破坏永幸河灌区的灌溉体系，缺点是工程量大，投资较大；方案二优点是可永久解决永幸河干渠输水渗漏问题，缺点是征地拆迁量较大、投资最大；方案三是永幸河枢纽站规模将部分浪费，并存在需二次抽水，增加引水成本问题；方案四新建抽水闸站位置很难确定，水资源难以得到保障。

综合以上分析，方案四具有不确定性，不采用；方案三需专题研究其可行性，目前难以确定；方案二投资最大，实施难度也大，在采煤沉陷初期可不急于改线；方案一影响最小，可在先期加固措施中研究解决渠道防渗问题，定为推荐方案。

（四）永幸河灌区采煤沉陷影响的对策措施

1. 永幸河干渠

根据永幸河干渠采煤沉陷影响处理方案，永幸河干渠采取持续加固北堤方案，保持永幸河灌区灌溉体系不变。在对 S308 省道、永幸河干渠北堤加固过程中，要根据采煤沉陷预计成果，采用"一次性加宽、逐年加高"的技术方案。

永幸河干渠北堤加固的技术标准为：堤顶高程为设计水位超高 1m，堤顶宽为 6m，内外边坡均为 1:3。堤身高度大于 6m 的堤防，在堤内外堤顶高程以下 6m 填筑 5m 宽平台，边坡坡比为 1:4。

考虑采煤沉陷区目前沟渠加固采用煤矸石导致渗漏问题，以及黏土资源紧张的实际情况，在堤防加固填筑过程中，在煤矸石临河侧表面铺一层土，第一次在堤防临河侧及河底土上全段铺设土工膜，再铺土压实，以达到防渗目的，在以后逐年加高中，采取两边重叠搭接土工膜加土的方法进行堤防加固防渗。

2. 排灌大沟

巷沟、友谊沟、幸福沟、凤蒙沟和许大湖排涝沟为永幸河水系内 5 条南北走向的排灌沟渠，受塌陷区影响，巷沟、友谊沟下段、幸福沟中下段和凤蒙沟上段均失去灌溉输水功能。为继续发挥沟渠效益，除友谊沟规划改线外，拟对沉陷区段先期进行加固和防渗，后期在沉陷区水资源综合利用的基础上，在沉陷区边界建站、闸等水利设施完善排灌功能。

各排灌大沟不同年度采煤沉陷影响及处理措施见表 17。

表 17　　　　　　　永幸河灌区沟渠采煤沉陷影响及处理措施统计表

矿区	序号	项目名称	影响长度（沉陷大于 0.1m）/km			累计最大下沉值/m			处理措施	备注
			现状	2020 年	2030 年	现状	2020 年	2030 年		
顾北	1	巷沟	1.3	1.3	1.74	0.1	4	6	沉陷段加固至 2020 年后废弃，然后在沉陷区边界北端建闸站结合建筑物	
顾桥	2	友谊沟	3.4	5.21	5.98	4	10	14	沉陷段加固至 2015 年后，渠道向西改线截入永幸河	建筑物标准、运行条件按照现行规划数据设计
	3	幸福沟	1.6	2.97	2.97	1.5	6	6	沉陷段加固至 2020 年后废弃，然后在沉陷区边界南端建闸、北端建闸站结合建筑物	
丁集矿	4	凤蒙沟		1.63	2.6		0.1	4	加固沉陷段堤防	
张集矿	5	许大湖排涝沟		1.2	1.2		3	3	加固沉陷段堤防	

3. 附属建筑物

沉陷区内，涵闸、泵站、桥梁、道路众多，随着相应干渠、大沟加固、改建与废弃，其附属建筑物也需相应处理。本着"加固兼并利用、废弃与改建相结合"的处理原则选择各类建筑物的处理方式。对先期需要加固的采取加固处理措施，丧失功能的建筑物予以废弃，需移址重建的移址重建。

六、采煤沉陷影响其他水利设施处理对策措施

（一）河道、大沟

1. 西淝河下游

西淝河下游河道、大沟受采煤沉陷影响的有西淝河干流、支流济河与港河，以及谢展河、光辉沟等排涝大沟。

采煤沉陷对河道、大沟的排涝功能基本无影响，规划暂不考虑处理措施。对谢展河、光辉沟等有灌溉功能的大沟已结合济河闸移址重建（在建工程）进行了改线处理。

2. 架河

（1）架河。

架河上游两侧均无堤防，随着采煤沉陷深度加大，上游逐渐成为沉陷区。至 2030 年，沉陷区逐渐稳定时，在沉陷区边界与架河相连处，建设控制闸，对架河与沉陷区水源进行控制。

（2）依沟。

依沟为架河水系中南北走向的排灌大沟，受采煤影响，中段至 2020 年沉陷深度达到 3m 左右。采煤沉陷初期，平均沉陷深度小于 3.0m 时，对依沟实施加固。远期，随着采煤沉陷区沉陷深度加大，沉陷区段将失去灌溉功能，拟在沉陷区边界北端建闸、南端建一闸站结合建筑物，满足排灌要求。

3. 泥河

泥河水系受采煤沉陷影响的河道与大沟有泥河、黑河、东一支大沟与利民新河，有灌溉功能的有黑河、东一支大沟与利民新河。采煤沉陷对河道、大沟排涝功能基本无影响，规划不采取措施，只对河道与大沟灌溉功能采取恢复措施。

考虑泥河以北采煤沉陷区灌溉水源为茨淮新河，根据采煤沉陷情况和黑河的灌溉需求，在黑河采煤沉陷开始后，在黑河采煤沉陷区边界上游建闸以满足灌溉蓄水要求。

根据开采进度及沉陷范围变化，充分发挥大沟灌溉作用，拟对东一支大沟与利民新河加固至 2020 年后废弃，在东一支大沟沉陷区边界建闸站结合建筑物，在利民新河沉陷区边界北端建闸、南端建闸站结合建筑物进行处理。

（二）堤防

1. 西淝河下游

2030 年采煤沉陷影响西淝河下游圩堤 14 个，其中西淝河左岸 8 处、右岸 6 处。西淝河下游大部分圩堤堤线地面高程较低，地质条件差，同时堤身较高且单薄，防洪能力较差，加固难度较大。根据西淝河下游历次治理规划及工程现状，考虑防洪安全、经济效益，对沿河两岸圩口采取三种处理方式：

（1）选择保护对象相对重要和人口较多、沿堤线地面高程相对较高、地质条件较好的少数圩口进行先期加固，后圩堤退建、联圩并圩。姬沟圩、后岗圩已经实施退建，规划大洲湾圩 2015 年后实施退建，济河圩、大台圩、孙岗圩圩堤先期加固至 2015 年后再退建合并，前后咀圩和赵后胡圩分别加固至 2015 年和 2030 年后再合并。

（2）对圩堤沉陷深、圩区采煤沉陷范围大的圩口，根据经济及社会发展状况，需严格控制人口迁入和大规模建设，实行萎缩性管理，逐步将圩内群众迁入防洪安全保护区，采取先期圩堤加固后期圩区废弃处理。规划李大圩、金刚圩、胡镇圩、西晒网滩圩分别根据采煤沉陷影响情况加固至 2015 年或 2020 年后废弃。

（3）对圩堤沉陷范围小、圩区采煤沉陷范围小的圩口，采取加固措施处理。规划对曹张圩、窑场圩进行圩堤加固处理。

各生产圩堤不同年度采煤沉陷影响及处理措施见表 18。

2. 泥河

泥河受采煤沉陷影响的堤防有泥南圩、谢街圩，代大郢圩等圩堤、潘一矿封闭堤和潘集区政府防洪堤等。潘一矿封闭堤和潘集区政府防洪堤保护人口多，保护设施重要，泥南圩、谢街圩，代大郢圩保护一般农田，保护人口相对较少，根据工程现状和采煤规划，对泥河堤防采取以下两种措施进行处理：

（1）对潘一矿封闭堤和潘集区政府防洪堤，因保护对象相对重要和人口较多，规划采取加固措施。

（2）对泥南圩、谢街圩、代大郢圩等圩堤，考虑保护范围小，保护人口较少，又受采煤沉陷影响长远的圩堤，根据开采进度，采取先圩堤加固后退建或废弃的处理方案。

根据采煤沉陷区不同阶段的影响，需要加固的堤防采用"一次性加宽、

表18　西淝河水系生产圩堤采煤沉陷影响及处理措施统计表

矿区	序号	左右岸	圩口名称	影响长度（沉陷大于0.1m）/km			累计最大下沉值/m			处理措施	加固长度/km	退建（废弃）长度/km
				现状	2020年	2030年	现状	2020年	2030年			
张集、谢桥	1	右	孙岗圩	2	3.56	3.56	0.1	4	8.5	先加固至2015年后退建	3.6	3.1
	2	右	济河圩	1.3	2	2	0.1	3	3	加固至2015年后部分退建与大台圩合并	1.9	1.3
	3	右	大台圩	4.1	5	5.1	2.5	54	10	加固至2015年后退建与孙岗圩合并	4.1	8.2
张集	4	右	姬沟圩	1.2	2.5	2.5	5	8	8	姬沟圩与后岗圩已实施退建		3
	5	右	后岗圩	2.8	2.8	2.8	5	8	8	大洲湾圩加固至2015年实施退建	3	6.5
	6	右	大洲湾圩	1	1.2	1.2	2	2.5	4			
	7	左	李大圩	1.4	3.0	3.1	2.5	4	7	加固至2015年后废弃	1.8	3
	8	左	金刚圩	2	3.7	3.7	4.5	7	7	加固至2015年后废弃	3	3.6
	9	左	胡镇圩		2.67	3.67		4	4	加固至2020年后废弃	2.9	3.6
	10	左	西晒网滩圩		1.2	2.4		4	4	加固至2020年后废弃	1.4	2.4
顾桥	11	左	前后咀圩		2.3	2.3		1	1	加固至2015年后部分退堤与赵后胡圩合并	1	0.9
	12	左	赵后胡圩		0.3	1.5		0.1	4	加固至2030年前与前后咀圩合并	1.5	
顾北	13	左	曹张圩		2.9	2.9		3	3	加固	2.9	
	14	左	窑场圩		2	2.5		2	4	加固	2.5	

逐年加高"的技术方案。

加固的生产圩堤技术标准为：圩堤堤顶高程为设计洪水位超高 1m，堤顶宽5m，内外边坡坡比均为 1∶3。堤身高度大于 6m 的堤防，在堤内外堤顶高程以下6m 填筑 5m 宽平台，边坡坡比为 1∶4。退建的生产圩堤标准断面为：堤顶高程为设计洪水位超高 1m，堤顶宽 5m，内外边坡坡比均为 1∶3。堤身高度大于 6m 的堤防，在堤内外堤顶高程以下 6m 填筑 2m 宽平台，边坡坡比为 1∶4。

加固的潘一矿封闭堤和潘集区政府防洪堤技术标准为：圩堤堤顶高程为设计洪水位超高 2m，堤顶宽 8m，内外边坡坡比均为 1∶3。堤身高度大于 6m的堤防，在堤内外堤顶高程以下 6m 填筑 10m 宽平台，边坡坡比为 1∶5。

（三）建筑物

沉陷区内，涵闸、泵站、桥梁、道路众多，随着相应堤防、河道、大沟等的加固、改建与废弃，其附属建筑物也需进行相应处理。本着"加固兼并利用、废弃与改建相结合"的处理原则选择各类建筑物的处理方式。

建筑物处理措施是对能加固利用的首选加固利用处理，对逐步丧失功能的可根据采煤沉陷影响程度择期废弃，对不能废弃的且不能加固的采取移址改建。

（四）管理设施

采煤沉陷对西淝河左堤和永幸河灌区的管理单位及管理设施的影响因恢复改建可不考虑。对淮南架河和古路岗电力排灌站的影响主要是灌区灌溉面积减少，职工及灌溉设施不能充分利用，导致灌溉水费收入逐年减少，直接造成职工工资按 70% 都不能按月发放，社保、医保不能按时支付，影响职工正常生活。

根据基层水利工程管理单位要求，建议政府和有关部门增大财政投入，会同煤矿企业按采煤沉陷范围对水利工程管理单位人员及设施进行一次性补偿，解决采煤沉陷导致水利工程管理单位存在人员过多、设施不能充分利用的问题。

七、结论与建议

（一）结论

（1）采煤沉陷对水利工程设施影响是不可避免的。采煤沉陷对水系排涝基本无影响，但对流域防洪体系与灌溉有较大的影响，需要研究恢复及修复措施，以减少影响。

（2）采煤沉陷对水利工程设施影响的恢复方案及修复措施是根据采煤沉陷预计拟定的，而采煤沉陷是一个动态的、长期的过程，应根据矿井开采情况，及时研究对受影响水利设施的恢复方案及修复措施，以保证影响水利工程设施的安全。

（3）永幸河灌区是大型灌区，采煤沉陷对其影响较大，目前拟定的采煤沉陷影响对策措施的工程效果需要进一步研究，要尽快开展采煤沉陷对永幸河灌区的影响研究工作，分析论证永幸河总干渠加固方案与永幸河灌区沉陷区水资源利用的可行性，为进一步研究永幸河灌区采煤沉陷影响对策措施作出指导性意见。

（二）建议

（1）煤矿开采过程中应自觉接受水行政主管部门的监督，加强与水行政主管单位的沟通，及时了解有关的水利规划及实施情况，采取必要的措施，防止工程建设之间出现矛盾。

（2）采煤沉陷将影响防洪堤的防汛抢险工作，在矿井生产时应合理安排工作面的布置及推进时间，将堤防的下沉活跃阶段安排在非汛期，以减小采煤沉陷对防汛抢险工作的影响。

（3）在采煤沉陷影响水利工程设施恢复措施过程中，要做好工程所影响河段河道、堤防与建筑物的沉降与位移观测工作，密切注意其安全，以保障水利工程设施安全及河势的稳定。

（4）沉陷区内水工建筑物众多，建议下阶段工作要统筹安排，合理布置建筑物加固、改建以及新建措施，使沉陷区内水资源利用和排灌的设施充分发挥效益。